国家出版基金资助项目
现代数学中的著名定理纵横谈丛
丛书主编　王梓坤

ABEL IDENTITY AND IMPORTANT INEQUALITIES

Abel恒等式与重要不等式

杨志明　编著

哈爾濱工業大學出版社
HARBIN INSTITUTE OF TECHNOLOGY PRESS

内容简介

本书从阿贝尔恒等式出发，推导出高中数学联赛的三大不等式：排序不等式、均值不等式和柯西不等式，进而推出卡拉玛特不等式. 同时，由这四个不等式推导出一系列经典的不等式，一线串珠，给人以一气呵成之感.

本书适合参加高中数学竞赛、大学自主招生考试的学生，以及对不等式感兴趣的读者参考阅读，希望本书对大家有所帮助.

图书在版编目(CIP)数据

Abel 恒等式与重要不等式/杨志明编著. —哈尔滨：哈尔滨工业大学出版社，2021.1

(现代数学中的著名定理纵横谈丛书)

ISBN 978-7-5603-8950-9

Ⅰ.①A… Ⅱ.①杨… Ⅲ.①恒等式②不等式 Ⅳ.①O1

中国版本图书馆 CIP 数据核字(2020)第 135201 号

策划编辑 刘培杰 张永芹
责任编辑 甄淼淼 钱辰琛
封面设计 孙茵艾
出版发行 哈尔滨工业大学出版社
社　　址 哈尔滨市南岗区复华四道街 10 号 邮编 150006
传　　真 0451-86414749
网　　址 http://hitpress.hit.edu.cn
印　　刷 哈尔滨市石桥印务有限公司
开　　本 787 mm×960 mm 1/16 印张 51.5 字数 569 千字
版　　次 2021 年 1 月第 1 版 2021 年 1 月第 1 次印刷
书　　号 ISBN 978-7-5603-8950-9
定　　价 98.00 元

挪威数学家阿贝尔

（Abel，1802—1829）

⊙代序

读书的乐趣

你最喜爱什么——书籍.

你经常去哪里——书店.

你最大的乐趣是什么——读书.

这是友人提出的问题和我的回答.真的,我这一辈子算是和书籍,特别是好书结下了不解之缘.有人说,读书要费那么大的劲,又发不了财,读它做什么?我却至今不悔,不仅不悔,反而情趣越来越浓.想当年,我也曾爱打球,也曾爱下棋,对操琴也有兴趣,还登台伴奏过.但后来却都一一断交,“终身不复鼓琴”.那原因便是怕花费时间,玩物丧志,误了我的大事——求学.这当然过激了一些.剩下来唯有读书一事,自幼至今,无日少废,谓之书痴也可,谓之书橱也可,管它呢,人各有志,不可相强.我的一生大志,便是教书,而当教师,不多读书是不行的.

读好书是一种乐趣,一种情操;一种向全世界古往今来的伟人和名人求教的方法，一种和他们展开讨论的方式；一封出席各种活动、体验各种生活、结识各种人物的邀请信；一张迈进科学宫殿和未知世界的入场券；一股改造自己、丰富自己的强大力量．书籍是全人类有史以来共同创造的财富，是永不枯竭的智慧的源泉．失意时读书，可以使人重整旗鼓；得意时读书，可以使人头脑清醒；疑难时读书，可以得到解答或启示；年轻人读书，可明奋进之道；年老人读书，能知健神之理．浩浩乎！洋洋乎！如临大海，或波涛汹涌，或清风微拂，取之不尽，用之不竭．吾于读书，无疑义矣，三日不读，则头脑麻木，心摇摇无主．

潜能需要激发

我和书籍结缘，开始于一次非常偶然的机会．大概是八九岁吧，家里穷得揭不开锅，我每天从早到晚都要去田园里帮工．一天，偶然从旧木柜阴湿的角落里，找到一本蜡光纸的小书，自然很破了．屋内光线暗淡，又是黄昏时分，只好拿到大门外去看．封面已经脱落，扉页上写的是《薛仁贵征东》．管它呢，且往下看．第一回的标题已忘记，只是那首开卷诗不知为什么至今仍记忆犹新：

日出遥遥一点红，飘飘四海影无踪．

三岁孩童千两价，保主跨海去征东．

第一句指山东，二、三两句分别点出薛仁贵（雪、人贵）．那时识字很少，半看半猜，居然引起了我极大的兴趣，同时也教我认识了许多生字．这是我有生以来独立看的第一本书．尝到甜头以后，我便千方百计去找书，向小朋友借，到亲友家找，居然断断续续看了《薛丁山征西》《彭公案》《二度梅》等，樊梨花便成了我心中的女英雄. 我真入迷了. 从此,放牛也罢,车水也罢,我总要带一本书,还练出了边走田间小路边读书的本领,读得津津有味,不知人间别有他事.

当我们安静下来回想往事时,往往会发现一些偶然的小事却影响了自己的一生. 如果不是找到那本《薛仁贵征东》,我的好学心也许激发不起来. 我这一生,也许会走另一条路. 人的潜能,好比一座汽油库,星星之火,可以使它雷声隆隆、光照天地;但若少了这粒火星,它便会成为一潭死水,永归沉寂.

抄,总抄得起

好不容易上了中学,做完功课还有点时间,便常光顾图书馆. 好书借了实在舍不得还,但买不到也买不起,便下决心动手抄书. 抄,总抄得起. 我抄过林语堂写的《高级英文法》,抄过英文的《英文典大全》,还抄过《孙子兵法》,这本书实在爱得狠了,竟一口气抄了两份. 人们虽知抄书之苦,未知抄书之益,抄完毫末俱见,一览无余,胜读十遍.

始于精于一,返于精于博

关于康有为的教学法,他的弟子梁启超说:"康先生之教,专标专精、涉猎二条,无专精则不能成,无涉猎则不能通也."可见康有为强烈要求学生把专精和广博(即"涉猎")相结合.

在先后次序上,我认为要从精于一开始. 首先应集中精力学好专业,并在专业的科研中做出成绩,然后逐步扩大领域,力求多方面的精. 年轻时,我曾精读杜布(J. L. Doob)的《随机过程论》,哈尔莫斯(P. R. Halmos)的《测度论》等世界数学名著,使我终身受益. 简言之,即"始于精于一,返于精于博". 正如中国革命一样,必须先有一块根据地,站稳后再开创几块,最后连成一片.

丰富我文采,澡雪我精神

辛苦了一周,人相当疲劳了,每到星期六,我便到旧书店走走,这已成为生活中的一部分,多年如此.一次,偶然看到一套《纲鉴易知录》,编者之一便是选编《古文观止》的吴楚材.这部书提纲挈领地讲中国历史,上自盘古氏,直到明末,记事简明,文字古雅,又富于故事性,便把这部书从头到尾读了一遍.从此启发了我读史书的兴趣.

我爱读中国的古典小说,例如《三国演义》和《东周列国志》.我常对人说,这两部书简直是世界上政治阴谋诡计大全.即以近年来极时髦的人质问题(伊朗人质、劫机人质等),这些书中早就有了,秦始皇的父亲便是受害者,堪称"人质之父".

《庄子》超尘绝俗,不屑于名利.其中"秋水""解牛"诸篇,诚绝唱也.《论语》束身严谨,勇于面世,"己所不欲,勿施于人",有长者之风.司马迁的《报任少卿书》,读之我心两伤,既伤少卿,又伤司马;我不知道少卿是否收到这封信,希望有人做点研究.我也爱读鲁迅的杂文,果戈理、梅里美的小说.我非常敬重文天祥、秋瑾的人品,常记他们的诗句:"人生自古谁无死,留取丹心照汗青""休言女子非英物,夜夜龙泉壁上鸣".唐诗、宋词、《西厢记》《牡丹亭》,丰富我文采,澡雪我精神,其中精粹,实是人间神品.

读了邓拓的《燕山夜话》,既叹服其广博,也使我动了写《科学发现纵横谈》的心.不料这本小册子竟给我招来了上千封鼓励信.以后人们便写出了许许多多的“纵横谈”.

从学生时代起,我就喜读方法论方面的论著.我想,做什么事情都要讲究方法,追求效率、效果和效益,方法好能事半而功倍.我很留心一些著名科学家、文学家写的心得体会和经验.我曾惊讶为什么巴尔扎克在51年短短的一生中能写出上百本书,并从他的传记中去寻找答案.文史哲和科学的海洋无边无际,先哲们的明智之光沐浴着人们的心灵,我衷心感谢他们的恩惠.

读书的另一面

以上我谈了读书的好处,现在要回过头来说说事情的另一面.

读书要选择.世上有各种各样的书:有的不值一看,有的只值看20分钟,有的可看5年,有的可保存一辈子,有的将永远不朽.即使是不朽的超级名著,由于我们的精力与时间有限,也必须加以选择.决不要看坏书,对一般书,要学会速读.

读书要多思考.应该想想,作者说得对吗?完全吗?适合今天的情况吗?从书本中迅速获得效果的好办法是有的放矢地读书,带着问题去读,或偏重某一方面去读.这时我们的思维处于主动寻找的地位,就像猎人追找猎物一样主动,很快就能找到答案,或者发现书中的问题.

有的书浏览即止,有的要读出声来,有的要心头记住,有的要笔头记录.对重要的专业书或名著,要勤做笔记,“不动笔墨不读书”.动脑加动手,手脑并用,既可加深理解,又可避忘备查,特别是自己的灵感,更要及时抓住.清代章学诚在《文史通义》中说:“札记之功必不可少,如不札记,则无穷妙绪如雨珠落大海矣.”

许多大事业、大作品,都是长期积累和短期突击相结合的产物.涓涓不息,将成江河;无此涓涓,何来江河?

爱好读书是许多伟人的共同特性,不仅学者专家如此,一些大政治家、大军事家也如此.曹操、康熙、拿破仑、毛泽东都是手不释卷,嗜书如命的人.他们的巨大成就与毕生刻苦自学密切相关.

王梓坤

◎序　一

近日,杨志明老师将此书的校对书稿发给我,邀我作序.

这本书是杨老师花了很多心血,阅读了大量古今中外的有关名著,结合自己的教学和研究经验汇集而成.全书逻辑上一线串通,可读性强;常见的著名不等式尽收书中,并且提供了各种不等式的应用以及一题多解、多题一解,实用性强.

杨必成先生为此书写了很好的序,详细分析了这本书的特色、优点,我在这里就不再多说了.

相信广大读者能从书中得到有关不等式理论及数学思想方法的启迪,更好地学习或从事数学的教学或研究工作,为我国的数学教育和研究做出更多、更大的贡献.

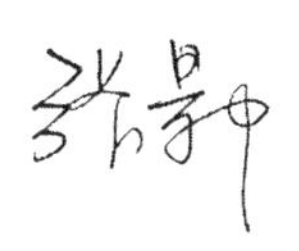

2019 年 3 月

于羊城

◎序 二

杨志明老师是广东广雅中学的一位数学高级教师(曾在湖北八大名校之一的湖北省黄石二中任教14年),他于1993年毕业于湖北师范学院(现湖北师范大学)数学系,至今二十多年来一直孜孜不倦,坚持于一线的数学教学及指导中学生数学竞赛的工作.他现任“全国初等数学研究会”常务理事兼副秘书长,还是“全国不等式研究会”常务理事.除教书育人,搞好常规的数学教学外,他还执着于不等式的钻研及学生的数学竞赛培训.多年来,他发表了数量可观的数学论文、著作,不断探索经典不等式的理论应用;他坚持培养中学生的数学探索能力,指导优秀的学生参加数学竞赛,并取得了不错的成绩,得到多次奖励;2009年至今,他组织本校团队参加“丘成桐中学数学奖”的论文竞赛活动,多次获得铜奖及“优胜奖指导老师”荣誉称号.因之,2012年底,《羊城晚报》以“广雅数学奇人杨志明：我为猜想狂”为专题对他进行了热情报道.2005年，我因主持“第三届全国不等式学术年会”认识了他；2008年后，我任“全国不等式研究会”理事长，因工作需要又接触了他；前几年，我作为“丘成桐中学数学奖”的评委参与审评过他指导的学生的若干论文，对他有了较为深刻的了解；最近几年，他积极参加我主持的“解析不等式”讨论班，接触交谈更多了些.印象中的他是一位热情、爽朗、执着且好学不倦的中学数学教师.

这本书是杨老师花了近两年的心血写出来的，确是他长期教学经验及理论钻研的成果结晶.全书分六章，从一个著名恒等式谈起，涉及6个经典不等式的导入，并推证出几十个重要不等式，拓展其多角度、全方位的应用.真可谓洋洋大观、一气呵成！本书涉及多个经典不等式的理论应用，纲线明了，深入浅出，兼具以下四个特色：

(1)本书内容做到了一线串通.即六章的内容是通过逻辑论证联系在一起的，且多数式子之间具有明确的理论联系，由此及彼，涉及广泛应用，由此可见，在收集、整理及拓展材料方面，作者是花了不少心血的.作者还用巧妙的数学推理剖析了不等式的内在联系，这样，就形成了清晰的理论知识脉络，既方便学习理解，又利于导出应用.

(2)充分关注了各类经典不等式的实际应用.本书所列举及推导的多数不等式都考虑了它们的实际应用，特别是在数学竞赛方面的应用，这就使得一些不等式的竞赛题不再显得神秘而不可即了，方便了对数学竞赛题的学习理解及数学竞赛的辅导、培训工作.

(3)十分注重数学方法及数学思想的例析.本书不但注重严格论证,还穿插了数学方法的说明及数学思想的阐述,并在多个地方,对"一题多解""一题多证"做了淋漓尽致的描述,且不乏精彩之笔,如对内斯比特不等式的证明,竟列举了41种方法,这体现出作者一丝不苟的治学精神及丰富的数学竞赛培训经验.

(4)本书侧重于对中学数学竞赛及指导论文的实践案例的论述.作者能从理论联系工作实际,面向数学竞赛及培养优秀的学生这一课题,现身说法,向广大读者传授自身多年的实践经验及理论探索心得.

深信广大不等式爱好者及一线数学教师能从这本书的阅读理解中得到不等式理论及数学思想方法的启迪,提高数学修养及审美意识,更好地从事数学教学、教育及不等式的理论研究工作,为祖国的数学教育事业做出更大的贡献.

杨必成

广东第二师范学院

2019年元月

于广州

◎前言

所谓公理化方法,就是从尽可能少的、不加定义的基本概念和一组不加证明的初始命题(公理)出发,应用严格的逻辑推理,使某一数学分支成为演绎系统的方法.

公理化方法是一种演绎的方法,使得数学变得容易,因而逐渐发展,产生了元数学的基本思想.所谓元数学,笼统地讲,就是指把某种数学理论(如自然数理论、几何理论等)作为一个整体加以研究,研究系统的相容性、完备性及公理的独立性等问题.

基于公理化方法,法国布尔巴基学派力图把整个数学建立在集合论的基础上,"数学结构"的观念是布尔巴基学派的一大重要发明.他们认为全部的数学都基于三种母结构:代数结构、序结构和拓扑结构.所谓结构就是"表示各种各样的概念的共同特征仅在于它们可以应用到各种元素的集合上.而这些元素的性质并没有专门指定,定义一个结构就是给出这些元素之间的一个或几个关系,人们从给定的关系所满足的条件(它们是结构的公理)建立起某种给定结构的公理理论就等于只从结构的公理出发来推演这些公理的逻辑推论”.

我国著名的科普专家张景中院士,晚年致力于科普宣传,提出“要把数学变容易”,亲身发表论文,并且出版书籍《一线串通的初等数学》.

随着信息时代的到来,各种新的不等式应运而生.不等式的机器自动发现,为发现新的不等式提供了有力的工具.中国科学院研究员杨路教授开发的Bottema软件,更是这些机器证明软件中的佼佼者.笔者在2002年第二届全国不等式研究会上亲睹这一软件的神奇,从此掌握了这一软件,为自己研究不等式节省了大量宝贵的时间和精力.在这类软件中,值得一提的还有西藏刘保乾的agl2012软件,陈胜利的Schur01软件.

鉴于此,利用公理化方法和建构主义的观点,来整合众多的不等式势在必行,这也和我国提出的“核心价值观”相吻合.我国高中课程标准修订组,按照内涵、价值和表现的框架,给出的高中数学核心素养是:数学抽象、逻辑推理、数学建模、运算能力、直观想象、数据分析,这一要求正是“核心价值观”的体现.

笔者经过二十多年的教学实践,发现借助阿贝尔恒等式可将高中数学联赛的三大不等式:排序不等式、均值不等式和柯西不等式,一线串通.我把这个想法告诉了哈尔滨工业大学出版社的副社长刘培杰先生,他鼓励我出版此书.经过近两年的整理、补充、修订,终于写成本书.还要感谢张景中院士,他在百忙之中抽出时间,审阅了全书,并欣然为之作序.同时,还要感谢杨必成教授的热心帮助,帮本书作序,并且对全书进行了校对.在此,我还要感谢那些热切关心本书的朋友们,是他们给了我勇气和信心.最应该感谢的是湖南长沙的易如桂,一道题一道题地做,将自己发现的错误和自己的疑问一一记录下来,通过QQ发给我,在此表示我最崇高的敬意.由于参考书目和文章较多,有时由于时间太久,已不记得不等式的出处,敬请谅解.书中疏漏在所难免,敬请批评指正,我的邮箱是:yzm876@163.com.

杨志明

2020年6月

于广州

阿贝尔恒等式簇有向图

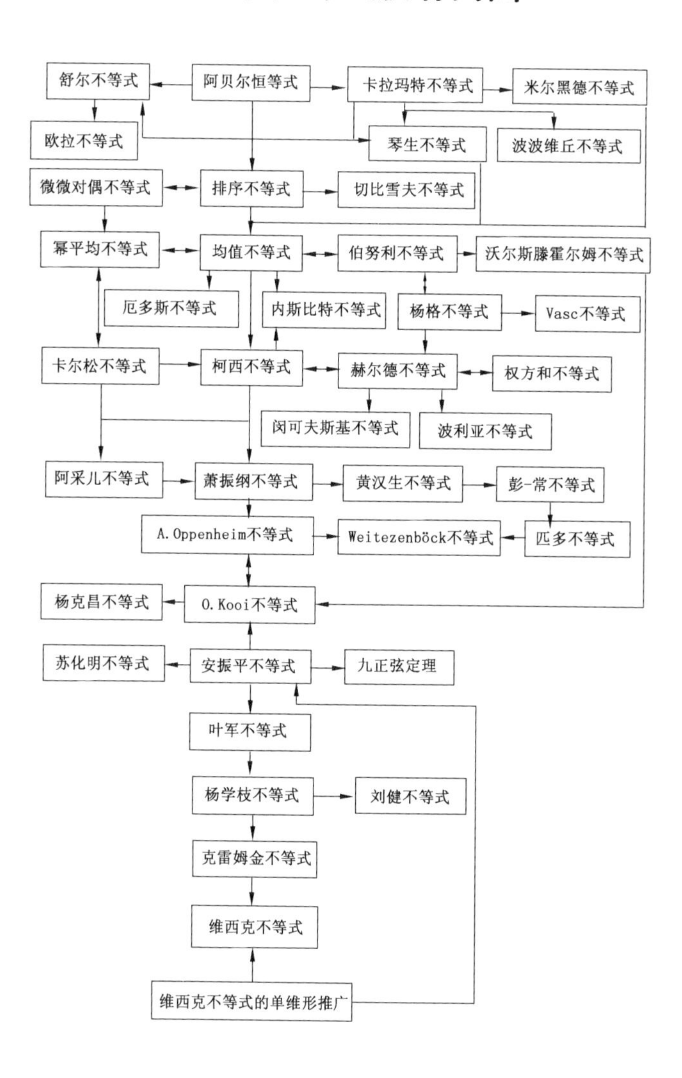
舒尔不等式
阿贝尔恒等式
卡拉玛特不等式
米尔黑德不等式
欧拉不等式
琴生不等式
波波维丘不等式
微微对偶不等式
排序不等式
切比雪夫不等式
幂平均不等式
均值不等式
伯努利不等式
沃尔斯滕霍尔姆不等式
厄多斯不等式
内斯比特不等式
杨格不等式
Vasc不等式
卡尔松不等式
柯西不等式
赫尔德不等式
权方和不等式
闵可夫斯基不等式
波利亚不等式
阿采儿不等式
萧振纲不等式
黄汉生不等式
彭-常不等式
A. Oppenheim不等式
Weitezenböck不等式
匹多不等式
杨克昌不等式
O. Kooi不等式
苏化明不等式
安振平不等式
九正弦定理
叶军不等式
杨学枝不等式
刘健不等式
克雷姆金不等式
维西克不等式
维西克不等式的单维形推广

◎ 目录

第1章 阿贝尔恒等式

2008年上海市春季高考试题的第11题是：

已知 $a_1, a_2, \cdots, a_n; b_1, b_2, \cdots, b_n$（$n$ 是正整数），令 $L_1 = b_1 + b_2 + \cdots + b_n$，$L_2 = b_2 + b_3 + \cdots + b_n$，$\cdots$，$L_n = b_n$. 某人用图1分析得到恒等式

$$a_1b_1 + a_2b_2 + \cdots + a_nb_n = c_1L_1 + c_2L_2 + c_3L_3 + \cdots + c_kL_k + \cdots + c_nL_n$$

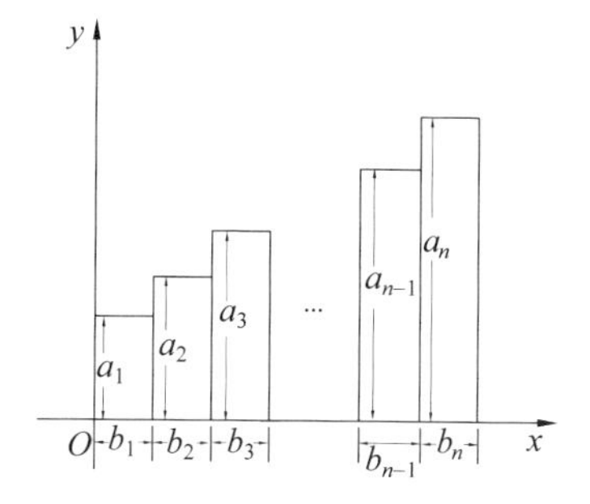

图1

则 $c_k=$________$(2\leqslant k\leqslant n)$.

该题的背景就是著名的阿贝尔(Abel)恒等式.

众所周知,数列$\{a_n\}$的前n项和S_n与a_n的关系是

$$S_n=a_1+a_2+\cdots+a_n\Leftrightarrow a_n=\begin{cases}S_1 & (n=1)\\ S_n-S_{n-1} & (n\geqslant 2)\end{cases}$$

利用此关系,我们能够很快推出阿贝尔恒等式.

阿贝尔变换 设有两组数 $a_k,b_k(k=1,2,3,\cdots,m)$,为了求和数

$$\sum_{k=1}^{m}a_kb_k=a_1b_1+a_2b_2+\cdots+a_mb_m$$

引入 $B_1=b_1,B_2=b_1+b_2,B_3=b_1+b_2+b_3,\cdots,B_m=b_1+b_2+\cdots+b_m$. 这样,$b_1=B_1,b_2=B_2-B_1,\cdots,b_m=B_m-B_{m-1}$,把它们代入和式中得

$$\begin{aligned}\sum_{k=1}^{m}a_kb_k=&a_1B_1+a_2(B_2-B_1)+a_3(B_3-B_2)+\cdots+\\&a_m(B_m-B_{m-1})=\\&(a_1-a_2)B_1+(a_2-a_3)B_2+\cdots+\\&(a_{m-1}-a_m)B_{m-1}+a_mB_m=\\&\sum_{k=1}^{m-1}(a_k-a_{k+1})B_k+a_mB_m\end{aligned}$$

这个变换式

$$\sum_{k=1}^{m}a_kb_k=\sum_{k=1}^{m-1}(a_k-a_{k+1})B_k+a_mB_m \qquad (1)$$

就称为阿贝尔分部求和公式.

更一般地,设 $m,n\in\mathbf{N}^*,m<n$,则

$$\sum_{k=n}^{m}a_kb_k=\sum_{k=n}^{m-1}(a_k-a_{k+1})B_k+a_mB_m-a_nB_{n-1} \qquad (2)$$

此式称为阿贝尔变换.

上述阿贝尔变换有一个简单的几何解释. 我们以

$m=6$ 为例,设 $a_k \geqslant 0, b_k \geqslant 0(k=1,2,3,4,5,6)$,且 a_k 单调下降.这时,$\sum\limits_{k=1}^{6} a_k b_k$ 在图1中就表示以 b_k 为底,a_k 为高的六个矩形的面积之和,这恰好是图2中大的阶梯形的面积,它等于以 $B_6=\sum\limits_{k=1}^{6} b_k$ 为底,以 a_6 为高的矩形面积,以及以 $B_k=\sum\limits_{i=1}^{k} b_i$ 为底,$a_k-a_{k+1}(k=1,2,3,4,5)$ 为高的五个"扁"矩形的面积之和,可见,阿贝尔变换在几何上只是把大阶梯形面积转化成两种不同方向的矩形面积之和.

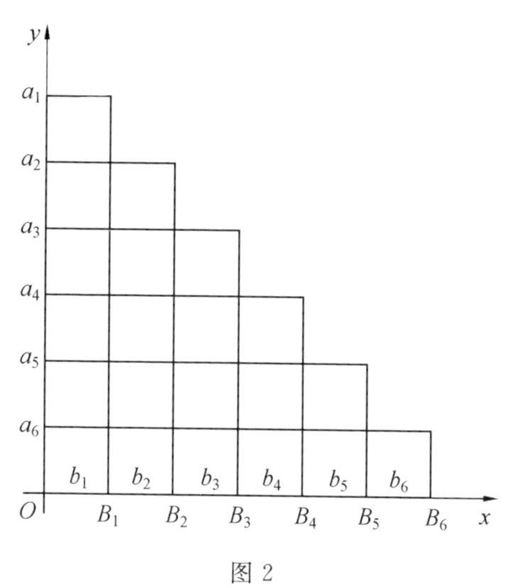

图2

阿贝尔变换可以看作求图形的面积,而定积分运算也是求图形的面积,因此二者之间有一定的联系.从广义上看,定积分运算和阿贝尔变换一样都是一种求和的运算.

我们进一步分析

$$\sum_{k=1}^{m} a_k b_k = \sum_{k=1}^{m-1} (a_k - a_{k+1}) B_k + a_m B_m$$

(约定 $B_0 = 0$).

不妨将数项看作函数在某些点的函数值，即设函数 $a(x), B(x)$ 定义在区间$[\alpha, \beta]$上，$\alpha = x_1 < x_2 < x_3 < \cdots < x_m = \beta$，令

$$a_1 = a(x_1), a_2 = a(x_2), \cdots, a_m = a(x_m)$$

$$B_k = B(x_k) \quad (k = 1, 2, \cdots, m)$$

将其代入式(1)得

$$\sum_{k=1}^{m} a(x_k)[B(x_k) - B(x_{k-1})] = \sum_{k=1}^{m-1} (a(x_k) - a(x_{k+1}))B(x_k) + a(x_m)B(x_m)$$

或

$$\sum_{k=1}^{m-1} a(x_{k+1})[B(x_{k+1}) - B(x_k)] = a(x_m)B(x_m) - a(x_1)B(x_1) - \sum_{k=1}^{m-1} (a(x_{k+1}) - a(x_k))B(x_k) \tag{3}$$

其中 $B(x_0) = 0$.

上式类似于定积分的分部积分公式：

若函数 $U(x), V(x)$ 在$[a, b]$上有连续的微商 $U'(x), V'(x)$，则有分部积分公式

$$\int_a^b U(x)V'(x)\mathrm{d}x = U(x)V(x)\Big|_a^b - \int_a^b V(x)U'(x)\mathrm{d}x \tag{4}$$

事实上，可以利用阿贝尔变换而得到，式(4)给出定积分的分部积分公式的一种证明. 在此从略，留给有兴趣的读者去思考.

1.1　利用阿贝尔恒等式求数列的前 n 项和

例 1　求和：$f(x)=1+2x+3x^2+\cdots+nx^{n-1}$.

解　因为

$$f(1)=1+2+3+\cdots+n=\frac{n(n+1)}{2}$$

所以在下面的讨论中，设 $x\neq 1$，令 $a_k=k, b_k=x^{k-1}$，则

$$B_k=b_1+b_2+\cdots+b_k=\frac{1-x^k}{1-x}, a_k-a_{k+1}=-1$$

由阿贝尔恒等式

$$\sum_{i=1}^{n}a_ib_i=a_nB_n-\sum_{i=1}^{n-1}(a_{i+1}-a_i)B_i$$

其中 $b_1=B_1, b_i=B_i-B_{i-1}, B_n=\sum\limits_{i=1}^{n}b_i$，知

$$f(x)=\sum_{k=1}^{n}a_kb_k=\frac{1-x^n}{1-x}\cdot n-\sum_{k=1}^{n-1}\frac{1-x^k}{1-x}=$$

$$n\cdot\frac{1-x^n}{1-x}-\frac{n-1}{1-x}+\frac{1}{1-x}\cdot\sum_{k=1}^{n-1}x^k=$$

$$\frac{1-nx^n}{1-x}+\frac{x-x^n}{(1-x)^2}$$

例 2　求和：$\sum\limits_{k=1}^{n}k^pa^k$（$a\neq 1$，$p$ 为非负整数）.

解　设

$$I_p=\sum_{k=1}^{n}k^pa^k=\frac{1}{a-1}\sum_{k=1}^{n}k^p(a^{k+1}-a^k)$$

当 $p=0$ 时

$$I_0=\frac{1}{a-1}\sum_{k=1}^{n}(a^{k+1}-a^k)=\frac{a^{n+1}-a}{a-1}$$

当 $p\neq 0$ 时，取 $b_k=k^p$，$a_k=a^k$，则由阿贝尔恒等式

$$\sum_{i=1}^{n}a_ib_i=a_nB_n-\sum_{i=1}^{n}(a_{i+1}-a_i)B_i$$

其中 $b_1=B_1$，$b_i=B_i-B_{i-1}$，$B_n=\sum\limits_{i=1}^{n}b_i$，知

$$\begin{aligned}I_p=&\frac{1}{a-1}\{a^nn^p-a-\\&\sum_{k=1}^{n-1}a^{k+1}[(k+1)^p-k^p]\}=\\&\frac{1}{a-1}[a^nn^p-a-\sum_{k=1}^{n-1}a^{k+1}\sum_{j=0}^{p-1}\mathrm{C}_p^jk^j]=\\&\frac{1}{a-1}[a^nn^p-a-a\sum_{j=0}^{p-1}\mathrm{C}_p^jI_j]\end{aligned}$$

即

$$I_p=-\frac{a}{a-1}\sum_{j=0}^{p-1}\mathrm{C}_p^jI_j+\frac{a^nn^p}{a-1}-\frac{a}{a-1}$$

可利用此递推公式计算 I_p 的值.

例 3 求 $S_n=\sum\limits_{k=1}^{n}k\cos k\alpha$，$T_n=\sum\limits_{k=1}^{n}k\sin k\alpha$.

解 由积化和差公式知

$$\begin{aligned}\cos k\alpha=&\frac{1}{2\sin\frac{\alpha}{2}}\cdot 2\cos k\alpha\sin\frac{\alpha}{2}=\\&\frac{1}{2\sin\frac{\alpha}{2}}\left[\sin\frac{(2k+1)\alpha}{2}-\sin\frac{(2k-1)\alpha}{2}\right]\end{aligned}$$

$$\sin k\alpha=\frac{1}{2\sin\frac{\alpha}{2}}\cdot 2\sin k\alpha\sin\frac{\alpha}{2}=$$

$$-\frac{1}{2\sin\frac{\alpha}{2}}\left[\cos\frac{(2k+1)\alpha}{2}-\cos\frac{(2k-1)\alpha}{2}\right]$$

记

$$A_k=\frac{\sin\frac{(2k-1)\alpha}{2}}{2\sin\frac{\alpha}{2}},B_k=-\frac{\cos\frac{(2k-1)\alpha}{2}}{2\sin\frac{\alpha}{2}}$$

则

$$\sum_{k=1}^{n}\cos k\alpha=\sum_{k=1}^{n}(A_{k+1}-A_k)=A_{n+1}-A_1=\frac{\sin\frac{(2n+1)\alpha}{2}-\sin\frac{\alpha}{2}}{2\sin\frac{\alpha}{2}}$$

$$\sum_{k=1}^{n}\sin k\alpha=\sum_{k=1}^{n}(B_{k+1}-B_k)=B_{n+1}-B_1=\frac{\cos\frac{\alpha}{2}-\cos\frac{(2n+1)\alpha}{2}}{2\sin\frac{\alpha}{2}}$$

由阿贝尔恒等式知

$$S_n=\sum_{k=1}^{n}k\cos k\alpha=\sum_{k=1}^{n}(A_{k+1}-A_k)k=\frac{\sin\frac{(2n+1)\alpha}{2}}{2\sin\frac{\alpha}{2}}(n+1)-\frac{1}{2}-\sum_{k=1}^{n}A_{k+1}$$

$$\sum_{k=1}^{n}A_{k+1}=\sum_{k=1}^{n}\frac{\sin\frac{(2k+1)\alpha}{2}}{2\sin\frac{\alpha}{2}}=$$

$$\sum_{k=1}^{n}\frac{\sin k\alpha\cos\frac{\alpha}{2}+\cos k\alpha\sin\frac{\alpha}{2}}{2\sin\frac{\alpha}{2}}=$$

$$\frac{1}{2}\cot\frac{\alpha}{2}\sum_{k=1}^{n}\sin k\alpha+\frac{1}{2}\sum_{k=1}^{n}\cos k\alpha=$$

$$\frac{1}{2}\cot\frac{\alpha}{2}\cdot\frac{\cos\frac{\alpha}{2}-\cos\frac{(2n+1)\alpha}{2}}{2\sin\frac{\alpha}{2}}+$$

$$\frac{1}{2}\cdot\frac{\sin\frac{(2n+1)\alpha}{2}-\sin\frac{\alpha}{2}}{2\sin\frac{\alpha}{2}}$$

$$S_n=\sum_{k=1}^{n}k\cos k\alpha=$$

$$\cot\frac{\alpha}{2}\cdot\frac{\cos\frac{(2n+1)\alpha}{2}-\cos\frac{\alpha}{2}}{4\sin\frac{\alpha}{2}}-\frac{1}{2}+$$

$$\frac{(2n+1)\sin\frac{(2n+1)\alpha}{2}+\sin\frac{\alpha}{2}}{4\sin\frac{\alpha}{2}}$$

$$T_n=\sum_{k=1}^{n}k\sin k\alpha=\sum_{k=1}^{n}(B_{k+1}-B_k)k=$$

$$-\frac{\cos\frac{(2n+1)\alpha}{2}}{2\sin\frac{\alpha}{2}}(n+1)+\frac{1}{2}-\sum_{k=1}^{n}B_{k+1}$$

$$\sum_{k=1}^{n}B_{k+1}=\sum_{k=1}^{n}\left(-\frac{\cos\frac{(2k+1)\alpha}{2}}{2\sin\frac{\alpha}{2}}\right)=$$

$$-\sum_{k=1}^{n}\frac{\cos k\alpha\cos\frac{\alpha}{2}-\sin k\alpha\sin\frac{\alpha}{2}}{2\sin\frac{\alpha}{2}}=$$

$$-\frac{1}{2}\cot\frac{\alpha}{2}\sum_{k=1}^{n}\cos k\alpha+\frac{1}{2}\sum_{k=1}^{n}\sin k\alpha=$$

$$-\frac{1}{2}\cot\frac{\alpha}{2}\cdot\frac{\sin\frac{(2n+1)\alpha}{2}-\sin\frac{\alpha}{2}}{2\sin\frac{\alpha}{2}}+$$

$$\frac{1}{2}\cdot\frac{\cos\frac{\alpha}{2}-\cos\frac{(2n+1)\alpha}{2}}{2\sin\frac{\alpha}{2}}$$

$$T_n=\sum_{k=1}^{n}k\sin k\alpha=$$

$$\cot\frac{\alpha}{2}\cdot\frac{\sin\frac{(2n+1)\alpha}{2}-\sin\frac{\alpha}{2}}{4\sin\frac{\alpha}{2}}+$$

$$\frac{1}{2}-\frac{\cos\frac{\alpha}{2}+(2n+1)\cos\frac{(2n+1)\alpha}{2}}{4\sin\frac{\alpha}{2}}$$

例4　求和：$\sum\limits_{k=m}^{n}\frac{k}{\mathrm{A}_k^m}$，其中 $n>m\geqslant 2$.

解　由排列的定义可知

$$\frac{1}{\mathrm{A}_k^m}=\frac{1}{m-1}\left(\frac{1}{\mathrm{A}_{k-1}^{m-1}}-\frac{1}{\mathrm{A}_k^{m-1}}\right)$$

故

$$\sum_{k=m}^{n}\frac{k}{\mathrm{A}_k^m}=\frac{1}{m-1}\sum_{k=m}^{n}\left(\frac{1}{\mathrm{A}_{k-1}^{m-1}}-\frac{1}{\mathrm{A}_k^{m-1}}\right)k$$

记 $A_k=\frac{1}{\mathrm{A}_{k-1}^{m-1}}$，$b_k=k$，由阿贝尔恒等式知

$$\sum_{k=m}^{n}\frac{k}{\mathrm{A}_k^m}=\frac{1}{1-m}\left(\frac{n+1}{\mathrm{A}_{k-1}^{m-1}}-\frac{m}{(m-1)!}-\sum_{k=m}^{n}A_{k+1}\right)$$

$$\sum_{k=m}^{n}A_{k+1}=\sum_{k=m}^{n}\frac{1}{\mathrm{A}_k^{m-1}}=\frac{1}{m-2}\sum_{k=m}^{n}\left(\frac{1}{\mathrm{A}_{k-1}^{m-2}}-\frac{1}{\mathrm{A}_k^{m-2}}\right)=$$
$$\frac{1}{m-2}\left(\frac{1}{\mathrm{A}_{m-1}^{m-2}}-\frac{1}{\mathrm{A}_n^{m-2}}\right)$$

故

$$\sum_{k=m}^{n}\frac{k}{\mathrm{A}_k^m}=\frac{1}{1-m}\left[\frac{n+1}{\mathrm{A}_{k-1}^{m-1}}-\frac{m}{(m-1)!}-\frac{1}{m-2}\left(\frac{1}{\mathrm{A}_{m-1}^{m-2}}-\frac{1}{\mathrm{A}_n^{m-2}}\right)\right]$$

例 5 求和：$\sum_{k=m}^{n}\mathrm{C}_k^m a^k$，其中 m 为非负整数，$a\neq 1$.

解 设

$$I_m=\sum_{k=m}^{n}\mathrm{C}_k^m a^k=\frac{1}{a-1}\sum_{k=m}^{n}\mathrm{C}_k^m(a^{k+1}-a^k)$$

由阿贝尔恒等式知，当 $m\neq 0$ 时

$$I_m=\mathrm{C}_{n+1}^m a^{n+1}-a^m-\sum_{k=m}^{n}(\mathrm{C}_{k+1}^m-\mathrm{C}_k^m)a^{k+1}=$$
$$\mathrm{C}_{n+1}^m a^{n+1}-a^m-\sum_{k=m}^{n}a^{k+1}\mathrm{C}_k^{m-1}=$$
$$\mathrm{C}_{n+1}^m a^{n+1}-\sum_{k=m-1}^{n}a^{k+1}\mathrm{C}_k^{m-1}=$$
$$\mathrm{C}_{n+1}^m a^{n+1}-aI_{m-1}$$

当 $m=0$ 时

$$I_0=\sum_{k=0}^{n}a^k=\frac{1-a^{n+1}}{1-a}$$

由

$$I_m=C_{n+1}^m a^{n+1}-aI_{m-1},I_0=\frac{1-a^{n+1}}{1-a}$$

可计算出 I_m 的值.

例6　设 $S(n)=\sum\limits_{k=1}^{n}\frac{a_k}{k}(n\geqslant 2)$,求证

$$\sum_{k=1}^{n}a_k+\sum_{k=1}^{n-1}S(k)=nS(n)$$

证明

$$\sum_{k=1}^{n}a_k+\sum_{k=1}^{n-1}S(k)=\sum_{k=1}^{n}k\cdot\frac{a_k}{k}+\sum_{k=1}^{n-1}S(k)=$$

$$(1-2)\cdot\frac{a_1}{1}+(2-3)\cdot\left(\frac{a_1}{1}+\frac{a_2}{2}\right)+\cdots+$$

$$(n-1-n)\left(\frac{a_1}{1}+\frac{a_2}{2}+\cdots+\frac{a_{n-1}}{n-1}\right)+$$

$$n\left(\frac{a_1}{1}+\frac{a_2}{2}+\cdots+\frac{a_n}{n}\right)+\sum_{k=1}^{n-1}S(k)=$$

$$-\sum_{k=1}^{n-1}S(k)+nS(n)+\sum_{k=1}^{n-1}S(k)=nS(n)$$

例7　设 $S_n^{(k)}=\sum\limits_{i=1}^{n}i^k(k\in\mathbf{N})$,求证

$$\sum_{j=1}^{n-1}S_j^{(k)}=nS_n^{(k)}-S_n^{(k+1)}$$

证明　由

$$S_n^{(k+1)}+\sum_{j=1}^{n-1}S_j^{(k)}=\sum_{i=1}^{n}i^{k+1}+\sum_{j=1}^{n-1}S_j^{(k)}=$$

$$\sum_{i=1}^{n}i\cdot i^k+\sum_{j=1}^{n-1}S_j^{(k)}=$$

$$nS_n^{(k)}+(1-2)S_n^{(1)}+(2-3)S_n^{(2)}+\cdots+$$

$$(n-1-n)S_n^{(n-1)}+\sum_{j=1}^{n-1}S_j^{(k)}=$$

$$nS_n^{(k)}-\sum_{j=1}^{n-1}S_j^{(k)}+\sum_{j=1}^{n-1}S_j^{(k)}=nS_n^{(k)}$$

故

$$\sum_{j=1}^{n-1} S_j^{(k)} = nS_n^{(k)} - S_n^{(k+1)}$$

例 8 证明：$\sum\limits_{k=1}^{n} (-1)^k C_n^k \left(1+\frac{1}{2}+\cdots+\frac{1}{k}\right) = -\frac{1}{n}$.

证明 先证明

$$\sum_{k=1}^{i} (-1)^k C_n^k = (-1)^i C_{n-1}^i - 1$$

$$\sum_{k=1}^{i} (-1)^k C_n^k = \sum_{k=1}^{i} (-1)^k (C_{n-1}^k + C_{n-1}^{k-1}) =$$

$$-(C_{n-1}^1 + C_{n-1}^0) + (C_{n-1}^2 + C_{n-1}^1) + \cdots +$$

$$(-1)^i (C_{n-1}^i + C_{n-1}^{i-1}) = (-1)^i C_{n-1}^i - 1 =$$

$$(-1)^k C_n^k = B_k$$

则

$$S_i = \sum_{k=1}^{i} (-1)^k C_n^k = (-1)^i C_{n-1}^i - 1$$

由阿贝尔恒等式知

$$\sum_{k=1}^{n} (-1)^k C_n^k \left(1+\frac{1}{2}+\cdots+\frac{1}{k}\right) =$$

$$-\left(1+\frac{1}{2}+\cdots+\frac{1}{n}\right) + \sum_{i=1}^{n-1} \left\{-\frac{1}{i+1}[(-1)^i C_{n-1}^i - 1]\right\} =$$

$$-\left(1+\frac{1}{2}+\cdots+\frac{1}{n}\right) + \left(\frac{1}{2}+\cdots+\frac{1}{n}\right) +$$

$$\frac{1}{n}\sum_{i=1}^{n-1} (-1)^{i+1} C_n^{i+1} =$$

$$-1 + \frac{1}{n}(C_n^1 - C_n^0) = -\frac{1}{n}$$

1.2　利用阿贝尔恒等式证明不等式

利用阿贝尔恒等式可以证明一系列的不等式. 因为不等式加上或者减去某一个数,就变成等式. 反过来,一个等式,减去或者加上某一个数,就变成了不等式. 因此,可以利用等式与不等式的辩证关系解题.

例1　**(阿贝尔不等式)** 设 $a_1 \geqslant a_2 \geqslant \cdots \geqslant a_n > 0$, $m \leqslant \sum\limits_{i=1}^{n} b_i \leqslant M$,则有

$$a_1 m \leqslant \sum_{i=1}^{n} a_i b_i \leqslant a_1 M$$

证明　由阿贝尔恒等式

$$\sum_{i=1}^{n} a_i b_i = a_n B_n - \sum_{i=1}^{n-1} (a_{i+1} - a_i) B_i$$

其中 $b_1 = B_1, b_i = B_i - B_{i-1}, B_n = \sum\limits_{i=1}^{n} b_i$,知

$$\sum_{i=1}^{n} a_i b_i = a_n B_n - \sum_{i=1}^{n-1} (a_{i+1} - a_i) B_i \leqslant$$
$$a_n B_n - \sum_{i=1}^{n-1} M(a_{i+1} - a_i) = Ma_1$$
$$\sum_{i=1}^{n} a_i b_i = a_n B_n - \sum_{i=1}^{n-1} (a_{i+1} - a_i) B_i \geqslant$$
$$a_n B_n - \sum_{i=1}^{n-1} m(a_{i+1} - a_i) = ma_1$$

应用阿贝尔不等式,能够很轻松地证明如下不等式:

假设 $a_1 \geqslant a_2 \geqslant \cdots \geqslant a_n \geqslant 0$,且 $\sum\limits_{i=1}^{n} a_i^2 = 1$,求证:

$\sum\limits_{i=1}^{n}\frac{a_i}{\sqrt{i}+\sqrt{i-1}}\geqslant 1$.

证明　记

$$b_i=\frac{1}{\sqrt{i}+\sqrt{i-1}}=\sqrt{i}-\sqrt{i-1}$$

则原不等式等价于

$$\sum_{i=1}^{n}a_ib_i\geqslant\sum_{i=1}^{n}a_i^2\Leftrightarrow\sum_{i=1}^{n}a_i(b_i-a_i)\geqslant 0$$

记

$$c_i=b_i-a_i,S_k=\sum_{i=1}^{k}c_i$$

则由幂平均不等式知

$$S_k=\sum_{i=1}^{k}c_i=\sum_{i=1}^{k}(b_i-a_i)=\sum_{i=1}^{k}b_i-\sum_{i=1}^{k}a_i=$$
$$\sum_{i=1}^{k}(\sqrt{i}-\sqrt{i-1})-\sum_{i=1}^{k}a_i\geqslant$$
$$\sqrt{k}-\sqrt{k\sum_{i=1}^{k}a_i^2}\geqslant\sqrt{k}-\sqrt{k\sum_{i=1}^{n}a_i^2}=$$
$$\sqrt{k}-\sqrt{k\cdot 1}=0$$

由阿贝尔不等式知

$$\sum_{i=1}^{n}a_i(b_i-a_i)=\sum_{i=1}^{n}a_ic_i=$$
$$a_1S_1+a_2(S_2-S_1)+\cdots+a_n(S_n-S_{n-1})=$$
$$(a_1-a_2)S_1+(a_2-a_3)S_2+\cdots+$$
$$(a_{n-1}-a_n)S_{n-1}+a_nS_n\geqslant a_nS_n\geqslant 0$$

证毕.

例2　**(钟开来不等式)** 设 $a_1\geqslant a_2\geqslant\cdots\geqslant a_n>0$，且 $\sum\limits_{i=1}^{k}a_i\leqslant\sum\limits_{i=1}^{k}b_i(1\leqslant k\leqslant n)$，则有：

(1) $\sum_{i=1}^{n} a_i^{\ 2} \leqslant \sum_{i=1}^{n} b_i^{\ 2}$;

(2) $\sum_{i=1}^{n} a_i^{\ 3} \leqslant \sum_{i=1}^{n} a_i b_i^{\ 2}$.

证明　(1) 由阿贝尔恒等式

$$\sum_{i=1}^{n} a_i b_i = a_n B_n - \sum_{i=1}^{n-1} (a_{i+1} - a_i) B_i$$

其中 $b_1 = B_1, b_i = B_i - B_{i-1}, B_n = \sum_{i=1}^{n} b_i$,知

$$\sum_{i=1}^{n} a_i^{\ 2} = a_n \sum_{i=1}^{n} a_i + \sum_{k=1}^{n-1} (\sum_{i=1}^{k} a_i)(a_{k+1} - a_k) \leqslant$$
$$a_n \sum_{i=1}^{n} b_i + \sum_{k=1}^{n-1} (\sum_{i=1}^{k} b_i)(a_k - a_{k+1}) = \sum_{i=1}^{n} a_i b_i$$

再由柯西(Cauchy)不等式,得

$$\sum_{i=1}^{n} a_i b_i \leqslant (\sum_{i=1}^{n} a_i^{\ 2})^{\frac{1}{2}} (\sum_{i=1}^{n} b_i^{\ 2})^{\frac{1}{2}}$$

即

$$\sum_{i=1}^{n} a_i^{\ 2} \leqslant \sum_{i=1}^{n} b_i^{\ 2}$$

(2) 因为

$$\sum_{i=1}^{n} a_i^{\ 3} = a_n^{\ 2} (\sum_{i=1}^{n} a_i) +$$
$$\sum_{k=1}^{n-1} (\sum_{i=1}^{k} a_i)(a_k^{\ 2} - a_{k+1}^{\ \ 2}) \leqslant$$
$$a_n^{\ 2} (\sum_{i=1}^{n} b_i) +$$
$$\sum_{k=1}^{n-1} (\sum_{i=1}^{k} b_i)(a_k^{\ 2} - a_{k+1}^{\ \ 2}) \leqslant$$
$$\sum_{i=1}^{n} a_i^{\ 2} b_i = \sum_{i=1}^{n} a_i^{\ \frac{3}{2}} \cdot a_i^{\ \frac{1}{2}} b_i \leqslant$$

$$(\sum_{i=1}^{n} a_i^{3})^{\frac{1}{2}}(\sum_{i=1}^{n} a_i b_i^{2})^{\frac{1}{2}}$$

所以

$$\sum_{i=1}^{n} a_i^{3} \leqslant \sum_{i=1}^{n} a_i b_i^{2}$$

例 3 （1989 年全国高中数学联赛试题）已知 $x_i \in \mathbf{R}(i=1, 2, \cdots, n; n \geqslant 2)$，满足 $\sum_{i=1}^{n} |x_i| = 1$，$\sum_{i=1}^{n} x_i = 0$. 证明

$$\left|\sum_{i=1}^{n} \frac{x_i}{i}\right| \leqslant \frac{1}{2} - \frac{1}{2n}$$

证明 记

$$S_k = x_1 + x_2 + \cdots + x_k$$

由 $\sum_{i=1}^{n} x_i = 0$，$\sum_{i=1}^{n} |x_i| = 1$，知 $S_n = 0$ 且 $|S_i| \leqslant \frac{1}{2}$，$i = 1, 2, \cdots, n-1$.

不妨设 $S_0 = 0$，则

$$x_i = S_i - S_{i-1} \quad (1 \leqslant i \leqslant n, i \in \mathbf{N})$$

于是

$$\sum_{i=1}^{n} \frac{x_i}{i} = \sum_{i=1}^{n} \frac{1}{i}(S_i - S_{i-1}) =$$

$$\sum_{i=1}^{n} \frac{S_i}{i} - \sum_{i=1}^{n-1} \frac{S_i}{i+1} =$$

$$\sum_{i=1}^{n-1} S_i \left(\frac{1}{i} - \frac{1}{i+1}\right)$$

从而

$$\left|\sum_{i=1}^{n} \frac{x_i}{i}\right| \leqslant \sum_{i=1}^{n-1} |S_i| \left(\frac{1}{i} - \frac{1}{i+1}\right) \leqslant$$

$$\frac{1}{2}\sum_{i=1}^{n-1}\left(\frac{1}{i}-\frac{1}{i+1}\right)=$$

$$\frac{1}{2}\left(1-\frac{1}{n}\right)$$

例 4　(2001 年全国高中数学联赛试题)设$x_i \geqslant 0$ $(i=1,2,\cdots,n)$且$\sum\limits_{i=1}^{n} x_i^2+2\sum\limits_{1\leqslant k<j\leqslant n}\sqrt{\frac{k}{j}}x_k x_j=1$,求$\sum\limits_{i=1}^{n} x_i$的最大值与最小值.

解　先求最小值,因为

$$\left(\sum_{i=1}^{n} x_i\right)^2 \geqslant \sum_{i=1}^{n} x_i^2+2\sum_{1\leqslant k<j\leqslant n}\sqrt{\frac{k}{j}}x_k x_j=1\Rightarrow$$

$$\sum_{i=1}^{n} x_i \geqslant 1$$

等号成立当且仅当存在i使得$x_i=1,x_j=0,j=i$,所以$\sum\limits_{i=1}^{n} x_i$的最小值为 1.

再求最大值,令$x_k=\sqrt{k}\,y_k$,则

$$\sum_{k=1}^{n} k y_k^2+2\sum_{1\leqslant k<j\leqslant n} k y_k y_j=1 \tag{1}$$

设

$$M=\sum_{k=1}^{n} x_k=\sum_{k=1}^{n}\sqrt{k}\,y_k$$

令

$$\begin{cases} y_1+y_2+\cdots+y_n=a_1 \\ y_2+\cdots+y_n=a_2 \\ \vdots \\ y_n=a_n \end{cases}$$

则

$$(1)\Leftrightarrow a_1^2+a_2^2+\cdots+a_n^2=1$$

令 $a_{n+1}=0$，则由阿贝尔恒等式知

$$M=\sum_{k=1}^{n}\sqrt{k}(a_k-a_{k+1})=\sum_{k=1}^{n}\sqrt{k}a_k-\sum_{k=1}^{n}\sqrt{k}a_{k+1}=$$

$$\sum_{k=1}^{n}\sqrt{k}a_k-\sum_{k=1}^{n}\sqrt{k-1}a_k=$$

$$\sum_{k=1}^{n}(\sqrt{k}-\sqrt{k-1})a_k$$

由柯西不等式得

$$M\leqslant\left[\sum_{k=1}^{n}(\sqrt{k}-\sqrt{k-1})^2\right]^{\frac{1}{2}}\left(\sum_{k=1}^{n}a_k^2\right)^{\frac{1}{2}}=$$

$$\left[\sum_{k=1}^{n}(\sqrt{k}-\sqrt{k-1})^2\right]^{\frac{1}{2}}$$

等号成立 $\Leftrightarrow$

$$\frac{a_1^2}{1}=\cdots=\frac{a_k^2}{(\sqrt{k}-\sqrt{k-1})^2}=\cdots=$$

$$\frac{a_n^2}{(\sqrt{n}-\sqrt{n-1})^2}\Leftrightarrow$$

$$\frac{a_1^2+a_2^2+\cdots+a_n^2}{1+(\sqrt{2}-\sqrt{1})^2+\cdots+(\sqrt{n}-\sqrt{n-1})^2}=$$

$$\frac{a_k^2}{(\sqrt{k}-\sqrt{k-1})^2}\Leftrightarrow$$

$$a_k=\frac{\sqrt{k}-\sqrt{k-1}}{\left[\sum_{k=1}^{n}(\sqrt{k}-\sqrt{k-1})^2\right]^{\frac{1}{2}}}\quad(k=1,2,\cdots,n)$$

由于 $a_1\geqslant a_2\geqslant\cdots\geqslant a_n$，从而

$$y_k=a_k-a_{k+1}=\frac{2\sqrt{k}-(\sqrt{k+1}+\sqrt{k-1})}{\left[\sum_{k=1}^{n}(\sqrt{k}-\sqrt{k-1})^2\right]^{\frac{1}{2}}}\geqslant 0$$

即 $x_k\geqslant 0$，所求最大值为 $\left[\sum_{k=1}^{n}(\sqrt{k}-\sqrt{k-1})^2\right]^{\frac{1}{2}}$.

例5　（第20届IMO试题）已知 $a_1,a_2,\cdots,a_n$ 为任意两两各不相同的正整数，求证：对任意正整数 n，下列不等式成立

$$\sum_{k=1}^{n}\frac{a_k}{k^2}\geqslant\sum_{k=1}^{n}\frac{1}{k}$$

注　本题为第20届（1978年）国际数学奥林匹克第5题，由法国提供.

证明　记

$$S_k=\sum_{i=1}^{k}a_i\geqslant\sum_{i=1}^{k}i=\frac{k(k+1)}{2}$$

由阿贝尔恒等式知

$$\begin{aligned}\sum_{k=1}^{n}\frac{a_k}{k^2}=\sum_{k=1}^{n}a_k\cdot\frac{1}{k^2}=&\\ &\frac{1}{n^2}S_n+\sum_{k=1}^{n-1}S_k\cdot\left[\frac{1}{k^2}-\frac{1}{(k+1)^2}\right]\geqslant\\ &\frac{1}{n^2}\cdot\frac{n(n+1)}{2}+\\ &\sum_{k=1}^{n-1}\frac{k(k+1)}{2}\cdot\left[\frac{1}{k^2}-\frac{1}{(k+1)^2}\right]=\\ &\frac{n+1}{2n}+\sum_{k=1}^{n-1}\frac{2k+1}{2k(k+1)}=\\ &\frac{n+1}{2n}+\frac{1}{2}\sum_{k=1}^{n-1}\left(\frac{1}{k}+\frac{1}{k+1}\right)=\sum_{k=1}^{n}\frac{1}{k}\end{aligned}$$

例6　（第10届美国数学竞赛试题）$x\in\mathbf{R}_+,n\in\mathbf{N}^*$，证明

$$[nx]\geqslant\frac{[x]}{1}+\frac{[2x]}{2}+\frac{[3x]}{3}+\cdots+\frac{[nx]}{n}$$

其中 $[x]$ 表示不大于 x 的最大整数.

证明　令

$$A_k=[x]+\frac{[2x]}{2}+\cdots+\frac{[kx]}{k}\quad (k=1,2,\cdots)$$

当 $n=1$ 时,显然成立.

假设对于 $1\leqslant k\leqslant n-1$,均有 $A_k\leqslant[kx]$,则

$$\begin{aligned}nA_n=&\sum_{k=1}^{n}k\cdot\frac{[kx]}{k}-\sum_{k=1}^{n-1}A_k[k-(k+1)]=\\&\sum_{k=1}^{n}[kx]+\sum_{k=1}^{n-1}A_k\leqslant\\&\sum_{k=1}^{n}[kx]+\sum_{k=1}^{n-1}[kx]=\\&[nx]+\sum_{k=1}^{n-1}([(n-k)x]+[kx])\leqslant\\&[nx]+\sum_{k=1}^{n-1}([(n-k)x+kx])=n[nx]\end{aligned}$$

所以 $A_n\leqslant[nx]$.

由数学归纳法原理,结论得证.

例 7 (第 53 届 IMO 莫斯科试题的改编)给定两组数 $x_1,x_2,\cdots,x_n$ 和 $y_1,y_2,\cdots,y_n$,已知:

(1)$x_1\geqslant x_2\geqslant\cdots\geqslant x_n>0,y_1\geqslant y_2\geqslant\cdots\geqslant y_n>0$;

(2)$x_1\geqslant y_1,x_1+x_2\geqslant y_1+y_2,\cdots,x_1+x_2+\cdots+x_n\geqslant y_1+y_2+\cdots+y_n$.

证明:对于任意正整数 k,都有如下不等式成立

$$x_1^k+x_2^k+\cdots+x_n^k\geqslant y_1^k+y_2^k+\cdots+y_n^k$$

证明 当 $k=1$ 时,显然成立.

当 $k\geqslant 2$ 时

$$\begin{aligned}&x_1^k+x_2^k+\cdots+x_n^k\geqslant\\&y_1^k+y_2^k+\cdots+y_n^k\Leftrightarrow\end{aligned}$$

$$\sum_{i=1}^{n}(x_i^k-y_i^k)\geqslant 0\Leftrightarrow$$

$$\sum_{i=1}^{n}(x_i-y_i)(x_i^{k-1}+x_i^{k-2}y_i+\cdots+$$

$$x_iy_i^{k-2}+y_i^{k-1})\geqslant 0$$

构造数列

$$\{a_i\}=\{x_i-y_i\}$$

$$\{b_i\}=\{x_i^{k-1}+x_i^{k-2}y_i+\cdots+x_iy_i^{k-2}+y_i^{k-1}\}$$

$$S_k=\sum_{i=1}^{k}(x_i-y_i)\quad(k=1,2,\cdots,n)$$

由阿贝尔恒等式知

$$\sum_{i=1}^{n}(x_i^k-y_i^k)=S_nb_n+\sum_{i=1}^{n-1}(b_i-b_{i+1})S_i$$

由 $x_1\geqslant x_2\geqslant\cdots\geqslant x_n>0,y_1\geqslant y_2\geqslant\cdots\geqslant y_n>0$，得 $b_i>0(i=1,2,\cdots,n)$. 由条件(2)知 $S_k=\sum_{i=1}^{k}(x_i-y_i)\geqslant 0(k=1,2,\cdots,n)$.

注意到

$$\frac{x_j^{k-i}y_j^{i-1}}{x_{j+1}^{k-i}y_{j+1}^{i-1}}=\left(\frac{x_j}{x_{j+1}}\right)^{k-i}\cdot\left(\frac{y_j}{y_{j+1}}\right)^{i-1}\geqslant 1\quad(i=1,2,\cdots,k)$$

即

$$x_j^{k-i}y_j^{i-1}\geqslant x_{j+1}^{k-i}y_{j+1}^{i-1}$$

故

$$\begin{aligned}b_j-b_{j+1}=&x_j^{k-1}+x_j^{k-2}y_j+\cdots+\\&x_jy_j^{k-2}+y_j^{k-1}-x_{j+1}^{k-1}-x_{j+1}^{k-2}y_{j+1}-\cdots-\\&x_{j+1}y_{j+1}^{k-2}-y_{j+1}^{k-1}=\\&(x_j^{k-1}-x_{j+1}^{k-1})+(x_j^{k-2}y_j-x_{j+1}^{k-2}y_{j+1})+\cdots+\\&(x_jy_j^{k-2}-x_{j+1}y_{j+1}^{k-2})+(y_j^{k-1}-y_{j+1}^{k-1})\geqslant 0\end{aligned}$$

故

$$\sum_{i=1}^{n}(x_i^k-y_i^k)=S_nb_n+\sum_{i=1}^{n-1}(b_i-b_{i+1})S_i\geqslant 0$$

综上，原不等式成立.

另证 记

$$\{a_i\}=\{x_i\},\{b_i\}=\{x_i^{k-1}\}$$

$$S_k=\sum_{i=1}^{k}x_i,S'_k=\sum_{i=1}^{k}y_i\quad(k=1,2,\cdots,n)$$

由条件(2)知

$$S_k\geqslant S'_k\quad(k=1,2,\cdots,n)$$

则由阿贝尔恒等式和赫尔德(Hölder)不等式知

$$\sum_{i=1}^{n}x_i^k=\sum_{i=1}^{n}x_i^{k-1}\cdot x_i=S_nb_n+\sum_{i=1}^{n-1}(b_i-b_{i+1})S_i\geqslant$$

$$S'_nb_n+\sum_{i=1}^{n-1}(b_i-b_{i+1})S'_i=$$

$$\sum_{i=1}^{n}x_i^{k-1}\cdot y_i\geqslant$$

$$\left(\sum_{i=1}^{n}x_i^k\right)^{\frac{k-1}{k}}\left(\sum_{i=1}^{n}y_i^k\right)^{\frac{1}{k}}$$

即

$$\left(\sum_{i=1}^{n}x_i^k\right)^{\frac{1}{k}}\geqslant\left(\sum_{i=1}^{n}y_i^k\right)^{\frac{1}{k}}$$

即

$$\sum_{i=1}^{n}x_i^k\geqslant\sum_{i=1}^{n}y_i^k$$

本题是著名的优超不等式(控制不等式)的特殊情况.

优超不等式(控制不等式) 设两组正数 $x_1\leqslant x_2\leqslant\cdots\leqslant x_n,y_1\leqslant y_2\leqslant\cdots\leqslant y_n$ 满足不等式组

$$x_1\geqslant y_1$$

$$x_1+x_2\geqslant y_1+y_2$$
$$\vdots$$
$$x_1+x_2+\cdots+x_n\geqslant y_1+y_2+\cdots+y_n$$

则对于任意凸函数 $f(x)$，有

$$\sum_{i=1}^{n}f(x_i)\geqslant\sum_{i=1}^{n}f(y_i)$$

例8 （第29届IMO加拿大训练题）给定两组数 $x_1,x_2,\cdots,x_n$ 和 $y_1,y_2,\cdots,y_n$，已知：

(1) $x_1\geqslant x_2\geqslant\cdots\geqslant x_n>0,y_1\geqslant y_2\geqslant\cdots\geqslant y_n>0$；

(2) $x_1\leqslant y_1,x_1x_2\leqslant y_1y_2,\cdots,x_1x_2\cdots x_n\leqslant y_1y_2\cdots y_n$.

证明：对于任何正整数 k，都有如下不等式成立

$$x_1+x_2+\cdots+x_n\leqslant y_1+y_2+\cdots+y_n$$

证明　记

$$\{a_i\}=\{x_i\},\{b_i\}=\{\ln x_i\}$$

$$S_k=\sum_{i=1}^{k}\ln x_i,S'_k=\sum_{i=1}^{k}\ln y_i\quad(k=1,2,\cdots,n)$$

由条件(2)知

$$S_k\leqslant S'_k\quad(k=1,2,\cdots,n)$$

则由阿贝尔恒等式知

$$\sum_{i=1}^{n}x_i\ln x_i=x_nS_n+\sum_{i=1}^{n-1}(x_i-x_{i+1})S_i\leqslant$$
$$x_nS'_n+\sum_{i=1}^{n-1}(x_i-x_{i+1})S'_i=$$
$$\sum_{i=1}^{n}\ln y_i\cdot x_i$$

即

$$\sum_{i=1}^{n} x_i \ln \frac{y_i}{x_i} \geqslant 0, \sum_{i=1}^{n} \ln \left(\frac{y_i}{x_i}\right)^{x_i} \geqslant 0$$

$$\ln \prod_{i=1}^{n} \left(\frac{y_i}{x_i}\right)^{x_i} \geqslant 0, \prod_{i=1}^{n} \left(\frac{y_i}{x_i}\right)^{x_i} \geqslant 1$$

再用加权的算术－几何平均不等式得

$$\frac{y_1 + y_2 + \cdots + y_n}{x_1 + x_2 + \cdots + x_n} =$$

$$\frac{x_1 \cdot \frac{y_1}{x_1} + x_2 \cdot \frac{y_2}{x_2} + \cdots + x_n \cdot \frac{y_n}{x_n}}{x_1 + x_2 + \cdots + x_n} \geqslant$$

$$\left[\left(\frac{y_1}{x_1}\right)^{x_1} \left(\frac{y_2}{x_2}\right)^{x_2} \cdots \left(\frac{y_n}{x_n}\right)^{x_n}\right]^{\frac{1}{x_1+x_2+\cdots+x_n}} \geqslant 1$$

排序不等式

第2章

2.1 排序不等式及其应用

1978年全国高中数学联赛加试题第5题：

设有10个人各拿一个提桶同时到水龙头前打水，设水龙头注满第i个人的提桶需时间T_i分钟($i=1,2,\cdots,10$)，假设T_i各不相同.问：

(1) 当只有一个水龙头可用时，应如何安排这10个人的次序，使他们的总的花费时间(包括各人自己接水所花的时间)为最少？这时间等于多少？

(2) 当有两个水龙头可用时，应该如何安排这10个人的次序，使他们的总的花费时间为最少？这时间等于多少？

该题的背景即排序原理.其解题过程如下：

解 根据排序原理的思想,我们不妨假定接水的时间是

$$T_1 < T_2 < T_3 < \cdots < T_9 < T_{10}$$

直觉告诉我们,应该让接水时间短的人先去接水.这样开始时同时等待的人多,但接水的时间短,总的等待时间就少一些;到了后面接水的时间越来越长,但同时等待的人也越来越少,总的时间会短一些.事实上也的确如此.

当只有一个水龙头可用时,只需将这 10 人按 T_1, T_2,…,T_{10} 从小到大的顺序安排接水,便可使总的接水时间最少.

因为,在这样的安排下：

第一个人接水时间为 T_1,10 人在等待,共用时间 $10T_1$；

第二个人接水时间为 T_2,9 人在等待,共用时间 $9T_2$；

……

第十个人接水时间为 T_{10},1 人在等待,共用时间为 T_{10}.

总的花费时间为

$$T = 10T_1 + 9T_2 + 8T_3 + 7T_4 + \cdots + 2T_9 + T_{10}$$

如果不按这一次序安排,例如把第四个人与第二个人对调,则花费的总时间为

$$T' = 10T_1 + 9T_4 + 8T_3 + 7T_2 + \cdots + 2T_9 + T_{10}$$

由 T' 减去 T,得

$$T' - T = 9(T_4 - T_2) + 7(T_2 - T_4) = 2(T_4 - T_2) > 0$$

可见 $T' > T$. 这就证明了,后面的这种安排花费的总时间要多,不是最好的安排.

如果有两个水龙头 A 和 B 可用,这时最好的安排方法是

$$\begin{cases}\text{在水龙头 A 下}:T_1,T_3,T_5,T_7,T_9\\ \text{在水龙头 B 下}:T_2,T_4,T_6,T_8,T_{10}\end{cases}\quad(*)$$

在安排(*)中,T_1 与 T_2,T_3 与 T_4,……,T_9 与 T_{10} 可以对调,但前后不能对调. 换句话说,即将 T_1, T_2,…,T_9,T_{10} 按从小到大的次序轮流分配到 A,B 两个水龙头下. 在这种安排下,接水的时间可分别计算:

在水龙头 A 下接水的总时间为

$$5T_1+4T_3+3T_5+2T_7+T_9$$

在水龙头 B 下接水的总时间为

$$5T_2+4T_4+3T_6+2T_8+T_{10}$$

总的接水时间为

$$T=5(T_1+T_2)+4(T_3+T_4)+3(T_5+T_6)+2(T_7+T_8)+(T_9+T_{10})$$

要证明这种方法是最好的安排,首先注意到,分配到每一个水龙头下的人,必须按接水时间从小到大排列,所花的总时间才会最少.

如果有一个水龙头下安排接水的人多于 5 个,总可以把多于 5 个的人调到另一个水龙头下去接水,而不会增加总的接水时间. 例如

$$\begin{cases}\text{在水龙头 A 下安排}:T'_1,T'_2,T'_3,T'_4,T'_5,T'_6\\ \text{在水龙头 B 下安排}:T'_7,T'_8,T'_9,T'_{10}\end{cases}$$

则接水的总时间为

$$T'=6T'_1+5T'_2+4(T'_3+T'_7)+3(T'_4+T'_8)+2(T'_5+T'_9)+(T'_6+T'_{10})$$

现在把 T'_2 调到水龙头 B 下,则接水的总时间为

$$T''=5(T'_1+T'_2)+4(T'_3+T'_7)+3(T'_4+T'_8)+2(T'_5+T'_9)+(T'_6+T'_{10})$$

T'' 比 T' 少一个 T'_1,时间减少了,所以,可以假定在两个水龙头下都是安排 5 个人接水.

最后,如果不是按照式(*)那样安排顺序,例如,若 T_1 后面不是 T_3,而是 T_2,即

$$\begin{cases}\text{在水龙头 A 下}:T_1,T_2,T_5,T_7,T_9\\ \text{在水龙头 B 下}:T_3,T_4,T_6,T_8,T_{10}\end{cases}$$

则总的接水时间为

$$T'=5(T_1+T_3)+4(T_2+T_4)+3(T_5+T_6)+2(T_7+T_8)+(T_9+T_{10})$$

$$T'-T=T_3-T_2>0$$

即总的接水时间较(*)的安排方式增加了.所以(*)的安排是最好的.

排序不等式 对于两个有序数组 $a_1\leqslant a_2\leqslant\cdots\leqslant a_n$ 及 $b_1\leqslant b_2\leqslant\cdots\leqslant b_n$,则

$$\begin{aligned}&a_1b_1+a_2b_2+\cdots+a_nb_n(\text{同序})\geqslant\\&a_1b_{j_1}+a_2b_{j_2}+\cdots+a_nb_{j_n}(\text{乱序})\geqslant\\&a_1b_n+a_2b_{n-1}+\cdots+a_nb_1(\text{反序})\end{aligned}$$

其中 $i_1,i_2,\cdots,i_n$ 与 $j_1,j_2,\cdots,j_n$ 是 $1,2,\cdots,n$ 的任意两个排列,当且仅当 $a_1=a_2=\cdots=a_n$ 或 $b_1=b_2=\cdots=b_n$ 时式中等号成立.

证明 令

$$B_i=b_1+b_2+\cdots+b_i,B_i'=b_{j_1}+b_{j_2}+\cdots+b_{j_i}$$

易知 $B_i\leqslant B'_i(i=1,2,\cdots,n-1)$,且 $B_n=B'_n$.

由阿贝尔恒等式

$$\sum_{i=1}^{n}a_ib_i=a_nB_n-\sum_{i=1}^{n-1}(a_{i+1}-a_i)B_i$$

其中 $b_1=B_1, b_i=B_i-B_{i-1}, B_n=\sum\limits_{i=1}^{n}b_i$，知

$$\sum_{i=1}^{n}a_ib_i-\sum_{i=1}^{n}a_ib_{j_i}=B_na_n+\sum_{i=1}^{n-1}B_i(a_i-a_{i+1})-$$
$$B_n'a_n-\sum_{i=1}^{n-1}B_i'(a_i-a_{i+1})=$$
$$\sum_{i=1}^{n-1}(B_i-B_i')(a_i-a_{i+1})\geqslant 0$$

所以

$$\sum_{i=1}^{n}a_ib_i\geqslant\sum_{i=1}^{n}a_ib_{j_i}$$

同理可证

$$\sum_{i=1}^{n}a_ib_{j_i}\geqslant\sum_{i=1}^{n}a_ib_{n-i+1}$$

另证　（逐步调整法）设 $S_n=\sum\limits_{j=1}^{n}a_jb_{k_j}$，只需证 $k_j=j$ 时，S_n 最大.

假设 $k_1\neq 1, k_i=1$，则

$$a_1b_1+a_ib_{k_1}-a_1b_{k_1}-a_ib_{k_i}=$$
$$a_1(b_1-b_{k_1})+a_i(b_{k_1}-b_{k_i})=$$
$$(b_1-b_{k_1})(a_1-a_i)\geqslant 0$$

即将 b_1 调整到 b_{k_1} 的位置，S_n 增大，依次下去，得到 $k_j=j$ 时，S_n 最大.

排序不等式的变形形式　(1) 设 $0<a_1\leqslant a_2\leqslant\cdots\leqslant a_n, 0<b_1\leqslant b_2\leqslant\cdots\leqslant b_n$，而 $i_1,i_2,\cdots,i_n$ 是 $1,2,\cdots,n$ 的一个排列，则

$$a_1^{b_1}a_2^{b_2}\cdots a_n^{b_n}\geqslant$$
$$a_1^{b_{i_1}}a_2^{b_{i_2}}\cdots a_n^{b_{i_n}}\geqslant$$
$$a_1^{b_n}a_2^{b_{n-1}}\cdots a_n^{b_1}$$

当且仅当 $a_1=a_2=\cdots=a_n$ 或 $b_1=b_2=\cdots=b_n$ 时式中等号成立.

(2) 设有 n 组非负数，每组 m 个数，它们满足：$0\leqslant a_{k1}\leqslant a_{k2}\leqslant\cdots\leqslant a_{kn}(k=1,2,\cdots,m)$，那么，从每一组中各取出一个数作积，再从剩下的每一组中各取一个数作积，直到 n 次取完为止，然后将这些“积”相加，则所得的诸和中，以

$$I=a_{11}a_{21}\cdots a_{m1}+a_{12}a_{22}\cdots a_{m2}+\cdots+a_{1n}a_{2n}\cdots a_{mn}$$

为最大.

(3) 设 $0<a_1\leqslant a_2\leqslant\cdots\leqslant a_n$，$0<b_1\leqslant b_2\leqslant\cdots\leqslant b_n$，则

$$\sqrt[n]{\frac{(a_1b_n)^n+(a_2b_{n-1})^n+\cdots+(a_nb_1)^n}{n}}\leqslant$$

$$\sqrt[n]{\frac{a_1^n+a_2^n+\cdots+a_n^n}{n}}\cdot\sqrt[n]{\frac{b_1^n+b_2^n+\cdots+b_n^n}{n}}\leqslant$$

$$\sqrt[n]{\frac{(a_1b_1)^n+(a_2b_2)^n+\cdots+(a_nb_n)^n}{n}}$$

当且仅当 $a_1=a_2=\cdots=a_n$，且 $b_1=b_2=\cdots=b_n$ 时取等号.

注 应用排序不等式可证明一些著名的不等式，如算术－几何平均不等式、算术－调和平均不等式、算术－均方根不等式、柯西不等式、切比雪夫(Chebyshev)不等式等.

排序不等式的应用技巧：

一、变形与转化

许多待证不等式可先变形为适合排序的等价形式再来证明.

例1 (2012年全国高中数学联赛甘肃省预赛试

题）设 a,b,c 为正实数，且 $a+b+c=1$，求证

$$(a^2+b^2+c^2)\left(\frac{a}{b+c}+\frac{b}{a+c}+\frac{c}{a+b}\right)\geqslant\frac{1}{2}$$

证明　由排序不等式，有

$$a^2+b^2+c^2\geqslant ab+bc+ca$$

$$a^2+b^2+c^2\geqslant ac+ba+cb$$

两式相加，有

$$2(a^2+b^2+c^2)\geqslant a(b+c)+b(c+a)+c(a+b)$$

上式两端同乘 $\frac{a}{b+c}+\frac{b}{c+a}+\frac{c}{a+b}$ 得

$$2(a^2+b^2+c^2)\left(\frac{a}{b+c}+\frac{b}{c+a}+\frac{c}{a+b}\right)\geqslant$$

$$[a(b+c)+b(c+a)+c(a+b)]\cdot$$

$$\left(\frac{a}{b+c}+\frac{b}{c+a}+\frac{c}{a+b}\right)\geqslant$$

$$(a+b+c)^2=1$$

从而

$$(a^2+b^2+c^2)\left(\frac{a}{b+c}+\frac{b}{a+c}+\frac{c}{a+b}\right)\geqslant\frac{1}{2}$$

另证

$$(a^2+b^2+c^2)\geqslant\frac{1}{3}(a+b+c)^2$$

$$\frac{a}{b+c}+\frac{b}{c+a}+\frac{c}{a+b}\geqslant\frac{3}{2}$$

两式相乘即得证.

评析　使用排序不等式解题的前提是各个变量具有一定的大小顺序. 如果是对称不等式，尽管没有约定各个变量的大小顺序，但可以采用优化假设，先确定各个变量具有一定的大小顺序，再利用排序不等式证题. 如果是轮换对称不等式，那么不能使用优化假设确

定各个变量具有一定的大小顺序，因此，不能使用排序不等式解题. 这是很多人容易忽视的问题，一定要牢记在心，才能避免出错.

例 2 （第 17 届 IMO 试题）已知 $x_i, y_i(i=1, 2,\cdots,n)$ 为任意实数，且 $x_1\geqslant x_2\geqslant\cdots\geqslant x_n, y_1\geqslant y_2\geqslant\cdots\geqslant y_n$. 又 $z_1, z_2,\cdots,z_n$ 是 $y_1, y_2,\cdots,y_n$ 的任意一个排列，试证

$$\sum_{i=1}^{n}(x_i-y_i)^2\leqslant\sum_{i=1}^{n}(x_i-z_i)^2$$

证明 因为

$$\sum_{i=1}^{n}y_i^2=\sum_{i=1}^{n}z_i^2$$

所以原不等式等价于

$$\sum_{i=1}^{n}x_iy_i\geqslant\sum_{i=1}^{n}x_iz_i$$

此式左边为顺序和，右边为乱序和，由排序不等式知其成立.

例 3 （第 20 届 IMO 试题）设 $a_1, a_2,\cdots,a_k,\cdots$ 为两两各不相同的正整数，求证：对任意正整数 n，均有 $\sum_{k=1}^{n}\frac{a_k}{k^2}\geqslant\sum_{k=1}^{n}\frac{1}{k}$.

证明 设 $b_1, b_2,\cdots,b_n$ 是 $a_1, a_2,\cdots,a_n$ 的从小到大的有序排列，即 $b_1\leqslant b_2\leqslant\cdots\leqslant b_n$，因为 b_i 是互不相同的正整数，所以

$$b_1\geqslant 1, b_2\geqslant 2,\cdots,b_n\geqslant n$$

又因为

$$1>\frac{1}{2^2}>\frac{1}{3^2}>\cdots>\frac{1}{n^2}$$

所以由排序不等式得

$$a_1+\frac{a_2}{2^2}+\cdots+\frac{a_n}{n^2}(\text{乱序})\geqslant$$

$$b_1+\frac{b_2}{2^2}+\cdots+\frac{b_n}{n^2}(\text{倒序})\geqslant$$

$$1+\frac{2}{2^2}+\cdots+\frac{n}{n^2}$$

即

$$\sum_{k=1}^{n}\frac{a_k}{k^2}\geqslant\sum_{k=1}^{n}\frac{1}{k}$$

成立.

二、反复应用与联合应用

对较复杂的题目,可反复使用排序不等式来解决,也可将多个不同乱序和不等式联立使用来解决.这是两种重要方法.

例 4　(2013 年波罗的海数学奥林匹克试题)已知 x,y,z 是正数,求证

$$\frac{x^3}{y^2+z^2}+\frac{y^3}{z^2+x^2}+\frac{z^3}{x^2+y^2}\geqslant\frac{x+y+z}{2}$$

证明　不妨设 $x\geqslant y\geqslant z$. 由排序不等式得

$$\frac{x^3}{y^2+z^2}+\frac{y^3}{z^2+x^2}+\frac{z^3}{x^2+y^2}\geqslant$$

$$\frac{z^3}{y^2+z^2}+\frac{x^3}{z^2+x^2}+\frac{y^3}{x^2+y^2}$$

$$\frac{x^3}{y^2+z^2}+\frac{y^3}{z^2+x^2}+\frac{z^3}{x^2+y^2}\geqslant$$

$$\frac{y^3}{y^2+z^2}+\frac{z^3}{z^2+x^2}+\frac{x^3}{x^2+y^2}$$

以上两式相加便得

$$\frac{x^3}{y^2+z^2}+\frac{y^3}{z^2+x^2}+\frac{z^3}{x^2+y^2}\geqslant$$

$$\frac{1}{2}\left(\frac{y^3+z^3}{y^2+z^2}+\frac{z^3+x^3}{z^2+x^2}+\frac{x^3+y^3}{x^2+y^2}\right)$$

在简单不等式

$$x^3+y^3 \geqslant x^2y+xy^2$$

两边加上 x^3+y^3,可得

$$\frac{x^3+y^3}{x^2+y^2} \geqslant \frac{x+y}{2}$$

同理可得

$$\frac{y^3+z^3}{y^2+z^2} \geqslant \frac{y+z}{2}, \frac{z^3+x^3}{z^2+x^2} \geqslant \frac{z+x}{2}$$

以上三式相加即得

$$\frac{y^3+z^3}{y^2+z^2}+\frac{z^3+x^3}{z^2+x^2}+\frac{x^3+y^3}{x^2+y^2} \geqslant x+y+z$$

综上,原不等式成立.

注 我们实际上证明了原不等式的加强不等式.

另证 1 不妨设 $x \geqslant y \geqslant z$. 由排序不等式得

$$\frac{x^3}{y^2+z^2}+\frac{y^3}{z^2+x^2}+\frac{z^3}{x^2+y^2} \geqslant$$

$$\frac{y^3}{y^2+z^2}+\frac{z^3}{z^2+x^2}+\frac{x^3}{x^2+y^2}$$

注意到

$$\frac{x^3}{x^2+y^2}=\frac{x(x^2+y^2)-xy^2}{x^2+y^2}=x-\frac{xy^2}{x^2+y^2} \geqslant$$

$$x-\frac{xy^2}{2xy}=x-\frac{y}{2}$$

同理可得

$$\frac{y^3}{y^2+z^2} \geqslant y-\frac{z}{2}, \frac{z^3}{z^2+x^2} \geqslant z-\frac{x}{2}$$

以上三式相加即得

$$\frac{y^3}{y^2+z^2}+\frac{z^3}{z^2+x^2}+\frac{x^3}{x^2+y^2} \geqslant$$

$$\left(y-\frac{z}{2}\right)+\left(z-\frac{x}{2}\right)+\left(x-\frac{y}{2}\right)=$$
$$\frac{x+y+z}{2}$$

另证 2　不妨设 $x \geqslant y \geqslant z$,则

$$x^2 \geqslant y^2 \geqslant z^2$$
$$x^2+y^2 \geqslant z^2+x^2 \geqslant y^2+z^2$$

故

$$\frac{x^2}{y^2+z^2} \geqslant \frac{y^2}{z^2+x^2} \geqslant \frac{z^2}{x^2+y^2}$$

由切比雪夫不等式知

$$\frac{x^3}{y^2+z^2}+\frac{y^3}{z^2+x^2}+\frac{z^3}{x^2+y^2}=$$
$$x \cdot \frac{x^2}{y^2+z^2}+y \cdot \frac{y^2}{z^2+x^2}+z \cdot \frac{z^2}{x^2+y^2} \geqslant$$
$$\frac{1}{3}(x+y+z)\left(\frac{x^2}{y^2+z^2}+\frac{y^2}{z^2+x^2}+\frac{z^2}{x^2+y^2}\right)$$

由内斯比特(Nesbitt)不等式知

$$\frac{x^2}{y^2+z^2}+\frac{y^2}{z^2+x^2}+\frac{z^2}{x^2+y^2} \geqslant \frac{3}{2}$$

故

$$\frac{x^3}{y^2+z^2}+\frac{y^3}{z^2+x^2}+\frac{z^3}{x^2+y^2} \geqslant$$
$$\frac{1}{3}(x+y+z)\left(\frac{x^2}{y^2+z^2}+\frac{y^2}{z^2+x^2}+\frac{z^2}{x^2+y^2}\right) \geqslant$$
$$\frac{1}{3}(x+y+z) \cdot \frac{3}{2}=\frac{x+y+z}{2}$$

另证 3　不妨设 $x \geqslant y \geqslant z$,则

$$x^2 \geqslant y^2 \geqslant z^2$$
$$x^2+y^2 \geqslant z^2+x^2 \geqslant y^2+z^2$$

故

$$\frac{x^2}{y^2+z^2} \geqslant \frac{y^2}{z^2+x^2} \geqslant \frac{z^2}{x^2+y^2}$$

由切比雪夫不等式知

$$\frac{x^3}{y^2+z^2}+\frac{y^3}{z^2+x^2}+\frac{z^3}{x^2+y^2}=$$

$$x \cdot \frac{x^2}{y^2+z^2}+y \cdot \frac{y^2}{z^2+x^2}+z \cdot \frac{z^2}{x^2+y^2} \geqslant$$

$$x \cdot \frac{y^2}{y^2+z^2}+y \cdot \frac{z^2}{z^2+x^2}+z \cdot \frac{x^2}{x^2+y^2}$$

$$\frac{x^3}{y^2+z^2}+\frac{y^3}{z^2+x^2}+\frac{z^3}{x^2+y^2}=$$

$$x \cdot \frac{x^2}{y^2+z^2}+y \cdot \frac{y^2}{z^2+x^2}+z \cdot \frac{z^2}{x^2+y^2} \geqslant$$

$$x \cdot \frac{z^2}{y^2+z^2}+y \cdot \frac{x^2}{z^2+x^2}+z \cdot \frac{y^2}{x^2+y^2}$$

以上两式相加即得

$$2\left(\frac{x^3}{y^2+z^2}+\frac{y^3}{z^2+x^2}+\frac{z^3}{x^2+y^2}\right) \geqslant$$

$$x \cdot \frac{y^2}{y^2+z^2}+y \cdot \frac{z^2}{z^2+x^2}+z \cdot \frac{x^2}{x^2+y^2}+$$

$$x \cdot \frac{z^2}{y^2+z^2}+y \cdot \frac{x^2}{z^2+x^2}+z \cdot \frac{y^2}{x^2+y^2}=$$

$$x \cdot \frac{y^2+z^2}{y^2+z^2}+y \cdot \frac{z^2+x^2}{z^2+x^2}+z \cdot \frac{x^2+y^2}{x^2+y^2}=$$

$$x+y+z$$

即

$$\frac{x^3}{y^2+z^2}+\frac{y^3}{z^2+x^2}+\frac{z^3}{x^2+y^2} \geqslant \frac{x+y+z}{2}$$

例 5 （2005 年德国数学奥林匹克试题）若 $a,b,c>0,a+b+c=1$,求证

$$2\left(\frac{a}{c}+\frac{c}{b}+\frac{b}{a}\right) \geqslant \frac{1+a}{1-a}+\frac{1+b}{1-b}+\frac{1+c}{1-c}$$

证明

$$2\left(\frac{a}{c}+\frac{c}{b}+\frac{b}{a}\right) \geqslant \frac{1+a}{1-a}+\frac{1+b}{1-b}+\frac{1+c}{1-c} \Leftrightarrow$$

$$\frac{3}{2}+\frac{a}{b+c}+\frac{b}{c+a}+\frac{c}{a+b} \leqslant \frac{a}{c}+\frac{c}{b}+\frac{b}{a} \Leftrightarrow$$

$$\frac{ab}{c(b+c)}+\frac{bc}{a(c+a)}+\frac{ca}{b(a+b)} \geqslant \frac{3}{2}$$

事实上，$\left(\frac{ab}{c},\frac{bc}{a},\frac{ca}{b}\right)$ 与 $\left(\frac{1}{a+b},\frac{1}{b+c},\frac{1}{c+a}\right)$ 反序.

若 $c \geqslant a \geqslant b$，则

$$\frac{ab}{c} \leqslant \frac{bc}{a} \leqslant \frac{ca}{b}$$

$$\frac{1}{a+b} \geqslant \frac{1}{b+c} \geqslant \frac{1}{c+a}$$

由排序不等式知

$$\frac{ab}{c}\cdot\frac{1}{b+c}+\frac{bc}{a}\cdot\frac{1}{c+a}+\frac{ca}{b}\cdot\frac{1}{a+b} \geqslant$$
$$\frac{ab}{c}\cdot\frac{1}{a+b}+\frac{bc}{a}\cdot\frac{1}{b+c}+\frac{ca}{b}\cdot\frac{1}{c+a}$$

即

$$\frac{ab}{c(b+c)}+\frac{bc}{a(c+a)}+\frac{ca}{b(a+b)} \geqslant$$
$$\frac{ab}{c(a+b)}+\frac{bc}{a(b+c)}+\frac{ca}{b(c+a)}$$

为此，只需证明

$$\frac{ab}{c(a+b)}+\frac{bc}{a(b+c)}+\frac{ca}{b(c+a)} \geqslant \frac{3}{2}$$

此即内斯比特不等式.

例 6　(2006 年国家集训队考试试题) 设 x,y,z 是正实数且满足 $x+y+z=1$. 求证

$$\frac{xy}{\sqrt{xy+yz}}+\frac{yz}{\sqrt{yz+xz}}+\frac{xz}{\sqrt{xz+xy}}\leqslant\frac{\sqrt{2}}{2}$$

证法 1 因为

$$(x+y)(y+z)(z+x)\leqslant$$
$$\left(\frac{2(x+y+z)}{3}\right)^{3}=\frac{8}{27}$$

所以我们只需证明更强一点的结论

$$\frac{xy}{\sqrt{xy+yz}}+\frac{yz}{\sqrt{yz+xz}}+\frac{xz}{\sqrt{xz+xy}}\leqslant$$
$$\frac{3\sqrt{3}}{4}\sqrt{(x+y)(y+z)(z+x)}\Leftrightarrow$$

$$f=\sqrt{\frac{x}{(x+z)(x+y)}\cdot\frac{xy}{(y+z)(z+x)}}+$$
$$\sqrt{\frac{y}{(x+y)(y+z)}\cdot\frac{yz}{(z+x)(x+y)}}+$$
$$\sqrt{\frac{z}{(y+z)(z+x)}\cdot\frac{zx}{(x+y)(y+z)}}\leqslant$$
$$\frac{3\sqrt{3}}{4}$$

由于 f 关于 x,y,z 轮换对称，不妨设 $x=\min\{x,y,z\}$，下面只需分两种情况：(1)$x\leqslant y\leqslant z$；(2)$x\leqslant z\leqslant y$ 证明便可，由于两种情况的证明本质上完全相同，我们仅证第一种情况.

由

$$x\leqslant y\leqslant z\Rightarrow xy\leqslant zx\leqslant yz$$
$$(y+z)(z+x)\geqslant(y+z)(x+y)\geqslant(x+y)(z+x)$$

于是

$$\frac{xy}{(y+z)(z+x)}\leqslant\frac{zx}{(x+y)(y+z)}\leqslant\frac{yz}{(z+x)(x+y)}\tag{1}$$

而

$$x(y+z)\leqslant y(z+x)\Rightarrow$$

$$\frac{x}{(z+x)(x+y)}\leqslant\frac{y}{(x+y)(y+z)}$$

同理

$$\frac{y}{(x+y)(y+z)}\leqslant\frac{z}{(y+z)(z+x)}$$

从而

$$\frac{x}{(z+x)(x+y)}\leqslant\frac{y}{(x+y)(y+z)}\leqslant\frac{z}{(y+z)(z+x)} \tag{2}$$

由式(1)(2)及排序不等式知

$$f\leqslant\sqrt{\frac{x^2y}{(x+y)(z+x)^2(y+z)}}+\sqrt{\frac{xyz}{(x+y)^2(y+z)^2}}+\sqrt{\frac{yz^2}{(z+x)^2(x+y)(y+z)}}=$$

$$\sqrt{\frac{xyz}{(x+y)^2(y+z)^2}}+\sqrt{\frac{y}{(x+y)(y+z)}}\left(\frac{x}{z+x}+\frac{z}{z+x}\right)=$$

$$\sqrt{\frac{xyz}{(x+y)^2(y+z)^2}}+2\cdot\frac{1}{2}\sqrt{\frac{y}{(x+y)(y+z)}}\leqslant$$

$$\sqrt{3\left(\frac{xyz}{(x+y)^2(y+z)^2}+2\cdot\frac{1}{4}\cdot\frac{y}{(x+y)(y+z)}\right)}$$

因此要证 $f\leqslant\frac{3\sqrt{3}}{4}$,只需证明

$$\frac{xyz}{(x+y)^2(y+z)^2}+\frac{1}{2}\frac{y}{(x+y)(y+z)}\leqslant\frac{9}{16}\Leftrightarrow$$

$$16xyz+8y(x+y)(y+z)\leqslant 9(x+y)^2(y+z)^2\Leftrightarrow$$

$$9x^2z^2+y^2\geqslant 6xyz\Leftrightarrow$$

$$(3xz-y)^2\geqslant 0$$

证法 2 注意到

$$\sqrt{xy+yz}\geqslant\frac{\sqrt{xy}+\sqrt{yz}}{\sqrt{2}}$$

为此,只需证明

$$\frac{xy}{\sqrt{xy}+\sqrt{yz}}+\frac{yz}{\sqrt{yz}+\sqrt{zx}}+\frac{xz}{\sqrt{xz}+\sqrt{xy}}\leqslant\frac{1}{2}\Leftrightarrow$$

$$\frac{x\sqrt{y}}{\sqrt{x}+\sqrt{z}}+\frac{y\sqrt{z}}{\sqrt{y}+\sqrt{x}}+\frac{z\sqrt{x}}{\sqrt{z}+\sqrt{y}}\leqslant\frac{1}{2}(x+y+z)$$

令$\sqrt{x}=a,\sqrt{y}=b,\sqrt{z}=c$,问题等价于

$$\frac{a^2b}{a+c}+\frac{b^2c}{a+b}+\frac{c^2a}{b+c}\leqslant\frac{1}{2}(a^2+b^2+c^2)$$

注意到

$$\frac{a^2b}{a+c}+\frac{b^2c}{a+b}+\frac{c^2a}{b+c}=\frac{c^2b}{a+c}+\frac{a^2c}{a+b}+\frac{b^2a}{b+c}$$

为此只需证明

$$\frac{(a^2+c^2)b}{a+c}+\frac{(a^2+b^2)c}{a+b}+\frac{(b^2+c^2)a}{b+c}\leqslant a^2+b^2+c^2\Leftrightarrow$$

$$\sum(a^4b+ab^4-a^3b^2-a^2b^3)\geqslant 0\Leftrightarrow$$

$$\sum[a^3b(a-b)-ab^3(a-b)]\geqslant 0\Leftrightarrow$$

$$\sum(a^3b-ab^3)(a-b)\geqslant 0\Leftrightarrow$$

$$\sum ab(a+b)(a-b)^2\geqslant 0$$

证法 3

$$\frac{xy}{\sqrt{xy+yz}}+\frac{yz}{\sqrt{yz+xz}}+\frac{xz}{\sqrt{xz+xy}}\leqslant\frac{\sqrt{2}}{2}\Leftrightarrow$$

$$\left(\frac{xy}{\sqrt{xy+yz}}+\frac{yz}{\sqrt{yz+xz}}+\frac{xz}{\sqrt{xz+xy}}\right)^2\leqslant\frac{1}{2}\Leftrightarrow$$

$$\left(\sqrt{xy}\cdot\frac{\sqrt{xy}}{\sqrt{xy+yz}}+\sqrt{yz}\cdot\frac{\sqrt{yz}}{\sqrt{yz+xz}}+\right.$$

$$\left.\sqrt{xz}\cdot\frac{\sqrt{xz}}{\sqrt{xz+xy}}\right)^2\leqslant\frac{1}{2}$$

由柯西不等式知

$$\left(\sqrt{xy}\cdot\frac{\sqrt{xy}}{\sqrt{xy+yz}}+\sqrt{yz}\cdot\frac{\sqrt{yz}}{\sqrt{yz+xz}}+\right.$$

$$\left.\sqrt{xz}\cdot\frac{\sqrt{xz}}{\sqrt{xz+xy}}\right)^2\leqslant$$

$$(xy+yz+zx)\left(\frac{xy}{xy+yz}+\frac{yz}{yz+xz}+\frac{xz}{xz+xy}\right)=$$

$$(xy+yz+zx)\left(\frac{x}{x+z}+\frac{y}{y+x}+\frac{z}{z+y}\right)=$$

$$[y(x+z)+zx]\cdot\sum\frac{x}{x+z}=\sum xy+\sum\frac{x^2z}{x+z}$$

注意到

$$\sum xy\leqslant\frac{1}{3}(x+y+z)^2=\frac{1}{3}$$

为此只需证明

$$\sum\frac{x^2z}{x+z}\leqslant\frac{1}{6}\Leftrightarrow\sum\frac{x^2z}{x+z}\leqslant\frac{1}{6}(x+y+z)^2\Leftrightarrow$$

$$x^2+y^2+z^2\leqslant$$

$$\sum\frac{x^3}{x+z}+\frac{1}{6}(x+y+z)^2\Leftrightarrow$$

$$x^4y+xy^4+y^4z+yz^4+z^4x+zx^4+$$

$$3(x^3y^2+y^3z^2+z^3x^2)\geqslant$$

$$2xyz(xy+yz+zx)+$$

$$3(x^2y^3+y^2z^3+z^2x^3)$$

例 7　（第 3 届美国中学生数学竞赛题）设 a,b,c

是正实数,求证

$$a^a b^b c^c \geqslant (abc)^{\frac{a+b+c}{3}}$$

证明 不妨设 $a \geqslant b \geqslant c > 0$,则

$$\lg a \geqslant \lg b \geqslant \lg c$$

据排序不等式有

$$a\lg a + b\lg b + c\lg c \geqslant b\lg a + c\lg b + a\lg c$$

$$a\lg a + b\lg b + c\lg c \geqslant c\lg a + a\lg b + b\lg c$$

以上两式相加,再两边同加 $a\lg a + b\lg b + c\lg c$,整理得

$$3(a\lg a + b\lg b + c\lg c) \geqslant$$
$$(a+b+c)(\lg a + \lg b + \lg c)$$

即

$$\lg(a^a b^b c^c) \geqslant \frac{a+b+c}{3}\lg(abc)$$

故

$$a^a b^b c^c \geqslant (abc)^{\frac{a+b+c}{3}}$$

例 8 设 a,b,c 均为正数,求证:

(1)$a^{2a} \cdot b^{2b} \cdot c^{2c} \geqslant a^{b+c} \cdot b^{c+a} \cdot c^{a+b}$;

(2)$a^a \cdot b^b \cdot c^c \geqslant (a \cdot b \cdot c)^{\frac{a+b+c}{3}}$.

证明 注意到在(1)的两边同乘以 $a^a \cdot b^b \cdot c^c$ 后开立方可得(2),故只需证明(1)成立.考虑到所证结论关于 a,b,c 对称,故不妨设 $a \geqslant b \geqslant c$.

假设 $\lg a \geqslant \lg b \geqslant \lg c$,由排序不等式知

$$a\lg a + b\lg b + c\lg c \geqslant a\lg b + b\lg c + c\lg a$$

即

$$a^a \cdot b^b \cdot c^c \geqslant a^c \cdot b^a \cdot c^b$$

$$a\lg a + b\lg b + c\lg c \geqslant a\lg c + b\lg a + c\lg b$$

即

$$a^a \cdot b^b \cdot c^c \geqslant a^b \cdot b^c \cdot c^a$$

上述两式相乘即得证.

说明　用类似的方法可将本题推广为：

设 $a_1 \geqslant a_2 \geqslant \cdots \geqslant a_n > 0, b_1 \geqslant b_2 \geqslant \cdots \geqslant b_n > 0$，且序列 $c_1, c_2, \cdots, c_n$ 是序列 $b_1, b_2, \cdots, b_n$ 的任意一个排列，则

$$(a_1)^{b_1}(a_2)^{b_2}\cdots(a_n)^{b_n} \geqslant$$
$$(a_1)^{c_1}(a_2)^{c_2}\cdots(a_n)^{c_n} \geqslant$$
$$(a_1)^{b_n}(a_2)^{b_{n-1}}\cdots(a_n)^{b_1}$$

例 9　(2007 年塞尔维亚数学奥林匹克第 5 题) 设 k 是给定的非负整数. 求证：对所有满足 $x+y+z=1$ 的正实数 x, y, z，有不等式

$$\frac{x^{k+2}}{x^{k+1}+y^k+z^k}+\frac{y^{k+2}}{y^{k+1}+z^k+x^k}+\frac{z^{k+2}}{z^{k+1}+x^k+y^k} \geqslant \frac{1}{7}$$

证明　由柯西不等式知

$$\text{左边} \geqslant \frac{(\sum x^{k+1})^2}{\sum x^k(x^{k+1}+y^k+z^k)} =$$

$$\frac{(\sum x^{k+1})^2}{\sum x^{2k+1}+2\sum x^k y^k}$$

当 $k=0$ 时，上式成立.

设 $k \geqslant 1$，只需证

$$7(\sum x^{k+1})^2 \geqslant \sum x^{2k+1}+2\sum x^k y^k \Leftrightarrow$$

$$7(\sum x^{k+1})^2 \geqslant (\sum x^{2k+1})(\sum x)+2\sum x^k y^k(\sum x)^2 \Leftrightarrow$$

$$7\sum x^{2k+2}+14\sum x^{k+1}y^{k+1} \geqslant$$

$$\sum x^{2k+2}+\sum x^{2k+1}(y+z)+2(\sum x^k y^k)(\sum x^2)+$$

$$4\sum x^k y^k \sum xy$$

由排序不等式知

$$4\sum x^{k+1}y^{k+1}\geqslant\sum x^{k}y^{k}\left(\sum xy\right)$$

$$2\sum x^{2k+2}\geqslant 2\sum x^{2k+1}(y+z)$$

故只需证明

$$4\sum x^{2k+2}+2\sum x^{k+1}y^{k+1}\geqslant$$

$$2\left(\sum x^{k}y^{k}\right)\left(\sum x^{2}\right)\Leftrightarrow$$

$$4\sum x^{2k+2}+\sum x^{k+1}y^{k+1}\geqslant$$

$$\sum x^{k}y^{k}(y^{2}+z^{2})+\sum x^{k}y^{k}z^{2}$$

由排序不等式知

$$\sum x^{2k+2}\geqslant\sum x^{k}y^{k}z^{2}$$

故只需证明

$$\sum x^{2k+2}+\sum x^{k+1}y^{k+1}\geqslant$$

$$\sum x^{k}y^{k}(x^{2}+y^{2})\Leftrightarrow$$

$$\sum x^{2k+2}\geqslant\sum x^{k}y^{k}(x^{2}+y^{2}-xy)\Leftrightarrow$$

$$\frac{1}{2}\sum(x^{2k+2}+y^{2k+2})\geqslant$$

$$\sum x^{k}y^{k}\left(\frac{x^{3}+y^{3}}{x+y}\right)$$

为此只需证

$$(x^{2k+2}+y^{2k+2})(x+y)\geqslant 2x^{k}y^{k}(x^{3}+y^{3})\Leftrightarrow$$

$$(x^{2k+2}+y^{2k+2})(x+y)\geqslant(x^{2k}+y^{2k})(x^{3}+y^{3})\Leftrightarrow$$

$$xy(x^{2k+1}+y^{2k+1})\geqslant xy(x^{2}y^{2k-1}+x^{2k-1}y^{2})\Leftrightarrow$$

$$x^{2k+1}+y^{2k+1}\geqslant x^{2}y^{2k-1}+x^{2k-1}y^{2}$$

由排序不等式知,最后一个不等式显然成立.

三、归纳与换元

例 10 (平均值定理)设 $a_1,a_2,\cdots,a_n$ 为正数.求

证

$$\frac{a_1+a_2+\cdots+a_n}{n}\geqslant\sqrt[n]{a_1a_2\cdots a_n}$$

这一著名不等式有多种证法，包括各种巧妙的数学归纳法，但直接从 $n-1$ 成立过渡到对 n 也成立是相当困难的. 下面用排序法解决.

证明　假设命题对 $n-1$ 个正数成立，证明对 n 个正数 $\frac{a_1+a_2+\cdots+a_n}{n}\geqslant\sqrt[n]{a_1a_2\cdots a_n}$ 也成立，即

$$\frac{a_1+a_2+\cdots+a_n}{\sqrt[n]{a_1a_2\cdots a_n}}\geqslant n$$

亦即

$$\frac{a_1^{\frac{n-1}{n}}}{(a_2a_3\cdots a_n)^{\frac{1}{n}}}+\frac{a_2^{\frac{n-1}{n}}}{(a_1a_3\cdots a_n)^{\frac{1}{n}}}+\cdots+\frac{a_n^{\frac{n-1}{n}}}{(a_1a_2\cdots a_{n-1})^{\frac{1}{n}}}\geqslant n$$

不妨设 $a_1\leqslant a_2\leqslant\cdots\leqslant a_n$，左边顺序和记为 S，则

$$S\geqslant\frac{a_2^{\frac{n-1}{n}}}{(a_2a_3\cdots a_n)^{\frac{1}{n}}}+\frac{a_3^{\frac{n-1}{n}}}{(a_1a_3\cdots a_n)^{\frac{1}{n}}}+\cdots+\frac{a_1^{\frac{n-1}{n}}}{(a_1a_2\cdots a_{n-1})^{\frac{1}{n}}}$$

$$S\geqslant\frac{a_3^{\frac{n-1}{n}}}{(a_2a_3\cdots a_n)^{\frac{1}{n}}}+\frac{a_4^{\frac{n-1}{n}}}{(a_1a_3\cdots a_n)^{\frac{1}{n}}}+\cdots+\frac{a_2^{\frac{n-1}{n}}}{(a_1a_2\cdots a_{n-1})^{\frac{1}{n}}}$$

$$\vdots$$

$$S\geqslant\frac{a_n^{\frac{n-1}{n}}}{(a_2a_3\cdots a_n)^{\frac{1}{n}}}+\frac{a_1^{\frac{n-1}{n}}}{(a_1a_3\cdots a_n)^{\frac{1}{n}}}+\cdots+$$

$$\frac{a_{n-1}^{\frac{n-1}{n}}}{(a_1 a_2 \cdots a_{n-1})^{\frac{1}{n}}}$$

将 $n-1$ 个不等式相加,按列求和,有

$$(n-1)S \geqslant \frac{a_2^{\frac{n-1}{n}}+a_3^{\frac{n-1}{n}}+\cdots+a_n^{\frac{n-1}{n}}}{(a_2 a_3 \cdots a_n)^{\frac{1}{n}}}+\frac{a_3^{\frac{n-1}{n}}+a_4^{\frac{n-1}{n}}+\cdots+a_1^{\frac{n-1}{n}}}{(a_1 a_3 \cdots a_n)^{\frac{1}{n}}}+\cdots+\frac{a_1^{\frac{n-1}{n}}+a_2^{\frac{n-1}{n}}+\cdots+a_{n-1}^{\frac{n-1}{n}}}{(a_1 a_2 \cdots a_{n-1})^{\frac{1}{n}}}$$

上式右边每项分子为 $n-1$ 个数之和,由归纳假设,有

$$a_2^{\frac{n-1}{n}}+a_3^{\frac{n-1}{n}}+\cdots+a_n^{\frac{n-1}{n}} \geqslant (n-1)\sqrt[n-1]{(a_2 a_3 \cdots a_n)^{\frac{n-1}{n}}} = (n-1)(a_2 a_3 \cdots a_n)^{\frac{1}{n}}$$

所以

$$(n-1)S \geqslant (n-1)+(n-1)+\cdots+(n-1)=n(n-1)$$

故 $S \geqslant n$,即为所求.

下面再介绍一种直接用排序不等式来证明平均值不等式的方法,主要是通过“换元”构造排序形式.

例 11 利用排序不等式证明 $G_n \leqslant A_n$.

证明 令

$$b_i=\frac{a_i}{G_n} \quad (i=1,2,\cdots,n)$$

则

$$b_1 b_2 \cdots b_n=1$$

故可取

$$x_1>x_2>\cdots>x_n>0$$

使得

$$b_1=\frac{x_1}{x_2},b_2=\frac{x_2}{x_3},\cdots,b_{n-1}=\frac{x_{n-1}}{x_n},b_n=\frac{x_n}{x_1}$$

由排序不等式有

$b_1+b_2+\cdots+b_n=$

$\frac{x_1}{x_2}+\frac{x_2}{x_3}+\cdots+\frac{x_n}{x_1}$（乱序和）$\geqslant$

$x_1\cdot\frac{1}{x_1}+x_2\cdot\frac{1}{x_2}+\cdots+x_n\cdot\frac{1}{x_n}$（逆序和）$=n$

所以

$$\frac{a_1}{G_n}+\frac{a_2}{G_n}+\cdots+\frac{a_n}{G_n}\geqslant n$$

即

$$\frac{a_1+a_2+\cdots+a_n}{n}\geqslant G_n$$

评注　对$\frac{1}{a_1},\frac{1}{a_2},\cdots,\frac{1}{a_n}$各数利用算术平均大于或等于几何平均即可得 $H_n\leqslant G_n$.

四、综合应用

排序不等式与其他重要不等式混合应用，也是解决较难问题的有效方法.

例 12　（第二届全国中学生数学冬令营竞赛试题）设 $n\geqslant 2,x_1,x_2,\cdots,x_n$ 为正数，且 $x_1+x_2+\cdots+x_n=1$. 求证

$$\frac{x_1}{\sqrt{1-x_1}}+\frac{x_2}{\sqrt{1-x_2}}+\cdots+\frac{x_n}{\sqrt{1-x_n}}\geqslant \frac{\sqrt{x_1}+\sqrt{x_2}+\cdots+\sqrt{x_n}}{\sqrt{n-1}} \quad (1)$$

证明　设 $x_1\leqslant x_2\leqslant\cdots\leqslant x_n$，易知式(1) 左边为

顺序和,记为 S,则

$$S \geqslant \frac{x_2}{\sqrt{1-x_1}}+\frac{x_3}{\sqrt{1-x_2}}+\cdots+\frac{x_1}{\sqrt{1-x_n}}$$

$$S \geqslant \frac{x_3}{\sqrt{1-x_1}}+\frac{x_4}{\sqrt{1-x_2}}+\cdots+\frac{x_2}{\sqrt{1-x_n}}$$

$$\vdots$$

$$S \geqslant \frac{x_n}{\sqrt{1-x_1}}+\frac{x_1}{\sqrt{1-x_2}}+\cdots+\frac{x_{n-1}}{\sqrt{1-x_n}}$$

将 $n-1$ 个不等式相加,按列求和,有

$$(n-1)S \geqslant \frac{1-x_1}{\sqrt{1-x_1}}+\frac{1-x_2}{\sqrt{1-x_2}}+\cdots+\frac{1-x_n}{\sqrt{1-x_n}}=$$

$$\sqrt{1-x_1}+\sqrt{1-x_2}+\cdots+\sqrt{1-x_n}$$

于是,要证式(1)只需证明不等式

$$\sqrt{1-x_1}+\sqrt{1-x_2}+\cdots+\sqrt{1-x_n} \geqslant$$

$$\sqrt{n-1}(\sqrt{x_1}+\sqrt{x_2}+\cdots+\sqrt{x_n}) \qquad (2)$$

这里排序虽未得出最终结果,但已将原不等式转化为较简单且易证的不等式(2).再由算术平均不大于平方平均,有

$$\frac{\sqrt{x_2}+\sqrt{x_3}+\cdots+\sqrt{x_n}}{\sqrt{n-1}} \leqslant \sqrt{\frac{x_2+x_3+\cdots+x_n}{n-1}}=$$

$$\sqrt{\frac{1-x_1}{n-1}}$$

即

$$\sqrt{x_2}+\sqrt{x_3}+\cdots+\sqrt{x_n} \leqslant \sqrt{n-1} \cdot \sqrt{1-x_1}$$

$$\sqrt{x_3}+\sqrt{x_4}+\cdots+\sqrt{x_1} \leqslant \sqrt{n-1} \cdot \sqrt{1-x_2}$$

$$\vdots$$

$$\sqrt{x_1}+\sqrt{x_2}+\cdots+\sqrt{x_{n-1}} \leqslant \sqrt{n-1} \cdot \sqrt{1-x_n}$$

将上面 n 个不等式相加,即得式(2),从而证明了原式.

五、排序不等式在三角形边角关系中的应用

在任意 $\triangle ABC$ 中,若三条边 $a \leqslant b \leqslant c$,则

$$\frac{1}{a} \geqslant \frac{1}{b} \geqslant \frac{1}{c}$$

三个角

$$A \leqslant B \leqslant C, \frac{1}{A} \geqslant \frac{1}{B} \geqslant \frac{1}{C}$$

三角函数

$$\sin A \leqslant \sin B \leqslant \sin C$$

$$\cos A \geqslant \cos B \geqslant \cos C$$

$$\tan A \leqslant \tan B \leqslant \tan C \quad (\text{锐角} \triangle ABC)$$

三条高线

$$h_a \geqslant h_b \geqslant h_c, \frac{1}{h_a} \leqslant \frac{1}{h_b} \leqslant \frac{1}{h_c}$$

三条中线

$$m_a \geqslant m_b \geqslant m_c, \frac{1}{m_a} \leqslant \frac{1}{m_b} \leqslant \frac{1}{m_c}$$

三条角平分线

$$w_a \geqslant w_b \geqslant w_c, \frac{1}{w_a} \leqslant \frac{1}{w_b} \leqslant \frac{1}{w_c}$$

旁切圆半径

$$r_a \leqslant r_b \leqslant r_c, \frac{1}{r_a} \geqslant \frac{1}{r_b} \geqslant \frac{1}{r_c}$$

上述排序使得应用排序不等式有良好的基础,再配合常用定理(正弦定理、余弦定理、面积公式)以及以下常用不等式

$$\sin A + \sin B + \sin C \leqslant \frac{3\sqrt{3}}{2}$$

$$\cos A+\cos B+\cos C\leqslant\frac{3}{2}$$

$$a^2+b^2+c^2\geqslant 4\sqrt{3}\Delta$$

$$h_a+h_b+h_c\leqslant\frac{\sqrt{3}}{2}(a+b+c)$$

$$\frac{1}{h_a}+\frac{1}{h_b}+\frac{1}{h_c}\geqslant\frac{2}{\sqrt{3}}\left(\frac{1}{a}+\frac{1}{b}+\frac{1}{c}\right)$$

$$w_a+w_b+w_c\leqslant\frac{\sqrt{3}}{2}(a+b+c)$$

$$\frac{1}{w_a}+\frac{1}{w_b}+\frac{1}{w_c}\geqslant\frac{2}{\sqrt{3}}\left(\frac{1}{a}+\frac{1}{b}+\frac{1}{c}\right)$$

$$m_a+m_b+m_c>\frac{3}{4}(a+b+c)$$

$$m_a+m_b+m_c\leqslant\frac{3}{2}\sqrt{a^2+b^2+c^2}$$

可以得到一系列的排序结果.

(1) $\frac{2\pi}{3}p\leqslant aA+bB+cC<\pi p\left(p=\frac{1}{2}(a+b+c)\right)$；

(2)$a\sin A+b\sin B+c\sin C\geqslant\sqrt{3}p$；

(3)$a\cos A+b\cos B+c\cos C\leqslant p$；

(4)$A\sin A+B\sin B+C\sin C<\pi$；

(5)$Ah_a+Bh_b+Ch_c\leqslant\frac{\sqrt{3}}{3}\pi p$；

(6) $\frac{a}{h_a}+\frac{b}{h_b}+\frac{c}{h_c}\geqslant 4\sqrt{3}p$；

(7) $\frac{\sin A}{h_a}+\frac{\sin B}{h_b}+\frac{\sin C}{h_c}\geqslant\frac{\sqrt{3}p}{\Delta}\geqslant\frac{\sqrt{3}}{R}$；

(8) $aw_a + bw_b + cw_c \leqslant \frac{2\sqrt{3}}{3}p^2$；

(9) $\frac{a}{w_a} + \frac{b}{w_b} + \frac{c}{w_c} \geqslant 2\sqrt{3}$；

(10) $\frac{A}{w_a} + \frac{B}{w_b} + \frac{C}{w_c} \geqslant \frac{\sqrt{3}\pi}{p}$；

(11) $w_a \sin A + w_b \sin B + w_c \sin C \leqslant \frac{3}{2}p$；

(12) $\frac{m_a}{a} + \frac{m_b}{b} + \frac{m_c}{c} \geqslant \frac{3\sqrt{3}}{2}$；

(13) $am_a + bm_b + cm_c < \frac{4}{3}p^2$；

(14) $Am_a + Bm_b + Cm_c < \frac{2\pi}{3}p$；

(15) $m_a \sin A + m_b \sin B + m_c \sin C \leqslant \sqrt{3}p$.

例 13　在 $\triangle ABC$ 中，求证

$$\frac{\sin A}{h_a} + \frac{\sin B}{h_b} + \frac{\sin C}{h_c} \geqslant \frac{R}{\sqrt{3}}$$

证明　上式左边为顺序和，记为 M.

由切比雪夫不等式知

$$M \geqslant \frac{1}{3}\left(\frac{1}{h_a} + \frac{1}{h_b} + \frac{1}{h_c}\right)(\sin A + \sin B + \sin C)$$

再由不等式

$$\frac{1}{h_a} + \frac{1}{h_b} + \frac{1}{h_c} \geqslant \frac{2}{\sqrt{3}}\left(\frac{1}{a} + \frac{1}{b} + \frac{1}{c}\right)$$

及

$$\sin A = \frac{a}{2R} \quad (\text{正弦定理})$$

有

$$M\geqslant\frac{1}{3}\cdot\frac{2}{\sqrt{3}}\left(\frac{1}{a}+\frac{1}{b}+\frac{1}{c}\right)\left(\frac{a}{2R}+\frac{b}{2R}+\frac{c}{2R}\right)=$$

$$\frac{1}{3\sqrt{3}R}\left(\frac{1}{a}+\frac{1}{b}+\frac{1}{c}\right)(a+b+c)\geqslant$$

$$\frac{1}{3\sqrt{3}R}\cdot 3^2$$

顺便指出,各式取等号的条件是 $\triangle ABC$ 为等边三角形.

例 14 设 a,b,c 为 $\triangle ABC$ 的边长,s 为半周长,求使

$$\frac{b+c-a}{a^kA}+\frac{c+a-b}{b^kB}+\frac{a+b-c}{c^kC}\geqslant\frac{3^{k+1}}{\pi(2s)^{k-1}}$$

成立的所有实数 k.

本题答案为 $k\geqslant-1$ 的一切实数.这里用排序不等式对 $k>0$ 的情况给出证明.

证明 由

$$\left(\frac{1}{A}+\frac{1}{B}+\frac{1}{C}\right)(A+B+C)\geqslant 3^2$$

及

$$A+B+C=\pi$$

有

$$\frac{1}{A}+\frac{1}{B}+\frac{1}{C}\geqslant\frac{3^2}{\pi}\qquad(1)$$

又因为

$$\left(\frac{1}{a^k}+\frac{1}{b^k}+\frac{1}{c^k}\right)(a+b+c)^k\geqslant$$

$$3\sqrt[3]{\frac{1}{a^kb^kc^k}}\cdot(3\sqrt[3]{abc})^k=3^{k+1}$$

所以

$$\frac{1}{a^k}+\frac{1}{b^k}+\frac{1}{c^k}\geqslant\frac{3^{k+1}}{(2s)^k} \tag{2}$$

设 $a\leqslant b\leqslant c$,有

$$b+c-a\geqslant c+a-b\geqslant a+b-c$$

且

$$\frac{1}{a^k}\geqslant\frac{1}{b^k}\geqslant\frac{1}{c^k},\frac{1}{A}\geqslant\frac{1}{B}\geqslant\frac{1}{C}$$

知所证不等式左边为顺序和,记为 M.

由切比雪夫不等式知

$$M\geqslant\frac{1}{3}\left(\frac{b+c-a}{a^k}+\frac{c+a-b}{b^k}+\frac{a+b-c}{c^k}\right)\cdot\left(\frac{1}{A}+\frac{1}{B}+\frac{1}{C}\right)\geqslant$$

$$\frac{1}{3}\cdot\frac{1}{3}(a+b+c)\left(\frac{1}{a^k}+\frac{1}{b^k}+\frac{1}{c^k}\right)\cdot\left(\frac{1}{A}+\frac{1}{B}+\frac{1}{C}\right)\geqslant$$

$$\frac{1}{3^2}\cdot(2s)\cdot\frac{3^{k+1}}{(2s)^k}\cdot\frac{3^2}{\pi}=\frac{3^{k+1}}{\pi(2s)^{k-1}}$$

对 $k\in[-1,0]$,则 $-k\in[0,1]$,问题即转化为 $k>0$ 的情形.

2.2　切比雪夫不等式及其应用

切比雪夫不等式　若 $a_1\leqslant a_2\leqslant\cdots\leqslant a_n$,且 $b_1\leqslant b_2\leqslant\cdots\leqslant b_n$,或 $a_1\geqslant a_2\geqslant\cdots\geqslant a_n$,且 $b_1\geqslant b_2\geqslant\cdots\geqslant b_n$,则

$$\frac{1}{n}\sum_{i=1}^{n}a_ib_i \geqslant \left(\frac{1}{n}\sum_{i=1}^{n}a_i\right)\cdot\left(\frac{1}{n}\sum_{i=1}^{n}b_i\right) \geqslant \frac{1}{n}\sum_{i=1}^{n}a_ib_{n-i+1}$$

证法 1 由其结构，只需证明左边不等式. 记 $b_{n+l}=b_l(l=0,1,2,\cdots)$，注意到

$$\sum_{i=1}^{n}b_{i+l}=\sum_{i=1}^{n}b_i,\sum_{i=1}^{k}b_{i+l}\geqslant\sum_{i=1}^{k}b_i$$

$$a_k-a_{k+1}\leqslant 0\quad(1\leqslant k\leqslant n-1)$$

由阿贝尔恒等式

$$\sum_{i=1}^{n}a_ib_i=a_nB_n-\sum_{i=1}^{n-1}(a_{i+1}-a_i)B_i$$

其中 $b_1=B_1,b_i=B_i-B_{i-1},B_n=\sum_{i=1}^{n}b_i$，知

$$\left(\sum_{i=1}^{n}a_i\right)\cdot\left(\sum_{i=1}^{n}b_i\right)=\sum_{l=0}^{n-1}\left(\sum_{i=1}^{n}a_ib_{i+l}\right)=$$

$$\sum_{l=0}^{n-1}\left[a_n\sum_{i=1}^{n}b_{i+l}+\sum_{k=1}^{n-1}\left(\sum_{i=1}^{k}b_{i+l}\right)(a_k-a_{k+1})\right]\leqslant$$

$$\sum_{l=0}^{n-1}\left[a_n\sum_{i=1}^{n}b_i+\sum_{k=1}^{n-1}\left(\sum_{i=1}^{k}b_i\right)(a_k-a_{k+1})\right]=$$

$$n\sum_{k=1}^{n}a_kb_k$$

证法 2 由排序不等式有

$$\sum_{i=1}^{n}a_ib_i\geqslant\sum_{i=1}^{n}a_ib_{j_i}\geqslant\sum_{i=1}^{n}a_ib_{n-i+1}$$

则

$$n\sum_{i=1}^{n}a_ib_i\geqslant\sum_{j=1}^{n}\sum_{i=1}^{n}a_ib_{j_i}\geqslant n\sum_{i=1}^{n}a_ib_{n-i+1}$$

即

$$n\sum_{i=1}^{n}a_ib_i\geqslant\sum_{i=1}^{n}a_i\sum_{j=1}^{n}b_{j_i}\geqslant n\sum_{i=1}^{n}a_ib_{n-i+1}$$

$$n\sum_{i=1}^{n}a_ib_i \geqslant \sum_{i=1}^{n}a_i\sum_{j=1}^{n}b_j \geqslant n\sum_{i=1}^{n}a_ib_{n-i+1}$$

$$\frac{1}{n}\sum_{i=1}^{n}a_ib_i \geqslant \left(\frac{1}{n}\sum_{i=1}^{n}a_i\right)\cdot\left(\frac{1}{n}\sum_{i=1}^{n}b_i\right) \geqslant \frac{1}{n}\sum_{i=1}^{n}a_ib_{n-i+1}$$

改进的切比雪夫不等式　若 $a_1,a_2,\cdots,a_n$ 和 b_1，$b_2,\cdots,b_n$ 是实数，且满足

$$a_1 \geqslant \frac{a_1+a_2}{2} \geqslant \cdots \geqslant \frac{a_1+a_2+\cdots+a_n}{n}$$

$$b_1 \geqslant \frac{b_1+b_2}{2} \geqslant \cdots \geqslant \frac{b_1+b_2+\cdots+b_n}{n}$$

则

$$\frac{1}{n}\sum_{i=1}^{n}a_ib_i \geqslant \left(\frac{1}{n}\sum_{i=1}^{n}a_i\right)\cdot\left(\frac{1}{n}\sum_{i=1}^{n}b_i\right) \geqslant \frac{1}{n}\sum_{i=1}^{n}a_ib_{n-i+1}$$

证明　对于 $k \in \{1,2,\cdots,n\}$，我们记

$$a_{n+1}=a_1, S_k=b_1+b_2+\cdots+b_k$$

由阿贝尔恒等式，我们有

$$\sum_{i=1}^{n}a_ib_i=\sum_{i=1}^{n}(a_i-a_{i+1})S_i=\sum_{i=1}^{n}i(a_i-a_{i+1})\left(\frac{S_i}{i}\right)$$

再次根据阿贝尔恒等式，我们有

$$\begin{aligned}\sum_{i=1}^{n}a_ib_i=&\left(S_1-\frac{S_2}{2}\right)(a_1-a_2)+\\&\left(\frac{S_2}{2}-\frac{S_3}{3}\right)(a_1+a_2-2a_3)+\cdots+\\&\left(\frac{S_{n-1}}{n-1}-\frac{S_n}{n}\right)\left[\sum_{i=1}^{n-1}a_i-(n-1)a_n\right]+\\&\frac{1}{n}\left(\sum_{i=1}^{n}a_i\right)\left(\sum_{i=1}^{n}b_i\right)\end{aligned}$$

由题设，可得 $S_1 \geqslant \frac{S_2}{2} \geqslant \cdots \geqslant \frac{S_n}{n}$，所以，我们只要证明

$$\sum_{i=1}^{k} a_i \geqslant k a_k \quad (\forall k \in \{1,2,\cdots,n-1\})$$

这可以直接由题设条件得到

$$\frac{1}{k}\sum_{i=1}^{k} a_i \geqslant \frac{1}{k+1}\sum_{i=1}^{k+1} a_i$$

切比雪夫不等式的推广 设 $\lambda_i > 0, a_i, b_i \in \mathbf{R}(i=1,2,\cdots,n)$.

若 $a_1 \leqslant a_2 \leqslant \cdots \leqslant a_n$，且 $b_1 \leqslant b_2 \leqslant \cdots \leqslant b_n$ 或 $a_1 \geqslant a_2 \geqslant \cdots \geqslant a_n$，且 $b_1 \geqslant b_2 \geqslant \cdots \geqslant b_n$，则

$$\left(\frac{\sum_{i=1}^{n}\lambda_i a_i b_i}{\sum_{i=1}^{n}\lambda_i}\right) \geqslant \left(\frac{\sum_{i=1}^{n}\lambda_i a_i}{\sum_{i=1}^{n}\lambda_i}\right)\left(\frac{\sum_{i=1}^{n}\lambda_i b_i}{\sum_{i=1}^{n}\lambda_i}\right)$$

若 $a_1 \leqslant a_2 \leqslant \cdots \leqslant a_n$，且 $b_1 \geqslant b_2 \geqslant \cdots \geqslant b_n$ 或 $a_1 \geqslant a_2 \geqslant \cdots \geqslant a_n$，且 $b_1 \leqslant b_2 \leqslant \cdots \leqslant b_n$，则

$$\left(\frac{\sum_{i=1}^{n}\lambda_i a_i b_i}{\sum_{i=1}^{n}\lambda_i}\right) \leqslant \left(\frac{\sum_{i=1}^{n}\lambda_i a_i}{\sum_{i=1}^{n}\lambda_i}\right)\left(\frac{\sum_{i=1}^{n}\lambda_i b_i}{\sum_{i=1}^{n}\lambda_i}\right)$$

当且仅当 $a_1 = a_2 = \cdots = a_n$，或 $b_1 = b_2 = \cdots = b_n$ 时，等号成立.

证明 由于

$$\left(\sum_{i=1}^{n}\lambda_i\right)\left(\sum_{i=1}^{n}\lambda_i a_i b_i\right) - \left(\sum_{i=1}^{n}\lambda_i a_i\right)\left(\sum_{i=1}^{n}\lambda_i b_i\right) =$$

$$\left(\sum_{j=1}^{n}\left(\sum_{i=1}^{n}\lambda_i\right)\lambda_j a_j b_j\right) - \left(\sum_{j=1}^{n}\left(\sum_{i=1}^{n}\lambda_i a_i\right)\lambda_j b_j\right) =$$

$$\sum_{j=1}^{n}\left[\left(\sum_{i=1}^{n}\lambda_i\right)a_j - \sum_{i=1}^{n}\lambda_i a_i\right]\lambda_j b_j =$$

$$\sum_{j=1}^{n}\left[\sum_{i=1}^{n}\lambda_i (a_j - a_i)\right]\lambda_j b_j =$$

$$\sum_{1\leqslant i<j\leqslant n}\lambda_i\lambda_j(a_j-a_i)(b_j-b_i)=$$

$$\sum_{1\leqslant i<j\leqslant n}\lambda_i\lambda_j(a_ib_i+a_jb_j-a_ib_j-a_jb_i)$$

由 $1\leqslant i<j\leqslant n$ 知，若 $a_i\leqslant a_j$，$b_i\leqslant b_j$ 或 $a_i\geqslant a_j$，$b_i\geqslant b_j$，则由排序不等式知

$$a_ib_i+a_jb_j-a_ib_j-a_jb_i\geqslant 0$$

此时，有

$$\left(\frac{\sum_{i=1}^{n}\lambda_ia_ib_i}{\sum_{i=1}^{n}\lambda_i}\right)\geqslant\left(\frac{\sum_{i=1}^{n}\lambda_ia_i}{\sum_{i=1}^{n}\lambda_i}\right)\left(\frac{\sum_{i=1}^{n}\lambda_ib_i}{\sum_{i=1}^{n}\lambda_i}\right)$$

若 $a_i\leqslant a_j$，$b_i\geqslant b_j$ 或 $a_i\geqslant a_j$，$b_i\leqslant b_j$，则由排序不等式知

$$a_ib_i+a_jb_j-a_ib_j-a_jb_i\leqslant 0$$

此时，有

$$\left(\frac{\sum_{i=1}^{n}\lambda_ia_ib_i}{\sum_{i=1}^{n}\lambda_i}\right)\leqslant\left(\frac{\sum_{i=1}^{n}\lambda_ia_i}{\sum_{i=1}^{n}\lambda_i}\right)\left(\frac{\sum_{i=1}^{n}\lambda_ib_i}{\sum_{i=1}^{n}\lambda_i}\right)$$

利用切比雪夫不等式解题的技巧：

1.构造两组数证明不等式.此类问题最关键、也是最难的步骤就是构造，选择两组数时往往需要很强的技巧.

例1　设 $x_1\geqslant x_2\geqslant\cdots\geqslant x_n>0$，实数 p,q 都不为零，且 $t=p+q$，则：

(1) 若 p,q 同号，则

$$\frac{1}{n}\sum_{i=1}^{n}x_i^t\geqslant\left(\frac{1}{n}\sum_{i=1}^{n}x_i^p\right)\left(\frac{1}{n}\sum_{i=1}^{n}x_i^q\right)$$

(2) 若 p,q 异号，则

$$\frac{1}{n}\sum_{i=1}^{n}x_i^t \leqslant \left(\frac{1}{n}\sum_{i=1}^{n}x_i^p\right)\left(\frac{1}{n}\sum_{i=1}^{n}x_i^q\right)$$

证明　当 p,q 同号时，两者都是正数，由不等式单调性得

$$x_1^p \geqslant x_2^p \geqslant \cdots \geqslant x_n^p, x_1^q \geqslant x_2^q \geqslant \cdots \geqslant x_n^q$$

由切比雪夫不等式得(1)成立；

当 p,q 异号时，假设 $p>0,q<0$，由不等式单调性得

$$x_1^p \geqslant x_2^p \geqslant \cdots \geqslant x_n^p, x_1^q \leqslant x_2^q \leqslant \cdots \leqslant x_n^q$$

由切比雪夫不等式得(2)成立.

例 2　(2013 年波罗的海数学奥林匹克试题的推广)已知 x,y,z 是正数，$m>0,n>0$，求证

$$\frac{x^{m+n}}{y^n+z^n}+\frac{y^{m+n}}{z^n+x^n}+\frac{z^{m+n}}{x^n+y^n} \geqslant \frac{x^m+y^m+z^m}{2}$$

证明　不妨设 $x \geqslant y \geqslant z$，则

$$x^n \geqslant y^n \geqslant z^n, x^n+y^n \geqslant z^n+x^n \geqslant y^n+z^n$$

故

$$\frac{x^n}{y^n+z^n} \geqslant \frac{y^n}{z^n+x^n} \geqslant \frac{z^n}{x^n+y^n}$$

由切比雪夫不等式知

$$\frac{x^{m+n}}{y^n+z^n}+\frac{y^{m+n}}{z^n+x^n}+\frac{z^{m+n}}{x^n+y^n}=$$

$$x^m \cdot \frac{x^n}{y^n+z^n}+y^m \cdot \frac{y^n}{z^n+x^n}+z^m \cdot \frac{z^n}{x^n+y^n} \geqslant$$

$$\frac{1}{3}(x^m+y^m+z^m) \cdot$$

$$\left(\frac{x^n}{y^n+z^n}+\frac{y^n}{z^n+x^n}+\frac{z^n}{x^n+y^n}\right)$$

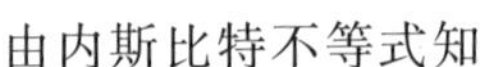
由内斯比特不等式知

$$\frac{x^n}{y^n+z^n}+\frac{y^n}{z^n+x^n}+\frac{z^n}{x^n+y^n}\geqslant\frac{3}{2}$$

故

$$\frac{x^{m+n}}{y^n+z^n}+\frac{y^{m+n}}{z^n+x^n}+\frac{z^{m+n}}{x^n+y^n}\geqslant$$

$$\frac{1}{3}(x^m+y^m+z^m)\left(\frac{x^n}{y^n+z^n}+\frac{y^n}{z^n+x^n}+\frac{z^n}{x^n+y^n}\right)\geqslant$$

$$\frac{1}{3}(x^m+y^m+z^m)\cdot\frac{3}{2}=$$

$$\frac{x^m+y^m+z^m}{2}$$

评注　特别地，当 $m=1,n=2$ 时，由本例即得 2013 年波罗的海数学奥林匹克竞赛试题：

已知 x,y,z 是正数，求证

$$\frac{x^3}{y^2+z^2}+\frac{y^3}{z^2+x^2}+\frac{z^3}{x^2+y^2}\geqslant\frac{x+y+z}{2}$$

例 3　设 k 是给定的非负整数. 求证：对所有满足 $xyz=1$ 的正实数 x,y,z，有不等式

$$\frac{x^{k+2}}{x^{k+1}+y^k+z^k}+\frac{y^{k+2}}{y^{k+1}+z^k+x^k}+\frac{z^{k+2}}{z^{k+1}+x^k+y^k}\geqslant 1$$

证明　由幂函数的单调性质知

$$(y^{\frac{3n+1}{3}}-z^{\frac{3n+1}{3}})(y^{\frac{1}{3}}-z^{\frac{1}{3}})\geqslant 0$$

即

$$y^{\frac{3n+2}{3}}+z^{\frac{3n+2}{3}}\geqslant y^{\frac{3n+1}{3}}z^{\frac{1}{3}}+y^{\frac{1}{3}}z^{\frac{3n+1}{3}}$$

$$x^{\frac{1}{3}}(x^{\frac{3n+2}{3}}+y^{\frac{3n+2}{3}}+z^{\frac{3n+2}{3}})\geqslant(x^{n+1}+y^n+z^n)$$

即

$$\frac{x^{n+2}}{x^{n+1}+y^n+z^n}\geqslant\frac{x^{\frac{3n+5}{3}}}{x^{\frac{3n+2}{3}}+y^{\frac{3n+2}{3}}+z^{\frac{3n+2}{3}}}$$

同理可得

$$\frac{y^{n+2}}{y^{n+1}+z^{n}+x^{n}}\geqslant\frac{y^{\frac{3n+5}{3}}}{x^{\frac{3n+2}{3}}+y^{\frac{3n+2}{3}}+z^{\frac{3n+2}{3}}}$$

$$\frac{z^{n+2}}{z^{n+1}+x^{n}+y^{n}}\geqslant\frac{z^{\frac{3n+5}{3}}}{x^{\frac{3n+2}{3}}+y^{\frac{3n+2}{3}}+z^{\frac{3n+2}{3}}}$$

以上三式相加得

$$\frac{x^{n+2}}{x^{n+1}+y^{n}+z^{n}}+\frac{y^{n+2}}{y^{n+1}+z^{n}+x^{n}}+\frac{z^{n+2}}{z^{n+1}+x^{n}+y^{n}}\geqslant$$
$$\frac{x^{\frac{3n+5}{3}}+y^{\frac{3n+5}{3}}+z^{\frac{3n+5}{3}}}{x^{\frac{3n+2}{3}}+y^{\frac{3n+2}{3}}+z^{\frac{3n+2}{3}}}$$

由切比雪夫不等式知

$$x^{\frac{3n+5}{3}}+y^{\frac{3n+5}{3}}+z^{\frac{3n+5}{3}}\geqslant$$
$$\frac{1}{3}(x+y+z)(x^{\frac{3n+2}{3}}+y^{\frac{3n+2}{3}}+z^{\frac{3n+2}{3}})$$

故

$$\frac{x^{n+2}}{x^{n+1}+y^{n}+z^{n}}+\frac{y^{n+2}}{y^{n+1}+z^{n}+x^{n}}+\frac{z^{n+2}}{z^{n+1}+x^{n}+y^{n}}\geqslant$$
$$\frac{1}{3}(x+y+z)\geqslant\frac{1}{3}\cdot 3\sqrt[3]{xyz}=1$$

2. 去分母. 能用切比雪夫不等式去分母的分式不等式,往往当变量排序后,分式的值也可以排序. 一般地,当分母的值与分式的值都能排序时,可考虑用这种方法.

例 4 (第4届中国东南地区数学奥林匹克试题) 设 $a,b,c>0,abc=1$. 求证:对整数 $k(k\geqslant 2)$, $\sum\frac{a^{k}}{b+c}\geqslant\frac{3}{2}$.

证法 1 去分母,原不等式等价于

$$a^{k}(a+b)(a+c)+b^{k}(b+c)(b+a)+$$
$$c^{k}(c+a)(c+b)\geqslant$$

$$\frac{3}{2}(a+b)(b+c)(c+a)$$

不妨设 $a \geqslant b \geqslant c > 0$，则

$$a+b \geqslant a+c \geqslant b+c > 0$$

$$a^k \geqslant b^k \geqslant c^k > 0$$

$$a^{k-1} \geqslant b^{k-1} \geqslant c^{k-1} > 0$$

$$(a+b)(a+c) \geqslant (b+c)(b+a) \geqslant (c+a)(c+b) > 0$$

由切比雪夫不等式及均值不等式知

$$a^k(a+b)(a+c)+b^k(b+c)(b+a)+c^k(c+a)(c+b) \geqslant$$

$$\frac{1}{3}(a^k+b^k+c^k)[(a+b)(a+c)+(b+c)(b+a)+(c+a)(c+b)] \geqslant$$

$$\frac{1}{3} \cdot \frac{1}{3}(a^{k-1}+b^{k-1}+c^{k-1})(a+b+c) \cdot [(a+b)(a+c)+(b+c)(b+a)+(c+a)(c+b)] \geqslant$$

$$\frac{1}{18}(a^{k-1}+b^{k-1}+c^{k-1})[(a+b)+(b+c)+(c+a)] \cdot 3\sqrt[3]{(a+b)^2(b+c)^2(c+a)^2} \geqslant$$

$$\frac{1}{6} \cdot 3\sqrt[3]{a^{k-1}b^{k-1}c^{k-1}} \cdot 3\sqrt[3]{(a+b)(b+c)(c+a)} \cdot \sqrt[3]{(a+b)^2(b+c)^2(c+a)^2} =$$

$$\frac{3}{2} \cdot \sqrt[3]{(abc)^{k-1}} \cdot (a+b)(b+c)(c+a) =$$

$$\frac{3}{2}(a+b)(b+c)(c+a)$$

证法 2 不妨设 $a \geqslant b \geqslant c > 0$,则

$$a+b \geqslant a+c \geqslant b+c > 0$$

$$\frac{a}{b+c} \geqslant \frac{b}{c+a} \geqslant \frac{c}{a+b} > 0$$

$$a^{k-1} \geqslant b^{k-1} \geqslant c^{k-1} > 0$$

由切比雪夫不等式及均值不等式和内斯比特不等式知

$$\sum \frac{a^k}{b+c} = \sum a^{k-1} \cdot \frac{a}{b+c} \geqslant \frac{1}{3} \sum a^{k-1} \cdot \sum \frac{a}{b+c} \geqslant$$

$$\frac{1}{3} \cdot 3\sqrt[3]{a^{k-1}b^{k-1}c^{k-1}} \cdot \frac{3}{2} = \frac{3}{2}$$

例 5 (2016 年全国高中数学联赛陕西赛区预赛试题)设 a,b,c 为正实数,且满足 $abc=1$,对任意整数 $n \geqslant 2$,证明

$$\frac{a}{\sqrt[n]{b+c}} + \frac{b}{\sqrt[n]{c+a}} + \frac{c}{\sqrt[n]{a+b}} \geqslant \frac{3}{\sqrt[n]{2}}$$

证明 不妨设 $a \leqslant b \leqslant c$,则

$$\sqrt[n]{b+c} \geqslant \sqrt[n]{c+a} \geqslant \sqrt[n]{a+b}$$

$$\frac{a}{\sqrt[n]{b+c}} \leqslant \frac{b}{\sqrt[n]{c+a}} \leqslant \frac{c}{\sqrt[n]{a+b}}$$

由切比雪夫不等式得

$$a+b+c = \sqrt[n]{b+c} \cdot \frac{a}{\sqrt[n]{b+c}} +$$

$$\sqrt[n]{c+a} \cdot \frac{b}{\sqrt[n]{c+a}} + \sqrt[n]{a+b} \cdot \frac{c}{\sqrt[n]{a+b}} \leqslant$$

$$\frac{1}{3}(\sqrt[n]{b+c} + \sqrt[n]{c+a} + \sqrt[n]{a+b}) \cdot$$

$$\left(\frac{a}{\sqrt[n]{b+c}} + \frac{b}{\sqrt[n]{c+a}} + \frac{c}{\sqrt[n]{a+b}}\right)$$

又由幂平均不等式得

$$\frac{\sqrt[n]{b+c}+\sqrt[n]{c+a}+\sqrt[n]{a+b}}{3}\leqslant$$

$$\sqrt[n]{\frac{(b+c)+(c+a)+(a+b)}{3}}=$$

$$\sqrt[n]{\frac{2}{3}(a+b+c)}$$

所以

$$a+b+c\leqslant\sqrt[n]{\frac{2}{3}(a+b+c)}\cdot$$

$$\left(\frac{a}{\sqrt[n]{b+c}}+\frac{b}{\sqrt[n]{c+a}}+\frac{c}{\sqrt[n]{a+b}}\right)$$

于是

$$\frac{a}{\sqrt[n]{b+c}}+\frac{b}{\sqrt[n]{c+a}}+\frac{c}{\sqrt[n]{a+b}}\geqslant\frac{a+b+c}{\sqrt[n]{\frac{2}{3}(a+b+c)}}=$$

$$\sqrt[n]{\frac{3}{2}\ (a+b+c)^{n-1}}$$

由已知及均值不等式得

$$a+b+c\geqslant 3\sqrt[3]{abc}=3$$

故

$$\frac{a}{\sqrt[n]{b+c}}+\frac{b}{\sqrt[n]{c+a}}+\frac{c}{\sqrt[n]{a+b}}\geqslant\frac{3}{\sqrt[n]{2}}$$

另证 1　由权方和不等式知

$$\frac{a}{\sqrt[n]{b+c}}+\frac{b}{\sqrt[n]{c+a}}+\frac{c}{\sqrt[n]{a+b}}=$$

$$\frac{a^{1+\frac{1}{n}}}{\sqrt[n]{a(b+c)}}+\frac{b^{1+\frac{1}{n}}}{\sqrt[n]{b(c+a)}}+\frac{c^{1+\frac{1}{n}}}{\sqrt[n]{c(a+b)}}\geqslant$$

$$\frac{(a+b+c)^{1+\frac{1}{n}}}{\sqrt[n]{a(b+c)+b(c+a)+c(a+b)}}=$$

$$\frac{(a+b+c)^{1+\frac{1}{n}}}{\sqrt[n]{2(ab+bc+ca)}}$$

为此，只需证明

$$\frac{(a+b+c)^{1+\frac{1}{n}}}{\sqrt[n]{2(ab+bc+ca)}}\geqslant\frac{3}{\sqrt[n]{2}}$$

即证

$$(a+b+c)^{n+1}\geqslant 3^n(ab+bc+ca)$$

注意到

$$(a+b+c)^{n-1}\geqslant(3\sqrt[3]{abc})^{n-1}=3^{n-1}$$

$$(a+b+c)^2\geqslant 3(ab+bc+ca)$$

从而结论成立.

另证 2 记

$$T=\frac{a}{\sqrt[n]{b+c}}+\frac{b}{\sqrt[n]{c+a}}+\frac{c}{\sqrt[n]{a+b}}$$

由赫尔德不等式知

$$T^n[a(b+c)+b(c+a)+c(a+b)]\geqslant$$

$$(a+b+c)^{n+1}$$

为此，只需证明

$$(a+b+c)^{n+1}\geqslant 3^n(ab+bc+ca)$$

因为

$$(a+b+c)^{n-1}\geqslant 3^{n-1}$$

为此，只需证明

$$(a+b+c)^2\geqslant 3(ab+bc+ca)\Leftrightarrow$$

$$(a-b)^2+(b-c)^2+(c-a)^2\geqslant 0$$

3. 极值问题中的化简作用. 在多元极值问题中，恰当地运用切比雪夫不等式可以将代数式简化，有助于

问题的解决.

例 6　设 a_i 全是正数，且 $s=\frac{1}{m}\left(\sum_{i=1}^{n} a_i\right)>a_i(i=1,2,\cdots,n)$，且 $n>m, n\geqslant 2$. 求证：

(1) $\sum_{i=1}^{n} \frac{s-a_i}{a_i} \geqslant \frac{n(n-m)}{m}$；

(2) $\sum_{i=1}^{n} \frac{a_i}{s-a_i} \geqslant \frac{nm}{n-m}$.

证明　不妨设 $a_1 \geqslant a_2 \geqslant \cdots \geqslant a_n>0$，于是

$$s-a_n \geqslant s-a_{n-1} \geqslant \cdots \geqslant s-a_1$$

$$\frac{1}{a_n} \geqslant \frac{1}{a_{n-1}} \geqslant \cdots \geqslant \frac{1}{a_1}$$

由切比雪夫不等式得

$$\frac{1}{n} \sum_{i=1}^{n} \frac{s-a_i}{a_i} \geqslant\left(\frac{1}{n} \sum_{i=1}^{n}\left(s-a_i\right)\right)\left(\frac{1}{n} \sum_{i=1}^{n} \frac{1}{a_i}\right)=$$

$$\frac{(n-m) s}{n} \cdot\left(\frac{1}{n} \sum_{i=1}^{n} \frac{1}{a_i}\right) \qquad (*)$$

又由均值不等式知

$$\frac{n}{\sum_{i=1}^{n} \frac{1}{a_i}} \leqslant \frac{1}{n} \sum_{i=1}^{n} a_i$$

又

$$\sum_{i=1}^{n} a_i=m s$$

所以

$$\frac{1}{n} \sum_{i=1}^{n} \frac{1}{a_i} \geqslant \frac{n}{\sum_{i=1}^{n} a_i}=\frac{n}{m s}$$

而 $n>m$，代入式（ * ）后整理可得(1) 成立.

另外

$$\frac{1}{s-a_1}\geqslant\frac{1}{s-a_2}\geqslant\cdots\geqslant\frac{1}{s-a_n}$$

$$a_1\geqslant a_2\geqslant\cdots\geqslant a_n$$

由切比雪夫不等式得

$$\frac{1}{n}\sum_{i=1}^{n}\frac{a_i}{s-a_i}\geqslant\left(\frac{1}{n}\sum_{i=1}^{n}\frac{1}{s-a_i}\right)\left(\frac{1}{n}\sum_{i=1}^{n}a_i\right) \tag{$**$}$$

由均值不等式

$$\frac{n}{\sum\limits_{i=1}^{n}\frac{1}{s-a_i}}\leqslant\frac{1}{n}\sum_{i=1}^{n}(s-a_i)=\frac{ns-ms}{n}$$

故

$$\frac{1}{n}\sum_{i=1}^{n}\frac{1}{s-a_i}\geqslant\frac{n}{(n-m)s}$$

又 $\sum\limits_{i=1}^{n}a_i=ms$，代入式($**$)整理后可得(2)成立.

例 7 (第 5 届中国女子数学奥林匹克试题)已知 $x_i>0,k\geqslant 1$，求证

$$\sum_{i=1}^{n}\frac{1}{1+x_i}\cdot\sum_{i=1}^{n}x_i\leqslant\sum_{i=1}^{n}\frac{x_i^{k+1}}{1+x_i}\cdot\sum_{i=1}^{n}\frac{1}{x_i^k}$$

证明 不妨设 $x_1\geqslant x_2\geqslant\cdots\geqslant x_n>0$，则

$$\frac{1}{x_1^k}\leqslant\frac{1}{x_2^k}\leqslant\cdots\leqslant\frac{1}{x_n^k} \tag{1}$$

$$\frac{x_1^k}{1+x_1}\geqslant\frac{x_2^k}{1+x_2}\geqslant\cdots\geqslant\frac{x_n^k}{1+x_n} \tag{2}$$

于是，根据切比雪夫不等式知

$$左式=\left(\frac{1}{1+x_1}+\frac{1}{1+x_2}+\cdots+\frac{1}{1+x_n}\right)\cdot$$

$(x_1+x_2+\cdots+x_n)=$

$\left(\frac{1}{x_1^k}\cdot\frac{x_1^k}{1+x_1}+\frac{1}{x_2^k}\cdot\frac{x_2^k}{1+x_2}+\cdots+\frac{1}{x_n^k}\cdot\frac{x_n^k}{1+x_n}\right)\cdot$

$(x_1+x_2+\cdots+x_n)\leqslant$

$\left(\frac{1}{x_1^k}+\frac{1}{x_2^k}+\cdots+\frac{1}{x_n^k}\right)\cdot$

$\left(\frac{x_1^k}{1+x_1}+\frac{x_2^k}{1+x_2}+\cdots+\frac{x_n^k}{1+x_n}\right)\cdot$

$\frac{x_1+x_2+\cdots+x_n}{n}\leqslant$

$\left(x_1\cdot\frac{x_1^k}{1+x_1}+x_2\cdot\frac{x_2^k}{1+x_2}+\cdots+x_n\cdot\frac{x_n^k}{1+x_n}\right)\cdot$

$\left(\frac{1}{x_1^k}+\frac{1}{x_2^k}+\cdots+\frac{1}{x_n^k}\right)=$

$\left(\frac{x_1^{k+1}}{1+x_1}+\frac{x_2^{k+1}}{1+x_2}+\cdots+\frac{x_n^{k+1}}{1+x_n}\right)\cdot$

$\left(\frac{1}{x_1^k}+\frac{1}{x_2^k}+\cdots+\frac{1}{x_n^k}\right)=$

$\sum_{i=1}^{n}\frac{x_i^{k+1}}{1+x_i}\cdot\sum_{i=1}^{n}\frac{1}{x_i^k}$

4.反复运用切比雪夫不等式以达到降低变量次数，有助于问题的解决.

例 8　(2015 年中国台湾数学奥林匹克选训营试题)已知正实数 x,y 满足 $x+y=1$，对于 $n\geqslant 2,n\in\mathbf{Z}_+$，证明

$$\frac{x^n}{x+y^3}+\frac{y^n}{x^3+y}\geqslant\frac{2^{4-n}}{5}$$

证明　当 $n=2$ 时，不等式化为

$$\frac{x^2}{x+y^3}+\frac{y^2}{x^3+y}\geqslant\frac{4}{5}$$

令 $t=xy$，则

$$t=xy\leqslant\left(\frac{x+y}{2}\right)^2=\frac{1}{4}$$

$$x^2+y^2=(x+y)^2-2xy=1-2t$$

$$x^3+y^3=(x+y)(x^2+y^2)-xy(x+y)=$$
$$1\cdot(1-2t)-t\cdot 1=1-3t$$

$$x^4+y^4=(x+y)(x^3+y^3)-xy(x^2+y^2)=$$
$$(1-3t)-t(1-2t)=1-4t+2t^2$$

$$x^5+y^5=(x+y)(x^4+y^4)-xy(x^3+y^3)=$$
$$1-4t+2t^2-(t-3t^2)=1-5t+5t^2$$

$$\frac{x^2}{x+y^3}+\frac{y^2}{x^3+y}\geqslant\frac{4}{5}\Leftrightarrow$$
$$5[x^5+y^5+xy(x+y)]\geqslant$$
$$4[x^4+y^4+xy(1+x^2y^2)]\Leftrightarrow$$
$$5(1-5t+5t^2+t)\geqslant$$
$$4[(1-4t+2t^2)+t(1+t^2)]\Leftrightarrow$$
$$4t^3-17t^2+8t-1\leqslant 0\Leftrightarrow$$
$$(1-4t)[t^2+(1-4t)]\geqslant 0$$

上式显然成立.故当 $n=2$ 时，原不等式成立.

当 $n\geqslant 3$ 时，不妨设 $x\geqslant y>0$，则

$$x^{n-2}\geqslant y^{n-2}>0$$

$$x^{n-1}(x^3+y)-y^{n-1}(x+y^3)=$$
$$(x^{n+1}-y^{n+1})+xy(x-y)=$$
$$(x-y)(x^n+x^{n-1}y+x^{n-2}y^2+\cdots+$$
$$xy^{n-1}+y^n)+xy(x-y)=$$
$$(x-y)(x^n+x^{n-1}y+x^{n-2}y^2+\cdots+$$
$$xy^{n-1}+y^n+xy)\geqslant 0$$

故

$$x^{n-1}(x^3+y)-y^{n-1}(x+y^3)>0$$

即

$$\frac{x^{n-1}}{x+y^3}>\frac{y^{n-1}}{x^3+y}>0$$

由切比雪夫不等式知

$$\frac{x^n}{x+y^3}+\frac{y^n}{x^3+y}=x\cdot\frac{x^{n-1}}{x+y^3}+y\cdot\frac{y^{n-1}}{x^3+y}\geqslant$$
$$\frac{1}{2}(x+y)\cdot\left(\frac{x^{n-1}}{x+y^3}+\frac{y^{n-1}}{x^3+y}\right)=$$
$$\frac{1}{2}\left(\frac{x^{n-1}}{x+y^3}+\frac{y^{n-1}}{x^3+y}\right)$$

反复使用切比雪夫不等式得

$$\frac{x^n}{x+y^3}+\frac{y^n}{x^3+y}\geqslant\frac{1}{2}\left(\frac{x^{n-1}}{x+y^3}+\frac{y^{n-1}}{x^3+y}\right)\geqslant\cdots\geqslant$$
$$\left(\frac{1}{2}\right)^{n-2}\cdot\left(\frac{x^2}{x+y^3}+\frac{y^2}{x^3+y}\right)\geqslant$$
$$\frac{2^{4-n}}{5}$$

另证1　当 $n\geqslant3$ 时，不妨设 $x\geqslant y>0$，则

$$x^{n-3}\geqslant y^{n-3}>0$$

$$x^2(x^3+y)-y^2(x+y^3)=$$
$$(x^5-y^5)+xy(x-y)=$$
$$(x-y)(x^4+x^3y+x^2y^2+xy^3+y^4)+xy(x-y)=$$
$$(x-y)[(x^2+y^2)^2+xy(x^2+y^2)-x^2y^2+xy]=$$
$$(x-y)\{[(x+y)^2-2xy]^2+$$
$$xy[(x+y)^2-2xy]-x^2y^2+xy\}=$$
$$(x-y)[(1^2-2t)^2+t(1^2-2t)-t^2+t]=$$
$$(x-y)(t^2-2t+1)=(x-y)\ (t-1)^2>0$$

故

$$x^2(x^3+y)-y^2(x+y^3)>0$$

即

$$\frac{x^2}{x+y^3}>\frac{y^2}{x^3+y}>0$$

从而

$$\frac{x^{n-1}}{x+y^3}=\frac{x^2}{x+y^3}\cdot x^{n-3}\geqslant\frac{y^2}{x^3+y}\cdot y^{n-2}=\frac{y^{n-1}}{x^3+y}>0$$

由切比雪夫不等式知

$$\frac{x^n}{x+y^3}+\frac{y^n}{x^3+y}=x\cdot\frac{x^{n-1}}{x+y^3}+y\cdot\frac{y^{n-1}}{x^3+y}\geqslant$$

$$\frac{1}{2}(x+y)\cdot\left(\frac{x^{n-1}}{x+y^3}+\frac{y^{n-1}}{x^3+y}\right)=$$

$$\frac{1}{2}\left(\frac{x^{n-1}}{x+y^3}+\frac{y^{n-1}}{x^3+y}\right)$$

反复使用切比雪夫不等式得

$$\frac{x^n}{x+y^3}+\frac{y^n}{x^3+y}\geqslant\frac{1}{2}\left(\frac{x^{n-1}}{x+y^3}+\frac{y^{n-1}}{x^3+y}\right)\geqslant\cdots\geqslant$$

$$\left(\frac{1}{2}\right)^{n-2}\cdot\left(\frac{x^2}{x+y^3}+\frac{y^2}{x^3+y}\right)\geqslant$$

$$\frac{2^{4-n}}{5}$$

另证 2 当 $n\geqslant 3$ 时,不妨设 $x\geqslant y>0$,则

$$x^{n-2}\geqslant y^{n-2}>0$$

$$x^2(x^3+y)-y^2(x+y^3)=$$
$$(x^5-y^5)+xy(x-y)=$$
$$(x-y)(x^4+x^3y+x^2y^2+$$
$$xy^3+y^4)+xy(x-y)=$$
$$(x-y)[(x^2+y^2)^2+$$
$$xy(x^2+y^2)-x^2y^2+xy]=$$
$$(x-y)\{[(x+y)^2-2xy]^2+$$
$$xy[(x+y)^2-2xy]-x^2y^2+xy\}=$$

$$(x-y)[(1^2-2t)^2+$$
$$t(1^2-2t)-t^2+t]=$$
$$(x-y)(t^2-2t+1)=$$
$$(x-y)(t-1)^2>0$$

故

$$x^2(x^3+y)-y^2(x+y^3)>0$$

即

$$\frac{x^2}{x+y^3}>\frac{y^2}{x^3+y}>0$$

由幂平均不等式和切比雪夫不等式知

$$\frac{x^n}{x+y^3}+\frac{y^n}{x^3+y}=x^{n-2}\cdot\frac{x^2}{x+y^3}+y^{n-2}\cdot\frac{y^2}{x^3+y}\geqslant$$
$$\frac{1}{2}(x^{n-2}+y^{n-2})\cdot\left(\frac{x^2}{x+y^3}+\frac{y^2}{x^3+y}\right)\geqslant$$
$$\frac{1}{2}\cdot\left(\frac{x+y}{2}\right)^{n-2}\cdot\frac{4}{5}=\frac{2^{4-n}}{5}$$

综上可知，原不等式对于 $n\geqslant 2$ 恒成立.

5. 切比雪夫不等式联合实用技术. 使用切比雪夫不等式解题的关键是条件的次序、适当的系数以及拆分分式的分子和分母.

假设我们需要证明不等式(作为分数和的形式来表示)

$$\frac{x_1}{y_1}+\frac{x_2}{y_2}+\cdots+\frac{x_n}{y_n}\geqslant 0$$

在这里 $x_1,x_2,\cdots,x_n$ 是实数，$y_1,y_2,\cdots,y_n$ 是正实数.

一般地，每一个不等式都可以转化为这样的形式，如果一些分数具有一个负的分母，那么我们将用 -1 来乘它的分子和分母. 这样一来，我们将找到一个新的正数序列$(a_1,a_2,\cdots,a_n)$满足序列$(a_1x_1,a_2x_2,\cdots,a_nx_n)$是增加的，但序列$(a_1y_1,a_2y_2,\cdots,a_ny_n)$是降低的. 应用切比雪夫不等式之后，我们有

$$\sum_{i=1}^{n}\frac{x_i}{y_i}\geqslant\frac{1}{n}\Big(\sum_{\text{cyc}}a_ix_i\Big)\Big(\sum_{\text{cyc}}\frac{1}{a_iy_i}\Big)$$

于是，只需证明$\sum_{i=1}^{n}a_ix_i\geqslant 0$.

这个方法为什么这么优越？因为它摆脱了不等式中的分式. 通过适当地选择n使得$\sum_{i=1}^{n}a_ix_i=0$，可以帮助快速完成证明.

例 9 设$a,b,c>0$，且满足$a+b+c=3$，证明

$$\frac{1}{c^2+a+b}+\frac{1}{a^2+b+c}+\frac{1}{b^2+c+a}\leqslant 1$$

证明 不等式等价于

$$\sum_{\text{cyc}}\frac{1}{c^2-c+3}\geqslant 0\Leftrightarrow\sum_{\text{cyc}}\frac{a(a-1)}{a^2-a+3}\geqslant 0$$

或

$$\sum_{\text{cyc}}\frac{a-1}{a-1+\frac{3}{a}}\geqslant 0$$

根据切比雪夫不等式及假设条件$a+b+c=3$，只需证明，如果$a\geqslant b$，那么

$$a-1+\frac{3}{a}\leqslant b-1+\frac{3}{b}$$

或者

$$(a-b)(ab-3)\leqslant 0$$

这是显然成立的. 因为

$$ab\leqslant\frac{(a+b)^2}{4}\leqslant\frac{9}{4}<3$$

等号当 $a=b=c=1$ 时成立.

2.3　微微对偶不等式及其应用

微微对偶不等式(张运筹)　设 $0\leqslant a_{i1}\leqslant a_{i2}\leqslant\cdots\leqslant a_{in}$, $i=1,2,\cdots,m$, 而 $a'_{i1},a'_{i2},\cdots,a'_{in}$ 是 $a_{i1},a_{i2},\cdots,a_{in}$ 的一个排列,则:

(1) $\sum\limits_{j=1}^{n}\prod\limits_{i=1}^{m}a_{ij}\geqslant\sum\limits_{j=1}^{n}\prod\limits_{i=1}^{m}a'_{ij}$;

(2) $\prod\limits_{j=1}^{n}\sum\limits_{i=1}^{m}a_{ij}\leqslant\prod\limits_{j=1}^{n}\sum\limits_{i=1}^{m}a'_{ij}$.

下面利用排序不等式证明.

证明　(1) 考虑两项 $a_{1i_1}a_{2i_2}\cdots a_{mi_m}$ 与 $a_{1j_1}a_{2j_2}\cdots a_{mj_m}$. 不妨设 $a_{1i_1}\leqslant a_{1j_1}$, $a_{2i_2}\leqslant a_{2j_2}$, $\cdots$, $a_{ki_k}\leqslant a_{kj_k}$, $a_{k+1,i_{k+1}}\geqslant a_{k+1,j_{k+1}}$, $a_{k+2,i_{k+2}}\geqslant a_{k+2,j_{k+2}}$, $\cdots$, $a_{mi_m}\geqslant a_{mj_m}$. 由排序不等式知

$$\begin{aligned}&a_{1i_1}a_{2i_2}\cdots a_{ki_k}a_{k+1,i_{k+1}}\cdots a_{mi_m}+\\&a_{1j_1}a_{2j_2}\cdots a_{kj_k}a_{k+1,j_{k+1}}\cdots a_{mj_m}\geqslant\\&a_{1i_1}a_{2i_2}\cdots a_{mi_m}+a_{1j_1}a_{2j_2}\cdots a_{mj_m}\end{aligned}$$

即在这两项中把倒序改为同序后和不减小,经有限次改变后必可使 n 项中任两项均无倒序,此和变为 $a_{11}a_{21}\cdots a_{m1}+a_{12}a_{22}\cdots a_{m2}+\cdots+a_{1n}a_{2n}\cdots a_{mn}$. 如若不然,则必还有两项倒序存在. 又因为每次改变和不减,所以 $a_{11}a_{21}\cdots a_{m1}+a_{12}a_{22}\cdots a_{m2}+\cdots+a_{1n}a_{2n}\cdots a_{mn}$ 为最大,即

$$\sum_{j=1}^{n}\prod_{i=1}^{m}a_{ij}\geqslant\sum_{j=1}^{n}\prod_{i=1}^{m}a'_{ij}$$

(2) 利用“逐步调整法”证明如下:

引理 若 $a_1\leqslant a_2\leqslant\cdots\leqslant a_n, b_1\leqslant b_2\leqslant\cdots\leqslant b_n$,则

$$\prod_{i=1}^{n}(a_i+b_i)\leqslant\prod_{i=1}^{n}(a'_i+b'_i)$$

其中,$a'_1,a'_2,\cdots,a'_n$ 是 $a_1,a_2,\cdots,a_n$ 的一个排列,b'_1,$b'_2,\cdots,b'_n$ 是 $b_1,b_2,\cdots,b_n$ 的一个排列.

证明 不妨设,$a'_1\leqslant a'_2\leqslant\cdots\leqslant a'_n$,则

$$a'_1=a_1,a'_2=a_2,\cdots,a'_n=a_n$$

在“乱序积” $\prod_{i=1}^{n}(a'_i+b'_i)$ 中,若 $b'_1\leqslant b'_2\leqslant\cdots\leqslant b'_n$,则 $b'_i=b_i$,进而引理成立且取等号.

若 $b'_1,b'_2,\cdots,b'_n$ 中至少有两个反序,不妨设 $b'_1\geqslant b'_2$,由于

$$(a'_1+b'_1)(a'_2+b'_2)-(a_1+b_1)(a_2+b_2)=$$
$$a_1b'_2-a_1b'_1-a_2b'_2+a_2b'_1=$$
$$(a_1-a_2)(b'_2-b'_1)\geqslant 0$$

因此,调换 b'_1 与 b'_2 的位置,就有

$$(a'_1+b'_1)(a'_2+b'_2)\geqslant(a_1+b'_2)(a_2+b'_1)$$

这就是说,$b'_1,b'_2,\cdots,b'_n$ 中若有两个反序,只要调换它们的位置,乘积 $\prod_{i=1}^{n}(a'_i+b'_i)$ 就变小,依此类推可知

$$\prod_{i=1}^{n}(a_i+b_i)\leqslant\prod_{i=1}^{n}(a'_i+b'_i)$$

评注 用数学归纳法也易证明引理.

今对 m 用归纳法:当 $m=1,2$ 时,由引理知不等式 (2) 成立.

设当 $m=k$ 时,不等式(2) 成立,即有

$$\prod_{j=1}^{n}\sum_{i=1}^{k}a_{ij}\leqslant\prod_{j=1}^{n}\sum_{i=1}^{k}a'_{ij}$$

由引理与归纳假设知

$$\begin{aligned}\prod_{j=1}^{n}\sum_{i=1}^{k+1}a_{ij}=\prod_{j=1}^{n}\left(\sum_{i=1}^{k}a_{ij}+a_{k+1,j}\right)\leqslant\\ \prod_{j=1}^{n}\left(\sum_{i=1}^{k}a'_{ij}+a'_{k+1,j}\right)=\\ \prod_{j=1}^{n}\left(\sum_{i=1}^{k+1}a'_{ij}\right)\end{aligned}$$

即 $m=k+1$ 时,不等式(2) 成立.

由 $\{a_{ij}\}$,$\{a'_{ij}\}$ 可有两个矩阵

$$\boldsymbol{A}=\begin{pmatrix}a_{11} & a_{12} & \cdots & a_{1n}\\ a_{21} & a_{22} & \cdots & a_{2n}\\ \vdots & \vdots & & \vdots\\ a_{m1} & a_{m2} & \cdots & a_{mn}\end{pmatrix}$$

$$\boldsymbol{A}'=\begin{pmatrix}a'_{11} & a'_{12} & \cdots & a'_{1n}\\ a'_{21} & a'_{22} & \cdots & a'_{2n}\\ \vdots & \vdots & & \vdots\\ a'_{m1} & a'_{m2} & \cdots & a'_{mn}\end{pmatrix}$$

其中,$\boldsymbol{A}'$ 的第 i 行的数 $a'_{i1},a'_{i2},\cdots,a'_{in}$ 是 $\boldsymbol{A}$ 中的第 i 行的数 $a_{i1},a_{i2},\cdots,a_{in}$ 的一个排列,$i=1,2,\cdots,m$.

$S(\boldsymbol{A})=\sum_{j=1}^{n}\left(\prod_{i=1}^{m}a_{ij}\right)$ 是 $\boldsymbol{A}$ 的各列的数相乘,然后相加,称为 $\boldsymbol{A}$ 的列积和,$T(\boldsymbol{A})=\prod_{j=1}^{n}\left(\sum_{i=1}^{m}a_{ij}\right)$ 是 $\boldsymbol{A}$ 的各列的数相加,然后相乘,称为 $\boldsymbol{A}$ 的列和积,于是(1)(2) 的不等式可分别表示为:

(1)$\boldsymbol{A}$ 的列积和 $\geqslant$ $\boldsymbol{A}'$ 的列积和,记作 $S(\boldsymbol{A})\geqslant S(\boldsymbol{A}')$;

(2)$\boldsymbol{A}$ 的列和积 $\leqslant \boldsymbol{A}'$ 的列和积，记作 $T(\boldsymbol{A}) \leqslant T(\boldsymbol{A}')$.

为了叙述方便起见，称 $\boldsymbol{A}$ 为同序阵，$\boldsymbol{A}'$ 为 $\boldsymbol{A}$ 的乱序阵，若一个 $m \times n$ 矩阵 $\boldsymbol{M}$ 可由 $\boldsymbol{A}$ 施行列列交换或行行交换得到，则

$$S(\boldsymbol{M}) = S(\boldsymbol{A}), T(\boldsymbol{M}) = T(\boldsymbol{A})$$

因此称 $\boldsymbol{M}$ 是 $\boldsymbol{A}$ 的可同序阵.

排序不等式可以采用逐步调整法证明，同样微微对偶不等式也可以采用逐步调整法证明.

证明 若 $\boldsymbol{A}'$ 为 $\boldsymbol{A}$ 的同序阵，则

$$S(\boldsymbol{A}') = S(\boldsymbol{A}), T(\boldsymbol{A}') = T(\boldsymbol{A})$$

否则，可令 $\boldsymbol{A}'$ 中有 $i < j$，使得 $a'_{ki} > a'_{kj} (k = 1, 2, \cdots, l)$，$a'_{ki} \leqslant a'_{kj} (k = l+1, l+2, \cdots, m)$，则可经 $\boldsymbol{A}'$ 改造出 $\boldsymbol{A}'' = (a''_{ij})$，其中 $a''_{ki} = a'_{kj} < a''_{kj} = a'_{ki} (k = 1, 2, \cdots, l)$，其中 $a''_{si} = a'_{si}$. 令

$$a'_{1i} \cdots a'_{li} = a > b = a'_{1j} \cdots a'_{lj}$$

$$a'_{i+1,i} \cdots a'_{mi} = c \leqslant d = a'_{l+1,j} \cdots a'_{mj}$$

$$a'_{1i} + \cdots + a'_{li} = x > y = a'_{1j} + \cdots + a'_{lj}$$

$$a'_{i+1,i} + \cdots + a'_{mi} = z \leqslant w = a'_{l+1,j} + \cdots + a'_{mj}$$

则

$$S(\boldsymbol{A}'') - S(\boldsymbol{A}') = (ad + bc) - (ac + bd) = (a - b)(d - c) \geqslant 0$$

$$T(\boldsymbol{A}'') - T(\boldsymbol{A}') = [(x + w)(y + z) - (x + z)(y + w)] \prod_{\substack{r=1 \\ i \neq r \neq j}}^{n} \left(\sum_{k=1}^{m} a'_{kr}\right) = (x - y)(z - w) \prod_{\substack{r=1 \\ i \neq r \neq j}}^{n} \left(\sum_{k=1}^{m} a'_{kr}\right) \leqslant 0$$

因此 $S(\boldsymbol{A}') \leqslant S(\boldsymbol{A}'')$，$T(\boldsymbol{A}') \geqslant T(\boldsymbol{A}'')$. 这就是说，$\boldsymbol{A}'$ 可

经过有限次"保乱规"改造到 $\mathbf{A}$,且保向

$$S(\mathbf{A}') \leqslant S(\mathbf{A}'') \leqslant \cdots \leqslant S(\mathbf{A}^x) \leqslant S(\mathbf{A})$$

$$T(\mathbf{A}') \geqslant T(\mathbf{A}'') \geqslant \cdots \geqslant T(\mathbf{A}^y) \geqslant T(\mathbf{A})$$

得证.

注意,证明中"$a > b, c \leqslant d$"必须用 $a_{ij} \geqslant 0$,但当 $m=2$ 时,不必用 $a_{ij} \geqslant 0$. 因此,当 $m=2$ 时,S 不等式中 a_{ij} 的非负条件可以取消. 在 T 不等式中,虽然"$x > y, z \leqslant w$"不必用 $a_{ij} \geqslant 0$,但要涉及另一个因子的符号,因此,在 T 不等式中,一般来说,不宜取消 a_{ij} 的非负性条件,所以,在两行矩阵中,如无特别申明,总是不加非负条件去研究 S 不等式,而附加非负条件去研究 T 不等式.

利用微微对偶不等式可以推广柯西不等式、R. Rado 不等式、Popovic 不等式和切比雪夫不等式.

应用微微对偶不等式的关键在于把要证明的不等式归结为构造一个矩阵 $\mathbf{A}$,再设计出一个适当的乱序阵 $\mathbf{A}'$.

例1　(伯努利(Bernoulli)不等式) 若 $x_1, x_2, \cdots, x_n \geqslant 0$ 或 $-1 \leqslant x_1, x_2, \cdots, x_n < 0$,则

$$(1+x_1)(1+x_2)\cdots(1+x_n) \geqslant 1+x_1+x_2+\cdots+x_n$$

证明　$1+x_i \geqslant 1$ 或 $0 \leqslant 1+x_i < 1 (i=1,2,\cdots,n)$.

构造矩阵

$$\mathbf{A} = \begin{pmatrix} 1+x_1 & 1 & \cdots & 1 \\ 1+x_2 & 1 & \cdots & 1 \\ \vdots & \vdots & & \vdots \\ 1+x_n & 1 & \cdots & 1 \end{pmatrix}$$

$$\mathbf{A}'=\begin{pmatrix}1+x_1 & 1 & \cdots & 1\\ 1 & 1+x_2 & \cdots & 1\\ \vdots & \vdots & & \vdots\\ 1 & 1 & \cdots & 1+x_n\end{pmatrix}$$

其中,$\mathbf{A}$ 是可同序的,$\mathbf{A}'$ 是乱序的,则由微微对偶不等式可得 $S(\mathbf{A})\geqslant S(\mathbf{A}')$,故原不等式成立.

特别地,有

$$(1+x)^n\geqslant 1+nx$$

其中 $x\geqslant -1$,n 是自然数.由 $\mathbf{A}'$ 向 $\mathbf{A}$ 改造的过程中可以看出,当且仅当一切 $1+x_i=1$,即 $x_i=0$ 时等号成立.

例 2 设 $x_n=\left(1+\dfrac{1}{n}\right)^n$,$y_n=\left(1+\dfrac{1}{n}\right)^{n+1}$,则:

(1)$x_n\leqslant x_{n+1}$;

(2)$y_n\geqslant y_{n+1}$.

证明 (1) 考虑$(n+1)\times(n+1)$ 矩阵

$$\mathbf{A}=\begin{pmatrix}1+\frac{1}{n} & 1+\frac{1}{n} & \cdots & 1+\frac{1}{n} & 1\\ 1+\frac{1}{n} & 1+\frac{1}{n} & \cdots & 1+\frac{1}{n} & 1\\ \vdots & \vdots & & \vdots & \vdots\\ 1+\frac{1}{n} & 1+\frac{1}{n} & \cdots & 1+\frac{1}{n} & 1\end{pmatrix}$$

同序.乱 $\mathbf{A}$,使每一列恰有一个 1,得 $\mathbf{A}$ 的乱序阵 $\mathbf{A}'$,由

$$(n+1)^{n+1}x_n=T(\mathbf{A})\leqslant T(\mathbf{A}')=(n+1)^{n+1}x_{n+1}$$

得证.

(2) 考虑$(n+1)\times(n+1)$ 矩阵

$$\boldsymbol{A}=\begin{pmatrix} 1+\frac{1}{n(n+2)} & 1 & 1 & 1 \\ 1+\frac{1}{n(n+2)} & 1 & 1 & 1 \\ \vdots & \vdots & \vdots & \vdots \\ 1+\frac{1}{n(n+2)} & 1 & 1 & 1 \end{pmatrix}$$

同序. 乱 $\boldsymbol{A}$,使每列恰有 n 个 1,得 $\boldsymbol{A}$ 的乱序阵 $\boldsymbol{A}'$,由

$$S(\boldsymbol{A})=\left[\frac{(n+1)^2}{n(n+2)}\right]^{n+1}+n$$

$$S(\boldsymbol{A}')=\left[1+\frac{1}{n(n+2)}\right](n+1)=$$

$$(n+1)+\frac{n+1}{n(n+2)}>$$

$$n+1+\frac{1}{n+1}=n+\frac{n+2}{n+1}$$

由 $S(\boldsymbol{A})\geqslant S(\boldsymbol{A}')$ 得

$$\left[\frac{(n+1)^2}{n(n+2)}\right]^{n+1}>\frac{n+2}{n+1}$$

故

$$\left(1+\frac{1}{n}\right)^{n+1}>\left(1+\frac{1}{n+1}\right)^{n+2}$$

得证.

例 3　设 $x_i>0(i=1,2,\cdots,n)$,实数 α,β 满足 $\alpha\cdot\beta>0$,求证

$$\frac{x_1^\beta}{x_1^\alpha}+\frac{x_2^\beta}{x_2^\alpha}+\cdots+\frac{x_n^\beta}{x_n^\alpha}\geqslant x_1^{\beta-\alpha}+x_2^{\beta-\alpha}+\cdots+x_n^{\beta-\alpha}$$

证明　构造矩阵

$$\boldsymbol{A}=\begin{pmatrix} x_1^\beta & x_2^\beta & \cdots & x_n^\beta \\ \frac{1}{x_n^\alpha} & \frac{1}{x_{n-1}^\alpha} & \cdots & \frac{1}{x_1^\alpha} \end{pmatrix}$$

$$\boldsymbol{A}'=\begin{pmatrix} x_1^{\beta} & x_2^{\beta} & \cdots & x_n^{\beta} \\ \frac{1}{x_1^{\alpha}} & \frac{1}{x_2^{\alpha}} & \cdots & \frac{1}{x_n^{\alpha}} \end{pmatrix}$$

由微微对偶不等式可得 $S(\boldsymbol{A})\geqslant S(\boldsymbol{A}')$,故原不等式成立.

例 4 **(内斯比特不等式)** 证明对于所有非负实数 a,b,c,都有

$$\frac{a}{b+c}+\frac{b}{c+a}+\frac{c}{a+b}\geqslant\frac{3}{2}$$

证明 构造矩阵

$$\boldsymbol{A}=\begin{pmatrix} a & b & c \\ \frac{1}{b+c} & \frac{1}{c+a} & \frac{1}{a+b} \end{pmatrix}$$

$$\boldsymbol{A}'=\begin{pmatrix} c & a & b \\ \frac{1}{b+c} & \frac{1}{c+a} & \frac{1}{a+b} \end{pmatrix}$$

$$\boldsymbol{A}''=\begin{pmatrix} b & c & a \\ \frac{1}{b+c} & \frac{1}{c+a} & \frac{1}{a+b} \end{pmatrix}$$

由微微对偶不等式可得

$$S(\boldsymbol{A})\geqslant S(\boldsymbol{A}'),S(\boldsymbol{A})\geqslant S(\boldsymbol{A}'')$$

又因为

$$S(\boldsymbol{A}')+S(\boldsymbol{A}'')=3$$

所以原不等式成立.

例 5 (2009 年南京大学自主招生试题)P 是 $\triangle ABC$ 内一点,它到三边 BC,CA,AB 的距离分别为 d_1,d_2,d_3,S 是 $\triangle ABC$ 的面积,a,b,c 分别表示边 BC,CA,AB 的长度.

求证:$\frac{a}{d_1}+\frac{b}{d_2}+\frac{c}{d_3}\geqslant\frac{(a+b+c)^2}{2S}$.

证明　设 $2\Delta=ax+by+cz$，构造矩阵

$$\boldsymbol{A}=\begin{pmatrix}\sqrt{\dfrac{a}{px}} & \sqrt{\dfrac{b}{py}} & \sqrt{\dfrac{c}{pz}} & \sqrt{\dfrac{ax}{2\Delta}} & \sqrt{\dfrac{by}{2\Delta}} & \sqrt{\dfrac{cz}{2\Delta}} \\ \sqrt{\dfrac{a}{px}} & \sqrt{\dfrac{b}{py}} & \sqrt{\dfrac{c}{pz}} & \sqrt{\dfrac{ax}{2\Delta}} & \sqrt{\dfrac{by}{2\Delta}} & \sqrt{\dfrac{cz}{2\Delta}}\end{pmatrix}$$

可同序

$$\boldsymbol{A}'=\begin{pmatrix}\sqrt{\dfrac{a}{px}} & \sqrt{\dfrac{b}{py}} & \sqrt{\dfrac{c}{pz}} & \sqrt{\dfrac{ax}{2\Delta}} & \sqrt{\dfrac{by}{2\Delta}} & \sqrt{\dfrac{cz}{2\Delta}} \\ \sqrt{\dfrac{ax}{2\Delta}} & \sqrt{\dfrac{by}{2\Delta}} & \sqrt{\dfrac{cz}{2\Delta}} & \sqrt{\dfrac{a}{px}} & \sqrt{\dfrac{b}{py}} & \sqrt{\dfrac{c}{pz}}\end{pmatrix}$$

是乱序.

由微微对偶不等式可得

$$S(\boldsymbol{A})=2,S(\boldsymbol{A}')=2\left(\frac{a}{\sqrt{2p\Delta}}+\frac{b}{\sqrt{2p\Delta}}+\frac{c}{\sqrt{2p\Delta}}\right)$$

由 $S(\boldsymbol{A})\geqslant S(\boldsymbol{A}')$，从而有

$$\sqrt{2p\Delta}\geqslant a+b+c=2s$$

即

$$2p\Delta\geqslant 4s^2\Rightarrow p\geqslant\frac{2s}{r}$$

当且仅当

$$\sqrt{\frac{a}{px}}=\sqrt{\frac{ax}{2\Delta}},\sqrt{\frac{b}{py}}=\sqrt{\frac{by}{2\Delta}},\sqrt{\frac{c}{pz}}=\sqrt{\frac{cz}{2\Delta}}$$

时，上式取等号.

评注　本题实际上是第 22 届(1981 年)国际数学奥林匹克竞赛题：设 P 为 $\triangle ABC$ 内一点，P 在三边 BC,CA,AB 上的射影分别为 D,E,F. 试求出使 $\dfrac{BC}{PD}+\dfrac{CA}{PE}+\dfrac{AB}{PF}$ 取得最小值的所有点 P.

解 我们用下面的记号表示线段的长度,如图1,$BC=a,CA=b,AB=c,PD=x,PE=y,PF=z$,则原题变成求 $L=\frac{a}{x}+\frac{b}{y}+\frac{c}{z}$ 的最小值.而由面积公式,我们有

$$ax+by+cz=2S$$

其中,S 为 $\triangle ABC$ 的面积.

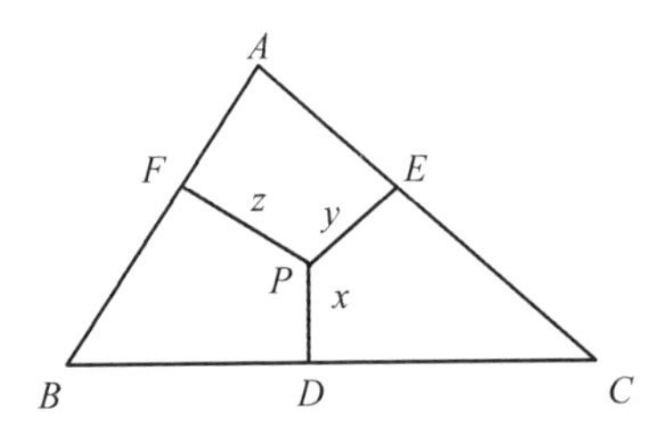

图1

因为 $ax+by+cz$ 是个常数,原题可以变为求 $2SL$ 的最小值.运用柯西—施瓦兹(Cauchy-Schwartz)不等式,我们有

$$(ax+by+cz)\left(\frac{a}{x}+\frac{b}{y}+\frac{c}{z}\right)\geqslant$$

$$\left(\sqrt{ax}\cdot\sqrt{\frac{a}{x}}+\sqrt{by}\cdot\sqrt{\frac{b}{y}}+\sqrt{cz}\cdot\sqrt{\frac{c}{z}}\right)^2=$$

$$(a+b+c)^2$$

等号成立当且仅当

$$\frac{\sqrt{ax}}{\sqrt{\frac{a}{x}}}=\frac{\sqrt{by}}{\sqrt{\frac{b}{y}}}=\frac{\sqrt{cz}}{\sqrt{\frac{c}{z}}}\Leftrightarrow x=y=z$$

因此,当 P 是 $\triangle ABC$ 的内心时,L 取得最小值 $\frac{a+b+c}{r}$.

例 6　(2008年南开大学自主招生试题)已知 $a,b,c>0$,且 $a+b+c=1$,求 $\left(a+\frac{1}{a}\right)^2+\left(b+\frac{1}{b}\right)^2+\left(c+\frac{1}{c}\right)^2$ 的最小值.

解　构造矩阵

$$\boldsymbol{A}=\begin{pmatrix} a+\frac{1}{a} & b+\frac{1}{b} & c+\frac{1}{c} & \frac{10}{3} & \frac{10}{3} & \frac{10}{3} \\ a+\frac{1}{a} & b+\frac{1}{b} & c+\frac{1}{c} & \frac{10}{3} & \frac{10}{3} & \frac{10}{3} \end{pmatrix}$$

可同序

$$\boldsymbol{A}'=\begin{pmatrix} a+\frac{1}{a} & b+\frac{1}{b} & c+\frac{1}{c} & \frac{10}{3} & \frac{10}{3} & \frac{10}{3} \\ \frac{10}{3} & \frac{10}{3} & \frac{10}{3} & a+\frac{1}{a} & b+\frac{1}{b} & c+\frac{1}{c} \end{pmatrix}$$

是乱序.

由微微对偶不等式可得

$$S(\boldsymbol{A})=\left(a+\frac{1}{a}\right)^2+\left(b+\frac{1}{b}\right)^2+\left(c+\frac{1}{c}\right)^2+3\cdot\left(\frac{10}{3}\right)^2$$

$$S(\boldsymbol{A}')=2\cdot\frac{10}{3}\cdot\left[\left(a+\frac{1}{a}\right)+\left(b+\frac{1}{b}\right)+\left(c+\frac{1}{c}\right)\right]$$

由 $S(\boldsymbol{A})\geqslant S(\boldsymbol{A}')$,从而有

$$\left(a+\frac{1}{a}\right)^2+\left(b+\frac{1}{b}\right)^2+\left(c+\frac{1}{c}\right)^2+3\cdot\left(\frac{10}{3}\right)^2\geqslant$$

$$2\cdot\frac{10}{3}\cdot\left[\left(a+\frac{1}{a}\right)+\left(b+\frac{1}{b}\right)+\left(c+\frac{1}{c}\right)\right]=$$

$$\frac{20}{3}\left(a+b+c+\frac{1}{a}+\frac{1}{b}+\frac{1}{c}\right)=$$

$$\frac{20}{3}\left(1+\frac{1}{a}+\frac{1}{b}+\frac{1}{c}\right)\geqslant$$

$\frac{20}{3}\left(1+\frac{3^2}{a+b+c}\right)$

当且仅当

$$a+\frac{1}{a}=b+\frac{1}{b}=c+\frac{1}{c}=\frac{10}{3}$$

即 $a=b=c=\frac{1}{3}$ 时,上式取等号.

评注 本题是 Mitrinovic-Djokovic 不等式的三维情形.

Mitrinovic-Djokovic 不等式:若 $x_k>0(k=1,2,\cdots,n)$,$x_1+x_2+\cdots+x_n=1$,且$a>0$,则

$$\sum_{k=1}^{n}\left(x_k+\frac{1}{x_k}\right)^a\geqslant\frac{(n^2+1)^a}{n^{a-1}}$$

例7 (2009年清华大学自主招生试题)若 x,y 为实数,且 $x+y=1$,证明:对于任意正整数 n,有 $x^{2n}+y^{2n}\geqslant\frac{1}{2^{2n-1}}$.

证明 构造矩阵

$$\boldsymbol{A}=\begin{pmatrix} x & y & \frac{1}{2} & \frac{1}{2} & \cdots & \frac{1}{2} & \frac{1}{2} & \frac{1}{2} & \cdots & \frac{1}{2}\\ x & y & \frac{1}{2} & \frac{1}{2} & \cdots & \frac{1}{2} & \frac{1}{2} & \frac{1}{2} & \cdots & \frac{1}{2}\\ \vdots & \vdots & \vdots & \vdots & & \vdots & \vdots & \vdots & & \vdots\\ x & y & \frac{1}{2} & \frac{1}{2} & \cdots & \frac{1}{2} & \frac{1}{2} & \frac{1}{2} & \cdots & \frac{1}{2} \end{pmatrix}$$

(下方括号标注:$2n-1$,$2n-1$)

可同序

$$
\mathbf{A}' = \begin{pmatrix}
x & y & \frac{1}{2} & \frac{1}{2} & \cdots & \frac{1}{2} & \frac{1}{2} & \frac{1}{2} & \cdots & \frac{1}{2} \\
\frac{1}{2} & \frac{1}{2} & x & \frac{1}{2} & \cdots & \frac{1}{2} & y & \frac{1}{2} & \cdots & \frac{1}{2} \\
\vdots & \vdots & \vdots & \vdots & & \vdots & \vdots & \vdots & & \vdots \\
\frac{1}{2} & \frac{1}{2} & \frac{1}{2} & \frac{1}{2} & \cdots & x & \frac{1}{2} & \frac{1}{2} & \cdots & y
\end{pmatrix}
$$

$$\underbrace{\qquad\qquad\qquad}_{2n-1}\qquad\underbrace{\qquad\qquad\qquad}_{2n-1}$$

是乱序.

由微微对偶不等式可得

$$S(\mathbf{A}) = x^{2n} + y^{2n} + (2n-1) \cdot \left(\frac{1}{2^{2n}} + \frac{1}{2^{2n}}\right)$$

$$S(\mathbf{A}') = 2n \cdot \left(\frac{1}{2^{2n-1}}x + \frac{1}{2^{2n-1}}y\right)$$

由 $S(\mathbf{A}) \geqslant S(\mathbf{A}')$,从而有

$$x^{2n} + y^{2n} + (2n-1)\left(\frac{1}{2^{2n}} + \frac{1}{2^{2n}}\right) \geqslant$$

$$2n \cdot \left(\frac{1}{2^{2n-1}}x + \frac{1}{2^{2n-1}}y\right)$$

即

$$x^{2n} + y^{2n} \geqslant \frac{1}{2^{2n-1}}$$

推广　设 $a, b \in \mathbf{R}_+, n \in \mathbf{N}_+$,求证

$$\frac{a^n + b^n}{2} \geqslant \left(\frac{a+b}{2}\right)^n$$

证明　原不等式等价于

$$\frac{\frac{a^n + b^n}{2}}{\left(\frac{a+b}{2}\right)^n} \geqslant 1$$

构造函数

$$f(n)=\frac{\frac{a^n+b^n}{2}}{\left(\frac{a+b}{2}\right)^n}$$

显然 $f(1)=1$. 又

$$f(n+1)-f(n)=\frac{2^n(a^{n+1}+b^{n+1})}{(a+b)^{n+1}}-\frac{2^{n-1}(a^n+b^n)}{(a+b)^n}=$$

$$\frac{2^n(a-b)(a^n-b^n)}{(a+b)^{n+1}}$$

因为 $a-b$ 与 a^n-b^n 同号或同为零,所以

$$f(n+1)-f(n)\geqslant 0$$

因此

$$f(n)\geqslant f(n-1)\geqslant\cdots\geqslant f(1)=1$$

说明 本例采用作商构造以自然数 n 为自变量的函数 $f(n)$,后用比差法证明 $f(n)$ 单调递增. 事实上也可采用比商法证明 $f(n)$ 单调递增

$$\frac{f(n+1)}{f(n)}=\frac{2(a^{n+1}+b^{n+1})}{(a^n+b^n)(a+b)}=$$

$$\frac{(a^n+b^n)(a+b)+(a^n-b^n)(a-b)}{(a^n+b^n)(a+b)}\geqslant$$

$$\frac{(a^n+b^n)(a+b)}{(a^n+b^n)(a+b)}=1$$

证法 1 由"若 $a\geqslant 0,b\geqslant 0$ 则 $\frac{a^2+b^2}{2}\geqslant\left(\frac{a+b}{2}\right)^2$"联想到"若 $a\geqslant 0,b\geqslant 0,n\in\mathbf{N}_+$, 则 $\frac{a^n+b^n}{2}\geqslant\left(\frac{a+b}{2}\right)^n$".

下面用数学归纳法证明上述结论.

当 $n=1$ 时显然成立. 当 $n=2$ 时

$$\frac{a^2+b^2}{2}-\left(\frac{a+b}{2}\right)^2=\left(\frac{a-b}{2}\right)^2\geqslant 0$$

所以当 $n=1,n=2$ 时,命题成立.

假设 $n=k$ 时不等式成立,即

$$\frac{a^k+b^k}{2}\geqslant\left(\frac{a+b}{2}\right)^k$$

所以

$$\frac{a^k+b^k}{2}\cdot\frac{a+b}{2}\geqslant\left(\frac{a+b}{2}\right)^{k+1}$$

只需证明

$$\frac{a^k+b^k}{2}\cdot\frac{a+b}{2}\leqslant\frac{a^{k+1}+b^{k+1}}{2}$$

即证明

$$a^kb+b^ka\leqslant a^{k+1}+b^{k+1}$$

而

$$a^kb+b^ka-a^{k+1}-b^{k+1}=$$
$$(a^k-b^k)(b-a)\leqslant 0$$

故 $n=k+1$ 时不等式成立.

综上可得:若 $a\geqslant 0,b\geqslant 0,n\in\mathbf{N}_+$,则

$$\frac{a^n+b^n}{2}\geqslant\left(\frac{a+b}{2}\right)^n$$

运用上面的结论有

$$\frac{x^{2n}+y^{2n}}{2}\geqslant\left(\frac{x^2+y^2}{2}\right)^n\geqslant\left[\left(\frac{x+y}{2}\right)^2\right]^n\geqslant\frac{1}{2^{2n}}$$

即

$$x^{2n}+y^{2n}\geqslant\frac{1}{2^{2n-1}}$$

证法2　依题意,x,y 中至少有一个大于0,不妨设 $x>0$.

(1) 若 $x>0,y\leqslant 0$,又 $x+y=1$,则 $x\geqslant 1$,所以

$$x^{2n}+y^{2n}\geqslant 1>\frac{1}{2^{2n-1}}$$

(2) 若 $x>0,y>0$,不妨设 $x\geqslant y$,则 $x\geqslant\frac{1}{2}$,及

$$x^{2n}-\frac{1}{2^{2n}}=$$

$$\left(x-\frac{1}{2}\right)\left[x^{2n-1}+\frac{1}{2}x^{2n-2}+\left(\frac{1}{2}\right)^{2}x^{2n-3}+\cdots+\left(\frac{1}{2}\right)^{2n-2}x+\left(\frac{1}{2}\right)^{2n-1}\right]\qquad(1)$$

$$\frac{1}{2^{2n}}-y^{2n}=$$

$$\left(\frac{1}{2}-y\right)\left[y^{2n-1}+\frac{1}{2}y^{2n-2}+\left(\frac{1}{2}\right)^{2}y^{2n-3}+\cdots+\left(\frac{1}{2}\right)^{2n-2}y+\left(\frac{1}{2}\right)^{2n-1}\right]\qquad(2)$$

由式(1)－(2)得

$$x^{2n}+y^{2n}-\frac{1}{2^{2n-1}}=\left(x-\frac{1}{2}\right)\left[(x^{2n-1}-y^{2n-1})+\frac{1}{2}(x^{2n-2}-y^{2n-2})+\left(\frac{1}{2}\right)^{2}(x^{2n-3}-y^{2n-3})+\cdots+\left(\frac{1}{2}\right)^{2n-2}(x-y)\right]$$

所以 $x^{2n}+y^{2n}\geqslant\frac{1}{2^{2n-1}}$.

例 8 (2010 年南开大学数学特长班试题)求证:$n\geqslant 2$ 时,$n!<\left(\frac{n+1}{2}\right)^{n}$.

证明 $n!<\left(\frac{n+1}{2}\right)^{n}\Leftrightarrow$

$$n^{n}n!<\left[\frac{n(n+1)}{2}\right]^{n}\Leftrightarrow$$

$$(n\cdot 1)\cdot(n\cdot 1)\cdot\cdots\cdot(n\cdot n)<$$
$$(1+2+\cdots+n)^n$$

构造矩阵

$$\mathbf{A}=\begin{pmatrix}1 & 2 & \cdots & n\\ 1 & 2 & \cdots & n\\ \vdots & \vdots & & \vdots\\ 1 & 2 & \cdots & n\end{pmatrix}$$

可同序

$$\mathbf{A}'=\begin{pmatrix}1 & 1 & \cdots & 1\\ 2 & 2 & \cdots & 2\\ \vdots & \vdots & & \vdots\\ n & n & \cdots & n\end{pmatrix}$$

是乱序

$$T(\mathbf{A})=(n\cdot 1)\cdot(n\cdot 1)\cdot\cdots\cdot(n\cdot n)$$
$$T(\mathbf{A}')=(1+2+\cdots+n)^n$$

由微微对偶不等式可得 $T(\mathbf{A})\leqslant T(\mathbf{A}')$，即

$$(n\cdot 1)\cdot(n\cdot 1)\cdot\cdots\cdot(n\cdot n)<(1+2+\cdots+n)^n$$

也即

$$n!<\left(\frac{n+1}{2}\right)^n$$

另证 1　当 $n=2$ 时原式成立.

设 $n=k$ 时不等式成立，即 $k!<\left(\frac{k+1}{2}\right)^k$. 要证 $n=k+1$ 时成立，只要证

$$\frac{(k+1)!}{k!}<\frac{\left(\frac{k+2}{2}\right)^{k+1}}{\left(\frac{k+1}{2}\right)^k}\Leftrightarrow$$

$$k+1<\frac{1}{2}\cdot\left(1+\frac{1}{k+1}\right)^k\cdot(k+2)\Leftrightarrow$$

$$2<\left(1+\frac{1}{k+1}\right)^{k+1}$$

根据二项式定理,右式

$$\left(1+\frac{1}{k+1}\right)^{k+1}>1+\mathrm{C}_{k+1}^{1}\cdot\frac{1}{k+1}=2$$

当且仅当 $k=0$ 时等号成立. 而 $k\geqslant 2$,所以

$$2<\left(1+\frac{1}{k+1}\right)^{k+1}$$

根据归纳假设:对于一切 $n\geqslant 2$ 时,均有 $n!<\left(\frac{n+1}{2}\right)^{n}$.

另证 2 由均值不等式知

$$n!=1\cdot 2\cdot\cdots\cdot n<\left(\frac{1+2+\cdots+n}{n}\right)^{n}=$$

$$\left[\frac{\frac{n(n+1)}{2}}{n}\right]^{n}=\left(\frac{n+1}{2}\right)^{n}$$

均值不等式

第3章

3.1　均值不等式及其应用

约定：H,G,A,Q分别为n个正实数a_1，$a_2,\cdots,a_n$的调和平均$\frac{n}{\frac{1}{a_1}+\frac{1}{a_2}+\cdots+\frac{1}{a_n}}$，几何平均$\sqrt[n]{a_1a_2\cdots a_n}$，算术平均$\frac{a_1+a_2+\cdots+a_n}{n}$及平方平均$\sqrt{\frac{a_1^2+a_2^2+\cdots+a_n^2}{n}}$.

平均值不等式　设$a_1,a_2,\cdots,a_n$是n个正实数，则有

$$\frac{n}{\frac{1}{a_1}+\frac{1}{a_2}+\cdots+\frac{1}{a_n}}\leqslant\sqrt[n]{a_1a_2\cdots a_n}\leqslant$$

$$\frac{a_1+a_2+\cdots+a_n}{n}\leqslant\sqrt{\frac{a_1^2+a_2^2+\cdots+a_n^2}{n}}$$

即 $H\leqslant G\leqslant A\leqslant Q$，当且仅当 $a_1=a_2=\cdots=a_n$ 时取等号.

引理 设 $a_1,a_2,\cdots,a_n$ 都是正数，$b_1,b_2,\cdots,b_n$ 是 $a_1,a_2,\cdots,a_n$ 的任一排列，则有

$$a_1b_1^{-1}+a_2b_2^{-1}+\cdots+a_nb_n^{-1}\geqslant n$$

证明 不妨设

$$a_1\geqslant a_2\geqslant\cdots\geqslant a_n>0$$

由不等式的单调性，有

$$a_n^{-1}\geqslant a_{n-1}^{-1}\geqslant\cdots\geqslant a_1^{-1}$$

由排序原理得

$$a_1b_1^{-1}+a_2b_2^{-1}+\cdots+a_nb_n^{-1}\geqslant$$
$$a_1a_1^{-1}+a_2a_2^{-1}+\cdots+a_na_n^{-1}\geqslant n$$

以下证明平均值不等式成立.

令 $t_i=\frac{a_1a_2\cdots a_i}{G^i}(i=1,2,\cdots,n)$，则 $t_n=1$. 从而正数序列 $t_1,t_2,\cdots,t_n$ 及 $\frac{1}{t_1},\frac{1}{t_2},\cdots,\frac{1}{t_n}$ 对应两项大小次序正好相反，由排序原理得

$$n=t_1\cdot\frac{1}{t_1}+t_2\cdot\frac{1}{t_2}+\cdots+t_n\cdot\frac{1}{t_n}\leqslant$$
$$t_1\cdot\frac{1}{t_n}+t_2\cdot\frac{1}{t_1}+\cdots+t_n\cdot\frac{1}{t_{n-1}}$$

即

$$n\leqslant\frac{a_1}{G}+\frac{a_2}{G}+\cdots+\frac{a_n}{G}=\frac{a_1+a_2+\cdots+a_n}{G}$$

从而 $G\leqslant A$.

另一方面

$$n=t_1\cdot\frac{1}{t_1}+t_2\cdot\frac{1}{t_2}+\cdots+t_n\cdot\frac{1}{t_n}\leqslant$$

$$t_1 \cdot \frac{1}{t_2} + t_2 \cdot \frac{1}{t_3} + \cdots + t_{n-1} \cdot \frac{1}{t_n} + t_n \cdot \frac{1}{t_1}$$

即

$$n \leqslant \frac{G}{a_2} + \frac{G}{a_3} + \cdots + \frac{G}{a_n} + \frac{G}{a_1} = G\left(\frac{1}{a_1} + \frac{1}{a_2} + \cdots + \frac{1}{a_n}\right)$$

从而 $G \geqslant H$.

二维平均值不等式　若 $0 < a < b$,则有

$$a \leqslant \frac{2}{\frac{1}{a} + \frac{1}{b}} \leqslant \sqrt{ab} \leqslant \frac{a+b}{2} \leqslant \sqrt{\frac{a^2+b^2}{2}} \leqslant b$$

加强

$$\frac{a+b}{2} - \sqrt{ab} \geqslant \sqrt{\frac{a^2+b^2}{2}} - \frac{a+b}{2} \geqslant \sqrt{ab} - \frac{2}{\frac{1}{a} + \frac{1}{b}} \geqslant 0$$

不等式

$$\frac{a^2+b^2}{2} \geqslant \left(\frac{a+b}{2}\right)^2$$

的等价形式是

$$a^2 + b^2 \geqslant 2ab$$

特别地,当 $a,b > 0$ 时,有下列各种变形:

① $\frac{a^2}{b} \geqslant 2a - b$;

② $\frac{a}{b}(a-b) \geqslant a - b$;

③ $\frac{a^2+b^2}{2} \geqslant \left(\frac{a+b}{2}\right)^2$；

④ $\frac{1}{a}+\frac{1}{b} \geqslant \frac{4}{a+b}$；

⑤ $\frac{a}{b^2} \geqslant \frac{2}{b}-\frac{1}{a}$；

⑥ $\frac{a^2}{b} \geqslant a-\frac{b}{4}$；

⑦ $a^2 \geqslant 2ab-b^2$；

⑧ $\sqrt{a^2+b^2} \geqslant \frac{\sqrt{2}}{2}(a+b)$；

⑨ $ab \leqslant \frac{1}{2}(\lambda^2 a^2+\frac{1}{\lambda^2}b^2)(\lambda \neq 0)$；

⑩ $\frac{b}{a}+\frac{a}{b} \geqslant 2$；

⑪ $\frac{a^3}{b} \geqslant 2a^2-ab \geqslant \frac{3}{2}a^2-\frac{1}{2}b^2$；

⑫ $(a+b)^2 \geqslant 4ab$；

⑬ $\frac{1}{b} \geqslant 2a-a^2 b$.

特别地，当 $b=1$ 时，有 $a \geqslant 2-\frac{1}{a}$，即

$$a-1 \geqslant 1-\frac{1}{a}$$

三维平均值不等式　若 $a,b,c \in \mathbf{R}_+$，则有

$$3(ab+bc+ca) \leqslant (a+b+c)^2 \leqslant 3(a^2+b^2+c^2)$$

$$\min\{a,b,c\} \leqslant \frac{3}{\frac{1}{a}+\frac{1}{b}+\frac{1}{c}} \leqslant$$

$$\sqrt[3]{abc} \leqslant \frac{a+b+c}{3} \leqslant \sqrt[3]{\frac{a^3+b^3+c^3}{3}} \leqslant$$

$\max\{a,b,c\}$

均值不等式的使用技巧:

一、常数的巧换

例1　(2012年克罗地亚数学竞赛试题)求证:对于所有正实数 a,b,c,有

$$\frac{1}{3}(a+b+c)^2 \leqslant a^2+b^2+c^2+2(a-b+1)$$

证明　由均值不等式知

$$a^2+b^2+c^2+2(a-b+1)=$$
$$a^2+2a+1+b^2-2b+1+c^2=$$
$$(a+1)^2+(b-1)^2+c^2 \geqslant$$
$$\frac{1}{3}[(a+1)+(b-1)+c]^2=$$
$$\frac{1}{3}(a+b+c)^2$$

另证　由柯西不等式知

$$a^2+b^2+c^2+2(a-b+1)=$$
$$a^2+2a+1+b^2-2b+1+c^2=$$
$$(a+1)^2+(b-1)^2+c^2=$$
$$\frac{1}{3}(1^2+1^2+1^2)[(a+1)^2+(b-1)^2+c^2] \geqslant$$
$$\frac{1}{3}[1\cdot(a+1)+1\cdot(b-1)+1\cdot c]^2=$$
$$\frac{1}{3}(a+b+c)^2$$

评注　$a^2+b^2+c^2 \geqslant \frac{1}{3}(a+b+c)^2$.

二、结构的巧变

例2　(2013年克罗地亚国家队选拔考试题)已知

$a_1, a_2, \cdots, a_n$ 为正实数，且满足 $a_1+a_2+\cdots+a_n=1$. 证明

$$\frac{a_1^3}{a_1^2+a_2a_3}+\frac{a_2^3}{a_2^2+a_3a_4}+\cdots+$$
$$\frac{a_{n-1}^3}{a_{n-1}^2+a_na_1}+\frac{a_n^3}{a_n^2+a_1a_2}\geqslant\frac{1}{2}$$

证明 $\dfrac{a_1^3}{a_1^2+a_2a_3}=\dfrac{a_1^3+a_1a_2a_3-a_1a_2a_3}{a_1^2+a_2a_3}=$

$$a_1-a_1a_2a_3\cdot\frac{1}{a_1^2+a_2a_3}\geqslant$$
$$a_1-a_1a_2a_3\cdot\frac{1}{2a_1\sqrt{a_2a_3}}=$$
$$a_1-\frac{2}{2}\sqrt{a_2a_3}\geqslant$$
$$a_1-\frac{a_2+a_3}{4}$$

将 n 个不等式相加得

$$\frac{a_1^3}{a_1^2+a_2a_3}+\frac{a_2^3}{a_2^2+a_3a_4}+\cdots+\frac{a_{n-1}^3}{a_{n-1}^2+a_na_1}+\frac{a_n^3}{a_n^2+a_1a_2}\geqslant$$
$$\left(a_1-\frac{a_2+a_3}{4}\right)+\left(a_2-\frac{a_3+a_4}{4}\right)+\cdots+$$
$$\left(a_{n-1}-\frac{a_n+a_1}{4}\right)+\left(a_n-\frac{a_1+a_2}{4}\right)=$$
$$\frac{a_1+a_2+\cdots+a_n}{2}=\frac{1}{2}$$

评析 柯西求反技术，先将分式化为部分分式，再在分母中使用均值不等式，以达到证题目的的一种方法. 其优点是，不必去分母、变化分母，以达到统一分母的作用. 该方法使问题变得异常简单，读者应该留意该技术.

例3 (2006年中国西部数学奥林匹克竞赛第1题)设 n 是给定的正整数,$n\geqslant 2$,$a_1,a_2,\cdots,a_n\in(0,1)$.求 $\sum\limits_{i=1}^{n}\sqrt[6]{a_i(1-a_{i+1})}$ 的最大值,这里 $a_{n+1}=a_1$.

解 由算术-几何平均值不等式得

$$\sqrt[6]{a_i(1-a_{i+1})}=$$

$$2^{\frac{4}{6}}\sqrt[6]{a_i(1-a_{i+1})\times\frac{1}{2}\times\frac{1}{2}\times\frac{1}{2}\times\frac{1}{2}}\leqslant$$

$$2^{\frac{2}{3}}\times\frac{1}{6}(a_i+1-a_{i+1}+2)=2^{\frac{2}{3}}\times\frac{1}{6}(a_i-a_{i+1}+3)$$

所以

$$\sum_{i=1}^{n}\sqrt[6]{a_i(1-a_{i+1})}\leqslant\sum_{i=1}^{n}2^{\frac{2}{3}}\times\frac{1}{6}(a_i-a_{i+1}+3)=$$

$$2^{\frac{2}{3}}\times\frac{1}{6}\times 3n=\frac{n}{\sqrt[3]{2}}$$

当且仅当 $a_1=a_2=\cdots=a_n=\frac{1}{2}$ 时,上式等号成立.

故 y 的最大值是 $\frac{n}{\sqrt[3]{2}}$.

三、元素的巧取

例4 (2013年爱沙尼亚国家队选拔考试)设 $x_1,x_2,\cdots,x_n$ 是 n 个不全为0的非负实数.证明

$$1\leqslant\frac{\left(\sum\limits_{k=1}^{n}\frac{1}{k}x_k\right)\left(\sum\limits_{k=1}^{n}kx_k\right)}{\left(\sum\limits_{k=1}^{n}x_k\right)^2}\leqslant\frac{(n+1)^2}{4n}$$

证明 注意到

$$\left(\sum_{k=1}^{n}\frac{1}{k}x_k\right)\left(\sum_{k=1}^{n}kx_k\right)=$$

$$\frac{1}{n}\left(\sum_{k=1}^{n}\frac{n}{k}x_k\right)\left(\sum_{k=1}^{n}kx_k\right)\leqslant$$

$$\frac{1}{4n}\left[\sum_{k=1}^{n}x_k\left(\frac{n}{k}+k\right)\right]^2\leqslant$$

$$\frac{1}{4n}\left[\sum_{k=1}^{n}x_k(n+1)\right]^2=$$

$$\frac{(n+1)^2}{4n}\left(\sum_{k=1}^{n}x_k\right)^2$$

这里用到了

$$(n-k)(k-1)\geqslant 0\Leftrightarrow$$

$$\frac{n}{k}+k\leqslant n+1\quad(k\in\{1,2,\cdots,n\})$$

当 $x_1=x_n=1,x_2=x_3=\cdots=x_{n-1}=0$ 时,可取到等号.

又由柯西不等式知

$$\left(\sum_{k=1}^{n}\frac{1}{k}x_k\right)\left(\sum_{k=1}^{n}kx_k\right)\geqslant$$

$$\left(\sum_{k=1}^{n}\sqrt{\frac{x_k}{k}}\cdot\sqrt{kx_k}\right)^2=\left(\sum_{k=1}^{n}x_k\right)^2$$

当且仅当有某一个 x_i 非零时,可取到等号.

例 5 (2012 年全国高中数学联赛江苏赛区复赛试题)设 θ_i 为实数,且 $x_i=1+3\sin^2\theta_i,i=1,2,\cdots,n$,证明

$$(x_1+x_2+\cdots+x_n)\left(\frac{1}{x_1}+\frac{1}{x_2}+\cdots+\frac{1}{x_n}\right)\leqslant\left(\frac{5n}{4}\right)^2$$

证明 因为 $x_i=1+3\sin^2\theta_i$,所以 $1\leqslant x_i\leqslant 4$,$i=1,2,\cdots,n$.

由均值不等式得

$$(x_1+x_2+\cdots+x_n)\left(\frac{1}{x_1}+\frac{1}{x_2}+\cdots+\frac{1}{x_n}\right)=$$

$$\left(\frac{x_1}{2}+\frac{x_2}{2}+\cdots+\frac{x_n}{2}\right)\left(\frac{2}{x_1}+\frac{2}{x_2}+\cdots+\frac{2}{x_n}\right)\leqslant$$

$$\frac{1}{4}\left(\frac{x_1}{2}+\frac{x_2}{2}+\cdots+\frac{x_n}{2}+\frac{2}{x_1}+\frac{2}{x_2}+\cdots+\frac{2}{x_n}\right)^2$$

考察函数 $f(x)=\frac{x}{2}+\frac{2}{x}, x\in[1,4]$，易得 $f(x)$ 在区间 $[1,2]$ 为减函数，在区间 $[2,4]$ 为增函数，故 $f(x)$ 在区间 $[1,4]$ 上端点处取得最大值.

又因为 $f(1)=f(4)=\frac{5}{2}$，所以，当 $1\leqslant x\leqslant 4$ 时，$f(x)\leqslant\frac{5}{2}$，从而 $f(x_i)\leqslant\frac{5}{2}, i=1,2,\cdots,n$，所以

$$\frac{1}{4}\left(\frac{x_1}{2}+\frac{x_2}{2}+\cdots+\frac{x_n}{2}+\frac{2}{x_1}+\frac{2}{x_2}+\cdots+\frac{2}{x_n}\right)^2\leqslant$$

$$\frac{1}{4}\left(\frac{5n}{2}\right)^2=\left(\frac{5n}{4}\right)^2$$

四、项的巧添

例6　(2012年罗马尼亚数学奥林匹克试题)已知 x,y,z 是正实数，且满足 $x+y+z=18xyz$. 证明

$$\frac{x}{\sqrt{x^2+2yz+1}}+\frac{y}{\sqrt{y^2+2zx+1}}+\frac{z}{\sqrt{z^2+2xy+1}}\geqslant 1$$

证明　由均值不等式得

$$xy+yz+zx=xyz\left(\frac{1}{x}+\frac{1}{y}+\frac{1}{z}\right)\geqslant$$

$$xyz\cdot\frac{9}{x+y+z}=$$

$$xyz\cdot\frac{9}{18xyz}=\frac{1}{2}$$

由

$$2xy+2yz+2zx\geqslant 1$$

及均值不等式得

$$x^2+2yz+1\leqslant x^2+2xy+2zx+4yz=(x+2y)(x+2z)\leqslant(x+y+z)^2$$

于是

$$\frac{x}{\sqrt{x^2+2yz+1}}\geqslant\frac{x}{x+y+z}$$

同理

$$\frac{y}{\sqrt{y^2+2zx+1}}\geqslant\frac{y}{x+y+z}$$

$$\frac{z}{\sqrt{z^2+2xy+1}}\geqslant\frac{z}{x+y+z}$$

将以上三式相加即得结论.

例 7 （2015 年全国高中数学联赛安徽省初赛试题）设正实数 a,b 满足 $a+b=1$. 求证

$$\sqrt{a^2+\frac{1}{a}}+\sqrt{b^2+\frac{1}{b}}\geqslant 3$$

证明 对任意 $a\in(0,1)$，由均值不等式有

$$4a+\frac{1}{a}\geqslant 2\sqrt{4a\cdot\frac{1}{a}}=4$$

因此

$$\sqrt{a^2+\frac{1}{a}}=\sqrt{a^2-4a+4a+\frac{1}{a}}\geqslant\sqrt{a^2-4a+4}=2-a$$

同理，对于任意 $b\in(0,1)$，$\sqrt{b^2+\frac{1}{b}}\geqslant 2-b$，故

$$\sqrt{a^2+\frac{1}{a}}+\sqrt{b^2+\frac{1}{b}}\geqslant 2-a+2-b=3$$

五、因式的巧分

例 8　(2013 年以色列数学奥林匹克试题)已知 a,b,c,d 是满足 $\frac{a}{b}+\frac{b}{c}+\frac{c}{d}+\frac{d}{a}=6$ 的实数,求证

$$\frac{a}{c}+\frac{b}{d}+\frac{c}{a}+\frac{d}{b}\leqslant 9$$

证明　$\frac{a}{c}+\frac{b}{d}+\frac{c}{a}+\frac{d}{b}=$

$\frac{a}{b}\cdot\frac{b}{c}+\frac{b}{c}\cdot\frac{c}{d}+\frac{c}{d}\cdot\frac{d}{a}+\frac{d}{a}\cdot\frac{a}{b}=$

$\left(\frac{a}{b}+\frac{c}{d}\right)\left(\frac{b}{c}+\frac{d}{a}\right)\leqslant$

$\left(\frac{\frac{a}{b}+\frac{c}{d}+\frac{b}{c}+\frac{d}{a}}{2}\right)^2=9$

类似题　(2008 年全国高中数学联赛江苏赛区复赛试题)已知 a,b,c,d 为正实数,且 $a+b+c+d=4$.求证:$a^2bc+b^2da+c^2da+d^2bc\leqslant 4$.

证明　$a^2bc+b^2da+c^2da+d^2bc=$

$ab(ac+bd)+cd(ac+bd)=$

$(ab+cd)(ac+bd)\leqslant$

$\left(\frac{ab+cd+ac+bd}{2}\right)^2=$

$\frac{[(a+d)(b+c)]^2}{4}\leqslant$

$\frac{1}{4}\left[\left(\frac{a+b+c+d}{2}\right)^2\right]^2=4$

例 9　(2012 年荷兰国家队选拔考试、2009 年克罗地亚国家集训队试题)设 $a,b,c,d>0$,则有

$$\frac{a-b}{b+c}+\frac{b-c}{c+d}+\frac{c-d}{d+a}+\frac{d-a}{a+b}\geqslant 0$$

证明 注意到

$$\frac{a-b}{b+c}=\frac{a-b+b+c}{b+c}-1=\frac{a+c}{b+c}-1$$

因此,原不等式等价于

$$\frac{a+c}{b+c}+\frac{b+d}{c+d}+\frac{c+a}{d+a}+\frac{d+b}{a+b}\geqslant 4$$

即

$$\frac{a+c}{b+c}+\frac{b+d}{c+d}+\frac{c+a}{d+a}+\frac{d+b}{a+b}=$$

$$\left(\frac{a+c}{b+c}+\frac{c+a}{d+a}\right)+\left(\frac{b+d}{c+d}+\frac{d+b}{a+b}\right)=$$

$$(a+c)\left(\frac{1}{b+c}+\frac{1}{d+a}\right)+$$

$$(b+d)\left(\frac{1}{c+d}+\frac{1}{a+b}\right)=$$

$$(a+c)\ \frac{a+b+c+d}{(b+c)(d+a)}+$$

$$(b+d)\ \frac{a+b+c+d}{(c+d)(a+b)}=$$

$$(a+b+c+d)\cdot$$

$$\left[\frac{a+c}{(b+c)(d+a)}+\frac{b+d}{(c+d)(a+b)}\right]\geqslant$$

$$(a+b+c+d)\cdot$$

$$\left\{\frac{a+c}{\left[\frac{(b+c)+(d+a)}{2}\right]^2}+\frac{b+d}{\left[\frac{(c+d)+(a+b)}{2}\right]^2}\right\}=$$

$$(a+b+c+d)\cdot\frac{4(a+c+b+d)}{(a+b+c+d)^2}=4$$

评注 参看杨学枝著的《数学奥林匹克不等式研

究》第326页第41题

$$\frac{a-b}{b+c}+\frac{b-c}{c+d}+\frac{c-d}{d+a}+\frac{d-a}{a+b}=$$
$$4+\frac{(a+c)[(a+d)-(b+c)]^2}{(a+b+c+d)(b+c)(d+a)}+$$
$$\frac{(b+d)[(a+b)-(c+d)]^2}{(a+b+c+d)(a+b)(c+d)}$$

证明

$$\frac{a+c}{b+c}+\frac{b+d}{c+d}+\frac{c+a}{d+a}+\frac{d+b}{a+b}=$$
$$\left(\frac{a+c}{b+c}+\frac{c+a}{d+a}\right)+\left(\frac{b+d}{c+d}+\frac{d+b}{a+b}\right)=$$
$$(a+c)\left(\frac{1}{b+c}+\frac{1}{d+a}\right)+$$
$$(b+d)\left(\frac{1}{c+d}+\frac{1}{a+b}\right)=$$
$$(a+c)\cdot\frac{1}{a+b+c+d}\left\{4+\frac{[(a+d)-(b+c)]^2}{(b+c)(d+a)}\right\}+$$
$$(b+d)\cdot\frac{1}{a+b+c+d}\left\{4+\frac{[(a+b)-(c+d)]^2}{(a+b)(c+d)}\right\}=$$
$$4+\frac{(a+c)[(a+d)-(b+c)]^2}{(a+b+c+d)(b+c)(d+a)}+$$
$$\frac{(b+d)[(a+b)-(c+d)]^2}{(a+b+c+d)(a+b)(c+d)}=$$
$$4+\frac{(a+c)(a+b)(c+d)[(a+d)-(b+c)]^2+(b+d)(b+c)(d+a)[(a+b)-(c+d)]^2}{(a+b+c+d)(a+b)(b+c)(c+d)(d+a)}$$

六、因式的巧嵌

例10　(2013年地中海地区数学竞赛试题)设 x,y,$z>0$,且满足

$$x^2y^2+y^2z^2+z^2x^2=6xyz$$

求证

$$\sqrt{\frac{x}{x+yz}}+\sqrt{\frac{y}{y+zx}}+\sqrt{\frac{z}{z+xy}}\geqslant\sqrt{3}$$

证明　由题设等式得

$$\frac{xy}{z}+\frac{yz}{x}+\frac{zx}{y}=6\Rightarrow$$

$$\sqrt{\frac{x}{x+yz}}+\sqrt{\frac{y}{y+zx}}+\sqrt{\frac{z}{z+xy}}=$$

$$\sum\frac{1}{\sqrt{1+\frac{yz}{x}}}\geqslant 3\sqrt[3]{\frac{1}{\sqrt{1+\frac{yz}{x}}}\cdot\frac{1}{\sqrt{1+\frac{zx}{y}}}\cdot\frac{1}{\sqrt{1+\frac{xy}{z}}}}=$$

$$3\sqrt[6]{\frac{1}{\left(1+\frac{yz}{x}\right)\left(1+\frac{zx}{y}\right)\left(1+\frac{xy}{z}\right)}}\geqslant$$

$$3\sqrt[6]{\frac{1}{\left[\frac{\left(1+\frac{yz}{x}\right)+\left(1+\frac{zx}{y}\right)+\left(1+\frac{xy}{z}\right)}{3}\right]^3}}=$$

$$\frac{3\sqrt{3}}{\sqrt{3+\sum\frac{yz}{x}}}=\sqrt{3}$$

另证　由题设等式得

$$\frac{xy}{z}+\frac{yz}{x}+\frac{zx}{y}=6\Rightarrow$$

$$\sqrt{\frac{x}{x+yz}}+\sqrt{\frac{y}{y+zx}}+\sqrt{\frac{z}{z+xy}}=$$

$$\sum\frac{1}{\sqrt{1+\frac{yz}{x}}}\geqslant\frac{3\sqrt{3}}{\sqrt{3+\sum\frac{yz}{x}}}=\sqrt{3}$$

七、项的巧裂

例 11　(2013年荷兰国家队选拔考试试题)设 $a,b,c\in\mathbf{R}_+$，满足 $abc=1$. 证明

$$a+b+c\geqslant\sqrt{\frac{1}{3}(a+2)(b+2)(c+2)}$$

分析　原不等式等价于

$3(a+b+c)^2\geqslant(a+2)(b+2)(c+2)\Leftrightarrow$

$3(a^2+b^2+c^2+2ab+2bc+2ca)\geqslant$

$abc+2(ab+bc+ca)+4(a+b+c)+8\Leftrightarrow$

$3(a^2+b^2+c^2)+4(ab+bc+ca)\geqslant$

$abc+4(a+b+c)+8$

为此，只需证明

$$a^2+b^2+c^2\geqslant ab+bc+ca,bc+ca+ab\geqslant 3$$
$$a^2+b^2+c^2+3\geqslant 2(a+b+c)$$

证明　注意到 $a,b,c\in\mathbf{R}_+$，由均值不等式得

$$a^2+1\geqslant 2a,b^2+1\geqslant 2b,c^2+1\geqslant 2c$$

以上三式相加得

$$a^2+b^2+c^2+3\geqslant 2(a+b+c)\qquad(1)$$

又由

$$bc+ca+ab\geqslant 3\sqrt[3]{a^2b^2c^2}=3\qquad(2)$$

$$a^2+b^2+c^2\geqslant 3\sqrt[3]{a^2b^2c^2}=3\qquad(3)$$

$2\times(1)+4\times(2)+(3)$ 得

$2a^2+2b^2+2c^2+6+4bc+$

$4ca+4ab+a^2+b^2+c^2\geqslant$

$4a+4b+4c+12+3\Rightarrow$

$3a^2+3b^2+3c^2+6bc+6ca+6ab\geqslant$

$2bc+2ca+2ab+4a+4b+4c+9\Rightarrow$

$$3(a+b+c)^2 \geqslant$$
$$2bc+2ca+2ab+4a+4b+4c+8+abc=$$
$$(a+2)(b+2)(c+2)\Rightarrow$$
$$a+b+c \geqslant \sqrt{\frac{1}{3}(a+2)(b+2)(c+2)}$$

类似题 (2008年AIT试题)设$a,b,c\in \mathbf{R}_+$,满足$a+b+c=abc$.证明

$$(a+1)^2+(b+1)^2+(c+1)^2 \geqslant$$
$$\sqrt[3]{(a+3)^2(b+3)^2(c+3)^2}$$

证明 注意到$a,b,c\in \mathbf{R}_+$,由均值不等式得

$$a+b+c=abc \geqslant 3\sqrt[3]{abc}$$

所以

$$(a+b+c)^2=(abc)^2 \geqslant 27$$

即

$$a+b+c=abc \geqslant 3\sqrt[3]{3}$$

先证明不等式

$$(a+1)^2+(b+1)^2+(c+1)^2 \geqslant$$
$$\frac{1}{3}[(a+3)^2+(b+3)^2+(c+3)^2]\Leftrightarrow$$
$$a^2+b^2+c^2 \geqslant 9$$

由均值不等式知

$$a^2+b^2+c^2 \geqslant 3\sqrt[3]{a^2b^2c^2} \geqslant 3\sqrt[3]{27}=9$$

另证 由柯西不等式知

$$(1+1+1)(a^2+b^2+c^2) \geqslant (a+b+c)^2 \geqslant 27$$

例12 (2016年全国高中数学联赛加试第1题)设实数$a_1,a_2,\cdots,a_{2\,016}$满足$9a_i>11a_{i+1}^2(i=1,2,\cdots,2\,015)$.求$(a_1-a_2^2)\cdot(a_2-a_3^2)\cdot\cdots\cdot(a_{2\,015}-$

$a_{2\,016}^2)\cdot(a_{2\,016}-a_1^2)$ 的最大值.

解　令

$$P=(a_1-a_2^2)\cdot(a_2-a_3^2)\cdot\cdots\cdot(a_{2\,015}-a_{2\,016}^2)\cdot(a_{2016}-a_1^2)$$

由已知得,对 $i=1,2,\cdots,2\,015$,均有

$$a_i-a_{i+1}^2>\frac{11}{9}a_{i+1}^2-a_{i+1}^2\geqslant 0$$

若 $a_{2\,016}-a_i^2\leqslant 0$,则 $S\leqslant 0$.

以下考虑 $a_{2\,016}-a_i^2>0$ 的情况. 约定 $a_{2\,017}=a_1$. 由均值不等式得

$$\begin{aligned}P^{\frac{1}{2\,016}}\leqslant&\frac{1}{2\,016}\sum_{i=1}^{2\,016}(a_i-a_{i+1}^2)=\\&\frac{1}{2\,016}(\sum_{i=1}^{2\,016}a_i-\sum_{i=1}^{2\,016}a_{i+1}^2)=\\&\frac{1}{2\,016}(\sum_{i=1}^{2\,016}a_i-\sum_{i=1}^{2\,016}a_i^2)=\\&\frac{1}{2\,016}\sum_{i=1}^{2\,016}a_i(1-a_i)\leqslant\\&\frac{1}{2\,016}\sum_{i=1}^{2\,016}\left(\frac{a_i+(1-a_i)}{2}\right)^2=\\&\frac{1}{2\,016}\times 2\,016\times\frac{1}{4}=\frac{1}{4}\end{aligned}$$

所以 $P\leqslant\frac{1}{4^{2\,016}}$. 当 $a_1=a_2=\cdots=a_{2\,016}=\frac{1}{2}$ 时,上述不等式等号成立,且有

$$9a_i>11a_{i+1}^2\quad(i=1,2,\cdots,2\,015)$$

此时 $P=\frac{1}{4^{2\,016}}$.

综上所述,所求最大值为 $\frac{1}{4^{2\,016}}$.

例 13 （2015 年全国高中数学联赛山东赛区预赛试题）已知 $x,y\in[0,+\infty)$ 且满足 $x^3+y^3+3xy=1$，则 x^2y 的最大值是________.

解 因为

$$x^3+y^3+3xy=(x+y)[(x+y)^2-3xy]+3xy=(x+y)^3-3xy(x+y)$$

所以

$$(x+y)^3-1=3xy(x+y-1)$$

因而

$$(x+y-1)[(x+y)^2+(x+y)+1]=3xy(x+y-1)$$

因此

$$(x+y-1)[(x+y)^2+(x+y)+1-3xy]=0$$

因为

$$(x+y)^2+(x+y)+1-3xy\geqslant 4xy+(x+y)+1-3xy=xy+(x+y)+1\geqslant 1>0$$

所以 $x+y-1=0$，因而 $y=1-x$，于是

$$x^2y=4\cdot\frac{x}{2}\cdot\frac{x}{2}\cdot(1-x)\leqslant 4\left[\frac{\frac{x}{2}+\frac{x}{2}+(1-x)}{3}\right]^3=\frac{4}{27}$$

当且仅当 $\frac{x}{2}=1-x$ 即 $x=\frac{2}{3}$，$y=\frac{1}{3}$ 时等号成立，因此 x^2y 的最大值是 $\frac{4}{27}$.

八、待定参数的巧设

例 14 （2012 年克罗地亚数学竞赛试题）对所有

的 $a,b,c>0$ 满足 $a+b+c\leqslant 3$. 证明

$$\frac{a+1}{a(a+2)}+\frac{b+1}{b(b+2)}+\frac{c+1}{c(c+2)}\geqslant 2$$

证明　由均值不等式或柯西不等式知

$$\frac{a+1}{a(a+2)}+\frac{b+1}{b(b+2)}+\frac{c+1}{c(c+2)}\geqslant$$

$$\frac{9}{\frac{a(a+2)}{a+1}+\frac{b(b+2)}{b+1}+\frac{c(c+2)}{c+1}}=$$

$$\frac{9}{\frac{(a+1)^2-1}{a+1}+\frac{(b+1)^2-1}{b+1}+\frac{(c+1)^2-1}{c+1}}=$$

$$\frac{9}{(a+1)+(b+1)+(c+1)-\left(\frac{1}{a+1}+\frac{1}{b+1}+\frac{1}{c+1}\right)}$$

又

$$(a+1)+(b+1)+(c+1)=$$
$$a+b+c+3\leqslant 3+3=6$$

$$\frac{1}{a+1}+\frac{1}{b+1}+\frac{1}{c+1}\geqslant$$

$$\frac{9}{(a+1)+(b+1)+(c+1)}\geqslant$$

$$\frac{9}{6}=\frac{3}{2}$$

则

$$\frac{9}{(a+1)+(b+1)+(c+1)-\left(\frac{1}{a+1}+\frac{1}{b+1}+\frac{1}{c+1}\right)}\geqslant 2$$

类似题　(2009年福建省数学竞赛试题)已知正实数 a,b,c 满足 $a+b+c\leqslant 3$. 求证:

(1)$3>\frac{1}{a+1}+\frac{1}{b+1}+\frac{1}{c+1}\geqslant\frac{3}{2}$;

(2)$\frac{a+1}{a(a+2)}+\frac{b+1}{b(b+2)}+\frac{c+1}{c(c+2)}\geqslant 2$.

例 15 (2016 年福建省数学竞赛题)当 x,y,z 为正数时,$\frac{4xz+yz}{x^2+y^2+z^2}$ 的最大值为________.

解 因为

$$x^2+\frac{16}{17}z^2\geqslant 2\sqrt{\frac{16}{17}}xz$$

当且仅当 $x=\frac{4}{\sqrt{17}}z$ 时等号成立.

$$y^2+\frac{1}{17}z^2\geqslant 2\sqrt{\frac{1}{17}}yz$$

当且仅当 $y=\frac{1}{\sqrt{17}}z$ 时等号成立,所以

$$x^2+y^2+z^2=\left(x^2+\frac{16}{17}z^2\right)+\left(y^2+\frac{1}{16}z^2\right)\geqslant$$
$$2\sqrt{\frac{16}{17}}xz+2\sqrt{\frac{1}{17}}yz=$$
$$\frac{2}{\sqrt{17}}(4xz+yz)$$

因此

$$\frac{4xz+yz}{x^2+y^2+z^2}\leqslant\frac{\sqrt{17}}{2}$$

当且仅当 $x=\frac{4}{\sqrt{17}}z,y=\frac{1}{\sqrt{17}}z$,即 $x:y:z=4:1:\sqrt{17}$ 时等号成立.

所以$\frac{4xz+yz}{x^2+y^2+z^2}$ 的最大值为$\frac{\sqrt{17}}{2}$.

评析　本题利用待定系数法. 将 z^2 拆成两项 λz^2 和 $(1-\lambda)z^2$. 由

$$x^2+\lambda z^2 \geqslant 2\sqrt{\lambda}xz$$

$$y^2+(1-\lambda)z^2 \geqslant 2\sqrt{1-\lambda}yz$$

以及

$$\frac{2\sqrt{\lambda}}{2\sqrt{1-\lambda}}=\frac{4}{1}$$

得 $\lambda=\frac{16}{17}$. 由此得到本题的解法.

杨克昌曾研究函数

$$f(x,y,z)=\frac{\alpha xy+\beta yz+\gamma zx}{x^2+y^2+z^2}\quad(\alpha,\beta,\gamma>0)$$

的极值问题,应用叶军不等式:设 $\triangle ABC$ 为锐角三角形,$\triangle A'B'C'$ 为任意三角形,则对于任意实数 x,y,z,有

$$x^2\tan A+y^2\tan B+z^2\tan C\geqslant$$
$$2(yz\sin A'+zx\sin B'+xy\sin C')$$

等号成立当且仅当 $\triangle ABC \backsim \triangle A'B'C'$ 且由

$$x:\cos A=y:\cos B=z:\cos C$$

可得

$$f(x,y,z)\leqslant\frac{\alpha\beta\gamma}{2k}$$

其中 k 为方程

$$\frac{1}{\alpha^2+k}+\frac{1}{\beta^2+k}+\frac{1}{\gamma^2+k}=\frac{1}{k}$$

的正根,从而求得

$$f(x,y,z)_{\max}=$$
$$\sqrt{\frac{\alpha^2+\beta^2+\gamma^2}{3}}\cos\left[\frac{1}{3}\arccos\frac{3\sqrt{3}\alpha\beta\gamma}{(\alpha^2+\beta^2+\gamma^2)^{\frac{1}{2}}}\right]$$

九、变量代换的巧引

例 16 (2012 年第 31 届哥伦比亚数学奥林匹克试题)设 $x,y,z\in\mathbf{R}_+$,证明

$$\sum\frac{zx}{x^2+xy+y^2+6z^2}\leqslant\frac{1}{3}$$

证明 对于 $a,b\in\complement_R\mathbf{R}^-$,则

$a^2+ab+b^2\geqslant 0\Rightarrow$

$(z-x)^2+(z-x)(z-y)+(z-y)^2\geqslant 0\Rightarrow$

$3z^2+x^2+y^2+xy\geqslant 3z(x+y)\Rightarrow$

$6z^2+x^2+y^2+xy\geqslant 3z(x+y+z)\Rightarrow$

$$\frac{zx}{x^2+xy+y^2+6z^2}\leqslant\frac{1}{3}\cdot\frac{x}{x+y+z}\Rightarrow$$

$$\sum\frac{zx}{x^2+xy+y^2+6z^2}\leqslant\frac{1}{3}\cdot\sum\frac{x}{x+y+z}=\frac{1}{3}$$

例 17 已知 x,y,z 是正实数,证明

$$\frac{xy}{x^2+y^2+2z^2}+\frac{yz}{2x^2+y^2+z^2}+\frac{zx}{x^2+2y^2+z^2}\leqslant\frac{3}{4}$$

证法 1 设 $u=x^2,v=y^2,w=z^2$,则

$$\frac{xy}{x^2+y^2+2z^2}+\frac{yz}{2x^2+y^2+z^2}+\frac{zx}{x^2+2y^2+z^2}=$$

$$\frac{xy}{(z^2+x^2)+(y^2+z^2)}+\frac{yz}{(x^2+y^2)+(z^2+x^2)}+$$

$$\frac{zx}{(x^2+y^2)+(y^2+z^2)}\leqslant$$

$$\frac{xy}{2\sqrt{(z^2+x^2)(y^2+z^2)}}+\frac{yz}{2\sqrt{(x^2+y^2)(z^2+x^2)}}+$$

$$\frac{zx}{2\sqrt{(x^2+y^2)(y^2+z^2)}}=$$

$$\frac{1}{2}\sqrt{\frac{uv}{(v+w)(w+u)}}+\frac{1}{2}\sqrt{\frac{vw}{(w+u)(u+v)}}+\frac{1}{2}\sqrt{\frac{wu}{(u+v)(v+w)}}$$

设 $a=v+w,b=w+u,c=u+v$,则

$$a+b-c=2w>0$$

$$b+c-a=2u>0$$

$$c+a-b=2v>0$$

因此,以 a,b,c 为三边的边长,可以构成一个三角形,设为 $\triangle ABC$. 又设 $p=\frac{1}{2}(a+b+c)$,则

$$u=p-a,v=p-b,w=p-c$$

于是有

$$\frac{1}{2}\sqrt{\frac{uv}{(v+w)(w+u)}}+\frac{1}{2}\sqrt{\frac{vw}{(w+u)(u+v)}}+\frac{1}{2}\sqrt{\frac{wu}{(u+v)(v+w)}}=$$

$$\frac{1}{2}\sqrt{\frac{(p-a)(p-b)}{ab}}+\frac{1}{2}\sqrt{\frac{(p-b)(p-c)}{bc}}+\frac{1}{2}\sqrt{\frac{(p-c)(p-a)}{ca}}$$

由半角公式及余弦公式,可得

$$\sin\frac{A}{2}=\sqrt{\frac{(p-b)(p-c)}{bc}}$$

$$\sin\frac{B}{2}=\sqrt{\frac{(p-c)(p-a)}{ca}}$$

$$\sin\frac{C}{2}=\sqrt{\frac{(p-a)(p-b)}{ab}}$$

又由琴生(Jensen)不等式,得

$$\sin\frac{A}{2}+\sin\frac{B}{2}+\sin\frac{C}{2}\leqslant$$

$$3\sin\frac{\frac{A}{2}+\frac{B}{2}+\frac{C}{2}}{3}=\frac{3}{2}$$

因此有

$$\frac{1}{2}\sqrt{\frac{(p-a)(p-b)}{ab}}+\frac{1}{2}\sqrt{\frac{(p-b)(p-c)}{bc}}+$$

$$\frac{1}{2}\sqrt{\frac{(p-c)(p-a)}{ca}}=$$

$$\frac{1}{2}\left(\sin\frac{A}{2}+\sin\frac{B}{2}+\sin\frac{C}{2}\right)\leqslant\frac{3}{4}$$

证法 2

$$\frac{xy}{x^2+y^2+2z^2}+\frac{yz}{2x^2+y^2+z^2}+\frac{zx}{x^2+2y^2+z^2}=$$

$$\frac{xy}{(z^2+x^2)+(y^2+z^2)}+\frac{yz}{(x^2+y^2)+(z^2+x^2)}+$$

$$\frac{zx}{(x^2+y^2)+(y^2+z^2)}\leqslant$$

$$\frac{xy}{2\sqrt{(z^2+x^2)(y^2+z^2)}}+\frac{yz}{2\sqrt{(x^2+y^2)(z^2+x^2)}}+$$

$$\frac{zx}{2\sqrt{(x^2+y^2)(y^2+z^2)}}\leqslant$$

$$\frac{1}{4}\left[\left(\frac{x^2}{z^2+x^2}+\frac{y^2}{y^2+z^2}\right)+\left(\frac{y^2}{x^2+y^2}+\frac{z^2}{z^2+x^2}\right)+\right.$$

$$\left.\left(\frac{x^2}{x^2+y^2}+\frac{z^2}{y^2+z^2}\right)\right]=\frac{3}{4}$$

加强 已知 x,y,z 是正实数,证明

$$\frac{(x+y)^2}{x^2+y^2+2z^2}+\frac{(y+z)^2}{2x^2+y^2+z^2}+\frac{(z+x)^2}{x^2+2y^2+z^2}\leqslant 3$$

十、不等式的反复巧用

例18　(2012年斯洛文尼亚国家队选拔考试试题)证明:对于任意的正实数a,b,c,均有

$$a+\sqrt{ab}+\sqrt[3]{abc}\leqslant\frac{4}{3}(a+b+c)$$

证明　由均值不等式得

$$\begin{aligned}&a+\sqrt{ab}+\sqrt[3]{abc}=\\&a+\sqrt{\frac{a}{2}\cdot 2b}+\sqrt[3]{\frac{a}{4}\cdot b\cdot 4c}\leqslant\\&a+\frac{1}{2}\left(\frac{a}{2}+2b\right)+\frac{1}{3}\left(\frac{a}{4}+b+4c\right)=\\&\frac{4}{3}(a+b+c)\end{aligned}$$

十一、权系数的巧用

例19　(2012年罗马尼亚数学奥林匹克试题)证明:对于正整数$n\geqslant 2$和正实数$x_1,x_2,\cdots,x_n$,有

$$\begin{aligned}&4\left(\frac{x_1^3-x_2^3}{x_1+x_2}+\frac{x_2^3-x_3^3}{x_2+x_3}+\cdots+\frac{x_{n-1}^3-x_n^3}{x_{n-1}+x_n}+\frac{x_n^3-x_1^3}{x_n+x_1}\right)\leqslant\\&(x_1-x_2)^2+(x_2-x_3)^2+\cdots+\\&(x_{n-1}-x_n)^2+(x_n-x_1)^2\end{aligned}$$

证明　设$x_{n+1}=x_1$,则

$$\frac{x_i^3-x_{i+1}^3}{x_i+x_{i+1}}=x_i^2-x_{i+1}^2+\frac{x_ix_{i+1}(x_{i+1}-x_i)}{x_i+x_{i+1}}$$

故

$$\begin{aligned}\sum_{i=1}^{n}\frac{x_i^3-x_{i+1}^3}{x_i+x_{i+1}}=&\sum_{i=1}^{n}\left[x_i^2-x_{i+1}^2+\frac{x_ix_{i+1}(x_{i+1}-x_i)}{x_i+x_{i+1}}\right]=\\&\sum_{i=1}^{n}\frac{x_ix_{i+1}(x_{i+1}-x_i)}{x_i+x_{i+1}}\end{aligned}$$

另一方面,由于

$$\frac{x_i x_{i+1}(x_{i+1}-x_i)}{x_i+x_{i+1}} \leqslant \frac{1}{2}x_{i+1}(x_{i+1}-x_i)$$

对 $i=1,2,\cdots,n$ 求和,即得要证明的不等式.

评注 $\frac{ab(a-b)}{a+b} \leqslant \frac{1}{2}a(a-b) \Leftrightarrow$

$$\frac{[a(a+b)-2ab](a-b)}{2(a+b)} \geqslant 0 \Leftrightarrow$$

$$\frac{a\ (a-b)^2}{2(a+b)} \geqslant 0 \Leftrightarrow$$

$$(a-b)^2 \geqslant 0 \Leftrightarrow a^2+b^2 \geqslant 2ab$$

加权算术-几何平均不等式 设 $a_1,a_2,\cdots,a_n$ 是 n 个正实数, $m_1,m_2,\cdots,m_n$ 是 n 个正数,则有

$$a_1+a_2+\cdots+a_n \geqslant$$

$$(m_1+m_2+\cdots+m_n)\left(\frac{a_1^{m_1}a_2^{m_2}\cdots a_n^{m_n}}{m_1^{m_1}m_2^{m_2}\cdots m_n^{m_n}}\right)^{\frac{1}{m_1+m_2+\cdots+m_n}}$$

当且仅当 $\frac{a_1}{m_1}=\frac{a_2}{m_2}=\cdots=\frac{a_n}{m_n}$ 时取等号.

证明 (1) 若 $m_i \geqslant 1(i=1,2,\cdots,n)$ 为正整数,则

$$a_1+a_2+\cdots+a_n=$$

$$m_1\cdot\frac{a_1}{m_1}+m_2\cdot\frac{a_2}{m_2}+\cdots+m_n\cdot\frac{a_n}{m_n}=$$

$$\underbrace{\frac{a_1}{m_1}+\frac{a_1}{m_1}+\cdots+\frac{a_1}{m_1}}_{m_1\text{项}}+\underbrace{\frac{a_2}{m_2}+\frac{a_2}{m_2}+\cdots+\frac{a_2}{m_2}}_{m_2\text{项}}+\cdots+$$

$$\underbrace{\frac{a_n}{m_n}+\frac{a_n}{m_n}+\cdots+\frac{a_n}{m_n}}_{m_n\text{项}} \geqslant$$

$$(m_1+m_2+\cdots+m_n)\cdot$$

$$\left[\left(\frac{a_1}{m_1}\right)^{m_1}\left(\frac{a_2}{m_2}\right)^{m_2}\cdots\left(\frac{a_n}{m_n}\right)^{m_n}\right]^{\frac{1}{m_1+m_2+\cdots+m_n}}=$$

$$(m_1+m_2+\cdots+m_n)\left(\frac{a_1^{m_1}a_2^{m_2}\cdots a_n^{m_n}}{m_1^{m_1}m_2^{m_2}\cdots m_n^{m_n}}\right)^{\frac{1}{m_1+m_2+\cdots+m_n}}$$

(2) 若 $m_i(i=1,2,\cdots,n)$ 为正分数，设 $m_i=\frac{c_i}{d_i}(i=1,2,\cdots,n)$，设此式的分母的最小公倍数为 N，则 $N=d_ie_i$，从而有

$$m_i=\frac{c_i}{d_i}\cdot\frac{d_ie_i}{N}=\frac{c_ie_i}{N}$$

$$c_ie_i=Nm_i\quad(i=1,2,\cdots,n)$$

由于 Nm_i 为正整数，由(1)得

$$a_1+a_2+\cdots+a_n=$$

$$Nm_1\cdot\frac{a_1}{Nm_1}+Nm_2\cdot\frac{a_2}{Nm_2}+\cdots+Nm_n\cdot\frac{a_n}{Nm_n}=$$

$$\underbrace{\frac{a_1}{Nm_1}+\frac{a_1}{Nm_1}+\cdots+\frac{a_1}{Nm_1}}_{Nm_1\text{项}}+$$

$$\underbrace{\frac{a_2}{Nm_2}+\frac{a_2}{Nm_2}+\cdots+\frac{a_2}{Nm_2}}_{Nm_2\text{项}}+\cdots+$$

$$\underbrace{\frac{a_n}{Nm_n}+\frac{a_n}{Nm_n}+\cdots+\frac{a_n}{Nm_n}}_{Nm_n\text{项}}\geqslant$$

$$N(m_1+m_2+\cdots+m_n)\cdot$$

$$\left[\left(\frac{a_1}{Nm_1}\right)^{Nm_1}\left(\frac{a_2}{Nm_2}\right)^{Nm_2}\cdots\left(\frac{a_n}{Nm_n}\right)^{Nm_n}\right]^{\frac{1}{N(m_1+m_2+\cdots+m_n)}}=$$

$$(m_1+m_2+\cdots+m_n)\left(\frac{a_1^{m_1}a_2^{m_2}\cdots a_n^{m_n}}{m_1^{m_1}m_2^{m_2}\cdots m_n^{m_n}}\right)^{\frac{1}{m_1+m_2+\cdots+m_n}}$$

(3) 若 $m_i(i=1,2,\cdots,n)$ 为正无理数，可用两个正有理数去逼近，从而将问题转化为(2).

加权幂平均不等式特例　杨格(Young)不等式

$$ab \leqslant \frac{a^p}{p} + \frac{b^q}{q} \quad \left(a, b > 0, \frac{1}{p} + \frac{1}{q} = 1\right)$$

等价形式　$a^p b^q \leqslant pa + qb$,其中 $a, b > 0, p, q > 0, p + q = 1$.

加权的算术-几何平均不等式　设 $x_1, x_2, \cdots, x_n, a_1, a_2, \cdots, a_n > 0$,则有

$$\frac{x_1 a_1 + x_2 a_2 + \cdots + x_n a_n}{x_1 + x_2 + \cdots + x_n} \geqslant (x_1^{a_1} x_2^{a_2} \cdots x_n^{a_n})^{\frac{1}{x_1 + x_2 + \cdots + x_n}}$$

例 20　(第 29 届 IMO 加拿大训练题)给定两组数 $x_1, x_2, \cdots, x_n$ 和 $y_1, y_2, \cdots, y_n$,已知:

(1) $x_1 \geqslant x_2 \geqslant \cdots \geqslant x_n > 0, y_1 \geqslant y_2 \geqslant \cdots \geqslant y_n > 0$.

(2) $x_1 \leqslant y_1, x_1 x_2 \leqslant y_1 y_2, \cdots, x_1 x_2 \cdots x_n \leqslant y_1 y_2 \cdots y_n$.

证明:对于任何正整数 k,都有如下不等式成立

$$x_1 + x_2 + \cdots + x_n \leqslant y_1 + y_2 + \cdots + y_n$$

证明　由假设可得

$$x_1^{x_1 - x_2} \leqslant y_1^{x_1 - x_2}$$
$$(x_1 x_2)^{x_2 - x_3} \leqslant (y_1 y_2)^{x_2 - x_3}$$
$$\vdots$$
$$(x_1 x_2 \cdots x_{n-1})^{x_{n-1} - x_n} \leqslant (y_1 y_2 \cdots y_{n-1})^{x_{n-1} - x_n}$$
$$(x_1 x_2 \cdots x_n)^{x_n} \leqslant (y_1 y_2 \cdots y_n)^{x_n}$$

将以上 n 个不等式两边分别相乘得

$$x_1^{x_1} x_2^{x_2} \cdots x_n^{x_n} \leqslant y_1^{x_1} y_2^{x_2} \cdots y_n^{x_n}$$

再用加权的算术－几何平均不等式得

$$\frac{y_1 + y_2 + \cdots + y_n}{x_1 + x_2 + \cdots + x_n} =$$

$$\frac{x_1 \cdot \frac{y_1}{x_1} + x_2 \cdot \frac{y_2}{x_2} + \cdots + x_n \cdot \frac{y_n}{x_n}}{x_1 + x_2 + \cdots + x_n} \geqslant$$

$$\left[\left(\frac{y_1}{x_1}\right)^{x_1}\left(\frac{y_2}{x_2}\right)^{x_2}\cdots\left(\frac{y_n}{x_n}\right)^{x_n}\right]^{\frac{1}{x_1+x_2+\cdots+x_n}}\geqslant 1$$

例 21　(第 21 届朝鲜数学奥林匹克试题(2013))已知正整数 $n\geqslant 2$,设 $x_1,x_2,\cdots,x_n$ 满足 $\prod\limits_{i=1}^{n}x_i=1$,$c_n=\sum\limits_{i=1}^{n}\frac{1}{i}$.

证明:(1) $\sum\limits_{i=1}^{n}ix_i^i\geqslant c_n\left(\prod\limits_{i=1}^{n}i^{\frac{1}{i}}\right)^{\frac{2}{c_n}}$;

(2) $\left(\prod\limits_{i=1}^{n}i^{\frac{1}{i}}\right)^{\frac{1}{c_n}}<\frac{n}{c_n}$.

证明　(1) 当 $1\leqslant i\leqslant n$ 时,设 $n_i=\left(\frac{n!}{i}\right)^2$,由加权幂平均不等式知

$$\sum_{i=1}^{n}ix_i^i=\sum_{i=1}^{n}in_i\cdot\frac{x_i^i}{n_i}\geqslant\left(\sum_{i=1}^{n}in_i\right)\left[\left(\prod_{i=1}^{n}\frac{x_i^i}{n_i}\right)^{in_i}\right]^{\frac{1}{\sum\limits_{i=1}^{n}in_i}}=$$

$$c_n(n!)^2\left[\prod_{i=1}^{n}\frac{x_i^{i^2n_i}}{n_i^{in_i}}\right]^{\frac{1}{c_n(n!)^2}}=$$

$$c_n(n!)^2\left[\prod_{i=1}^{n}\frac{x_i^{(n!)^2}}{n_i^{\frac{(n!)^2}{i}}}\right]^{\frac{1}{c_n(n!)^2}}=$$

$$c_n(n!)^2\frac{1}{\left[\prod\limits_{i=1}^{n}\left(\frac{n!}{i}\right)^{\frac{2}{i}}\right]^{\frac{1}{c_n}}}=c_n\left(\prod_{i=1}^{n}i^{\frac{1}{i}}\right)^{\frac{2}{c_n}}$$

(2) 由加权幂平均不等式知

$$\prod_{i=1}^{n}i^{\frac{1}{i}}<\left(\frac{\sum\limits_{i=1}^{n}\frac{1}{i}\cdot i}{\sum\limits_{i=1}^{n}\frac{1}{i}}\right)^{\sum\limits_{i=1}^{n}\frac{1}{i}}=\left(\frac{n}{c_n}\right)^{c_n}$$

3.2 幂平均不等式及其应用

幂平均不等式 设 $0<\alpha\leqslant\beta,n\in\mathbf{N}_+,a_1,a_2,\cdots,a_n\in\mathbf{R}_+$,则

$$\left(\frac{a_1^\alpha+a_2^\alpha+\cdots+a_n^\alpha}{n}\right)^{\frac{1}{\alpha}}\leqslant\left(\frac{a_1^\beta+a_2^\beta+\cdots+a_n^\beta}{n}\right)^{\frac{1}{\beta}}$$

当且仅当 $a_1=a_2=\cdots=a_n$ 时取等号.

证明 当 $\alpha,\beta\in\mathbf{N}_+$ 时,由均值不等式,令 $t=\left(\frac{a_1^\alpha+a_2^\alpha+\cdots+a_n^\alpha}{n}\right)^{\frac{1}{\alpha}}$,则有

$$\underbrace{a_i^\beta+\cdots+a_i^\beta}_{\alpha\text{个}a_i^\beta}+\underbrace{t^\beta+\cdots+t^\beta}_{(\beta-\alpha)\text{个}t^\beta}\geqslant\beta a_i^\alpha t^{\beta-\alpha}$$

即

$$\alpha a_i^\beta+(\beta-\alpha)t^\beta\geqslant\beta a_i^\alpha t^{\beta-\alpha}$$

故

$$\alpha(a_1^\beta+a_2^\beta+\cdots+a_n^\beta)+n(\beta-\alpha)t^\beta\geqslant$$
$$\beta(a_1^\alpha+a_2^\alpha+\cdots+a_n^\alpha)t^{\beta-\alpha}$$

即

$$\alpha(a_1^\beta+a_2^\beta+\cdots+a_n^\beta)\geqslant$$
$$\beta t^{\beta-\alpha}\left[(a_1^\alpha+a_2^\alpha+\cdots+a_n^\alpha)-\frac{\beta-\alpha}{\beta}nt^\alpha\right]$$

$$\alpha\sum_{i=1}^n a_i^\beta\geqslant\beta\left(\frac{1}{n}\sum_{i=1}^n a_i^\alpha\right)^{\frac{\beta-\alpha}{\alpha}}\cdot\left[\sum_{i=1}^n a_i^\alpha-\frac{\beta-\alpha}{\beta}\sum_{i=1}^n a_i^\alpha\right]$$

$$\sum_{i=1}^n a_i^\beta\geqslant\left(\frac{1}{n}\sum_{i=1}^n a_i^\alpha\right)^{\frac{\beta-\alpha}{\alpha}}\cdot\left(\sum_{i=1}^n a_i^\alpha\right)$$

即

$$\left(\frac{1}{n}\sum_{i=1}^{n}a_i^{\beta}\right)^{\frac{1}{\beta}}\geqslant\left(\frac{1}{n}\sum_{i=1}^{n}a_i^{\alpha}\right)^{\frac{1}{\alpha}}$$

当 $\alpha,\beta\notin\mathbf{N}_+$ 时，可设 $\alpha=\frac{p_1}{q_1},\beta=\frac{p_2}{q_2}(p_1,p_2,q_1,q_2\in\mathbf{N}_+)$，进而转化为 $\alpha,\beta\in\mathbf{N}_+$ 的情形去处理，此处从略.

另证1　在赫尔德不等式的等价式中，令 $x_i=a_i^{\alpha}$，$y_i=1(1\leqslant i\leqslant n)$，$q=\frac{\beta}{\alpha}\geqslant 1$，则

$$\sum_{i=1}^{n}a_i^{\alpha}\leqslant n^{\frac{1}{p}}\cdot\left[\sum_{i=1}^{n}(a_i^{\alpha})^{\frac{\beta}{\alpha}}\right]^{\frac{\alpha}{\beta}}$$

即

$$\frac{1}{n}\sum_{i=1}^{n}a_i^{\alpha}\leqslant\left(\frac{1}{n}\sum_{i=1}^{n}a_i^{\beta}\right)^{\frac{\alpha}{\beta}}$$

$$\left(\frac{1}{n}\sum_{i=1}^{n}a_i^{\alpha}\right)^{\frac{1}{\alpha}}\leqslant\left(\frac{1}{n}\sum_{i=1}^{n}a_i^{\beta}\right)^{\frac{1}{\beta}}$$

另证2　令 $x_i=a_i^{\alpha}(1\leqslant i\leqslant n)$，则

$$\left(\frac{1}{n}\sum_{i=1}^{n}a_i^{\alpha}\right)^{\frac{1}{\alpha}}\leqslant\left(\frac{1}{n}\sum_{i=1}^{n}a_i^{\beta}\right)^{\frac{1}{\beta}}$$

等价于

$$\frac{1}{n}\sum_{i=1}^{n}a_i^{\frac{\alpha}{\beta}}\geqslant\left(\frac{1}{n}\sum_{i=1}^{n}a_i^{\beta}\right)^{\frac{\alpha}{\beta}}$$

其中 $\frac{\beta}{\alpha}\geqslant 1$.

由于

$$f(x)=x^{k}\quad(k\geqslant 1)$$

$$f'(x)=kx^{k-1}$$

$$f''(x)=k(k-1)x^{k-2}\geqslant 0\quad(k\geqslant 1)$$

故 $f(x)$ 是 $(0,+\infty)$ 内的凸函数，故由琴生不等式即

得，当且仅当 $x_1=x_2=\cdots=x_n$，即 $a_1=a_2=\cdots=a_n$ 时取等号.

加权幂平均不等式 设 $p_1,p_2,\cdots,p_n\in\mathbf{R}_+$，$0<\alpha\leqslant\beta,n\in\mathbf{N}_+,a_1,a_2,\cdots,a_n\in\mathbf{R}_+$，则

$$\left(\frac{p_1a_1^\alpha+p_2a_2^\alpha+\cdots+p_na_n^\alpha}{p_1+p_2+\cdots+p_n}\right)^{\frac{1}{\alpha}}\leqslant$$

$$\left(\frac{p_1a_1^\beta+p_2a_2^\beta+\cdots+p_na_n^\beta}{p_1+p_2+\cdots+p_n}\right)^{\frac{1}{\beta}}$$

当且仅当 $a_1=a_2=\cdots=a_n$ 时取等号.

例 1 （2013年浙江省高中数学竞赛试题）设 $a,b,c\in\mathbf{R}_+,ab+bc+ca\geqslant 3$，证明

$$a^5+b^5+c^5+a^3(b^2+c^2)+$$
$$b^3(c^2+a^2)+c^3(a^2+b^2)\geqslant 9$$

证明 原命题等价于

$$(a^3+b^3+c^3)(a^2+b^2+c^2)\geqslant 9$$

又

$$(a^3+b^3+c^3)^2\geqslant 9\left(\frac{a^2+b^2+c^2}{3}\right)^3$$

故只需要证明

$$a^2+b^2+c^2\geqslant 3$$

即证明

$$a^2+b^2+c^2\geqslant ab+bc+ca$$

成立，即证

$$(a-b)^2+(b-c)^2+(c-a)^2\geqslant 0$$

这是显然的.

例 2 （2010年中国北方数学奥林匹克试题）设正实数 a,b,c 满足 $(a+2b)(b+2c)=9$，求证

$$\sqrt{\frac{a^2+b^2}{2}}+2\sqrt[3]{\frac{b^3+c^3}{2}}\geqslant 3$$

证明　因为 $a,b,c>0$，所以

$$\sqrt{\frac{a^2+b^2}{2}}+2\sqrt[3]{\frac{b^3+c^3}{2}}\geqslant$$

$$\frac{a+b}{2}+2\cdot\frac{b+c}{2}=$$

$$\frac{1}{2}[(a+2b)+(b+2c)]\geqslant$$

$$\sqrt{(a+2b)(b+2c)}=3$$

当且仅当 $a=b,b=c,a+2b=b+2c=3$，即 $a=b=c=1$ 时取等号.

例3　(2008年第四届中国北方数学奥林匹克试题)设 a,b,c 为直角三角形的三边长，其中 c 为斜边长，求使得 $\frac{a^3+b^3+c^3}{abc}\geqslant k$ 成立的最大 k 值.

解　$$c^2=a^2+b^2\geqslant 2ab$$

$$a^3+b^3\geqslant 2\left(\frac{a^2+b^2}{2}\right)^{\frac{3}{2}}=2\left(\frac{c^2}{2}\right)^{\frac{3}{2}}=\frac{\sqrt{2}}{2}c^3$$

即

$$\frac{a^3+b^3+c^3}{abc}\geqslant\frac{\frac{\sqrt{2}}{2}c^3+c^3}{\frac{1}{2}c^2\cdot c}=2+\sqrt{2}$$

故 $k_{\max}=2+\sqrt{2}$.

例4　(2005年中国香港数学奥林匹克第3题)已知 a,b,c,d 为正实数，且 $a+b+c+d=1$，求证

$$6(a^3+b^3+c^3+d^3)\geqslant(a^2+b^2+c^2+d^2)+\frac{1}{8}$$

证明　待证不等式等价于

$$6(a^3+b^3+c^3+d^3)\geqslant$$
$$(a+b+c+d)(a^2+b^2+c^2+d^2)+$$

$$\frac{1}{8}(a+b+c+d)^3$$

由切比雪夫不等式知

$$4(a^3+b^3+c^3+d^3)\geqslant$$
$$(a+b+c+d)(a^2+b^2+c^2+d^2) \quad (1)$$

由幂平均不等式知

$$\left(\frac{a^3+b^3+c^3+d^3}{4}\right)^{\frac{1}{3}}\geqslant\frac{a+b+c+d}{4}$$

即

$$2(a^3+b^3+c^3+d^3)\geqslant\frac{1}{8}(a+b+c+d)^3 \quad (2)$$

由式(1)(2)知原不等式成立.

例 5 (2005 年越南数学竞赛题)已知 $a,b,c\in\mathbf{R}_+$,求证

$$\frac{a^3}{(a+b)^3}+\frac{b^3}{(b+c)^3}+\frac{c^3}{(c+a)^3}\geqslant\frac{3}{8}$$

证明 由幂平均不等式知

$$\left[\frac{\frac{a^3}{(a+b)^3}+\frac{b^3}{(b+c)^3}+\frac{c^3}{(c+a)^3}}{3}\right]^{\frac{1}{3}}\geqslant$$
$$\left[\frac{\frac{a^2}{(a+b)^2}+\frac{b^2}{(b+c)^2}+\frac{c^2}{(c+a)^2}}{3}\right]^{\frac{1}{2}}$$

即

$$\frac{a^3}{(a+b)^3}+\frac{b^3}{(b+c)^3}+\frac{c^3}{(c+a)^3}\geqslant$$
$$3\left[\frac{\frac{a^2}{(a+b)^2}+\frac{b^2}{(b+c)^2}+\frac{c^2}{(c+a)^2}}{3}\right]^{\frac{3}{2}}$$

为此,只需证明

$$3\left[\frac{\frac{a^2}{(a+b)^2}+\frac{b^2}{(b+c)^2}+\frac{c^2}{(c+a)^2}}{3}\right]^{\frac{3}{2}}\geqslant\frac{3}{8}$$

即只需证明

$$\frac{a^2}{(a+b)^2}+\frac{b^2}{(b+c)^2}+\frac{c^2}{(c+a)^2}\geqslant\frac{3}{4}\Leftrightarrow$$

$$\frac{1}{\left(1+\frac{b}{a}\right)^2}+\frac{1}{\left(1+\frac{c}{b}\right)^2}+\frac{1}{\left(1+\frac{a}{c}\right)^2}\geqslant\frac{3}{4}$$

令 $x=\frac{b}{a},y=\frac{c}{b},z=\frac{a}{c}$,则上式等价于:已知 $x,y,z>0$,且 $xyz=1$,求证

$$\frac{1}{(1+x)^2}+\frac{1}{(1+y)^2}+\frac{1}{(1+z)^2}\geqslant\frac{3}{4}$$

为此,先证明

$$\frac{1}{(1+x)^2}+\frac{1}{(1+y)^2}\geqslant\frac{1}{1+xy}$$

注意到

$$\frac{1}{(1+x)^2}+\frac{1}{(1+y)^2}-\frac{1}{1+xy}=$$

$$\frac{xy(x-y)^2+(xy-1)^2}{(1+x)^2(1+y)^2(1+xy)}\geqslant0$$

因而

$$\frac{1}{(1+x)^2}+\frac{1}{(1+y)^2}+\frac{1}{(1+z)^2}+\frac{1}{(1+xyz)^2}\geqslant$$

$$\frac{1}{1+xy}+\frac{1}{1+z\cdot xyz}=$$

$$\frac{1}{1+xy}+\frac{1}{1+\frac{1}{xy}}=\frac{1}{1+xy}+\frac{xy}{xy+1}=1$$

故

$$\frac{1}{(1+x)^2}+\frac{1}{(1+y)^2}+\frac{1}{(1+z)^2}\geqslant$$

$$1-\frac{1}{(1+xyz)^2}=1-\frac{1}{(1+1)^2}=\frac{3}{4}$$

例 6 （2012 年地中海数学竞赛题）设 α,β,γ 为锐角 $\triangle ABC$ 的三个内角. 证明

$$\frac{1}{3}\sum\frac{\tan^2\alpha}{\tan\beta\cdot\tan\gamma}+3\left(\frac{1}{\sum\tan\alpha}\right)^{\frac{2}{3}}\geqslant 2$$

证明 令 $a=\tan\alpha,b=\tan\beta,c=\tan\gamma$. 由题意知，$a+b+c=abc$，且 $a,b,c>0$，故

$$\frac{1}{(a+b+c)^{\frac{2}{3}}}=\frac{1}{(abc)^{\frac{2}{3}}}=\frac{(abc)^{\frac{1}{3}}}{a+b+c}=\frac{1}{\sum\left(\frac{a^2}{bc}\right)^{\frac{1}{3}}}$$

由幂平均不等式得

$$\frac{\sum\frac{a^2}{bc}}{3}\geqslant\left(\frac{\sum\left(\frac{a^2}{bc}\right)^{\frac{1}{3}}}{3}\right)^3$$

即

$$\frac{1}{\sum\left(\frac{a^2}{bc}\right)^{\frac{1}{3}}}\geqslant\frac{1}{\sqrt[3]{9\sum\frac{a^2}{bc}}}$$

令 $\sum\frac{a^2}{bc}=t$，则

$$t\geqslant 3\sqrt[3]{\prod\frac{a^2}{bc}}=3$$

设

$$f(t)=\frac{t}{3}+\frac{3}{\sqrt[3]{9t}}$$

于是

$$f'(t)=\frac{1}{3}-\frac{9}{(9t)^{\frac{4}{3}}}\geqslant\frac{1}{3}-\frac{9}{(9\times 3)^{\frac{4}{3}}}=\frac{2}{9}>0$$

故 $f(t)$ 在 $[3,+\infty)$ 上单调递增. 从而, $f(t)\geqslant f(3)=2$, 则

$$\frac{1}{3}\sum\frac{a^2}{bc}+3\left(\frac{1}{a+b+c}\right)^{\frac{2}{3}}\geqslant$$

$$\frac{1}{3}\sum\frac{a^2}{bc}+\frac{3}{\sqrt[3]{9\sum\frac{a^2}{bc}}}\geqslant 2$$

例 7　设正实数 a,b,c, 满足 $a+b+c=3,\lambda,\mu>0,m\in\mathbf{N}_+$, 则有

$$\frac{a^{2m}}{(\lambda b+\mu c)^{2m+1}}+\frac{b^{2m}}{(\lambda c+\mu a)^3}+\frac{c^{2m}}{(\lambda a+\mu b)^3}\geqslant$$

$$\frac{3}{(\lambda+\mu)^{2m+1}}$$

证明

$$\frac{a^{2m}}{(\lambda b+\mu c)^{2m+1}}+\frac{b^{2m}}{(\lambda c+\mu a)^3}+\frac{c^{2m}}{(\lambda a+\mu b)^3}=$$

$$\frac{\left[\left(\frac{a}{\lambda b+\mu c}\right)^m\right]^2}{\lambda b+\mu c}+\frac{\left[\left(\frac{b}{\lambda c+\mu a}\right)^m\right]^2}{\lambda c+\mu a}+\frac{\left[\left(\frac{c}{\lambda a+\mu b}\right)^m\right]^2}{\lambda a+\mu b}\geqslant$$

$$\frac{\left[\left(\frac{a}{\lambda b+\mu c}\right)^m+\left(\frac{b}{\lambda c+\mu a}\right)^m+\left(\frac{c}{\lambda a+\mu b}\right)^m\right]^2}{\lambda b+\mu c+\lambda c+\mu a+\lambda a+\mu b}\geqslant$$

$$\frac{\left[3^{1-m}\left(\frac{a}{\lambda b+\mu c}+\frac{b}{\lambda c+\mu a}+\frac{c}{\lambda a+\mu b}\right)^m\right]^2}{(\lambda+\mu)(a+b+c)}=$$

$$\frac{\left[3^{1-m}\left(\frac{a^2}{\lambda ab+\mu ca}+\frac{b^2}{\lambda bc+\mu ab}+\frac{c^2}{\lambda ca+\mu bc}\right)^m\right]^2}{3(\lambda+\mu)}\geqslant$$

$$\frac{\left[3^{1-m}\left(\frac{(a+b+c)^2}{\lambda ab+\mu ca+\lambda bc+\mu ab+\lambda ca+\mu bc}\right)^m\right]^2}{3(\lambda+\mu)}=$$

$$\frac{\left[3^{1-m}\left(\frac{(a+b+c)^2}{(\lambda+\mu)(ab+bc+ca)}\right)^m\right]^2}{3(\lambda+\mu)}\geqslant$$

$$\frac{\left[3^{1-m}\left(\frac{3(a+b+c)^2}{(\lambda+\mu)(a+b+c)^2}\right)^m\right]^2}{3(\lambda+\mu)}=$$

$$\frac{3}{(\lambda+\mu)^{2m+1}}$$

评注　本例是 2012 年希腊国家队选拔考试题的推广:设正实数 a,b,c,满足 $a+b+c=3$,证明

$$\frac{a^2}{(b+c)^3}+\frac{b^2}{(c+a)^3}+\frac{c^2}{(a+b)^3}\geqslant\frac{3}{8}$$

并说明等号成立的条件.

例 8　(2014 年中国台湾数学奥林匹克试题)已知 a,b,c 是正数,求证

$$3(a+b+c)\geqslant 8\sqrt[3]{abc}+\sqrt[3]{\frac{a^3+b^3+c^3}{3}}$$

证明　由幂平均不等式知

$$9\cdot\frac{\underbrace{\sqrt[3]{abc}+\sqrt[3]{abc}+\cdots+\sqrt[3]{abc}}_{8个}+\sqrt[3]{\frac{a^3+b^3+c^3}{3}}}{9}\leqslant$$

$$9\sqrt[3]{\frac{8abc+\frac{a^3+b^3+c^3}{3}}{9}}$$

为此,只需要证明

$$9\sqrt[3]{\frac{8abc+\frac{a^3+b^3+c^3}{3}}{9}}\leqslant 3(a+b+c)\Leftrightarrow$$

$$a(b^2+c^2)+b(c^2+a^2)+c(a^2+b^2)\geqslant 6abc$$

由均值不等式知

$$a(b^2+c^2)+b(c^2+a^2)+c(a^2+b^2)\geqslant$$
$$a\cdot 2bc+b\cdot 2ca+c\cdot 2ab=6abc$$

例9　设 $a_1,a_2,\cdots,a_n\in\mathbf{R}_+$，且 $a_1+a_2+\cdots+a_n=1$，试证：当 $m\geqslant 1$ 时，有

$$\left(a_1+\frac{1}{a_1}\right)^m+\left(a_2+\frac{1}{a_2}\right)^m+\cdots+\left(a_n+\frac{1}{a_n}\right)^m\geqslant$$
$$n\left(n+\frac{1}{n}\right)^m$$

证明　由幂平均不等式知

$$\left[\frac{\left(a_1+\frac{1}{a_1}\right)^m+\left(a_2+\frac{1}{a_2}\right)^m+\cdots+\left(a_n+\frac{1}{a_n}\right)^m}{n}\right]^{\frac{1}{m}}\geqslant$$
$$\frac{a_1+\frac{1}{a_1}+a_2+\frac{1}{a_2}+\cdots+a_n+\frac{1}{a_n}}{n}=$$
$$\frac{1+\left(\frac{1}{a_1}+\frac{1}{a_2}+\cdots+\frac{1}{a_n}\right)}{n}$$

这样便有

$$\left(a_1+\frac{1}{a_1}\right)^m+\left(a_2+\frac{1}{a_2}\right)^m+\cdots+\left(a_n+\frac{1}{a_n}\right)^m\geqslant$$
$$n\left(\frac{1+\frac{1}{a_1}+\frac{1}{a_2}+\cdots+\frac{1}{a_n}}{n}\right)^m \tag{1}$$

由于 $a_1+a_2+\cdots+a_n=1$，由柯西不等式（或平均值不等式）易知

$$(a_1+a_2+\cdots+a_n)\cdot\left(\frac{1}{a_1}+\frac{1}{a_2}+\cdots+\frac{1}{a_n}\right)\geqslant n^2$$

于是得

$$\frac{1}{a_1}+\frac{1}{a_2}+\cdots+\frac{1}{a_n}\geqslant n^2 \tag{2}$$

由不等式(1)(2) 得

$$\left(a_1+\frac{1}{a_1}\right)^m+\left(a_2+\frac{1}{a_2}\right)^m+\cdots+\left(a_n+\frac{1}{a_n}\right)^m\geqslant n\left(n+\frac{1}{n}\right)^m$$

例 10 已知 $a_1,a_2,\cdots,a_n$ 是正数,求证

$$\left(a_1+\frac{1}{a_1}\right)^2+\left(a_2+\frac{1}{a_2}\right)^2+\cdots+\left(a_n+\frac{1}{a_n}\right)^2\geqslant\left(\frac{a_1+a_2+\cdots+a_n}{n}+\frac{n}{a_1+a_2+\cdots+a_n}\right)^2$$

证明 据幂平均不等式得

$$\left[\frac{\left(a_1+\frac{1}{a_1}\right)^2+\left(a_2+\frac{1}{a_2}\right)^2+\cdots+\left(a_n+\frac{1}{a_n}\right)^2}{n}\right]^{\frac{1}{2}}\geqslant\frac{a_1+\frac{1}{a_1}+a_2+\frac{1}{a_2}+\cdots+a_n+\frac{1}{a_n}}{n}=\frac{a_1+a_2+\cdots+a_n}{n}+\frac{\frac{1}{a_1}+\frac{1}{a_2}+\cdots+\frac{1}{a_n}}{n}$$

而

$$\frac{\frac{1}{a_1}+\frac{1}{a_2}+\cdots+\frac{1}{a_n}}{n}\geqslant\frac{n}{a_1+a_2+\cdots+a_n}$$

因此

$$\left[\frac{\left(a_1+\frac{1}{a_1}\right)^2+\left(a_2+\frac{1}{a_2}\right)^2+\cdots+\left(a_n+\frac{1}{a_n}\right)^2}{n}\right]^{\frac{1}{2}}\geqslant\frac{a_1+a_2+\cdots+a_n}{n}+\frac{n}{a_1+a_2+\cdots+a_n}$$

两边平方后即得.

例 11　(第四届全国中学生数学冬令营试题)设 $x_1,x_2,\cdots,x_n(n\geqslant 2)$ 都是正数，且 $x_1+x_2+\cdots+x_n=1$，求证

$$\sum_{i=1}^{n}\frac{x_i}{\sqrt{1-x_i}}\geqslant\frac{\sum_{i=1}^{n}\sqrt{x_i}}{\sqrt{n-1}}$$

证明　不妨设 $x_1\leqslant x_2\leqslant\cdots\leqslant x_n$，则有

$$\frac{1}{\sqrt{1-x_1}}\leqslant\frac{1}{\sqrt{1-x_2}}\leqslant\cdots\leqslant\frac{1}{\sqrt{1-x_n}}$$

令同序和为 S，则

$$S=\frac{x_1}{\sqrt{1-x_1}}+\frac{x_2}{\sqrt{1-x_2}}+\cdots+\frac{x_n}{\sqrt{1-x_n}}$$

由排序不等式(同序和 $\geqslant$ 乱序和)

$$S\geqslant\frac{x_1}{\sqrt{1-x_2}}+\frac{x_2}{\sqrt{1-x_3}}+\cdots+\frac{x_n}{\sqrt{1-x_1}}$$

$$S\geqslant\frac{x_1}{\sqrt{1-x_3}}+\frac{x_2}{\sqrt{1-x_4}}+\cdots+\frac{x_n}{\sqrt{1-x_2}}$$

$$\vdots$$

$$S\geqslant\frac{x_1}{\sqrt{1-x_n}}+\frac{x_2}{\sqrt{1-x_1}}+\cdots+\frac{x_n}{\sqrt{1-x_{n-1}}}$$

将上面 n 个式子相加，并按列求和得

$$nS\geqslant x_1\left(\sum_{i=1}^{n}\frac{1}{\sqrt{1-x_i}}\right)+x_2\left(\sum_{i=1}^{n}\frac{1}{\sqrt{1-x_i}}\right)+\cdots+x_n\left(\sum_{i=1}^{n}\frac{1}{\sqrt{1-x_i}}\right)=\sum_{i=1}^{n}x_i\cdot\sum_{i=1}^{n}\frac{1}{\sqrt{1-x_i}}$$

即

$$\sum_{i=1}^{n}\frac{x_i}{\sqrt{1-x_i}}\geqslant\frac{1}{n}\left(\sum_{i=1}^{n}x_i\right)\cdot\sum_{i=1}^{n}\frac{1}{\sqrt{1-x_i}}=\frac{1}{n}\sum_{i=1}^{n}\frac{1}{\sqrt{1-x_i}}$$

再由幂平均不等式得

$$\frac{1}{n}\sum_{i=1}^{n}\frac{1}{\sqrt{1-x_i}}\geqslant\left[\frac{1}{n}\sum_{i=1}^{n}\left(\frac{1}{\sqrt{1-x_i}}\right)^{-2}\right]^{-\frac{1}{2}}=$$

$$\left[\frac{1}{n}\sum_{i=1}^{n}(1-x_i)\right]^{-\frac{1}{2}}=\sqrt{\frac{n}{n-1}}$$

从而,有

$$\sum_{i=1}^{n}\frac{x_i}{\sqrt{1-x_i}}\geqslant\sqrt{\frac{n}{n-1}}$$

又由柯西不等式,有

$$\sum_{i=1}^{n}\sqrt{x_i}\leqslant\sqrt{n}\cdot\sqrt{\sum_{i=1}^{n}x_i}=\sqrt{n}$$

故

$$\sum_{i=1}^{n}\frac{x_i}{\sqrt{1-x_i}}\geqslant\frac{1}{\sqrt{n-1}}\sum_{i=1}^{n}\sqrt{x_i}$$

评注 此题用柯西不等式、均值不等式,或者琴生不等式也可求解.

例 12 求函数 $y=a\sin^n x+b\cos^n x, a,b>0$, $n\in\mathbf{N}$, 且 $n\geqslant 3, x\in\left(0,\frac{\pi}{2}\right)$ 的最小值.

解 引入参数 $\lambda,\mu>0$,有

$$\sin^n x+\sin^n x+\underbrace{\lambda^n+\cdots+\lambda^n}_{n-2\text{项}}\geqslant n\sin^2 x\cdot\lambda^{n-2}\quad(1)$$

$$\cos^n x+\cos^n x+\underbrace{\mu^n+\cdots+\mu^n}_{n-2\text{项}}\geqslant n\cos^2 x\cdot\mu^{n-2}\quad(2)$$

(1) $\times a+$ (2) $\times b$,得

$$a\sin^n x+b\cos^n x\geqslant\frac{n}{2}(a\lambda^{n-2}\sin^2 x+b\mu^{n-2}\cos^2 x)-\frac{n-2}{2}(a\lambda^n+b\mu^n)\quad(3)$$

等号成立当且仅当

$$\begin{cases}\sin x=\lambda & (4)\\ \cos x=\mu & (5)\\ a\lambda^{n-2}=b\mu^{n-2} & (6)\end{cases}$$

即

$$\begin{cases}\lambda^2+\mu^2=1 & (7)\\ \mu=\left(\dfrac{a}{b}\right)^{\frac{1}{n-2}}\lambda & (8)\end{cases}$$

解得

$$\lambda=b^{\frac{1}{n-2}}\left(a^{\frac{2}{2-n}}+b^{\frac{2}{2-n}}\right)^{-\frac{1}{2}},\mu=a^{\frac{1}{n-2}}\left(a^{\frac{2}{2-n}}+b^{\frac{2}{2-n}}\right)^{-\frac{1}{2}}$$

故

$$\begin{aligned}a\sin^n x+b\cos^n x\geqslant&\frac{n}{2}\cdot a\lambda^{n-2}-\frac{n-2}{2}(a\lambda^n+b\mu^n)=\\&\frac{n}{2}\cdot a\left[b^{\frac{1}{n-2}}\left(a^{\frac{2}{2-n}}+b^{\frac{2}{2-n}}\right)^{-\frac{1}{2}}\right]^{n-2}-\\&\frac{n-2}{2}\left\{a\left[b^{\frac{1}{n-2}}\left(a^{\frac{2}{2-n}}+b^{\frac{2}{2-n}}\right)^{-\frac{1}{2}}\right]^n+\right.\\&\left.b\left[a^{\frac{1}{n-2}}\left(a^{\frac{2}{2-n}}+b^{\frac{2}{2-n}}\right)^{-\frac{1}{2}}\right]^n\right\}=\\&\left(a^{\frac{2}{2-n}}+b^{\frac{2}{2-n}}\right)^{\frac{2-n}{2}}\end{aligned}$$

例 13　求函数 $y=a\sqrt[n]{\sin x}+b\sqrt[n]{\cos x}$，$a,b>0$，$n\in\mathbf{N}$，且 $x\in\left(0,\dfrac{\pi}{2}\right)$ 的最小值.

解　引入参数 $\lambda,\mu>0$，得

$$\sqrt[2n]{\sin^2 x\cdot\underbrace{\lambda^{2n}\cdot\cdots\cdot\lambda^{2n}}_{2n-1\text{项}}}\leqslant\frac{\sin^2 x+(2n-1)\lambda^{2n}}{2n}\tag{1}$$

$$\sqrt[2n]{\cos^2 x\cdot\underbrace{\mu^{2n}\cdot\cdots\cdot\mu^{2n}}_{2n-1\text{项}}}\leqslant\frac{\cos^2 x+(2n-1)\mu^{2n}}{2n}\tag{2}$$

(1) $\times a+$ (2) $\times b$,有

$$a\sqrt[n]{\sin x}+b\sqrt[n]{\cos x}\leqslant\frac{1}{2n}\left(\frac{a}{\lambda^{n-2}}\sin^2 x+\frac{b}{\mu^{n-2}}\cos^2 x\right)+\frac{2n-1}{2n}(a\lambda+b\mu) \tag{3}$$

等号成立当且仅当

$$\begin{cases}\sin^2 x=\lambda^{2n} & (4)\\ \cos^2 x=\mu^{2n} & (5)\\ \dfrac{a}{\lambda^{2n-1}}=\dfrac{b}{\mu^{2n-1}} & (6)\end{cases}$$

即

$$\begin{cases}\lambda^{2n}+\mu^{2n}=1 & (7)\\ \mu=\left(\dfrac{a}{b}\right)^{\frac{1}{2n-1}}\lambda & (8)\end{cases}$$

解得

$$\lambda=a^{\frac{1}{2n-1}}\left(a^{\frac{2n}{2n-1}}+b^{\frac{2n}{2n-1}}\right)^{-\frac{1}{2n}},\mu=b^{\frac{1}{2n-1}}\left(a^{\frac{2n}{2n-1}}+b^{\frac{2n}{2n-1}}\right)^{-\frac{1}{2n}}$$

故

$$\begin{aligned}&a\sqrt[n]{\sin x}+b\sqrt[n]{\cos x}\leqslant\\&\frac{1}{2n}\cdot\frac{a}{\lambda^{n-2}}+\frac{2n-1}{2n}(a\lambda+b\mu)=\\&\frac{1}{2n}\cdot\frac{a}{\left[a^{\frac{1}{2n-1}}\left(a^{\frac{2n}{2n-1}}+b^{\frac{2n}{2n-1}}\right)^{-\frac{1}{2n}}\right]^{n-2}}+\\&\frac{2n-1}{2n}\left[a\cdot a^{\frac{1}{2n-1}}\left(a^{\frac{2n}{2n-1}}+b^{\frac{2n}{2n-1}}\right)^{-\frac{1}{2n}}+\right.\\&\left.b\cdot b^{\frac{1}{2n-1}}\left(a^{\frac{2n}{2n-1}}+b^{\frac{2n}{2n-1}}\right)^{-\frac{1}{2n}}\right]=\\&\left(a^{\frac{2n}{2n-1}}+b^{\frac{2n}{2n-1}}\right)^{\frac{2n-1}{2n}}\end{aligned}$$

例 14 求函数 $y=\dfrac{a}{\sqrt[n]{\sin x}}+\dfrac{b}{\sqrt[n]{\cos x}}$,$a,b>0$,$n\in\mathbf{N}$,且 $x\in\left(0,\dfrac{\pi}{2}\right)$ 的最小值.

解　引入参数$\lambda>0$,得

$$\underbrace{\frac{a}{\sqrt[n]{\sin x}}+\cdots+\frac{a}{\sqrt[n]{\sin x}}}_{2n项}+\lambda\sin^2 x\geqslant$$

$$(2n+1)\sqrt[2n+1]{\underbrace{\frac{a}{\sqrt[n]{\sin x}}\cdot\cdots\cdot\frac{a}{\sqrt[n]{\sin x}}}_{2n项}\cdot\lambda\sin^2 x}\geqslant$$

$$(2n+1)\sqrt[2n+1]{a^{2n}\lambda} \tag{1}$$

$$\underbrace{\frac{b}{\sqrt[n]{\cos x}}+\cdots+\frac{b}{\sqrt[n]{\cos x}}}_{2n项}+\lambda\cos^2 x\geqslant$$

$$(2n+1)\sqrt[2n+1]{\underbrace{\frac{b}{\sqrt[n]{\cos x}}\cdot\cdots\cdot\frac{b}{\sqrt[n]{\cos x}}}_{2n项}\cdot\lambda\cos^2 x}\geqslant$$

$$(2n+1)\sqrt[2n+1]{b^{2n}\lambda} \tag{2}$$

(1)+(2)得

$$2n\left(\frac{a}{\sqrt[n]{\sin x}}+\frac{b}{\sqrt[n]{\cos x}}\right)+\lambda\geqslant$$

$$(2n+1)(\sqrt[2n+1]{a^{2n}\lambda}+\sqrt[2n+1]{b^{2n}\lambda})$$

即

$$\frac{a}{\sqrt[n]{\sin x}}+\frac{b}{\sqrt[n]{\cos x}}\geqslant\frac{2n+1}{2n}(\sqrt[2n+1]{a^{2n}\lambda}+\sqrt[2n+1]{b^{2n}\lambda})-\frac{\lambda}{2n} \tag{3}$$

等号成立当且仅当

$$\begin{cases}\dfrac{a}{\sqrt[n]{\sin x}}=\lambda\sin^2 x & (4)\\ \dfrac{b}{\sqrt[n]{\cos x}}=\mu\cos^2 x & (5)\end{cases}$$

即

$$\left(\frac{a}{\lambda}\right)^{\frac{2n}{2n+1}}+\left(\frac{b}{\lambda}\right)^{\frac{2n}{2n+1}}=1$$

解得 $\lambda=(a^{\frac{2n}{2n+1}}+b^{\frac{2n}{2n+1}})^{\frac{2n+1}{2n}}$，故

$$\frac{a}{\sqrt[n]{\sin x}}+\frac{b}{\sqrt[n]{\cos x}}\geqslant(a^{\frac{2n}{2n+1}}+b^{\frac{2n}{2n+1}})^{\frac{2n+1}{2n}}$$

当 $\tan x=\left(\frac{a}{b}\right)^{\frac{n}{2n+1}}$，即 $x=\arctan\left(\frac{a}{b}\right)^{\frac{n}{2n+1}}$ 时

$$y_{\min}=(a^{\frac{2n}{2n+1}}+b^{\frac{2n}{2n+1}})^{\frac{2n+1}{2n}}$$

例 15 求函数 $y=\frac{a}{\sin^n x}+\frac{b}{\cos^n x}, a,b>0, n\in$ **N**，且 $x\in\left(0,\frac{\pi}{2}\right)$ 的最小值.

解 引入参数 $\lambda>0$，有

$$\frac{a}{\sin^n x}+\frac{a}{\sin^n x}+\underbrace{\lambda\sin^2 x+\cdots+\lambda\sin^2 x}_{n\text{项}}\geqslant$$

$$(n+2)\sqrt[n+2]{a^2\lambda^n} \tag{1}$$

$$\frac{b}{\cos^n x}+\frac{b}{\cos^n x}+\underbrace{\lambda\cos^2 x+\cdots+\lambda\cos^2 x}_{n\text{项}}\geqslant$$

$$(n+2)\sqrt[n+2]{b^2\lambda^n} \tag{2}$$

(1)+(2) 得

$$\frac{a}{\sin^n x}+\frac{b}{\cos^n x}\geqslant(n+2)(\sqrt[n+2]{a^2\lambda^n}+\sqrt[n+2]{b^2\lambda^n})-\frac{n\lambda}{2} \tag{3}$$

等号成立当且仅当

$$\begin{cases}\dfrac{a}{\sin^n x}=\lambda\sin^2 x & (4)\\ \dfrac{b}{\cos^n x}=\lambda\cos^2 x & (5)\end{cases}$$

即

$$\left(\frac{a}{\lambda}\right)^{\frac{2}{n+2}}+\left(\frac{b}{\lambda}\right)^{\frac{2}{n+2}}=1$$

解得 $\lambda=(a^{\frac{2}{n+2}}+b^{\frac{2}{n+2}})^{\frac{n+2}{2}}$，故

$$\frac{a}{\sin^n x}+\frac{b}{\cos^n x}\geqslant(a^{\frac{2}{n+2}}+b^{\frac{2}{n+2}})^{\frac{n+2}{2}}$$

当 $\tan x=\left(\frac{a}{b}\right)^{\frac{1}{n+2}}$，即 $x=\arctan\left(\frac{a}{b}\right)^{\frac{1}{n+2}}$ 时

$$y_{\min}=(a^{\frac{2}{n+2}}+b^{\frac{2}{n+2}})^{\frac{n+2}{2}}$$

例 16　求函数 $y=\frac{\sin^m x}{a}+\frac{b}{\sin^n x}$，$a,b,m,n\in\mathbf{N}$，且 $x\in(0,\pi)$ 的最小值.

解　(1) 当 $abn\geqslant m$ 时

$$\frac{\sin^m x}{a}+\frac{b}{\sin^n x}=\frac{\sin^m x}{a}+\underbrace{\frac{b}{\sin^n x}+\cdots+\frac{b}{\sin^n x}}_{ab\text{项}}\geqslant$$

$$(ab+1)\sqrt[ab+1]{\frac{\sin^m x}{a}\cdot\left(\frac{b}{\sin^n x}\right)^{ab}}=$$

$$\frac{ab+1}{a}\sqrt[ab+1]{\frac{1}{(\sin x)^{nab-m}}}\geqslant$$

$$\frac{ab+1}{a}\sqrt[ab+1]{\frac{1}{1^{nab-m}}}=\frac{ab+1}{a}=\frac{1}{a}+b$$

当且仅当 $\sin x=1$ 时等号成立，$y_{\min}=\frac{1}{a}+b$.

(2) 当 $abn<m$ 时

$$\frac{\sin^m x}{a}+\frac{b}{\sin^n x}=$$

$$\underbrace{\frac{\sin^m x}{na}+\cdots+\frac{\sin^m x}{na}}_{n\text{项}}+\underbrace{\frac{b}{m\sin^n x}+\cdots+\frac{b}{m\sin^n x}}_{m\text{项}}\geqslant$$

$$(m+n)\sqrt[m+n]{\left(\frac{\sin^m x}{a}\right)^n\cdot\left(\frac{b}{\sin^n x}\right)^m}=$$

$$(m+n)\sqrt[m+n]{\left(\frac{1}{na}\right)^{n}\cdot\left(\frac{b}{m}\right)^{m}}$$

当且仅当$\frac{\sin^m x}{na}=\frac{b}{m\sin^n x}$,即 $\sin x=\sqrt[m+n]{\frac{nab}{m}}$ 时等号成立

$$y_{\min}=(m+n)\sqrt[m+n]{\left(\frac{1}{na}\right)^{n}\cdot\left(\frac{b}{m}\right)^{m}}$$

例 17 已知正实数a,b,c满足$a+b+c=3$.证明

$$\frac{a^5}{a^2+b^5}+\frac{b^5}{b^2+c^5}+\frac{c^5}{c^2+a^5}\geqslant\frac{3}{2}$$

证明 由均值不等式和幂平均不等式知

$$a^2=a\cdot a\cdot 1\cdot 1\cdot 1\leqslant\frac{a^5+a^5+1+1+1}{5}=$$

$$\frac{a^5+a^5+3\cdot\left(\frac{a+b+c}{3}\right)^5}{5}\leqslant$$

$$\frac{a^5+a^5+3\cdot\frac{a^5+b^5+c^5}{3}}{5}=$$

$$\frac{3a^5+b^5+c^5}{5}$$

$$\frac{a^5}{a^2+b^5}\geqslant\frac{a^5}{\frac{3a^5+b^5+c^5}{5}+b^5}=\frac{5a^5}{3a^5+6b^5+c^5}$$

同理可证

$$\frac{b^5}{b^2+c^5}\geqslant\frac{5b^5}{3b^5+6c^5+a^5}$$

$$\frac{c^5}{c^2+a^5}\geqslant\frac{5c^5}{3c^5+6a^5+b^5}$$

三式相加即得

$$\frac{a^5}{a^2+b^5}+\frac{b^5}{b^2+c^5}+\frac{c^5}{c^2+a^5}\geqslant$$

$$\frac{5a^5}{3a^5+6b^5+c^5}+\frac{5b^5}{3b^5+6c^5+a^5}+$$

$$\frac{5c^5}{3c^5+6a^5+b^5}$$

为此,只需证明

$$\frac{a^5}{3a^5+6b^5+c^5}+\frac{b^5}{3b^5+6c^5+a^5}+$$

$$\frac{c^5}{3c^5+6a^5+b^5}\geqslant\frac{3}{10}$$

令 $a^5=x,b^5=y,c^5=z$,则问题等价于:

已知 $x,y,z>0$,求证

$$\frac{x}{3x+6y+z}+\frac{y}{3y+6z+x}+\frac{z}{3z+6x+y}\geqslant\frac{3}{10}$$

由柯西不等式知

$$\frac{x}{3x+6y+z}+\frac{y}{3y+6z+x}+\frac{z}{3z+6x+y}=$$

$$\frac{x^2}{3x^2+6xy+zx}+\frac{y^2}{3y^2+6yz+xy}+$$

$$\frac{z^2}{3z^2+6zx+yz}\geqslant$$

$$\frac{(x+y+z)^2}{3(x^2+y^2+z^2)+6(xy+yz+zx)+(zx+xy+yz)}=$$

$$\frac{(x+y+z)^2}{3\,(x+y+z)^2+(zx+xy+yz)}\geqslant$$

$$\frac{(x+y+z)^2}{3\,(x+y+z)^2+\frac{1}{3}\,(x+y+z)^2}=\frac{3}{10}$$

3.3 伯努利不等式与杨格不等式的等价性及其应用

命题1(伯努利不等式) $(1+x)^n>1+nx$ $(x>-1$，且 $x\neq 0$，$n\geqslant 2$，n 是正整数).

证明 设 $a=1+x$，则原不等式等价于 $a>0$ 且 $a\neq 1$，有

$$a^n>na+1-n\Leftrightarrow a^n+(n-1)>na\Leftrightarrow a^n+\underbrace{1+1+\cdots+1}_{n-1个1}>na$$

这只需利用 n 维均值不等式即可证明. 事实上，伯努利不等式还有如下两种简单的证明方法：

证法1 设数列 $\{a_n\}(n\geqslant 2)$ 的通项公式为

$$a_n=(1+x)^n-1-nx$$

则

$$\begin{aligned}a_{n+1}-a_n=&(1+x)^{n+1}-1-(n+1)x-\\&(1+x)^n+1+nx=\\&x[(1+x)^n-1]\end{aligned}$$

当 $-1<x<0$ 时，$(1+x)^n-1<0$，从而 $x[(1+x)^n-1]>0$；当 $x\geqslant 0$ 时，$(1+x)^n-1\geqslant 0$，从而 $x[(1+x)^n-1]\geqslant 0$，所以 $x>-1$ 时，$a_{n+1}\geqslant a_n$.

因此数列 $\{a_n\}(n\geqslant 2)$ 为单调递增数列，又 $a_2=(1+x)^2-1-2x=x^2\geqslant 0$，所以 $a_n\geqslant 0(n\geqslant 2)$，即 $(1+x)^n>1+nx$.

证法2 设 $a=1+x$，则 $a>0$，且 $a\neq 1$，由指数函数性质知：a^m-1 与 $a-1$ 同号($m\in\mathbf{N}$)，根据“同号

得正，异号得负”有：$(a^m-1)(a-1)>0$，即 $a^{m+1}-a^m>a-1$.

依次令 $m=1,2,\cdots,n-1$，便得

$a^2-a^1>a-1,a^3-a^2>a-1,\cdots,a^n-a^{n-1}>a-1$

将上述同向不等式左、右分别相加后得

$$a^n-a>(n-1)(a-1)$$

即

$$a^n>na+1-n$$

再令 $a=1+x$ 代入上式，整理即得

$$(1+x)^n>1+nx$$

伯努利不等式的推广1　$(1+x)^n>1+nx$ $(x>-1$，且 $x\neq 0,n\geqslant 2,n\in\mathbf{Q})$.

证明　设 $a=1+x$，则原不等式等价于 $a>0$，且 $a\neq 1,a^n>na+1-n$.

令 $n=\dfrac{p}{q},p>q$，则

$$a^{\frac{p}{q}}>\frac{p}{q}a+1-\frac{p}{q}\Leftrightarrow qa^{\frac{p}{q}}>pa+q-p$$

$$t=a^{\frac{1}{q}}$$

则上述不等式等价于

$$qt^p+(p-q)>pt^q$$

由均值不等式知

$$qt^p+(p-q)=\underbrace{t^p+t^p+\cdots+t^p}_{q\text{个}t^p}+\underbrace{1+1+\cdots+1}_{p-q\text{个}1}\geqslant$$

$$p\sqrt[p]{\underbrace{t^p\cdot t^p\cdot\cdots\cdot t^p}_{q\text{个}t^p}}=pt^q$$

如果借助有理数逼近无理数的方法，还可以将 $n\in\mathbf{Q}$ 拓展为 $n\in\mathbf{R}$.

伯努利不等式的推广2　$(1+x)^n>1+nx$

($x>-1$, 且 $x\neq 0, n\geqslant 2, n\in\mathbf{R}$). 令 $t=1+x$,则伯努利不等式可以写成

$$\begin{cases}t^{\alpha}<\alpha t+1-\alpha, 0<\alpha<1\\ t^{\alpha}>\alpha t+1-\alpha, \alpha>1\end{cases}$$

为联系杨格不等式,令 $\frac{x}{y}=t, \frac{1}{p}=\alpha, \frac{1}{q}=1-\alpha$,则

$$\begin{cases}\left(\frac{x}{y}\right)^{\alpha}<\alpha\left(\frac{x}{y}\right)+1-\alpha \quad (p>1)\\ \left(\frac{x}{y}\right)^{\alpha}>\alpha\left(\frac{x}{y}\right)+1-\alpha \quad (0<p<1)\end{cases}$$

即

$$\begin{cases}x^{\frac{1}{p}}\cdot y^{\frac{1}{q}}<\frac{x}{p}+\frac{y}{q} \quad (p>1)\\ x^{\frac{1}{p}}\cdot y^{\frac{1}{q}}>\frac{x}{p}+\frac{y}{q} \quad (0<p<1)\end{cases}$$

从而,我们由伯努利不等式推出了杨格不等式.

命题2(杨格不等式) 设 $x>0, y>0$,非零实数 p, q 满足 $\frac{1}{p}+\frac{1}{q}=1$,则:

当 $p>1$ 时

$$\frac{x}{p}+\frac{y}{q}\geqslant x^{\frac{1}{p}}\cdot y^{\frac{1}{q}}$$

当 $0<p<1$ 时

$$x^{\frac{1}{p}}\cdot y^{\frac{1}{q}}\geqslant\frac{x}{p}+\frac{y}{q}$$

等号成立当且仅当 $x=y$.

当 $0<p<1$ 时,我们对杨格不等式作一点改写:令 $\frac{1}{p}=\alpha$,则

$$x^{\alpha}\cdot y^{1-\alpha}\leqslant\alpha x+(1-\alpha)y$$

即

$$x \leqslant \frac{1-\alpha}{\alpha} y + \frac{1}{\alpha} \cdot x^{\alpha} y^{1-\alpha}$$

杨格不等式的另证如下：

求函数 $f(x)=ax-x^{a}(x>0)$ 的极值

$$\frac{\mathrm{d}f(x)}{\mathrm{d}x}=a(1-x^{a-1})$$

易知，当 $a(a-1)>0$ 时，$x=1$，$f(x)$ 取最大值 $a-1$；当 $a(a-1)<0$ 时，$x=1$，$f(x)$ 取最小值 $a-1$，于是得，当 $0<a<1$ 时

$$ax-x^{a} \geqslant a-1$$

当 $a<0$ 或 $a>1$ 时

$$ax-x^{a} \leqslant a-1$$

对于 $x,y>0$，用 $\frac{x}{y}$ 代替 x，用 b 代替 $1-a$（即 $a+b=1$），则：当 $ab>0$ 时

$$ax+by \geqslant x^{a}y^{b}$$

当 $ab<0$ 时

$$ax+by \leqslant x^{a}y^{b}$$

评析　利用对数函数 $y=\lg x$ 的凸性也可以证明 $ax+by \geqslant x^{a}y^{b}$，或者由函数 $f(t)=t^{a}-at(0<a<1)$ 的导数，可知 $f(1)$ 最大，$t^{a}-at \leqslant 1-a$，以下略.

反过来，若已知杨格不等式成立，只需令 $\frac{x}{y}=t$，$\frac{1}{p}=\alpha$，$\frac{1}{q}=1-\alpha$，则同样也可推出伯努利不等式. 也就是说，伯努利不等式和杨格不等式是等价的，并且只需将伯努利不等式与杨格不等式稍作改写，即可得到其等价性.

回头看伯努利不等式的证明，其几何背景是下凸函数的曲线永远在其切线的上方，上凸函数的曲线永远在其切线的下方. 为此，我们对命题 2(杨格不等式)中当 $0<p<1$ 时 $x^{\frac{1}{p}}\cdot y^{\frac{1}{q}}\geqslant\frac{x}{p}+\frac{y}{q}$ 做一点改写：令 $\frac{1}{p}=\alpha$，则 $x^{\frac{1}{p}}\cdot y^{\frac{1}{q}}\geqslant\frac{x}{p}+\frac{y}{q}$ 等价于

$$e^{\alpha\ln x+(1-\alpha\ln y)}<\alpha e^{\ln x}+(1-\alpha)e^{\ln y}$$

而这正是凸函数的定义. 因此从几何背景的角度看，这两个不等式也是等价的.

杨格不等式的加强　设 $x>0,y>0$，非零实数 p,q 满足 $\frac{1}{p}+\frac{1}{q}=1,p>1$ 时

$$\frac{1}{p\vee q}(\sqrt{x}-\sqrt{y})^2\leqslant\frac{x}{p}+\frac{y}{q}-x^{\frac{1}{p}}\cdot y^{\frac{1}{q}}\leqslant\frac{1}{p\wedge q}(\sqrt{x}-\sqrt{y})^2$$

其中 $p\vee q=\max\{p,q\},p\wedge q=\min\{p,q\}$.

证明　作变换：$t=\frac{x}{y}$，不妨设 $p<q$，则右边不等式等价于

$$\frac{1}{p}x+\frac{1}{q}-x^{\frac{1}{p}}\leqslant\frac{1}{p}(1+x-2\sqrt{x})x>0\Leftrightarrow$$

$$\left(1-\frac{p}{2}\right)x^{-\frac{1}{2}}+\frac{p}{2}x^{\frac{1}{p}-\frac{1}{2}}\geqslant 1$$

由 $p<q$ 及 p,q 的共轭知，$p<2$，因此，由杨格不等式知

$$\left(1-\frac{p}{2}\right)x^{-\frac{1}{2}}+\frac{p}{2}x^{\frac{1}{p}-\frac{1}{2}}\geqslant$$

$$x^{-\frac{1}{2}\cdot\left(1-\frac{p}{2}\right)+\left(\frac{1}{p}-\frac{1}{2}\right)\cdot\frac{p}{2}}=$$

$$x^0=1$$

再证左边不等式.左边不等式等价于

$$\frac{1}{q}(1+x-2\sqrt{x}) \leqslant \frac{1}{p}x+\frac{1}{q}-x^{\frac{1}{p}} \Leftrightarrow$$

$$\left(1-\frac{2}{q}\right)x^{-\frac{1}{2}}+\frac{2}{q}x^{\frac{1}{q}-\frac{1}{2}} \geqslant 1$$

由 $p<q$ 及 p,q 的共轭知,$p<2$,因此,由杨格不等式知

$$\left(1-\frac{2}{q}\right)x^{\frac{1}{q}}+\frac{2}{q}x^{\frac{1}{q}-\frac{1}{2}} \geqslant x^{\frac{1}{q}\cdot\left(1-\frac{2}{q}\right)+\left(\frac{1}{q}-\frac{1}{2}\right)\cdot\frac{2}{q}}=x^{0}=1$$

从伯努利不等式还可以推出平均值不等式:$A_n \geqslant G_n$.

记

$$A_n=\frac{1}{n}\sum_{k=1}^{n}a_k, G_n=\left(\prod_{k=1}^{n}a_k\right)^{\frac{1}{n}}$$

则由伯努利不等式知

$$x(k-x^{k-1}) \leqslant k-1 \quad (k=2,3,\cdots,n)$$

取 $x=\left(\frac{a_k}{A_k}\right)^{\frac{1}{k-1}}>0$,代入得

$$\left(\frac{a_k}{A_k}\right)^{\frac{1}{k-1}}\left(k-\frac{a_k}{A_k}\right) \leqslant k-1$$

$$\left(\frac{a_k}{A_k}\right)^{\frac{1}{k-1}}\cdot\frac{kA_k-a_k}{A_k} \leqslant k-1$$

$$\frac{a_k^{\frac{1}{k-1}}(a_1+a_2+\cdots+a_{k-1})}{A_k^{\frac{1}{k-1}}} \leqslant k-1$$

$$a_k^{\frac{1}{k-1}}A_{k-1} \leqslant A_k^{\frac{k}{k-1}}$$

两边同乘 $k-1$ 次方即得 $a_kA_{k-1}^{k-1} \leqslant A_k^k$.再应用数学归纳法证明 $A_n \geqslant G_n$.

伯努利不等式还可以推出幂平均不等式、加权平均不等式、赫尔德不等式、权方和不等式等一系列的著

名不等式.

例 1 (2012 年高考数学(湖北卷,理科)第 22 题)(1) 已知函数 $f(x)=rx-x^r+(1-r)(x>0)$,其中 r 为有理数,且 $0<r<1$. 求 $f(x)$ 的最小值;

(2) 试用(1) 的结果证明如下命题:设 $a_1\geqslant 0$, $a_2\geqslant 0$, b_1, b_2 为正有理数. 若 $b_1+b_2=1$,则 ${a_1}^{b_1}{a_2}^{b_2}\leqslant a_1b_1+a_2b_2$;

(3) 请将(2) 中的命题推广到一般形式,并用数学归纳法证明你所推广的命题.

注 当 α 为正有理数时,有求导公式 $(x^{\alpha})'=\alpha x^{\alpha-1}$.

解 (1) 由伯努利不等式知:当 $x>0$ 时,$x^r\leqslant rx+(1-r)$,即

$$f(x)=rx-x^r+(1-r)>0$$

又 $f(1)=0$,故 $f(x)$ 的最小值为 $f(1)=0$.

(2) 此问考察用伯努利不等式证明杨格不等式. 由其等价性知这是显然的. 具体地:由(1) 知,$\forall x\in\mathbf{R}_+$, $x^r\leqslant rx+(1-r)$. 令 $\dfrac{a_1}{a_2}=x$, $b_1=r$, $b_2=1-r$,则

$$\left(\frac{a_1}{a_2}\right)^{b_1}\leqslant b_1\cdot\frac{a_1}{a_2}+b_2$$

整理即得

$$a_1^{b_1}a_2^{b_2}\leqslant a_1b_1+a_2b_2$$

(3) 用数学归纳法将杨格不等式推广到 n 元情形,即:若 $a_1\geqslant 0$, $a_2\geqslant 0$, $\cdots$, $a_n\geqslant 0$, b_1, b_2, $\cdots$, b_n 为正有理数,且 $b_1+b_2+\cdots+b_n=1$,则

$$a_1^{b_1}a_2^{b_2}\cdots a_n^{b_n}\leqslant a_1b_1+a_2b_2+\cdots+a_nb_n$$

由(2) 得 $n=2$ 时,结论成立.

假设 $n=k$ 时，结论成立. 即对 $a_1\geqslant 0,a_2\geqslant 0,\cdots,a_n\geqslant 0,b_1,b_2,\cdots,b_n$ 为正有理数，且 $b_1+b_2+\cdots+b_n=1$，有

$$a_1^{b_1}a_2^{b_2}\cdots a_k^{b_k}\leqslant a_1b_1+a_2b_2+\cdots+a_kb_k$$

则当 $n=k+1$ 时，若 $a_1\geqslant 0,a_2\geqslant 0,\cdots,a_{k+1}\geqslant 0,b_1,b_2,\cdots,b_{k+1}$ 为正有理数，且 $b_1+b_2+\cdots+b_{k+1}=1$，则 $0<b_{k+1}<1$，且 $\sum\limits_{i=1}^{k}\frac{b_i}{1-b_{k+1}}=1$. 于是

$$a_1^{b_1}a_2^{b_2}\cdots a_{k+1}^{b_{k+1}}=$$

$$(a_1^{\frac{b_1}{1-b_{k+1}}}a_2^{\frac{b_2}{1-b_{k+1}}}\cdots a_k^{\frac{b_k}{1-b_{k+1}}})\cdot a_{k+1}^{b_{k+1}}\leqslant$$

$$\left(\frac{a_1b_1+a_2b_2+\cdots+a_kb_k}{1-b_{k+1}}\right)^{1-b_{k+1}}\cdot a_{k+1}^{b_{k+1}}\leqslant$$

$$\frac{a_1b_1+a_2b_2+\cdots+a_kb_k}{1-b_{k+1}}\cdot(1-b_{k+1})+a_{k+1}b_{k+1}=$$

$$a_1b_1+a_2b_2+\cdots+a_kb_k+a_{k+1}b_{k+1}$$

例2　(2014年高考数学(安徽卷)第21题) 设实数 $c>0$，整数 $p>1,n\in\mathbf{N}_+$.

(1) 证明：当 $x>-1$ 且 $x\neq 0$ 时

$$(1+x)^p>1+px$$

(2) 数列 $\{a_n\}$ 满足 $a_1>c^{\frac{1}{p}},a_{n+1}=\frac{p-1}{p}a_n+\frac{c}{p}a_n{}^{1-p}$，证明：$a_n>a_{n+1}>c^{\frac{1}{p}}$.

证明　(1) 用数学归纳法证明.

当 $p=2$ 时，$(1+x)^2=1+2x+x^2>1+2x$，原不等式成立.

假设 $p=k(k\geqslant 2,k\in\mathbf{N}_+)$ 时，不等式 $(1+x)^k>1+kx$ 成立.

当 $p=k+1$ 时

$$(1+x)^{k+1}=(1+x)(1+x)^k>(1+x)(1+kx)=$$
$$1+(k+1)x+kx^2>1+(k+1)x$$

所以当 $p=k+1$ 时,原不等式成立.

综上所述,可得当 $x>-1$ 且 $x\neq 0$ 时,对一切整数 $p>1$,不等式 $(1+x)^p>1+px$ 均成立.

(2) 由于

$$a_{n+1}=\frac{p-1}{p}a_n+\frac{c}{p}a_n{}^{1-p}=\frac{p-1}{p}a_n+\frac{1}{p}(c^{\frac{1}{p}})^p a_n{}^{1-p}$$

由杨格不等式,易得

$$a_{n+1}=\frac{p-1}{p}a_n+\frac{1}{p}(c^{\frac{1}{p}})^p a_n{}^{1-p}\geqslant$$
$$\frac{p-1}{p}a_n+\frac{1}{p}[pc^{\frac{1}{p}}+(1-p)a_n]=$$
$$c^{\frac{1}{p}}+\frac{p-1}{p}a_n+\frac{1-p}{p}a_n=c^{\frac{1}{p}}$$

等号成立当且仅当 $a_n=c^{\frac{1}{p}}$. 由于 $a_1>c^{\frac{1}{p}}$,故 $\forall n\in \mathbf{N}_+,a_n>c^{\frac{1}{p}}$. 又

$$\frac{a_{n+1}}{a_n}=\frac{p-1}{p}+\frac{1}{p}\cdot\frac{c}{a_n{}^p}<\frac{p-1}{p}+\frac{1}{p}=1$$

故 $a_n>a_{n+1}>c^{\frac{1}{p}}$.

应用伯努利不等式还可以证明一系列的均值不等式.

例 3 已知 $a_1,a_2,\cdots,a_n,a_{n+1}\in \mathbf{R}_+$,证明 Popovic 不等式 $\left(\frac{A_{n+1}}{G_{n+1}}\right)^{n+1}\geqslant\left(\frac{A_n}{G_n}\right)^n$.

证法 1 不妨设 $a_1\leqslant a_2\leqslant\cdots\leqslant a_n\leqslant a_{n+1}$,则

$$\left(\frac{A_{n+1}}{G_{n+1}}\right)^{n+1}=\left(\frac{nA_n+a_{n+1}}{n+1}\right)^{n+1}\frac{1}{G_n{}^n\cdot a_{n+1}}=$$

$$\left(\frac{A_n}{G_n}\right)^n \cdot \frac{A_n}{a_{n+1}} \cdot \left[\frac{n+\frac{a_{n+1}}{A_n}}{n+1}\right]^{n+1}$$

令$\frac{a_{n+1}}{A_n}=\alpha$，从而$\alpha \geqslant 1$，由伯努利不等式得

$$\left(\frac{n+\alpha}{n+1}\right)^{n+1}=\left(1+\frac{\alpha-1}{n+1}\right)^{n+1} \geqslant$$

$$1+(n+1) \cdot \frac{\alpha-1}{n+1}=\alpha$$

因此

$$\left(\frac{A_{n+1}}{G_{n+1}}\right)^{n+1}=\left(\frac{A_n}{G_n}\right)^n \cdot \frac{1}{\alpha}\left(\frac{n+\alpha}{n+1}\right)^{n+1} \geqslant$$

$$\left(\frac{A_n}{G_n}\right)^n \cdot \frac{1}{\alpha} \cdot \alpha=\left(\frac{A_n}{G_n}\right)^n$$

证法2　由伯努利不等式，若$t \geqslant 0, n \in \mathbf{N}, n \geqslant 2$，则

$$t^n \geqslant n(t-1)+1$$

知

$$\left(\frac{A_{n+1}}{A_n}\right)^{n+1} \geqslant (n+1)\left(\frac{A_{n+1}}{A_n}-1\right)+1=$$

$$\frac{a_{n+1}}{A_n}=\frac{1}{A_n} \cdot \frac{G_{n+1}{}^{n+1}}{G_n{}^n}$$

即

$$\left(\frac{A_{n+1}}{G_{n+1}}\right)^{n+1} \geqslant \left(\frac{A_n}{G_n}\right)^n$$

例4　（**Rado 不等式**）设$R_n(a)=n[A_n(a)-G_n(a)]$，则$R_{n-1}(a) \leqslant R_n(a)$，当且仅当$a_n=A_{n-1}(a)$时等号成立.

证明

$$R_n(a)-R_{n-1}(a)=a_n+(n-1)G_{n-1}-nG_n \geqslant 0$$

因 AG 不等式

$$\frac{a_n+(n-1)G_{n-1}}{n}\geqslant(a_nG_{n-1}^{n-1})^{\frac{1}{n}}=G_n$$

注 先证明

$$A_n(a)=\frac{G_{n-1}(a)}{n}\left[(n-1)\frac{A_{n-1}(a)}{G_{n-1}(a)}+\left(\frac{G_n(a)}{G_{n-1}(a)}\right)^n\right]$$

再利用伯努利不等式，若 $t\geqslant 0,n\in\mathbf{N},n\geqslant 2$，则 $t^n\geqslant n(t-1)+1$ 即得.

命题 3(广义伯努利不等式) 设 $a_k>-1(k=1,2,\cdots,n)$，则有

$$(1+a_1)(1+a_2)\cdots(1+a_n)\geqslant 1+a_1+a_2+\cdots+a_n$$

证明 记

$$F(n)=(1+a_1)(1+a_2)\cdots(1+a_n)-(a_1+a_2+\cdots+a_n)-1$$

则

$$F(n-1)=(1+a_1)(1+a_2)\cdots(1+a_{n-1})-(a_1+a_2+\cdots+a_{n-1})-1$$

$$F(n)-F(n-1)=(1+a_1)(1+a_2)\cdot\cdots\cdot(1+a_{n-1})[(1+a_n)-1]-a_n=-a_n[1-(1+a_1)(1+a_2)\cdot\cdots\cdot(1+a_{n-1})]$$

若 $-1<a_k<0(k=1,2,\cdots,n),0<-a_k<1$，则 $0<1-a_k<1$，则

$$0<(1+a_1)(1+a_2)\cdots(1+a_{n-1})<1$$

即

$$0<1-(1+a_1)(1+a_2)\cdots(1+a_{n-1})<1$$

所以

$$F(n)-F(n-1)>0$$

若 $a_k \geqslant 0(k=1,2,\cdots,n)$，$-a_k<0$，则

$$1+a_k \geqslant 1$$

$$(1+a_1)(1+a_2)\cdots(1+a_{n-1}) \geqslant 1$$

即

$$1-(1+a_1)(1+a_2)\cdots(1+a_{n-1}) \leqslant 0$$

所以

$$F(n)-F(n-1) \geqslant 0$$

综上可知，对于 $a_k>-1(k=1,2,\cdots,n)$，均有 $F(n)-F(n-1) \geqslant 0$，即 $F(n) \geqslant F(n-1)$. 从而

$$F(n) \geqslant F(n-1) \geqslant \cdots \geqslant F(2) \geqslant F(1)=0$$

即 $F(n) \geqslant 0$，即

$$(1+a_1)(1+a_2)\cdots(1+a_n) \geqslant 1+a_1+a_2+\cdots+a_n$$

特别地，当 $a_1=a_2=\cdots=a_n=x(x>-1)$，即得伯努利不等式.

应用技巧

1. 当 $n=2$ 时

$$(1+a_1)(1+a_2) \geqslant 1+a_1+a_2$$

最强.

2. 当 $a_1=a_2=\cdots=a_n$ 时，即伯努力不等式：

若 $n \in \mathbf{N}_+$，$n \geqslant 2$，$x>-1$，则

$$(1+x)^n \geqslant 1+nx$$

用途最广.

例 5　(2006 年高考数学(江西卷)压轴题)已知数列 $\{a_n\}$ 满足：$a_1=\dfrac{3}{2}$，且 $a_n=\dfrac{3na_{n-1}}{2a_{n-1}+n-1}(n \geqslant 2, n \in \mathbf{N}^*)$.

(1) 求数列 $\{a_n\}$ 的通项公式；

(2) 证明:对于一切正整数 n,不等式

$$a_1 \cdot a_2 \cdot \cdots \cdot a_n < 2n!$$

解 对于第(1)小题,将条件变形为

$$1-\frac{n}{a_n}=\frac{1}{3}\left(1-\frac{n-1}{a_{n-1}}\right)$$

易得

$$a_n=\frac{n \cdot 3^n}{3^n-1} \quad (n \geqslant 1)$$

对于第(2)小题,借助$\{a_n\}$的通项公式知

$$a_1 \cdot a_2 \cdot \cdots \cdot a_n=\frac{n!}{\left(1-\frac{1}{3}\right)\left(1-\frac{1}{3^2}\right)\cdots\left(1-\frac{1}{3^n}\right)}$$

从而问题转化为证明

$$\left(1-\frac{1}{3}\right)\left(1-\frac{1}{3^2}\right)\cdots\left(1-\frac{1}{3^n}\right)>\frac{1}{2} \quad (n \in \mathbf{N}^*) \tag{*}$$

在广义伯努利不等式中令 $a_1=\frac{1}{3}, a_2=\frac{1}{3^2}, \cdots, a_n=\frac{1}{3^n}$,得

$$\begin{aligned}
&\left(1-\frac{1}{3}\right)\left(1-\frac{1}{3^2}\right)\cdots\left(1-\frac{1}{3^n}\right)> \\
&1-\frac{1}{3}-\frac{1}{3^2}-\cdots-\frac{1}{3^n}= \\
&1-\frac{1}{3}\left(\frac{1-\frac{1}{3^n}}{1-\frac{1}{3}}\right)= \\
&1-\frac{1}{2}\left(1-\frac{1}{3^n}\right)= \\
&\frac{1}{2}+\frac{1}{2} \cdot \frac{1}{3^n}>\frac{1}{2}
\end{aligned}$$

故式(∗)成立.

例 6　(2009 年成都市数学第二次诊断性检测题)已知数列$\{a_n\}$中,$a_1=\frac{2}{3}$,$a_2=\frac{8}{9}$,且当$n\geqslant 2$,$n\in \mathbf{N}^*$时,$3a_{n+1}=4a_n-a_{n-1}$.

(Ⅰ)求数列$\{a_n\}$的通项公式;

(Ⅱ)记$\prod_{i=1}^{n}a_i=a_1\cdot a_2\cdot\cdots\cdot a_n$,$n\in\mathbf{N}^*$.

(1)求极限$\lim_{n\to\infty}\prod_{i=1}^{n}(2-a_{2^{i-1}})$;

(2)对一切正整数 n,若不等式$\lambda\prod_{i=1}^{n}a_i>1(\lambda\in\mathbf{N}^*)$恒成立,求 λ 的最小值.

解　对于第(Ⅰ)小题,由

$$3a_{n+1}=4a_n-a_{n-1}$$

得

$$3(a_{n+1}-a_n)=a_n-a_{n-1}$$

即

$$a_{n+1}-a_n=\frac{1}{3}(a_n-a_{n-1})$$

$$a_{n+1}-a_n=\frac{1}{3^{n-1}}(a_2-a_1)=\frac{2}{3^n}$$

让 n 从 1 到 $n-1$ 取值后叠加得

$$a_n-a_1=2\left(\frac{1}{3}+\frac{1}{3^2}+\cdots+\frac{1}{3^n}\right)$$

即 $a_n=1-\frac{1}{3^n}$.

对于第(Ⅱ)(1)小题

$$\lim_{n\to\infty}\prod_{i=1}^{n}(2-a_{2^{i-1}})=$$

$$\lim_{n\to\infty}\left(1+\frac{1}{3}\right)\left(1+\frac{1}{3^2}\right)\cdots\left(1+\frac{1}{3^n}\right)=$$

$$\lim_{n\to\infty}\frac{\left(1-\frac{1}{3}\right)\left(1+\frac{1}{3}\right)\left(1+\frac{1}{3^2}\right)\cdots\left(1+\frac{1}{3^n}\right)}{1-\frac{1}{3}}=$$

$$\lim_{n\to\infty}\frac{1-\frac{1}{3^{2n}}}{\frac{2}{3}}=\frac{3}{2}$$

对于第(Ⅱ)(2)小题

$$\lambda\prod_{i=1}^{n}a_i>1$$

等价于

$$\lambda\left(1-\frac{1}{3}\right)\left(1-\frac{1}{3^2}\right)\cdots\left(1-\frac{1}{3^n}\right)>1$$

恒成立.

由伯努利不等式知

$$\left(1-\frac{1}{3}\right)\left(1-\frac{1}{3^2}\right)\cdots\left(1-\frac{1}{3^n}\right)>\frac{1}{2}\quad(n\in\mathbf{N}^*)$$

$$\lambda\left(1-\frac{1}{3}\right)\left(1-\frac{1}{3^2}\right)\cdots\left(1-\frac{1}{3^n}\right)>1$$

恒成立等价于$\frac{1}{2}\lambda>1$恒成立,只需$\frac{1}{2}\lambda\geqslant 1$,即$\lambda\geqslant 2$.

例7 (湖北省黄冈等六市2010年高三联考试题)设数列$\{a_n\}$满足

$$a_1=1,a_{n+1}=\frac{1}{16}(1+4a_n+\sqrt{1+24a_n})\quad(n\in\mathbf{N}^*)$$

(1) 求 a_2,a_3;

(2) 令 $b_n=\sqrt{1+24a_n}$,求数列$\{b_n\}$的通项公式;

(3) 已知 $f(n)=6a_{n+1}-3a_n$,求证:$f(1)\cdot$

$f(2)\cdot\cdots\cdot f(n)>\frac{1}{2}$.

解　对于第(1)小题,易得 $a_2=\frac{5}{16}$,$a_3=\frac{5}{32}$;

对于第(2)小题,由 $b_n=\sqrt{1+24a_n}$ 得 $a_n=\frac{b_n^2-1}{24}$,

且 $b_1=5$,代入

$$a_{n+1}=\frac{1}{16}(1+4a_n+\sqrt{1+24a_n})$$

得

$$b_{n+1}^2=(b_n+3)^2$$

即

$$2b_{n+1}=b_n+3$$

即

$$2(b_{n+1}-3)=b_n-3$$

即

$$b_{n+1}-3=\frac{1}{2}(b_n-3)$$

所以

$$b_n-3=\frac{1}{2^{n-1}}(5-3)=\frac{1}{2^{n-2}}$$

即

$$b_n=3+\frac{1}{2^{n-2}}$$

对于第(3)小题,由 $b_n=3+\frac{1}{2^{n-2}}$ 及 $b_n=\sqrt{1+24a_n}$

可得

$$a_n=\frac{1}{24}\left[\left(\frac{1}{2}\right)^{n-2}+3\right]^2-\frac{1}{24}$$

$$f(n)=6a_{n+1}-3a_n=1-\frac{1}{4^n}$$

因此

$$f(1)\cdot f(2)\cdot\cdots\cdot f(n)>\frac{1}{2}$$

等价于

$$\left(1-\frac{1}{4}\right)\left(1-\frac{1}{4^2}\right)\cdots\left(1-\frac{1}{4^n}\right)>\frac{1}{2}\qquad(*)$$

在广义伯努利不等式中令 $a_1=\frac{1}{4},a_2=\frac{1}{4^2},\cdots,a_n=\frac{1}{4^n}$,得

$$\left(1-\frac{1}{4}\right)\left(1-\frac{1}{4^2}\right)\cdots\left(1-\frac{1}{4^n}\right)\geqslant$$
$$1-\frac{1}{4}-\frac{1}{4^2}-\cdots-\frac{1}{4^n}=$$
$$1-\frac{1}{4}\left(\frac{1-\frac{1}{4^n}}{1-\frac{1}{4}}\right)=$$
$$1-\frac{1}{3}\left(1-\frac{1}{4^n}\right)=\frac{2}{3}+\frac{1}{3}\cdot\frac{1}{4^n}>$$
$$\frac{2}{3}>\frac{1}{2}$$

故式(*)成立.

例8 (湖北省六市2010年高三年级联合考试数学试题压轴题、湖北省六市2010年高三年级联合考试数学试题)设数列$\{a_n\}$满足

$$a_1=1,a_{n+1}=\frac{1}{16}(1+4a_n+\sqrt{1+4a_n})\quad(n\in\mathbf{N}^*)$$

(1)求 a_2,a_3;

(2)令 $b_n=\sqrt{1+4a_n}$,求数列$\{b_n\}$的通项公式;

(3)已知 $f(n)=6a_{n+1}-3a_n$,求证:

$f(1)f(2)\cdots f(n) > \dfrac{1}{2}$.

解　(1)$a_2=\dfrac{1}{16}(1+4\times 1+\sqrt{1+24\times 1})=\dfrac{5}{8}$

$$a_3=\frac{1}{16}\left(1+4\times\frac{5}{8}+\sqrt{1+24\times\frac{5}{8}}\right)=\frac{15}{32}$$

(2) 由 $b_n=\sqrt{1+4a_n}$ 得:$a_n=\dfrac{b_n^2-1}{24}$,代入

$$a_{n+1}=\frac{1}{16}(1+4a_n+\sqrt{1+4a_n})$$

得

$$\frac{b_{n+1}^2-1}{24}=\frac{1}{16}\left(1+4\times\frac{b_n^2-1}{24}+\sqrt{1+4\times\frac{b_n^2-1}{24}}\right)\Rightarrow$$

$$4b_{n+1}^2=(b_n+3)^2$$

所以 $2b_{n+1}=b_n+3$. 所以

$$2(b_{n+1}-3)=b_n-3$$

故$\{b_n-3\}$ 是首项为 2,公比为$\dfrac{1}{2}$ 的等比数列.

因此

$$b_n-3=2\times\left(\frac{1}{2}\right)^{n-1}\Rightarrow b_n=2\times\left(\frac{1}{2}\right)^{n-1}+3$$

(3) **解法 1**　由(2) 得

$$a_n=\frac{1}{24}\left[\left(\frac{1}{2}\right)^{n-2}+3\right]^2-\frac{1}{24}=$$

$$\frac{2}{3}\cdot\left(\frac{1}{4}\right)^n+\left(\frac{1}{2}\right)^n+\frac{1}{3}$$

所以

$$f(n)=\frac{1}{4^n}+\frac{3}{2^n}+2-\frac{2}{4^n}-\frac{3}{2^n}-1=1-\frac{1}{4^n}$$

因为

$$1-\frac{1}{4^n}=\frac{\left(1-\frac{1}{4^n}\right)\left(1+\frac{1}{4^{n-1}}\right)}{1+\frac{1}{4^{n-1}}}=$$

$$\frac{1+\frac{1}{4^{n-1}}-\frac{1}{4^n}-\frac{1}{4^{2n-1}}}{1+\frac{1}{4^{n-1}}}=$$

$$\frac{1+\frac{1}{4^n}+\frac{2}{4^n}-\frac{1}{4^{2n-1}}}{1+\frac{1}{4^{n-1}}}>$$

$$\frac{1+\frac{1}{4^n}}{1+\frac{1}{4^{n-1}}}$$

所以

$$f(1)f(2)\cdots f(n)=\left(1-\frac{1}{4}\right)\left(1-\frac{1}{4^2}\right)\cdots\left(1-\frac{1}{4^n}\right)>$$

$$\frac{1+\frac{1}{4}}{1+1}\cdot\frac{1+\frac{1}{4^2}}{1+\frac{1}{4}}\cdot\cdots\cdot\frac{1+\frac{1}{4^n}}{1+\frac{1}{4^{n-1}}}=$$

$$\frac{1+\frac{1}{4^n}}{2}>\frac{1}{2}$$

评注 此解法为命题人提供的，通过将通项公式进行放缩再求和，是解决数列综合题的常用方法和技巧，但这样的放缩方法学生掌握起来往往很困难. 能否对这样的证明问题找到一个使学生容易运用，而且能记得住的通法呢？下面是笔者对此题做的一点小小的探究，希望对高考备考复习起到一定的帮助.

解法 2 同理由

$$f(n)=1-\frac{1}{4^n}=\left(1-\frac{1}{2^n}\right)\left(1+\frac{1}{2^n}\right)$$

因为

$$\left(1-\frac{1}{2^n}\right)\left(1+\frac{1}{2^{n-1}}\right)=1+\frac{1}{2^{n-1}}-\frac{1}{2^n}-\frac{1}{2^{2n-1}}=$$

$$1+\frac{1}{2^n}-\frac{1}{2^{2n-1}}>1$$

所以

$$f(1)f(2)\cdots f(n)=$$

$$\left(1-\frac{1}{2}\right)\left(1+\frac{1}{2}\right)\left(1-\frac{1}{2^2}\right)\left(1+\frac{1}{2^2}\right)\cdot\cdots\cdot$$

$$\left(1+\frac{1}{2^{n-1}}\right)\left(1-\frac{1}{2^n}\right)\left(1+\frac{1}{2^n}\right)>$$

$$\left(1-\frac{1}{2}\right)\cdot\underbrace{1\cdot 1\cdot\cdots\cdot 1}_{n-1}\left(1+\frac{1}{2^n}\right)>\frac{1}{2}$$

评注　将通项利用平方差公式转化为两项之积，利用前一项的一个因式与后一项的一个因式之积大于1,即可得到$\frac{1}{2}$乘以一个大于$\frac{1}{2}$的数大于$\frac{1}{2}$.与解法 1 相比较,学生易想到且过程相对简洁.

解法 3　由上可知即证

$$f(1)f(2)\cdots f(n)=\left(1-\frac{1}{4}\right)\left(1-\frac{1}{4^2}\right)\cdots\left(1-\frac{1}{4^n}\right)>\frac{1}{2}$$

不妨先证下面的式子

$$f(1)f(2)\cdots f(n)=\left(1-\frac{1}{4}\right)\left(1-\frac{1}{4^2}\right)\cdots\left(1-\frac{1}{4^n}\right)\geqslant$$

$$1-\left(\frac{1}{4}+\frac{1}{4^2}+\cdots+\frac{1}{4^n}\right)$$

这可以采用数学归纳法证明,从略.

评注　此解法通过加强不等式,将所求证的不等式放缩为一个可以求和的等比数列,通过数学归纳法证明要加强的不等式,使问题简单化,由上面的解法3,我们可以得到下面的一个结论:

定理 设 $a_k>-1(k=1,2,\cdots,n)$,则有

$$(1+a_1)(1+a_2)\cdots(1+a_n)\geqslant 1+a_1+a_2+\cdots+a_n$$

例 9 (2008 年高考数学(全国卷 I)) 设函数 $f(x)=x-x\ln x$,数列 $\{a_n\}$ 满足:$0<a_1<1,a_{n+1}=f(a_n)$.

(1) 证明:函数 $f(x)$ 在区间 $(0,1)$ 是增函数;

(2) 证明:$a_n<a_{n+1}<1$;

(3) 设 $b\in(a_1,1)$,整数 $k\geqslant\dfrac{a_1-b}{a_1\ln b}$,证明 $a_{k+1}>b$.

证明 (1) 因为

$$f(x)=x-x\ln x$$

所以

$$f'(x)=1-(\ln x+1)=\ln x>0$$

(因为 $x\in(0,1)$).

因此函数 $f(x)$ 在区间 $(0,1)$ 是增函数.

(2) 先证明:$0<a_n<1$.

① 当 $n=1$ 时,$0<a_1<1$,不等式成立.

② 假设当 $n=k$ 时,不等式成立,即 $0<a_k<1$,则当 $n=k+1$ 时,因为 $f(x)$ 在 $(0,1)$ 是增函数,所以

$$a_{k+1}=f(a_k)=a_k-a_k\ln a_k=a_k(1-\ln a_k)>0$$

$$a_{k+1}=f(a_k)<f(1)=1$$

即当 $n=k+1$ 时,不等式也成立.

由 ①② 知,$0<a_n<1$ 对一切 $n\in\mathbf{N}^*$ 都成立.

再证明:$a_n<a_{n+1}$. $a_{n+1}-a_n=f(a_n)-a_n=-a_n\ln a_n$. 因为 $0<a_n<1$,所以 $\ln a_n<0$,则

$$a_{n+1}-a_n=-a_n\ln a_n>0$$

即 $a_{n+1}-a_n>0$，因此 $a_n<a_{n+1}$.

另证1　设 $F(x)=f(x)-x$，则

$$F'(x)=-1-\ln x$$

令 $F'(x)=-1-\ln x=0$，得 $x=\frac{1}{\mathrm{e}}$.

当 $x\in\left(0,\frac{1}{\mathrm{e}}\right)$ 时，$F'(x)>0$，$F(x)$ 在 $\left(0,\frac{1}{\mathrm{e}}\right)$ 单调递增；当 $x\in\left(\frac{1}{\mathrm{e}},1\right)$ 时，$F'(x)<0$，$F(x)$ 在 $\left(\frac{1}{\mathrm{e}},1\right)$ 单调递减，故

$$F(x)>F(1)=0$$

即 $f(a_n)-a_n>0$，亦即 $a_{n+1}-a_n>0$，所以 $a_{n+1}>a_n$.

另证2　设

$$F(x)=\frac{f(x)}{x}=1-\ln x$$

则

$$F'(x)=-\frac{1}{x}<0$$

所以 $F(x)$ 递减，$a_n<1$，因此

$$F(a_n)>F(1)=1$$

即 $\frac{f(a_n)}{a_n}>1$，所以 $a_{n+1}>a_n$.

(3)
$$\begin{aligned}a_{k+1}&=a_k(1-\ln a_k)=\\&a_{k-1}(1-\ln a_k)(1-\ln a_{k-1})=\cdots=\\&a_{k-1}(1-\ln a_k)(1-\ln a_{k-1})\cdots(1-\ln a_1)>\\&a_1(1-\ln a_1-\ln a_2-\cdots-\ln a_{k-1}-\ln a_k)>\\&a_1(1-k\ln a_k)\end{aligned}$$

当 $a_k\geqslant b$ 时，$a_{k+1}>a_k\geqslant b$. 当 $a_k<b$ 时

$$a_{k+1}>a_1(1-k\ln a_k)>a_1(1-k\ln b)$$

而

$$ka_1\ln b\leqslant a_1-b,b\leqslant a_1(1-k\ln b)$$

因此，$a_{k+1}>b$.

3.4 Vasc不等式及其应用

Vasc不等式

$$(\sum a^2)^2\geqslant 3\sum a^3b \tag{1}$$

$$(\sum a^2)^2\geqslant 3\sum ab^3 \tag{2}$$

式(1)与式(2)这两个优美的"姐妹"不等式被称为Vasc不等式，Vasc不等式是罗马尼亚的Vasile Cirtoaje教授在1992年发现的.

证明 在伯努利不等式中，令$\alpha=2,x=a-b$，即得$(a-b)^2\geqslant 0$，即$a^2+b^2\geqslant 2ab$.故

$$x^2+y^2\geqslant 2xy,y^2+z^2\geqslant 2yz,z^2+x^2\geqslant 2zx$$

三式相加即得

$$x^2+y^2+z^2\geqslant xy+yz+zx$$

即

$$x^2+y^2+z^2+2(xy+yz+zx)\geqslant$$
$$3(xy+yz+zx)$$

即

$$(x+y+z)^2\geqslant 3(xy+yz+zx)$$

令$x=a^2+bc-ab,y=b^2+ca-bc,z=c^2+ab-ca$，其中$a,b,c$为任意的实数，可得

$$[\sum(a^2+bc-ab)]^2\geqslant$$
$$3\sum[(a^2+bc-ab)(b^2+ca-bc)]$$

因

$$\sum(a^2+bc-ab)=\sum a^2+\sum bc-\sum ab=$$
$$\sum a^2+\sum bc-\sum bc=$$
$$\sum a^2$$

$$\sum[(a^2+bc-ab)(b^2+ca-bc)]=$$
$$\sum(a^2b^2+ca^3-a^2bc+b^3c+abc^2-$$
$$b^2c^2-ab^3-a^2bc+ab^2c)=$$
$$\sum a^2b^2+\sum ca^3-abc\sum a+\sum b^3c+abc\sum c-$$
$$\sum b^2c^2-\sum ab^3-abc\sum a+abc\sum b=$$
$$\sum a^2b^2+\sum ab^3-abc\sum a+\sum a^3b+abc\sum a-$$
$$\sum a^2b^2-\sum ab^3-abc\sum a+abc\sum a=\sum a^3b$$

故

$$(\sum a^2)^2\geqslant 3\sum a^3b$$

在

$$(x+y+z)^2\geqslant 3(xy+yz+zx)$$

中令

$$x=a^2+bc-ca,y=b^2+ca-ab,z=c^2+ab-bc$$

同法可得

$$(\sum a^2)^2\geqslant 3\sum ab^3$$

另证1　差分代换法：令 $a=c+x,b=c+x+y$，则式(1)等价于

$$(x^2+xy+y^2)c^2+(x^3-3x^2y-2xy^2+y^3)c+$$
$$x^4-x^3y-x^2y^2+xy^3+y^4\geqslant 0$$

$$\Delta=(x^3-3x^2y-2xy^2+y^3)^2-$$

$$4(x^2+xy+y^2)(x^4-x^3y-x^2y^2+xy^3+y^4)=$$
$$-3(x^3+x^2y-2xy^2-y^3)^2\leqslant 0$$

借助恒等式

$$(x^3y+y^3z+z^3x)+(xy^3+yz^3+zx^3)=$$
$$(xy+yz+zx)(x^2+y^2+z^2)-3xyz(x+y+z)$$
$$(x^3y+y^3z+z^3x)-(xy^3+yz^3+zx^3)=$$
$$-(x+y+z)(x-y)(y-z)(z-x)$$

知式(1)等价于

$$-3(x+y+z)(x-y)(y-z)(z-x)\leqslant$$
$$2(x^2+y^2+z^2)^2-3(x^2+y^2+z^2)(xy+yz+zx)+$$
$$3xyz(x+y+z) \tag{3}$$

Vasc 不等式

$$\left(\sum a^2\right)^2\geqslant 3\sum a^3b$$

等价于

$$\sum x^3(x-y)\geqslant\frac{1}{3}\sum(x^2-y^2)^2 \tag{4}$$

对式(1)作变换：$x=\frac{1}{2}(s-a)$，$y=\frac{1}{2}(s-b)$，$z=\frac{1}{2}(s-z)$（其中 $s=\frac{1}{2}(a+b+c)$，a,b,c 为 $\triangle ABC$ 的三边长），则有

$$3(a^4+b^4+c^4)+10(a^2b^2+b^2c^2+c^2a^2)-$$
$$abc(a+b+c)\geqslant$$
$$9(ab^3+bc^3+ca^3)+3(a^3b+b^3c+c^3a) \tag{5}$$

Vasc 不等式

$$\left(\sum a^2\right)^2\geqslant 3\sum a^3b$$

等价于

$$a^2(a-b)(a-2b)+b^2(b-c)(b-2c)+$$

$$c^2(c-a)(c-2a)\geqslant 0 \tag{6}$$

另证2　$E(a,b,c)=(\sum a^2)^2-3\sum a^3b$

不妨设 $a=\min\{a,b,c\}$，可设 $b=a+p,c=a+q$，于是原不等式改写为

$$E_1-2E_2\geqslant 0$$

其中

$$\begin{aligned}E_1=\sum a^3(a-b)=&-pa^3+(p-q)b^2+qc^3=\\&p(b-c)(b^2+bc+c^2)+q(c-b)(c^2+cb+b^2)=\\&3(p^2-pq+q^2)a^2+3(p^3-p^2q+q^3)a+\\&p^4-p^3q+q^4\end{aligned}$$

$$\begin{aligned}E_2=\sum a^2(a-b)=&-pa^2b+(p-q)b^2c+qc^2a=\\&pb(bc-a^2)+qc(ca-b^2)=\\&(p^2-pq+q^2)a^2+(p^3+p^2q-2pq^2+q^3)a+\\&p^3q-p^2q^2\end{aligned}$$

该不等式等价于

$$\alpha a^2+\beta a+\gamma\geqslant 0$$

$$\alpha=p^2-pq+q^2$$

$$\beta=p^3-5p^2q+4pq^2+q^3$$

$$\gamma=p^4-3p^3q+2p^2q^2+q^4$$

当 $p=q=0$ 时

$$\alpha a^2+\beta a+\gamma=0$$

不妨设 $\alpha>0$，则

$$\begin{aligned}\Delta=\beta^2-4\alpha\gamma=&\\&-3(p^6-2p^5q-3p^4q^2+6p^3q^3+\\&2p^2q^4-4pq^5+q^6)=\\&-3(p^3-p^2q-2pq^2+q^3)^2\leqslant 0\end{aligned}$$

等号成立，当且仅当 $(a,b,c)\sim(1,1,1)$，或者

$(a,b,c)\sim\left(\sin^2\frac{4\pi}{7},\sin^2\frac{2\pi}{7},\sin^2\frac{\pi}{7}\right)$.

评注 1. Vasc 不等式等号成立的条件是 $(a,b,c)\sim\left(\sin^2\frac{4\pi}{7},\sin^2\frac{2\pi}{7},\sin^2\frac{\pi}{7}\right)$；

2. $\left(\sum a^2\right)^2-3\sum a^3b=$

$$\frac{1}{6}\sum(2a^2-b^2-c^2-3ab+3bc)^2;$$

3. $2\sum(a-b)^2\left[\left(\sum a^2\right)^2-3\sum a^3b\right]=$

$$(A-5B+4C)^2+3(A-B-2C+2D)^2.$$

其中 $A=\sum a^3,B=\sum a^2b,C=\sum ab^2,D=3abc$.

Vasc 不等式的推广 若 $a,b,c,k\in\mathbf{R}$,则

$$\sum a^4+(3k^2-1)\sum a^2b^2+$$
$$3k(1-k)abc\sum a\geqslant 3k\sum a^3b$$

证明 不妨设 $a=\min\{a,b,c\}$,可设 $b=a+p$, $c=a+q$, 于是原不等式改写为

$$E_1+(1-3k)E_2+3k(1-k)E_3\geqslant 0$$

其中

$$E_1=\sum a^3(a-b)=-pa^3+(p-q)b^3+qc^3=$$
$$p(b-c)(b^2+bc+c^2)+q(c-b)(c^2+cb+b^2)=$$
$$3(p^2-pq+q^2)a^2+3(p^3-p^2q+q^3)a+$$
$$p^4-p^3q+q^4$$

$$E_2=\sum a^2(a-b)=-pa^2b+(p-q)b^2c+qc^2a=$$
$$pb(bc-a^2)+qc(ca-b^2)=$$
$$(p^2-pq+q^2)a^2+$$
$$(p^3+p^2q-2pq^2+q^3)a+p^3q-p^2q^2$$

$$E_3=\sum a^2b^2-abc\sum a=\frac{1}{2}\sum a^2(b-c)^2=$$

$$(p^2-pq+q^2)a^2+(p^2q+pq^2)a+p^2q^2$$

该不等式等价于

$$\alpha a^2+\beta a+\gamma\geqslant 0$$

$$\alpha=(3k^2-6k+4)(p^2-pq+q^2)$$

$$\beta=(4-3k)p^3+(3k^2-6k-2)p^2q+$$

$$(3k^2+3k-2)pq^2+(4-3k)q^3$$

$$\gamma=p^4-3kp^3q+(3k^2-1)p^2q^2+q^4$$

当 $p=q=0$ 时

$$\alpha a^2+\beta a+\gamma=0$$

不妨设 $\alpha>0$，则

$$\Delta=\beta^2-4\alpha\gamma=-3[kp^3-(3k^2-2)p^2q-$$

$$(3k^2-3k-2)pq^2+kq^3]^2\leqslant 0$$

另证　原不等式等价于

$$3\left(\sum a^2b^2-abc\sum a\right)k^2-3\left(\sum a^3b-abc\sum a\right)k+$$

$$\sum a^4-\sum a^2b^2\geqslant 0$$

由于

$$3\left(\sum a^2b^2-abc\sum a\right)=\frac{1}{2}\sum(ab-2bc+ca)^2$$

$$3\left(\sum a^3b-abc\sum a\right)=-3\sum bc(a^2-b^2)+$$

$$\sum(ab+bc+ca)(a^2-b^2)=$$

$$\sum(a^2-b^2)(ab-2bc+ca)$$

$$\sum a^4-\sum a^2b^2=\frac{1}{2}\sum(a^2-b^2)^2$$

因此，不等式等价于

$$\frac{1}{2}k^2\sum(ab-2bc+ca)^2-$$

$$k\sum(a^2-b^2)(ab-2bc+ca)+$$
$$\frac{1}{2}\sum(a^2-b^2)^2\geqslant 0$$

即

$$\frac{1}{2}\sum(a^2-b^2-kab+2kbc-kca)^2\geqslant 0$$

等号成立，当且仅当$(a,b,c)\sim(1,1,1)$，或者$(a,b,c)\sim\left(\sin^2\frac{4\pi}{7},\sin^2\frac{2\pi}{7},\sin^2\frac{\pi}{7}\right)$.

当 $k\leqslant -1$ 时，Vasc 不等式的推广强于 Vasc 不等式. 即有不等式链：

当 $k\leqslant -1$ 时

$$\sum a^4+(3k^2-1)\sum a^2b^2+$$
$$3k(1-k)abc\sum a-3k\sum a^3b\geqslant$$
$$\left(\sum a^2\right)^2-3\sum a^3b\geqslant 0$$

这是因为

$$k\left(\sum a^2b^2-abc\sum a\right)-\left(\sum a^3b-\sum a^2b^2\right)\leqslant 0\Leftrightarrow$$
$$(k-1)(p^2-pq+q^2)x^2-$$
$$[p^3+q^3+p^2q-2pq^2-k(p^2q+pq^2)]x+$$
$$(k-1)p^2q-p^3q\leqslant 0$$

注意到

$$k\leqslant -1,k-1\leqslant -2$$
$$p^2-pq+q^2=\left(p-\frac{1}{2}q\right)^2+\frac{3}{4}q^2\geqslant 0$$
$$(k-1)p^2q-p^3q\leqslant 0$$
$$p^3+q^3+p^2q-2pq^2-k(p^2q+pq^2)\geqslant$$
$$p^3+q^3+p^2q-2pq^2+(p^2q+pq^2)=$$

$$p^3+q^3+2p^2q-pq^2=$$
$$p^3+q^3-p^2q-pq^2+3p^2q=$$
$$(p-q)(p^2-q^2)+3p^2q=$$
$$(p-q)^2(p+q)+3p^2q\geqslant 0$$

因此,上述不等式成立.

特别地,$k=1$,由此即得 Vasc 不等式.

推论　若 $a,b,c\in\mathbf{R}$,则

$$\sum a^4+\sum ab^3\geqslant 2\sum a^3b$$

证明　由 Vasc 不等式知,只需证明

$$\sum a^4+\sum ab^3-2\sum a^3b\geqslant\left(\sum a^2\right)^2-3\sum a^3b\Leftrightarrow$$
$$\sum a^3b+\sum ab^3-2\sum a^2b^2\geqslant 0\Leftrightarrow$$
$$\sum(a^3b+ab^3-2a^2b^2)\geqslant 0\Leftrightarrow$$
$$\sum ab(a-b)^2\geqslant 0$$

显然成立.

评注　1.本推论等价于

$$\sum(a-b)(2a^3+b^3)\geqslant 0\Leftrightarrow$$
$$\sum(a-b)(a^3+2c^3)\geqslant 0\Leftrightarrow$$
$$\sum ab(a-b)^2\geqslant 0$$

2. $\sum a^4+\sum ab^3-2\sum a^3b=$

$$\frac{1}{2}\sum(a^2-b^2+bc-ab)^2$$

3. $2\sum(a-b)^2\left[\sum a^4+\sum ab^3-2\sum a^3b\right]=$

$$\left(\sum a^3-3\sum ab^2+6abc\right)^2+$$
$$3\left(\sum a^3-2\sum a^2b+\sum ab^2\right)^2$$

三元四次齐次不等式的平方和不等式：

已知 $a,b,c\in\mathbf{R}$，当 $m>0$，时

$$3m(m+n)\geqslant p^2+pq+q^2$$

则

$$m\sum_{\text{cyc}}a^4+n\sum_{\text{cyc}}a^2b^2+p\sum_{\text{cyc}}a^3b+q\sum_{\text{cyc}}ab^3-(m+n+p+q)\sum_{\text{cyc}}a^2bc\geqslant 0$$

证明　原不等式等价于

$$m\left(\sum_{\text{cyc}}a^4-\sum_{\text{cyc}}a^2b^2\right)+(m+n)\left(\sum_{\text{cyc}}a^2b^2-\sum_{\text{cyc}}a^2bc\right)+p\left(\sum_{\text{cyc}}a^3b-\sum_{\text{cyc}}a^2bc\right)+q\left(\sum_{\text{cyc}}ab^3-\sum_{\text{cyc}}a^2bc\right)\geqslant 0$$

注意到

$$\sum_{\text{cyc}}a^4-\sum_{\text{cyc}}a^2b^2=\frac{1}{2}\sum_{\text{cyc}}(a^2-b^2)^2$$

$$\sum_{\text{cyc}}a^3b-\sum_{\text{cyc}}a^2bc=\sum_{\text{cyc}}b^3c-\sum_{\text{cyc}}a^2bc=\sum_{\text{cyc}}bc(a^2-b^2)=-\sum_{\text{cyc}}bc(a^2-b^2)+\frac{1}{3}(ab+bc+ca)\sum_{\text{cyc}}(a^2-b^2)=\frac{1}{3}\sum_{\text{cyc}}(a^2-b^2)(ab+ca-2bc)$$

$$\sum_{\text{cyc}}ab^3-\sum_{\text{cyc}}a^2bc=\sum_{\text{cyc}}ca^3-\sum_{\text{cyc}}ab^2c=\sum_{\text{cyc}}ca(a^2-b^2)=\sum_{\text{cyc}}ca(a^2-b^2)-\frac{1}{3}(ab+bc+ca)\sum_{\text{cyc}}(a^2-b^2)=$$

$$-\frac{1}{3}\sum_{\text{cyc}}(a^2-b^2)(ab+bc-2ca)$$

于是原不等式等价于

$$\frac{m}{2}\sum_{\text{cyc}}(a^2-b^2)^2+\frac{1}{3}\sum_{\text{cyc}}(a^2-b^2)\cdot$$
$$[(p-q)ab-(2p+q)bc+(p+2q)ca]+$$
$$(m+n)(\sum_{\text{cyc}}a^2b^2-\sum_{\text{cyc}}a^2bc)\geqslant 0$$

$$\sum_{\text{cyc}}a^2b^2-\sum_{\text{cyc}}a^2bc=\frac{1}{6(p^2+pq+q^2)}\cdot$$
$$\sum_{\text{cyc}}[(p-q)ab-(2p+q)bc+(p+2q)ca]^2$$

进而原不等式等价于

$$\frac{m}{2}\sum_{\text{cyc}}(a^2-b^2)^2+\frac{1}{3}\sum_{\text{cyc}}(a^2-b^2)[(p-q)ab-$$
$$(2p+q)bc+(p+2q)ca]+$$
$$\frac{m+n}{6(p^2+pq+q^2)}\sum_{\text{cyc}}[(p-q)ab-$$
$$(2p+q)bc+(p+2q)ca]^2\geqslant 0\Leftrightarrow$$
$$\frac{1}{18m}\sum_{\text{cyc}}[3m(a^2-b^2)+[(p-q)ab-$$
$$(2p+q)bc+(p+2q)ca]^2+$$
$$\frac{3m(m+n)-p^2-pq-q^2}{6(p^2+pq+q^2)}\cdot$$
$$\sum_{\text{cyc}}[(p-q)ab-(2p+q)bc+(p+2q)ca]^2\geqslant 0$$

因此,若 $m>0,3m(m+n)\geqslant p^2+pq+q^2$,则原不等式成立.

例1　已知实数 a,b,c 满足 $a^4+b^4+c^4=3$,求证:$a^5b+b^5c+c^5a\leqslant 3$.

证明　$\sum a^5b=\sum(a^3b\cdot a^2)\leqslant$

$$\sum \frac{(a^3b)^2+a^4}{2}=$$
$$\frac{1}{2}\sum[(a^2)^3b^2]+\frac{1}{2}\sum a^4\leqslant$$
$$\frac{1}{2}\times\frac{1}{3}[\sum (a^2)^2]^2+\frac{1}{2}\sum a^4=$$
$$\frac{1}{6}\times 3^2+\frac{1}{2}\times 3=3$$

原不等式得证.

例 2 设 $x,y,z\geqslant 0$,求证

$$\sqrt[3]{x}(x+y-2z)+\sqrt[3]{y}(y+z-2x)+$$
$$\sqrt[3]{z}(z+x-2y)\geqslant 0$$

证明 令 $x=a^3,y=b^3,z=c^3$,不等式等价于

$$\sum a(a^3+b^3-c^3)\geqslant 0$$

$$\sum a(a^3+b^3-c^3)=\sum a^4+\sum ab^3-2\sum ac^3=$$
$$(\sum a^2)^2-2\sum a^2b^2+\sum ab^3-2\sum ac^3\geqslant$$
$$3\sum a^3b-2\sum a^2b^2+\sum ab^3-2\sum a^3b=$$
$$\sum a^3b-2\sum a^2b^2+\sum ab^3=\sum ab\ (a-b)^2\geqslant 0$$

原不等式得证.

例 3 设 $x,y,z>0$,求证

$$\frac{x^2}{y^2+z^2+xy}+\frac{y^2}{z^2+x^2+yz}+\frac{z^2}{x^2+y^2+zx}\geqslant 1$$

注 本题是《上海中学数学》1996(5) 数学问题 2:

设 $x,y,z>0$, $\frac{x^2}{y^2+z^2+yz}+\frac{y^2}{z^2+x^2+zx}+\frac{z^2}{x^2+y^2+xy}\geqslant 1$ 的演变.

证明　由柯西不等式及式(2)知

$$\sum \frac{x^2}{y^2+z^2+xy}=\sum \frac{x^4}{x^2(y^2+z^2+xy)}\geqslant$$

$$\frac{(\sum x^2)^2}{2\sum x^2y^2+\sum x^3y}\geqslant$$

$$\frac{(x^2+y^2+z^2)^2}{\frac{2}{3}(x^2+y^2+z^2)^2+\frac{1}{3}(x^2+y^2+z^2)^2}=1$$

Vasc 不等式常用于分式不等式的证明,其方法是先用上例提到的柯西不等式的变式,再使用 Vasc 不等式,这种方法在数学竞赛中经常可用到.

例 4　设 $x,y,z>0$,求证

$$\frac{x^3}{y^3+z^3+x^2y}+\frac{y^3}{z^3+x^3+y^2z}+\frac{z^3}{x^3+y^3+z^2x}\geqslant 1$$

证明　由柯西不等式及式(2)知

$$\sum \frac{x^3}{y^3+z^3+x^2y}=\sum \frac{x^4}{xy^3+z^3x+x^3y}\geqslant$$

$$\frac{(\sum x^2)^2}{\sum xy^3+2\sum x^3y}\geqslant$$

$$\frac{(x^2+y^2+z^2)^2}{\frac{1}{3}(x^2+y^2+z^2)^2+\frac{2}{3}(x^2+y^2+z^2)^2}=1$$

例 5　(1997 年日本数学奥林匹克试题)设 $a,b,c>0$,求证

$$\frac{(b+c-a)^2}{(b+c)^2+a^2}+\frac{(c+a-b)^2}{(c+a)^2+b^2}+\frac{(a+b-c)^2}{(a+b)^2+c^2}\geqslant \frac{3}{5}$$

证明　$\sum \frac{(b+c-a)^2}{(b+c)^2+a^2}=$

$$\sum \frac{(b^2+bc-ab)^2}{(b^2+bc)^2+a^2b^2}\geqslant$$

$$\frac{[\sum(b^2+bc-ab)]^2}{\sum(b^2+bc)^2+\sum a^2b^2}=$$

$$\frac{(\sum b^2)^2}{\sum a^4+2\sum b^3c+2\sum a^2b^2}\geqslant$$

$$\frac{(\sum b^2)^2}{(\sum b^2)^2+2\times\frac{1}{3}(\sum b^2)^2}=\frac{3}{5}$$

原不等式得证.

注 本题不能直接用柯西不等式的变式.

推广 设 $x,y,z>0,k\in\mathbf{R}$,求证

$$\frac{[x+k(y-z)]^2}{(x+y)^2+z^2}+\frac{[y+k(z-x)]^2}{(y+z)^2+x^2}+$$

$$\frac{[z+k(x-y)]^2}{(z+x)^2+y^2}\geqslant\frac{3}{5}$$

证明 由柯西不等式及式(1)知

$$\sum\frac{[x+k(y-z)]^2}{(x+y)^2+z^2}=\sum\frac{x^2[x+k(y-z)]^2}{x^2(x+y)^2+z^2x^2}\geqslant$$

$$\frac{\{\sum x[x+k(y-z)]\}^2}{\sum[x^2(x+y)^2+z^2x^2]}=$$

$$\frac{(\sum x^2)^2}{\sum x^4+2\sum x^3y+2\sum x^2y^2}\geqslant$$

$$\frac{(\sum x^2)^2}{(\sum x^2)^2+\frac{2}{3}(\sum x^2)^2}=\frac{3}{5}$$

例 6 设 $x,y,z>0,k\in\mathbf{R},t\geqslant0$,求证

$$\frac{[x+k(y-z)]^2}{x^2+y^2+z^2+txy}+\frac{[y+k(z-x)]^2}{x^2+y^2+z^2+tyz}+$$

$$\frac{[z+k(x-y)]^2}{x^2+y^2+z^2+tzx}\geqslant\frac{3}{t+3}$$

证明　由柯西不等式及式(1)知

$$\sum\frac{[x+k(y-z)]^2}{x^2+y^2+z^2+txy}=$$

$$\sum\frac{x^2[x+k(y-z)]^2}{x^2(x^2+y^2+z^2+txy)}\geqslant$$

$$\frac{\left\{\sum x[x+k(y-z)]\right\}^2}{\sum x^2(x^2+y^2+z^2)+t\sum x^3y}\geqslant$$

$$\frac{(\sum x^2)^2}{(\sum x^2)^2+\frac{t}{3}(\sum x^2)^2}=\frac{3}{t+3}$$

例7　对非负实数 a,b,c 满足 $a^2+b^2+c^2=3$，证明

$$\frac{a^3}{a^5+a^2b+c^3}+\frac{b^3}{b^5+b^2c+a^3}+\frac{c^3}{c^5+c^2a+b^3}\leqslant 1$$

证明　由于

$$\frac{a^3}{a^5+a^2b+c^3}=\frac{a}{a^3+b+\frac{c^3}{a^2}}$$

由柯西不等式知

$$a^3+b+\frac{c^3}{a^2}=\frac{a^4}{a}+\frac{b^4}{b^3}+\frac{c^4}{a^2c}\geqslant\frac{(a^2+b^2+c^2)^2}{a+b^3+a^2c}=$$

$$\frac{9}{a+b^3+a^2c}$$

所以

$$\frac{a^3}{a^5+a^2b+c^3}\leqslant\frac{a(a+b^3+a^2c)}{9}$$

于是

$$\sum\frac{a^3}{a^5+a^2b+c^3}\leqslant\sum\frac{a(a+b^3+a^2c)}{9}=$$

$$\frac{\sum a^2+2\sum ab^3}{9}$$

而由式(1)知

$$9=(a^2+b^2+c^2)^2\geqslant 3(ab^3+bc^3+ca^3)$$

于是左式 $\leqslant \frac{3+6}{9}=1$.

故原不等式成立,等号当且仅当 $a=b=c=1$ 取得.

例 8 (2011 年克罗地亚国家队选拔考试题)已知正实数 a,b,c 满足 $a+b+c=3$. 证明

$$\frac{a^2}{a+b^2}+\frac{b^2}{b+c^2}+\frac{c^2}{c+a^2}\geqslant\frac{3}{2}$$

证明 $\frac{a^2}{a+b^2}=\frac{a^2}{a\cdot\frac{1}{3}(a+b+c)+b^2}=$

$$\frac{3a^2}{a^2+3b^2+ab+ac}=$$

$$\frac{3a^4}{a^4+3a^2b^2+a^3b+a^3c}$$

故

$$\frac{a^2}{a+b^2}+\frac{b^2}{b+c^2}+\frac{c^2}{c+a^2}=$$

$$3\left(\frac{a^4}{a^4+3a^2b^2+a^3b+a^3c}+\right.$$

$$\frac{b^4}{b^4+3b^2c^2+b^3c+b^3a}+$$

$$\left.\frac{c^4}{c^4+3c^2a^2+c^3a+c^3a}\right)\geqslant$$

$$\frac{3(\sum a^2)^2}{\sum a^4+3\sum a^2b^2+\sum a^3b+\sum a^3c}=$$

$$\frac{3(\sum a^2)^2}{(\sum a^2)^2+\sum a^2b^2+\sum a^3b+\sum a^3c}\geqslant$$

$$\frac{3(\sum a^2)^2}{(\sum a^2)^2+\frac{1}{3}(\sum a^2)^2+\frac{1}{3}(\sum a^2)^2+\frac{1}{3}(\sum a^2)^2}=$$

$$\frac{3}{2}$$

例 9 (2007年克罗地亚国家队选拔考试题)设 $a,b,c>0$,且 $a+b+c=1$.求证

$$\frac{a^2}{b}+\frac{b^2}{c}+\frac{c^2}{a}\geqslant 3(a^2+b^2+c^2)$$

证明 使用Vasc不等式及柯西不等式的变式

$$\frac{a^2}{x}+\frac{b^2}{y}+\frac{c^2}{z}\geqslant\frac{(a+b+c)^2}{x+y+z}$$

可得

$$\left(\sum\frac{a^2}{b}\right)^2=\left[\sum\left(\frac{a}{\sqrt{b}}\right)^2\right]^2\geqslant 3\sum\left[\left(\frac{a}{\sqrt{b}}\right)^3\left(\frac{b}{\sqrt{c}}\right)\right]=$$

$$3\sum\frac{a^3}{\sqrt{bc}}=3\sum\frac{(\sum a^2)^2}{\sqrt{ab\cdot ca}}\geqslant$$

$$\frac{3(\sum a^2)^2}{\sum\sqrt{ab\cdot ca}}\geqslant\frac{3(\sum a^2)^2}{\frac{1}{2}\sum(ab+ca)}=$$

$$\frac{3(\sum a^2)^2}{\sum ab}\geqslant\frac{3(\sum a^2)^2}{\frac{1}{3}(\sum a)^2}=9(\sum a^2)^2$$

故

$$\sum\frac{a^2}{b}\geqslant 3\sum a^2$$

原不等式得证.

例 10 (2005 年越南国家队选拔考试题)设 $a,b,c>0$,求证

$$\frac{a^3}{(a+b)^3}+\frac{b^3}{(b+c)^3}+\frac{c^3}{(c+a)^3}\geqslant\frac{3}{8}$$

证明

$$\sum\left(\frac{a}{a+b}\right)^3=$$

$$\sum\frac{a^4}{a^4+3a^3b+3a^2b^2+ab^3}\geqslant$$

$$\frac{\left(\sum a^2\right)^2}{\sum a^4+3\sum a^3b+3\sum a^2b^2+\sum ab^3}=$$

$$\frac{\left(\sum a^2\right)^2}{\left(\sum a^2\right)^2+3\sum a^3b+\sum a^2b^2+\sum ab^3}\geqslant$$

$$\frac{\left(\sum a^2\right)^2}{\left(\sum a^2\right)^2+\left(\sum a^2\right)^2+\frac{1}{3}\left(\sum a^2\right)^2+\frac{1}{3}\left(\sum a^2\right)^2}=$$

$$\frac{3}{8}$$

原不等式得证.

例 11 (2004 年印度数学奥林匹克试题)设 $a,b,c>0$,求 $\frac{a^2+b^2}{c^2+ab}+\frac{b^2+c^2}{a^2+bc}+\frac{c^2+a^2}{b^2+ca}$ 的最小值.

解 因

$$\sum\frac{a^2+b^2}{c^2+ab}=\sum\frac{(a^2+b^2)^2}{(c^2+ab)(a^2+b^2)}\geqslant$$

$$\frac{\left[\sum(a^2+b^2)\right]^2}{\sum(c^2a^2+b^2c^2+a^3b+ab^3)}=$$

$$\frac{4(\sum a^2)^2}{2\sum a^2b^2+\sum a^3b+\sum ab^3}\geqslant$$

$$\frac{4(\sum a^2)^2}{\frac{2}{3}(\sum a^2)^2+\frac{1}{3}(\sum a^2)^2+\frac{1}{3}(\sum a^2)^2}=3$$

故 $\sum \frac{a^2+b^2}{c^2+ab}$ 的最小值为3.

例12　(2008年哈萨克斯坦数学奥林匹克试题)设 $a,b,c>0$,且 $abc=1$,求证

$$\frac{1}{b(a+b)}+\frac{1}{c(b+c)}+\frac{1}{a(c+a)}\geqslant\frac{3}{2}$$

证明　令 $a=\frac{x}{y},b=\frac{y}{z},c=\frac{z}{x}$,则

$$\sum\frac{1}{b(a+b)}=\sum\frac{z^2}{zx+y^2}=\sum\frac{(z^2)^2}{z^3x+y^2z^2}\geqslant$$

$$\frac{(\sum z^2)^2}{\sum z^3x+\sum x^2y^2}\geqslant$$

$$\frac{(\sum z^2)^2}{\frac{1}{3}(\sum z^2)^2+\frac{1}{3}(\sum z^2)^2}=\frac{3}{2}$$

原不等式得证.

例13　(2009年韩国数学奥林匹克试题)已知 a,b,c 是正数,求证

$$\frac{a^3}{c(a^2+bc)}+\frac{b^3}{a(b^2+ca)}+\frac{c^3}{b(c^2+ab)}\geqslant\frac{3}{2}$$

证明　由柯西不等式和Vasc不等式知

$$\frac{a^3}{c(a^2+bc)}+\frac{b^3}{a(b^2+ca)}+\frac{c^3}{b(c^2+ab)}=$$

$$\frac{a^4}{ca^3+abc^2}+\frac{b^4}{ab^3+a^2bc}+\frac{c^4}{bc^3+ab^2c}\geqslant$$

$$\frac{(a^2+b^2+c^2)^2}{ca^3+ab^3+bc^3+abc^2+a^2bc+ab^2c}\geqslant$$
$$\frac{(a^2+b^2+c^2)^2}{\frac{1}{3}(a^2+b^2+c^2)^2+\frac{1}{3}(a^2+b^2+c^2)^2}=\frac{3}{2}$$

另证 1

$$\frac{a^3}{c(a^2+bc)}=\frac{a(a^2+bc)-abc}{c(a^2+bc)}=\frac{a}{c}-\frac{ab}{a^2+bc}\geqslant$$
$$\frac{a}{c}-\frac{ab}{2a\sqrt{bc}}=\frac{a}{c}-\frac{1}{2}\sqrt{\frac{b}{c}}$$

$$\frac{a^3}{c(a^2+bc)}+\frac{b^3}{a(b^2+ca)}+\frac{c^3}{b(c^2+ab)}\geqslant$$
$$\left(\frac{a}{c}-\frac{1}{2}\sqrt{\frac{b}{c}}\right)+\left(\frac{b}{a}-\frac{1}{2}\sqrt{\frac{c}{a}}\right)+\left(\frac{c}{b}-\frac{1}{2}\sqrt{\frac{a}{b}}\right)\geqslant$$
$$\left(\frac{a}{c}+\frac{b}{a}+\frac{c}{b}\right)-\frac{1}{2}\left(\sqrt{\frac{b}{c}}+\sqrt{\frac{c}{a}}+\sqrt{\frac{a}{b}}\right)=$$
$$\frac{1}{2}\left(\frac{a}{c}+\frac{b}{a}+\frac{c}{b}\right)+$$
$$\frac{1}{2}\left(\frac{a}{c}+\frac{b}{a}+\frac{c}{b}-\sqrt{\frac{b}{c}}-\sqrt{\frac{c}{a}}-\sqrt{\frac{a}{b}}\right)\geqslant$$
$$\frac{1}{2}\sqrt[3]{\frac{a}{c}\cdot\frac{b}{a}\cdot\frac{c}{b}}+\frac{1}{4}\left[\left(\frac{a}{c}-2\sqrt{\frac{b}{c}}+\frac{b}{a}\right)+\right.$$
$$\left.\left(\frac{b}{a}-2\sqrt{\frac{c}{a}}+\frac{c}{b}\right)+\left(\frac{c}{b}-2\sqrt{\frac{a}{b}}+\frac{a}{c}\right)\right]=$$
$$\frac{3}{2}+\frac{1}{4}\left[\left(\sqrt{\frac{a}{c}}-\sqrt{\frac{b}{a}}\right)^2+\left(\sqrt{\frac{b}{a}}-\sqrt{\frac{c}{b}}\right)^2+\right.$$
$$\left.\left(\sqrt{\frac{c}{b}}-\sqrt{\frac{a}{c}}\right)^2\right]\geqslant\frac{3}{2}$$

另证 2　原不等式等价于

$$\frac{\left(\frac{a}{c}\right)^2}{\frac{a}{c}+\frac{b}{a}}+\frac{\left(\frac{b}{a}\right)^2}{\frac{b}{a}+\frac{c}{b}}+\frac{\left(\frac{c}{b}\right)^2}{\frac{c}{b}+\frac{a}{c}}\geqslant\frac{3}{2}$$

由柯西不等式知

$$\frac{\left(\frac{a}{c}\right)^2}{\frac{a}{c}+\frac{b}{a}}+\frac{\left(\frac{b}{a}\right)^2}{\frac{b}{a}+\frac{c}{b}}+\frac{\left(\frac{c}{b}\right)^2}{\frac{c}{b}+\frac{a}{c}}\geqslant\frac{\left(\frac{b}{a}+\frac{c}{b}+\frac{a}{c}\right)^2}{2\left(\frac{b}{a}+\frac{c}{b}+\frac{a}{c}\right)}=$$

$$\frac{1}{2}\left(\frac{b}{a}+\frac{c}{b}+\frac{a}{c}\right)\geqslant\frac{1}{2}\cdot 3\sqrt[3]{\frac{b}{a}\cdot\frac{c}{b}\cdot\frac{a}{c}}=\frac{3}{2}$$

参见苟晓琴《换个角度别样精彩——也谈一组数学问题的简洁解法》《中学数学研究》2014年第1期.

加强 已知 a,b,c 是正数,求证

$$\frac{a^3}{c(a^2+bc)}+\frac{b^3}{a(b^2+ca)}+\frac{c^3}{b(c^2+ab)}\geqslant$$

$$\frac{a^2}{a^2+bc}+\frac{b^2}{b^2+ca}+\frac{c^2}{c^2+ab}$$

证明 原不等式等价于

$$\frac{a-c}{c}\cdot\frac{a^2}{a^2+bc}+\frac{b-a}{a}\cdot\frac{b^2}{b^2+ca}+$$

$$\frac{c-b}{b}\cdot\frac{c^2}{c^2+ab}\geqslant 0$$

设 $a=\max\{a,b,c\}$,则:

当 $a\geqslant b\geqslant c$ 时

$$\frac{(a-b)+(b-c)}{c}\cdot\frac{a^2}{a^2+bc}+\frac{b-a}{a}\cdot\frac{b^2}{b^2+ca}+$$

$$\frac{c-b}{b}\cdot\frac{c^2}{c^2+ab}\geqslant 0\Leftrightarrow$$

$$\left(\frac{1}{c}\cdot\frac{a^2}{a^2+bc}-\frac{1}{a}\cdot\frac{b^2}{b^2+ca}\right)(a-b)+$$

$$\left(\frac{1}{c}\cdot\frac{a^2}{a^2+bc}-\frac{1}{b}\cdot\frac{c^2}{c^2+ab}\right)(b-c)\geqslant 0\Leftrightarrow$$

$$\frac{a^3(b^2+ca)-b^2c(a^2+bc)}{ca(a^2+bc)(b^2+ca)}(a-b)+$$

$$\frac{a^2b(c^2+ab)-c^3(a^2+bc)}{bc(a^2+bc)(c^2+ab)}(b-c)\geqslant 0\Leftrightarrow$$

$$\frac{a^2b^2(a-c)+c(a^4-b^3c)}{ca(a^2+bc)(b^2+ca)}(a-b)+$$

$$\frac{a^2c^2(b-c)+b(a^3b-c^4)}{bc(a^2+bc)(c^2+ab)}(b-c)\geqslant 0$$

由 $a\geqslant b\geqslant c$ 知

$$a-b\geqslant 0,b-c\geqslant 0,a-c\geqslant 0$$

$$a^4-b^3c\geqslant 0,b-c\geqslant 0,a^3b-c^4\geqslant 0$$

故上式成立.

当 $a\geqslant c\geqslant b$ 时

$$\frac{a-c}{c}\cdot\frac{a^2}{a^2+bc}-\frac{(a-c)+(c-b)}{a}\cdot\frac{b^2}{b^2+ca}+$$

$$\frac{c-b}{b}\cdot\frac{c^2}{c^2+ab}\geqslant 0\Leftrightarrow$$

$$\left(\frac{1}{c}\cdot\frac{a^2}{a^2+bc}-\frac{1}{a}\cdot\frac{b^2}{b^2+ca}\right)(a-c)+$$

$$\left(\frac{1}{b}\cdot\frac{c^2}{c^2+ab}-\frac{1}{a}\cdot\frac{b^2}{b^2+ca}\right)(c-b)\geqslant 0\Leftrightarrow$$

$$\frac{a^3(b^2+ca)-b^2c(a^2+bc)}{ca(a^2+bc)(b^2+ca)}(a-c)+$$

$$\frac{c^2a(b^2+ca)-b^3(c^2+ab)}{ab(c^2+ab)(b^2+ca)}(c-b)\geqslant 0\Leftrightarrow$$

$$\frac{a^2b^2(a-c)+c(a^4-b^3c)}{ca(a^2+bc)(b^2+ca)}(a-c)+$$

$$\frac{b^2c^2(a-b)+a(c^3a-b^4)}{ab(c^2+ab)(b^2+ca)}(c-b)\geqslant 0$$

由 $a \geqslant b \geqslant c$ 知

$$a-b \geqslant 0, c-b \geqslant 0, a-c \geqslant 0$$

$$a^4-b^3c \geqslant 0, b-c \geqslant 0, c^3a-b^4 \geqslant 0$$

故上式成立.

综上可知,原不等式成立.

类似题　(2015 年罗马尼亚奥林匹克试题)已知 a, b, c 是正数,求证

$$\frac{a^3}{c^3+a^2b}+\frac{b^3}{a^3+b^2c}+\frac{c^3}{b^3+c^2a} \geqslant \frac{3}{2}$$

证明　由柯西不等式和 Vasc 不等式知

$$\frac{a^3}{c^3+a^2b}+\frac{b^3}{a^3+b^2c}+\frac{c^3}{b^3+c^2a}=$$

$$\frac{a^4}{c^3a+a^3b}+\frac{b^4}{a^3b+b^3c}+\frac{c^4}{b^3c+c^3a} \geqslant$$

$$\frac{(a^2+b^2+c^2)^2}{(c^3a+a^3b+b^3c)+(ca^3+ab^3+bc^3)} \geqslant$$

$$\frac{(a^2+b^2+c^2)^2}{\frac{1}{3}(a^2+b^2+c^2)^2+\frac{1}{3}(a^2+b^2+c^2)^2}=\frac{3}{2}$$

例 14　设 $a, b, c>0$,且 $a+b+c=3$,求 $P=\frac{a}{ab+1}+\frac{b}{bc+1}+\frac{c}{ca+1}$ 的最小值.

解　因

$$a-\frac{a}{ab+1}=\frac{a^2}{ab+1} \leqslant \frac{a^2b}{2\sqrt{ab}}=\frac{1}{2}(\sqrt{a})^3\sqrt{b}$$

故

$$\frac{a}{ab+1} \geqslant a-\frac{1}{2}(\sqrt{a})^3\sqrt{b}$$

$$P=\sum \frac{a}{ab+1} \geqslant \sum a-\frac{1}{2}\sum\left[(\sqrt{a})^3\sqrt{b}\right] \geqslant$$

$$\sum a-\frac{1}{2}\times\frac{1}{3}\sum[(\sqrt{a})^2]^2=$$
$$3-\frac{1}{6}\times 3^2=\frac{3}{2}$$

故 P 的最小值为$\frac{3}{2}$.

例 15 设 $a,b,c>0$,求证

$$\frac{1}{3}\left(\frac{a^2}{b}+\frac{b^2}{c}+\frac{c^2}{a}\right)\geqslant(a^ab^bc^c)^{\frac{1}{a+b+c}}$$

证明 由柯西不等式和 Vasc 不等式知

$$\frac{1}{3}\left(\frac{a^2}{b}+\frac{b^2}{c}+\frac{c^2}{a}\right)=$$
$$\frac{1}{3}\left[\frac{(a^2)^2}{a^2b}+\frac{(b^2)^2}{b^2c}+\frac{(c^2)^2}{c^2a}\right]\geqslant$$
$$\frac{1}{3}\cdot\frac{(a^2+b^2+c^2)^2}{a^2b+b^2c+c^2a}$$

因为

$$(a^2+b^2+c^2)(a+b+c)\geqslant$$
$$3(a^2b+b^2c+c^2a)$$

所以

$$\frac{1}{3}\left(\frac{a^2}{b}+\frac{b^2}{c}+\frac{c^2}{a}\right)\geqslant$$
$$\frac{1}{3}\cdot\frac{(a^2+b^2+c^2)^2}{a^2b+b^2c+c^2a}\geqslant$$
$$\frac{(a^2+b^2+c^2)^2}{(a^2+b^2+c^2)(a+b+c)}=$$
$$\frac{a^2+b^2+c^2}{a+b+c}\geqslant$$
$$\frac{1}{3}(a+b+c)\geqslant$$
$$(a^ab^bc^c)^{\frac{1}{a+b+c}}$$

故命题成立.

例 16　已知 $a,b,c>0,a+b+c=1$,求证

$$\frac{a^3}{b^2+c}+\frac{b^3}{c^2+a}+\frac{c^3}{a^2+b}\geqslant\frac{1}{4}$$

证明　由柯西不等式知

$$\sum\frac{a^3}{b^2+c}\geqslant\frac{\left(\sum a^2\right)^2}{\sum a(b^2+c)}$$

为此,只需证明

$4\left(\sum a^2\right)^2\geqslant\sum a(b^2+c)\Leftrightarrow$

$4\left(\sum a^2\right)^2\geqslant\sum ab^2(a+b+c)+$

$\sum ac\,(a+b+c)^2\Leftrightarrow$

$4\left(\sum a^2\right)^2\geqslant\sum a^2b^2+$

$\sum ab^3+abc\sum a+\sum ac\left(\sum a^2+2\sum ab\right)\Leftrightarrow$

$4\left(\sum a^2\right)^2\geqslant\sum a^2b^2+\sum ab^3+$

$abc\sum a+\sum a^3b+\sum ab^3+$

$abc\sum a+2\sum a^2b^2+4abc\sum a\Leftrightarrow$

$4\left(\sum a^2\right)^2\geqslant3\sum a^2b^2+$

$\sum a^3b+2\sum ab^3+6abc\sum a$

由 Vasile 不等式知

$$\left(\sum a^2\right)^2\geqslant3\sum a^3b,\left(\sum a^2\right)^2\geqslant3\sum ab^3$$

故

$$\left(\sum a^2\right)^2\geqslant\sum a^3b+2\sum ab^3$$

为此,只需证明

$$3\left(\sum a^2\right)^2\geqslant3\sum a^2b^2+6abc\sum a\Leftrightarrow$$

$$\left(\sum a^2\right)^2 \geqslant \sum a^2b^2 + 2abc\sum a \Leftrightarrow$$

$$\left(\sum a^2\right)^2 \geqslant \left(\sum ab\right)^2 \Leftrightarrow$$

$$\sum a^2 \geqslant \sum ab \Leftrightarrow$$

$$\sum (a-b)^2 \geqslant 0$$

显然.

例 17 已知 $a,b,c>0,a+b+c=1$,求证

$$\frac{b^2}{b^2+c}+\frac{c^2}{c^2+a}+\frac{a^2}{a^2+b}\geqslant\frac{3}{4}$$

证明 由柯西不等式知

$$\sum\frac{b^2}{b^2+c}=\sum\frac{(b^2)^2}{b^4+b^2c}\geqslant\frac{\left(\sum a^2\right)^2}{\sum(b^4+b^2c)}$$

为此,只需证明

$$4\left(\sum a^2\right)^2\geqslant 3\sum(b^4+b^2c)\Leftrightarrow$$

$$4\left(\sum a^2\right)^2\geqslant 3\sum b^4+3\sum b^2c(a+b+c)\Leftrightarrow$$

$$4\left(\sum a^2\right)^2\geqslant 3\sum a^4+3\sum a^2b^2+3\sum a^3b+3abc\sum a\Leftrightarrow$$

$$\left(\sum a^2\right)^2+3\sum a^2b^2\geqslant 3\sum a^3b+3abc\sum a$$

由 Vasile 不等式知

$$\left(\sum a^2\right)^2\geqslant 3\sum a^3b$$

为此,只需证明

$$3\sum a^2b^2\geqslant 3abc\sum a\Leftrightarrow$$

$$2\sum a^2b^2-2abc\sum a\geqslant 0\Leftrightarrow$$

$$\sum (ab-bc)^2\geqslant 0$$

显然.

评注 例 16,17 的不等式由杨志明提出,由山西

的王永喜解答.

3.5　沃尔斯滕霍尔姆不等式及其应用

约瑟夫·沃尔斯滕霍尔姆(Joseph Wolstenholme)(1829—1891)是一位英国数学家,他出生于英国.他于 1850 年在剑桥圣皮特学院毕业.1871 到 1889 年期间,他在印度工程王室学院内担任一名数学教授,同时成了《数学问题集》的主编.

沃尔斯滕霍尔姆不等式最早出现在沃尔斯滕霍尔姆的著作(1867 年)中.

沃尔斯滕霍尔姆不等式(嵌入不等式)　对$\triangle ABC$与任意实数x,y,z,有

$$x^2+y^2+z^2\geqslant 2xy\cos C+2xz\cos B+2yz\cos A \tag{1}$$

当且仅当$x=y=z=0$,或$x:y:z=\sin A:\sin B:\sin C$等号成立.

1980 年,我国单墫博士在《几何不等式》一书中把它列为习题(第 64 页习题六第 14 题).1983 到 1984 年期间,合肥工业大学的苏化明,对它进行了深入探讨,张运筹(1984)、秦沁(1985)也相继开发了其应用.结果,发现它具有惊人的概括能力,不愧为一个新的不等式之"母".

证明　利用三角形内角和定理,并两次利用

$$2pq\leqslant p^2+q^2$$

有

$$2yz\cos A+2zx\cos B+2xy\cos C=$$
$$2yz\cos[\pi-(B+C)]+2x(z\cos B+y\cos C)\leqslant$$

$$-2yz\cos(B+C)+x^2+(z\cos B+y\cos C)^2=$$
$$x^2+2yz\sin B\sin C+z^2\cos^2B+y^2\cos^2C\leqslant$$
$$x^2+z^2\sin^2B+y^2\sin^2C+z^2\cos^2B+y^2\cos^2C=$$
$$x^2+y^2+z^2$$

分析 “取差问号”的比较法，关键在于取差（左式－右式）后，怎么断号. 这里可把差式看作关于 x（关于 y 或关于 z 也可以）的二次三项式.

左式－右式＝

$$x^2+y^2+z^2-2xy\cos C-2yz\cos A-2zx\cos B=$$
$$x^2-2(y\cos C-z\cos B)x+y^2+z^2-2yz\cos A=$$
$$[x-(y\cos C+z\cos B)]^2+y^2+z^2-$$
$$2yz\cos A-(y\cos C+z\cos B)^2$$

又

$$y^2+z^2-2yz\cos A-(y\cos C+z\cos B)^2=$$
$$y^2+z^2-2yz\cos A-y^2\cos^2C-$$
$$z^2\cos^2B-2yz\cos B\cos C=$$
$$y^2\sin^2C+z^2\sin^2B-2yz(\cos A+\cos B\cos C)$$

由于

$$A+B+C=(2k+1)\pi$$

故

$$\cos A=-\cos(B+C)=-\cos B\cos C+\sin B\sin C$$

所以

$$\text{左式}-\text{右式}=[x-(y\cos C+z\cos B)]^2+y^2\sin^2C+$$
$$z^2\sin^2B-2yz\sin B\sin C=$$
$$[x-(y\cos C+z\cos B)]^2+$$
$$(y\sin C-z\sin B)^2\geqslant 0$$

所以，左式 $\geqslant$ 右式.

评析 二次三项式判断符号常用配方法. 也可由

其二次项系数为正，证明它的判别式不大于0来进行.

与沃尔斯滕霍尔姆不式等价的是：

O. Kooi 不等式　已知 $A+B+C=(2k+1)\pi$，x，y，$z\in\mathbf{R}$，则有

$$(x+y+z)^2\geqslant 4(xy\sin^2 C+yz\sin^2 A+zx\sin^2 B) \tag{2}$$

证法1

$(x+y+z)^2\geqslant 4(xy\sin^2 C+yz\sin^2 A+zx\sin^2 B)\Leftrightarrow$
$(x+y+z)^2\geqslant 2[xy(1-\cos 2C)+yz(1-\cos 2A)+zx(1-\cos 2B)]\Leftrightarrow$
$x^2+y^2+z^2\geqslant -2xy\cos 2C-2yz\cos 2A-2zx\cos 2B\Leftrightarrow$
$x^2+y^2+z^2\geqslant 2xy\cos(2C-\pi)+2yz\cos(2A-\pi)+2zx\cos(2B-\pi)$

证法2

$(x+y+z)^2-4(xy\sin^2 A+yz\sin^2 B+zx\sin^2 C)=(x+y\cos 2C+z\cos 2B)^2+(y\sin 2C-z\sin 2B)^2\geqslant 0$

可见，Wolstenholme 不等式与 O. Kooi 不等式等价.

O. Kooi 不等式的三种等价形式

$$(x+y+z)^2R^2\geqslant(yza^2+zxb^2+xyc^2)\Leftrightarrow \tag{3}$$

$$(\lambda\mu+\mu\nu+\nu\lambda)^2R^2\geqslant 4(\lambda a^2+\mu b^2+\nu c^2)\lambda\mu\nu\Leftrightarrow \tag{4}$$

$$a^2b^2c^2(\lambda\mu+\mu\nu+\nu\lambda)^2\geqslant 16\lambda\mu\nu(\lambda a^2+\mu b^2+\nu c^2)\Delta^2 \tag{5}$$

其中，λ，μ，ν 是任意实数，当 $\lambda\mu\nu\neq 0$ 时，A，B，C 中无直角时，等号成立当且仅当

$$\mu\nu:\nu\lambda:\lambda\mu=\sin 2A:\sin 2B:\sin 2C$$

时成立.

在(5)中,分别用 $\lambda a^2,\mu b^2,\nu c^2$ 替换 λ,μ,ν,即得:

A. Oppenheim 不等式 a,b,c,Δ 分别是 $\triangle ABC$ 的三边长和面积,$\lambda,\mu,\nu\in\mathbf{R}_+$,则有

$$(\lambda a^2+\mu b^2+\nu c^2)^2\geqslant 16\Delta^2(\lambda\mu+\mu\nu+\nu\lambda)\quad(6)$$

在 O. Kooi 不等式中,用 $\frac{1}{\lambda_1},\frac{1}{\lambda_2},\frac{1}{\lambda_3}$ 分别换 yz,zx,xy 即得:

杨克昌不等式 设正数 $\lambda_1,\lambda_2,\lambda_3$ 满足三角形三边条件,则对任意的 $\triangle ABC$,有

$$\frac{\sin^2 A}{\lambda_1}+\frac{\sin^2 B}{\lambda_2}+\frac{\sin^2 C}{\lambda_3}\leqslant\frac{(\lambda_1+\lambda_2+\lambda_3)^2}{4\lambda_1\lambda_2\lambda_3}\quad(7)$$

令

$$\lambda_1=\sqrt{\frac{x}{y+z}},\lambda_2=\sqrt{\frac{y}{z+x}},\lambda_3=\sqrt{\frac{z}{x+y}}$$

由杨克昌不等式和均值不等式即可得到与沃尔斯滕霍尔姆不等式等价的是 O. Kooi 不等式. O. Kooi 不等式的另三种等价形式是:

等价式 1 $xy\sin^2\frac{C}{2}+yz\sin^2\frac{A}{2}+zx\sin^2\frac{B}{2}\geqslant\frac{1}{4}(2xy+2yz+2zx-x^2-y^2-z^2)$ (8)

等价式 2 $(x+y+z)^2\geqslant 4\left(xy\cos^2\frac{C}{2}+yz\cos^2\frac{A}{2}+zx\cos^2\frac{B}{2}\right)$ (9)

等价式 3 $(x+y+z)^2\geqslant 4(xy\sin^2 C+yz\sin^2 A+zx\sin^2 B)$ (10)

略证

$(x+y+z)^2-4(xy\sin^2 A+yz\sin^2 B+zx\sin^2 C)=$
$(x+y\cos 2C+z\cos 2B)^2+(y\sin 2C-z\sin 2B)^2\geqslant 0\Leftrightarrow$
$(x+y+z)^2R^2\geqslant 4(xyc^2+yza^2+zxb^2)\Leftrightarrow$
$(xa^2+yb^2+zc^2)^2\geqslant 16\Delta^2(xy+yz+zx)$

$$(xa^2+yb^2+zc^2)^2\geqslant 16\Delta^2(xy+yz+zx)$$

的应用：

安振平不等式　在 $\triangle A_1B_1C_1$，$\triangle A_2B_2C_2$ 中，对于任意实数 x,y,z，有

$$(x+y+z)^2\geqslant 4(yz\sin A_1\sin A_2+zx\sin B_1\sin B_2+xy\sin C_1\sin C_2)\tag{11}$$

证法 1

左式 − 右式 =
$x^2+y^2+z^2+2xy(1-2\sin C\sin C')+2yz(1-2\sin A\sin A')+2zx(1-2\sin B\sin B')=$
$x^2+y^2+z^2+2xy\cos(C+C')+2yz\cos(A+A')+2zx\cos(B+B')+4xy\sin^2\frac{C-C'}{2}+4yz\sin^2\frac{A-A'}{2}+4zx\sin^2\frac{B-B'}{2}\geqslant$
$[x+y\cos(C+C')+z\cos(B+B')]^2+[y\sin(C+C')-z\sin(B+B')]^2\geqslant 0$

等号成立当且仅当

$$x+y\cos(C+C')+z\cos(B+B')=0$$
$$y\sin(C+C')=z\sin(B+B')$$
$$\sin\frac{A-A'}{2}=\sin\frac{B-B'}{2}=\sin\frac{C-C'}{2}=0$$

即 $\triangle ABC\backsim\triangle A'B'C'$ 且

$$x : \sin 2A = y : \sin 2B = z : \sin 2C$$

时成立.

证法 2

$$[4(yz\sin A_1\sin A_2 + zx\sin B_1\sin B_2 +$$
$$xy\sin C_1\sin C_2)]^2 \leqslant$$
$$4(yz\ \sin^2 A_1 + zx\ \sin^2 B_1 + xy\ \sin^2 C_1)\cdot$$
$$4(yz\ \sin^2 A_2 + zx\ \sin^2 B_2 + xy\ \sin^2 C_2) \leqslant$$
$$(x+y+z)^2\cdot(x+y+z)^2 = (x+y+z)^4$$

叶军不等式 设$\triangle ABC$为锐角三角形,$\triangle A'B'C'$为任意三角形,则对于任意实数x,y,z,有

$$x^2\tan A + y^2\tan B + z^2\tan C \geqslant$$
$$2(yz\sin A' + zx\sin B' + xy\sin C') \qquad (12)$$

等号成立当且仅当$\triangle ABC \backsim \triangle A'B'C'$且

$$x : \cos A = y : \cos B = z : \cos C$$

证明 由安振平不等式知

$$(x+y+z)^2 \geqslant$$
$$4(yz\sin A\sin A' + zx\sin B\sin B' + xy\sin C\sin C')$$

又由柯西不等式知

$$(\sin 2A + \sin 2B + \sin 2C)\cdot$$
$$\left(\frac{x^2}{\sin 2A} + \frac{y^2}{\sin 2B} + \frac{z^2}{\sin 2C}\right) \geqslant$$
$$(x+y+z)^2$$

故

$$(\sin 2A + \sin 2B + \sin 2C)\cdot$$
$$\left(\frac{x^2}{\sin 2A} + \frac{y^2}{\sin 2B} + \frac{z^2}{\sin 2C}\right) \geqslant$$
$$4(yz\sin A\sin A' + zx\sin B\sin B' + xy\sin C\sin C')$$

分别用$x\sin A$,$y\sin B$,$z\sin C$替换上式中的x,y,z知

$$(\sin 2A+\sin 2B+\sin 2C)\cdot$$
$$\left(\frac{x^2\sin^2 A}{\sin 2A}+\frac{y^2\sin^2 B}{\sin 2B}+\frac{z^2\sin^2 C}{\sin 2C}\right)\geqslant$$
$$4(y\sin Bz\sin C\sin A\sin A'+$$
$$z\sin Cx\sin A\sin B\sin B'+$$
$$x\sin Ay\sin B\sin C\sin C')$$

即

$$(\sin 2A+\sin 2B+\sin 2C)\cdot$$
$$(x^2\tan A+y^2\tan B+z^2\tan C)\geqslant$$
$$8\sin A\sin B\sin C(yz\sin A'+zx\sin B'+xy\sin C')$$

注意到三角形恒等式

$$\sin 2A+\sin 2B+\sin 2C=4\sin A\sin B\sin C$$

即有

$$x^2\tan A+y^2\tan B+z^2\tan C\geqslant$$
$$2(yz\sin A'+zx\sin B'+xy\sin C')$$

在叶军不等式中令

$$\tan A=\lambda\sqrt{\frac{\lambda+\mu+\nu}{\lambda\mu\nu}}$$

$$\tan B=\mu\sqrt{\frac{\lambda+\mu+\nu}{\lambda\mu\nu}}$$

$$\tan C=\nu\sqrt{\frac{\lambda+\mu+\nu}{\lambda\mu\nu}}$$

即得到：

杨学枝不等式　设 x,y,z 是使 $xyz>0$ 的任意实数，λ,μ,ν 为任意正数，α,β,γ 为任意实数，且 $\alpha+\beta+\gamma=n\pi(n\in\mathbf{Z})$，有

$$x\sin\alpha+y\sin\beta+z\sin\gamma\leqslant$$
$$\frac{1}{2}\left(\frac{yz}{x}\lambda+\frac{zx}{y}\mu+\frac{xy}{z}\nu\right)\cdot\sqrt{\frac{\lambda+\mu+\nu}{\lambda\mu\nu}}\tag{13}$$

等号成立当且仅当

$$\frac{x}{\lambda}x\sin\alpha=\frac{y}{\mu}\sin\beta=\frac{z}{\nu}\sin\gamma$$

且 $x\cos\alpha=y\cos\beta=z\cos\gamma$.

在杨学校不等式中令 $\lambda=x,\mu=y,\nu=z$,即得到:

克雷姆金(Klamkin)不等式 设 $\alpha+\beta+\gamma=\pi$, $x,y,z\in\mathbf{R}_+$,有

$$x\sin\alpha+y\sin\beta+z\sin\gamma\leqslant$$
$$\frac{1}{2}(yz+zx+xy)\sqrt{\frac{x+y+z}{xyz}} \tag{14}$$

等号成立当且仅当 $x=y=z$,且 $\alpha=\beta=\gamma$.

注意到不等式

$$\frac{1}{2}(yz+zx+xy)\sqrt{\frac{x+y+z}{xyz}}\leqslant$$
$$\frac{\sqrt{3}}{2}\left(\frac{yz}{x}+\frac{zx}{y}+\frac{xy}{z}\right)\Leftrightarrow$$
$$(yz+zx+xy)\sqrt{xyz(x+y+z)}\leqslant$$
$$\sqrt{3}(y^2z^2+z^2x^2+x^2y^2)\Leftrightarrow$$
$$xyz(x+y+z)(yz+zx+xy)^2\leqslant$$
$$3(y^2z^2+z^2x^2+x^2y^2)^2$$

这有不等式

$$y^2z^2+z^2x^2+x^2y^2\geqslant xyz(x+y+z)$$
$$3(y^2z^2+z^2x^2+x^2y^2)\geqslant(yz+zx+xy)^2$$

即可得证.

由克雷姆金不等式及上式可得 1984 年维西克(Vasic)不等式,或者在杨学校不等式中令 $\lambda=\mu=\nu=1$,可得维西克不等式.

维西克不等式 设 $\alpha+\beta+\gamma=\pi,x,y,z\in\mathbf{R}_+$,

有

$$x\sin\alpha+y\sin\beta+z\sin\gamma\leqslant\frac{\sqrt{3}}{2}\left(\frac{yz}{x}+\frac{zx}{y}+\frac{xy}{z}\right) \tag{15}$$

等号成立当且仅当 $x=y=z$，且 $\alpha=\beta=\gamma$.

维西克不等式的单维形推广　设 n 维欧氏空间 $E^n(n\geqslant 2)$ 中单纯形 $A_1A_2\cdots A_{n+1}$ 的“侧面”($n-1$ 维超平面)S_i 与 S_j 所夹的内二面角为 $\theta_{ij}(1\leqslant i\leqslant j\leqslant n+1)$，且 $\theta_{ij}=\theta_{ji}$，则对任一组非零实数 $\lambda_i(1\leqslant i\leqslant n+1)$，有

$$\sum_{1\leqslant i<j\leqslant n+1}\lambda_i^2\lambda_j^2\sin^2\theta_{ij}\leqslant\frac{n-1}{2n}\left(\sum_{i=1}^{n+1}\lambda_i^2\right)^2 \tag{16}$$

当 $\lambda_1=\lambda_2=\cdots=\lambda_{n+1}$ 且 $A_1A_2\cdots A_{n+1}$ 为正则单形时等号成立.

在杨学枝不等式用 yz,zx,xy 分别替换 x,y,z，$\frac{1}{u},\frac{1}{v},\frac{1}{w}$ 分别替换 u,v,w 即得：

刘健不等式　对任意实数 x,y,z 与正数 u,v,w 及任意 $\triangle A'B'C'$ 有

$$yz\sin A'+zx\sin B'+xy\sin C'\leqslant\frac{1}{2}\left(\frac{x^2}{u}+\frac{y^2}{v}+\frac{z^2}{w}\right)\cdot\sqrt{uv+vw+wu} \tag{17}$$

等号成立当且仅当

$$x:y:z=\cos A':\cos B':\cos C'$$

且

$$u:v:w=\cot A':\cot B':\cot C'$$

在刘健不等式中令

$$\frac{1}{u}=\frac{S_a}{w_1^2},\frac{1}{v}=\frac{S_b}{w_2^2},\frac{1}{w}=\frac{S_c}{w_3^2}$$

并结合不等式

$$\frac{(w_2w_3)^2}{S_bS_c}+\frac{(w_3w_1)^2}{S_cS_a}+\frac{(w_1w_2)^2}{S_aS_b}\leqslant 1$$

即得:

苏化明不等式 设 $x,y,z\in\mathbf{R}_+$,在 $\triangle ABC$ 与 $\triangle A'B'C'$ 中,P 是 $\triangle ABC$ 内任意一点,$\angle BPC=\alpha$,$\angle CPA=\beta$,$\angle APB=\gamma$,有

$$(x+y+z)^2\geqslant$$
$$4(xy\sin C'\sin\gamma+yz\sin A'\sin\alpha+zx\sin B'\sin\beta) \tag{18}$$

等号成立当且仅当

$$x:y:z=\sin 2A':\sin 2B':\sin 2C'=\sin 2\alpha:\sin 2\beta:\sin 2\gamma$$

证明 令 $A''=\pi-\alpha$,$B''=\pi-\beta$,$C''=\pi-\gamma$,则

$$A''+B''+C''=(\pi-\alpha)+(\pi-\beta)+(\pi-\gamma)=3\pi-(\alpha+\beta+\gamma)=3\pi-2\pi=\pi$$

故 A'',B'',C'' 可以构成 $\triangle A''B''C''$ 的三个内角,由安振平不等式即知,原不等式成立.等号成立当且仅当

$$x+y\cos(\pi-\gamma+C')+z\cos(\pi-\beta+B')=0$$
$$y\sin(\pi-\gamma+C')=z\sin(\pi-\beta+B')$$
$$\sin\frac{\pi-\alpha-A'}{2}=\sin\frac{\pi-\beta-B'}{2}=\sin\frac{\pi-\gamma-C'}{2}=0$$

即当

$$x:y:z=\sin 2A':\sin 2B':\sin 2C'=\sin 2\alpha:\sin 2\beta:\sin 2\gamma$$

九正弦定理 设 $\triangle ABC$ 的边 BC,CA,AB 分别为 a,b,c,其内部任一点 P 到边 BC,CA,AB 的距离分别为 r_1,r_2,r_3,则对任意 $\triangle A_1B_1C_1$,$\triangle A_2B_2C_2$ 与实数 x,y,z 有

$$\frac{a}{r_1}x^2+\frac{b}{r_2}y^2+\frac{c}{r_3}z^2\geqslant$$
$$4\left(yz\frac{\sin A_1\sin A_2}{\sin A}+zx\frac{\sin B_1\sin B_2}{\sin B}+\right.$$
$$\left.xy\frac{\sin C_1\sin C_2}{\sin C}\right)\tag{19}$$

等号当且仅当

$$\triangle A_1B_1C_1\backsim\triangle A_2B_2C_2$$
$$x:y:z=r_1:r_2:r_3=\frac{\sin A_1}{\sin A}:\frac{\sin B_1}{\sin B}:\frac{\sin C_1}{\sin C}$$

时成立.

证明　由柯西不等式和安振平不等式知

$$\left(\frac{r_1}{h_a}+\frac{r_2}{h_b}+\frac{r_3}{h_c}\right)\left[\frac{h_a}{r_1}(ax)^2+\frac{h_b}{r_2}(by)^2+\frac{h_c}{r_3}(cz)^2\right]\geqslant$$
$$(ax+by+cz)^2\geqslant$$
$$4(bcyz\sin A_1\sin A_2+cazx\sin B_1\sin B_2+$$
$$abxy\sin C_1\sin C_2)$$

即

$$\frac{a}{r_1}x^2+\frac{b}{r_2}y^2+\frac{c}{r_3}z^2\geqslant$$
$$4\left(yz\frac{\sin A_1\sin A_2}{\sin A}+zx\frac{\sin B_1\sin B_2}{\sin B}+\right.$$
$$\left.xy\frac{\sin C_1\sin C_2}{\sin C}\right)$$

注　$\frac{r_1}{h_a}+\frac{r_2}{h_b}+\frac{r_3}{h_c}=1$.

2005年6月,刘健又出版了《数学的发现——九正弦定理》一书的网络版,该书由九正弦定理出发,得到了25个推论,并由这25个推论证明了1 000多个不等式,提出了100个猜想,这些猜想中,还有很多提供了悬赏,等待着有志者去摘取.

下面看沃尔斯滕霍尔姆不等式在竞赛中的应用.

例1 (2007年IMO中国国家集训队测试题)设正数 u,v,w,满足 $u+v+w+\sqrt{uvw}=4$. 求证

$$\sqrt{\frac{vw}{u}}+\sqrt{\frac{uw}{v}}+\sqrt{\frac{uv}{w}}\geqslant u+v+w$$

证明 把上式写成

$$(\sqrt{u})^2+(\sqrt{v})^2+(\sqrt{w})^2+\sqrt{uvw}=4$$

存在一个锐角 $\triangle ABC$,使得 $\sqrt{u}=2\cos A,\sqrt{v}=2\cos B$, $\sqrt{w}=2\cos C$. 于是只需证明

$$2\left[\frac{\cos C\cos A}{\cos B}+\frac{\cos A\cos B}{\cos C}+\frac{\cos B\cos C}{\cos A}\right]\geqslant$$
$$4(\cos^2 A+\cos^2 B+\cos^2 C)$$

在沃尔斯滕霍尔姆不等式中,取

$$x=\sqrt{\frac{2\cos C\cos A}{\cos B}}$$

$$y=\sqrt{\frac{2\cos A\cos B}{\cos C}}$$

$$z=\sqrt{\frac{2\cos B\cos C}{\cos A}}$$

即得证.

例2 (MOSP2000)设 ABC 为锐角三角形. 求证

$$\left(\frac{\cos A}{\cos B}\right)^2+\left(\frac{\cos B}{\cos C}\right)^2+\left(\frac{\cos C}{\cos A}\right)^2+$$
$$8\cos A\cdot\cos B\cdot\cos C\geqslant 4$$

证明 将所证不等式写成关于 $\cos^2 A\cos^2 B\cos^2 C$ 的形式. 由恒等式

$$\cos^2 A+\cos^2 B+\cos^2 C+2\cos A\cdot\cos B\cdot\cos C=1$$

得到变换

$$4-8\cos A\cdot\cos B\cdot\cos C=$$
$$4-(\cos^2A+\cos^2B+\cos^2C)$$

故只要证明

$$\left(\frac{\cos A}{\cos B}\right)^2+\left(\frac{\cos B}{\cos C}\right)^2+\left(\frac{\cos C}{\cos A}\right)^2\geqslant$$
$$4(\cos^2A+\cos^2B+\cos^2C)$$

设 $x=\frac{\cos B}{\cos C},y=\frac{\cos C}{\cos A},z=\frac{\cos A}{\cos B}$，由沃尔斯滕霍尔姆不等式得

$$\left(\frac{\cos A}{\cos B}\right)^2+\left(\frac{\cos B}{\cos C}\right)^2+\left(\frac{\cos C}{\cos A}\right)^2=x^2+y^2+z^2\geqslant$$
$$2(yz\cos A+2zx\cos B+2xy\cos C)=$$
$$2\left(\frac{\cos C\cdot\cos B}{\cos A}+\frac{\cos A\cdot\cos B}{\cos C}+\frac{\cos C\cdot\cos A}{\cos B}\right)$$

再设

$$x=\sqrt{\frac{\cos B\cdot\cos C}{\cos A}}$$
$$y=\sqrt{\frac{\cos A\cdot\cos C}{\cos B}}$$
$$z=\sqrt{\frac{\cos B\cdot\cos A}{\cos C}}$$

由沃尔斯滕霍尔姆不等式得

$$2\left(\frac{\cos C\cdot\cos B}{\cos A}+\frac{\cos A\cdot\cos B}{\cos C}+\frac{\cos C\cdot\cos A}{\cos B}\right)=$$
$$x^2+y^2+z^2\geqslant$$
$$4(yz\cos A+2zx\cos B+2xy\cos C)=$$
$$4(\cos^2A+\cos^2B+\cos^2C)$$

故不等式得证.

例 3　(印度 MO,1995) 已知 x,y,z 为正实数，

$xy+yz+zx+xyz=4$. 求证

$$x+y+z\geqslant xy+yz+zx$$

证明 把

$$xy+yz+zx+xyz=4$$

写成以下的形式

$$(\sqrt{xy})^2+(\sqrt{yz})^2+(\sqrt{zx})^2+\sqrt{xy}\sqrt{yz}\sqrt{zx}=4$$

存在一个锐角 $\triangle ABC$,使得

$$\sqrt{xy}=2\cos A,\sqrt{yz}=2\cos B,\sqrt{zx}=2\cos C$$

解这个方程组得

$$x=\sqrt{\frac{2\cos C\cos A}{\cos B}}$$

$$y=\sqrt{\frac{2\cos A\cos B}{\cos C}}$$

$$z=\sqrt{\frac{2\cos B\cos C}{\cos A}}$$

因此我们需要证明

$$2\left[\frac{\cos C\cos A}{\cos B}+\frac{\cos A\cos B}{\cos C}+\frac{\cos B\cos C}{\cos A}\right]\geqslant$$

$$4(\cos^2A+\cos^2B+\cos^2C)$$

例 4 (第 29 届 IMO 预选题)设 $\alpha_i>0,\beta_i>0$ $(1\leqslant i\leqslant n,n>1)$,且 $\sum_{i=1}^{n}\alpha_i=\sum_{i=1}^{n}\beta_i=\pi$,则

$$\sum_{i=1}^{n}\frac{\cos\beta_i}{\sin\alpha_i}\leqslant\sum_{i=1}^{n}\cot\alpha_i$$

解 当 $n=2$ 时

$$\frac{\cos\beta_1}{\sin\alpha_1}+\frac{\cos\beta_2}{\sin\alpha_2}=\frac{\cos\beta_1}{\sin\alpha_1}-\frac{\cos\beta_1}{\sin\alpha_1}=0=$$

$$\cot\alpha_1+\cot\alpha_2$$

当 $n=3$ 时,即要证:已知两个三角形的内角分别

为 α,β,γ 和 $\alpha_1,\beta_1,\gamma_1$，则

$$\frac{\cos\alpha_1}{\sin\alpha}+\frac{\cos\beta_1}{\sin\beta}+\frac{\cos\gamma_1}{\sin\gamma}\leqslant\cot\alpha+\cot\beta+\cot\gamma$$

由 $\cot\alpha=\dfrac{b^2+c^2-a^2}{4S}$（$S$ 表示三角形的面积），知上式等价于

$$\frac{4S\cos\alpha_1}{\sin\alpha}+\frac{4S\cos\beta_1}{\sin\beta}+\frac{4S\cos\gamma_1}{\sin\gamma}\leqslant a^2+b^2+c^2$$

又由 $S=\dfrac{1}{2}ab\sin\gamma$，知上式等价于

$$2bc\cos\alpha_1+2ca\cos\beta_1+2ab\cos\gamma_1\leqslant a^2+b^2+c^2$$

此即为沃尔斯滕霍尔姆不等式.

假设所证不等式对于 $n-1(\geqslant 3)$ 成立，则对 n 有

$$\begin{aligned}\sum_{i=1}^{n}\frac{\cos\beta_i}{\sin\alpha_i}=&\frac{\cos\beta_1}{\sin\alpha_1}+\frac{\cos\beta_2}{\sin\alpha_2}+\sum_{i=3}^{n}\frac{\cos\beta_i}{\sin\alpha_i}=\\&\left[\frac{\cos\beta_1}{\sin\alpha_1}+\frac{\cos\beta_2}{\sin\alpha_2}+\frac{-\cos(\beta_1+\beta_2)}{\sin(\alpha_1+\alpha_2)}\right]+\\&\left[\sum_{i=3}^{n}\frac{\cos\beta_i}{\sin\alpha_i}+\frac{\cos(\beta_1+\beta_2)}{\sin(\alpha_1+\alpha_2)}\right]=\\&\left\{\frac{\cos\beta_1}{\sin\alpha_1}+\frac{\cos\beta_2}{\sin\alpha_2}+\frac{\cos[\pi-(\beta_1+\beta_2)]}{\sin[\pi-(\alpha_1+\alpha_2)]}\right\}+\\&\left[\sum_{i=3}^{n}\frac{\cos\beta_i}{\sin\alpha_i}+\frac{\cos(\beta_1+\beta_2)}{\sin(\alpha_1+\alpha_2)}\right]\leqslant\\&[\cot\alpha_1+\cot\alpha_2+\cot(\pi-\alpha_1-\alpha_2)]+\\&[\sum_{i=3}^{n}\cot\alpha_i+\cot(\alpha_1+\alpha_2)]=\\&\sum_{i=1}^{n}\cot\alpha_i\end{aligned}$$

因此，对一切 $n\geqslant 2$，所证不等式成立.

例 5　（2005 年全国高中数学联赛）设正数 a,b，

c,x,y,z 满足 $cy+bz=a,az+cx=b,bx+ay=c$,求函数 $f(x,y,z)=\frac{x^2}{1+x}+\frac{y^2}{1+y}+\frac{z^2}{1+z}$ 的最小值.

解 由条件得

$$b(az+cx-b)+c(bx+ay-c)-a(cy+bz-a)=0$$

即

$$2bcx+a^2-b^2-c^2=0$$

所以 $x=\frac{b^2+c^2-a^2}{2bc}$,同理,得

$$y=\frac{a^2+c^2-b^2}{2ac},z=\frac{a^2+b^2-c^2}{2ab}$$

因为 a,b,c,x,y,z 为正数,据以上三式知

$$b^2+c^2>a^2,a^2+c^2>b^2,a^2+b^2>c^2$$

故以 a,b,c 为边长,可构成一个锐角三角形 ABC,所以 $x=\cos A,y=\cos B,z=\cos C$,问题转化为:在锐角 $\triangle ABC$ 中,求函数

$$f(\cos A,\cos B,\cos C)=\frac{\cos^2 A}{1+\cos A}+\frac{\cos^2 B}{1+\cos B}+\frac{\cos^2 C}{1+\cos C}$$

的最小值.

由 $f(\cos A,\cos B,\cos C)$ 的对称性,不难猜测,其最小值是 $\frac{1}{2}$. 因此,只需证明

$$\frac{\cos^2 A}{1+\cos A}+\frac{\cos^2 B}{1+\cos B}+\frac{\cos^2 C}{1+\cos C}\geqslant\frac{1}{2}$$

注意到

$$\frac{\cos^2 A}{1+\cos A}=\frac{\cos^2 A-1}{1+\cos A}+\frac{1}{1+\cos A}=$$

$$\cos A-1+\frac{1}{2\cos^2\frac{A}{2}}=$$

$$\cos A-1+\frac{1}{2}\sec^2\frac{A}{2}=$$

$$\cos A-1+\frac{1}{2}\tan^2\frac{A}{2}+\frac{1}{2}=$$

$$\cos A+\frac{1}{2}\tan^2\frac{A}{2}-\frac{1}{2}$$

则

$$\frac{\cos^2 A}{1+\cos A}+\frac{\cos^2 B}{1+\cos B}+\frac{\cos^2 C}{1+\cos C}=$$

$$\cos A+\cos B+\cos C+$$

$$\frac{1}{2}\left(\tan^2\frac{A}{2}+\tan^2\frac{B}{2}+\tan^2\frac{C}{2}\right)-\frac{3}{2}=$$

$$1+4\sin\frac{A}{2}\sin\frac{B}{2}\sin\frac{C}{2}+$$

$$\frac{1}{2}\left(\tan^2\frac{A}{2}+\tan^2\frac{B}{2}+\tan^2\frac{C}{2}\right)-\frac{3}{2}=$$

$$4\sin\frac{A}{2}\sin\frac{B}{2}\sin\frac{C}{2}+$$

$$\frac{1}{2}\left(\tan^2\frac{A}{2}+\tan^2\frac{B}{2}+\tan^2\frac{C}{2}\right)-\frac{1}{2}$$

因此，所证不等式等价于

$$\tan^2\frac{A}{2}+\tan^2\frac{B}{2}+\tan^2\frac{C}{2}\geqslant 2-8\sin\frac{A}{2}\sin\frac{B}{2}\sin\frac{C}{2}$$

这就是著名的Garfunkel-Bankoff不等式(简称G-B不等式).

由沃尔斯滕霍尔姆不等式得

$$\tan^2\frac{A}{2}+\tan^2\frac{B}{2}+\tan^2\frac{C}{2}\geqslant$$

$$2\tan\frac{B}{2}\tan\frac{C}{2}\cos A+2\tan\frac{C}{2}\tan\frac{A}{2}\tan\frac{B}{2}\cos B+$$

$$2\tan\frac{A}{2}\tan\frac{B}{2}\cos C=$$

$$-\frac{\sin 2A+\sin 2B+\sin 2C}{2\cos\frac{A}{2}\cos\frac{B}{2}\cos\frac{C}{2}}+$$

$$2(\cos A+\cos B+\cos C)=$$

$$-16\sin\frac{A}{2}\sin\frac{B}{2}\sin\frac{C}{2}+$$

$$2\left(1+4\sin\frac{A}{2}\sin\frac{B}{2}\sin\frac{C}{2}\right)=$$

$$2-8\sin\frac{A}{2}\sin\frac{B}{2}\sin\frac{C}{2}$$

证毕.

点评 G-B不等式还等价于

$$\frac{1}{1+\cos A}+\frac{1}{1+\cos B}+\frac{1}{1+\cos C}\geqslant\frac{5}{2}-\frac{r}{R}\Leftrightarrow$$

$$\frac{\cos A}{1+\cos A}+\frac{\cos B}{1+\cos B}+\frac{\cos C}{1+\cos C}\leqslant\frac{1}{2}+\frac{r}{R}\Leftrightarrow$$

$$\frac{1+\cos 2A}{1+\cos A}+\frac{1+\cos 2B}{1+\cos B}+\frac{1+\cos 2C}{1+\cos C}\geqslant 1$$

例6 已知A,B,C为一个三角形的三个角,x,y,z为实数.求证

$$x^2+y^2+z^2\geqslant 2yz\sin(A-30^\circ)+2zx\sin(B-30^\circ)+2xy\sin(C-30^\circ)$$

证明 由互余的诱导公式知,原不等式等价于

$$x^2+y^2+z^2\geqslant 2yz\cos(120^\circ-A)+2zx\cos(120^\circ-B)+2xy\cos(120^\circ-C)$$

注意到

$$(120^\circ - A) + (120^\circ - B) + (120^\circ - C) = 180^\circ$$

由嵌入不等式即得.

点评　本题可推广为：

设 $x, y, z \in \mathbf{R}_+$，$\alpha, \beta, \gamma \in \mathbf{R}_+$，$\alpha + \beta + \gamma = \frac{\pi}{2}$，则在 $\triangle ABC$ 中，有

$$x^2 + y^2 + z^2 \geqslant$$

$$2xy\sin(C - \gamma) + 2yz\sin(A - \alpha) + 2zx\sin(B - \beta)$$

等号成立当且仅当 $x : \sin 2A = y : \sin 2B = z : \sin 2C$.

3.6　厄多斯－莫迪尔不等式及其应用

厄多斯－莫迪尔(Erdös-Mordell)不等式(1935年厄多斯发现)　P 为 $\triangle ABC$ 内部(或边上)一点，P 到三边距离为 PD，PE，PF(图1)，求证

$$PA + PB + PC \geqslant 2(PD + PE + PF)$$

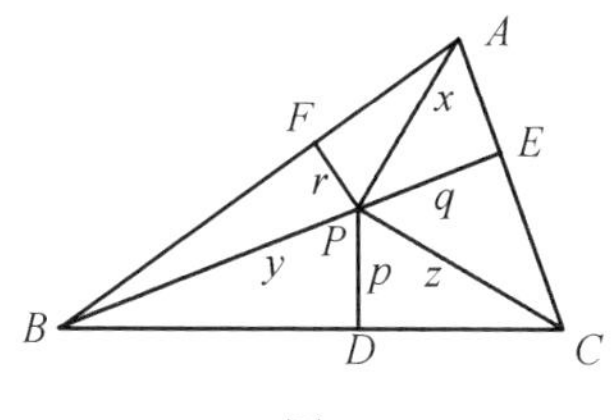

图1

证法1　记 $PA = x$，$PB = y$，$PC = z$，$PD = p$，$PE = q$，$PF = r$.

在四边形 $PDCE$ 中，$\angle DPE = 180^\circ - \angle ACB$，有

$$DE = \sqrt{p^2 + q^2 - 2pq\cos\angle DPE} =$$

$$\sqrt{p^2+q^2+2pq\cos C}=$$
$$\sqrt{p^2+q^2+2pq\cos[180°-(A+B)]}=$$
$$\sqrt{p^2+q^2-2pq\cos(A+B)}=$$
$$\sqrt{p^2+q^2-2pq(\cos A\cos B-\sin A\sin B)}=$$
$$\sqrt{p^2(\sin^2 B+\cos^2 B)+q^2(\sin^2 A+\cos^2 A)-2pq(\cos A\cos B-\sin A\sin B)}=$$
$$\sqrt{(p\sin B+q\sin A)^2+(p\cos B-q\cos A)^2}\geqslant$$
$$\sqrt{(p\sin B+q\sin A)^2}\geqslant$$
$$p\sin B+q\sin A$$

因 P,D,C,E 四点共圆，线段 CP 为该圆的直径，由平面几何知，圆内任意弦和圆的直径之比等于该弦所对的圆周角之正弦，即

$$\frac{DE}{CP}=\frac{DE}{z}=\sin C,z=\frac{DE}{\sin C}\geqslant\frac{p\sin B+q\sin A}{\sin C}$$

同理

$$x\geqslant\frac{r\sin B+q\sin C}{\sin A}$$
$$y\geqslant\frac{r\sin A+p\sin C}{\sin B}$$

三式相加

$$x+y+z\geqslant\frac{r\sin B+q\sin C}{\sin A}+\frac{r\sin A+p\sin C}{\sin B}+$$
$$\frac{p\sin B+q\sin A}{\sin C}=p\left(\frac{\sin B}{\sin C}+\frac{\sin C}{\sin B}\right)+$$
$$q\left(\frac{\sin C}{\sin A}+\frac{\sin A}{\sin C}\right)+r\left(\frac{\sin A}{\sin B}+\frac{\sin B}{\sin A}\right)\geqslant$$
$$2p+2q+2r=2(p+q+r)$$

不难看出等号在且仅在 $\triangle ABC$ 为正三角形，并且 P 为正三角形的中心时成立.

这个不等式称为厄多斯－莫迪尔不等式，是 1935 年保尔·厄多斯(Paul Erdös)提出的一个猜想，该证法是莫迪尔在 1937 年给出的，比较简单.

证法 2　过 P 作直线 XY 分别交 AB，AC 于 X，Y，使 $\angle AYX=\angle ABC$(图 2)，则 $\triangle AYX\backsim\triangle ABC$，所以

$$\frac{AX}{XY}=\frac{AC}{BC},\frac{AY}{XY}=\frac{AB}{BC}$$

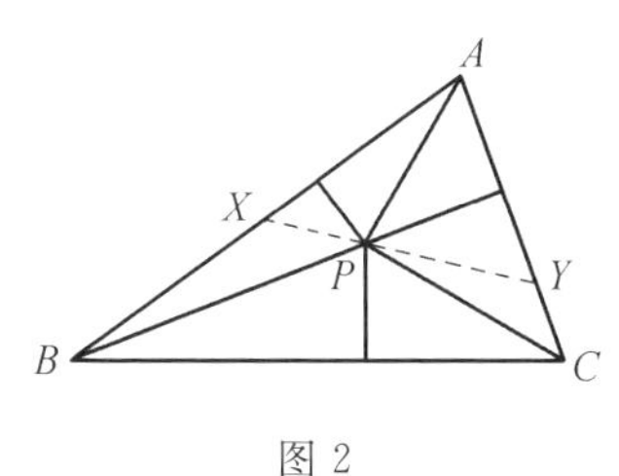

图 2

又因为

$$S_{\triangle AXY}=\frac{1}{2}AX\cdot r+\frac{1}{2}AY\cdot q\leqslant\frac{1}{2}XY\cdot x$$

所以

$$x\geqslant\frac{AX}{XY}\cdot r+\frac{AY}{XY}\cdot q$$

即

$$x\geqslant\frac{AC}{BC}\cdot r+\frac{AB}{BC}\cdot q$$

同理

$$y\geqslant\frac{BC}{AC}\cdot r+\frac{AB}{AC}\cdot p$$

$$z\geqslant\frac{BC}{AB}\cdot q+\frac{AC}{AB}\cdot p$$

所以

$$x+y+z\geqslant 2(p+q+r)$$

证法 3　设 $\angle APB=\alpha$，$\angle BPC=\beta$，$\angle CPA=\gamma$，

则

$$AB^2=x^2+y^2-2xy\cos\alpha$$
$$BC^2=y^2+z^2-2yz\cos\beta$$
$$CA^2=z^2+x^2-2zx\cos\gamma$$

又

$$\frac{1}{2}BC\cdot p=\frac{1}{2}yz\cdot\sin\beta$$

所以

$$p=\frac{yz\sin\beta}{\sqrt{y^2+z^2-2yz\cos\beta}}=$$
$$\frac{yz\sin\beta}{\sqrt{(y-z)^2+2yz(1-\cos\beta)}}\leqslant$$
$$\frac{yz\sin\beta}{\sqrt{2yz(1-\cos\beta)}}=$$
$$\frac{yz\sin\beta}{\sqrt{2yz\cdot 2\sin^2\frac{\beta}{2}}}=$$
$$\frac{1}{2}\sqrt{yz}\cos\frac{\beta}{2}$$

即

$$p\leqslant\frac{1}{2}\sqrt{yz}\cos\frac{\beta}{2}$$

同理

$$q\leqslant\frac{1}{2}\sqrt{zx}\cos\frac{\gamma}{2}$$
$$r\leqslant\frac{1}{2}\sqrt{xy}\cos\frac{\alpha}{2}$$

$$p+q+r\leqslant$$
$$\frac{1}{2}\left(\sqrt{yz}\cos\frac{\beta}{2}+\sqrt{zx}\cos\frac{\gamma}{2}+\sqrt{xy}\cos\frac{\alpha}{2}\right)\leqslant$$

$x+y+z$(最后一步利用了嵌入不等式)

为了得到厄多斯－莫迪尔不等式的变换式,先介绍反演变换.

定义　设在平面内给定一点 O 和常数 $k(k\neq 0)$,对于平面内任意一点 A,确定 A',使 A' 在直线 OA 上一点,并且有向线段 OA 与 OA' 满足 $OA\cdot OA'=k$,我们称这种变换是以 O 为反演中心,以 k 为反演幂的反演变换,简称反演.称 A' 为 A 关于 $O(r)$ 的互为反演点.

当 $k>0$ 时,有向线段 OA 与 OA' 同向,A 与 A' 在反演极同侧,这种反演变换称为正幂反演,亦叫双曲线式反演变换.

当 $k<0$ 时,有向线段 OA 与 OA' 反向,A 与 A' 在反演极异侧,这种反演变换称为负幂反演,亦叫椭圆式反演变换.

在某一反演变换中相互对应的两个图形互为反演图形或反象.

如果一个不等式是关于 x,y,z,p,q,r(符号同厄多斯－莫迪尔不等式)的齐次式,那么这个不等式经过变换

$$V:(x,y,z,p,q,r)\rightarrow(yz,zx,xy,px,qy,rz)$$

$$R:(x,y,z,p,q,r)\rightarrow(p^{-1},q^{-1},r^{-1},x^{-1},y^{-1},z^{-1})$$

$$S:(x,y,z,p,q,r)\rightarrow(px,qy,rz,qr,rp,pq)$$

后仍然成立.

厄多斯－莫迪尔不等式　$x+y+z\geqslant 2(p+q+r)$ 分别经过 V,R,S 变换,得到以下3个不等式:

(1) $xy+yz+zx\geqslant 2(px+qy+rz)$;

(2) $px+qy+rz\geqslant 2(pq+qr+rp)$;

(3) $\frac{1}{p}+\frac{1}{q}+\frac{1}{r}\geqslant 2(\frac{1}{x}+\frac{1}{y}+\frac{1}{z})$(著名的 Sylvester 定理).

1937 年,David F. Barrow 提出并证明了下面的有趣不等式:

厄多斯—莫迪尔不等式加强　P 为 $\triangle ABC$ 内部(或边上)一点,$\angle BPC$,$\angle CPA$,$\angle APB$ 的内角平分线长分别是 w_a,w_b,w_c(图 3),则

$$x+y+z\geqslant 2(w_a+w_b+w_c)$$

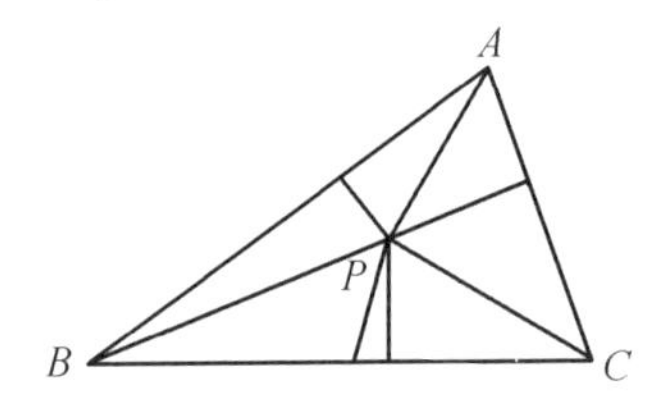

图 3

证明　设 $\angle BPC=2\alpha$,$\angle CPA=2\beta$,$\angle APB=2\gamma$,且 $\alpha+\beta+\gamma=\pi$. 有

$$w_a=\frac{2\sqrt{yz\cdot\frac{1}{2}(y+z_C+a)\cdot\frac{1}{2}(y+z-a)}}{y+z}=$$

$$\frac{\sqrt{yz\cdot(y^2+z^2-a^2+2yz)}}{y+z}$$

又

$$\cos 2\alpha=\frac{y^2+z^2-a^2}{2yz}$$

即

$$y^2+z^2-a^2=2yz\cos 2\alpha$$

所以

$$w_a=\frac{yz}{y+z}\cdot\sqrt{2(1+\cos 2\alpha)}=$$
$$\frac{2yz}{y+z}\cos\alpha\leqslant\sqrt{yz}\cos\alpha$$

同理

$$w_b\leqslant\sqrt{zx}\cos\beta,w_c\leqslant\sqrt{xy}\cos\gamma$$

因为 $\alpha+\beta+\gamma=\pi$，所以由嵌入不等式得

$$2(w_a+w_b+w_c)\leqslant$$
$$2(\sqrt{yz}\cos\alpha+\sqrt{zx}\cos\beta+\sqrt{xy}\cos\gamma)\leqslant$$
$$x+y+z$$

注意到 $w_a\geqslant p,w_b\geqslant q,w_c\geqslant r$，结合 $x+y+z\geqslant 2(w_a+w_b+w_c)$，即得到厄多斯－莫迪尔不等式，可见该命题确实是厄多斯－莫迪尔不等式的加强. 由此即给出了厄多斯－莫迪尔不等式一种别证.

1961 年，A. Oppenheim 证明了一个更强的加强

Barrow-Oppenheim 不等式　若 p_1,p_2,p_3 为任意正数，P 为 $\triangle ABC$ 内部（或边上）一点，$\angle BPC$，$\angle CPA$，$\angle APB$ 的内角平分线长分别是 w_a,w_b,w_c，则

$$p_1x+p_2y+p_3z\geqslant$$
$$2\left(\frac{p_2p_3(y+z)}{p_2y+p_3z}w_a+\frac{p_3p_1(z+x)}{p_3z+p_1x}w_b+\right.$$
$$\left.\frac{p_1p_2(x+y)}{p_1x+p_2y}w_c\right)$$

当且仅当 $p_1x=p_2y=p_3z$ 且 $\angle BPC$，$\angle CPA$，$\angle APB$ 为 $\frac{2\pi}{3}$ 时等号成立.

1989 年，陈计进一步得到了该不等式的指数推广和 n 边形推广：

设点 P 为平面凸 n 边形 $A_1A_2\cdots A_n$ 内部任意一点，

$\angle A_iPA_{i+1}$ 的角平分线与边 A_iA_{i+1} 相交于 $W_i(i=1,2,\cdots,n)$，记 $R_i=PA_i,W_i=PW_i,A_{n+1}=A_1,W_{n+1}=W_1$，则对任意正数 $\lambda_1,\lambda_2,\cdots,\lambda_n,\lambda_{n+1}=\lambda_1$，当 $0<k\leqslant 1$ 时

$$\sum_{i=1}^{n}\lambda_iR_i^k\geqslant\left(\sec\frac{\pi}{n}\right)^k\sum_{i=1}^{n}\frac{\lambda_i\lambda_{i+1}(R_i^k+R_{i+1}^k)}{\lambda_iR_i^k+\lambda_{i+1}R_{i+1}^k}\cdot W_i^k$$

厄多斯—莫迪尔不等式的推广 对任意自然数 n，有

$$x^n+y^n+z^n\geqslant$$
$$2(p^n+q^n+r^n)+6(2^{n-1}-1)(\sqrt[3]{pqr})^n$$

当且仅当 $\triangle ABC$ 为正三角形且 P 为其中心时，等号成立.

$$x^n+y^n+z^n\geqslant$$
$$\left(\frac{c}{a}q+\frac{b}{a}r\right)^n+\left(\frac{a}{b}r+\frac{c}{b}p\right)^n+\left(\frac{b}{c}p+\frac{a}{c}q\right)^n=$$
$$\sum_{k=0}^{n}C_n^k\frac{c^{n-k}b^k}{a^n}q^{n-k}r^k+\sum_{k=0}^{n}C_n^k\frac{a^{n-k}c^k}{b^n}r^{n-k}p^k+$$
$$\sum_{k=0}^{n}C_n^k\frac{b^{n-k}a^k}{c^n}p^{n-k}q^k=$$
$$2(p^n+q^n+r^n)+$$
$$\sum_{k=1}^{n-1}C_n^k\left(\frac{c^{n-k}b^k}{a^n}q^{n-k}r^k+\frac{a^{n-k}c^k}{b^n}r^{n-k}p^k+\frac{b^{n-k}a^k}{c^n}p^{n-k}q^k\right)\geqslant$$
$$2(p^n+q^n+r^n)+$$
$$\sum_{k=1}^{n-1}C_n^k\left(3\sqrt[3]{\frac{c^{n-k}b^k}{a^n}q^{n-k}r^k\cdot\frac{a^{n-k}c^k}{b^n}r^{n-k}p^k\cdot\frac{b^{n-k}a^k}{c^n}p^{n-k}q^k}\right)=$$
$$2(p^n+q^n+r^n)+3\sum_{k=1}^{n-1}C_n^k(\sqrt[3]{(pqr)^n})=$$
$$2(p^n+q^n+r^n)+3\sqrt[3]{(pqr)^n}\sum_{k=1}^{n-1}C_n^k=$$

$$2(p^n+q^n+r^n)+3\sqrt[3]{(pqr)^n}\left(\sum_{k=0}^{n}C_n^k-2\right)=$$

$$2(p^n+q^n+r^n)+3\sqrt[3]{(pqr)^n}(2^n-2)=$$

$$2(p^n+q^n+r^n)+6(2^{n-1}-1)(\sqrt[3]{pqr})^n$$

厄多斯－莫迪尔不等式是第一个动点类三角形不等式，是一个很强的不等式，从它可以推出许多不等式来. 有关该不等式的研究有很多，有兴趣的读者可参看有关论文.

厄多斯－莫迪尔不等式的应用

例1 $\triangle ABC$ 的内切圆半径为 r，P 为其内部任一点，求证

$$PA+PB+PC\geqslant 6r$$

证明 过点 P 分别作 BC,CA,AB 的垂线，垂足分别为 D,E,F. 由点到直线的距离的最小性知

$$PA+PD\geqslant h_a, PB+PE\geqslant h_b, PC+PF\geqslant h_c$$

即

$$PA+PB+PC+PD+PE+PF\geqslant h_a+h_b+h_c$$

而由厄多斯－莫迪尔不等式

$$PA+PB+PC\geqslant 2(PD+PE+PF)$$

知

$$\frac{3}{2}(PA+PB+PC)\geqslant$$

$$PA+PB+PC+PD+PE+PF\geqslant$$

$$h_a+h_b+h_c$$

即

$$PA+PB+PC\geqslant\frac{2}{3}(h_a+h_b+h_c)$$

为此，只需证明

$$h_a + h_b + h_c \geqslant 9r$$

$$\frac{2\Delta}{a} + \frac{2\Delta}{b} + \frac{2\Delta}{c} \geqslant 9r$$

即

$$2pr\left(\frac{1}{a} + \frac{1}{b} + \frac{1}{c}\right) \geqslant 9r$$

即

$$(a + b + c)\left(\frac{1}{a} + \frac{1}{b} + \frac{1}{c}\right) \geqslant 9$$

这只需由柯西不等式即得.

例 2 (1991 年国家教委理科实验班招生试题)圆内接六边形中(图 4),$AB = BC, CD = DE, EF = FA$. 试证:

(1)AD, BE, CF 三条对角线交于一点;

(2)$AB + BC + CD + DE + EF + FA \geqslant AK + BE + CF$.

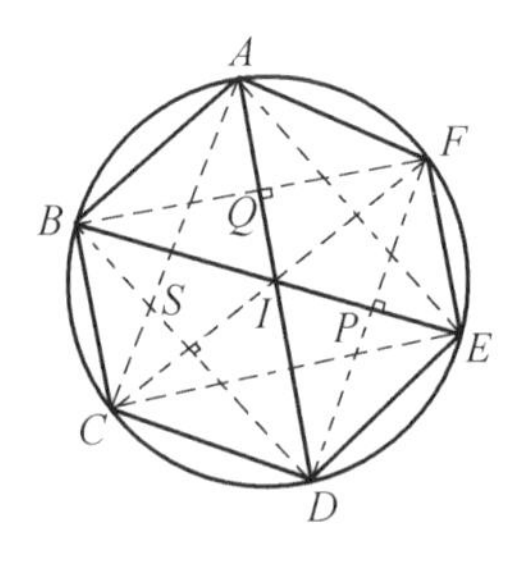

图 4

证明 (1) 联结 AC, CE, EA.

由已知可证 AD, BE, CF 是 $\triangle ACE$ 的三条内角平分线,I 为 $\triangle ACE$ 的内心.

从而有

$$ID = CD = DE, IF = EF = FA, IB = AB = BC$$

再由$\triangle BDF$，易证BP,DQ,FS是它的三条高，I是它的垂心，I就是一点两心，即AD,BE,CF三条对角线交于一点；

(2) 利用厄多斯－莫迪尔不等式有

$$BI+DI+FI\geqslant 2(IP+IQ+IS)$$

不难证明

$$IE=2IP,IA=2IQ,IC=2IS$$

所以

$$BI+DI+FI\geqslant IE+IA+IC$$

所以

$$\begin{aligned}&AB+BC+CD+DE+EF+FA\geqslant\\&2(BI+DI+FI)\geqslant\\&(IE+IA+IC)+(BI+DI+FI)=\\&AK+BE+CF\end{aligned}$$

例3　(2007年克罗地亚数学奥林匹克竞赛试题)在锐角$\triangle ABC$中，A_1,B_1,C_1为BC,CA,AB的中点，O为$\triangle ABC$外接圆的圆心，外接圆半径为1(图5)．求证

$$\frac{1}{OA_1}+\frac{1}{OB_1}+\frac{1}{OC_1}\geqslant 6$$

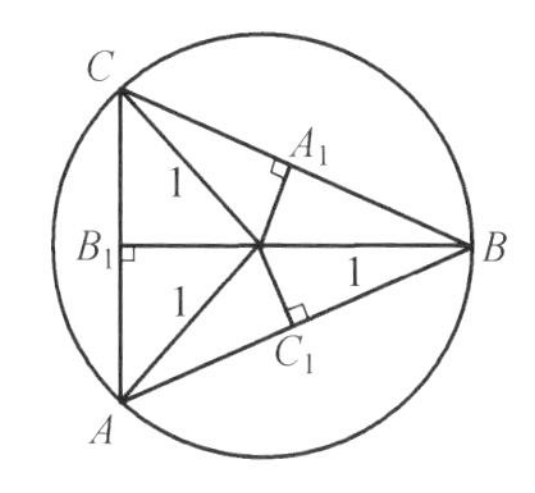

图5

证明　由厄多斯－莫迪尔不等式知

$$OA_1+OB_1+OC_1\leqslant\frac{1}{2}(OA+OB+OC)=\frac{3}{2}$$

由柯西不等式知

$$\frac{1}{OA_1}+\frac{1}{OB_1}+\frac{1}{OC_1}\geqslant\frac{9}{OA_1+OB_1+OC_1}\geqslant\frac{9}{\frac{3}{2}}=6$$

另证 利用外心性质可得

$$OA_1=\cos\frac{1}{2}\angle BOC$$

$$OB_1=\cos\frac{1}{2}\angle AOC$$

$$OC_1=\cos\frac{1}{2}\angle AOB$$

如图 5,设 $\angle BAC=\alpha,\angle ABC=\beta,\angle ACB=\gamma$,则 $\angle BOA_1=\alpha$. 故 $\cos\alpha=OA_1$.

同理

$$\cos\beta=OB_1,\cos\gamma=OC_1$$

由均值不等式,得

$$\frac{1}{OA_1}+\frac{1}{OB_1}+\frac{1}{OC_1}=\frac{1}{\cos\alpha}+\frac{1}{\cos\beta}+\frac{1}{\cos\gamma}\geqslant\frac{9}{\cos\alpha+\cos\beta+\cos\gamma}$$

故只需证

$$\cos\alpha+\cos\beta+\cos\gamma\leqslant\frac{3}{2}$$

$$\begin{aligned}\text{左边}&=\cos\alpha+\cos\beta+\cos(180^\circ-\alpha-\beta)=\\&2\cos\frac{\alpha+\beta}{2}\cos\frac{\alpha-\beta}{2}-\cos(\alpha+\beta)=\\&2\cos\frac{\alpha+\beta}{2}\cos\frac{\alpha-\beta}{2}-2\cos^2\frac{\alpha+\beta}{2}+1\leqslant\\&2\cos\frac{\alpha+\beta}{2}-2\cos^2\frac{\alpha+\beta}{2}+1=\end{aligned}$$

$$\frac{3}{2}-2\left(\cos\frac{\alpha+\beta}{2}-\frac{1}{2}\right)^2\leqslant\frac{3}{2}$$

故原不等式得证.

例 4　(第 32 届 IMO 试题) 设 P 为 $\triangle ABC$ 内一点,求证:$\angle PAB$,$\angle PBC$,$\angle PCA$ 中至少有一个小于或等于30°.

解　如图 6 所示,假设命题不成立,则

$$30^\circ<\angle PAB<120^\circ$$
$$30^\circ<\angle PBC<120^\circ$$
$$30^\circ<\angle PCA<120^\circ$$

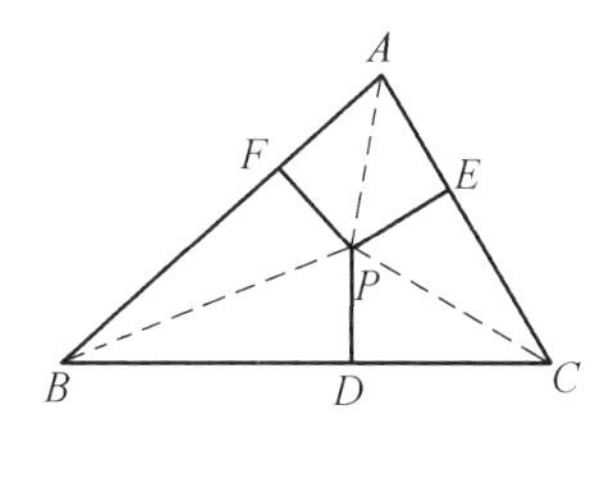

图 6

于是

$$\frac{PF}{PA}=\sin\angle PAB>\sin 30^\circ=\frac{1}{2}$$

所以

$$2PF>PA$$

同理

$$2PD>PB,2PE>PC$$

上述三式相加,得

$$PA+PB+PC<2(PD+PE+PF)$$

与厄多斯－莫迪尔不等式

$$PA+PB+PC\geqslant 2(PD+PE+PF)$$

矛盾,故命题正确.

例 5 在锐角 $\triangle ABC$ 中,求证:$\cos A+\cos B+\cos C\leqslant\frac{3}{2}$.

证明 设 P 为 $\triangle ABC$ 的外心 O,则

$$\angle BOD=\angle A,OD=R\cos A$$

则由厄多斯－莫迪尔不等式知

$$3R\geqslant 2(R\cos A+R\cos B+R\cos C)$$

所以

$$\cos A+\cos B+\cos C\leqslant\frac{3}{2}$$

例 6 O 为锐角 $\triangle ABC$ 的外心,O 到三边距离分别为 OD,OE,OF. 证明

$$a+b+c>2(OD+OE+OF)$$

证明 延长 BP 与 AC 交于 Q(图 7),则

$$AB+AC=AB+AQ+QC>BD+DC=$$
$$BP+PQ+QC>BQ+QC$$

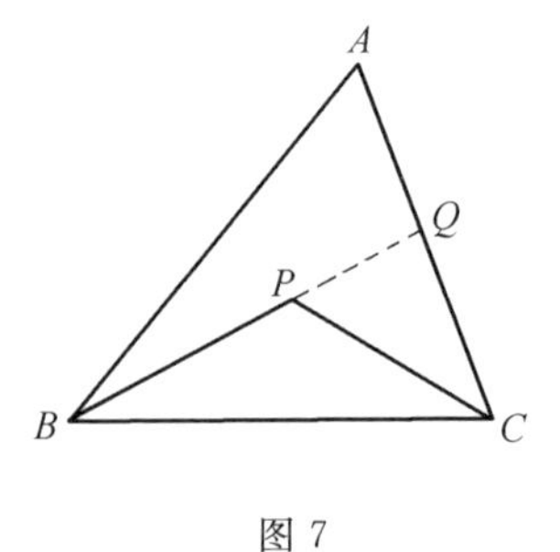

图 7

即

$$AB+AC>BP+CP$$

同理可得

$$BC+CA>BP+AP$$
$$AB+BC>CP+AP$$

以上三式相加即得

$$AB + BC + CA > AP + BP + CP$$

又由厄多斯－莫迪尔不等式知

$$PA + PB + PC \geqslant 2(OD + OE + OF)$$

故

$$AB + BC + CA > 2(OD + OE + OF)$$

即

$$a + b + c > 2(OD + OE + OF)$$

$$a + b + c > 2(OD + OE + OF)$$

例 7　设 H 是锐角 $\triangle ABC$ 的垂心，AH，BH，CH 与 $\triangle ABC$ 外接圆分别交于 A_1，B_1，C_1（图 8），则

$$HA_1 + HB_1 + HC_1 \leqslant HA + HB + HC$$

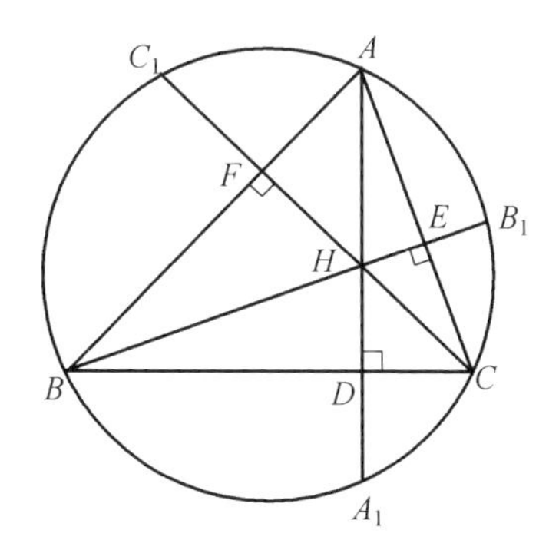

图 8

证明　由厄多斯－莫迪尔不等式知

$$HA + HB + HC \geqslant 2(HD + HE + HF)$$

由 $\angle HEC = \angle HDC = 90^\circ$ 知

$$\angle HEC + \angle HDC = 180^\circ$$

故 H，D，C，E 四点共圆，故

$$\angle BHD = \angle C = \angle BA_1D$$

又

$$\angle HDB=\angle BDA=90^\circ, BD=BD$$

故

$$\triangle BHD\cong\triangle BA_1D$$

故 $HD=A_1D$.

同理可证

$$HE=B_1E, HF=C_1F$$

所以

$$HA_1+HB_1+HC_1\leqslant HA+HB+HC$$

评注 在 Rt$\triangle HAE$ 中

$$HA=\frac{AE}{\cos\angle HAE}=\frac{AE}{\cos\left(\frac{\pi}{2}-C\right)}=\frac{AE}{\sin C}=2R\cos A$$

$$HE=HA\sin\left(\frac{\pi}{2}-C\right)=2R\cos A\cos C$$

同理

$$HB=2R\cos B, HC=2R\cos C$$

$$HD=2R\cos B\cos C, HF=2R\cos B\cos A$$

故

$$HA+HB+HC\geqslant 2(HD+HE+HF)$$

等价于

$$\cos A+\cos B+\cos C\geqslant$$
$$2(\cos A\cos B+\cos B\cos C+\cos C\cos A)$$

由本题结论知

$$HA_1+HB_1+HC_1\leqslant HA+HB+HC$$

即

$$(HA_1+HA)+(HB_1+HB)+(HC_1+HC)\leqslant$$
$$2(HA+HB+HC)$$

即

$$AA_1 + BB_1 + CC_1 \leqslant 2(HA + HB + HC)$$

再由正弦定理知

$$AA_1 = 2R\sin\angle ABA_1 = 2R\sin(B + 90^\circ - C) = 2R\cos(C - B)$$

同理可得

$$BB_1 = 2R\cos(A - C), CC_1 = 2R\sin(B - A)$$

故

$$2R[\cos(C - B) + \cos(A - C) + \cos(B - A)] \leqslant 2(HA + HB + HC)$$

即

$$R[\cos(C - B) + \cos(A - C) + \cos(B - A)] \leqslant HA + HB + HC$$

注意到

$$\cos(C - B) + \cos(A - C) + \cos(B - A) = 2\cos\frac{A - B}{2}\cos\frac{2C - A - B}{2} + 2\cos^2\frac{A - B}{2} - 1 = 2\cos\frac{A - B}{2}\left(\cos\frac{2C - A - B}{2} + \cos\frac{A - B}{2}\right) - 1 = 4\cos\frac{A - B}{2}\cos\frac{2C - A - B + A - B}{4} \cdot \cos\frac{2C - A - B - A + B}{4} - 1 = 4\cos\frac{A - B}{2}\cos\frac{B - C}{2}\cos\frac{C - A}{2} - 1$$

由此得到结论：

设 H 是锐角 $\triangle ABC$ 的垂心，则

$$R\left[4\cos\frac{A - B}{2}\cos\frac{B - C}{2}\cos\frac{C - A}{2} - 1\right] \leqslant HA + HB + HC$$

事实上，还有不等式

$$2(h_a+h_b+h_c)\geqslant$$
$$3R[\cos(C-B)+\cos(A-C)+\cos(B-A)]$$

证明

$$h_a=AB\sin B=2R\sin C\sin B$$

同理可得

$$h_b=2R\sin C\sin A, h_c=2R\sin A\sin B$$

故

$$h_a+h_b+h_c=$$
$$2R(\sin A\sin B+\sin B\sin C+\sin C\sin A)=$$
$$-R[\cos(A+B)-\cos(A-B)+\cos(B+C)-$$
$$\cos(B-C)+\cos(C+A)-\cos(C-A)]=$$
$$R[\cos A+\cos B+\cos C+$$
$$\cos(A-B)+\cos(B-C)+\cos(C-A)]$$

故原不等式等价于

$$2(\cos A+\cos B+\cos C)\geqslant$$
$$\cos(C-B)+\cos(A-C)+\cos(B-A)$$

注意到

$$\cos A=-\cos(B+C)=-\cos B\cos C+\sin B\sin C$$
$$\cos(C-B)=\cos B\cos C+\sin B\sin C$$

故

$$2\cos A-\cos(C-B)=$$
$$-3\cos B\cos C+\sin B\sin C$$

因此,原不等式等价于

$$\sin A\sin B+\sin B\sin C+\sin C\sin A\geqslant$$
$$3(\cos A\cos B+\cos B\cos C+\cos C\cos A)$$

以下采用两种方法给出证明.

证法 1 “B − C”法

所谓三角形不等式的$\frac{B-C}{2}$证法”,它是“B − C”

证法的特例($n=2$).即在$\triangle ABC$中,令$x=\cos\dfrac{B-C}{2}$,$y=\sin\dfrac{A}{2}$,利用三角形不等式

$$0<y=\sin\frac{A}{2}<x=\cos\frac{B-C}{2}\leqslant 1$$

等将欲证的三角形不等式转化为含x,y的函数不等式($0<y<x\leqslant 1$),再利用函数的性质而使问题获解的一种方法

$$\cos A=1-2\sin^2\frac{A}{2}=1-2y^2$$

$$\cos B+\cos C=2\cos\frac{B+C}{2}\cos\frac{B-C}{2}=$$
$$2\sin\frac{A}{2}\cos\frac{B-C}{2}=2xy$$

$$\cos B\cos C=\frac{1}{2}[\cos(B+C)+\cos(B-C)]=$$
$$\frac{1}{2}[-\cos A+\cos(B-C)]=$$
$$\frac{1}{2}\left(2\sin\frac{A}{2}-1+2\cos^2\frac{B-C}{2}-1\right)=$$
$$x^2+y^2-1$$

$$\sin A=2\sin\frac{A}{2}\cos\frac{A}{2}=2y\sqrt{1-y^2}$$

$$\sin B+\sin C=2\sin\frac{B+C}{2}\cos\frac{B-C}{2}=$$
$$2\cos\frac{A}{2}\cos\frac{B-C}{2}=2x\sqrt{1-y^2}$$

$$\sin B\sin C=-\frac{1}{2}[\cos(B+C)-\cos(B-C)]=$$
$$\frac{1}{2}[\cos A+\cos(B-C)]=$$

$$\frac{1}{2}\left(1-2\sin\frac{A}{2}+2\cos^2\frac{B-C}{2}-1\right)=$$
$$x^2-y^2$$

因此,当时原不等式等价于

$$2y\sqrt{1-y^2}\cdot 2x\sqrt{1-y^2}+x^2-y^2\geqslant$$
$$3[(1-2y^2)\cdot 2xy+x^2+y^2-1]\Leftrightarrow$$
$$4xy(1-y^2)+x^2-y^2\geqslant$$
$$3[2xy(1-2y^2)+x^2+y^2-1]\Leftrightarrow$$
$$f(x)=2x^2+2(y-4y^2)x+$$
$$4y^2-3\leqslant 0\quad (x\in(0,1])$$

由于函数 $f(x)$ 是开口向上的二次函数,要证明 $f(x)\leqslant 0$,只需证明 $f(0)<0$ 且 $f(1)\leqslant 0$ 即可

$$f(0)=4y^2-3=4\left(y+\frac{\sqrt{3}}{2}\right)\left(y-\frac{\sqrt{3}}{2}\right)<0$$

$$f(1)=2+2(y-4y^2)+4y^2-3=$$
$$-(2y-1)^2-2y\leqslant 0$$

证法 2 “索-米”法

所谓“索-米”法是索勒丹-米德曼法的简称.面对大量三角形关系式,人们总想:能否用统一的方法进行推导呢?苏联人索勒丹和米德曼致力于此项研究多年,终于成功.他们从几个简单的几何关系出发,以韦达定理、对称多项式为工具,统一推导了200多个三角形关系式

$$\begin{cases}a+b+c=2s\\ab+bc+ca=s^2+4Rr+r^2\\abc=4sRr\end{cases}$$

$$2R^2+10Rr-r^2-2(R-2r)\sqrt{R^2-2Rr}\leqslant s^2\leqslant$$
$$2R^2+10Rr-r^2+2(R-2r)\sqrt{R^2-2Rr}$$

结合欧拉不等式:$R\geqslant 2r$,得到上述基本不等式的推论:

由 Gerretsen 不等式知

$$16Rr-5r^2\leqslant s^2\leqslant 4R^2+4Rr+3r^2$$

由正弦定理知

$$a=2R\sin A,b=2R\sin B,c=2R\sin C$$

故有

$$\sin A\sin B+\sin B\sin C+\sin C\sin A=\frac{s^2+4Rr+r^2}{4R^2}$$

由常见三角形恒等式

$$\cos A\cos B+\cos B\cos C+\cos C\cos A=\frac{s^2+r^2-4R^2}{4R^2}$$

知原不等式等价于

$$s^2+4Rr+r^2\geqslant 3(s^2+r^2-4R^2)\Leftrightarrow$$

$$s^2\leqslant 6R^2+2Rr-2r^2\Leftrightarrow$$

$$s^2\leqslant(4R^2+4Rr+3r^2)+2(R+r)(R-2r)$$

由 Gerretsen 不等式和欧拉不等式即知上式成立.

由均值不等式知

$$(\cos A+\cos B+\cos C)^2\geqslant$$

$$3(\cos A\cos B+\cos B\cos C+\cos C\cos A)$$

借助杨路教授的 Bottema 2009 软件,不难发现

$$\sin A\sin B+\sin B\sin C+\sin C\sin A\leqslant$$

$$(\cos A+\cos B+\cos C)^2$$

由常见三角形恒等式

$$\cos A+\cos B+\cos C=\frac{R+r}{R}$$

知,原不等式等价于

$$s^2+4Rr+r^2\leqslant 4(R+r)^2\Leftrightarrow$$
$$s^2\leqslant 4R^2+4Rr+3r^2$$

此即 Gerretsen 不等式,故上式成立.

注意到常见三角形不等式

$$\cos A+\cos B+\cos C\leqslant \frac{3}{2}$$

由此,得到一条锐角三角形不等式链

$$3(\cos A\cos B+\cos B\cos C+\cos C\cos A)\leqslant$$
$$\sin A\sin B+\sin B\sin C+\sin C\sin A\leqslant$$
$$(\cos A+\cos B+\cos C)^2\leqslant$$
$$\frac{3}{2}(\cos A+\cos B+\cos C)\leqslant \frac{9}{4}$$

例 8 已知三个圆交于一点 P,证明公共弦之和不大于三个圆的半径之和.

证明 如图 9,设三圆为圆 O_1,圆 O_2,圆 O_3,半径分别为 R_1,R_2,R_3,三圆两两的交点分别为 A,B,C;PA,PB,PC 与 O_2O_3,O_3O_1,O_1O_2 的交点分别为 D,E,F. 则 O_2O_3,O_3O_1,O_1O_2 分别垂直平分 PA,PB,PC.

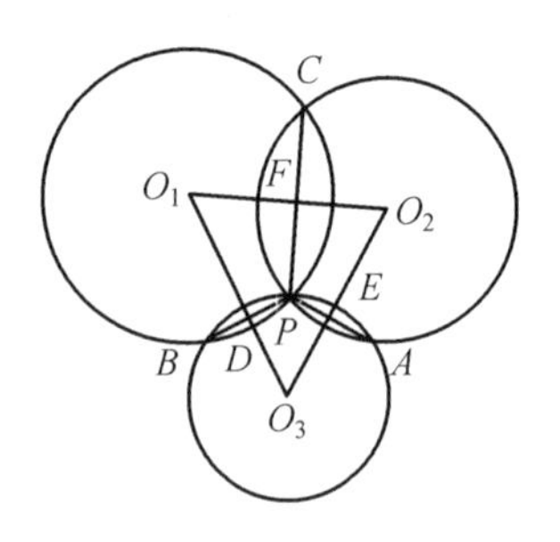

图 9

再由厄多斯一莫迪尔不等式知

$$PO_1+PO_2+PO_3\geqslant 2(PD+PE+PF)=PA+PB+PC$$

即为所求.

例9　(第31届IMO预选题)设 I 是 $\triangle ABC$ 的内心,AI,BI,CI 的延长线分别与 $\triangle ABC$ 的外接圆交于点 A_1,B_1,C_1.证明

$$IA_1+IB_1+IC_1\geqslant IA+IB+IC$$

证明　如图10,因为 I 是 $\triangle ABC$ 的内心,所以 $A_1I=A_1C$,即 A_1 为 $\triangle BCI$ 的外心.

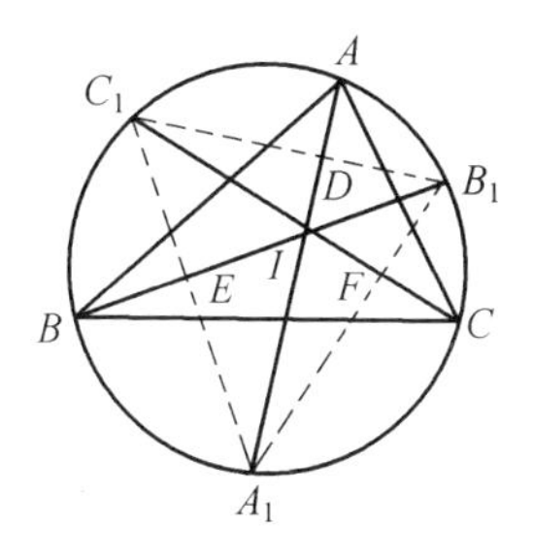

图10

同理,B_1 为 $\triangle CAI$ 的外心,C_1 为 $\triangle ABI$ 的外心.由例8知

$$IA_1+IB_1+IC_1\geqslant IA+IB+IC$$

评注　由本题知

$$IA_1+IB_1+IC_1\geqslant IA+IB+IC$$

即

$$(IA_1+IA)+(IB_1+IB)+(IC_1+IC)\geqslant 2(IA+IB+IC)$$

即

$$AA_1+BB_1+CC_1\geqslant 2(IA+IB+IC)$$

再由正弦定理知

$$AA_1=2R\sin\angle ABA_1=2R\sin\left(B+\frac{A}{2}\right)$$

同理可得

$$BB_1=2R\sin\left(C+\frac{B}{2}\right),CC_1=2R\sin\left(A+\frac{C}{2}\right)$$

故

$$2(IA+IB+IC)\leqslant$$
$$2R\left[\sin\left(B+\frac{A}{2}\right)+\sin\left(C+\frac{B}{2}\right)+\sin\left(A+\frac{C}{2}\right)\right]$$

即

$$IA+IB+IC\leqslant$$
$$R\left[\sin\left(B+\frac{A}{2}\right)+\sin\left(C+\frac{B}{2}\right)+\sin\left(A+\frac{C}{2}\right)\right]$$

注意到函数 $y=\sin x,x\in(0,\pi)$ 是上凸函数，由琴生不等式知

$$\sin\left(B+\frac{A}{2}\right)+\sin\left(C+\frac{B}{2}\right)+\sin\left(A+\frac{C}{2}\right)\leqslant$$
$$3\sin\left[\frac{1}{3}\left(B+\frac{A}{2}+C+\frac{B}{2}+A+\frac{C}{2}\right)\right]=$$
$$3\sin\frac{1}{3}\left(\pi+\frac{\pi}{2}\right)=3\sin\frac{\pi}{2}=3$$

故有

$$IA+IB+IC\leqslant$$
$$R\left[\sin\left(B+\frac{A}{2}\right)+\sin\left(C+\frac{B}{2}\right)+\sin\left(A+\frac{C}{2}\right)\right]\leqslant 3R$$

由此得到结论：

设 I 是 $\triangle ABC$ 的内心，则

$$IA+IB+IC\leqslant 3R$$

注意到

$$IA=4R\sin\frac{B}{2}\sin\frac{C}{2}$$

同理

$$IB=4R\sin\frac{C}{2}\sin\frac{A}{2}$$

$$IC=4R\sin\frac{A}{2}\sin\frac{B}{2}$$

故

$$IA+IB+IC\leqslant 3R$$

等价于

$$\sin\frac{A}{2}\sin\frac{B}{2}+\sin\frac{B}{2}\sin\frac{C}{2}+\sin\frac{C}{2}\sin\frac{A}{2}\leqslant\frac{3}{4}$$

由例 7 知,在锐角 $\triangle ABC$ 中,有

$$\cos A+\cos B+\cos C\geqslant$$
$$2(\cos A\cos B+\cos B\cos C+\cos C\cos A)$$

用 $\frac{\pi}{2}-\frac{A}{2},\frac{\pi}{2}-\frac{B}{2},\frac{\pi}{2}-\frac{C}{2}$ 分别替换 A,B,C,即得

$$2\left(\sin\frac{A}{2}\sin\frac{B}{2}+\sin\frac{B}{2}\sin\frac{C}{2}+\sin\frac{C}{2}\sin\frac{A}{2}\right)\leqslant$$
$$\sin\frac{A}{2}+\sin\frac{B}{2}+\sin\frac{C}{2}$$

由琴生不等式知

$$\sin\frac{A}{2}+\sin\frac{B}{2}+\sin\frac{C}{2}\leqslant 3\sin\frac{1}{3}\left(\frac{A}{2}+\frac{B}{2}+\frac{C}{2}\right)=$$
$$3\sin\frac{\pi}{6}=\frac{3}{2}$$

由此可得一条关于三角形内角的不等式链

$$2\left(\sin\frac{A}{2}\sin\frac{B}{2}+\sin\frac{B}{2}\sin\frac{C}{2}+\sin\frac{C}{2}\sin\frac{A}{2}\right)\leqslant$$
$$\sin\frac{A}{2}+\sin\frac{B}{2}+\sin\frac{C}{2}\leqslant\frac{3}{2}$$

例 10　求证:$\triangle ABC$ 的内心 I 到各顶点的距离之和至少是重心 G 到各边距离之和的 2 倍(图 11).

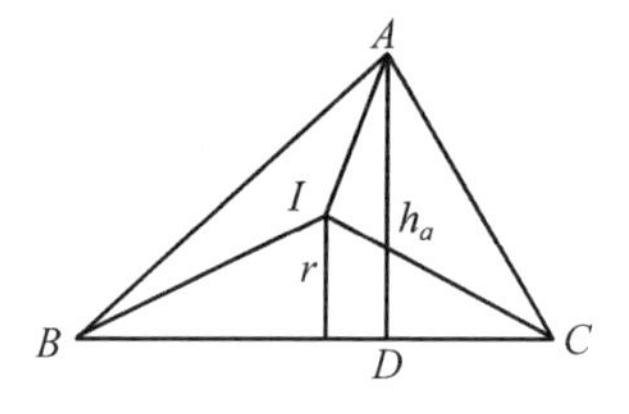

图 11

证明　设 G 到各边距离为

$$r_1(G)=\frac{1}{3}h_a,r_2(G)=\frac{1}{3}h_b,r_3(G)=\frac{1}{3}h_c$$

利用

$$h_a\leqslant AI+r,h_b\leqslant BI+r,h_c\leqslant CI+r$$

则有

$$r_1(G)+r_2(G)+r_3(G)=\frac{1}{3}(h_a+h_b+h_c)\leqslant$$

$$\frac{1}{3}(AI+BI+CI)+r\leqslant$$

$$\frac{1}{3}(AI+BI+CI)+\frac{1}{6}(AI+BI+CI)=$$

$$\frac{1}{2}(AI+BI+CI)$$

评注　最后一个不等号用到了厄多斯－莫迪尔不等式.

本例实际证明了以下结论

$$AI+BI+CI\geqslant\frac{2}{3}(h_a+h_b+h_c)$$

注意到 $h_a=\frac{2\Delta}{a}=\frac{sr}{a}$，故由柯西不等式知

$$h_a+h_b+h_c=2sr\left(\frac{1}{a}+\frac{1}{b}+\frac{1}{c}\right)\geqslant$$

$$2sr\cdot\frac{(1+1+1)^2}{a+b+c}=9r$$

即

$$h_a + h_b + h_c \geqslant 9r$$

从而

$$AI + BI + CI \geqslant \frac{2}{3}(h_a + h_b + h_c) \geqslant \frac{2}{3} \cdot 9r = 6r$$

注意到

$$AI + r \geqslant h_a, BI + r \geqslant h_b, CI + r \geqslant h_c$$

从而有

$$AI + BI + CI \geqslant (h_a + h_b + h_c) - 3r$$

由此得到以下结论

$$AI + BI + CI \geqslant (h_a + h_b + h_c) - 3r \geqslant \frac{2}{3}(h_a + h_b + h_c) \geqslant 6r$$

例 11　(国外数学竞赛题) 设 H 是 $\triangle ABC$ 的垂心，R 是 $\triangle ABC$ 的外接圆半径，求证

$$3R \geqslant HA + HB + HC$$

证明　设 $\triangle ABC$ 的三条高为 AD, BE, CF，如图12. 过 A, B, C 分别作 AH, BH, CH 的垂线，三条垂线分别交于 A', B', C'.

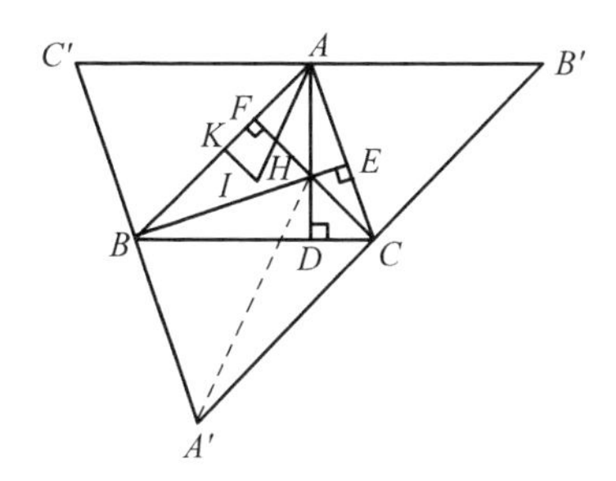

图 12

在 $\triangle A'B'C'$ 中，由厄多斯－莫迪尔不等式知

$$HA' + HB' + HC' \geqslant 2(HA + HB + HC)$$

又 A',B,H,C 四点共圆,其外接圆直径为 HA',即

$$HA' = \frac{BC}{\sin \angle BHC} = \frac{BC}{\sin(\pi - A)} = \frac{BC}{\sin A} = 2R$$

同理可证

$$HB' = HC' = 2R$$

所以

$$2R + 2R + 2R \geqslant 2(HA + HB + HC)$$

即

$$3R \geqslant HA + HB + HC$$

评注　注意到

$$HA = 2R\cos A, HB = 2R\cos B, HC = 2R\cos C$$

知

$$3R \geqslant HA + HB + HC$$

等价于

$$\cos A + \cos B + \cos C \leqslant \frac{3}{2}$$

借助本例的结论 $3R \geqslant HA + HB + HC$ 可加强例 9 的结论

$$IA + IB + IC \leqslant 3R$$

事实上有

$$HA + HB + HC \geqslant IA + IB + IC$$

证明　在 $\triangle BHC$ 中,由正弦定理知

$$\frac{HC}{\sin \angle HBC} = 2R$$

即

$$HC = 2R\sin \angle HBC = 2R\cos \angle ACB$$

同理可得

$$HA = 2R\sin \angle BAC, HB = 2R\sin \angle ABC$$

故

$$HA+HB+HC=2R(\cos A+\cos B+\cos C)=$$
$$2R\left(1+4\sin\frac{A}{2}\sin\frac{B}{2}\sin\frac{C}{2}\right)$$

作 $IK\perp AB$ 于 K，在 $\mathrm{Rt}\triangle AIK$ 中，设 $IK=r$，$IA=\dfrac{IK}{\sin\frac{A}{2}}=\dfrac{r}{\sin\frac{A}{2}}$.

在 $\triangle ABC$ 中，利用面积定理知

$$\Delta=\frac{1}{2}(a+b+c)r=\frac{1}{2}ab\sin C$$

又由正弦定理

$$\frac{a}{\sin A}=\frac{b}{\sin B}=\frac{c}{\sin C}=2R$$

知

$$2R(\sin A+\sin B+\sin C)r=4R^2\sin A\sin B\sin C$$

结合三角形恒等式

$$\sin A+\sin B+\sin C=4\cos\frac{A}{2}\cos\frac{B}{2}\cos\frac{C}{2}$$

知

$$r=\frac{2R\sin A\sin B\sin C}{\sin A+\sin B+\sin C}=$$
$$\frac{2R\sin A\sin B\sin C}{4\cos\frac{A}{2}\cos\frac{B}{2}\cos\frac{C}{2}}=$$
$$4R\sin\frac{A}{2}\sin\frac{B}{2}\sin\frac{C}{2}$$

故

$$IA=4R\sin\frac{B}{2}\sin\frac{C}{2}$$

同理

$$IB = 4R\sin\frac{C}{2}\sin\frac{A}{2}$$

$$IC = 4R\sin\frac{A}{2}\sin\frac{B}{2}$$

故

$$IA + IB + IC =$$
$$4R\left(\sin\frac{A}{2}\sin\frac{B}{2} + \sin\frac{B}{2}\sin\frac{C}{2} + \sin\frac{C}{2}\sin\frac{A}{2}\right)$$

为此，要证明

$$HA + HB + HC \geqslant IA + IB + IC$$

只需证明

$$1 + 4\sin\frac{A}{2}\sin\frac{B}{2}\sin\frac{C}{2} \geqslant$$
$$2\left(\sin\frac{A}{2}\sin\frac{B}{2} + \sin\frac{B}{2}\sin\frac{C}{2} + \sin\frac{C}{2}\sin\frac{A}{2}\right)$$

在 $\triangle ABC$ 中，$A+B+C=\pi$，由抽屉原理知，A，B，C 三个角中至少有两个角不小于 $\frac{\pi}{3}$，或者不大于 $\frac{\pi}{3}$，不妨设这两个角为 A 和 B，则

$$\left(\sin\frac{A}{2} - \frac{1}{2}\right)\left(\sin\frac{B}{2} - \frac{1}{2}\right) \geqslant 0$$

即

$$4\sin\frac{A}{2}\sin\frac{B}{2} \geqslant 2\left(\sin\frac{A}{2} + \sin\frac{B}{2}\right) - 1$$

故

$$1 + 4\sin\frac{A}{2}\sin\frac{B}{2}\sin\frac{C}{2} \geqslant$$
$$1 + 2\sin\frac{C}{2}\left(\sin\frac{A}{2} + \sin\frac{B}{2}\right) - \sin\frac{C}{2}$$

为此，只需证明

$$1-\sin\frac{C}{2}\geqslant 2\sin\frac{A}{2}\sin\frac{B}{2}$$

而

$$2\sin\frac{A}{2}\sin\frac{B}{2}=-\left[\cos\left(\frac{A}{2}+\frac{B}{2}\right)-\cos\left(\frac{A}{2}-\frac{B}{2}\right)\right]=$$

$$-\sin\frac{C}{2}+\cos\frac{A-B}{2}\leqslant$$

$$1-\sin\frac{C}{2}$$

故原不等式成立

$$HA+HB+HC\geqslant IA+IB+IC$$

等价于

$$\cos A+\cos B+\cos C\geqslant$$

$$2\left(\sin\frac{A}{2}\sin\frac{B}{2}+\sin\frac{B}{2}\sin\frac{C}{2}+\sin\frac{C}{2}\sin\frac{A}{2}\right)$$

该不等式的证明如下：

设 $\cos\frac{B-C}{4}=x, y=\sin\frac{\pi-A}{4}$.

不妨设 $0<A\leqslant\frac{\pi}{3}$,则

$$\frac{2\pi}{3}\leqslant\pi-A\leqslant\pi,\frac{\pi}{6}\leqslant\frac{\pi-A}{4}<\frac{\pi}{4},\frac{1}{2}\leqslant y<\frac{\sqrt{2}}{2}$$

$$y^2=\sin^2\frac{\pi-A}{4}=\frac{1-\cos\frac{\pi-A}{2}}{2}=\frac{1-\sin\frac{A}{2}}{2}$$

即

$$\sin\frac{A}{2}=1-2y^2$$

$$\sin\frac{B}{2}+\sin\frac{C}{2}=2\sin\frac{B+C}{4}\cos\frac{B-C}{4}=$$

$$2\sin\frac{\pi-A}{4}\cos\frac{B-C}{4}=2xy$$

$$\sin\frac{B}{2}\sin\frac{C}{2}=-\frac{1}{2}\left(\cos\frac{B+C}{2}-\cos\frac{B-C}{2}\right)=$$

$$-\frac{1}{2}\left[\left(1-2\sin^2\frac{B+C}{4}\right)-\left(2\cos^2\frac{B-C}{4}-1\right)\right]=$$

$$x^2+y^2-1$$

故

$$\cos A+\cos B+\cos C\geqslant$$
$$2\left(\sin\frac{A}{2}\sin\frac{B}{2}+\sin\frac{B}{2}\sin\frac{C}{2}+\sin\frac{C}{2}\sin\frac{A}{2}\right)$$

等价于

$$1+4(1-2y^2)(x^2+y^2-1)\geqslant$$
$$2[(1-2y^2)\cdot 2xy+x^2+y^2-1]\Leftrightarrow$$
$$f(x)=2(4y^2-1)x^2+4y(1-2y^2)x+$$
$$1-10y^2+8y^4\leqslant 0$$

由于 $f(x)$ 是开口朝上的 x 二次函数，要证明 $f(x)\leqslant 0$ 在 $(0,1]$ 上恒成立，只需证明 $f(0)\leqslant 0$，且 $f(1)\leqslant 0$ 即可.

$$f(0)=1-10y^2+8y^4=8\left(y^2-\frac{5}{8}\right)^2-\frac{17}{8}\leqslant$$
$$8\left(\frac{1}{2}-\frac{5}{8}\right)^2-\frac{17}{8}=-2<0$$
$$f(1)=-1+4y-2y^2-8y^3+8y^4=$$
$$-(1-2y^2)(2y-1)^2\leqslant 0$$

例 12 （《数学通报》问题 1137E2）设 P 是 $\triangle ABC$ 内任一点，$\triangle BPC$，$\triangle CPA$，$\triangle APB$ 的外接圆半径为 R_a，R_b，R_c. 求证

$$R_a+R_b+R_c\geqslant PA+PB+PC$$

证明 由 $(PA+PB+PC)$ 联想到构造厄多斯－莫迪尔不等式来寻找问题的突破口.

现分别过 A,B,C 作 AP,BP,CP 的垂线，依次相交于 C',A',B'，如图13.

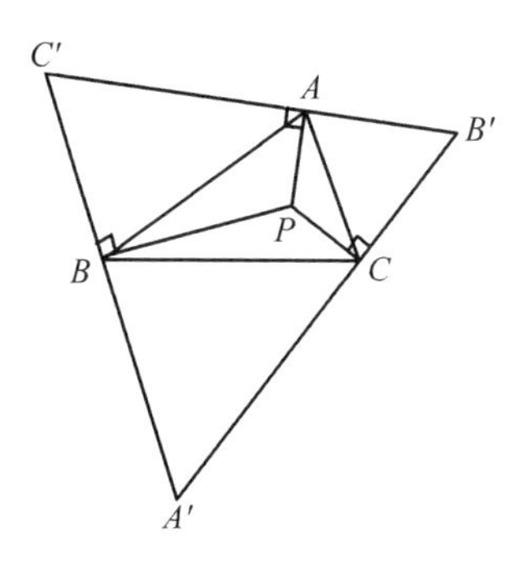

图13

联结 PA',PB',PC'，在 $\triangle ABC$ 中，由厄多斯—莫迪尔不等式可得

$$PA'+PB'+PC'\geqslant 2(PA+PB+PC)$$

由于 A,B,C,P 四点共圆，得 $PA'=2R_a$，同理

$$PB'=2R_b,PC'=2R_c$$

代入即得

$$2R_a+2R_b+2R_c\geqslant 2(PA+PB+PC)$$

即

$$R_a+R_b+R_c\geqslant PA+PB+PC$$

当且仅当 P 是 $\triangle ABC$ 外心时等号成立.

评注　若取点 P 为 $\triangle ABC$ 的垂心，则

$$\angle APB=180^\circ-(90^\circ-\angle A)-(90^\circ-\angle B)=\angle A+\angle B$$

由正弦定理知

$$2R_a=\frac{AB}{\sin(A+B)}=\frac{AB}{\sin C}=2R$$

即 $R_a=R$. 同理可得 $R_b=R_c=R$，结合本例的结论，即

得

$$3R \geqslant HA + HB + HC$$

可见本题是例 10 的一般情况.

由例 7、例 9、例 10、例 11、例 12 即得到一条有关欧拉不等式的链

$$\begin{aligned}3R &\geqslant HA + HB + HC \geqslant AI + BI + CI \geqslant \\ &(h_a + h_b + h_c) - 3r \geqslant \\ &\frac{2}{3}(h_a + h_b + h_c) \geqslant \\ &\begin{cases}6r \\ R[\cos(C-B) + \cos(A-C) + \cos(B-A)]\end{cases}\end{aligned}$$

由上可见,厄多斯 — 莫迪尔不等式却是一个非常有用的不等式,关于厄多斯 — 莫迪尔不等式的各种加强和推广,可参看有关《常用不等式》(第四版).

3.7 拉盖尔不等式及其应用

拉盖尔(Laguerre) 不等式是由法国数学家埃德蒙·尼古拉斯·拉盖尔(Edmond Nicolas Laguerre,1834 年 4 月 9 日 —1886 年 8 月 14 日) 提出并以他的名字命名的.

定理 n 为正整数,α,β 为给定的实数,$a_1, a_2, \cdots, a_n \in \mathbf{R}$,且有 $\sum a_k = \alpha$,$\sum a_k^2 = \beta$,则有

$$\begin{aligned}&\frac{\alpha}{n} - \frac{n-1}{n}\sqrt{\frac{n\beta - \alpha^2}{n-1}} \leqslant a_i \leqslant \\ &\frac{\alpha}{n} + \frac{n-1}{n}\sqrt{\frac{n\beta - \alpha^2}{n-1}}\ (i = 1, 2, \cdots, n)\end{aligned}$$

(1)a_i 取最大值$\frac{\alpha}{n}+\frac{n-1}{n}\sqrt{\frac{n\beta-\alpha^2}{n-1}}\Leftrightarrow a_1=\cdots=$
$a_{i-1}=a_{i+1}=\cdots=a_n=\frac{1}{n}\left(\alpha-\sqrt{\frac{n\beta-\alpha^2}{n-1}}\right)$.

(2)a_i 取最小值$\frac{\alpha}{n}-\frac{n-1}{n}\sqrt{\frac{n\beta-\alpha^2}{n-1}}\Leftrightarrow a_1=\cdots=$
$a_{i-1}=a_{i+1}=\cdots=a_n=\frac{1}{n}\left(\alpha+\sqrt{\frac{n\beta-\alpha^2}{n-1}}\right)$.

证明　由幂平均不等式知

$$(a_2+a_3+\cdots+a_n)^2\leqslant(n-1)(a_2^2+a_3^2+\cdots+a_n^2)$$

故有

$$(\alpha-a_1)^2\leqslant(n-1)(\beta-a_1^2)$$

即

$$na_1^2-2\alpha a_1+\beta^2-(n-1)\alpha\leqslant 0$$

令

$$\Delta=4(n-1)(n\beta-\alpha^2)$$

当 $\Delta<0$ 时,实数 a_1 不存在;

当 $\Delta\geqslant 0$ 时,得

$$\frac{\alpha}{n}-\frac{n-1}{n}\sqrt{\frac{n\beta-\alpha^2}{n-1}}\leqslant a_1\leqslant\frac{\alpha}{n}+\frac{n-1}{n}\sqrt{\frac{n\beta-\alpha^2}{n-1}}$$

对 $a_2,a_3,\cdots,a_n$ 同理可证.

① 先证"$\Leftarrow$".

当

$$a_1=a_2=\cdots=a_{i-1}=a_{i+1}=\cdots=a_n=\frac{1}{n}\left(\alpha-\sqrt{\frac{n\beta-\alpha^2}{n-1}}\right)$$

且同时有

$$\begin{cases} a_i = \alpha - \sum\limits_{k\neq i} a_k = \alpha - \dfrac{n-1}{n}\left(\alpha - \sqrt{\dfrac{n\beta - \alpha^2}{n-1}}\right) = \\ \qquad \dfrac{\alpha}{n} + \dfrac{n-1}{n}\sqrt{\dfrac{n\beta - \alpha^2}{n-1}} \\ a_i^2 = \beta - \sum\limits_{k\neq i} a_k^2 = \beta - \dfrac{n-1}{n^2}\left(\alpha - \sqrt{\dfrac{n\beta - \alpha^2}{n-1}}\right)^2 = \\ \qquad \left(\dfrac{\alpha}{n} + \dfrac{n-1}{n}\sqrt{\dfrac{n\beta - \alpha^2}{n-1}}\right)^2 \end{cases}$$

所以

$$a_1 = \cdots = a_{i-1} = a_{i+1} = \cdots = a_n =$$

$$\frac{1}{n}\left(\alpha - \sqrt{\frac{n\beta - \alpha^2}{n-1}}\right) \Rightarrow$$

a_i 能取到最大值$\dfrac{\alpha}{n} + \dfrac{n-1}{n}\sqrt{\dfrac{n\beta - \alpha^2}{n-1}}$

再证“$\Rightarrow$”.

当 a_i 取到最大值$\dfrac{\alpha}{n} + \dfrac{n-1}{n}\sqrt{\dfrac{n\beta - \alpha^2}{n-1}}$ 时，则

$$\begin{cases} \sum\limits_{k\neq i} a_k = \alpha - \left(\dfrac{\alpha}{n} + \dfrac{n-1}{n}\sqrt{\dfrac{n\beta - \alpha^2}{n-1}}\right) = \\ \qquad \dfrac{n-1}{n}\left(\alpha - \sqrt{\dfrac{n\beta - \alpha^2}{n-1}}\right) \\ \sum\limits_{k\neq i} a_k^2 = \beta - \left(\dfrac{\alpha}{n} + \dfrac{n-1}{n}\sqrt{\dfrac{n\beta - \alpha^2}{n-1}}\right)^2 \end{cases}$$

$\forall j \in \{1,2,\cdots,n\} \backslash \{i\}$，利用柯西不等式可得

$$\left(\sum_{k\neq i,j} a_k\right)^2 \leqslant (n-2)\left(\sum_{k\neq i,j} a_k^2\right)$$

即

$$\left[\frac{n-1}{n}\left(\alpha-\sqrt{\frac{n\beta-\alpha^2}{n-1}}\right)-a_j\right]^2\leqslant$$

$$(n-2)\left[\beta-\left(\frac{\alpha}{n}+\frac{n-1}{n}\sqrt{\frac{n\beta-\alpha^2}{n-1}}\right)^2-a_j^2\right]$$

整理得到

$$(n-1)a_j^2-\frac{2(n-1)}{n}\left(\alpha-\sqrt{\frac{n\beta-\alpha^2}{n-1}}\right)a_j+$$

$$\frac{(n-1)^2}{n^2}\left(\alpha-\sqrt{\frac{n\beta-\alpha^2}{n-1}}\right)^2+$$

$$(n-2)\left(\frac{\alpha}{n}+\frac{n-1}{n}\sqrt{\frac{n\beta-\alpha^2}{n-1}}\right)-(n-2)\beta\leqslant 0$$

令

$$f(a_j)=(n-1)a_j^2-\frac{2(n-1)}{n}\left(\alpha-\sqrt{\frac{n\beta-\alpha^2}{n-1}}\right)a_j+$$

$$\frac{(n-1)^2}{n^2}\left(\alpha-\sqrt{\frac{n\beta-\alpha^2}{n-1}}\right)^2+$$

$$(n-2)\left(\frac{\alpha}{n}+\frac{n-1}{n}\sqrt{\frac{n\beta-\alpha^2}{n-1}}\right)-(n-2)\beta$$

又恰有

$$\Delta=\frac{4(n-1)^2}{n^2}\left(\alpha-\sqrt{\frac{n\beta-\alpha^2}{n-1}}\right)^2-$$

$$4(n-1)\left[\frac{(n-1)^2}{n^2}\left(\alpha-\sqrt{\frac{n\beta-\alpha^2}{n-1}}\right)^2+\right.$$

$$\left.(n-2)\left(\frac{\alpha}{n}+\frac{n-1}{n}\sqrt{\frac{n\beta-\alpha^2}{n-1}}\right)-(n-2)\beta\right]=0$$

根据

$$\begin{cases}f(a_j)\leqslant 0\\ n-1>0\\ \Delta=0\end{cases}$$

所以 $f(a_j)=0$,因此

$$a_j=\frac{\frac{2(n-1)}{n}\left(\alpha-\sqrt{\frac{n\beta-\alpha^2}{n-1}}\right)}{2(n-1)}=\frac{1}{n}\left(\alpha-\sqrt{\frac{n\beta-\alpha^2}{n-1}}\right)$$

故可得

$$a_i \text{ 取到最大值}\frac{\alpha}{n}+\frac{n-1}{n}\sqrt{\frac{n\beta-\alpha^2}{n-1}}\Leftrightarrow$$

$$a_1=a_2=\cdots=a_{i-1}=a_{i+1}=\cdots=$$

$$a_n=\frac{1}{n}\left(\alpha-\sqrt{\frac{n\beta-\alpha^2}{n-1}}\right)$$

故(1)得证.

(2)a_i 取到最小值的情况的证明方法与 a_i 取到最大值的情况的证明方法一样.

先证"$\Leftarrow$".

当

$$a_1=a_2=\cdots=a_{i-1}=a_{i+1}=\cdots=a_n=$$

$$\frac{1}{n}\left(\alpha+\sqrt{\frac{n\beta-\alpha^2}{n-1}}\right)$$

且同时有

$$\begin{cases}a_i=\alpha-\sum\limits_{k\neq i}a_k=\alpha-\dfrac{n-1}{n}\left(\alpha+\sqrt{\dfrac{n\beta-\alpha^2}{n-1}}\right)=\\ \qquad\dfrac{\alpha}{n}-\dfrac{n-1}{n}\sqrt{\dfrac{n\beta-\alpha^2}{n-1}}\\ a_i^2=\beta-\sum\limits_{k\neq i}a_k^2=\beta-\dfrac{n-1}{n^2}\left(\alpha+\sqrt{\dfrac{n\beta-\alpha^2}{n-1}}\right)^2=\\ \qquad\left(\dfrac{\alpha}{n}-\dfrac{n-1}{n}\sqrt{\dfrac{n\beta-\alpha^2}{n-1}}\right)^2\end{cases}$$

当

$$a_1=\cdots=a_{i-1}=a_{i+1}=\cdots=a_n=\frac{1}{n}\left(\alpha+\sqrt{\frac{n\beta-\alpha^2}{n-1}}\right)$$

时，a_i 能取到最小值

$$\frac{\alpha}{n}-\frac{n-1}{n}\sqrt{\frac{n\beta-\alpha^2}{n-1}}$$

再证“$\Rightarrow$”.

当 a_i 取到最小值 $\frac{\alpha}{n}-\frac{n-1}{n}\sqrt{\frac{n\beta-\alpha^2}{n-1}}$ 时，则

$$\begin{cases}\sum\limits_{k\neq i}a_k=\alpha-\left(\frac{\alpha}{n}-\frac{n-1}{n}\sqrt{\frac{n\beta-\alpha^2}{n-1}}\right)=\\ \qquad\frac{n-1}{n}\left(\alpha+\sqrt{\frac{n\beta-\alpha^2}{n-1}}\right)\\ \sum\limits_{k\neq i}a_k^2=\beta-\left(\frac{\alpha}{n}-\frac{n-1}{n}\sqrt{\frac{n\beta-\alpha^2}{n-1}}\right)^2\end{cases}$$

$\forall j\in\{1,2,\cdots,n\}\setminus\{i\}$，利用柯西不等式可得

$$\left(\sum_{k\neq i,j}a_k\right)^2\leqslant(n-2)\left(\sum_{k\neq i,j}a_k^2\right)$$

即

$$\left[\frac{n-1}{n}\left(\alpha+\sqrt{\frac{n\beta-\alpha^2}{n-1}}\right)-a_j\right]^2\leqslant$$

$$(n-2)\left[\beta-\left(\frac{\alpha}{n}-\frac{n-1}{n}\sqrt{\frac{n\beta-\alpha^2}{n-1}}\right)^2-a_j^2\right]$$

整理得到

$$(n-1)a_j^2-\frac{2(n-1)}{n}\left(\alpha+\sqrt{\frac{n\beta-\alpha^2}{n-1}}\right)a_j+$$

$$\frac{(n-1)^2}{n^2}\left(\alpha+\sqrt{\frac{n\beta-\alpha^2}{n-1}}\right)^2+$$

$$(n-2)\left(\frac{\alpha}{n}-\frac{n-1}{n}\sqrt{\frac{n\beta-\alpha^2}{n-1}}\right)-$$

$$(n-2)\beta \leqslant 0$$

令

$$f(a_j)=(n-1)a_j^2-\frac{2(n-1)}{n}\left(\alpha+\sqrt{\frac{n\beta-\alpha^2}{n-1}}\right)a_j+\frac{(n-1)^2}{n^2}\left(\alpha+\sqrt{\frac{n\beta-\alpha^2}{n-1}}\right)^2+(n-2)\left(\frac{\alpha}{n}-\frac{n-1}{n}\sqrt{\frac{n\beta-\alpha^2}{n-1}}\right)-(n-2)\beta$$

又恰有

$$\Delta=\frac{4(n-1)^2}{n^2}\left(\alpha+\sqrt{\frac{n\beta-\alpha^2}{n-1}}\right)^2-4(n-1)\left[\frac{(n-1)^2}{n^2}\left(\alpha+\sqrt{\frac{n\beta-\alpha^2}{n-1}}\right)^2+(n-2)\left(\frac{\alpha}{n}-\frac{n-1}{n}\sqrt{\frac{n\beta-\alpha^2}{n-1}}\right)-(n-2)\beta\right]=0$$

根据

$$\begin{cases}f(a_j)\leqslant 0\\ n-1>0\\ \Delta=0\end{cases}$$

所以 $f(a_j)=0$,因此

$$a_j=\frac{\frac{2(n-1)}{n}\left(\alpha+\sqrt{\frac{n\beta-\alpha^2}{n-1}}\right)}{2(n-1)}=\frac{1}{n}\left(\alpha+\sqrt{\frac{n\beta-\alpha^2}{n-1}}\right)$$

故可得

$$a_i \text{ 取到最小值}\frac{\alpha}{n}-\frac{n-1}{n}\sqrt{\frac{n\beta-\alpha^2}{n-1}}\Leftrightarrow$$

$$a_1=a_2=\cdots=a_{i-1}=a_{i+1}=\cdots=a_n=\frac{1}{n}\left(\alpha+\sqrt{\frac{n\beta-\alpha^2}{n-1}}\right)$$

综上(2)得证.

评注　本定理也可由柯西不等式来证明.

定理的应用

例1　(加拿大,1978)求最大实数 z,使得 $x+y+z=5, xy+yz+zx=3$,并且 x,y 也是实数.

解

$$x^2+y^2+z^2=(x+y+z)^2-2(xy+yz+zx)=19$$

根据定理的(1)可直接求得:

当

$$x=y=\frac{1}{n}\left(\alpha-\sqrt{\frac{n\beta-\alpha^2}{n-1}}\right)=$$

$$\frac{1}{3}\left(5-\sqrt{\frac{3\times19-5^2}{2}}\right)=\frac{1}{3}$$

时,这时 z 取最大值

$$\frac{\alpha}{n}+\frac{n-1}{n}\sqrt{\frac{n\beta-\alpha^2}{n-1}}=\frac{5}{3}+\frac{2}{3}\sqrt{\frac{3\times19-5^2}{2}}=\frac{13}{3}$$

例2　(1989年第30届加拿大IMO集训队)设 $a\geqslant b\geqslant c\geqslant d>0, a+b+c+d=4, a^2+b^2+c^2+d^2=8$,求 a 的最大值.

解　根据定理的(1)可直接求得:

当

$$b=c=d=\frac{1}{n}\left(\alpha-\sqrt{\frac{n\beta-\alpha^2}{n-1}}\right)=$$

$$\frac{1}{4}\left(4-\sqrt{\frac{4\times8-4^2}{3}}\right)=\frac{3-\sqrt{3}}{3}$$

时,这时 a 取最大值

$$\frac{\alpha}{n}+\frac{n-1}{n}\sqrt{\frac{n\beta-\alpha^2}{n-1}}=\frac{4}{4}+\frac{3}{4}\sqrt{\frac{4\times8-4^2}{3}}=1+\sqrt{3}$$

例3　(1978年第7届USAMO试题)设 $a,b,c,d,$

$e\in\mathbf{R}$，且 $a+b+c+d+e=8$，$a^2+b^2+c^2+d^2+e^2=16$，求 e 的最大值.

解　根据定理的(1)可直接求得：

当

$$a=b=c=d=\frac{1}{n}\left(\alpha-\sqrt{\frac{n\beta-\alpha^2}{n-1}}\right)=$$

$$\frac{1}{5}\left(8-\sqrt{\frac{5\times16-8^2}{4}}\right)=\frac{6}{5}$$

时，这时 e 取最大值

$$\frac{\alpha}{n}+\frac{n-1}{n}\sqrt{\frac{n\beta-\alpha^2}{n-1}}=\frac{8}{5}+\frac{4}{5}\sqrt{\frac{5\times16-8^2}{4}}=\frac{16}{5}$$

例 4　(2006 年第 46 届 IMO 预选题；捷克－波兰－斯洛伐克竞赛数学) 已知实数 p,q,r,s 满足 $p+q+r+s=9$，$p^2+q^2+r^2+s^2=21$. 证明：存在 (p,q,r,s) 的一个排列 (a,b,c,d)，使得 $ab-cd\geqslant2$.

证明　不妨设 $p\geqslant q\geqslant r\geqslant s$，根据定理之①：

当 p 取到

$$\frac{\alpha}{n}+\frac{n-1}{n}\sqrt{\frac{n\beta-\alpha^2}{n-1}}=\frac{9}{4}+\frac{3}{4}\sqrt{\frac{4\times21-9^2}{3}}=3$$

时

$$q=r=s=\frac{1}{n}\left(\alpha-\sqrt{\frac{n\beta-\alpha^2}{n-1}}\right)=$$

$$\frac{1}{4}\left(9-\sqrt{\frac{4\times21-9^2}{3}}\right)=2$$

恰好满足一个排列 $(a,b,c,d)=(3,2,2,2)$，使得 $ab-cd\geqslant2$，所以命题得证.

例 5　(2011 年第 60 届捷克和斯洛伐克数学奥林匹克决赛第(2)问) 若实数 x,y,z 满足 $x+y+z=12$，$x^2+y^2+z^2=54$. 证明：x,y,z 中至少有一个不超过 3，

也至少有一个不小于 5.

证明　不妨设 $x \geqslant y \geqslant z$，根据定理之 ①，当

$$x_{\max}=\frac{\alpha}{n}+\frac{n-1}{n}\sqrt{\frac{n\beta-\alpha^2}{n-1}}=$$

$$\frac{12}{3}+\frac{2}{3}\sqrt{\frac{3\times 54-12^2}{2}}=6$$

时，此时

$$y=z=\frac{1}{n}\left(\alpha-\sqrt{\frac{n\beta-\alpha^2}{n-1}}\right)=$$

$$\frac{1}{3}\left(12-\sqrt{\frac{3\times 54-12^2}{2}}\right)=3$$

故 x,y,z 中至少有一个不超过 3.

根据定理的(2)，当

$$z_{\min}=\frac{\alpha}{n}-\frac{n-1}{n}\sqrt{\frac{n\beta-\alpha^2}{n-1}}=$$

$$\frac{12}{3}-\frac{2}{3}\sqrt{\frac{3\times 54-12^2}{2}}=2$$

时，此时

$$x=y=\frac{1}{n}\left(\alpha+\sqrt{\frac{n\beta-\alpha^2}{n-1}}\right)=$$

$$\frac{1}{3}\left(12+\sqrt{\frac{3\times 54-12^2}{2}}\right)=5$$

故 x,y,z 中至少有一个不小于 5.

所以例题得证，即 x,y,z 中至少有一个不超过 3，也至少有一个不小于 5.

评注　从以上的 5 道题可以看出，均用到了拉盖尔不等式在取最大值的情况(定理的(1))，仅在例 5 中用到了一次定理的(2) 的情况.

例 6　(2017 年四川预赛) 已知实数 x_1,x_2,x_3 满

足

$$x_1^2+x_2^2+x_3^2+x_1x_2+x_2x_3+x_3x_1=2$$

则 $|x_2|$ 的最大值是________.

提示　由条件知

$$x_1^2+(x_1+x_2)^2+(x_2+x_3)^2+x_3^2=4$$

注意到

$$x_1^2+(x_1+x_2)^2\geqslant\frac{1}{2}[x_1-(x_1+x_2)]^2=\frac{x_2^2}{2}$$

$$x_3^2+(x_2+x_3)^2\geqslant\frac{x_2^2}{2}$$

故 $x_2^2\leqslant 4$,即 $|x_2|\leqslant 2$. 当 $x_1=x_3=-1,x_2=2$ 时,等号可取到.

例7　(2011年全国联赛B卷第9题)已知实数 x,y,z 满足:$x\geqslant y\geqslant z,x+y+z=1,x^2+y^2+z^2=3$. 求实数 x 的取值范围.

解　由 $x\geqslant y\geqslant z$ 及 $x+y+z=1$ 知

$$1=x+y+z\leqslant 3x$$

即 $x\geqslant\frac{1}{3}$.

由 $x\geqslant y\geqslant z$ 及 $x^2+y^2+z^2=3$ 知

$$3=x^2+y^2+z^2\leqslant 3x^2$$

即 $x\geqslant 1$ 或 $x\leqslant -1$.

结合 $x\geqslant\frac{1}{3}$,知 $x\geqslant 1$.

由已知条件知

$$y+z=1-x,y^2+z^2=3-x^2$$

由定理知

$$2(y^2+z^2)\geqslant(y+z)^2$$

$$2(3-x^2)\geqslant(1-x)^2$$

$$3x^2-3x\leqslant 5$$

$$(x-\frac{1}{3})^2\leqslant\frac{16}{9}$$

$$-\frac{4}{3}\leqslant x-\frac{1}{3}\leqslant\frac{4}{3}$$

即

$$-1\leqslant x\leqslant\frac{5}{3}$$

结合 $x\geqslant 1$ 知 $1\leqslant x\leqslant\frac{5}{3}$.

故实数 x 的取值范围是 $\left[1,\frac{5}{3}\right]$.

柯西不等式

第4章

4.1 柯西不等式及其应用

柯西不等式 设 $a_1,a_2,\cdots,a_n\in\mathbf{R},n\in\mathbf{N}_+,b_1,b_2,\cdots,b_n\in\mathbf{R}$，则

$$(a_1b_1+a_2b_2+\cdots+a_nb_n)^2\leqslant(a_1^2+a_2^2+\cdots+a_n^2)(b_1^2+b_2^2+\cdots+b_n^2)$$

当且仅当 $a_i=kb_i(i=1,2,\cdots,n)$ 时取等号.

证明 原不等式可化为

$$|a_1b_1+a_2b_2+\cdots+a_nb_n|\leqslant\sqrt{a_1{}^2+a_2{}^2+\cdots+a_n{}^2}\cdot\sqrt{b_1{}^2+b_2{}^2+\cdots+b_n{}^2}$$

令

$$\sqrt{a_1{}^2+a_2{}^2+\cdots+a_n{}^2}=A$$

$$\sqrt{b_1{}^2+b_2{}^2+\cdots+b_n{}^2}=B$$

则上式等价于

$$\left|\frac{a_1b_1}{AB}+\frac{a_2b_2}{AB}+\cdots+\frac{a_nb_n}{AB}\right|\leqslant 1$$

而

$$\left|\sum_{i=1}^{n}\frac{a_i}{A}\cdot\frac{b_i}{B}\right|\leqslant\sum_{i=1}^{n}\left|\frac{a_i}{A}\cdot\frac{b_i}{B}\right|\leqslant\sum_{i=1}^{n}\frac{1}{2}\left(\frac{a_i^2}{A^2}+\frac{b_i^2}{B^2}\right)=$$

$$\frac{1}{2}\left(\frac{\sum_{i=1}^{n}a_i^2}{A^2}+\frac{\sum_{i=1}^{n}b_i^2}{B^2}\right)=1$$

利用排序不等式可以证明柯西不等式，具体证明如下：

若 $a_1=a_2=\cdots=a_n=0$ 或 $b_1=b_2=\cdots=b_n=0$ 时显然成立. 现设

$$A=\sqrt{a_1^2+a_2^2+\cdots+a_n^2}\neq 0$$

$$B=\sqrt{b_1^2+b_2^2+\cdots+b_n^2}\neq 0$$

记

$$x_1=\frac{|a_1|}{A},x_2=\frac{|a_2|}{A},\cdots,x_n=\frac{|a_n|}{A}$$

$$x_{n+1}=\frac{|b_1|}{B},x_{n+2}=\frac{|b_2|}{B},\cdots,x_{2n}=\frac{|b_n|}{B}$$

由排序不等式知

$$x_1x_{n+1}+x_2x_{n+2}+\cdots+x_nx_{2n}+$$
$$x_{n+1}x_1+x_{n+2}x_2+\cdots+x_{2n}x_n\leqslant$$
$$x_1x_1+x_2x_2+\cdots+x_{2n}x_{2n}$$

即

$$2\left(\frac{|a_1b_1|}{AB}+\frac{|a_2b_2|}{AB}+\cdots+\frac{|a_nb_n|}{AB}\right)\leqslant$$

$$\frac{a_1^2}{A^2}+\frac{a_2^2}{A^2}+\cdots+\frac{a_n^2}{A^2}+\frac{b_1^2}{B^2}+\frac{b_2^2}{B^2}+\cdots+\frac{b_n^2}{B^2}=2$$

故

$$\sum_{i=1}^{n} | a_i b_i | \leqslant AB = \sqrt{\sum_{i=1}^{n} a_i{}^2} \cdot \sqrt{\sum_{i=1}^{n} b_i{}^2}$$

进而

$$| \sum_{i=1}^{n} a_i b_i | \leqslant \sum_{i=1}^{n} | a_i b_i | \leqslant \sqrt{\sum_{i=1}^{n} a_i{}^2} \cdot \sqrt{\sum_{i=1}^{n} b_i{}^2}$$

平方得

$$(\sum_{i=1}^{n} a_i b_i)^2 \leqslant (\sum_{i=1}^{n} a_i{}^2) \cdot (\sum_{i=1}^{n} b_i{}^2)$$

判别式法也可以证明柯西不等式,具体证明如下:

令

$$f(x) = (a_1 x - b_1)^2 + (a_2 x - b_2)^2 + \cdots + (a_n x - b_n)^2$$

整理得

$$f(x) = (a_1^2 + a_2^2 + \cdots + a_n^2)x^2 - 2(a_1 b_1 + a_2 b_2 + \cdots + a_n b_n)x + (b_1^2 + b_2^2 + \cdots + b_n^2)$$

由 $f(x) \geqslant 0$,有 $\Delta \leqslant 0$,即

$$\Delta = 4(a_1 b_1 + a_2 b_2 + \cdots + a_n b_n)^2 - 4(a_1^2 + a_2^2 + \cdots + a_n^2)(b_1^2 + b_2^2 + \cdots + b_n^2) \leqslant 0$$

所以

$$(a_1 b_1 + a_2 b_2 + \cdots + a_n b_n)^2 \leqslant (a_1^2 + a_2^2 + \cdots + a_n^2)(b_1^2 + b_2^2 + \cdots + b_n^2)$$

此证法思路巧妙,简捷明快,这样构造二次函数,利用判别式的方法可用于解决一类问题.

还可以借助柯西-拉格朗日恒等式来证明

$$(a_1{}^2 + a_2{}^2 + \cdots + a_n{}^2)(b_1{}^2 + b_2{}^2 + \cdots + b_n{}^2) -$$

$$(a_1b_1+a_2b_2+\cdots+a_nb_n)^2=$$
$$(a_1b_2-a_2b_1)^2+(a_1b_3-a_3b_1)^2+\cdots+$$
$$(a_1b_n-a_nb_1)^2+(a_2b_3-a_3b_2)^2+\cdots+$$
$$(a_2b_n-a_nb_2)^2+\cdots+(a_{n-1}b_n-a_nb_{n-1})^2$$

由实数性质 $\alpha^2\geqslant 0(\alpha\in\mathbf{R})$ 可得柯西不等式成立.

n 维柯西不等式及其变形如下

$$C_0:(\sum_{k=1}^n a_k^2)\cdot(\sum_{k=1}^n b_k^2)\geqslant(\sum_{k=1}^n a_kb_k)^2$$

$$C_1:(\sum_{k=1}^n a_kb_k)\cdot\left(\sum_{k=1}^n\frac{a_k}{b_k}\right)\geqslant(\sum_{k=1}^n a_k)^2$$
$$(a_k>0,b_k>0)$$

$$C_2:(\sum_{k=1}^n a_k)\cdot(\sum_{k=1}^n b_k)\geqslant(\sum_{k=1}^n\sqrt{a_kb_k})^2$$
$$(a_k>0,b_k>0)$$

$$C_3:(\sum_{k=1}^n a_k)\cdot\left(\sum_{k=1}^n\frac{x_k^2}{a_k}\right)\geqslant(\sum_{k=1}^n x_k)^2\quad(a_k>0)$$

$$C_4:\sum_{k=1}^n\frac{x_k^2}{a_k}\geqslant\frac{(\sum_{k=1}^n x_k)^2}{\sum_{k=1}^n a_k}\quad(a_k>0)$$

$$C_5:\sum_{k=1}^n\frac{x_k^2}{y_k+z_k}\geqslant\frac{(\sum_{k=1}^n x_k)^2}{\sum_{k=1}^n(y_k+z_k)}\quad(y_k>0,z_k>0)$$

它们之间的内在关系如下

$$\left.\begin{matrix}C_1\\C_2\end{matrix}\right\rangle\leftarrow C_0\rightarrow C_3\rightarrow C_4\rightarrow C_5$$

C_4 在美国叫作 T_2 引理,在数学竞赛中应用广泛.

n 维柯西不等式可简记为:"方和积"不小于"积和方".

柯西不等式及幂平均不等式的加强 若 $m,n\in\mathbf{N}$,且 $m\geqslant 2,a_i,b_i\in\mathbf{R}_+,i=1,2,\cdots,n$,则

$$(\sum_{i=1}^{n}a_i^m)(\sum_{i=1}^{n}b_i^m)\geqslant\frac{1}{n^{m-2}}(\sum_{i=1}^{n}a_ib_i)^m$$

证法 1 不妨设 $a_1\leqslant a_2\leqslant\cdots\leqslant a_n,b_1\geqslant b_2\geqslant\cdots\geqslant b_n$,则由切比雪夫不等式得

$$\frac{1}{n}(\sum_{i=1}^{n}a_ib_i)\leqslant\frac{1}{n}(\sum_{i=1}^{n}a_i)\cdot\frac{1}{n}(\sum_{i=1}^{n}b_i)$$

所以

$$\frac{1}{n^m}(\sum_{i=1}^{n}a_ib_i)^m\leqslant\left(\frac{1}{n}\sum_{i=1}^{n}a_i\right)^m\cdot\left(\frac{1}{n}\sum_{i=1}^{n}b_i\right)^m$$

由幂平均不等式得

$$\left(\frac{1}{n}\sum_{i=1}^{n}a_i\right)^m\leqslant\frac{1}{n}\sum_{i=1}^{n}a_i^m,\left(\frac{1}{n}\sum_{i=1}^{n}b_i\right)^m\leqslant\frac{1}{n}\sum_{i=1}^{n}b_i^m$$

所以

$$\frac{1}{n^m}(\sum_{i=1}^{n}a_ib_i)^m\leqslant\left(\frac{1}{n}\sum_{i=1}^{n}a_i\right)^m\cdot\left(\frac{1}{n}\sum_{i=1}^{n}b_i\right)^m\leqslant\frac{1}{n^2}(\sum_{i=1}^{n}a_i^m)(\sum_{i=1}^{n}b_i^m)$$

即

$$(\sum_{i=1}^{n}a_i^m)(\sum_{i=1}^{n}b_i^m)\geqslant\frac{1}{n^{m-2}}(\sum_{i=1}^{n}a_ib_i)^m$$

证法 2 由柯西不等式得

$$(\sum_{i=1}^{n}a_i^m)(\sum_{i=1}^{n}b_i^m)\geqslant(\sum_{i=1}^{n}(a_ib_i)^{\frac{m}{2}})^2=[\sum_{i=1}^{n}(a_ib_i)^{\frac{m}{2}})^{\frac{2}{m}}]^m$$

由幂平均不等式得

$$\left[\sum_{i=1}^{n}(a_ib_i)^{\frac{m}{2}}\right]^{\frac{2}{m}} \geqslant n^{\frac{2}{m}} \cdot \frac{\sum\limits_{i=1}^{n}(a_ib_i)}{n}$$

所以

$$\left\{\left[\sum_{i=1}^{n}(a_ib_i)^{\frac{m}{2}}\right]^{\frac{2}{m}}\right\}^m \geqslant n^{2-m}\left[\sum_{i=1}^{n}(a_ib_i)\right]^m$$

即

$$\left(\sum_{i=1}^{n}a_i^m\right)\left(\sum_{i=1}^{n}b_i^m\right) \geqslant \frac{1}{n^{m-2}}\left(\sum_{i=1}^{n}a_ib_i\right)^m$$

推论 1　设 $a_i,b_i \in \mathbf{R}_+, i=1,2,\cdots,n, m \in \mathbf{N}$，且 $m \geqslant 2$，则

$$\sum_{i=1}^{n}\frac{a_i^m}{b_i} \geqslant n^{2-m} \cdot \frac{\left(\sum\limits_{i=1}^{n}a_i\right)^m}{\sum\limits_{i=1}^{n}b_i}$$

推论 2　设 $a_i,b_i \in \mathbf{R}_+, i=1,2,\cdots,n, r,s \in \mathbf{N}$，且 $r > s \geqslant 1$，则

$$\sum_{i=1}^{n}\frac{a_i^r}{b_i^s} \geqslant n^{1+s-r} \cdot \frac{\left(\sum\limits_{i=1}^{n}a_i\right)^r}{\left(\sum\limits_{i=1}^{n}b_i\right)^s}$$

当且仅当 $a_1=a_2=\cdots=a_n, b_1=b_2=\cdots=b_n$ 时等号成立.

证明　不妨设 $a_1 \leqslant a_2 \leqslant \cdots \leqslant a_n, b_1 \geqslant b_2 \geqslant \cdots \geqslant b_n$，则 $\frac{1}{b_1} \leqslant \frac{1}{b_2} \leqslant \cdots \leqslant \frac{1}{b_n}$，由切比雪夫不等式得

$$\sum_{i=1}^{n}\frac{a_i^r}{b_i^s}=\sum_{i=1}^{n}a_i^r\cdot b_i^{-s}\geqslant\frac{1}{n}\sum_{i=1}^{n}a_i^r\cdot\sum_{i=1}^{n}b_i^{-s}$$

设 $f_1(x)=x^r, f_2(x)=x^{-s}$，则 $f_1(x), f_2(x)$ 是下凸函数，由琴生不等式得

$$\frac{1}{n}\sum_{i=1}^{n}a_i^r\geqslant\left(\frac{1}{n}\sum_{i=1}^{n}a_i\right)^r,\frac{1}{n}\sum_{i=1}^{n}b_i^{-s}\geqslant\left(\frac{1}{n}\sum_{i=1}^{n}b_i\right)^{-s}$$

即

$$\sum_{i=1}^{n}a_i^r\geqslant n^{1-r}\left(\sum_{i=1}^{n}a_i\right)^r,\sum_{i=1}^{n}b_i^{-s}\geqslant n^{1+s}\left(\sum_{i=1}^{n}b_i\right)^{-s}$$

所以

$$\sum_{i=1}^{n}\frac{a_i^r}{b_i^s}\geqslant n^{1+s-r}\cdot\frac{\left(\sum_{i=1}^{n}a_i\right)^r}{\left(\sum_{i=1}^{n}b_i\right)^s}$$

拉盖尔不等式　已知 $n\in\mathbf{N}_+, a\in\mathbf{R}, b\in\mathbf{R}_+, a_1, a_2,\cdots,a_n\in\mathbf{R}, \sum_{i=1}^{n}a_i=a, \sum_{i=1}^{n}a_i^2=b, nb\geqslant a^2$，则有

$$\frac{a}{n}-\frac{n-1}{n}\sqrt{\frac{nb-a^2}{n-1}}\leqslant a_i\leqslant$$
$$\frac{a}{n}+\frac{n-1}{n}\sqrt{\frac{nb-a^2}{n-1}}\quad(i=1,2,\cdots,n)$$

其中，左边等号成立的条件是

$$a_1=a_2=\cdots=a_{i-1}=a_{i+1}=\cdots=a_n=$$
$$\frac{1}{n}\left(a-\sqrt{\frac{nb-a^2}{n-1}}\right)$$

右边等号成立的条件是

$$a_1=a_2=\cdots=a_{i-1}=a_{i+1}=\cdots=a_n=$$
$$\frac{1}{n}\left(a+\sqrt{\frac{nb-a^2}{n-1}}\right)$$

证明　由柯西不等式知

$$\left(\sum_{i=1}^{n} a_i - a_i\right)^2 \leqslant (n-1)\left(\sum_{i=1}^{n} a_i^2 - a_i^2\right)$$

即

$$(a-a_i)^2 \leqslant (n-1)(b-a_i^2)$$

$$na_i^2 - 2aa_i + b^2 - (n-1)a \leqslant 0$$

因为

$$\Delta = 4a^2 - 4n[b^2 - (n-1)a] = 4(n-1)(nb-a^2) \geqslant 0$$

所以

$$\frac{a}{n} - \frac{n-1}{n}\sqrt{\frac{nb-a^2}{n-1}} \leqslant a_i \leqslant \frac{a}{n} + \frac{n-1}{n}\sqrt{\frac{nb-a^2}{n-1}} \quad (i=1,2,\cdots,n)$$

柯西不等式的使用技巧

1. 项数的巧拆

例1　(2013年科索沃数学奥林匹克)已知 a 是实数,求证:$3(a^4+a^2+1) \geqslant (a^2+a+1)^2$.

证明　(柯西不等式法)

$$3(a^4+a^2+1) = (1^2+1^2+1^2)(a^4+a^2+1^2) \geqslant (1\cdot a^2 + 1\cdot a + 1\cdot 1)^2 = (a^2+a+1)^2$$

另证　$3(a^4+a^2+1)-(a^2+a+1)^2=$

$3(a^2+a+1)(a^2-a+1)-(a^2+a+1)^2=$

$(a^2+a+1)[3(a^2-a+1)-(a^2+a+1)]=$

$(a^2+a+1)(2a^2-4a+2)=$

$$2(a^2+a+1)(a-1)^2\geqslant 0$$

评析 本题可以推广为：

已知 a 是实数，求证

$$(n+1)(a^{2n}+a^{2(n-1)}+\cdots+a^2+1)\geqslant$$
$$(a^n+a^{n-1}+\cdots+a^2+a+1)^2$$

2. 结构的巧变

例 2 （2013 年希腊国家队选拔考试题）对任意正实数 $x,y,z,xy+yz+zx=1$，确定 M 的最大值，使得

$$\frac{x}{1+\frac{yz}{x}}+\frac{y}{1+\frac{zx}{y}}+\frac{z}{1+\frac{xy}{z}}\geqslant M$$

解 原不等式可变成

$$\frac{x^2}{x+yz}+\frac{y^2}{y+zx}+\frac{z^2}{z+xy}\geqslant M$$

因为 $x,y,z>0$，所以由柯西不等式得

$$\frac{x^2}{x+yz}+\frac{y^2}{y+zx}+\frac{z^2}{z+xy}\geqslant$$
$$\frac{(x+y+z)^2}{x+yz+y+zx+z+xy}=$$
$$\frac{(x+y+z)^2}{x+y+z+yz+zx+xy}=$$
$$\frac{(x+y+z)^2}{x+y+z+1}=\frac{1}{\frac{1}{(x+y+z)^2}+\frac{1}{x+y+z}}=$$
$$\frac{1}{\left(\frac{1}{x+y+z}-\frac{1}{2}\right)^2-\frac{1}{4}}\geqslant$$
$$\frac{1}{\left(\frac{1}{\sqrt{3(xy+yz+zx)}}-\frac{1}{2}\right)^2-\frac{1}{4}}=$$

$$\frac{1}{\left(\frac{1}{\sqrt{3}}-\frac{1}{2}\right)^2-\frac{1}{4}}=\frac{3(\sqrt{3}-1)}{2}$$

因此

$$M_{\max}=\frac{3(\sqrt{3}-1)}{2}$$

另解

$$x+y+z\geqslant\sqrt{3(xy+yz+zx)}=\sqrt{3}$$

$$\frac{x^2}{x+yz}+\frac{y^2}{y+zx}+\frac{z^2}{z+xy}\geqslant$$

$$\frac{(x+y+z)^2-1+1}{x+y+z+1}=$$

$$x+y+z+1+\frac{1}{x+y+z+1}-2\geqslant$$

$$\sqrt{3}+1+\frac{1}{\sqrt{3}+1}-2=\frac{3(\sqrt{3}-1)}{2}$$

因此

$$M_{\max}=\frac{3(\sqrt{3}-1)}{2}$$

例 3　(2015 年福建预赛试题)已知实数 x,y,z 满足 $x^2+2y^2+3z^2=24$,则 $x+2y+3z$ 的最小值为________.

解　由柯西不等式,知

$$(x+2y+3z)^2=(1\cdot x+\sqrt{2}\cdot\sqrt{2}y+\sqrt{3}\cdot\sqrt{3}z)^2\leqslant$$
$$[1^2+(\sqrt{2})^2+(\sqrt{3})^2]\cdot(x^2+2y^2+3z^2)=144$$

所以

$$x+2y+3z\geqslant -12$$

当且仅当 $\frac{x}{1}=\frac{\sqrt{2}y}{\sqrt{2}}=\frac{\sqrt{3}y}{\sqrt{3}}$,即 $x=y=z=-2$ 时等号成

立.

所以 $x+2y+3z$ 的最小值为 -12.

例 4 在 $\triangle ABC$ 中,有

$$\frac{\cos^2 B}{1+\cos A}+\frac{\cos^2 C}{1+\cos B}+\frac{\cos^2 A}{1+\cos C}\geqslant\frac{1}{2}$$

证明 由余弦定理知,原不等式等价于

$$\frac{(c^2+a^2-b^2)^2}{\frac{a^2c}{b}(b^2+2bc+c^2-a^2)}+\frac{(a^2+b^2-c^2)^2}{\frac{b^2a}{c}(c^2+2ca+a^2-b^2)}+$$

$$\frac{(b^2+c^2-a^2)^2}{\frac{c^2b}{a}(a^2+2ab+b^2-c^2)}\geqslant 1 \qquad (*)$$

由柯西不等式知

$$\frac{(c^2+a^2-b^2)^2}{\frac{a^2c}{b}(b^2+2bc+c^2-a^2)}+\frac{(a^2+b^2-c^2)^2}{\frac{b^2a}{c}(c^2+2ca+a^2-b^2)}+$$

$$\frac{(b^2+c^2-a^2)^2}{\frac{c^2b}{a}(a^2+2ab+b^2-c^2)}\geqslant$$

$$\frac{(a^2+b^2+c^2)^2}{\sum\frac{a^2c}{b}(b^2+2bc+c^2-a^2)}$$

由上式知,要证明式$(*)$成立,只需证明

$$\frac{(a^2+b^2+c^2)^2}{\sum\frac{a^2c}{b}(b^2+2bc+c^2-a^2)}\geqslant 1\Leftrightarrow$$

$$(a^2+b^2+c^2)^2\geqslant\frac{a^2c}{b}(b^2+2bc+c^2-a^2)+$$

$$\frac{b^2a}{c}(c^2+2ca+a^2-b^2)+\frac{c^2b}{a}(a^2+2ab+b^2-c^2)\Leftrightarrow$$

$$abc(a^4+b^4+c^4)+(a^2b^5+b^2c^5+c^5a^2)\geqslant$$

$$a^4b^3+b^4c^3+c^4a^3+a^2b^2c^2(a+b+c)\Leftrightarrow$$

$(a^2b+ab^2+b^2c+bc^2+c^2a+ca^2+abc)\cdot$
$(ab^3+bc^3+ca^3-a^2b^2-b^2c^2-c^2a^2)\geqslant 0\Leftrightarrow$
$$ab^3+bc^3+ca^3-a^2b^2-b^2c^2-c^2a^2\geqslant 0 \qquad (**)$$

作变换：$p=s-a>0,q=s-b>0,r=s-c>0$(其中 $s=\frac{1}{2}(a+b+c)$)，则式(＊＊)显然等价于

$$p^3q+q^3r+rp^3\geqslant pqr(p+q+r)\Leftrightarrow$$
$$\frac{p^2}{r}+\frac{q^2}{p}+\frac{r^2}{q}\geqslant p+q+r\Leftrightarrow$$
$$\frac{(p-r)^2}{r}+\frac{(q-p)^2}{p}+\frac{(r-q)^2}{q}\geqslant 0$$

显然.

例5　(2005年全国高中数学联赛题)设正数 a,b,c,x,y,z 满足 $cy+bz=a;az+cx=b;bx+ay=c$. 求函数 $f(x,y,z)=\frac{x^2}{1+z}+\frac{y^2}{1+x}+\frac{z^2}{1+y}$ 的最小值.

解　由已知条件得

$$b(az+cx)+c(bx+ay)-a(cy+bz)=$$
$$b^2+c^2-a^2$$

即

$$2bcx=b^2+c^2-a^2$$

所以

$$x=\frac{b^2+c^2-a^2}{2bc}$$

同理

$$y=\frac{a^2+c^2-b^2}{2ac},z=\frac{a^2+b^2-c^2}{2ab}$$

代入

$$f(x,y,z)=\frac{x^2}{1+z}+\frac{y^2}{1+x}+\frac{z^2}{1+y}$$

并由柯西不等式得

$f(x,y,z)=$

$$\frac{1}{2}\sum \frac{(c^2+a^2-b^2)^2}{\frac{a^2c}{b}(b^2+2bc+c^2-a^2)} \geqslant$$

$$\frac{1}{2}\frac{(a^2+b^2+c^2)^2}{\sum \frac{a^2c}{b}(b^2+2bc+c^2-a^2)} =$$

$$\frac{1}{2}+\frac{1}{2}\frac{(\sum a^2)^2-\sum \frac{a^2c}{b}(b^2+2bc+c^2-a^2)}{\sum \frac{a^2c}{b}(b^2+2bc+c^2-a^2)} =$$

$$\frac{1}{2}+\frac{1}{2}\frac{abc\sum a^3+\sum a^2b^5-\sum a^4b^3+a^2b^2c^2\sum a}{\sum a^3c^2(b^2+2bc+c^2-a^2)} =$$

$$\frac{1}{2}+\frac{1}{2}\frac{(\sum a^2b+\sum ab^2+abc)(\sum ab^3-\sum a^2b^2)}{\sum a^3c^2(b^2+2bc+c^2-a^2)}$$

由已知可得

$$x=\frac{b^2+c^2-a^2}{2bc}>0$$

$$y=\frac{a^2+c^2-b^2}{2ac}>0$$

$$z=\frac{a^2+b^2-c^2}{2ab}>0$$

令 $x=\cos A, y=\cos B, z=\cos C$，可知 a,b,c 是锐角 $\triangle ABC$ 的三边长. 作变换

$$u=s-a>0, v=s-b>0$$

$$w=s-c>0 \quad (其中\ s=\frac{1}{2}(a+b+c))$$

则

$$ab^3+bc^3+ca^3-a^2b^2-b^2c^2-c^2a^2=$$

$$u^3v+v^3w+wu^3-uvw(u+v+w)=$$
$$u^3v+v^3w+wu^3-uvw(u+v+w)=$$
$$uv\,(u-w)^2+vw\,(v-u)^2+wu\,(w-v)^2\geqslant 0$$

故

$$ab^3+bc^3+ca^3-a^2b^2-b^2c^2-c^2a^2\geqslant 0$$

从而,有

$$f(x,y,z)\geqslant\frac{1}{2}$$

事实上,设 $0<x\leqslant y\leqslant z$,则

$$0<x^2\leqslant y^2\leqslant z^2$$
$$0<1+x\leqslant 1+y\leqslant 1+z$$

即

$$0<\frac{1}{1+z}\leqslant\frac{1}{1+y}\leqslant\frac{1}{1+x}$$

由排序不等式可得

$$x^2\cdot\frac{1}{1+z}+y^2\cdot\frac{1}{1+x}+z^2\cdot\frac{1}{1+y}\geqslant$$
$$x^2\cdot\frac{1}{1+x}+y^2\cdot\frac{1}{1+y}+z^2\cdot\frac{1}{1+z}$$

即

$$\frac{x^2}{1+z}+\frac{y^2}{1+x}+\frac{z^2}{1+y}\geqslant\frac{x^2}{1+x}+\frac{y^2}{1+y}+\frac{z^2}{1+z}$$

3. 项的巧选与位置的巧换

例 6　(2013年越南数学奥林匹克试题)在实数范围内解方程组

$$\begin{cases}\sqrt{\sin^2x+\dfrac{1}{\sin^2x}}+\sqrt{\cos^2y+\dfrac{1}{\cos^2y}}=\sqrt{\dfrac{20x}{x+y}}\\ \sqrt{\sin^2y+\dfrac{1}{\sin^2y}}+\sqrt{\cos^2x+\dfrac{1}{\cos^2x}}=\sqrt{\dfrac{20y}{x+y}}\end{cases}$$

解 将两式相乘得

$$\left(\sqrt{\sin^2 x+\frac{1}{\sin^2 x}}+\sqrt{\cos^2 y+\frac{1}{\cos^2 y}}\right)\cdot$$

$$\left(\sqrt{\sin^2 y+\frac{1}{\sin^2 y}}+\sqrt{\cos^2 x+\frac{1}{\cos^2 x}}\right)=$$

$$20\sqrt{\frac{xy}{(x+y)^2}} \qquad (*)$$

由柯西不等式得

$$\left(\sin^2 x+\frac{1}{\sin^2 x}\right)\left(\cos^2 x+\frac{1}{\cos^2 x}\right)\geqslant$$

$$\left(|\sin x\cdot\cos x|+\frac{1}{|\sin x\cdot\cos x|}\right)^2=$$

$$\left(\frac{|\sin 2x|}{2}+\frac{1}{2|\sin 2x|}+\frac{3}{2|\sin 2x|}\right)^2=$$

$$\left(1+\frac{3}{2}\right)^2=\frac{25}{4}$$

同理

$$\left(\sin^2 y+\frac{1}{\sin^2 y}\right)\left(\cos^2 y+\frac{1}{\cos^2 y}\right)\geqslant\frac{25}{4}$$

由均值不等式得

(*)前面 $\geqslant$

$$2\sqrt{\sqrt{\sin^2 x+\frac{1}{\sin^2 x}}\cdot\sqrt{\cos^2 y+\frac{1}{\cos^2 y}}}\cdot$$

$$2\sqrt{\sqrt{\sin^2 y+\frac{1}{\sin^2 y}}\cdot\sqrt{\cos^2 x+\frac{1}{\cos^2 x}}}=$$

$$4\sqrt[4]{\left(\sin^2 x+\frac{1}{\sin^2 x}\right)\left(\cos^2 x+\frac{1}{\cos^2 x}\right)\left(\sin^2 y+\frac{1}{\sin^2 y}\right)\left(\cos^2 y+\frac{1}{\cos^2 y}\right)}=$$

$$4\sqrt[4]{\left(\frac{25}{4}\right)^2}=10\geqslant 20\sqrt{\frac{xy}{(x+y)^2}}$$

(因为 $20\sqrt{\frac{xy}{(x+y)^2}} \leqslant 20\sqrt{\frac{xy}{4xy}}=10$).

当且仅当 $x=y$, $|\sin 2x|=|\sin 2y|=1$,即 $x=y=\frac{\pi}{4}+\frac{k\pi}{2}(k\in\mathbf{Z})$ 是已知方程组的全部解.

4. 项的巧拆

例 7 (2013年新疆预赛试题)已知 a,b,c 为正整数,求证

$$(a^2+2)(b^2+2)(c^2+2)\geqslant 3(a+b+c)^2$$

证明 先证明

$$(a^2+2)(b^2+2)\geqslant \frac{3}{2}[(a+b)^2+2]\Leftrightarrow$$

$$2(a^2b^2+2a^2+2b^2+4)\geqslant 3(a^2+b^2+2ab+2)\Leftrightarrow$$

$$2a^2b^2+a^2+b^2-6ab+2\geqslant 0\Leftrightarrow$$

$$2(ab-1)^2+(a-b)^2\geqslant 0$$

由柯西不等式知

$$\begin{aligned}&(a^2+2)(b^2+2)(c^2+2)\geqslant\\&\frac{3}{2}[(a+b)^2+2](c^2+2)\geqslant\\&\frac{3}{2}[\sqrt{2}(a+b)+\sqrt{2}c]^2=\\&3(a+b+c)^2\end{aligned}$$

例 8 (2012年第29届土耳其数学奥林匹克试题)已知 x,y,z 为正实数,证明

$$\frac{x(2x-y)}{y(2z+x)}+\frac{y(2y-z)}{z(2x+y)}+\frac{z(2z-x)}{x(2y+z)}\geqslant 1$$

证明 注意到

$$\frac{x(2x-y)}{y(2z+x)}+1=\frac{2(x^2+yz)}{y(2z+x)}$$

$$\frac{y(2y-z)}{z(2x+y)}+1=\frac{2(y^2+zx)}{z(2x+y)}$$

$$\frac{z(2z-x)}{x(2y+z)}+1=\frac{2(z^2+xy)}{x(2y+z)}$$

则原不等式等价于

$$f(x,y,z)=\frac{x^2+yz}{y(2z+x)}+\frac{y^2+zx}{z(2x+y)}+\frac{z^2+xy}{x(2y+z)}\geqslant 2$$

由柯西不等式知

$$g(x,y,z)=\frac{x^2}{y(2z+x)}+\frac{y^2}{z(2x+y)}+\frac{z^2}{x(2y+z)}\geqslant \frac{(x+y+z)^2}{3(xy+yz+zx)}$$

$$h(x,y,z)=\frac{z}{2z+x}+\frac{x}{2x+y}+\frac{y}{2y+z}\geqslant \frac{(x+y+z)^2}{2(x^2+y^2+z^2)+xy+yz+zx}$$

故

$$f=g+h\geqslant (x+y+z)^2\cdot \left[\frac{1}{3(xy+yz+zx)}+\frac{1}{2(x^2+y^2+z^2)+xy+yz+zx}\right]=$$

$$\frac{2(x+y+z)^4}{3(xy+yz+zx)[2(x^2+y^2+z^2)+xy+yz+zx]}=$$

$$\frac{2(x+y+z)^4}{3(xy+yz+zx)[2(x+y+z)^2-3(xy+yz+zx)]}\geqslant$$

$$\frac{2(x+y+z)^4}{\left[\frac{3(xy+yz+zx)+2(x+y+z)^2-3(xy+yz+zx)}{2}\right]^2}=2$$

5. 项的巧添

例 9 （2015 年广西预赛试题）设 $a,b,c\in \mathbf{R}_+$，且 $a+b+c=3$，求 $\frac{a^4}{b^2+c}+\frac{b^4}{c^2+a}+\frac{c^4}{a^2+b}$ 的最小值.

解　由柯西不等式知

$$(b^2+c+c^2+a+a^2+b)\cdot\left(\frac{a^4}{b^2+c}+\frac{b^4}{c^2+a}+\frac{c^4}{a^2+b}\right)\geqslant(a^2+b^2+c^2)^2$$

所以

$$\frac{a^4}{b^2+c}+\frac{b^4}{c^2+a}+\frac{c^4}{a^2+b}\geqslant\frac{(a^2+b^2+c^2)^2}{b^2+c+c^2+a+a^2+b}=\frac{(a^2+b^2+c^2)^2}{a^2+b^2+c^2+3}$$

令 $a^2+b^2+c^2=x$,所以

$$x=a^2+b^2+c^2\geqslant\frac{1}{3}(a+b+c)^2=3$$

所以

$$\frac{a^4}{b^2+c}+\frac{b^4}{c^2+a}+\frac{c^4}{a^2+b}\geqslant\frac{x^2}{x+3}$$

设

$$f(x)=\frac{x^2}{x+3}\quad(x\geqslant3)$$

所以

$$f'(x)=\frac{x^2+6x}{(x+3)^2}\geqslant0$$

所以 $f(x)$ 在$[3,+\infty)$单调递增.

因为

$$f(x)\geqslant f(3)=\frac{3}{2}$$

所以

$$\frac{a^4}{b^2+c}+\frac{b^4}{c^2+a}+\frac{c^4}{a^2+b}\geqslant\frac{3}{2}$$

所以当且仅当 $a=b=c=1$ 取到最小值,所求最小值为$\frac{3}{2}$.

例 10 (2014年中国西部数学奥林匹克第5题)设实数a,b,c,d互不相同.证明

$$\left|\frac{a}{b-c}\right|+\left|\frac{b}{c-d}\right|+\left|\frac{c}{d-a}\right|+\left|\frac{d}{a-b}\right|\geqslant 2$$

证明 注意到

$$\frac{|a|}{|b-c|}+\frac{|b|}{|c-d|}+\frac{|c|}{|d-a|}+\frac{|d|}{|a-b|}\geqslant$$
$$\frac{|a|}{|b|+|c|}+\frac{|b|}{|c|+|d|}+$$
$$\frac{|c|}{|d|+|a|}+\frac{|d|}{|a|+|b|}$$

下设$a,b,c,d\geqslant 0$,其中,a,b,c,d中至多有一个为0.证明

$$\frac{a}{b+c}+\frac{b}{c+d}+\frac{c}{d+a}+\frac{d}{a+b}\geqslant 2$$

由柯西不等式知

$$\left(\frac{a}{b+c}+\frac{b}{c+d}+\frac{c}{d+a}+\frac{d}{a+b}\right)\cdot$$
$$[a(b+c)+b(c+d)+c(d+a)+d(a+b)]\geqslant$$
$$(a+b+c+d)^2$$

而

$$(a+b+c+d)^2-2[a(b+c)+$$
$$b(c+d)+c(d+a)+d(a+b)]=$$
$$(a-c)^2+(b-d)^2\geqslant 0$$

故

$$\frac{a}{b+c}+\frac{b}{c+d}+\frac{c}{d+a}+\frac{d}{a+b}\geqslant 2$$

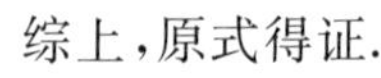

综上,原式得证.

例 11　(2012年第15届中国香港数学奥林匹克试题)对任意正整数 n 及实数 $a_i>0(i=1,2,\cdots,n)$. 证明

$$\sum_{i=1}^{n}\frac{k}{a_1^{-1}+a_2^{-1}+\cdots+a_k^{-1}}\leqslant 2\sum_{i=1}^{n}a_k$$

并讨论不等式右边的"2"是否可以被一个更小的正数取代?

证明　由柯西不等式知

$$\frac{k^2(k+1)^2}{4}=(\sum_{j=1}^{k}j)^2\leqslant(\sum_{j=1}^{k}j^2a_j)\sum_{j=1}^{k}a_j^{-1}$$

$$\frac{k}{a_1^{-1}+a_2^{-1}+\cdots+a_k^{-1}}\leqslant\frac{4}{k(k+1)^2}\sum_{i=1}^{k}j^2a_j$$

则

$$X=\sum_{k=1}^{n}\frac{k}{a_1^{-1}+a_2^{-1}+\cdots+a_k^{-1}}\leqslant$$
$$\sum_{k=1}^{n}\sum_{j=1}^{k}j^2a_j\frac{4}{k(k+1)^2}$$

注意到

$$\frac{1}{k^2}-\frac{1}{(k+1)^2}=\frac{2k+1}{k^2(k+1)^2}>\frac{2}{k(k+1)^2}$$

故

$$X\leqslant\sum_{k=1}^{n}\sum_{j=1}^{k}2j^2a_j\left[\frac{1}{k^2}-\frac{1}{(k+1)^2}\right]=$$
$$\sum_{j=1}^{n}\sum_{k=j}^{n}2j^2a_j\left[\frac{1}{k^2}-\frac{1}{(k+1)^2}\right]=$$
$$2\sum_{j=1}^{n}j^2a_j\sum_{k=j}^{n}\left[\frac{1}{k^2}-\frac{1}{(k+1)^2}\right]=$$
$$2\sum_{j=1}^{n}j^2a_j\left[\frac{1}{j^2}-\frac{1}{(n+1)^2}\right]<2\sum_{j=1}^{n}a_j$$

不能再小.

令 $a_j=\dfrac{1}{j}$,则

$$X=\sum_{k=1}^{n}\frac{k}{1+2+\cdots+k}=\sum_{k=1}^{n}\frac{2}{k+1},\sum_{k=1}^{n}a_k=\sum_{k=1}^{n}\frac{1}{k}$$

若 $0<c<2$,则当 n 充分大时

$$c\sum_{k=1}^{n}a_k-X=2+(c-2)\sum_{k=1}^{n}\frac{1}{k}-\frac{2}{n+1}<0$$

例 12 (2014 年陕西预赛试题)设 $a_1,a_2,\cdots,a_n$ 均为正实数,$n\in\mathbf{N}_+$. 证明

$$\sum_{k=1}^{n}\frac{k^2}{a_1+a_2+\cdots+a_k}<4\sum_{k=1}^{n}\frac{k}{a_k}$$

证明 因为 $a_i>0(i=1,2,\cdots,n)$,所以由柯西不等式,得

$$(a_1+a_2+\cdots+a_k)\left(\frac{1^2}{a_1}+\frac{2^2}{a_2}+\cdots+\frac{k^2}{a_k}\right)\geqslant$$

$$(1+2+\cdots+k)^2=\frac{k^2(k+1)^2}{4}$$

所以

$$\frac{k^2}{a_1+a_2+\cdots+a_k}\leqslant\frac{4}{(k+1)^2}\left(\frac{1^2}{a_1}+\frac{2^2}{a_2}+\cdots+\frac{k^2}{a_k}\right)$$

从而

$$\sum_{k=1}^{n}\frac{k^2}{a_1+a_2+\cdots+a_k}\leqslant$$

$$4\sum_{k=1}^{n}\frac{1}{(k+1)^2}\left(\frac{1^2}{a_1}+\frac{2^2}{a_2}+\cdots+\frac{k^2}{a_k}\right)$$

因为

$$\sum_{k=1}^{n}\frac{1}{(k+1)^2}\left(\frac{1^2}{a_1}+\frac{2^2}{a_2}+\cdots+\frac{k^2}{a_k}\right)=$$

$$\frac{1}{2^2}\cdot\frac{1^2}{a_1}+\frac{1}{3^2}\left(\frac{1^2}{a_1}+\frac{2^2}{a_2}\right)+\cdots+$$

$$\frac{1}{(n+1)^2}\left(\frac{1^2}{a_1}+\frac{2^2}{a_2}+\cdots+\frac{n^2}{a_n}\right)=$$

$$\left[\frac{1}{2^2}+\frac{1}{3^2}+\cdots+\frac{1}{(n+1)^2}\right]\cdot\frac{1^2}{a_1}+$$

$$\left[\frac{1}{3^2}+\frac{1}{4^2}+\cdots+\frac{1}{(n+1)^2}\right]\cdot\frac{2^2}{a_2}+\cdots+\frac{1}{(n+1)^2}\cdot\frac{n^2}{a_n}$$

又

$$\frac{1}{(i+1)^2}+\frac{1}{(i+2)^2}+\cdots+\frac{1}{(n+1)^2}<$$

$$\frac{1}{i(i+1)}+\frac{1}{(i+1)(i+2)}+\cdots+\frac{1}{n(n+1)}=$$

$$\left(\frac{1}{i}-\frac{1}{i+1}\right)+\left(\frac{1}{i+1}-\frac{1}{i+2}\right)+\cdots+$$

$$\left(\frac{1}{n}-\frac{1}{n+1}\right)=\frac{1}{i}-\frac{1}{n+1}<\frac{1}{i}\quad(i=1,2,\cdots,n)$$

所以

$$\sum_{k=1}^{n}\frac{k^2}{a_1+a_2+\cdots+a_k}<$$

$$\frac{1}{1}\cdot\frac{1^2}{a_1}+\frac{1}{2}\cdot\frac{2^2}{a_2}+\cdots+\frac{1}{n}\cdot\frac{n^2}{a_n}=$$

$$\frac{1}{a_1}+\frac{2}{a_2}+\cdots+\frac{n}{a_n}=\sum_{k=1}^{n}\frac{k}{a_k}$$

故

$$\sum_{k=1}^{n}\frac{k^2}{a_1+a_2+\cdots+a_k}<4\sum_{k=1}^{n}\frac{k}{a_k}$$

6. 因式的巧嵌

例 13　(2012 年亚太地区数学奥林匹克试题)已知$n\geqslant 2(n\in\mathbf{N}_+)$,$a_1,a_2,\cdots,a_n\in\mathbf{R}$,满足$\sum_{i=1}^{n}a_i^2=n$.

证明：$\sum\limits_{1\leqslant i<j\leqslant n}\frac{1}{n-a_ia_j}\leqslant\frac{n}{2}$.

证明 对于 $i\neq j$,因为

$$a_ia_j\leqslant\frac{a_i^2+a_j^2}{2}$$

所以

$$n-a_ia_j\geqslant n-\frac{a_i^2+a_j^2}{2}\geqslant n-\frac{n}{2}=\frac{n}{2}>0$$

令 $b_i=|a_i|\ (i=1,2,\cdots,n)$，则 $\sum\limits_{i=1}^{n}b_i^2=n$，且 $\frac{1}{n-a_ia_j}\leqslant\frac{1}{n-b_ib_j}$.所以，不妨设 $a_1,a_2,\cdots,a_n$ 均是非负的.

要证

$$\sum_{1\leqslant i<j\leqslant n}\frac{1}{n-a_ia_j}\leqslant\frac{n}{2}$$

只要证

$$\sum_{1\leqslant i<j\leqslant n}\frac{n}{n-a_ia_j}\leqslant\frac{n^2}{2}$$

又

$$\frac{n}{n-a_ia_j}=1+\frac{a_ia_j}{n-a_ia_j}$$

所以，只要证

$$\sum_{1\leqslant i<j\leqslant n}\frac{a_ia_j}{n-a_ia_j}\leqslant\frac{n}{2}\qquad(*)$$

若存在 $1\leqslant i\leqslant n$，使得 $a_i^2=n$，则当 $1\leqslant j\leqslant n$ $(j\neq i)$ 时，$a_j=0$，此时

$$\sum_{1\leqslant i<j\leqslant n}\frac{a_ia_j}{n-a_ia_j}\leqslant\frac{n}{2}\Leftrightarrow 0\leqslant\frac{n}{2}$$

故式(*)成立.

下面证明:$a_i^2 < n(1 \leqslant i \leqslant n)$ 的情形.

对任意的 $i \neq j$,由

$$0 \leqslant a_i a_j \leqslant \left(\frac{a_i + a_j}{2}\right)^2 \leqslant \frac{a_i^2 + a_j^2}{2}$$

知

$$\frac{a_i a_j}{n - a_i a_j} \leqslant \frac{a_i a_j}{n - \frac{a_i^2 + a_j^2}{2}} = \frac{1}{2} \cdot \frac{(a_i + a_j)^2}{n - a_i^2 + n - a_j^2}$$

即

$$\frac{a_i a_j}{n - a_i a_j} \leqslant \frac{1}{2} \cdot \frac{(a_i + a_j)^2}{(n - a_i^2) + (n - a_j^2)}$$

又 $n - a_i^2 > 0, n - a_j^2 > 0$,由柯西不等式得

$$\left(\frac{a_j^2}{n - a_i^2} + \frac{a_i^2}{n - a_j^2}\right)[(n - a_i^2) + (n - a_j^2)] \geqslant (a_j + a_i)^2$$

故

$$\frac{(a_i + a_j)^2}{(n - a_i^2) + (n - a_j^2)} \leqslant \frac{a_j^2}{n - a_i^2} + \frac{a_i^2}{n - a_j^2}$$

故

$$\sum_{1 \leqslant i < j \leqslant n} \frac{a_i a_j}{n - a_i a_j} \leqslant \frac{1}{2} \sum_{1 \leqslant i < j \leqslant n} \left(\frac{a_j^2}{n - a_i^2} + \frac{a_i^2}{n - a_j^2}\right) =$$

$$\frac{1}{2} \sum_{1 \leqslant i < j \leqslant n} \frac{a_j^2}{n - a_i^2} =$$

$$\frac{1}{2} \sum_{1 \leqslant i < j \leqslant n} \frac{n - a_i^2}{n - a_i^2} = \frac{n}{2}$$

从而原不等式得证.

7. 项的巧裂

例 14　(2012 年希腊国家队选拔考试试题)设正实数 a, b, c,满足 $a + b + c = 3$. 证明

$$\frac{a^2}{(b + c)^3} + \frac{b^2}{(c + a)^3} + \frac{c^2}{(a + b)^3} \geqslant \frac{3}{8}$$

并说明等号成立的条件.

证明　原不等式等价于

$$(a+b+c)\left[\frac{a^2}{(b+c)^3}+\frac{b^2}{(c+a)^3}+\frac{c^2}{(a+b)^3}\right]\geqslant\frac{9}{8}\Leftrightarrow$$

$$[(a+b)+(b+c)+(c+a)]\cdot$$

$$\left[\frac{1}{b+c}\cdot\frac{a^2}{(b+c)^2}+\frac{1}{c+a}\cdot\frac{b^2}{(c+a)^2}+\right.$$

$$\left.\frac{1}{a+b}\cdot\frac{c^2}{(a+b)^2}\right]\geqslant\frac{9}{4}$$

由柯西不等式得

$$[(a+b)+(b+c)+(c+a)]\cdot$$

$$\left[\frac{1}{b+c}\cdot\frac{a^2}{(b+c)^2}+\frac{1}{c+a}\cdot\frac{b^2}{(c+a)^2}+\right.$$

$$\left.\frac{1}{a+b}\cdot\frac{c^2}{(a+b)^2}\right]\geqslant$$

$$\left(\frac{a}{b+c}+\frac{b}{c+a}+\frac{c}{a+b}\right)^2$$

为此,只需证明

$$\frac{a}{b+c}+\frac{b}{c+a}+\frac{c}{a+b}\geqslant\frac{3}{2}$$

此即

$$\frac{a+b+c}{b+c}+\frac{a+b+c}{c+a}+\frac{a+b+c}{a+b}\geqslant\frac{9}{2}\Leftrightarrow$$

$$(a+b+c)\left(\frac{1}{b+c}+\frac{1}{c+a}+\frac{1}{a+b}\right)\geqslant\frac{9}{2}\Leftrightarrow$$

$$[(a+b)+(b+c)+(c+a)]\cdot$$

$$\left(\frac{1}{a+b}+\frac{1}{b+c}+\frac{1}{c+a}\right)\geqslant 9$$

由柯西不等式,知上式显然成立.当且仅当

$$\frac{a}{b+c}=\frac{b}{c+a}=\frac{c}{a+b}\Leftrightarrow$$

$$\frac{a+b+c}{b+c}=\frac{a+b+c}{c+a}=\frac{a+b+c}{a+b}\Leftrightarrow$$

$$\frac{3}{b+c}=\frac{3}{c+a}=\frac{3}{a+b}\Leftrightarrow a=b=c$$

等号成立.

另证 1　原不等式等价于

$$(a+b+c)\left[\frac{a^2}{(b+c)^3}+\frac{b^2}{(c+a)^3}+\frac{c^2}{(a+b)^3}\right]\geqslant\frac{9}{8}\Leftrightarrow$$

$$\frac{a^2}{(b+c)^2}+\frac{b^2}{(c+a)^2}+\frac{c^2}{(a+b)^2}+$$

$$\frac{a^3}{(b+c)^3}+\frac{b^3}{(c+a)^3}+\frac{c^3}{(a+b)^3}\geqslant\frac{9}{8}$$

为此,只需证明

$$\frac{a^2}{(b+c)^2}+\frac{b^2}{(c+a)^2}+\frac{c^2}{(a+b)^2}\geqslant\frac{3}{4}$$

$$\frac{a^3}{(b+c)^3}+\frac{b^3}{(c+a)^3}+\frac{c^3}{(a+b)^3}\geqslant\frac{3}{8}$$

由幂平均不等式知

$$\frac{a^2}{(b+c)^2}+\frac{b^2}{(c+a)^2}+\frac{c^2}{(a+b)^2}\geqslant$$

$$\frac{1}{3}\left(\frac{a}{b+c}+\frac{b}{c+a}+\frac{c}{a+b}\right)^2$$

$$\frac{a^3}{(b+c)^3}+\frac{b^3}{(c+a)^3}+\frac{c^3}{(a+b)^3}\geqslant$$

$$\frac{1}{9}\left(\frac{a}{b+c}+\frac{b}{c+a}+\frac{c}{a+b}\right)^3$$

为此,只需证明

$$\frac{a}{b+c}+\frac{b}{c+a}+\frac{c}{a+b}\geqslant\frac{3}{2}$$

此即内斯比特不等式.

另证 2　原不等式等价于

$$(a+b+c)\left[\frac{a^2}{(b+c)^3}+\frac{b^2}{(c+a)^3}+\frac{c^2}{(a+b)^3}\right]\geqslant\frac{9}{8}\Leftrightarrow$$

$$\frac{a^2}{(b+c)^2}+\frac{b^2}{(c+a)^2}+\frac{c^2}{(a+b)^2}+$$

$$\frac{a^3}{(b+c)^3}+\frac{b^3}{(c+a)^3}+\frac{c^3}{(a+b)^3}\geqslant\frac{9}{8}$$

为此，只需证明

$$\frac{a^2}{(b+c)^2}+\frac{b^2}{(c+a)^2}+\frac{c^2}{(a+b)^2}\geqslant\frac{3}{4}$$

$$\frac{a^3}{(b+c)^3}+\frac{b^3}{(c+a)^3}+\frac{c^3}{(a+b)^3}\geqslant\frac{3}{8}$$

由平均不等式知

$$\frac{a^2}{(b+c)^2}+\frac{1}{4}\geqslant\frac{a}{b+c}$$

$$\frac{b^2}{(c+a)^2}+\frac{1}{4}\geqslant\frac{b}{c+a}$$

$$\frac{c^2}{(a+b)^2}+\frac{1}{4}\geqslant\frac{c}{a+b}$$

故

$$\frac{a^2}{(b+c)^2}+\frac{b^2}{(c+a)^2}+\frac{c^2}{(a+b)^2}\geqslant$$

$$\frac{a}{b+c}+\frac{b}{c+a}+\frac{c}{a+b}-\frac{3}{4}\geqslant$$

$$\frac{3}{2}-\frac{3}{4}=\frac{3}{4}$$

由平均不等式知

$$\frac{a^3}{(b+c)^3}+\frac{1}{8}+\frac{1}{8}\geqslant\frac{3}{4}\cdot\frac{a}{b+c}$$

$$\frac{b^3}{(c+a)^3}+\frac{1}{8}+\frac{1}{8}\geqslant\frac{3}{4}\cdot\frac{b}{c+a}$$

$$\frac{c^3}{(a+b)^3}+\frac{1}{8}+\frac{1}{8}\geqslant\frac{3}{4}\cdot\frac{c}{a+b}$$

故

$$\frac{a^3}{(b+c)^3}+\frac{b^3}{(c+a)^3}+\frac{c^3}{(a+b)^3}\geqslant$$

$$\frac{3}{4}\left(\frac{a}{b+c}+\frac{b}{c+a}+\frac{c}{a+b}\right)-\frac{3}{4}\geqslant$$

$$\frac{3}{4}\cdot\frac{3}{2}-\frac{3}{4}=\frac{3}{8}$$

另证3　不妨设 $a\geqslant b\geqslant c$，则

$$a+b\geqslant c+a\geqslant b+c$$

$$\frac{1}{a+b}\leqslant\frac{1}{c+a}\leqslant\frac{1}{b+c},\frac{c}{a+b}\leqslant\frac{b}{c+a}\leqslant\frac{a}{b+c}$$

由切比雪夫不等式知

$$\frac{a^2}{(b+c)^3}+\frac{b^2}{(c+a)^3}+\frac{c^2}{(a+b)^3}=$$

$$\frac{1}{b+c}\cdot\frac{a^2}{(b+c)^2}+\frac{1}{c+a}\cdot\frac{b^2}{(c+a)^2}+$$

$$\frac{1}{a+b}\cdot\frac{c^2}{(a+b)^2}\geqslant$$

$$\frac{1}{3}\left(\frac{1}{b+c}+\frac{1}{c+a}+\frac{1}{a+b}\right)\cdot$$

$$\left[\frac{a^2}{(b+c)^2}+\frac{b^2}{(c+a)^2}+\frac{c^2}{(a+b)^2}\right]\geqslant$$

$$\frac{1}{3}\cdot\frac{9}{(b+c)+(c+a)+(a+b)}\cdot$$

$$\frac{1}{3}\left(\frac{a}{b+c}+\frac{b}{c+a}+\frac{c}{a+b}\right)^2\geqslant$$

$$\frac{1}{2(a+b+c)}\cdot\left(\frac{3}{2}\right)^2=\frac{3}{8}$$

另证4　原不等式等价于

$$\frac{a^2}{(b+c)^3}+\frac{b^2}{(c+a)^3}+\frac{c^2}{(a+b)^3}=$$

$$\frac{\left(\frac{a}{b+c}\right)^2}{b+c}+\frac{\left(\frac{b}{c+a}\right)^2}{c+a}+\frac{\left(\frac{c}{a+b}\right)^2}{a+b}\geqslant$$

$$\frac{\left(\frac{a}{b+c}+\frac{b}{c+a}+\frac{c}{a+b}\right)^2}{b+c+c+a+a+b}\geqslant\frac{\left(\frac{3}{2}\right)^2}{6}=\frac{3}{8}$$

另证 5 原不等式等价于

$$\frac{a^2}{(b+c)^3}+\frac{b^2}{(c+a)^3}+\frac{c^2}{(a+b)^3}=$$

$$\frac{\left(\frac{a}{b+c}\right)^2}{b+c}+\frac{\left(\frac{b}{c+a}\right)^2}{c+a}+\frac{\left(\frac{c}{a+b}\right)^2}{a+b}$$

由均值不等式的变形

$$\frac{a^2}{b}\geqslant\frac{a}{2}-\frac{b}{16}$$

知

$$\frac{\left(\frac{a}{b+c}\right)^2}{b+c}\geqslant\frac{a}{2(b+c)}-\frac{b+c}{16}$$

$$\frac{\left(\frac{b}{c+a}\right)^2}{c+a}\geqslant\frac{b}{2(c+a)}-\frac{c+a}{16}$$

$$\frac{\left(\frac{c}{a+b}\right)^2}{a+b}\geqslant\frac{c}{2(a+b)}-\frac{a+b}{16}$$

三式相加即得

$$\frac{\left(\frac{a}{b+c}\right)^2}{b+c}+\frac{\left(\frac{b}{c+a}\right)^2}{c+a}+\frac{\left(\frac{c}{a+b}\right)^2}{a+b}\geqslant$$

$$\frac{1}{2}\left(\frac{a}{b+c}+\frac{b}{c+a}+\frac{c}{a+b}\right)-$$

$$\frac{1}{16}(b+c+c+a+a+b)\geqslant$$

$$\frac{1}{2}\cdot\frac{3}{2}-\frac{1}{16}\cdot 6=\frac{3}{8}$$

例 15　(2006年国家集训队测试题)设 $x,y,z\in\mathbf{R}_-$,且 $x+y+z=1$. 求证

$$\frac{xy}{\sqrt{xy+yz}}+\frac{yz}{\sqrt{yz+zx}}+\frac{zx}{\sqrt{zx+xy}}\leqslant\frac{\sqrt{2}}{2}$$

证明　由柯西不等式知

$$\frac{xy}{\sqrt{xy+yz}}+\frac{yz}{\sqrt{yz+zx}}+\frac{zx}{\sqrt{zx+xy}}=$$

$$\sqrt{xy}\cdot\sqrt{\frac{xy}{xy+yz}}+\sqrt{yz}\cdot\sqrt{\frac{yz}{yz+zx}}+$$

$$\sqrt{zx}\cdot\sqrt{\frac{zx}{zx+xy}}\leqslant$$

$$(xy+yz+zx)\cdot\left(\frac{xy}{xy+yz}+\frac{yz}{yz+zx}+\frac{zx}{zx+xy}\right)$$

要证原式成立,只需证

$$(xy+yz+zx)\cdot\left(\frac{xy}{xy+yz}+\frac{yz}{yz+zx}+\frac{zx}{zx+xy}\right)\leqslant\frac{1}{2}\tag{1}$$

$$(1)\Leftrightarrow\sum yz\cdot\sum\frac{x}{z+x}=$$

$$[xz+y(z+x)]\sum\frac{x}{z+x}=$$

$$\sum\frac{x^2z}{z+x}+\sum xy\leqslant\frac{1}{2}\left(\sum x\right)^2\Leftrightarrow$$

$$2\sum\frac{x^2z}{z+x}\leqslant\sum x^2$$

但

$$\sum\frac{x^2z}{z+x}\leqslant\sum\frac{x(z+x)}{2}\leqslant\sum x^2$$

故上式成立,从而式(1) 成立.

8. 待定参数的巧设

含参数的柯西不等式

$$(\sum_{i=1}^{n} a_i b_i)^2 = \left[\sum_{i=1}^{n}(\lambda_i a_i)\cdot\left(\frac{b_i}{\lambda_i}\right)\right]^2 \leqslant$$

$$(\sum_{i=1}^{n}\lambda_i^2 a_i^2)\cdot\left(\sum \frac{b_i^2}{\lambda_i^2}\right)$$

其中 $\lambda_i > 0(i=1,2,\cdots,n)$.

利用此不等式证明数学竞赛中某些难度较大的分式不等式,只要恰当地选取 $\sum_{i=1}^{n} a_i b_i$ 和 λ_i^2,问题即可获证,这种方法简捷明快,易于操作.

例 16 (第 36 届 IMO 试题) 设 a,b,c 为正实数,且满足 $abc=1$, 试证

$$\frac{1}{a^3(b+c)}+\frac{1}{b^3(c+a)}+\frac{1}{c^3(a+b)} \geqslant \frac{3}{2}$$

证明 原不等式等价于

$$\frac{b^2c^2}{a(b+c)}+\frac{c^2a^2}{b(c+a)}+\frac{a^2b^2}{c(a+b)} \geqslant \frac{3}{2}$$

因

$$(bc+ca+ab)^2 =$$

$$\left(\lambda_1\cdot\frac{bc}{\lambda_1}+\lambda_2\cdot\frac{ca}{\lambda_2}+\lambda_3\cdot\frac{ab}{\lambda_3}\right)^2 \leqslant$$

$$(\lambda_1^2+\lambda_2^2+\lambda_3^2)\left(\frac{b^2c^2}{\lambda_1^2}+\frac{c^2a^2}{\lambda_2^2}+\frac{a^2b^2}{\lambda_3^2}\right)$$

令 $\lambda_1^2=a(b+c)$,$\lambda_2^2=b(c+a)$,$\lambda_3^2=c(a+b)$,则

$$\lambda_1^2+\lambda_2^2+\lambda_3^2=2(ab+bc+ca)$$

所以

$$\frac{b^2c^2}{a(b+c)}+\frac{c^2a^2}{b(c+a)}+\frac{a^2b^2}{c(a+b)}\geqslant$$

$$\frac{(bc+ca+ab)^2}{2(bc+ca+ab)}=\frac{1}{2}(bc+ca+ab)\geqslant$$

$$\frac{3}{2}\sqrt[3]{(abc)^2}=\frac{3}{2}$$

故原不等式成立.

例 17　设 $a_i,b_i\in\mathbf{R}_+$ $(i=1,2,\cdots,n)$，且满足 $\sum_{i=1}^{n}a_i=\sum_{i=1}^{n}b_i$. 求证

$$\sum_{i=1}^{n}\frac{a_i^{\ 2}}{a_i+b_i}\geqslant\frac{1}{2}\sum_{i=1}^{n}a_i$$

证明

$$\left(\sum_{i=1}^{n}a_i\right)^2=\left[\sum_{i=1}^{n}\left(\lambda_i\cdot\frac{a_i}{\lambda_i}\right)\right]^2\leqslant\left(\sum_{i=1}^{n}\lambda_i^{\ 2}\right)\left(\sum_{i=1}^{n}\frac{a_i^{\ 2}}{\lambda_i^{\ 2}}\right)$$

令 $\lambda_i^{\ 2}=a_i+b_i(i=1,2,\cdots,n)$，则

$$\sum_{i=1}^{n}\lambda_i^{\ 2}=\sum_{i=1}^{n}(a_i+b_i)=2\sum_{i=1}^{n}a_i$$

及

$$\sum_{i=1}^{n}\frac{a_i^{\ 2}}{a_i+b_i}\geqslant\frac{\left(\sum_{i=1}^{n}a_i\right)^2}{2\sum_{i=1}^{n}a_i}=\frac{1}{2}\sum_{i=1}^{n}a_i$$

例 18　（2015 年天津预赛试题）设 a,b,c,d 都是实数，$a+2b+3c+4d=\sqrt{10}$，则 $a^2+b^2+c^2+d^2+(a+b+c+d)^2$ 的最小值是________.

解　由

$$a+2b+3c+4d=\sqrt{10}$$

得

$$(1-t)a+(2-t)b+(3-t)c+(4-t)d+$$
$$t(a+b+c+d)=\sqrt{10}$$

再由柯西不等式得

$$[(1-t)^2+(2-t)^2+(3-t)^2+(4-t)^2+t^2]\cdot$$
$$[a^2+b^2+c^2+d^2+(a+b+c+d)^2]\geqslant 10$$

因此有

$$a^2+b^2+c^2+d^2+(a+b+c+d)^2\geqslant$$
$$\frac{10}{5t^2-20t+10}\geqslant\frac{10}{10}=1$$

其中等式成立当且仅当

$$t=2,a=-\frac{\sqrt{10}}{10},b=0,c=\frac{\sqrt{10}}{10},d=\frac{\sqrt{10}}{5}$$

故 $a^2+b^2+c^2+d^2+(a+b+c+d)^2$ 的最小值是 1.

9. 变量代换的巧引

例 19 （2015 年罗马尼亚数学奥林匹克试题）已知 x,y,z 是正数，求证

$$\frac{x^3}{x^2y+z^3}+\frac{y^3}{y^2z+x^3}+\frac{z^3}{z^2x+y^3}\geqslant\frac{3}{2}$$

证明 因为

$$\frac{x^3+x^3+y^3}{3}\geqslant\frac{3\sqrt[3]{x^6y^3}}{3}=x^2y$$

所以

$$\frac{x^3}{x^2y+z^3}+\frac{y^3}{y^2z+x^3}+\frac{z^3}{z^2x+y^3}\geqslant$$
$$\frac{x^3}{\frac{2x^3+y^3}{3}+z^3}+\frac{y^3}{\frac{2y^3+z^3}{3}+x^3}+\frac{z^3}{\frac{2z^3+x^3}{3}+y^3}=$$
$$3\left(\frac{x^3}{2x^3+y^3+3z^3}+\frac{y^3}{2y^3+z^3+3x^3}+\frac{z^3}{2z^3+x^3+3y^3}\right)$$

令 $x^3=a,y^3=b,z^3=c$,则只要证

$$\frac{a}{2a+b+3c}+\frac{b}{2b+c+3a}+\frac{c}{2c+a+3b}\geqslant\frac{1}{2}$$

$$\frac{a}{2a+b+3c}+\frac{b}{2b+c+3a}+\frac{c}{2c+a+3b}=$$

$$\frac{a^2}{2a^2+ab+3ca}+\frac{b^2}{2b^2+bc+3ab}+\frac{c^2}{2c^2+ca+3bc}\geqslant$$

$$\frac{(a+b+c)^2}{2(a^2+b^2+c^2)+4(bc+ca+ab)}=\frac{1}{2}$$

综上,原不等式成立.

评注　第一次的分拆,是将分母升幂,为后续的换元打下基础.

例 20　(1984 年西德竞赛题) 设 $a_1,a_2,\cdots,a_n\in\mathbf{R}_+$,且 $\sum\limits_{i=1}^{n}a_i=1$,求证

$$\sum_{i=1}^{n}\frac{a_i}{2-a_i}\geqslant\frac{n}{2n-1}$$

解　因为

$$\sum_{i=1}^{n}\frac{a_i}{2-a_i}=\sum_{i=1}^{n}\frac{-(2-a_i)+2}{2-a_i}=$$

$$-n+\sum_{i=1}^{n}\frac{2}{2-a_i}\geqslant\frac{n}{2n-1}$$

所以原不等式等价于

$$\sum_{i=1}^{n}\frac{2}{2-a_i}\geqslant\frac{2n^2}{2n-1}$$

$$\left(\sum_{i=1}^{n}2\right)^2=\left[\sum_{i=1}^{n}\left(\lambda_i\cdot\frac{2}{\lambda_i}\right)\right]^2\leqslant\left(\sum_{i=1}^{n}\lambda_i^{\ 2}\right)\left(\sum_{i=1}^{n}\frac{4}{\lambda_i^{\ 2}}\right)$$

令 $\lambda_i^{\ 2}=2(2-a_i)(i=1,2,\cdots,n)$,则

$$\sum_{i=1}^{n}\lambda_i^{\ 2}=\sum_{i=1}^{n}2(2-a_i)=2(2n-1)$$

又$(\sum\limits_{i=1}^{n}2)^2=4n^2$,所以

$$\sum_{i=1}^{n}\frac{2}{2-a_i}\geqslant\frac{4n^2}{2(2n-1)}=\frac{2n^2}{2n-1}$$

另证 $\frac{1}{2-a_i}+\left(\frac{n}{2n-1}\right)^2(2-a_i)\geqslant\frac{2n}{2n-1}$.

10. 局部的巧用

例 21 (2012 年土耳其国家队选拔考试试题)已知正实数 a,b,c,满足 $ab+bc+ca\leqslant 1$. 证明

$$a+b+c+\sqrt{3}\geqslant 8abc\left(\frac{1}{a^2+1}+\frac{1}{b^2+1}+\frac{1}{c^2+1}\right)$$

证明 由均值不等式得

$$a^2+1\geqslant a^2+ab+bc+ca\geqslant$$
$$4\sqrt[4]{a^2\cdot ab\cdot bc\cdot ca}=4a\sqrt{bc}$$

于是

$$2\sqrt{bc}\geqslant\frac{8abc}{a^2+1}$$

同理可证

$$2\sqrt{ca}\geqslant\frac{8abc}{b^2+1},2\sqrt{ab}\geqslant\frac{8abc}{c^2+1}$$

因此,只需证明

$$a+b+c+\sqrt{3}\geqslant 2(\sqrt{bc}+\sqrt{ca}+\sqrt{ab})$$

由柯西不等式知

$$\sqrt{3}\geqslant\sqrt{1+1+1}\cdot\sqrt{ab+bc+ca}\geqslant$$
$$\sqrt{ab}+\sqrt{bc}+\sqrt{ca}$$

而

$$a+b+c\geqslant\sqrt{ab}+\sqrt{bc}+\sqrt{ca}\Leftrightarrow$$

$$(\sqrt{a}-\sqrt{b})^2+(\sqrt{b}-\sqrt{c})^2+(\sqrt{c}-\sqrt{a})^2\geqslant 0$$

从而,所证不等式成立.

11. 反复巧用

例 22　(2013 年中国台湾数学奥林匹克训练营试题)设 a,b,c 为正实数,证明

$$\frac{8a^2+2ab}{(b+\sqrt{6ac}+3c)^2}+\frac{2b^2+3bc}{(3c+\sqrt{2ab}+2a)^2}+\frac{18c^2+6ac}{(2a+\sqrt{3bc}+b)^2}\geqslant 1$$

证明　令 $a=\frac{1}{2}x,b=y,c=\frac{1}{3}z$,则原不等式等价于(2012 年第 25 届韩国数学奥林匹克试题)

$$\frac{2x^2+xy}{(y+\sqrt{zx}+z)^2}+\frac{2y^2+yz}{(z+\sqrt{xy}+x)^2}+\frac{2z^2+zx}{(x+\sqrt{yz}+y)^2}\geqslant 1$$

由柯西不等式知

$$(yx+x^2+x^2)\left(\frac{y}{x}+\frac{z}{x}+\frac{z^2}{x^2}\right)\geqslant(y+\sqrt{zx}+z)^2$$

因此

$$\frac{2x^2+xy}{(y+\sqrt{zx}+z)^2}\geqslant\frac{x^2}{xy+zx+z^2}$$

当且仅当 $x=z$ 时,上式等号成立.

类似可得

$$\frac{2y^2+yz}{(z+\sqrt{xy}+x)^2}\geqslant\frac{y^2}{yz+yx+x^2}$$

$$\frac{2z^2+zx}{(x+\sqrt{yz}+y)^2}\geqslant\frac{z^2}{zx+zy+y^2}$$

当且仅当 $y=x,z=y$ 时,以上两式等号成立.

令

$$M=\frac{x^2}{xy+zx+z^2}+\frac{y^2}{yz+yx+x^2}+\frac{z^2}{zx+zy+y^2}$$

再次使用柯西不等式得

$$M\sum(xy+zx+z^2)\geqslant(x+y+z)^2$$

而

$$\sum(xy+zx+z^2)=(x+y+z)^2$$

则 $M\geqslant1$,当且仅当 $x=y=z$,即 $2a=b=3c$ 时,所证不等式等号成立.

另证 令 $a=\frac{1}{2}x,b=y,c=\frac{1}{3}z$,则原不等式等价于

$$\frac{2x^2+xy}{(y+\sqrt{zx}+z)^2}+\frac{2y^2+yz}{(z+\sqrt{xy}+x)^2}+\frac{2z^2+zx}{(x+\sqrt{yz}+y)^2}\geqslant1$$

由柯西不等式知

$$(y+\sqrt{zx}+z)^2\leqslant(x+y+z)(y+2z)$$

为此,只需证明

$$\frac{2x^2+xy}{y+2z}+\frac{2y^2+yz}{z+2x}+\frac{2z^2+zx}{x+2y}\geqslant x+y+z\Leftrightarrow$$

$$\frac{2x^2+xy}{y+2z}+x+\frac{2y^2+yz}{z+2x}+y+\frac{2z^2+zx}{x+2y}+z\geqslant2(x+y+z)\Leftrightarrow$$

$$\frac{x}{y+2z}+\frac{y}{z+2x}+\frac{z}{x+2y}\geqslant1$$

由柯西不等式及均值不等式知

$$\frac{x}{y+2z}+\frac{y}{z+2x}+\frac{z}{x+2y}\geqslant$$

$$\frac{(x+y+z)^2}{x(y+2z)+y(z+2x)+z(x+2y)}=$$

$$\frac{(x+y+z)^2}{3(xy+yz+zx)}\geqslant 1$$

综上,原不等式成立.

例 23　(2007 年亚太地区数学奥林匹克试题)已知正数 x,y,z 满足 $\sqrt{x}+\sqrt{y}+\sqrt{z}=1$,求证

$$\sum_{(x,y,z)}\frac{x^2+yz}{\sqrt{2x^2(y+z)}}\geqslant 1$$

证明

左边 =

$$\left(\frac{x}{\sqrt{2(y+z)}}+\frac{y}{\sqrt{2(z+x)}}+\frac{z}{\sqrt{2(x+y)}}\right)+$$

$$\left(\frac{yz}{x\sqrt{2(y+z)}}+\frac{zx}{y\sqrt{2(z+x)}}+\frac{xy}{z\sqrt{2(x+y)}}\right)$$

所以

$$左\times(\sqrt{2(y+z)}+\sqrt{2(z+x)}+\sqrt{2(x+y)})\geqslant$$

$$(\sqrt{x}+\sqrt{y}+\sqrt{z})^2+\left(\sqrt{\frac{xy}{z}}+\sqrt{\frac{yz}{x}}+\sqrt{\frac{zx}{y}}\right)^2=$$

$$1+\left(\sqrt{\frac{xy}{z}}+\sqrt{\frac{yz}{x}}+\sqrt{\frac{zx}{y}}\right)^2\geqslant$$

$$2\left(\sqrt{\frac{xy}{z}}+\sqrt{\frac{yz}{x}}+\sqrt{\frac{zx}{y}}\right)=$$

$$\sum_{(x,y,z)}\left[\sqrt{\frac{xy}{z}}+\frac{1}{2}\left(\sqrt{\frac{yz}{x}}+\sqrt{\frac{zx}{y}}\right)\right]$$

其中求和为循环求和. 由于

$$\left[\sqrt{\frac{xy}{z}}+\frac{1}{2}\left(\sqrt{\frac{yz}{x}}+\sqrt{\frac{zx}{y}}\right)\right]^2\geqslant$$

$$4\cdot\sqrt{\frac{xy}{z}}\cdot\frac{1}{2}\left(\sqrt{\frac{yz}{x}}+\sqrt{\frac{zx}{y}}\right)=2(y+x)$$

即

$$\sqrt{\frac{xy}{z}}+\frac{1}{2}\left(\sqrt{\frac{yz}{x}}+\sqrt{\frac{zx}{y}}\right)\geqslant\sqrt{2(y+x)}$$

类似可得其他两个不等式,所以

$$左边\geqslant\frac{\sum\limits_{(x,y,z)}[\sqrt{\frac{xy}{z}}+\frac{1}{2}(\sqrt{\frac{yz}{x}}+\sqrt{\frac{zx}{y}})]}{\sqrt{2(y+z)}+\sqrt{2(z+x)}+\sqrt{2(x+y)}}\geqslant 1$$

类似题 1 (2007 年乌克兰数学奥林匹克试题)设 $a,b,c\in\left[\frac{1}{\sqrt{6}},+\infty\right)$,且 $a^2+b^2+c^2=1$. 证明

$$\frac{1+a^2}{\sqrt{2a^2+3ab-c^2}}+\frac{1+b^2}{\sqrt{2b^2+3bc-a^2}}+$$

$$\frac{1+c^2}{\sqrt{2c^2+3ca-b^2}}\geqslant 2(a+b+c)$$

证明 由柯西不等式及均值不等式知

$$A^2=(\sqrt{2a^2+3ab-c^2}+\sqrt{2b^2+3bc-a^2}+$$

$$\sqrt{2c^2+3ca-b^2})^2\leqslant$$

$$(1+1+1)[(2a^2+3ab-c^2)+(2b^2+3bc-a^2)+$$

$$(2c^2+3ca-b^2)]=$$

$$3[(a^2+b^2+c^2)+3(ab+bc+ca)]=$$

$$3[(a+b+c)^2+(ab+bc+ca)]\leqslant$$

$$3[(a+b+c)^2+\frac{1}{3}(a+b+c)^2]=$$

$$4(a+b+c)^2$$

即

$$A=\sqrt{2a^2+3ab-c^2}+\sqrt{2b^2+3bc-a^2}+\sqrt{2c^2+3ca-b^2}\leqslant 2(a+b+c)$$

$$\frac{1+a^2}{\sqrt{2a^2+3ab-c^2}}+\frac{1+b^2}{\sqrt{2b^2+3bc-a^2}}+\frac{1+c^2}{\sqrt{2c^2+3ca-b^2}}=$$

$$\frac{a^2}{\sqrt{2a^2+3ab-c^2}}+\frac{b^2}{\sqrt{2b^2+3bc-a^2}}+\frac{c^2}{\sqrt{2c^2+3ca-b^2}}+$$

$$\left(\frac{1}{\sqrt{2a^2+3ab-c^2}}+\frac{1}{\sqrt{2b^2+3bc-a^2}}+\frac{1}{\sqrt{2c^2+3ca-b^2}}\right)\geqslant$$

$$\frac{(a+b+c)^2}{\sqrt{2a^2+3ab-c^2}+\sqrt{2b^2+3bc-a^2}+\sqrt{2c^2+3ca-b^2}}+$$

$$\frac{(1+1+1)^2}{\sqrt{2a^2+3ab-c^2}+\sqrt{2b^2+3bc-a^2}+\sqrt{2c^2+3ca-b^2}}\geqslant$$

$$\frac{(a+b+c)^2}{2(a+b+c)}+\frac{9(a^2+b^2+c^2)}{2(a+b+c)}\geqslant$$

$$\frac{a+b+c}{2}+\frac{9\cdot\frac{1}{3}(a+b+c)^2}{2(a+b+c)}=2(a+b+c)$$

类似题2　(2012年美国数学奥林匹克试题)已知 a,b,c 为正数,证明

$$\frac{a^3+3b^3}{5a+b}+\frac{b^3+3c^3}{5b+c}+\frac{c^3+3a^3}{5c+a}\geqslant\frac{2}{3}(a^2+b^2+c^2)$$

证明　由柯西不等式及均值不等式知

$$\frac{a^3+3b^3}{5a+b}+\frac{b^3+3c^3}{5b+c}+\frac{c^3+3a^3}{5c+a}=$$

$$\frac{a^4}{5a^2+ab}+\frac{b^4}{5b^2+bc}+\frac{c^4}{5c^2+ca}+$$

$$3\left(\frac{b^4}{5ab+b^2}+\frac{c^4}{5bc+c^2}+\frac{a^4}{5ca+a^2}\right)\geqslant$$

$$\frac{(a^2+b^2+c^2)^2}{a^2+b^2+c^2+5(ab+bc+ca)}+$$

$$\frac{3(a^2+b^2+c^2)^2}{5(a^2+b^2+c^2)+(ab+bc+ca)}\geqslant$$

$$\frac{(a^2+b^2+c^2)^2}{a^2+b^2+c^2+5(a^2+b^2+c^2)}+$$

$$\frac{3(a^2+b^2+c^2)^2}{5(a^2+b^2+c^2)+(a^2+b^2+c^2)}\geqslant$$

$$\frac{a^2+b^2+c^2}{6}+\frac{a^2+b^2+c^2}{2}=$$

$$\frac{2}{3}(a^2+b^2+c^2)$$

另证
$$\frac{a^3+3b^3}{5a+b}+\frac{b^3+3c^3}{5b+c}+\frac{c^3+3a^3}{5c+a}=$$

$$\frac{a^4}{5a^2+ab}+\frac{b^4}{5b^2+bc}+\frac{c^4}{5c^2+ca}+$$

$$3\left(\frac{b^4}{5ab+b^2}+\frac{c^4}{5bc+c^2}+\frac{a^4}{5ca+a^2}\right)$$

由均值不等式的变形

$$\frac{x^2}{y}\geqslant\frac{x}{3}-\frac{y}{36}$$

得

$$\frac{a^4}{5a^2+ab}\geqslant\frac{a^2}{3}-\frac{5a^2+ab}{36}$$

$$\frac{b^4}{5b^2+bc}\geqslant\frac{b^2}{3}-\frac{5b^2+bc}{36}$$

$$\frac{c^4}{5c^2+ca} \geqslant \frac{c^2}{3} - \frac{5c^2+ca}{36}$$

$$\frac{b^4}{5a^2+ab} \geqslant \frac{b^2}{3} - \frac{5a^2+ab}{36}$$

$$\frac{c^4}{5b^2+bc} \geqslant \frac{c^2}{3} - \frac{5b^2+bc}{36}$$

$$\frac{a^4}{5c^2+ca} \geqslant \frac{a^2}{3} - \frac{5c^2+ca}{36}$$

推广　已知 a,b,c,p,q 是正数，求证

$$\frac{a^3+pb^3}{a+qb} + \frac{b^3+pc^3}{b+qc} + \frac{c^3+pa^3}{c+qa} \geqslant \frac{1+p}{1+q}(a^2+b^2+c^2)$$

证明　由柯西不等式及均值不等式知

$$\frac{a^3+pb^3}{a+qb} + \frac{b^3+pc^3}{b+qc} + \frac{c^3+pa^3}{c+qa} =$$

$$\frac{a^4}{a(a+qb)} + \frac{b^4}{b(b+qc)} + \frac{c^4}{c(c+qa)} +$$

$$p\left[\frac{b^4}{b(a+qb)} + \frac{c^4}{c(b+qc)} + \frac{a^4}{a(c+qa)}\right] \geqslant$$

$$\frac{(a^2+b^2+c^2)^2}{a^2+b^2+c^2+q(ab+bc+ca)} +$$

$$\frac{p\,(a^2+b^2+c^2)^2}{q(a^2+b^2+c^2)+(ab+bc+ca)} \geqslant$$

$$\frac{(a^2+b^2+c^2)^2}{a^2+b^2+c^2+q(a^2+b^2+c^2)} +$$

$$\frac{p\,(a^2+b^2+c^2)^2}{q(a^2+b^2+c^2)+(a^2+b^2+c^2)} =$$

$$\frac{a^2+b^2+c^2}{1+q} + \frac{p(a^2+b^2+c^2)}{q+1} =$$

$$\frac{1+p}{1+q}(a^2+b^2+c^2)$$

类似题3 （2013年土耳其数学奥林匹克试题）已知 a,b,c 是满足 $a+b+c=1$ 的正数，求证

$$\frac{a^4+5b^4}{a(a+2b)}+\frac{b^4+5c^4}{b(b+2c)}+\frac{c^4+5a^4}{c(c+2a)}\geqslant 1-ab-bc-ca$$

证明 由柯西不等式及均值不等式知

$$\frac{a^4+5b^4}{a(a+2b)}+\frac{b^4+5c^4}{b(b+2c)}+\frac{c^4+5a^4}{c(c+2a)}=$$

$$\frac{a^4}{a(a+2b)}+\frac{b^4}{b(b+2c)}+\frac{c^4}{c(c+2a)}+$$

$$5\left[\frac{b^4}{a(a+2b)}+\frac{c^4}{b(b+2c)}+\frac{a^4}{c(c+2a)}\right]\geqslant$$

$$\frac{(a^2+b^2+c^2)^2}{a^2+b^2+c^2+2(ab+bc+ca)}+$$

$$\frac{5(a^2+b^2+c^2)^2}{a^2+b^2+c^2+2(ab+bc+ca)}=$$

$$\frac{6(a^2+b^2+c^2)^2}{(a+b+c)^2}\geqslant\frac{2(a+b+c)^2(a^2+b^2+c^2)}{(a+b+c)^2}=$$

$$2(a^2+b^2+c^2)\geqslant$$

$$(a^2+b^2+c^2)+ab+bc+ca=$$

$$(a+b+c)^2-(ab+bc+ca)=$$

$$1-ab-bc-ca$$

推广 已知 a,b,c,p,q 是正数，求证

$$\frac{a^4+pb^4}{a(a+qb)}+\frac{b^4+pc^4}{b(b+qc)}+\frac{c^4+pa^4}{c(c+qa)}\geqslant \frac{1+p}{1+q}(a^2+b^2+c^2)$$

证明 由柯西不等式及均值不等式知

$$\frac{a^4+pb^4}{a(a+qb)}+\frac{b^4+pc^4}{b(b+qc)}+\frac{c^4+pa^4}{c(c+qa)}=$$

$$\frac{a^4}{a(a+qb)}+\frac{b^4}{b(b+qc)}+\frac{c^4}{c(c+qa)}+$$

$$p\left[\frac{b^4}{a(a+qb)}+\frac{c^4}{b(b+qc)}+\frac{a^4}{c(c+qa)}\right]\geqslant$$

$$\frac{(a^2+b^2+c^2)^2}{a^2+b^2+c^2+q(ab+bc+ca)}+$$

$$\frac{p(a^2+b^2+c^2)^2}{a^2+b^2+c^2+q(ab+bc+ca)}=$$

$$\frac{(1+p)(a^2+b^2+c^2)^2}{a^2+b^2+c^2+q(ab+bc+ca)}\geqslant$$

$$\frac{(1+p)(a^2+b^2+c^2)^2}{a^2+b^2+c^2+q(a^2+b^2+c^2)}=$$

$$\frac{1+p}{1+q}(a^2+b^2+c^2)$$

类似题 4　（第 15 届土耳其数学奥林匹克试题）设实数 $a,b,c>0$，且满足 $a+b+c=3$，证明

$$\frac{a^2+3b^2}{ab^2(4-ab)}+\frac{b^2+3c^2}{bc^2(4-bc)}+\frac{c^2+3a^2}{ca^2(4-ca)}\geqslant 4$$

证明　由柯西不等式知

$$\frac{a^2+3b^2}{ab^2(4-ab)}+\frac{b^2+3c^2}{bc^2(4-bc)}+\frac{c^2+3a^2}{ca^2(4-ca)}=$$

$$\frac{a}{b^2(4-ab)}+\frac{b}{c^2(4-bc)}+\frac{c}{a^2(4-ca)}+$$

$$3\left[\frac{1}{a(4-ab)}+\frac{1}{b(4-bc)}+\frac{1}{c(4-ca)}\right]=$$

$$\frac{\left(\frac{1}{b}\right)^2}{\frac{4-ab}{a}}+\frac{\left(\frac{1}{c}\right)^2}{\frac{4-bc}{b}}+\frac{\left(\frac{1}{a}\right)^2}{\frac{4-ca}{c}}+$$

$$3\left[\frac{\left(\frac{1}{a}\right)^2}{\frac{4-ab}{a}}+\frac{\left(\frac{1}{b}\right)^2}{\frac{4-bc}{b}}+\frac{\left(\frac{1}{c}\right)^2}{\frac{4-ca}{c}}\right]\geqslant$$

$$\frac{\left(\frac{1}{b}+\frac{1}{c}+\frac{1}{a}\right)^2}{\frac{4-ab}{a}+\frac{4-bc}{b}+\frac{4-ca}{c}}+$$

$$3\cdot\frac{\left(\frac{1}{a}+\frac{1}{b}+\frac{1}{c}\right)^2}{\frac{4-ab}{a}+\frac{4-bc}{b}+\frac{4-ca}{c}}=$$

$$\frac{4\left(\frac{1}{a}+\frac{1}{b}+\frac{1}{c}\right)^2}{4\left(\frac{1}{a}+\frac{1}{b}+\frac{1}{c}\right)-3}=\frac{4k^2}{4k-3}=$$

$$\frac{1}{4}\cdot\frac{16k^2-9+9}{4k-3}=\frac{1}{4}\cdot\left(4k-3+\frac{9}{4k-3}+6\right)$$

由柯西不等式知

$$k=\frac{1}{a}+\frac{1}{b}+\frac{1}{c}\geqslant\frac{9}{a+b+c}=3$$

故 $4k-3\geqslant 9$. 故

$$\frac{1}{4}\cdot\left(4k-3+\frac{9}{4k-3}+6\right)\geqslant\frac{1}{4}\cdot\left(9+\frac{9}{9}+6\right)=4$$

另证 $$\frac{a^2+3b^2}{ab^2(4-ab)}+\frac{b^2+3c^2}{bc^2(4-bc)}+\frac{c^2+3a^2}{ca^2(4-ca)}=$$

$$\frac{a}{b^2(4-ab)}+\frac{b}{c^2(4-bc)}+\frac{c}{a^2(4-ca)}+$$

$$3\left[\frac{1}{a(4-ab)}+\frac{1}{b(4-bc)}+\frac{1}{c(4-ca)}\right]=$$

$$\frac{\left(\frac{1}{b}\right)^2}{\frac{4-ab}{a}}+\frac{\left(\frac{1}{c}\right)^2}{\frac{4-bc}{b}}+\frac{\left(\frac{1}{a}\right)^2}{\frac{4-ca}{c}}+$$

$$3\left[\frac{\left(\frac{1}{a}\right)^2}{\frac{4-ab}{a}}+\frac{\left(\frac{1}{b}\right)^2}{\frac{4-bc}{b}}+\frac{\left(\frac{1}{c}\right)^2}{\frac{4-ca}{c}}\right]$$

$$\frac{\left(\frac{1}{b}\right)^2}{\frac{4-ab}{a}} \geqslant \frac{2\cdot\frac{1}{b}}{3}-\frac{\frac{4-ab}{a}}{9}$$

$$\frac{\left(\frac{1}{c}\right)^2}{\frac{4-bc}{b}} \geqslant \frac{2\cdot\frac{1}{c}}{3}-\frac{\frac{4-bc}{b}}{9}$$

$$\frac{\left(\frac{1}{a}\right)^2}{\frac{4-ca}{c}} \geqslant \frac{2\cdot\frac{1}{a}}{3}-\frac{\frac{4-ca}{c}}{9}$$

$$\frac{\left(\frac{1}{a}\right)^2}{\frac{4-ab}{a}} \geqslant \frac{2\cdot\frac{1}{a}}{3}-\frac{\frac{4-ab}{a}}{9}$$

$$\frac{\left(\frac{1}{b}\right)^2}{\frac{4-bc}{b}} \geqslant \frac{2\cdot\frac{1}{b}}{3}-\frac{\frac{4-bc}{b}}{9}$$

$$\frac{\left(\frac{1}{c}\right)^2}{\frac{4-ca}{c}} \geqslant \frac{2\cdot\frac{1}{c}}{3}-\frac{\frac{4-ca}{c}}{9}$$

例 24　（2001 年乌克兰数学奥林匹克试题）已知 a,b,c,x,y,z 是正实数，且 $x+y+z=1$. 证明

$$ax+by+cz+2\sqrt{(xy+yz+zx)(ab+bc+ca)} \leqslant a+b+c$$

证明　由柯西不等式知

$$ax+by+cz+2\sqrt{(xy+yz+zx)(ab+bc+ca)} \leqslant$$
$$\sqrt{x^2+y^2+z^2}\cdot\sqrt{a^2+b^2+c^2}+$$
$$\sqrt{2(xy+yz+zx)}\cdot\sqrt{2(ab+bc+ca)} \leqslant$$

$\sqrt{x^2+y^2+z^2+2(xy+yz+zx)}\cdot$

$\sqrt{a^2+b^2+c^2+2(ab+bc+ca)}=$

$(x+y+z)(a+b+c)=a+b+c$

点评 本题实际证明了

$ax+by+cz+2\sqrt{(xy+yz+zx)(ab+bc+ca)}\leqslant$

$(x+y+z)(a+b+c)\Leftrightarrow$

$(b+c)x+(c+a)y+(a+b)z\geqslant$

$2\sqrt{(xy+yz+zx)(ab+bc+ca)}\Leftrightarrow$

$(y+z)a+(z+x)b+(x+y)c\geqslant$

$2\sqrt{(xy+yz+zx)(ab+bc+ca)}$

此不等式应用很广,值得大家留意.

12. 分划区域巧用

例 25 (2013 年广东省预赛题)已知 $m<n(m,n\in\mathbf{N}^*)$,两个有限正整数集合 A,B 满足:$|A|=|B|=n$,$|A\cap B|=m$(这里用$|X|$表示集合 X 的元素个数).平面向量集$\{\boldsymbol{u}_k,k\in A\cup B\}$ 满足$\left|\sum\limits_{i\in A}\boldsymbol{u}_i\right|=\left|\sum\limits_{j\in B}\boldsymbol{u}_j\right|=1$. 证明:$\sum\limits_{k\in A\cup B}|\boldsymbol{u}_k|^2\geqslant\dfrac{2}{m+n}$.

证明 不妨设 $A=\{1,2,\cdots,n\}$,$B=\{n-m+1,n-m+2,\cdots,2n-m\}$. 令 $a_1=a_2=\cdots=a_{n-m}=a_{n+1}=a_{n+2}=\cdots=a_{2n-m}=1$,$a_{n-m+1}=a_{n-m+2}=\cdots=a_n=4$.

由柯西不等式知

$$\left[\sum_{i=1}^{2n-m}(|u_i|^2)\right]\cdot\sum_{i=1}^{2n-m}(a_i)\geqslant\left(\sum_{i=1}^{2n-m}|u_i|\sqrt{a_i}\right)^2=$$

$$\left(\sum_{i=1}^{n-m}|u_i|\sqrt{a_i}+\sum_{i=n-m+1}^{n}|u_i|\sqrt{a_i}+\sum_{i=n+1}^{2n-m}|u_i|\sqrt{a_i}\right)^2=$$

$$(\sum_{i=1}^{n-m}|u_i|\sqrt{1}+\sum_{i=n-m+1}^{n}|u_i|\sqrt{4}+\sum_{i=n+1}^{2n-m}|u_i|\sqrt{1})^2=$$

$$(\sum_{i=1}^{n-m}|u_i|\sqrt{1}+\sum_{i=n-m+1}^{n}|u_i|\sqrt{4}+\sum_{i=n+1}^{2n-m}|u_i|\sqrt{1})^2=$$

$$\left[\sum_{i=1}^{n}(|u_i|)+\sum_{i=n-m+1}^{2n-m}|u_i|\right]^2=(\sum_{i\in A}|u_i|+\sum_{i\in B}|u_i|)^2\geqslant$$

$$(|\sum_{i\in A}u_i|+|\sum_{i\in B}u_i|)^2=4$$

注意到

$$\sum_{i=1}^{2n-m}a_i=2(n-m)+4m=2(n+m)$$

从而

$$\sum_{k\in A\cup B}|\boldsymbol{u}_k|^2=\sum_{i=1}^{2n-m}|\boldsymbol{u}_i^2|\geqslant\frac{2}{m+n}$$

类似题1　(1989年全国高中数学联赛试题)已知 $x_i\in\mathbf{R}(i=1,2,\cdots,n;n\geqslant 2)$,满足

$$|x_1|+|x_2|+\cdots+|x_n|=1,x_1+x_2+\cdots+x_n=0$$

求证

$$\left|x_1+\frac{x_2}{2}+\cdots+\frac{x_n}{n}\right|\leqslant\frac{1}{2}-\frac{1}{2n}$$

证明　由条件

$$|x_1|+|x_2|+\cdots+|x_n|=1$$

知 $x_1,x_2,\cdots,x_n$ 不全为零;由条件

$$x_1+x_2+\cdots+x_n=0$$

知这 n 个实数中既有正数也有负数.记

$$A_1=\{i:x_i\geqslant 0\},A_2=\{i:x_i<0\}$$

则 A_1 和 A_2 都不是空集,它们互不相交,且 $A_1\cup A_2=\{1,2,3,\cdots,n\}$.若再记

$$S_1=\sum_{i\in A_1}x_i,S_2=\sum_{i\in A_2}x_i$$

就有

$$S_1+S_2=0, S_1-S_2=1$$

因此知

$$S_1=-S_2=\frac{1}{2}$$

采用所引入的符号，就有

$$\left|x_1+\frac{x_2}{2}+\cdots+\frac{x_n}{n}\right|=\left|\sum_{i\in A_1}\frac{x_i}{i}+\sum_{i\in A_2}\frac{x_i}{i}\right|$$

由 A_1 和 A_2 的定义和性质知 $\sum_{i\in A_1}\frac{x_i}{i}$ 是若干非负数之和，$\sum_{i\in A_2}\frac{x_i}{i}$ 是若干负数之和，因此就有

$$\left|\sum_{i=1}^{n}\frac{x_i}{i}\right|=\left|\sum_{i\in A_1}\frac{x_i}{i}+\sum_{i\in A_2}\frac{x_i}{i}\right|\leqslant$$

$$\left|\sum_{i\in A_2}x_i+\frac{1}{n}\sum_{i\in A_2}x_i\right|=$$

$$\left|S_1+\frac{S_2}{n}\right|=\left|\frac{1}{2}-\frac{1}{2n}\right|=\frac{1}{2}-\frac{1}{2n}$$

可见命题的结论是成立的.

在这个证明中，我们没有考虑 n 究竟是几的问题，只是把精力花费在对命题条件的推敲和剖析上. 这种证法就是直接证法.

类似题 2 （第 28 届 IMO 试题）设 $x_1, x_2, \cdots, x_n$ 为实数，满足 $x_1^2+x_2^2+x_3^2+\cdots+x_n^2=1$，求证：对于每一整数 $k\geqslant 2$，存在不全为零的整数 $a_1, a_2, \cdots, a_n$，使得 $|a_i|\leqslant k-1(i=1,2,3,\cdots,n)$，并且

$$|a_1x_1+a_2x_2+\cdots+a_nx_n|\leqslant\frac{(k-1)\sqrt{n}}{k^n-1}$$

证明　由柯西不等式得

$$(|x_1|+|x_2|+\cdots+|x_n|)^2\leqslant$$
$$(1^2+1^2+\cdots+1^2)(x_1^2+x_2^2+x_3^2+\cdots+x_n^2)$$

即

$$|x_1|+|x_2|+\cdots+|x_n|\leqslant\sqrt{n}$$

所以,当 $0\leqslant a_i\leqslant k-1$ 时,有

$$a_1|x_1|+a_2|x_2|+\cdots+a_n|x_n|\leqslant$$
$$(k-1)(|x_1|+|x_2|+\cdots+|x_n|)\leqslant$$
$$(k-1)\sqrt{n}$$

把区间 $[0,(k-1)\sqrt{n}]$ 等分成 k^n-1 个小区间,每个小区间的长度为 $\frac{(k-1)\sqrt{n}}{k^2-1}$,由于每个 $a_i(i=1,2,\cdots,n)$ 能取 k 个整数,因此 $a_1|x_1|+a_2|x_2|+\cdots+a_n|x_n|$ 共有 k^n 个正数,由抽屉原则知必有二数会落在同一小区间内,设它们分别是 $\sum_{i=1}^{n}a'_i|x_i|$ 与 $\sum_{i=1}^{n}a''_i|x_i|$,因此有

$$\sum_{i=1}^{n}(a'_i-a''_i)|x_i|\leqslant\frac{(k-1)\sqrt{n}}{k^2-1}\tag{1}$$

很明显,我们有 $|a'_i-a''_i|\leqslant k-1,i=1,2,\cdots,n$. 现在取

$$a_i=\begin{cases}a'_i-a''_i & (如果\ x_i\geqslant 0)\\ a''_i-a'_i & (如果\ x_i<0)\end{cases}$$

这里 $i=1,2,\cdots,n$,于是(1)可表示为

$$\left|\sum_{i=1}^{n}a_ix_i\right|\leqslant\frac{(k-1)\sqrt{n}}{k^n-1}$$

这里 a_i 为整数,适合 $|a_i|\leqslant k-1,i=1,2,\cdots,n$.

4.2 阿采儿不等式及其应用

阿采儿(Aczél)不等式 设实数 $a,b,a_i,b_i(i=1,2,\cdots,n)$ 满足 $a^2-(a_1^2+a_2^2+\cdots+a_n^2)>0$,或 $b^2-(b_1^2+b_2^2+\cdots+b_n^2)>0$ 则

$$(a^2-a_1^2-a_2^2-\cdots-a_n^2)(b^2-b_1^2-b_2^2-\cdots-b_n^2)\leqslant(ab-a_1b_1-a_2b_2-\cdots-a_nb_n)^2$$

此不等式可由柯西不等式证明.

证法1 不妨设

$$b^2-(b_1^2+b_2^2+\cdots+b_n^2)>0\quad(b\neq0)$$

并设

$$b^2-(b_1^2+b_2^2+\cdots+b_n^2)=b_{n+1}^2$$

$$ab-a_1b_1-a_2b_2-\cdots-a_nb_n=a_{n+1}b_{n+1}$$

于是阿采儿不等式等价于

$$a^2\leqslant a_1^2+a_2^2+\cdots+a_n^2+a_{n+1}^2\Leftrightarrow$$

$$(ab)^2\leqslant(a_1^2+a_2^2+\cdots+a_n^2+a_{n+1}^2)b^2\Leftrightarrow$$

$$(a_1b_1+a_2b_2+\cdots+a_nb_n+a_{n+1}b_{n+1})^2\leqslant$$

$$(a_1^2+a_2^2+\cdots+a_n^2+a_{n+1}^2)(b_1^2+b_2^2+\cdots+b_n^2+b_{n+1}^2)$$

此即 $n+1$ 维阿采儿不等式.

证法2 不妨设 $a^2-(a_1^2+a_2^2+\cdots+a_n^2)>0$.

(1) 若 $b^2-(b_1^2+b_2^2+\cdots+b_n^2)\leqslant0$,则不等式显然成立.

(2) 若 $b^2-(b_1^2+b_2^2+\cdots+b_n^2)>0$,令

$$x^2=a^2-(a_1^2+a_2^2+\cdots+a_n^2)\quad(x>0)$$

$$y^2=b^2-(b_1^2+b_2^2+\cdots+b_n^2)\quad(y>0)$$

因为

$$a^2 > \sum_{i=1}^{n} a_i^2, b^2 > \sum_{i=1}^{n} b_i^2$$

所以

$$|ab| > \sqrt{(\sum_{i=1}^{n} a_i^2)(\sum_{i=1}^{n} b_i^2)} \geqslant \sum_{i=1}^{n} a_i b_i$$

又

$$\begin{aligned} &|ab - \sum_{i=1}^{n} a_i b_i| \geqslant |ab| - |\sum_{i=1}^{n} a_i b_i| = \\ &\sqrt{(x^2 + \sum_{i=1}^{n} a_i^2)(y^2 + \sum_{i=1}^{n} b_i^2)} - |\sum_{i=1}^{n} a_i b_i| \geqslant \\ &|xy| + \sum_{i=1}^{n} |a_i b_i| - |\sum_{i=1}^{n} a_i b_i| \geqslant xy = \\ &\sqrt{(a^2 - \sum_{i=1}^{n} a_i^2)(b^2 - \sum_{i=1}^{n} b_i^2)} \end{aligned}$$

两边平方即得所要证明的.

由此可知,阿采儿不等式是柯西不等式的推论.

此外,也可以利用判别式法来证明阿采儿不等式,具体过程如下:

证法 3　不妨设 $a^2 - (a_1^2 + a_2^2 + \cdots + a_n^2) > 0$. 构造函数

$$\begin{aligned} f(x) = &(a^2 - a_1^2 - a_2^2 - \cdots - a_n^2)x^2 - \\ &2(ab - a_1 b_1 - a_2 b_2 - \cdots - a_n b_n)x + \\ &(b^2 - b_1^2 - b_2^2 - \cdots - b_n^2) = \\ &(ax - b)^2 - (a_1 x - b_1)^2 - \\ &(a_2 x - b_2)^2 - \cdots - (a_n x - b_n)^2 \end{aligned}$$

则 $f(x)$ 是关于 x 的二次函数,且开口朝上,且

$$f\left(\frac{b}{a}\right) = -\left(a_1 \cdot \frac{b}{a} - b_1\right)^2 - \left(a_2 \cdot \frac{b}{a} - b_2\right)^2 - \cdots -$$

$$\left(a_n \cdot \frac{b}{a} - b_n\right)^2 \leqslant 0$$

所以函数 $f(x)$ 的图像与 x 轴有交点，即二次方程 $f(x)=0$ 有实根，则 $\Delta \geqslant 0$，即

$$\begin{aligned}\Delta = & 4\left(ab - a_1b_1 - a_2b_2 - \cdots - a_nb_n\right)^2 - \\ & 4\left(a^2 - a_1^2 - a_2^2 - \cdots - a_n^2\right) \cdot \\ & \left(b^2 - b_1^2 - b_2^2 - \cdots - b_n^2\right) \geqslant 0\end{aligned}$$

即

$$\begin{aligned}&\left(a^2 - a_1^2 - a_2^2 - \cdots - a_n^2\right)\left(b^2 - b_1^2 - b_2^2 - \cdots - b_n^2\right) \leqslant \\ &\left(ab - a_1b_1 - a_2b_2 - \cdots - a_nb_n\right)^2\end{aligned}$$

综上可知，原不等式成立.

证法 4 不妨设 $a^2 - \left(a_1^2 + a_2^2 + \cdots + a_n^2\right) > 0$，且 $b^2 - b_1^2 - b_2^2 - \cdots - b_n^2 > 0$.

不然原不等式显然成立，并且再设 $b_2^2 + b_3^2 + \cdots + b_n^2 > 0$，不然原不等式也是显然成立，而且等式成立的充要条件是 a 与 b 线性相关，即存在 λ 使 $a = \lambda b$.

设

$$\begin{aligned}F(a_1) = & \left(ab - a_1b_1 - a_2b_2 - \cdots - a_nb_n\right)^2 - \\ & \left(a^2 - a_1^2 - a_2^2 - \cdots - a_n^2\right) \cdot \\ & \left(b^2 - b_1^2 - b_2^2 - \cdots - b_n^2\right)\end{aligned}$$

则

$$\begin{aligned}F'(a_1) = & 2b_1\left(ab - a_1b_1 - a_2b_2 - \cdots - a_nb_n\right) - \\ & 2a_1\left(b^2 - b_1^2 - b_2^2 - \cdots - b_n^2\right) = \\ & 2a_1\left(b_2^2 + \cdots + b_n^2\right) - 2b_1\left(a_2b_2 + \cdots + a_nb_n\right)\end{aligned}$$

$$F''(a_1) = 2\left(b_2^2 + \cdots + b_n^2\right) > 0$$

由 $F'(a_1) = 0$ 可得

$$a_1 = \frac{a_2b_2 + \cdots + a_nb_n}{b_2^2 + \cdots + b_n^2} b_1$$

$$F(a_1)\geqslant F\left(\frac{a_2b_2+\cdots+a_nb_n}{b_2^2+\cdots+b_n^2}b_1\right)=$$

$$\left(\frac{a_2b_2+\cdots+a_nb_n}{b_2^2+\cdots+b_n^2}b_1^2-a_2b_2-\cdots-a_nb_n\right)^2-$$

$$\left[\left(\frac{a_2b_2+\cdots+a_nb_n}{b_2^2+\cdots+b_n^2}b_1\right)^2-a_2^2-\cdots-a_n^2\right]\cdot$$

$$[b^2-b_1^2-b_2^2-\cdots-b_n^2]=$$

$$\frac{(a_2b_2+\cdots+a_nb_n)^2}{b_2^2+\cdots+b_n^2}(b_1^2-b_2^2-\cdots-b_n^2)\cdot$$

$$\left[\frac{(a_2^2+\cdots+a_n^2)(b_2^2+\cdots+b_n^2)}{(a_2b_2+\cdots+a_nb_n)^2}-1\right]\geqslant 0$$

由此已知原不等式成立，且

$$F(a_1)=0\Leftrightarrow a_1=\frac{a_2b_2+\cdots+a_nb_n}{b_2^2+\cdots+b_n^2}b_1$$

且

$$(a_1^2+a_2^2+\cdots+a_n^2)(b_1^2+b_2^2+\cdots+b_n^2)=$$

$$(a_1b_1+a_2b_2+\cdots+a_nb_n)^2$$

即存在常数λ，使得$a_2=\lambda b_2,\cdots,a_n=\lambda b_n$，且$a_1=\lambda b_1$，即$a=\lambda b$.

关于阿采儿不等式，还有如下漂亮的恒等式

$$(ab-a_1b_1-a_2b_2-\cdots-a_nb_n)-$$

$$\frac{1}{2}\left[\frac{b}{a}(a^2-a_1^2-a_2^2-\cdots-a_n^2)+\right.$$

$$\left.\frac{a}{b}(b^2-b_1^2-b_2^2-\cdots-b_n^2)\right]=$$

$$\frac{1}{2ab}[(a_1b-b_1a)^2+(a_2b-b_2a)^2+\cdots+$$

$$(a_nb-b_na)^2]$$

应用此恒等式也可以证明阿采儿不等式

$$(a^2-b^2)(c^2-d^2)\leqslant(ac-bd)^2\Leftrightarrow$$

$$(ax-by)^2 \geqslant (a+b)(a-b)(x+y)(x-y) \Leftrightarrow$$
$$(ax-by)^2 \geqslant [(ax+by)+(bx+ay)] \cdot$$
$$[(ax+by)-(bx+ay)] \Leftrightarrow$$
$$(ax-by)^2 \geqslant (ax+by)^2-(bx+ay)^2 \Leftrightarrow$$
$$(ax-by)^2 \geqslant a^2x^2+b^2y^2-b^2x^2-a^2y^2 \Leftrightarrow$$
$$(ax+by)^2 \leqslant (ax-by)^2+(bx+ay)^2 \Leftrightarrow$$
$$(ax+by)^2 \leqslant a^2x^2+b^2y^2+b^2x^2+a^2y^2 \Leftrightarrow$$
$$(ax+by)^2 \leqslant (a^2+b^2)(x^2+y^2)$$

在

$$(a^2-b^2)(c^2-d^2) \leqslant (ac-bd)^2$$

中,令 $a=\cos\alpha, b=\sin\alpha, \alpha \in \left(0,\frac{\pi}{2}\right), c=\cos\beta, d=\sin\beta, \beta \in \left(0,\frac{\pi}{2}\right)$. 则可将其衍变成三角不等式

$$\cos^2(\alpha+\beta) \geqslant \cos 2\alpha\cos 2\beta$$

当且仅当 $\alpha=\beta$ 时等号成立.应用本例结论或其衍变三角不等式,可解决许多不等式问题.

阿采儿不等式还可以推广为:

Popoviciu 不等式 设实数 $a,b,a_i,b_i(i=1,2,\cdots,n)$ 满足

$$a^p-(a_1^p+a_2^p+\cdots+a_n^p)>0$$

或

$$b^p-(b_1^p+b_2^p+\cdots+b_n^p)>0$$

这里 $p\geqslant 1$,则

$$(a^p-a_1^p-a_2^p-\cdots-a_n^p) \cdot$$
$$(b^p-b_1^p-b_2^p-\cdots-b_n^p) \leqslant$$
$$(ab-a_1b_1-a_2b_2-\cdots-a_nb_n)^p$$

Bellman 不等式 设实数 $a,b,a_i,b_i(i=1,2,\cdots,n)$ 满足

$$a^p-(a_1^p+a_2^p+\cdots+a_n^p)>0$$

或

$$b^p-(b_1^p+b_2^p+\cdots+b_n^p)>0\quad(p>1)$$

则

$$(a^p-a_1^p-a_2^p-\cdots-a_n^p)^{\frac{1}{p}}+$$
$$(b^p-b_1^p-b_2^p-\cdots-b_n^p)^{\frac{1}{p}}\leqslant$$
$$[(a+b)^p-(a_1+b_1)^p-(a_2+b_2)^p-\cdots-$$
$$(a_n+b_n)^p]^{\frac{1}{p}}$$

例 1　已知$\left(\frac{\tan\alpha}{\sin x}-\frac{\tan\beta}{\tan x}\right)^2=\tan^2\alpha-\tan^2\beta$，求证：$\cos x=\frac{\tan\beta}{\tan\alpha}$.

证明　由阿采儿不等式知

$$\tan^2\alpha-\tan^2\beta=\left(\frac{\tan\alpha}{\sin x}-\frac{\tan\beta}{\tan x}\right)^2\geqslant$$
$$(\tan^2\alpha-\tan^2\beta)\left(\frac{1}{\sin^2 x}-\frac{1}{\tan^2 x}\right)$$

即

$$\tan^2\alpha-\tan^2\beta=\left(\frac{\tan\alpha}{\sin x}-\frac{\tan\beta}{\tan x}\right)^2\geqslant$$
$$\tan^2\alpha-\tan^2\beta$$

当且仅当

$$\tan\alpha:\tan\beta=\frac{1}{\sin x}:\frac{1}{\tan x}$$

即 $\cos x=\frac{\tan\beta}{\tan\alpha}$.

例 2　(《中学数学杂志》1993 年第 4 期，P. 24）已知 $a>b>0$，θ 为锐角，求证

$$a\sec\theta-b\tan\theta\geqslant\sqrt{a^2-b^2}$$

证明 由阿采儿不等式知

$$a\sec\theta-b\tan\theta\geqslant\sqrt{(a^2-b^2)(\sec^2\theta-\tan^2\theta)}=\sqrt{a^2-b^2}$$

例 3 (《数学通讯》1984 年第 8 期征解题) 求函数 $y=a\sqrt{\sec\theta}-b\sqrt{\tan\theta},\theta\in\left(0,\frac{\pi}{2}\right)$,($a,b$ 为常数,且 $a>b>0$) 的最小值.

证明 由阿采儿不等式知

$$\begin{aligned}y=&a\sqrt{\sec\theta}-b\sqrt{\tan\theta}=\\&a^{\frac{2}{3}}a^{\frac{1}{3}}\sqrt{\sec\theta}-b^{\frac{2}{3}}b^{\frac{1}{3}}\sqrt{\tan\theta}\geqslant\\&\sqrt{(a^{\frac{4}{3}}-b^{\frac{4}{3}})(a^{\frac{2}{3}}\sec\theta-b^{\frac{2}{3}}\tan\theta)}\geqslant\\&\sqrt{(a^{\frac{4}{3}}-b^{\frac{4}{3}})\sqrt{(a^{\frac{4}{3}}-a^{\frac{4}{3}})(\sec^2\theta-\tan^2\theta)}}=\\&(a^{\frac{4}{3}}-b^{\frac{4}{3}})^{\frac{3}{4}}\end{aligned}$$

当且仅当

$$\begin{cases}a^{\frac{2}{3}}b^{\frac{1}{3}}\sqrt{\tan\theta}=b^{\frac{2}{3}}a^{\frac{1}{3}}\sqrt{\sec\theta}\\a^{\frac{1}{3}}\sqrt{\tan\theta}=b^{\frac{1}{3}}\sqrt{\sec\theta}\end{cases}$$

即 $\sin\theta=\left(\frac{b}{a}\right)^{\frac{2}{3}}$ 时,$y_{\min}=(a^{\frac{4}{3}}-b^{\frac{4}{3}})^{\frac{3}{4}}$.

评注 本例可推广为:

设常数 a,b 满足 $a>b>0$,则

$$a\sqrt[n]{\sec\theta}-b\sqrt[n]{\tan\theta}\geqslant(a^{\frac{2n}{2n-1}}-b^{\frac{2n}{2n-1}})^{\frac{2n-1}{2n}}$$

例 4 (《数学通讯》1990 年第 2 期,P. 28,《中学生数学》1992 年第 1 期课外练习征解题) 已知 $\alpha,\beta\neq\frac{k\pi}{2}$,$k\in\mathbf{Z}$,$\frac{\sec^4\alpha}{\sec^2\beta}-\frac{\tan^4\alpha}{\tan^2\beta}=1$,求证

$$\frac{\sec^4\beta}{\sec^2\alpha}-\frac{\tan^4\beta}{\tan^2\alpha}=1$$

证明 由阿采儿不等式知

$$1=(\sec^2\alpha-\tan^2\alpha)^2=$$

$$\left(\frac{\sec^2\alpha}{\sec\beta}\cdot\sec\beta-\frac{\tan^2\alpha}{\tan\beta}\cdot\tan\beta\right)^2\geqslant$$

$$\left(\frac{\sec^4\alpha}{\sec^2\beta}-\frac{\tan^4\alpha}{\tan^2\beta}\right)(\sec^2\beta-\tan^2\beta)=$$

所以

$$\frac{\sec^2\alpha}{\sec\beta}\cdot\tan\beta=\frac{\tan^2\alpha}{\tan\beta}\cdot\sec\beta$$

即

$$\tan^2\alpha\cdot\cos^2\alpha=\tan^2\beta\cdot\cos^2\beta$$

即

$$\sin^2\alpha=\sin^2\beta,\cos^2\alpha=\cos^2\beta$$

故

$$\sec^2\alpha=\sec^2\beta,\tan^2\alpha=\tan^2\beta$$

所以

$$\frac{\sec^4\beta}{\sec^2\alpha}-\frac{\tan^4\beta}{\tan^2\alpha}=1$$

评注 与本例相媲美的一道题是：

已知 $\alpha,\beta\neq\frac{k\pi}{2},k\in\mathbf{Z},\frac{\sin^4\alpha}{\sin^2\beta}+\frac{\cos^4\alpha}{\cos^2\beta}=1$，求证

$$\frac{\sin^4\beta}{\sin^2\alpha}+\frac{\cos^4\beta}{\cos^2\alpha}=1$$

这是一道脍炙人口的名题，因资料有限，笔者最早见于 1985 年唐秀颖主编的《数学题解辞典》(上海辞书出版社，P. 103)，此题不仅结构非常对称，而且形式也非常优美，因此引来无数数学爱好者的青睐. 其姊妹题是：

已知 α,β 为锐角，且 $\frac{\cos^4\alpha}{\sin^2\beta}+\frac{\sin^4\alpha}{\cos^2\beta}=1$，求证

$$\frac{\cos^4\beta}{\sin^2\alpha}+\frac{\sin^4\beta}{\cos^2\alpha}=1$$

1992 年，全国第三届“希望杯”数学邀请赛高一第二试(9) 将此题改编为：

已知 α,β 为锐角，且 $\frac{\cos^4\alpha}{\sin^2\beta}+\frac{\sin^4\alpha}{\cos^2\beta}=1$，下列结论正确的是(　　)

A. $\alpha+\beta>\frac{\pi}{2}$　　　　B. $\alpha+\beta<\frac{\pi}{2}$

C. $\alpha+\beta\geqslant\frac{\pi}{2}$　　　　D. $\alpha+\beta=\frac{\pi}{2}$

例 5　已知 $\alpha,\beta\in\left(0,\frac{\pi}{2}\right)$，求证

$$\frac{\csc^4\beta}{\csc^2\alpha}-\frac{\cot^4\beta}{\cot^2\alpha}\leqslant 1$$

证明　$1=(\csc^2\beta-\cot^2\beta)^2=$

$$\left(\frac{\csc^2\beta}{\csc\alpha}\cdot\csc\alpha-\frac{\cot^2\beta}{\cot\alpha}\cdot\cot\alpha\right)^2\geqslant$$

$$(\csc^2\alpha-\cot^2\alpha)\left(\frac{\csc^4\beta}{\csc^2\alpha}-\frac{\cot^4\beta}{\cot^2\alpha}\right)=$$

$$\frac{\csc^4\beta}{\csc^2\alpha}-\frac{\cot^4\beta}{\cot^2\alpha}$$

例 6　如图 1，已知海岛 A 到海岸公路 BC 的距离 AB 为 50 km，B，C 间的距离为 100 km，从 A 到 C，必须先坐船到 BC 上的某一点 D，船速为 25 km/h，再乘汽车到 C，车速为 50 km/h，记 $\angle BDA=\theta$.

(1) 试将由 A 到 C 所用的时间 t 表示为 θ 的函数 $t(\theta)$；

(2) 问 θ 为多少时，由 A 到 C 所用的时间 t 最少？

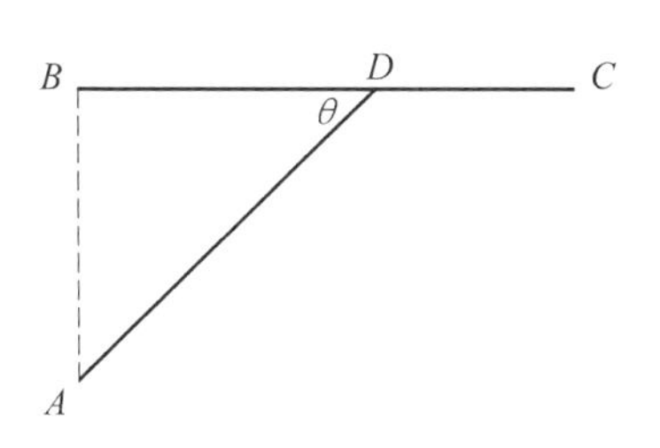

图 1

解　(1) $AD=\dfrac{50}{\sin\theta}$，所以 A 到 D 所用时间 $t_1=\dfrac{2}{\sin\theta}$，所以

$$BD=\frac{50}{\tan\theta}=\frac{50\cos\theta}{\sin\theta}$$

$$CD=100-BD=100-\frac{50\cos\theta}{\sin\theta}$$

所以 D 到 C 所用时间 $t_2=2-\dfrac{\cos\theta}{\sin\theta}$，所以

$$t(\theta)=t_1+t_2=\frac{2-\cos\theta}{\sin\theta}+2$$

(2) 由阿采儿不等式知

$$t(\theta)=t_1+t_2=\frac{2-\cos\theta}{\sin\theta}+2=$$
$$2\csc\theta-\cot\theta+2\geqslant$$
$$\sqrt{(2^2-1^2)(\csc^2\theta-\cot^2\theta)}+2=$$
$$\sqrt{3}+2$$

当且仅当 $\csc\theta:2=\cot\theta:1$，即 $\cos\theta=\dfrac{1}{2}$，$\theta\in\left(\dfrac{\pi}{3},\dfrac{\pi}{2}\right)$，故 $\theta=\dfrac{\pi}{3}$，即当 $\theta=\dfrac{\pi}{3}$ 时，由 A 到 C 的时间 t 最少.

另解 $t'(\theta)=\dfrac{\sin^2\theta-(2-\cos\theta)\cos\theta}{\sin^2\theta}=$

$$\frac{1-2\cos\theta}{\sin^2\theta}$$

令

$$t'(\theta)>0\Rightarrow\cos\theta<\frac{1}{2}\Rightarrow\frac{\pi}{3}<\theta<\frac{\pi}{2}$$

所以 $\theta\in\left(\dfrac{\pi}{3},\dfrac{\pi}{2}\right)$，$t(\theta)$ 单调增；

令 $\angle BCA=\theta_0$，则同理 $\theta_0<\theta<\dfrac{\pi}{3}$，$t'(\theta)<0$，$t(\theta)$ 单调减，所以 $\theta=\dfrac{\pi}{3}$，$t(\theta)$ 取到最小值；因此，当 $\theta=\dfrac{\pi}{3}$ 时，由 A 到 C 的时间 t 最少.

最值定理 已知函数

$$H(x)=af(x)+bg(x)$$

且满足

$$(a^2-b^2)[f^2(x)-g^2(x)]=k>0$$

(1) 若 $(a+b)[f(x)+g(x)]>0$，则当 $bf(x)+ag(x)=0$ 时，$H(x)$ 有最小值 $\sqrt{k}$；

(2) 若 $(a+b)[f(x)+g(x)]<0$，则当 $bf(x)+ag(x)=0$ 时，$H(x)$ 有最大值 $-\sqrt{k}$.

证明 因为

$$(a^2-b^2)[f^2(x)-g^2(x)]=$$
$$(a+b)[f(x)+g(x)]\cdot$$
$$(a-b)[f(x)-g(x)]=k>0$$

(1) 当

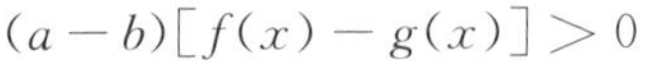

$$(a+b)[f(x)+g(x)]>0$$
$$(a-b)[f(x)-g(x)]>0$$

故

$$H(x)=af(x)+bg(x)=$$
$$\frac{1}{2}\{(a+b)[f(x)+g(x)]+$$
$$(a-b)[f(x)-g(x)]\}\geqslant$$
$$\sqrt{(a^2-b^2)[f^2(x)-g^2(x)]}=\sqrt{k}$$

等号当且仅当

$$(a+b)[f(x)+g(x)]=(a-b)[f(x)-g(x)]$$

时成立,即当

$$bf(x)+ag(x)=0$$

时,函数 $H(x)$ 有最小值$\sqrt{k}$;

(2) 当

$$(a+b)[f(x)+g(x)]<0$$
$$(a-b)[f(x)-g(x)]<0$$

故

$$H(x)=af(x)+bg(x)=$$
$$-\frac{1}{2}\{-(a+b)[f(x)+g(x)]-$$
$$(a-b)[f(x)-g(x)]\}\leqslant$$
$$-\sqrt{(a^2-b^2)[f^2(x)-g^2(x)]}=-\sqrt{k}$$

等号当且仅当

$$(a+b)[f(x)+g(x)]=$$
$$(a-b)[f(x)-g(x)]$$

时成立,即当 $bf(x)+ag(x)=0$ 时,$H(x)$ 有最大值 $-\sqrt{k}$.

评注　应用本例结论,能够快速解决以下最值问题:

(ⅰ) 求 $y=-x+\sqrt{2x^2+5}$ 的最小值;

（ⅱ）求 $y=x-\sqrt{2x^2+5}$ 的最大值；

（ⅲ）求 $y=2\sqrt{x-1}-\sqrt{x-3}$ 的最小值；

（ⅳ）求 $y=\sqrt{x-6}-\sqrt{3x-16}$ 的最大值.

例 7 （柯西不等式的下界）设 $a_i,b_i\in\mathbf{R}(i=1,2,\cdots,n),n\geqslant 2,(\sum_{i=1}^{n}a_i)^2-\sum_{i=1}^{n}a^2>0$，则

$$(\sum_{i=1}^{n}a_ib_i)^2\geqslant$$

$$[(\sum_{i=1}^{n}a_i)^2-\sum_{i=1}^{n}a_i^2]\left[\frac{1}{n-1}(\sum_{i=1}^{n}b_i)^2-\sum_{i=1}^{n}b_i^2\right]$$

式中等号当且仅当 b_i 与 $\sum_{i=1}^{n}a_i-a_i$ 成比例时成立.

证明 应用阿采儿不等式得

$$(\sum_{i=1}^{n}a_ib_i)^2=$$

$$\left[(\sum_{i=1}^{n}a_i)\left(\frac{1}{n-1}\sum_{i=1}^{n}b_i\right)-\sum_{i=1}^{n}a_i\left(\frac{1}{n-1}\sum_{i=1}^{n}b_i-b_i\right)\right]^2\geqslant$$

$$[(\sum_{i=1}^{n}a_i)^2-\sum_{i=1}^{n}a_i^2]\cdot$$

$$\left[\frac{1}{n-1}(\sum_{i=1}^{n}b_i)^2-\sum_{i=1}^{n}\left(\frac{1}{n-1}\sum_{i=1}^{n}b_i-b_i\right)^2\right]=$$

$$[(\sum_{i=1}^{n}a_i)^2-\sum_{i=1}^{n}a_i^2]\left[\frac{1}{n-1}(\sum_{i=1}^{n}b_i)^2-\sum_{i=1}^{n}b_i^2\right]$$

其中等号成立的条件是

$$\frac{a_i}{\frac{1}{n-1}\sum_{i=1}^{n}b_i-b_i}=\frac{\sum_{i=1}^{n}a_i}{\frac{1}{n-1}\sum_{i=1}^{n}b_i}\Leftrightarrow$$

$$\frac{a_i}{\sum_{i=1}^{n} b_i-(n-1)b_i}=\frac{\sum_{i=1}^{n} a_i}{\sum_{i=1}^{n} b_i}\Leftrightarrow$$

$$\frac{\sum_{i=1}^{n} a_i-a_i}{(n-1)b_i}=\frac{\sum_{i=1}^{n} a_i}{\sum_{i=1}^{n} b_i}\Leftrightarrow$$

$$\frac{\sum_{i=1}^{n} a_i-a_i}{b_i}=\frac{(n-1)\sum_{i=1}^{n} a_i}{\sum_{i=1}^{n} b_i}\quad(i=1,2,\cdots,n)$$

即当且仅当 b_i 与$\left(\sum_{i=1}^{n} a_i\right)^2-a_i$ 成比例时成立.

例 8 （简超不等式）设 $\lambda,\mu,\gamma,x,y,z>0,k>-1$，且

$$(\lambda+\mu+\gamma)^2-(k+1)(\lambda^2+\mu^2+\gamma^2)>0$$
$$(x+y+z)^2-(k+1)(x^2+y^2+z^2)>0$$

则

$$\lambda(y+z-kx)+\mu(z+x-ky)+\gamma(x+y-kz)\geqslant$$
$$\sqrt{(\lambda+\mu+\gamma)^2-(k+1)(\lambda^2+\mu^2+\gamma^2)}\cdot$$
$$\sqrt{(x+y+z)^2-(k+1)(x^2+y^2+z^2)}$$

等号当且仅当$\frac{x}{\lambda}=\frac{y}{\mu}=\frac{z}{\gamma}$时成立.

证明　在阿采儿不等式中取 $n=3$ 时

$$A=\lambda+\mu+\gamma,a_1=\lambda\sqrt{k+1}$$
$$a_2=\mu\sqrt{k+1},a_3=\gamma\sqrt{k+1}$$
$$B=x+y+z,b_1=x\sqrt{k+1}$$
$$b_2=y\sqrt{k+1},b_3=z\sqrt{k+1}$$

即得简超不等式.

在简超不等式中,取 $\lambda=a'^2,\mu=b'^2,\gamma=c'^2,x=a^2,y=b^2,z=c^2,k=0$,并结合海伦公式

$$\Delta'=\sqrt{2(a'^2b'^2+b'^2c'^2+c'^2a'^2)-a'^4-b'^4-c'^4}$$

$$\Delta=\sqrt{2(a^2b^2+b^2c^2+c^2a^2)-a^4-b^4-c^4}$$

即得匹多不等式:

在 $\triangle A'B'C'$ 和 $\triangle ABC$ 中

$$a'^2(-a^2+b^2+c^2)+b'^2(a^2-b^2+c^2)+c'^2(a^2+b^2-c^2)\geqslant 16\Delta'\Delta$$

匹多不等式是 Weitzen bock 不等式:"$a^2+b^2+c^2\geqslant 4\sqrt{3}S$,当且仅当 $\triangle ABC$ 为等边三角形时,等号成立"的推广.

在简超不等式中,取 $\lambda=a'^2,\mu=b'^2,\gamma=c'^2,x=a^2,y=b^2,z=c^2,k=0$,并结合不等式

$$a'b'+b'c'+c'a'\geqslant 4\sqrt{3}\Delta'$$

$$ab+bc+ca\geqslant 4\sqrt{3}\Delta$$

即得高灵不等式:

在 $\triangle A'B'C'$ 和 $\triangle ABC$ 中

$$a'(-a+b+c)+b'(a-b+c)+c'(a+b-c)\geqslant 4\sqrt{3\Delta'\Delta}$$

例 9 对任意 $\triangle A'B'C'$ 和 $\triangle ABC$,都有

$$\tan\frac{A'}{2}\left(\tan\frac{B}{2}+\tan\frac{C}{2}\right)+\tan\frac{B'}{2}\left(\tan\frac{C}{2}+\tan\frac{A}{2}\right)+\tan\frac{C'}{2}\left(\tan\frac{A}{2}+\tan\frac{B}{2}\right)\geqslant 2$$

证明 在 $\triangle A'B'C'$ 和 $\triangle ABC$,有

$$\tan\frac{A'}{2}\tan\frac{B'}{2}+\tan\frac{B'}{2}\tan\frac{C'}{2}+\tan\frac{C'}{2}\tan\frac{A'}{2}=1$$

$$\tan\frac{A}{2}\tan\frac{B}{2}+\tan\frac{B}{2}\tan\frac{C}{2}+\tan\frac{C}{2}\tan\frac{A}{2}=1$$

由杨学枝不等式知

$$\tan\frac{A'}{2}\left(\tan\frac{B}{2}+\tan\frac{C}{2}\right)+\tan\frac{B'}{2}\left(\tan\frac{C}{2}+\tan\frac{A}{2}\right)+$$
$$\tan\frac{C'}{2}\left(\tan\frac{A}{2}+\tan\frac{B}{2}\right)\geqslant$$
$$2\sqrt{\left(\sum_{\text{sym}}\tan\frac{A'}{2}\tan\frac{B'}{2}\right)\left(\sum_{\text{sym}}\tan\frac{A}{2}\tan\frac{B}{2}\right)}=2$$

例 10　对任意 $\triangle A'B'C'$ 和 $\triangle ABC$，都有

$$\cot A'(\cot B+\cot C)+\cot B'(\cot C+\cot A)+$$
$$\cot C'(\cot A+\cot B)\geqslant 2$$

证明　在 $\triangle A'B'C'$ 和 $\triangle ABC$，有

$$\cot A'\cot B'+\cot B'\cot C'+\cot C'\cot A'=1$$
$$\cot A\cot B+\cot B\cot C+\cot C\cot A=1$$

由杨学枝不等式知

$$\cot A'(\cot B+\cot C)+\cot B'(\cot C+\cot A)+$$
$$\cot C'(\cot A+\cot B)\geqslant$$
$$2\sqrt{(\sum_{\text{sym}}\cot A'\cot B')(\sum_{\text{sym}}\cot A\cot B)}=2$$

例 11　设 $x_1,x_2,x_3,y_1,y_2,y_3\in\mathbf{R}$，且 $x_1^2+x_2^2+x_3^2\leqslant 1$，求证

$$(x_1y_1+x_2y_2+x_3y_3-1)^2\geqslant$$
$$(x_1^2+x_2^2+x_3^2-1)(y_1^2+y_2^2+y_3^2-1)$$

证明　原不等式等价于

$$(1-x_1y_1-x_2y_2-x_3y_3)^2\geqslant$$
$$(1-x_1^2-x_2^2-x_3^2)(1-y_1^2-y_2^2-y_3^2)$$

由阿采儿不等式即知该不等式成立.

4.3 赫尔德不等式及其应用

赫尔德不等式 设 $a_i,b_i\in\mathbf{R}_+$ $(i=1,2,\cdots,n)$，$p>0,p\neq1$，且$\frac{1}{p}+\frac{1}{q}=1$，则

$$\sum_{i=1}^{n}a_ib_i\leqslant\left(\sum_{i=1}^{n}a_i^p\right)^{\frac{1}{p}}\cdot\left(\sum_{i=1}^{n}b_i^q\right)^{\frac{1}{q}}\quad(p>1)$$

$$\sum_{i=1}^{n}a_ib_i\geqslant\left(\sum_{i=1}^{n}a_i^p\right)^{\frac{1}{p}}\cdot\left(\sum_{i=1}^{n}b_i^q\right)^{\frac{1}{q}}\quad(0<p<1)$$

等价形式 设 $a_i,b_i\in\mathbf{R}_+$ $(i=1,2,\cdots,n)$，$p>0$，$q>0$，且 $p+q=1$，则

$$\sum_{i=1}^{n}a_i^pb_i^q\leqslant\left(\sum_{i=1}^{n}a_i^p\right)^p\cdot\left(\sum_{i=1}^{n}b_i^q\right)^q$$

证明 令 $A=\sum_{i=1}^{n}a_i$，$B=\sum_{i=1}^{n}b_i$，由杨格不等式知

$$\left(\frac{a_i}{A}\right)^p\cdot\left(\frac{b_i}{B}\right)^q\leqslant p\cdot\frac{a_i}{A}+q\cdot\frac{b_i}{B}$$

$$\sum_{i=1}^{n}\left(\frac{a_i}{A}\right)^p\cdot\left(\frac{b_i}{B}\right)^q\leqslant\sum_{i=1}^{n}\left(p\cdot\frac{a_i}{A}+q\cdot\frac{b_i}{B}\right)=$$

$$p\,\frac{\sum_{i=1}^{n}a_i}{A}+q\,\frac{\sum_{i=1}^{n}b_i}{B}=p+q=1$$

另证 令 $A=\sum_{i=1}^{n}a_i$，$B=\sum_{i=1}^{n}b_i$，因为 $f(x)=-\lg x$ 是一个连续的凸函数，所以由琴生不等式有

$$p\lg\frac{a_i}{A}+q\lg\frac{b_i}{B}=\frac{p\lg\frac{a_i}{A}+q\lg\frac{b_i}{B}}{p+q}\leqslant$$

$$\lg \frac{p \cdot \frac{a_i}{A} + q \cdot \frac{b_i}{B}}{p+q} =$$

$$\lg\left(p \cdot \frac{a_i}{A} + q \cdot \frac{b_i}{B}\right)$$

所以

$$\left(\frac{a_i}{A}\right)^p \cdot \left(\frac{b_i}{B}\right)^q \leqslant p \cdot \frac{a_i}{A} + q \cdot \frac{b_i}{B}$$

$$\sum_{i=1}^{n} \left(\frac{a_i}{A}\right)^p \cdot \left(\frac{b_i}{B}\right)^q \leqslant \sum_{i=1}^{n}\left(p \cdot \frac{a_i}{A} + q \cdot \frac{b_i}{B}\right) =$$

$$p \frac{\sum_{i=1}^{n} a_i}{A} + q \frac{\sum_{i=1}^{n} b_i}{B} = p + q = 1$$

注　当 $p=q=2$ 时，得到的就是柯西不等式.

显然，柯西不等式是赫尔德不等式的推论. 事实上，由柯西不等式也可推出赫尔德不等式，赫尔德不等式与柯西不等式是等价的.

为此，先证明一个引理：

引理　对于 $(0,l)$ 中的任何实数 α，则存在 $(0,l)$ 中的数列 $\left\{\frac{l_n}{2^n}\right\}$，其中 l_n 为正整数，使 $\lim\limits_{n\to\infty} \frac{l_n}{2^n} = \alpha$. 将 α 按照二进制数展开，则 $\alpha = \sum\limits_{k=1}^{\infty} \frac{\alpha_k}{2^k}$.

令 $s_n = \sum\limits_{k=1}^{n} \frac{\alpha_k}{2^k} = \frac{l_n}{2^n}$，则 $\{s_n = \frac{l_n}{2^n}\}$ 即为所求.

借助此引理，可以利用柯西不等式推出赫尔德不等式.

证明　假设柯西不等式成立，我们首先证明对任何 $(0,1)$ 中的实数

$$\frac{1}{p} = \frac{h}{2^n} > 0, \frac{1}{q} = 1 - \frac{h}{2^n} = \frac{m}{2^n} > 0$$

有

$$\sum_{k=1}^{N} |a_k b_k| \leqslant \left(\sum_{k=1}^{N} |a_k|^{\frac{2^n}{h}}\right)^{\frac{h}{2^n}} \left(\sum_{k=1}^{N} |b_k|^{\frac{2^n}{m}}\right)^{\frac{m}{2^n}} \tag{1}$$

其中 k,m 为正实数. 对正整数 n 应用数学归纳法.

当 $n=1$ 时,就是柯西不等式.

假设当 $n-1$ 时,式(1) 成立,即当 $\frac{1}{p}=\frac{l}{2^{n-1}},\frac{1}{q}=\frac{r}{2^{n-1}},\frac{1}{p}+\frac{1}{q}=\frac{l}{2^{n-1}}+\frac{r}{2^{n-1}}=1,l,r$ 为正整数,有

$$\sum_{k=1}^{N} |a_k b_k| \leqslant \left(\sum_{k=1}^{N} |a_k|^{\frac{2^{n-1}}{l}}\right)^{\frac{l}{2^{n-1}}} \left(\sum_{k=1}^{N} |b_k|^{\frac{2^{n-1}}{r}}\right)^{\frac{r}{2^{n-1}}} \tag{2}$$

现证当 n 时不等式(1) 成立.

若 $h=m=2n$,则 $p=\frac{1}{2},q=\frac{1}{2}$,这就是柯西不等式. 式(1) 当然成立.

若 $h\neq m$,不妨设 $h>m$,这时,$h>2^{n-1}$. 由柯西不等式知

$$\sum_{k=1}^{N} |a_k b_k| = \sum_{k=1}^{N} |a_k|^{\frac{2^{n-1}}{h}} \left(|a_k|^{\frac{h-2^{n-1}}{h}} |b_k|\right) \leqslant$$

$$\left[\sum_{k=1}^{N} \left(|a_k|^{\frac{2^{n-1}}{h}}\right)^2\right]^{\frac{1}{2}} \left[\sum_{k=1}^{N} \left(|a_k|^{\frac{h-2^{n-1}}{h}} |b_k|\right)^2\right]^{\frac{1}{2}} =$$

$$\left[\sum_{k=1}^{N} \left(|a_k|^{\frac{2^n}{h}}\right)^2\right]^{\frac{1}{2}} \left[\sum_{k=1}^{N} |a_k|^{\frac{2h-2^n}{h}} |b_k|^2\right]^{\frac{1}{2}} \tag{3}$$

令 $\frac{1}{p'}=\frac{h-2^{n-1}}{2^{n-1}},\frac{1}{q'}=\frac{2^n-h}{2^{n-1}}$,则 $\frac{1}{p'}+\frac{1}{q'}=1$. 由归纳假设

$$\sum_{k=1}^{N} |a_k|^{\frac{2h-2^n}{h}} |b_k|^2 \leqslant$$

$$\left[\sum_{k=1}^{N}\left(|a_k|^{\frac{2h-2^n}{h}}\right)^{\frac{2^{n-1}}{h-2^{n-1}}}\right]^{\frac{h-2^{n-1}}{2^{n-1}}}\cdot\left[\sum_{k=1}^{N}\left(|b_k|^2\right)^{\frac{2^{n-1}}{2^n-h}}\right]^{\frac{2^n-h}{2^{n-1}}}=$$

$$\left(\sum_{k=1}^{N}|a_k|^{\frac{2^n}{h}}\right)^{\frac{h-2^{n-1}}{2^{n-1}}}\cdot\left(\sum_{k=1}^{N}|b_k|^{\frac{2^n}{2^n-h}}\right)^{\frac{2^n-h}{2^{n-1}}}\tag{4}$$

将式(4)代入式(3)得

$$\sum_{k=1}^{N}|a_kb_k|\leqslant$$

$$\left[\sum_{k=1}^{N}\left(|a_k|^{\frac{2^n}{h}}\right)^2\right]^{\frac{1}{2}}\left[\sum_{k=1}^{N}|a_k|^{\frac{2h-2^n}{h}}|b_k|^2\right]^{\frac{1}{2}}\leqslant$$

$$\left(\sum_{k=1}^{N}|a_k|^{\frac{2^n}{h}}\right)^{\frac{1}{2}}\left(\sum_{k=1}^{N}|a_k|^{\frac{2^n}{h}}\right)^{\frac{h-2^{n-1}}{2^{n-1}}\cdot\frac{1}{2}}\cdot$$

$$\left(\sum_{k=1}^{N}|b_k|^{\frac{2^n}{2^n-h}}\right)^{\frac{2^n-h}{2^{n-1}}\cdot\frac{1}{2}}=$$

$$\left(\sum_{k=1}^{N}|a_k|^{\frac{2^n}{h}}\right)^{\frac{h}{2^n}}\left(\sum_{k=1}^{N}|b_k|^{\frac{2^n}{m}}\right)^{\frac{m}{2^n}}$$

所以式(1)成立.

设 $p>1,q>1,\frac{1}{p}+\frac{1}{q}=1$. 由引理知,存在(0,1)中的数列 $\left\{\frac{l_n}{2^n}\right\}$ 使

$$\lim_{n\to\infty}\frac{l_n}{2^n}=\frac{1}{p},\lim_{n\to\infty}\left(1-\frac{l_n}{2^n}\right)=\frac{1}{q}$$

在式(1)中令 $n\to\infty$,即有赫尔德不等式成立

$$\sum_{k=1}^{N}|a_kb_k|\leqslant\left(\sum_{k=1}^{N}|a_k|^p\right)^{\frac{1}{p}}\left(\sum_{k=1}^{N}|b_k|^q\right)^{\frac{1}{q}}$$

证毕.

赫尔德不等式的推广

设数 $a_{\alpha i}(1\leqslant\alpha\leqslant m,1\leqslant i\leqslant n),\lambda_\beta(1\leqslant\beta\leqslant m)$ 都是正实数,已知 $\sum_{\beta=1}^{m}\lambda_\beta=1$,那么,有

$$\sum_{j=1}^{n} a_{1j}{}^{\lambda_1} a_{2j}{}^{\lambda_2} \cdots a_{mj}{}^{\lambda_m} \leqslant$$

$$(\sum_{j=1}^{n} a_{1j})^{\lambda_1} (\sum_{j=1}^{n} a_{2j})^{\lambda_2} \cdots (\sum_{j=1}^{n} a_{mj})^{\lambda_m}$$

AM－GM 不等式与柯西－施瓦兹不等式和赫尔德不等式之间有什么区别呢?

尽管柯西－施瓦兹不等式和赫尔德不等式都是利用 AM－GM 不等式证明的,但它们的应用是非常广泛的.它们可使通过 AM－GM 不等式常常复杂的解法变得简短直观.

为什么赫尔德不等式和柯西－施瓦兹不等式有更多的优势呢?

因为 AM－GM 不等式的相等条件是相等属性,而赫尔德不等式和柯西－施瓦兹不等式的相等条件是比例属性.这种特性使得赫尔德不等式和柯西－施瓦兹不等式在许多场合很容易使用.此外,赫尔德不等式在证明涉及根式问题非常有效(例如,可以帮助我们破除根式).

舒尔(Schur)不等式 设 a,b,c,u,v,w 以及 p 都是正数,并且 $a^{\frac{1}{p}}+c^{\frac{1}{p}}\leqslant b^{\frac{1}{p}}, u^{\frac{1}{p+1}}+w^{\frac{1}{p+1}}\geqslant v^{\frac{1}{p+1}}$,则

$$ubc - vca + wab \geqslant 0$$

式中的等号当且仅当题设的不等式都是等式并且 $\frac{a^{p+1}}{u^p}=\frac{b^{p+1}}{v^p}=\frac{c^{p+1}}{w^p}$ 时成立.

证明 设 $p>0$,则由赫尔德不等式知

$$ac\,(u^{\frac{1}{p+1}}+w^{\frac{1}{p+1}})^{p+1}=$$

$$[(uc)^{\frac{1}{p+1}}a^{\frac{1}{p+1}}+(wa)^{\frac{1}{p+1}}c^{\frac{1}{p+1}}]^{p+1}\leqslant$$

$$(uc+wa)(a^{\frac{1}{p}}+c^{\frac{1}{p}})^{p}$$

所以

$$va\leqslant(uc+wa)b$$

在上述结论中,不妨设 $0<z\leqslant y\leqslant x$,令 $p=1$,$a=y-z,b=x-z,c=x-y,u=x^{\lambda},v=y^{\lambda},w=z^{\lambda}$,则有舒尔不等式

$$x^{\lambda}(x-y)(x-z)+y^{\lambda}(y-z)(y-x)+$$
$$z^{\lambda}(z-x)(z-y)\geqslant 0$$

下面举例说明赫尔德不等式的应用.

例1　(2005年国家集训队第1套模拟试题)设 a,b,c 是正实数,求证

$$\frac{a+b+c}{3}\geqslant\sqrt[3]{\frac{(a+b)(b+c)(c+a)}{8}}\geqslant$$
$$\frac{\sqrt{ab}+\sqrt{bc}+\sqrt{ca}}{3}$$

证明　由平均不等式

$$\frac{a+b+c}{3}=\frac{\frac{a+b}{2}+\frac{b+c}{2}+\frac{c+a}{2}}{3}\geqslant$$
$$\sqrt[3]{\frac{(a+b)(b+c)(c+a)}{8}}$$

左边不等式成立.

利用赫尔德不等式的推广形式

$$\left[\prod_{i=1}^{n}\left(\frac{1}{n}\sum_{j=1}^{n}a_{ij}\right)\right]^{\frac{1}{n}}\geqslant\frac{1}{n}\sum_{j=1}^{n}\left(\prod_{i=1}^{n}a_{ij}\right)^{\frac{1}{n}}$$

可以得到

$$\sqrt[3]{\frac{(a+b)(b+c)(c+a)}{8}}=$$

$$\sqrt[3]{\left(\frac{\frac{a+b}{2}+a+b}{3}\right)\left(\frac{\frac{b+c}{2}+b+c}{3}\right)\left(\frac{\frac{c+a}{2}+c+a}{3}\right)}\geqslant$$

$$\frac{1}{3}\left(\sqrt[3]{\frac{a+b}{2}\cdot b\cdot a}+\sqrt[3]{\frac{b+c}{2}\cdot b\cdot c}+\sqrt[3]{\frac{c+a}{2}\cdot c\cdot a}\right)\geqslant$$

$$\frac{\sqrt{ab}+\sqrt{bc}+\sqrt{ca}}{3}$$

右边不等式得证.

例 2 若 a 是正常数,则在 $\triangle ABC$ 中,则有

$$\frac{\cos^{2n}A}{a+\cos^2A}+\frac{\cos^{2n}B}{a+\cos^2B}+\frac{\cos^{2n}C}{a+\cos^2C}\geqslant$$

$$\frac{3}{4^{n-1}(4a+1)}\quad (\text{其中 } n\geqslant 2,n\in\mathbf{N})$$

证明 由结论知

$$\left(\frac{\cos^{2n}A}{a+\cos^2A}+\frac{\cos^{2n}B}{a+\cos^2B}+\frac{\cos^{2n}C}{a+\cos^2C}\right)\cdot$$

$$[(a+\cos^2A)+(a+\cos^2B)+(a+\cos^2C)]\cdot 3^{n-2}=$$

$$\left(\frac{\cos^{2n}A}{a+\cos^2A}+\frac{\cos^{2n}B}{a+\cos^2B}+\frac{\cos^{2n}C}{a+\cos^2C}\right)\cdot$$

$$(a+\cos^2A)+(a+\cos^2B)+(a+\cos^2C)\cdot$$

$$\overbrace{(1+1+1)\cdot(1+1+1)\cdot\cdots\cdot(1+1+1)}^{n-2\text{个}}\geqslant$$

$$(\cos^2A+\cos^2B+\cos^2C)^n$$

所以

$$\frac{\cos^{2n}A}{a+\cos^2A}+\frac{\cos^{2n}B}{a+\cos^2B}+\frac{\cos^{2n}C}{a+\cos^2C}\geqslant$$

$$\frac{(\cos^2A+\cos^2B+\cos^2C)^n}{3^{n-2}(3a+\cos^2A+\cos^2B+\cos^2C)}=$$

$$\frac{(\cos^2A+\cos^2B+\cos^2C)^{n-1}}{3^{n-2}\left(\frac{3a}{\cos^2A+\cos^2B+\cos^2C}+1\right)}$$

应用熟知的三角不等式

$$\cos^2 A+\cos^2 B+\cos^2 C\geqslant\frac{3}{4}$$

所以

$$\frac{\cos^{2n}A}{a+\cos^2 A}+\frac{\cos^{2n}B}{a+\cos^2 B}+\frac{\cos^{2n}B}{a+\cos^2 B}\geqslant$$

$$\frac{\left(\frac{3}{4}\right)^{n-1}}{3^{n-2}(4a+1)}=\frac{3}{4^{n-1}(4a+1)}$$

得证.

评析　本题先要用推广得出下面不等式

$$\frac{\cos^{2n}A}{a+\cos^2 A}+\frac{\cos^{2n}B}{a+\cos^2 B}+\frac{\cos^{2n}B}{a+\cos^2 B}\geqslant$$

$$\frac{(\cos^2 A+\cos^2 B+\cos^2 C)^{n-1}}{3^{n-2}\left(\frac{3a}{\cos^2 A+\cos^2 B+\cos^2 C}+1\right)}$$

再结合熟知的三角不等式 $\cos^2 A+\cos^2 B+\cos^2 C\geqslant\frac{3}{4}$ 与函数的单调性知识,证得所证不等式.

纵观以上例子,不难看出推广在证明积式不等式和和式不等式这两类不等式的重要作用,在应用推广解题的关键是:合理、灵活地运用拆、分、配、凑、换、选、代等技巧,变换出推广结构与形式,则可简单快捷地完成证明.

例 3　(2014 年中国台湾数学奥林匹克试题)已知 $a_i>0,i=1,2,\cdots,n$,且 $a_1+a_2+\cdots+a_n=1$. 对任意正整数 k,求证

$$\left(a_1^k+\frac{1}{a_1^k}\right)\left(a_2^k+\frac{1}{a_2^k}\right)\cdots\left(a_n^k+\frac{1}{a_n^k}\right)\geqslant\left(n^k+\frac{1}{n^k}\right)^n$$

证明　由赫尔德不等式知

$$\left(a_1^k+\frac{1}{a_1^k}\right)\left(a_2^k+\frac{1}{a_2^k}\right)\cdots\left(a_n^k+\frac{1}{a_n^k}\right)\geqslant$$
$$\left[(\sqrt[n]{a_1a_2\cdots a_n})^k+\frac{1}{(\sqrt[n]{a_1a_2\cdots a_n})^k}\right]^n$$

由 n 维均值不等式知

$$\sqrt[n]{a_1a_2\cdots a_n}\leqslant\frac{a_1+a_2+\cdots+a_n}{n}=\frac{1}{n}\leqslant 1$$

故

$$(\sqrt[n]{a_1a_2\cdots a_n})^k\leqslant\frac{1}{n^k}\leqslant 1$$

又函数 $f(x)=x+\frac{1}{x}$ 在区间$(0,1]$上单调递减，故

$$(\sqrt[n]{a_1a_2\cdots a_n})^k+\frac{1}{(\sqrt[n]{a_1a_2\cdots a_n})^k}\geqslant n^k+\frac{1}{n^k}$$

$$\left(a_1^k+\frac{1}{a_1^k}\right)\left(a_2^k+\frac{1}{a_2^k}\right)\cdots\left(a_n^k+\frac{1}{a_n^k}\right)\geqslant$$
$$\left[(\sqrt[n]{a_1a_2\cdots a_n})^k+\frac{1}{(\sqrt[n]{a_1a_2\cdots a_n})^k}\right]^n\geqslant$$
$$\left(n^k+\frac{1}{n^k}\right)^n$$

例 4 设 $a_k>0(k=1,2,\cdots,n)$，且 $\sum_{k=1}^{n}a_k=1$，则有 $\prod_{k=1}^{n}\left(1+\frac{1}{a_k}\right)\geqslant(1+n)^n$.

证明 利用赫尔德不等式，得

$$\prod_{k=1}^{n}\left(1+\frac{1}{a_k}\right)\geqslant\left(1+\sqrt[n]{\frac{1}{a_1}\cdot\frac{1}{a_2}\cdot\cdots\cdot\frac{1}{a_n}}\right)^n$$

由几何平均、算术平均不等式，得

$$\sqrt[n]{a_1\cdot a_2\cdot\cdots\cdot a_n}\leqslant\frac{a_1+a_2+\cdots+a_n}{n}=\frac{1}{n}$$

所以

$$\sqrt[n]{\frac{1}{a_1}\cdot\frac{1}{a_2}\cdot\cdots\cdot\frac{1}{a_n}}\geqslant n$$

于是

$$\prod_{k=1}^{n}\left(1+\frac{1}{a_k}\right)\geqslant(1+n)^n$$

例 5　(2014 年中国台湾数学奥林匹克训练营试题)已知 a,b,c 为正实数,证明

$$3(a+b+c)\geqslant 8\sqrt[3]{abc}+\sqrt[3]{\frac{a^3+b^3+c^3}{3}}$$

证明　利用赫尔德不等式,得

$$(\underbrace{1+1+\cdots+1}_{9个})^{\frac{2}{3}}\cdot$$

$$\left(\underbrace{abc+abc+\cdots+abc}_{8个}+\frac{a^3+b^3+c^3}{3}\right)^{\frac{1}{3}}\geqslant$$

$$\underbrace{\sqrt[3]{abc}+\sqrt[3]{abc}+\cdots+\sqrt[3]{abc}}_{8个}+\sqrt[3]{\frac{a^3+b^3+c^3}{3}}\Rightarrow$$

$$3\sqrt[3]{a^3+b^3+c^3+24abc}\geqslant$$

$$8\sqrt[3]{abc}+\sqrt[3]{\frac{a^3+b^3+c^3}{3}}$$

接下来只要证明

$$(a+b+c)^3\geqslant a^3+b^3+c^3+24abc$$

即

$$a^2b+ab^2+b^2c+bc^2+c^2a+ca^2\geqslant 6abc$$

这可由六元均值不等式直接得到.

例 6　若 $a,b,c\in\mathbf{R}_+$,求证

$$\frac{a^2}{b}+\frac{b^2}{c}+\frac{c^2}{a}\geqslant 3\sqrt[4]{\frac{a^4+b^4+c^4}{3}}$$

证明 应用赫尔德不等式,有

$$\left(\frac{a^2}{b}+\frac{b^2}{c}+\frac{c^2}{a}\right)\left(\frac{a^2}{b}+\frac{b^2}{c}+\frac{c^2}{a}\right)\cdot \sum a^2b^2 \geqslant (\sum a^2)^2$$

因此,只需证

$$(\sum a^2)^3 \geqslant 3\sum a^2b^2 \cdot \sqrt{3\sum a^4} \Leftrightarrow$$

$$\frac{(\sum a^2)^2}{\sum a^2b^2} \geqslant \frac{3\sqrt{3\sum a^4}}{\sum a^2} \Leftrightarrow$$

$$\frac{\sum (a^2-b^2)^2}{2\sum a^2b^2} \geqslant \frac{3\sum (a^2-b^2)^2}{(\sum a^2)[\sum a^2+\sqrt{3\sum a^4}]} \Leftrightarrow$$

$$(\sum a^2)[\sum a^2+\sqrt{3\sum a^4}] \geqslant 6\sum a^2b^2$$

注意到

$$\sqrt{3\sum a^4} \geqslant \sum a^2$$

为此,只需证明

$$(\sum a^2)^2 \geqslant 3\sum a^2b^2 \Leftrightarrow \sum (a^2-b^2)^2 \geqslant 0$$

上式显然成立,故原式获证.

注 用类似方法,还可以证明下列不等式:

1. 设 $a,b,c \in \mathbf{R}_+$,求证:$\frac{a^2}{b+c}+\frac{b^2}{c+a}+\frac{c^2}{a+b} \geqslant \frac{3}{2}\sqrt[4]{\frac{a^4+b^4+c^4}{3}}$;

2. 设 $a,b,c,d \in \mathbf{R}_+$,求证:$\frac{a^2}{b}+\frac{b^2}{c}+\frac{c^2}{d}+\frac{d^2}{a} \geqslant 2\sqrt{2}\cdot\sqrt[4]{a^4+b^4+c^4+d^4}$.

例 7 (第 42 届 IMO(2001 年) 第 2 题) 对所有正实数 a,b,c,证明

$$\frac{a}{\sqrt{a^2+8bc}}+\frac{b}{\sqrt{b^2+8ca}}+\frac{c}{\sqrt{c^2+8ab}}\geqslant 1$$

证明　由赫尔德不等式，有

$$\left(\frac{a}{\sqrt{a^2+8bc}}+\frac{b}{\sqrt{b^2+8ca}}+\frac{c}{\sqrt{c^2+8ab}}\right)^2\cdot$$
$$[a(a^2+8bc)+b(b^2+8ca)+c(c^2+8ab)]\geqslant$$
$$(a+b+c)^3$$

即

$$\frac{a}{\sqrt{a^2+8bc}}+\frac{b}{\sqrt{b^2+8ca}}+\frac{c}{\sqrt{c^2+8ab}}\geqslant$$
$$\sqrt{\frac{(a+b+c)^3}{a(a^2+8bc)+b(b^2+8ca)+c(c^2+8ab)}}$$

为此，只需证明

$$(a+b+c)^3\geqslant$$
$$a(a^2+8bc)+b(b^2+8ca)+c(c^2+8ab)\Leftrightarrow$$
$$a^2b+ab^2+b^2c+bc^2+c^2a+ca^2\geqslant 6abc\Leftrightarrow$$
$$c(a-b)^2+a(b-c)^2+b(c-a)^2\geqslant 0$$

显然成立.

例8　(2012年伊朗数学竞赛题)正实数 a,b,c 满足 $ab+bc+ca=1$，求证

$$\sqrt{3}(\sqrt{a}+\sqrt{b}+\sqrt{c})\leqslant\frac{a\sqrt{a}}{bc}+\frac{b\sqrt{b}}{ca}+\frac{c\sqrt{c}}{ab}$$

证明　应用柯西不等式，得

$$\frac{a\sqrt{a}}{bc}+\frac{b\sqrt{b}}{ca}+\frac{c\sqrt{c}}{ab}=\frac{a^3}{a^{\frac{3}{2}}bc}+\frac{b^3}{ab^{\frac{3}{2}}c}+\frac{c^3}{abc^{\frac{3}{2}}}\geqslant$$
$$\frac{(a^{\frac{3}{2}}+b^{\frac{3}{2}}+c^{\frac{3}{2}})^2}{a^{\frac{3}{2}}bc+ab^{\frac{3}{2}}c+abc^{\frac{3}{2}}}=\frac{(a^{\frac{3}{2}}+b^{\frac{3}{2}}+c^{\frac{3}{2}})^2}{abc(\sqrt{a}+\sqrt{b}+\sqrt{c})}=$$
$$\frac{(a^{\frac{3}{2}}+b^{\frac{3}{2}}+c^{\frac{3}{2}})^2}{(\sqrt{a}+\sqrt{b}+\sqrt{c})}\cdot\left(\frac{1}{a}+\frac{1}{b}+\frac{1}{c}\right)(ab+bc+ca)\geqslant$$

$$\frac{(a^{\frac{3}{2}}+b^{\frac{3}{2}}+c^{\frac{3}{2}})^2}{(\sqrt{a}+\sqrt{b}+\sqrt{c})}\cdot(\sqrt{a}+\sqrt{b}+\sqrt{c})^2\geqslant$$

$$(a^{\frac{3}{2}}+b^{\frac{3}{2}}+c^{\frac{3}{2}})^2\cdot(\sqrt{a}+\sqrt{b}+\sqrt{c})$$

利用赫尔德不等式，得

$$(a^{\frac{3}{2}}+b^{\frac{3}{2}}+c^{\frac{3}{2}})^2(1^3+1^3+1^3)\geqslant(a+b+c)^3\geqslant$$

$$[\sqrt{3(ab+bc+ca)}]^3=3\sqrt{3}$$

即

$$a^{\frac{3}{2}}+b^{\frac{3}{2}}+c^{\frac{3}{2}}\geqslant\sqrt{3}$$

故

$$\sqrt{3}(\sqrt{a}+\sqrt{b}+\sqrt{c})\leqslant\frac{a\sqrt{a}}{bc}+\frac{b\sqrt{b}}{ca}+\frac{c\sqrt{c}}{ab}$$

例 9 （2013 年中国香港数学奥林匹克第 1 题）设正实数 a,b,c 满足 $ab+bc+ca=1$，求证

$$\sqrt[4]{\frac{\sqrt{3}}{a}+6\sqrt{3}b}+\sqrt[4]{\frac{\sqrt{3}}{b}+6\sqrt{3}c}+\sqrt[4]{\frac{\sqrt{3}}{c}+6\sqrt{3}a}\leqslant\frac{1}{abc}$$

证明 由 $\frac{1}{4}+\frac{3}{4}=1$，应用赫尔德不等式，得

$$\left[\left(\sqrt[4]{\frac{\sqrt{3}}{a}+6\sqrt{3}b}\right)^4+\left(\sqrt[4]{\frac{\sqrt{3}}{b}+6\sqrt{3}c}\right)^4+\right.$$

$$\left.\left(\sqrt[4]{\frac{\sqrt{3}}{c}+6\sqrt{3}a}\right)^4\right]^{\frac{1}{4}}(1^{\frac{4}{3}}+1^{\frac{4}{3}}+1^{\frac{4}{3}})^{\frac{1}{4}}\geqslant$$

$$\sqrt[4]{\frac{\sqrt{3}}{a}+6\sqrt{3}b}+\sqrt[4]{\frac{\sqrt{3}}{b}+6\sqrt{3}c}+\sqrt[4]{\frac{\sqrt{3}}{c}+6\sqrt{3}a}$$

为此，只需证明

$$27\left[\sqrt{3}\left(\frac{1}{a}+\frac{1}{b}+\frac{1}{c}\right)+6\sqrt{3}(a+b+c)\right]\leqslant\frac{1}{a^4b^4c^4}\tag{1}$$

由已知及均值不等式知

$$abc \leqslant \frac{1}{3\sqrt{3}} \Rightarrow \frac{1}{3\sqrt{3}a^3b^3c^3} \geqslant 27$$

将上式代入(1)只要证明

$$\frac{1}{3}\left(\frac{1}{a}+6b+\frac{1}{b}+6c+\frac{1}{c}+6a\right) \leqslant \frac{1}{abc} \quad (2)$$

由已知得,式(2)等价于

$$1+6abc(a+b+c) \leqslant 3 \Leftrightarrow 3abc(a+b+c) \leqslant 1$$

另一方面

$$1=(ab+bc+ca)^2=$$
$$a^2b^2+b^2c^2+c^2a^2+2abc(a+b+c) \geqslant$$
$$3abc(a+b+c)$$

故结论成立.等号成立当且仅当 $a=b=c=\frac{\sqrt{3}}{3}$.

4.4　权方和不等式及其应用

权方和(Radon)不等式　设 $a_1,a_2,\cdots,a_n \in \mathbf{R}_+$,$b_1,b_2,\cdots,b_n \in \mathbf{R}_+$,$m>0$,或 $m<-1$,则

$$\sum_{i=1}^{n} \frac{a_i^{m+1}}{b_i^m} \geqslant \frac{\left(\sum_{i=1}^{n} a_i\right)^{m+1}}{\left(\sum_{i=1}^{n} b_i\right)^m}$$

式中等号成立当且仅当 $\frac{a_1}{b_1}=\frac{a_2}{b_2}=\cdots=\frac{a_n}{b_n}$.

赫尔德不等式　设 $a_i,b_i \in \mathbf{R}_+$ $(i=1,2,\cdots,n)$,$p>0$,$p \neq 1$,且 $\frac{1}{p}+\frac{1}{q}=1$,则

$$\sum_{i=1}^{n} a_i b_i \leqslant \left(\sum_{i=1}^{n} a_i^p\right)^{\frac{1}{p}} \cdot \left(\sum_{i=1}^{n} b_i^q\right)^{\frac{1}{q}} \quad (p>1)$$

下面我们对赫尔德不等式实施两步特殊化处理:

(1) 令 $p=m+1$,则 $m>0, q=\dfrac{m+1}{m}$,此时原不等式变形为

$$\sum_{i=1}^{n} a_i b_i \leqslant \left(\sum_{i=1}^{n} a_i^{m+1}\right)^{\frac{1}{m+1}} \cdot \left(\sum_{i=1}^{n} b_i^{\frac{m+1}{m}}\right)^{\frac{m}{m+1}}$$

(2) 作变换 $x_i=a_i b_i, y_i=b_i^{\frac{m+1}{m}}$,则上面的不等式进一步变形为

$$\sum_{i=1}^{n} x_i \leqslant \left(\sum_{i=1}^{n} \frac{x_i^{m+1}}{y_i^m}\right)^{\frac{1}{m+1}} \cdot \left(\sum_{i=1}^{n} y_i\right)^{\frac{m}{m+1}}$$

若仍用字母 a, b 表示,即为

$$\sum_{i=1}^{n} a_i \leqslant \left(\sum_{i=1}^{n} \frac{a_i^{m+1}}{b_i^m}\right)^{\frac{1}{m+1}} \cdot \left(\sum_{i=1}^{n} b_i\right)^{\frac{m}{m+1}}$$

将上式整理为

$$\sum_{i=1}^{n} \frac{a_i^{m+1}}{b_i^m} \geqslant \frac{\left(\sum_{i=1}^{n} a_i\right)^{m+1}}{\left(\sum_{i=1}^{n} b_i\right)^m} \quad (a_i>0, b_i>0, m>0)$$

等号在 $a_i=\lambda b_i$ 时取得.

我们称上式为狭义权方和不等式. 它的特点是分子的指数比分母高 1 次.

另证 1 设

$$a_i=x_i \sum_{i=1}^{n} a_i, b_i=y_i \sum_{i=1}^{n} b_i \quad (i=1,2,\cdots,n)$$

则有

$$\sum_{i=1}^{n} x_i=1, \sum_{i=1}^{n} y_i=1$$

不等式等价于

$$\sum_{i=1}^{n}\frac{x_i^{m+1}}{y_i^m}\geqslant 1$$

有

$$\sum_{i=1}^{n}\frac{x_i^{m+1}}{y_i^m}=\sum_{i=1}^{n}\left(\frac{x_i^{m+1}}{y_i^m}+\overbrace{y_i+y_i+\cdots+y_i}^{m个}-my_i\right)=$$

$$\sum_{i=1}^{n}\left[(m+1)\sqrt[m+1]{\frac{x_i^{m+1}}{y_i^m}\cdot y_i^m}-my_i\right]=$$

$$\sum_{i=1}^{n}[(m+1)x_i-my_i]=1$$

另证 2　先证明 $n=2$ 时命题成立，为此引入

$$f(x)=\frac{a_1^{m+1}}{b_1^m}+\frac{x^{m+1}}{b_2^m}-\frac{(a_1+x)^{m+1}}{(b_1+b_2)^m}\quad (x>0)$$

由

$$f'(x)=(m+1)\left[\left(\frac{x}{b_2}\right)^m-\left(\frac{a_1+x}{b_1+b_2}\right)^m\right]=$$

$$\frac{(m+1)x^m}{(b_1+b_2)^m}\left[\left(1+\frac{b_1}{b_2}\right)^m-\left(1+\frac{a_1}{x}\right)^m\right]=0$$

得 $x=\frac{a_1b_2}{b_1}$(唯一驻点). 因 $m>0$，或 $m<-1$，则 $m(m+1)>0$. 故

$$f''\left(\frac{a_1b_2}{b_1}\right)=m(m+1)f'(x)=$$

$$(m+1)\frac{a_1^{m-1}}{b_1^{m-2}b_2(b_1+b_2)}>0$$

即 $f(x)$ 在点 $x=\frac{a_1b_2}{b_1}$ 有极小值，注意到连续函数在正数区间只有一个极值点，则极小值即为最小值，最小值为 $f\left(\frac{a_1b_2}{b_1}\right)=0$. 由

$$f(x)\geqslant f\left(\frac{a_1b_2}{b_1}\right)=0$$

即

$$\frac{a_1^{m+1}}{b_1^m}+\frac{x^{m+1}}{b_2^m}-\frac{(a_1+x)^{m+1}}{(b_1+b_2)^m}\geqslant 0\quad(x>0)$$

整理,把 x 换为 a_2,即得

$$\frac{a_1^{m+1}}{b_1^m}+\frac{a_2^{m+1}}{b_2^m}\geqslant\frac{(a_1+a_2)^{m+1}}{(b_1+b_2)^m}$$

当且仅当 $a_2=\frac{a_1b_2}{b_1}$,即 $\frac{a_1}{b_1}=\frac{a_2}{b_2}$ 时上式等号成立.因此,当 $n=2$ 时命题成立.

假设当 $n=k$ 时命题成立.则当 $n=k+1$ 时,有

$$\sum_{i=1}^{k+1}\frac{a_i^{m+1}}{b_i^m}=\sum_{i=1}^{k}\frac{a_i^{m+1}}{b_i^m}+\frac{a_{k+1}^{m+1}}{b_{k+1}^m}\geqslant$$

$$\frac{\left(\sum\limits_{i=1}^{k}a_i\right)^{m+1}}{\left(\sum\limits_{i=1}^{k}b_i\right)^m}+\frac{a_{k+1}^{m+1}}{b_{k+1}^m}\geqslant$$

$$\frac{\left(\sum\limits_{i=1}^{k}a_i+a_{k+1}\right)^{m+1}}{\left(\sum\limits_{i=1}^{k}b_i+b_{k+1}\right)^m}$$

即

$$\sum_{i=1}^{k+1}\frac{a_i^{m+1}}{b_i^m}\geqslant\frac{\left(\sum\limits_{i=1}^{k+1}a_i\right)^{m+1}}{\left(\sum\limits_{i=1}^{k+1}b_i\right)^m}$$

当且仅当 $\frac{a_1}{b_1}=\frac{a_2}{b_2}=\cdots=\frac{a_k}{b_k}$,且 $\frac{\sum\limits_{i=1}^{k}a_i}{\sum\limits_{i=1}^{k}b_i}=\frac{a_{k+1}}{b_{k+1}}$,即 $\frac{a_1}{b_1}=$

$\frac{a_2}{b_2}=\cdots=\frac{a_{k+1}}{b_{k+1}}$ 时命题成立. 因而当 $n=k+1$ 时命题也成立.

同样可以证明,当 $-1<k<0$ 时,不等式反向成立.

权方和不等式,又名Radon不等式. 下面探讨权方和不等式的应用.

例 1　已知:$a,b\in\mathbf{R}_+$,求证:$\frac{a}{\sqrt{a^2+3b^2}}+\frac{b}{\sqrt{b^2+3a^2}}\geqslant 1$.

简证

$$左=\frac{a^{\frac{3}{2}}}{\sqrt{a^3+3b^2a}}+\frac{b^{\frac{3}{2}}}{\sqrt{b^3+3a^2b}}\geqslant$$

$$\frac{(a+b)^{\frac{3}{2}}}{\sqrt{a^3+3a^2b+3b^2a+b^3}}$$

而

$$\sqrt{a^3+3a^2b+3b^2a+b^3}=\sqrt{(a+b)^3}=(a+b)^{\frac{3}{2}}$$

故有

$$\frac{a}{\sqrt{a^2+3b^2}}+\frac{b}{\sqrt{b^2+3a^2}}\geqslant 1$$

等号在 $a=b$ 时取得.

注　本例向三元的推广,正是第 42 届 IMO 的原题.

例 2　(第 42 届 IMO(2001 年) 试题) 设 a,b,c 为正实数,则

$$\frac{a}{\sqrt{a^2+8bc}}+\frac{b}{\sqrt{b^2+8ca}}+\frac{c}{\sqrt{c^2+8ab}}\geqslant 1$$

证明 由权方和不等式知

$$\frac{a}{\sqrt{a^2+8bc}}+\frac{b}{\sqrt{b^2+8ca}}+\frac{c}{\sqrt{c^2+8ab}}=$$

$$\frac{a^{\frac{3}{2}}}{\sqrt{a^3+8abc}}+\frac{b^{\frac{3}{2}}}{\sqrt{b^3+8abc}}+\frac{c^{\frac{3}{2}}}{\sqrt{c^3+8abc}}\geqslant$$

$$\frac{(a+b+c)^{\frac{3}{2}}}{\sqrt{a^3+b^3+c^3+24abc}}=$$

$$\sqrt{\frac{(a+b+c)^3}{a^3+b^3+c^3+24abc}}$$

为此,只需证明

$$(a+b+c)^3\geqslant a^3+b^3+c^3+24abc\Leftrightarrow\sum_{\text{cym}}a^2b\geqslant 6abc$$

这只需利用均值不等式即知上述不等式成立.

加强 设 a,b,c 为正实数,则

$$\frac{a}{\sqrt{a^2+2(b+c)^2}}+\frac{b}{\sqrt{b^2+2(c+a)^2}}+$$

$$\frac{c}{\sqrt{c^2+2(a+b)^2}}\geqslant 1$$

证明 由权方和不等式知

$$\frac{a}{\sqrt{a^2+2(b+c)^2}}+\frac{b}{\sqrt{b^2+2(c+a)^2}}+$$

$$\frac{c}{\sqrt{c^2+2(a+b)^2}}=$$

$$\frac{a^{\frac{3}{2}}}{\sqrt{a^3+2a(b+c)^2}}+\frac{b^{\frac{3}{2}}}{\sqrt{b^3+2b(c+a)^2}}+$$

$$\frac{c^{\frac{3}{2}}}{\sqrt{c^3+2c(a+b)^2}}\geqslant$$

$$\frac{(a+b+c)^{\frac{3}{2}}}{\sqrt{a^3+b^3+c^3+2[a(b+c)^2+b(c+a)^2+c(a+b)^2]}}=$$

$$\sqrt{\frac{(a+b+c)^3}{a^3+b^3+c^3+2[a(b+c)^2+b(c+a)^2+c(a+b)^2]}}$$

为此，只需证明

$$(a+b+c)^3 \geqslant a^3+b^3+c^3+2[a(b+c)^2+ b(c+a)^2+c(a+b)^2] \Leftrightarrow \sum_{\text{cym}} a^2b \geqslant 6abc$$

这只需利用均值不等式即知上述不等式成立.

推广　设 a,b,c 为正实数，$\lambda \geqslant 2$，则

$$\frac{a}{\sqrt{a^2+\lambda(b+c)^2}}+\frac{b}{\sqrt{b^2+\lambda(c+a)^2}}+\frac{c}{\sqrt{c^2+\lambda(a+b)^2}} \geqslant \frac{3}{\sqrt{1+4\lambda}}$$

证明　由权方和不等式知

$$\frac{a}{\sqrt{a^2+\lambda(b+c)^2}}+\frac{b}{\sqrt{b^2+\lambda(c+a)^2}}+\frac{c}{\sqrt{c^2+\lambda(a+b)^2}}=$$

$$\frac{a^{\frac{3}{2}}}{\sqrt{a^3+\lambda a(b+c)^2}}+\frac{b^{\frac{3}{2}}}{\sqrt{b^3+\lambda b(c+a)^2}}+\frac{c^{\frac{3}{2}}}{\sqrt{c^3+\lambda c(a+b)^2}} \geqslant$$

$$\frac{(a+b+c)^{\frac{3}{2}}}{\sqrt{a^3+b^3+c^3+\lambda[a(b+c)^2+b(c+a)^2+c(a+b)^2]}}=$$

$$\sqrt{\frac{(a+b+c)^3}{a^3+b^3+c^3+\lambda[a(b+c)^2+b(c+a)^2+c(a+b)^2]}}$$

为此，只需证明

$$(1+4\lambda)(a+b+c)^3 \geqslant$$
$$9\{a^3+b^3+c^3+\lambda[a(b+c)^2+b(c+a)^2+$$

$$c(a+b)^2]\}\Leftrightarrow$$

$$(4\lambda-8)\sum_{\text{cym}}a^3+(3\lambda-3)\sum_{\text{cym}}a^2b\geqslant$$

$$(30\lambda-6)abc$$

由均值不等式知

$$\sum_{\text{cym}}a^3\geqslant 3abc,\sum_{\text{cym}}a^2b\geqslant 6abc$$

$$(4\lambda-8)\sum_{\text{cym}}a^3+(3\lambda-3)\sum_{\text{cym}}a^2b\geqslant$$

$$[(4\lambda-8)\times 3+(3\lambda-3)\times 6]abc=$$

$$(30\lambda-6)abc$$

例3 (2004年波兰数学奥林匹克试题)已知 a,b,c,d 为正实数,求证

$$\frac{a}{\sqrt[3]{a^3+63bcd}}+\frac{b}{\sqrt[3]{b^3+63cda}}+\frac{c}{\sqrt[3]{c^3+63dab}}+\frac{d}{\sqrt[3]{d^3+63abc}}\geqslant 1$$

证明 由权方和不等式知

$$\frac{a}{\sqrt[3]{a^3+63bcd}}+\frac{b}{\sqrt[3]{b^3+63cda}}+\frac{c}{\sqrt[3]{c^3+63dab}}+\frac{d}{\sqrt[3]{d^3+63abc}}=$$

$$\frac{a^{\frac{4}{3}}}{\sqrt[3]{a^4+63abcd}}+\frac{b^{\frac{4}{3}}}{\sqrt[3]{b^4+63abcd}}+\frac{c^{\frac{4}{3}}}{\sqrt[3]{c^4+63abcd}}+\frac{d^{\frac{4}{3}}}{\sqrt[3]{d^4+63abcd}}\geqslant$$

$$\frac{(a+b+c+d)^{\frac{4}{3}}}{\sqrt[3]{a^4+b^4+c^4+d^4+252abcd}}=$$

$$\sqrt[3]{\frac{(a+b+c+d)^4}{a^4+b^4+c^4+d^4+252abcd}}$$

为此，只需证明

$$(a+b+c+d)^4 \geqslant a^4+b^4+c^4+d^4+252abcd \Leftrightarrow$$

$$2\sum_{\text{cym}} a^3 b+3\sum_{\text{cym}} a^2 b^2+6\sum_{\text{cym}} a^2 bc \geqslant 114abcd$$

由均值不等式知

$$\sum_{\text{cym}} a^3 b \geqslant 12abcd$$

$$\sum_{\text{cym}} a^2 b^2 \geqslant 6abcd$$

$$\sum_{\text{cym}} a^2 bc \geqslant 12abcd$$

$$2\sum_{\text{cym}} a^3 b+3\sum_{\text{cym}} a^2 b^2+6\sum_{\text{cym}} a^2 bc \geqslant$$

$$(2\times 12+3\times 6+6\times 12)abcd=114abcd$$

例4　(2009年中国台湾地区数学奥林匹克试题)设 a,b,c 为正实数，则

$$\frac{a}{\sqrt{a^2+9bc}}+\frac{b}{\sqrt{b^2+9ca}}+\frac{c}{\sqrt{c^2+9ab}} \geqslant \frac{3}{\sqrt{10}}$$

证明　由权方和不等式知

$$\frac{a}{\sqrt{a^2+9bc}}+\frac{b}{\sqrt{b^2+9ca}}+\frac{c}{\sqrt{c^2+9ab}}=$$

$$\frac{a^{\frac{3}{2}}}{\sqrt{a^3+9abc}}+\frac{b^{\frac{3}{2}}}{\sqrt{b^3+9abc}}+\frac{c^{\frac{3}{2}}}{\sqrt{c^3+9abc}} \geqslant$$

$$\frac{(a+b+c)^{\frac{3}{2}}}{\sqrt{a^3+b^3+c^3+27abc}}=$$

$$\sqrt{\frac{(a+b+c)^3}{a^3+b^3+c^3+27abc}}$$

为此，只需证明

$$10(a+b+c)^3 \geqslant 9(a^3+b^3+c^3+27abc) \Leftrightarrow$$

$$\sum_{\text{cym}} a^3+30\sum_{\text{cym}} a^2 b \geqslant 183abc$$

由均值不等式知

$$\sum_{\text{cym}} a^3 \geqslant 3abc, \sum_{\text{cym}} a^2 b \geqslant 6abc$$

$$\sum_{\text{cym}} a^3 + 30\sum_{\text{cym}} a^2 b \geqslant (1\times 3 + 30\times 6)abc = 183abc$$

推广 (2009 年中国台湾地区数学奥林匹克试题)设 a,b,c 为正实数,$\lambda \geqslant 8$,则

$$\frac{a}{\sqrt{a^2+\lambda bc}} + \frac{b}{\sqrt{b^2+\lambda ca}} + \frac{c}{\sqrt{c^2+\lambda ab}} \geqslant \frac{3}{\sqrt{1+\lambda}}$$

证明 由权方和不等式知

$$\frac{a}{\sqrt{a^2+\lambda bc}} + \frac{b}{\sqrt{b^2+\lambda ca}} + \frac{c}{\sqrt{c^2+\lambda ab}} =$$

$$\frac{a^{\frac{3}{2}}}{\sqrt{a^3+\lambda abc}} + \frac{b^{\frac{3}{2}}}{\sqrt{b^3+\lambda abc}} + \frac{c^{\frac{3}{2}}}{\sqrt{c^3+\lambda abc}} \geqslant$$

$$\frac{(a+b+c)^{\frac{3}{2}}}{\sqrt{a^3+b^3+c^3+3\lambda abc}} = \sqrt{\frac{(a+b+c)^3}{a^3+b^3+c^3+3\lambda abc}}$$

为此,只需证明

$$(1+\lambda)(a+b+c)^3 \geqslant 9(a^3+b^3+c^3+3\lambda abc) \Leftrightarrow$$

$$(\lambda - 8)\sum_{\text{cym}} a^3 + (3\lambda - 3)\sum_{\text{cym}} a^2 b \geqslant (21\lambda - 6)abc$$

由均值不等式知

$$\sum_{\text{cym}} a^3 \geqslant 3abc, \sum_{\text{cym}} a^2 b \geqslant 6abc$$

$$(\lambda - 8)\sum_{\text{cym}} a^3 + (3\lambda - 3)\sum_{\text{cym}} a^2 b \geqslant$$

$$[(\lambda - 8)\times 3 + (3\lambda - 3)\times 6]abc =$$

$$(21\lambda - 6)abc$$

以上我们是直接(或通过简单变形)使用权方和不等式证不等式,可谓“简洁明快”,实际上凑着使用权方和不等式证明不等式也有“小巧玲珑”之美.

例5　(2010年印尼数学奥林匹克试题)已知$a,b,c\geqslant 0$和$x,y,z>0$,且$a+b+c=x+y+z$,求证

$$\frac{a^3}{x^2}+\frac{b^3}{y^2}+\frac{c^3}{z^2}\geqslant a+b+c$$

证明　由权方和不等式知

$$\frac{a^3}{x^2}+\frac{b^3}{y^2}+\frac{c^3}{z^2}\geqslant\frac{(a+b+c)^3}{(x+y+z)^2}=\frac{(a+b+c)^3}{(a+b+c)^2}=a+b+c$$

另证　由均值不等式知

$$\frac{a^3}{x^2}+x+x\geqslant 3a,\frac{b^3}{y^2}+y+y\geqslant 3b,\frac{c^3}{z^2}+z+z\geqslant 3c$$

上述三式相加即得

$$\frac{a^3}{x^2}+\frac{b^3}{y^2}+\frac{c^3}{z^2}+2(x+y+z)\geqslant 3(a+b+c)$$

即

$$\frac{a^3}{x^2}+\frac{b^3}{y^2}+\frac{c^3}{z^2}\geqslant a+b+c$$

例6　(2005年罗马尼亚数学奥林匹克试题)已知$a,b,c\geqslant 0$,且$a+b+c=1$,求证

$$\frac{a}{\sqrt{b+c}}+\frac{b}{\sqrt{c+a}}+\frac{c}{\sqrt{a+b}}\geqslant\sqrt{\frac{3}{2}}$$

证明　由权方和不等式知

$$\frac{a}{\sqrt{b+c}}+\frac{b}{\sqrt{c+a}}+\frac{c}{\sqrt{a+b}}=$$

$$\frac{a^{\frac{3}{2}}}{(ab+ca)^{\frac{1}{2}}}+\frac{b^{\frac{3}{2}}}{(bc+ab)^{\frac{1}{2}}}+\frac{c^{\frac{3}{2}}}{(ca+bc)^{\frac{1}{2}}}\geqslant$$

$$\frac{(a+b+c)^{\frac{3}{2}}}{(ab+ca+bc+ab+ca+bc)^{\frac{1}{2}}}\geqslant$$

$$\frac{(a+b+c)^{\frac{3}{2}}}{2(ab+bc+ca)^{\frac{1}{2}}}\geqslant$$

$$\frac{(a+b+c)^{\frac{3}{2}}}{2\left[\frac{1}{3}(a+b+c)^2\right]^{\frac{1}{2}}}=\sqrt{\frac{3}{2}(a+b+c)}=\sqrt{\frac{3}{2}}$$

例 7 已知 $a,b\in\mathbf{R}_+,0<x<\frac{\pi}{2}$,函数

$$y=a\sin^n x+b\cos^n x$$

(1) 若 $n>2$ 或 $n<0$,当 $x=\arctan\left(\frac{b}{a}\right)^{\frac{1}{n-2}}$ 时

$$y_{\min}=(a^{\frac{2}{2-n}}+b^{\frac{2}{2-n}})^{\frac{2-n}{2}}$$

(2) 若 $0<n<2$,当 $x=\arctan\left(\frac{b}{a}\right)^{\frac{1}{n-2}}$ 时

$$y_{\max}=(a^{\frac{2}{2-n}}+b^{\frac{2}{2-n}})^{\frac{2-n}{2}}$$

证明 (1) 当 $n>2$ 时

$$y=\frac{(\sin^2 x)^{\frac{n-2}{2}+1}}{(a^{\frac{2}{2-n}})^{\frac{n-2}{2}}}+\frac{(\cos^2 x)^{\frac{n-2}{2}+1}}{(b^{\frac{2}{2-n}})^{\frac{n-2}{2}}}\geqslant$$

$$\frac{(\sin^2 x+\cos^2 x)^{\frac{n-2}{2}+1}}{(a^{\frac{2}{2-n}}+b^{\frac{2}{2-n}})^{\frac{n-2}{2}}}=$$

$$(a^{\frac{2}{2-n}}+b^{\frac{2}{2-n}})^{\frac{2-n}{2}}$$

当 $n<0$ 时

$$y=\frac{(a^{\frac{2}{2-n}})^{-\frac{n}{2}+1}}{(\sin^2 x)^{-\frac{n}{2}}}+\frac{(b^{\frac{2}{2-n}})^{-\frac{n}{2}+1}}{(\cos^2 x)^{-\frac{n}{2}}}\geqslant\frac{(a^{\frac{2}{2-n}}+b^{\frac{2}{2-n}})^{-\frac{n}{2}+1}}{(\sin^2 x+\cos^2 x)^{-\frac{n}{2}}}=$$

$$(a^{\frac{2}{2-n}}+b^{\frac{2}{2-n}})^{\frac{2-n}{2}}$$

综上可知,仅当 $\frac{\sin^2 x}{\cos^2 x}=\frac{a^{\frac{2}{2-n}}}{b^{\frac{2}{2-n}}}$,即 $\tan x=\left(\frac{b}{a}\right)^{\frac{1}{n-2}}$,$x=\arctan\left(\frac{b}{a}\right)^{\frac{1}{n-2}}$ 时

$$y_{\min}=(a^{\frac{2}{2-n}}+b^{\frac{2}{2-n}})^{\frac{2-n}{2}}$$

(2) 若 $0 < n < 2, -1 < \frac{n}{2} - 1 < 0$,有

$$y = \frac{(\sin^2 x)^{(\frac{n}{2}-1)+1}}{(a^{\frac{2}{2-n}})^{\frac{n}{2}-1}} + \frac{(\cos^2 x)^{(\frac{n}{2}-1)+1}}{(a^{\frac{2}{2-n}})^{\frac{n}{2}-1}} \leqslant$$

$$\frac{(\sin^2 x + \cos^2 x)^{(\frac{n}{2}-1)+1}}{(a^{\frac{2}{2-n}} + b^{\frac{2}{2-n}})^{\frac{n}{2}-1}} =$$

$$(a^{\frac{2}{2-n}} + b^{\frac{2}{2-n}})^{\frac{2-n}{2}}$$

当 $\frac{\sin^2 x}{a^{\frac{2}{2-n}}} = \frac{\cos^2 x}{b^{\frac{2}{2-n}}}$, 即 $\tan x = \left(\frac{b}{a}\right)^{\frac{1}{n-2}}, x = \arctan\left(\frac{b}{a}\right)^{\frac{1}{n-2}}$ 时

$$y_{\max} = (a^{\frac{2}{2-n}} + b^{\frac{2}{2-n}})^{\frac{2-n}{2}}$$

4.5　卡尔松不等式及其应用

定理　对于 $n \times m$ 矩阵

$$\begin{pmatrix} a_{11} & a_{12} & \cdots & a_{1m} \\ a_{21} & a_{22} & \cdots & a_{2m} \\ \vdots & \vdots & & \vdots \\ a_{n1} & a_{n2} & \cdots & a_{nm} \end{pmatrix}$$

其中,$a_{ij} \geqslant 0(i=1,2,\cdots,n,j=1,2,\cdots,m)$,则

$$[\prod_{j=1}^{m} \sum_{i=1}^{n} a_{ij}]^{\frac{1}{m}} \geqslant \sum_{i=1}^{n} (\prod_{j=1}^{m} a_{ij})^{\frac{1}{m}}$$

其中,等号成立的充要条件是至少有一列数都是 0 或所有行中的数对应成比例.

这个不等式称为卡尔松(Carlson) 不等式.

证明　记

$$A_j=\frac{1}{n}\sum_{j=1}^{n}a_{ij}\quad(j=1,2,\cdots,m)$$

$$G_i=(\prod_{j=1}^{m}a_{ij})^{\frac{1}{m}}\quad(i=1,2,\cdots,n)$$

若某个 $A_j=0$,则由 $a_{ij}\geqslant 0(i=1,2,\cdots,n)$,得

$$a_{1j}=a_{2j}=\cdots=a_{nj}=0$$

此时

$$G_1=G_2=\cdots=G_n=0$$

$$[\prod_{j=1}^{m}\sum_{j=1}^{n}a_{ij}]^{\frac{1}{m}}=\sum_{i=1}^{n}(\prod_{j=1}^{m}a_{ij})^{\frac{1}{m}}=0$$

从而,不等式成立.

若所有的 $A_j>0$,由均值不等式得

$$\frac{a_{i1}}{A_1}+\frac{a_{i2}}{A_2}+\cdots+\frac{a_{in}}{A_n}\geqslant m\left(\frac{\prod_{j=1}^{m}a_{ij}}{\prod_{j=1}^{m}A_j}\right)^{\frac{1}{m}}\quad(i=1,2,\cdots,n)$$

将以上 n 个不等式相加得

$$m\geqslant m\sum_{i=1}^{n}\left(\frac{\prod_{j=1}^{m}a_{ij}}{\prod_{j=1}^{m}A_j}\right)^{\frac{1}{m}}=m\frac{\sum_{i=1}^{n}G_i^{\frac{1}{m}}}{(\prod_{j=1}^{m}A_j)^{\frac{1}{m}}}$$

故

$$[\prod_{j=1}^{m}\sum_{j=1}^{n}a_{ij}]^{\frac{1}{m}}\geqslant\sum_{i=1}^{n}(\prod_{j=1}^{m}a_{ij})^{\frac{1}{m}}$$

等号成立的充要条件是至少有一列数都是 0 或 $\frac{a_{i1}}{A_1}=\frac{a_{i2}}{A_2}=\cdots=\frac{a_{in}}{A_n}$,即所有行中的数对应成比例.

利用卡尔松不等式可以推证柯西不等式、均值不等式及幂平均不等式.

(1) 构造 $n\times 2$ 矩阵

$$\begin{pmatrix} a_1^2 & b_1^2 \\ a_2^2 & b_2^2 \\ \vdots & \vdots \\ a_n^2 & b_n^2 \end{pmatrix}$$

利用卡尔松不等式得柯西不等式

$$\left[\left(\sum_{i=1}^{n} a_i^2\right)\cdot\left(\sum_{i=1}^{n} b_i^2\right)\right]^{\frac{1}{2}} \geqslant \sum_{i=1}^{n} a_i b_i$$

(2) 构造 $n\times n$ 矩阵

$$\begin{pmatrix} x_1 & x_2 & \cdots & x_n \\ x_2 & x_3 & \cdots & x_1 \\ \vdots & \vdots & & \vdots \\ x_n & x_1 & \cdots & x_2 \end{pmatrix}$$

利用卡尔松不等式得

$$\left[\left(\sum_{i=1}^{n} x_i\right)\right]^{\frac{1}{n}} \geqslant n\left(\prod_{i=1}^{n} x_i\right)^{\frac{1}{n}}$$

即均值不等式

$$\frac{\sum_{i=1}^{n} x_i}{n} \geqslant \left(\prod_{i=1}^{n} x_i\right)^{\frac{1}{n}}$$

(3) 构造 $n\times\alpha$ 矩阵

$$\begin{pmatrix} x_1^{\alpha} & x_1^{\alpha} & \cdots & x_1^{\alpha} & 1 & \cdots & 1 \\ x_2^{\alpha} & x_2^{\alpha} & \cdots & x_2^{\alpha} & 1 & \cdots & 1 \\ \vdots & \vdots & & \vdots & \vdots & & \vdots \\ x_n^{\alpha} & x_n^{\alpha} & \cdots & x_n^{\alpha} & 1 & \cdots & 1 \end{pmatrix}$$

其中,x_i^{α} 共有 β 列,1 共有 $\alpha-\beta$ 列.

利用卡尔松不等式得

$$(x_1^{\alpha}+x_2^{\alpha}+\cdots+x_n^{\alpha})^{\beta} n^{\alpha-\beta} \geqslant$$

$$[(x_1^{\alpha})^{\beta}\cdot 1^{\alpha-\beta}]^{\frac{1}{\alpha}}+[(x_2^{\alpha})^{\beta}\cdot 1^{\alpha-\beta}]^{\frac{1}{\alpha}}+\cdots+$$

$$[(x_n^{\alpha})^{\beta}\cdot 1^{\alpha-\beta}]^{\frac{1}{\alpha}}=x_1^{\beta}+x_2^{\beta}+\cdots+x_n^{\beta}$$

即幂平均不等式

$$\left(\frac{x_1^{\alpha}+x_2^{\alpha}+\cdots+x_n^{\alpha}}{n}\right)^{\frac{1}{\alpha}}\geqslant$$

$$\left(\frac{x_1^{\beta}+x_2^{\beta}+\cdots+x_n^{\beta}}{n}\right)^{\frac{1}{\beta}}\quad(\alpha,\beta\in\mathbf{N}_+,\alpha>\beta)$$

说明　(1) 卡尔松不等式和均值不等式是等价的，柯西不等式是卡尔松不等式的一种特殊形式，即 $n\times m$ 矩阵中 $m=2$ 的情形.

(2) 利用卡尔松不等式证明不等式的关键是构造矩阵，充分利用条件和结论提供的信息，注意取等号的条件是构造矩阵的关键.

特别地，当 $n=3$ 时，有

$$\left(\sum_{i=1}^{3}a_i^3\right)\left(\sum_{i=1}^{3}b_i^3\right)\left(\sum_{i=1}^{3}c_i^3\right)\geqslant\left(\sum_{i=1}^{3}a_ib_ic_i\right)^3$$

上述不等式，还有一个漂亮的恒等式：

设实数 $a_i,b_i,c_i\in\mathbf{R}$，$A=\sqrt[3]{\sum_{i=1}^{3}a_i^3}$，$B=\sqrt[3]{\sum_{i=1}^{3}b_i^3}$，$C=\sqrt[3]{\sum_{i=1}^{3}c_i^3}$，且 $ABC\neq 0$，则有恒等式

$$\sqrt[3]{\left(\sum_{i=1}^{3}a_i^3\right)\left(\sum_{i=1}^{3}b_i^3\right)\left(\sum_{i=1}^{3}c_i^3\right)}=\sum_{i=1}^{3}a_ib_ic_i+\frac{ABC}{6}K$$

其中

$$K=\sum_{i=1}^{3}\left(\frac{a_i}{A}+\frac{b_i}{B}+\frac{c_i}{C}\right)\left\{\left(\frac{a_i}{A}-\frac{b_i}{B}\right)^2+\right.$$

$$\left.\left(\frac{b_i}{B}-\frac{c_i}{C}\right)^2+\left(\frac{c_i}{C}-\frac{a_i}{A}\right)^2\right\}$$

例 1　已知 $a>b>c>0$，$a^2+b^2+c^2=14$，求证：$a^5+\frac{b^5}{8}+\frac{c^5}{27}\geqslant 14$.

证明　构造 3×5 矩阵

$$\begin{pmatrix} a^5 & a^5 & 1 & 1 & 1 \\ \frac{b^5}{8} & \frac{b^5}{8} & 4 & 4 & 4 \\ \frac{c^5}{27} & \frac{c^5}{27} & 9 & 9 & 9 \end{pmatrix}$$

利用卡尔松不等式得

$$\left[\left(a^5+\frac{b^5}{8}+\frac{c^5}{27}\right)^2(1+4+9)^3\right]^{\frac{1}{5}}\geqslant$$

$$(a^5\cdot a^5\cdot 1^3)^{\frac{1}{5}}+\left(\frac{b^5}{8}\cdot\frac{b^5}{8}\cdot 1^3\right)^{\frac{1}{5}}+\left(\frac{c^5}{27}\cdot\frac{c^5}{27}\cdot 1^3\right)^{\frac{1}{5}}$$

因为 $a^2+b^2+c^2=14$，所以

$$a^5+\frac{b^5}{8}+\frac{c^5}{27}\geqslant\left[\frac{(a^2+b^2+c^2)^5}{14^3}\right]^{\frac{1}{2}}=14$$

例 2　设 $a,b,c,d\geqslant 0$，$ab+bc+cd+da=1$. 求证：$\sum\frac{a^3}{b+c+d}\geqslant\frac{1}{3}$. 其中，“$\sum$”表示轮换对称和.

证明　构造 4×2 矩阵

$$\begin{pmatrix} \frac{a^3}{b+c+d} & b+c+d \\ \frac{b^3}{c+d+a} & c+d+a \\ \frac{c^3}{d+a+b} & d+a+b \\ \frac{d^3}{a+b+c} & a+b+c \end{pmatrix}$$

利用卡尔松不等式得

$$\left[\sum \frac{a^3}{b+c+d}\cdot 3(a+b+c+d)\right]^{\frac{1}{2}} \geqslant \sum a^{\frac{3}{2}}$$

又构造 4 × 6 矩阵

$$\begin{pmatrix} a^{\frac{3}{2}} & a^{\frac{3}{2}} & a^{\frac{3}{2}} & a^{\frac{3}{2}} & 1 & 1 \\ b^{\frac{3}{2}} & b^{\frac{3}{2}} & b^{\frac{3}{2}} & b^{\frac{3}{2}} & 1 & 1 \\ c^{\frac{3}{2}} & c^{\frac{3}{2}} & c^{\frac{3}{2}} & c^{\frac{3}{2}} & 1 & 1 \\ d^{\frac{3}{2}} & d^{\frac{3}{2}} & d^{\frac{3}{2}} & d^{\frac{3}{2}} & 1 & 1 \end{pmatrix}$$

利用卡尔松不等式得

$$\left[\left(\sum a^{\frac{3}{2}}\right)^4\cdot 4^2\right]^{\frac{1}{6}} \geqslant \sum\left[\left(a^{\frac{3}{2}}\right)^4\right]^{\frac{1}{6}}$$

即

$$\sum a^{\frac{3}{2}} \geqslant \frac{1}{2}\left(\sum a\right)^{\frac{3}{2}}$$

则

$$\sum \frac{a^3}{b+c+d} \geqslant \frac{\left(\sum a^{\frac{3}{2}}\right)^2}{3\sum a} \geqslant \frac{1}{12}\left(\sum a\right)^2$$

又

$$\begin{aligned} a+b+c+d \geqslant 2\sqrt{(a+c)(b+d)} &= \\ 2\sqrt{ab+bc+cd+da} &= 2 \end{aligned}$$

故

$$\sum \frac{a^3}{b+c+d} \geqslant \frac{1}{3}$$

例 3 设 $x_i > 0(i=1,2,\cdots,n)$，$m\in\mathbf{R}_+$，$a\geqslant 0$，$\sum_{i=1}^{n} x_i = s \leqslant n$，求证

$$\prod_{i=1}^{n}\left(x_i^m + \frac{1}{x_i^m} + a\right) \geqslant \left[\left(\frac{s}{n}\right)^m + \left(\frac{s}{n}\right)^m + a\right]^n$$

证明 构造 $3\times n$ 矩阵

$$\begin{pmatrix} x_i^m & x_i^m & \cdots & x_i^m \\ \dfrac{1}{x_i^m} & \dfrac{1}{x_i^m} & \cdots & \dfrac{1}{x_i^m} \\ a & a & \cdots & a \end{pmatrix}$$

利用卡尔松不等式即得

$$\left[\prod_{i=1}^{n}\left(x_i^m+\frac{1}{x_i^m}+a\right)\right]^{\frac{1}{n}} \geqslant$$

$$\left(\prod_{i=1}^{n}x_i^m\right)^{\frac{1}{n}}+\left(\prod_{i=1}^{n}\frac{1}{x_i^m}\right)^{\frac{1}{n}}+(a^n)^{\frac{1}{n}}=$$

$$\frac{\left[1-\left(\prod_{i=1}^{n}x_i^m\right)^{\frac{1}{n}}\right]^2}{\left(\prod_{i=1}^{n}x_i^m\right)^{\frac{1}{n}}}+2+a$$

又

$$\left(\prod_{i=1}^{n}x_i^m\right)^{\frac{1}{n}}=(\sqrt[n]{x_1x_2\cdots x_n})^m\leqslant\left(\frac{1}{n}\sum_{i=1}^{n}x_i\right)^m$$

则

$$\left[\prod_{i=1}^{n}\left(x_i^m+\frac{1}{x_i^m}+a\right)\right]^{\frac{1}{n}} \geqslant$$

$$\frac{\left[1-\left(\frac{1}{n}\sum_{i=1}^{n}x_i\right)^m\right]^2}{\left(\frac{1}{n}\sum_{i=1}^{n}x_i\right)^m}+2+a=$$

$$\frac{\left[1-\left(\frac{s}{n}\right)^m\right]^2}{\left(\frac{s}{n}\right)^m}+2+a$$

$$\prod_{i=1}^{n}\left(x_i^m+\frac{1}{x_i^m}+a\right)\geqslant\left[\frac{(n^m-s^m)^2}{n^ms^m}+2+a\right]^n=$$

$$\left[\left(\frac{s}{n}\right)^m+\left(\frac{n}{s}\right)^m+a\right]^n$$

例 4 已知 a,b,c 为正实数,求证

$$\sqrt[3]{\frac{a^2}{a^2+26bc}}+\sqrt[3]{\frac{b^2}{b^2+26ca}}+\sqrt[3]{\frac{c^2}{c^2+26ab}}\geqslant 1 \tag{1}$$

证明 原不等式等价于

$$\frac{a}{\sqrt[3]{a^3+26abc}}+\frac{b}{\sqrt[3]{b^3+26abc}}+\frac{c}{\sqrt[3]{c^3+26abc}}\geqslant 1 \tag{2}$$

构造 4×3 矩阵

$$\begin{pmatrix} \frac{a}{\sqrt[3]{a^3+26abc}} & \frac{b}{\sqrt[3]{b^3+26abc}} & \frac{c}{\sqrt[3]{c^3+26abc}} \\ \frac{a}{\sqrt[3]{a^3+26abc}} & \frac{b}{\sqrt[3]{b^3+26abc}} & \frac{c}{\sqrt[3]{c^3+26abc}} \\ \frac{a}{\sqrt[3]{a^3+26abc}} & \frac{b}{\sqrt[3]{b^3+26abc}} & \frac{c}{\sqrt[3]{c^3+26abc}} \\ a(a^3+26abc) & b(b^3+26abc) & c(c^3+26abc) \end{pmatrix}$$

由卡尔松不等式知

$$\sum_{\text{cym}}\frac{a}{\sqrt[3]{a^3+26abc}}\cdot\sum_{\text{cym}}\frac{a}{\sqrt[3]{a^3+26abc}}\cdot$$
$$\sum_{\text{cym}}\frac{a}{\sqrt[3]{a^3+26abc}}\cdot\sum_{\text{cym}}a(a^3+26abc)\geqslant$$
$$(a+b+c)^4$$

即

$$\left(\sum_{\text{cym}}\frac{a}{\sqrt[3]{a^3+26abc}}\right)^3\geqslant\frac{(a+b+c)^4}{\sum_{\text{cym}}a(a^3+26abc)} \tag{3}$$

由(3)知,要证明式(2)成立,只需证明

$$\frac{(a+b+c)^4}{\sum_{\text{cym}}a(a^3+26abc)}\geqslant 1$$

即

$$(a+b+c)^4 \geqslant \sum_{\text{cym}} a(a^3+26abc) \Leftrightarrow \quad (4)$$

$$4\sum_{\text{cym}} a^3 b + 6\sum_{\text{cym}} a^2 b^2 \geqslant 14abc\sum_{\text{cym}} a \Leftrightarrow \quad (5)$$

$$4\sum_{\text{cym}} ab\ (a-b)^2 + 7\sum_{\text{cym}} a^2\ (b-c)^2 \geqslant 0 \quad (6)$$

命题得证.

例5　设 $x_i > 0(i=1,2,\cdots,n)$，$n \geqslant 3$，且 $\sum_{i=1}^{n} x_i =$ 1，则

$$\prod_{i=1}^{n}\left(\frac{1}{1-x_i}-x_i\right) \geqslant \left(\frac{n}{n-1}-\frac{1}{n}\right)^n$$

当且仅当 $x_i = \frac{1}{n}$ 时取等号.

证明　令 $1-x_i = t_i$(其中 $i=1,2,\cdots,n,n \geqslant 3$)，则由 $x_i > 0$，$\sum_{i=1}^{n} x_i = 1$ 可知 $t_i > 0$，且

$$\sum_{i=1}^{n} t_i = n - \sum_{i=1}^{n} x_i = n-1$$

则

$$\frac{1}{1-x_i} - x_i = t_i + \frac{1}{t_i} - 1 =$$

$$t_i + \left(\frac{n-1}{n}\right)^2 \cdot \frac{1}{t_i} + \frac{2n-1}{n^2} \cdot \frac{1}{t_i} - 1 \geqslant$$

$$2\sqrt{t_i \cdot \left(\frac{n-1}{n}\right)^2 \cdot \frac{1}{t_i}} + \frac{2n-1}{n^2} \cdot \frac{1}{t_i} - 1 =$$

$$\frac{2(n-1)}{n} + \frac{2n-1}{n^2} \cdot \frac{1}{t_i} - 1 =$$

$$\frac{1}{n^2}\left[\frac{2n-1}{t_i} + n(n-2)\right]$$

构造 $n\times 2$ 矩阵

$$\begin{pmatrix} \frac{2n-1}{t_1} & n(n-2) \\ \frac{2n-1}{t_2} & n(n-2) \\ \vdots & \vdots \\ \frac{2n-1}{t_n} & n(n-2) \end{pmatrix}$$

由卡尔松不等式和均值不等式,可知

$$\prod_{i=1}^{n}\left(\frac{1}{1-x_i}-x_i\right)\geqslant\frac{1}{n^{2n}}\prod_{i=1}^{n}\left[\frac{2n-1}{t_i}+n(n-2)\right]\geqslant$$

$$\frac{1}{n^{2n}}\left[\frac{2n-1}{\sqrt[n]{\prod_{i=1}^{n}t_i}}+n(n-2)\right]^n\geqslant$$

$$\frac{1}{n^{2n}}\left[\frac{n(2n-1)}{\sum_{i=1}^{n}t_i}+n(n-2)\right]^n=$$

$$\frac{1}{n^{2n}}\left[\frac{n(2n-1)}{n-1}+n(n-2)\right]^n=$$

$$\left[\frac{n^2-n+1}{n(n-1)}\right]^n=\left(\frac{n}{n-1}-\frac{1}{n}\right)^n$$

当且仅当 $t_i=\frac{n-1}{n}$,即 $x_i=\frac{1}{n}$ 时取"="号.

例 6 (2004 年美国数学奥林匹克第 5 题的推广)设 $a_1,a_2,\cdots,a_{n-m}$ 是正实数,$m,n\in\mathbf{N}^*$,$n-m\geqslant 3$,则

$$(a_1^n-a_1^m+n-m)(a_2^n-a_2^m+n-m)\cdot\cdots\cdot$$
$$(a_{n-m}^n-a_{n-m}^m+n-m)\geqslant$$
$$(a_1+a_2+\cdots+a_{n-m})^{n-m}$$

证明 当 $a_i>0(i=1,2,\cdots,n-m)$ 时,有

$$(a_i^n-a_i^m+n-m)-(a_i^{n-m}+n-m-1)=$$

$$a_i^{n-m}(a_i^m-1)-(a_i^m-1)=$$
$$(a_i^m-1)(a_i^{n-m}-1)\geqslant 0$$

故只需证明

$$\prod_{i=1}^{n-m}(a_i^{n-m}+n-m-1)\geqslant\left(\sum_{i=1}^{n-m}a_i\right)^{n-m}\qquad(*)$$

构造 $(n-m)\times(n-m)$ 矩阵

$$\begin{pmatrix} a_1^{n-m} & 1 & \cdots & 1 \\ a_2^{n-m} & 1 & \cdots & 1 \\ \vdots & \vdots & & \vdots \\ a_{n-m}^{n-m} & 1 & \cdots & 1 \end{pmatrix}$$

由卡尔松不等式知

$$\prod_{i=1}^{n-m}(a_i^{n-m}+n-m-1)=$$
$$\prod_{i=1}^{n-m}(a_i^{n-m}+1+1+\cdots+1)=$$
$$(a_1^{n-m}+1+1+\cdots+1)\cdot$$
$$(1+a_2^{n-m}+1+\cdots+1)\cdot\cdots\cdot$$
$$(1+1+\cdots+1+a_{n-m}^{n-m})\geqslant$$
$$(a_1+a_2+\cdots+a_{n-m})^{n-m}$$

评注　本例中不等式($*$)，要将正整数 $n-m-1$ 合理地分拆成 $n-m-1$ 个 1，并要调整每一个因式中的项的次序，以保证凑出右端式子，这也是应用推广证明积类不等式时的一种常用变形技巧.

例 7　求证函数 $f(x)=\dfrac{a}{\cos^n x}+\dfrac{b}{\sin^n x}\left(0<x<\dfrac{\pi}{2},n\in\mathbf{N}^*,a,b\text{ 为正数}\right)$ 的最小值是 $\left(a^{\frac{2}{n+2}}+b^{\frac{2}{n+2}}\right)^{\frac{n+2}{2}}$.

证明　构造 $(n+2)\times 2$ 矩阵

$$\begin{pmatrix} \frac{a}{\cos^n x} & \frac{b}{\sin^n x} \\ \frac{a}{\cos^n x} & \frac{b}{\sin^n x} \\ \cos^2 x & \sin^2 x \\ \vdots & \vdots \\ \cos^2 x & \sin^2 x \end{pmatrix}$$

由卡尔松不等式知

$$\left(\frac{a}{\cos^n x}+\frac{b}{\sin^n x}\right)^2=$$

$$\left(\frac{a}{\cos^n x}+\frac{b}{\sin^n x}\right)\cdot\left(\frac{a}{\cos^n x}+\frac{b}{\sin^n x}\right)\cdot$$

$$\overbrace{(\cos^2 x+\sin^2 x)\cdot(\cos^2 x+\sin^2 x)\cdot\cdots\cdot(\cos^2 x+\sin^2 x)}^{n\text{个}}\geqslant$$

$$\left[\sqrt[n+2]{\frac{a}{\cos^n x}\cdot\frac{a}{\cos^n x}\cdot\overbrace{\cos^2 x\cdot\cos^2 x\cdot\cdots\cdot\cos^2 x}^{n\text{个}}}+\right.$$

$$\left.\sqrt[n+2]{\frac{b}{\sin^n x}\cdot\frac{b}{\sin^n x}\cdot\overbrace{\sin^2 x\cdot\sin^2 x\cdot\cdots\cdot\sin^2 x}^{n\text{个}}}\right]^{n+2}=$$

$$(a^{\frac{2}{n+2}}+b^{\frac{2}{n+2}})^{n+2}$$

所以，$f(x)=\frac{a}{\cos^n x}+\frac{b}{\sin^n x}$ 的最小值为 $(a^{\frac{2}{n+2}}+b^{\frac{2}{n+2}})^{\frac{n+2}{2}}$，当且仅当

$$\frac{a}{\cos^n x}:\frac{b}{\sin^n x}=\cos^2 x:\sin^2 x$$

时，即 $x=\arctan\sqrt[n+2]{\frac{b}{a}}$ 时等号成立.

例 8 设 $a_1,a_2,\cdots,a_n$ 均为正实数，且 $a_1+a_2+\cdots+a_n=s,k\in\mathbf{N},k\geqslant 2$，则有

$$\frac{a_1^k}{s-a_1}+\frac{a_2^k}{s-a_2}+\cdots+\frac{a_n^k}{s-a_n}\geqslant\frac{s^{k-1}}{(n-1)n^{k-2}}$$

证明　$\frac{a_1^k}{s-a_1}+\frac{a_2^k}{s-a_2}+\cdots+\frac{a_n^k}{s-a_n}=$

$$\frac{a_1^k}{a_2+a_3+\cdots+a_n}+$$

$$\frac{a_2^k}{a_1+a_3+\cdots+a_n}+\cdots+$$

$$\frac{a_n^k}{a_1+a_2+\cdots+a_{n-1}}$$

构造 $k\times n$ 矩阵

$$\begin{pmatrix} \frac{a_1^k}{a_2+a_3+\cdots+a_n} & \frac{a_2^k}{a_1+a_3+\cdots+a_n} & \cdots & \frac{a_n^k}{a_1+a_2+\cdots+a_{n-1}} \\ (n-1)a_1 & (n-1)a_2 & \cdots & (n-1)a_n \\ 1 & 1 & \cdots & 1 \\ \vdots & \vdots & & \vdots \\ 1 & 1 & \cdots & 1 \end{pmatrix}$$

由卡尔松不等式知

$$\left(\frac{a_1^k}{a_2+a_3+\cdots+a_n}+\frac{a_2^k}{a_1+a_3+\cdots+a_n}+\cdots+\right.$$

$$\left.\frac{a_n^k}{a_1+a_2+\cdots+a_{n-1}}\right)\cdot$$

$$[(n-1)(a_1+a_2+\cdots+a_n)]\underbrace{\cdot n\cdot n\cdot\cdots\cdot n}_{k-2个}=$$

$$\left(\frac{a_1^k}{a_2+a_3+\cdots+a_n}+\frac{a_2^k}{a_1+a_3+\cdots+a_n}+\cdots+\right.$$

$$\left.\frac{a_n^k}{a_1+a_2+\cdots+a_{n-1}}\right)\cdot$$

$$[(a_2+a_3+\cdots+a_n)+(a_1+a_3+\cdots+a_n)+\cdots+$$

$$(a_1+a_2+\cdots+a_{n-1})]\cdot$$

$$\overbrace{\underbrace{1+1+\cdots+1}_{n个}+\underbrace{1+1+\cdots+1}_{n个}+\cdots+\underbrace{1+1+\cdots+1}_{n个}}^{k-2个}\geqslant$$

$$(\sqrt[k]{\frac{a_1^k}{a_2+a_3+\cdots+a_n}}\cdot\sqrt[k]{a_2+a_3+\cdots+a_n}\cdot 1\cdot$$

$$1\cdot\cdots\cdot 1+\sqrt[k]{\frac{a_2^k}{a_1+a_3+\cdots+a_n}}\cdot$$

$$\sqrt[k]{a_1+a_3+\cdots+a_n}\cdot 1\cdot 1\cdot\cdots\cdot 1+\cdots+$$

$$\sqrt[k]{\frac{a_n^k}{a_1+a_2+\cdots+a_{n-1}}}\cdot$$

$$\sqrt[k]{a_1+a_2+\cdots+a_{n-1}}\cdot 1\cdot 1\cdot\cdots\cdot 1)^k=$$

$$(a_1+a_2+\cdots+a_n)^k=s^k$$

所以

$$\left(\frac{a_1^k}{s-a_1}+\frac{a_2^k}{s-a_2}+\cdots+\frac{a_n^k}{s-a_n}\right)\cdot$$
$$(n-1)\cdot s\cdot n^{k-2}\geqslant s^k$$

即

$$\frac{a_1^k}{s-a_1}+\frac{a_2^k}{s-a_2}+\cdots+\frac{a_n^k}{s-a_n}\geqslant\frac{s^{k-1}}{(n-1)n^{k-2}}$$

当且仅当 $a_1=a_2=\cdots=a_n=\frac{s}{n}$ 时取得等号.

例 9 设 $a_i>0(i=1,2,3,\cdots,n)$, $k>0$, $n\geqslant 3$, 且 $n,m\in\mathbf{N}^*$, 则

$$\frac{a_1^m}{a_2+a_3+\cdots+ka_n}+\frac{a_2^m}{a_3+a_4\cdots+ka_1}+$$

$$\frac{a_3^m}{a_4+a_5+\cdots+ka_2}+\cdots+\frac{a_n^m}{a_1+a_2+\cdots+ka_{n-1}}\geqslant$$

$$\frac{(a_1+a_2+\cdots+a_n)^{m-1}}{n^{m-2}(n-2+k)}$$

证明 构造 $m\times n$ 矩阵

$$\begin{pmatrix} \frac{a_1^m}{a_2+a_3+\cdots+ka_n} & \frac{a_2^m}{a_3+a_4+\cdots+ka_1} & \cdots & \frac{a_n^m}{a_1+a_2+\cdots+ka_{n-1}} \\ (n-1+k)a_1 & (n-1+k)a_2 & \cdots & (n-1+k)a_n \\ 1 & 1 & \cdots & 1 \\ \vdots & \vdots & & \vdots \\ 1 & 1 & \cdots & 1 \end{pmatrix}$$

由卡尔松不等式知

$$\begin{aligned}
&[(n-1+k)(a_1+a_2+\cdots+a_{n-1}+a_n)]\cdot \\
&\left(\frac{a_1^m}{a_2+a_3+\cdots+ka_n}+\frac{a_2^m}{a_3+a_4+\cdots+ka_1}+\right. \\
&\frac{a_3^m}{a_4+a_5+\cdots+ka_2}+\cdots+ \\
&\left.\frac{a_n^m}{a_1+a_2+\cdots+ka_{n-1}}\right)n^{m-2}= \\
&[(a_2+a_3+\cdots+ka_n)+(a_3+a_4\cdots+ka_1)+\cdots+ \\
&(a_4+a_5+\cdots+ka_2)+(a_1+a_2+\cdots+ka_{n-1})]\cdot \\
&\left(\frac{a_1^m}{a_2+a_3+\cdots+ka_n}+\frac{a_2^m}{a_3+a_4\cdots+ka_1}+\right. \\
&\left.\frac{a_3^m}{a_4+a_5+\cdots+ka_2}+\cdots+\frac{a_n^m}{a_1+a_2+\cdots+ka_{n-1}}\right)\cdot \\
&(\overbrace{\underbrace{1+1+\cdots+1}_{n\text{个}}+\underbrace{1+1+\cdots+1}_{n\text{个}}+\cdots+\underbrace{1+1+\cdots+1}_{n\text{个}}}^{m-2\text{个}})\geqslant \\
&(a_1+a_2+\cdots+a_{n-1}+a_n)^m
\end{aligned}$$

从而此命题得证.

例 10　若 a 是正常数,则在 $\triangle ABC$ 中,则有

$$\frac{\cos^{2n}A}{a+\cos^2 A}+\frac{\cos^{2n}B}{a+\cos^2 B}+\frac{\cos^{2n}C}{a+\cos^2 C}\geqslant$$

$$\frac{3}{4^{n-1}(4a+1)}\quad (\text{其中 } n\geqslant 2, n\in\mathbf{N})$$

证明　构造 $n\times 3$ 矩阵

$$\begin{pmatrix} \frac{\cos^{2n}A}{a+\cos^2 A} & \frac{\cos^{2n}B}{a+\cos^2 B} & \frac{\cos^{2n}C}{a+\cos^2 C} \\ a+\cos^2 A & a+\cos^2 B & a+\cos^2 C \\ 1 & 1 & 1 \\ \vdots & \vdots & \vdots \\ 1 & 1 & 1 \end{pmatrix}$$

由卡尔松不等式知

$$\left(\frac{\cos^{2n}A}{a+\cos^2 A}+\frac{\cos^{2n}B}{a+\cos^2 B}+\frac{\cos^{2n}C}{a+\cos^2 C}\right)\cdot$$
$$[(a+\cos^2 A)+(a+\cos^2 B)+(a+\cos^2 C)]\cdot 3^{n-2}=$$
$$\left(\frac{\cos^{2n}A}{a+\cos^2 A}+\frac{\cos^{2n}B}{a+\cos^2 B}+\frac{\cos^{2n}C}{a+\cos^2 C}\right)\cdot$$
$$[(a+\cos^2 A)+(a+\cos^2 B)+(a+\cos^2 C)]\cdot$$
$$\overbrace{(1+1+1)\cdot(1+1+1)\cdot\cdots\cdot(1+1+1)}^{n-2\text{个}}\geqslant$$
$$(\cos^2 A+\cos^2 B+\cos^2 C)^n$$

所以

$$\frac{\cos^{2n}A}{a+\cos^2 A}+\frac{\cos^{2n}B}{a+\cos^2 B}+\frac{\cos^{2n}C}{a+\cos^2 C}\geqslant$$
$$\frac{(\cos^2 A+\cos^2 B+\cos^2 C)^n}{3^{n-2}(3a+\cos^2 A+\cos^2 B+\cos^2 C)}=$$
$$\frac{(\cos^2 A+\cos^2 B+\cos^2 C)^{n-1}}{3^{n-2}\left(\frac{3a}{\cos^2 A+\cos^2 B+\cos^2 C}+1\right)}$$

应用熟知的三角不等式 $\cos^2 A+\cos^2 B+\cos^2 C\geqslant\frac{3}{4}$，

所以

$$\frac{\cos^{2n}A}{a+\cos^2 A}+\frac{\cos^{2n}B}{a+\cos^2 B}+\frac{\cos^{2n}C}{a+\cos^2 C}\geqslant$$

$$\frac{\left(\frac{3}{4}\right)^{n-1}}{3^{n-2}(4a+1)}=\frac{3}{4^{n-1}(4a+1)}$$

得证.

评注　本题先要用推广得出下面的不等式

$$\frac{\cos^{2n}A}{a+\cos^2 A}+\frac{\cos^{2n}B}{a+\cos^2 B}+\frac{\cos^{2n}C}{a+\cos^2 C}\geqslant$$
$$\frac{(\cos^2 A+\cos^2 B+\cos^2 C)^{n-1}}{3^{n-2}\left(\frac{3a}{\cos^2 A+\cos^2 B+\cos^2 C}+1\right)}$$

再结合熟知的三角不等式$\cos^2 A+\cos^2 B+\cos^2 C\geqslant\frac{3}{4}$与函数的单调性,证得所证不等式.

例 11　(2010年“北约”自主招生压轴题)已知$x_1,x_2,\cdots,x_n\in\mathbf{R}_+$,且$x_1x_2\cdots x_n=1$,求证:$(\sqrt{2}+x_1)(\sqrt{2}+x_2)\cdots(\sqrt{2}+x_n)\geqslant(\sqrt{2}+1)^n$.

证明　构造矩阵

$$\mathbf{A}=\begin{pmatrix}\sqrt{2} & \sqrt{2} & \cdots & \sqrt{2}\\ x_1 & x_2 & \cdots & x_n\end{pmatrix}$$

由卡尔松不等式知

$$(x_1+\sqrt{2})(x_2+\sqrt{2})\cdots(x_n+\sqrt{2})\geqslant$$
$$(\sqrt{2}+\sqrt[n]{x_1x_2\cdots x_n})^n=(\sqrt{2}+1)^n$$

另证 1　(数学归纳法)① 当$n=1$时,左边$\sqrt{2}+x_1=\sqrt{2}+1\geqslant\sqrt{2}+1=$右边,不等式成立;

② 假设$n=k(k\geqslant 1,k\in\mathbf{N}^*)$时,不等式$(\sqrt{2}+x_1)(\sqrt{2}+x_2)\cdots(\sqrt{2}+x_k)\geqslant(\sqrt{2}+1)^k$成立.

那么当$n=k+1$时,则$x_1x_2\cdots x_kx_{k+1}=1$,由于这$k+1$个正数不能同时都大于1,也不能同时都小于1,

因此存在两个数,其中一个不大于1,另一个不小于1,不妨设 $x_k \geqslant 1, 0 < x_{k+1} \leqslant 1$,从而

$$(x_k - 1)(x_{k+1} - 1) \leqslant 0 \Rightarrow x_k + x_{k+1} \geqslant 1 + x_k x_{k+1}$$

所以

$$(\sqrt{2} + x_1)(\sqrt{2} + x_2)\cdots(\sqrt{2} + x_k)(\sqrt{2} + x_{k+1}) =$$
$$(\sqrt{2} + x_1)(\sqrt{2} + x_2)\cdots[2 + \sqrt{2}(x_k + x_{k+1}) +$$
$$x_k x_{k+1}] \geqslant (\sqrt{2} + x_1)(\sqrt{2} + x_2)\cdots$$
$$(\sqrt{2} + x_k x_{k+1})(\sqrt{2} + 1) \geqslant$$
$$(\sqrt{2} + 1)^k(\sqrt{2} + 1) = (\sqrt{2} + 1)^{k+1}$$

其中推导上式时利用了 $x_1 x_2 \cdots x_{k-1}(x_k x_{k+1}) = 1$ 及 $n = k$ 时的假设,故 $n = k + 1$ 时不等式也成立.

综上 ①② 知,不等式对任意正整数 n 都成立.

另证 2 左边展开得

$$(\sqrt{2} + x_1)(\sqrt{2} + x_2)\cdots(\sqrt{2} + x_n) =$$
$$(\sqrt{2})^n + (\sqrt{2})^{n-1}\sum_{i=1}^{n} x_i +$$
$$(\sqrt{2})^{n-2}(\sum_{1 \leqslant i < j \leqslant n} x_i x_j) + \cdots +$$
$$(\sqrt{2})^{n-k}(\sum_{1 \leqslant i_1 < i_2 < \cdots < i_k \leqslant n} x_{i_1} x_{i_2} \cdots x_{i_k}) + x_1 x_2 \cdots x_n$$

由平均值不等式得

$$\sum_{1 \leqslant i_1 < i_2 < \cdots < i_k \leqslant n} x_{i_1} x_{i_2} \cdots x_{i_k} \geqslant$$
$$\mathrm{C}_n^k(\prod_{1 \leqslant i_1 < i_2 < \cdots < i_k \leqslant n} x_{i_1} x_{i_2} \cdots x_{i_k})^{\frac{1}{\mathrm{C}_n^k}} =$$
$$\mathrm{C}_n^k((x_1 x_2 \cdots x_n)^{\mathrm{C}_{n-1}^{k-1}})^{\frac{1}{\mathrm{C}_n^k}} = \mathrm{C}_n^k$$

故

$$(\sqrt{2} + x_1)(\sqrt{2} + x_2)\cdots(\sqrt{2} + x_n) \geqslant$$

$$(\sqrt{2})^n+(\sqrt{2})^{n-1}\mathrm{C}_n^1+(\sqrt{2})^{n-2}\mathrm{C}_n^2+\cdots+$$

$$(\sqrt{2})^{n-k}\mathrm{C}_n^k+\cdots+\mathrm{C}_n^n=(\sqrt{2}+1)^n$$

即证.

另证 3　由平均值不等式有

$$\sum_{k=1}^{n}\frac{\sqrt{2}}{\sqrt{2}+x_k}\geqslant n\left(\prod_{k=1}^{n}\frac{\sqrt{2}}{\sqrt{2}+x_k}\right)^{\frac{1}{n}} \tag{1}$$

$$\sum_{k=1}^{n}\frac{x_k}{\sqrt{2}+x_k}\geqslant n\left(\prod_{k=1}^{n}\frac{x_k}{\sqrt{2}+x_k}\right)^{\frac{1}{n}} \tag{2}$$

(1)+(2)得

$$n\geqslant n\cdot\frac{\sqrt{2}+(x_1x_2\cdots x_n)^{\frac{1}{n}}}{\left(\prod_{k=1}^{n}\sqrt{2}+x_k\right)^{\frac{1}{n}}}$$

即

$$(\sqrt{2}+x_1)(\sqrt{2}+x_2)\cdots(\sqrt{2}+x_n)\geqslant(\sqrt{2}+1)^n$$

成立.

例 12　(2008 年南开大学自主招生试题)若正数 a,b,c 满足 $a+b+c=1$,求证

$$\left(\frac{1}{a}+a\right)\left(\frac{1}{b}+b\right)\left(\frac{1}{c}+c\right)\geqslant\left(\frac{10}{3}\right)^3$$

证明　构造矩阵

$$\mathbf{A}=\begin{pmatrix}\frac{1}{a} & \frac{1}{b} & \frac{1}{c}\\ a & b & c\end{pmatrix}$$

由卡尔松不等式知

$$\left(\frac{1}{a}+a\right)\left(\frac{1}{b}+b\right)\left(\frac{1}{c}+c\right)\geqslant\left(\sqrt[3]{\frac{1}{abc}}+\sqrt[3]{abc}\right)^3\geqslant$$

$$\left[\sqrt[3]{\frac{1}{\left(\frac{a+b+c}{3}\right)^3}}+\sqrt[3]{\left(\frac{a+b+c}{3}\right)^3}\right]^3=\left(\frac{10}{3}\right)^3$$

例 13 若 $a,b,c,d>0$，且 $abcd=1$，求证

$$256(a^4+1)(b^4+1)(c^4+1)(d^4+1)\geqslant\left(a+b+c+d+\frac{1}{a}+\frac{1}{b}+\frac{1}{c}+\frac{1}{d}\right)^4$$

证明 构造矩阵

$$\begin{pmatrix} a^4 & 1 & 1 & 1 & 1 & a^4 & a^4 & a^4 \\ 1 & b^4 & 1 & 1 & b^4 & 1 & b^4 & b^4 \\ 1 & 1 & c^4 & 1 & c^4 & c^4 & 1 & c^4 \\ 1 & 1 & 1 & d^4 & d^4 & d^4 & d^4 & 1 \end{pmatrix}$$

由卡尔松不等式知

$$\begin{aligned}&256(a^4+1)(b^4+1)(c^4+1)(d^4+1)=\\&[(1+1)(1+1)(1+1)(1+1)]^3\cdot\\&(a^4+1)(b^4+1)(c^4+1)(d^4+1)\geqslant\\&\left(a+b+c+d+\frac{1}{a}+\frac{1}{b}+\frac{1}{c}+\frac{1}{d}\right)^4\end{aligned}$$

4.6 闵可夫斯基不等式及其应用

闵可夫斯基(Minkowski)不等式 设 a_k，$b_k,\cdots,l_k\in\mathbf{R}_+$，$p>1$，则有

$$\left(\sum_{i=1}^{n}(a_k+b_k+\cdots+l_k)^p\right)^{\frac{1}{p}}\leqslant\left(\sum_{i=1}^{n}a_k^p\right)^{\frac{1}{p}}+\left(\sum_{i=1}^{n}b_k^p\right)^{\frac{1}{p}}+\cdots+\left(\sum_{i=1}^{n}l_k^p\right)^{\frac{1}{p}}$$

当 $p<1$，$p\neq0$ 时，不等号反向成立. 当且仅当 $a_k,b_k,\cdots,l_k$ 成比例时等号成立.

证明 令 $S_k=a_k+b_k+\cdots+l_k(1\leqslant k\leqslant n)$，

$\frac{1}{p}+\frac{1}{q}=1,(p-1)q=p$,则由赫尔德不等式知

$$\sum_{i=1}^{n}(a_k+b_k+\cdots+l_k)^p=$$

$$\sum_{i=1}^{n}(a_k+b_k+\cdots+l_k)S_k^{p-1}=$$

$$\sum_{i=1}^{n}a_kS_k^{p-1}+\sum_{i=1}^{n}b_kS_k^{p-1}+\cdots+\sum_{i=1}^{n}l_kS_k^{p-1}\leqslant$$

$$(\sum_{i=1}^{n}a_k^p)^{\frac{1}{p}}(\sum_{i=1}^{n}S_k^{(p-1)q})^{\frac{1}{q}}+$$

$$(\sum_{i=1}^{n}b_k^p)^{\frac{1}{p}}(\sum_{i=1}^{n}S_k^{(p-1)q})^{\frac{1}{q}}+\cdots+$$

$$(\sum_{i=1}^{n}l_k^p)^{\frac{1}{p}}(\sum_{i=1}^{n}S_k^{(p-1)q})^{\frac{1}{q}}=$$

$$(\sum_{i=1}^{n}S_k^{(p-1)q})^{\frac{1}{q}}\Big[(\sum_{i=1}^{n}a_k^p)^{\frac{1}{p}}+$$

$$(\sum_{i=1}^{n}b_k^p)^{\frac{1}{p}}+\cdots+(\sum_{i=1}^{n}l_k^p)^{\frac{1}{p}}\Big]$$

将上式两端同时乘以$(\sum_{i=1}^{n}S_k^p)^{-\frac{1}{q}}$,即可得到

$$(\sum_{i=1}^{n}(a_k+b_k+\cdots+l_k)^p)^{\frac{1}{p}}\leqslant$$

$$(\sum_{i=1}^{n}a_k^p)^{\frac{1}{p}}+(\sum_{i=1}^{n}b_k^p)^{\frac{1}{p}}+\cdots+(\sum_{i=1}^{n}l_k^p)^{\frac{1}{p}}$$

特别地,当 $p=2,n=2$ 时,即得到:

闵可夫斯基不等式的推论 设 $a_i,b_i\in\mathbf{R}_+(i=1,2,\cdots,n)$,则有

$$\sqrt{(\sum_{k=1}^{n}a_k)^2+(\sum_{k=1}^{n}b_k)^2}\leqslant\sum_{k=1}^{n}\sqrt{a_k^2+b_k^2}$$

证明 在复平面直角坐标系中,$z_k=a_k+\mathrm{i}b_k(k=$

$1,2,\cdots,n)$，则

$$\left|\sum_{k=1}^{n} z_k\right| = \sqrt{\left(\sum_{k=1}^{n} a_k\right)^2 + \left(\sum_{k=1}^{n} b_k\right)^2}$$

$$\sum_{k=1}^{n} |z_k| = \sum_{k=1}^{n} \sqrt{a_k^2 + b_k^2}$$

由

$$\left|\sum_{k=1}^{n} z_k\right| \leqslant \sum_{k=1}^{n} |z_k|$$

知

$$\sqrt{\left(\sum_{k=1}^{n} a_k\right)^2 + \left(\sum_{k=1}^{n} b_k\right)^2} \leqslant \sum_{k=1}^{n} \sqrt{a_k^2 + b_k^2}$$

评注　该结论具有明显的几何意义：

如图 1 所示

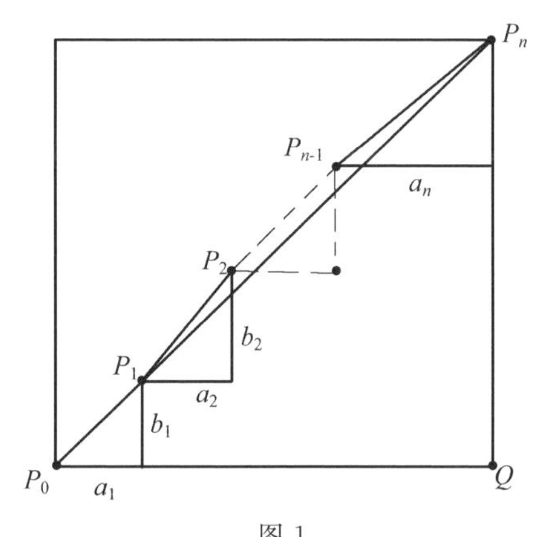

图 1

$$P_0P_1 = \sqrt{a_1^2 + b_1^2}$$

$$P_1P_2 = \sqrt{a_2^2 + b_2^2}$$

$$\vdots$$

$$P_{k-1}P_k = \sqrt{a_k^2 + b_k^2}$$

$$\vdots$$

$$P_{n-1}P_n=\sqrt{a_n^2+b_n^2}$$

$$P_0P_n=\sqrt{\left(\sum_{k=1}^{n}a_k\right)^2+\left(\sum_{k=1}^{n}b_k\right)^2}$$

由两点之间线段最短知

$$P_0P_1+P_1P_2+\cdots+P_{n-1}P_n\geqslant P_0P_n$$

即

$$\sqrt{\left(\sum_{k=1}^{n}a_k\right)^2+\left(\sum_{k=1}^{n}b_k\right)^2}\leqslant\sum_{k=1}^{n}\sqrt{a_k^2+b_k^2}$$

这也是该不等式的一种几何证法.

闵可夫斯基不等式的推广　设 $a_k,b_k\in\mathbf{R}_+,p>1,\alpha\in[0,1]$,则有

$$\left(\sum_{i=1}^{n}(a_k+b_k)^p\right)^{\frac{1}{p}}\leqslant\left[\sum_{i=1}^{n}(\alpha a_k+(1-\alpha)b_k)^p\right]^{\frac{1}{p}}+\left[\sum_{i=1}^{n}((1-\alpha)a_k+\alpha b_k)^p\right]^{\frac{1}{p}}\leqslant\left(\sum_{i=1}^{n}a_k^p\right)^{\frac{1}{p}}+\left(\sum_{i=1}^{n}b_k^p\right)^{\frac{1}{p}}$$

证明　由闵可夫斯基不等式知

$$\left(\sum_{i=1}^{n}(a_k+b_k)^p\right)^{\frac{1}{p}}=$$

$$\left\{\sum_{i=1}^{n}\left[(\alpha a_k+(1-\alpha)b_k)+((1-\alpha)a_k+\alpha b_k)\right]^p\right\}^{\frac{1}{p}}\leqslant$$

$$\left[\sum_{i=1}^{n}(\alpha a_k+(1-\alpha)b_k)^p\right]^{\frac{1}{p}}+$$

$$\left[\sum_{i=1}^{n}((1-\alpha)a_k+\alpha b_k)^p\right]^{\frac{1}{p}}\leqslant$$

$$\left(\sum_{i=1}^{n}(\alpha a_k)^p\right)^{\frac{1}{p}}+\left(\sum_{i=1}^{n}((1-\alpha)b_k)^p\right)^{\frac{1}{p}}+$$

$$\left(\sum_{i=1}^{n}((1-\alpha)a_k)^p\right)^{\frac{1}{p}}+\left(\sum_{i=1}^{n}(\alpha b_k)^p\right)^{\frac{1}{p}}=$$

$$\left(\sum_{i=1}^{n} a_k^p\right)^{\frac{1}{p}} + \left(\sum_{i=1}^{n} b_k^p\right)^{\frac{1}{p}}$$

当 $p<1,p\neq 0$ 时,上述不等式反向成立.

当 $p\to 0$ 时,有

$$\left(\prod_{k=1}^{n}(a_k+b_k)\right)^{\frac{1}{n}} \geqslant \left(\prod_{k=1}^{n} a_k\right)^{\frac{1}{n}} + \left(\prod_{k=1}^{n} b_k\right)^{\frac{1}{n}}$$

令 $A=\prod\limits_{k=1}^{n}(a_k+b_k)$,由 n 维平均不等式知

$$\frac{\left(\prod\limits_{k=1}^{n} a_k\right)^{\frac{1}{n}} + \left(\prod\limits_{k=1}^{n} b_k\right)^{\frac{1}{n}}}{A^{\frac{1}{n}}} =$$

$$\left(\prod_{k=1}^{n} \frac{a_k}{A}\right)^{\frac{1}{n}} + \left(\prod_{k=1}^{n} \frac{b_k}{A}\right)^{\frac{1}{n}} \leqslant$$

$$\frac{1}{n}\sum_{i=1}^{n}\frac{a_k}{a_k+b_k} + \frac{1}{n}\sum_{i=1}^{n}\frac{b_k}{a_k+b_k} =$$

$$\frac{1}{n}\sum_{i=1}^{n}\frac{a_k+b_k}{a_k+b_k} = 1$$

另证　原不等式等价于

$$\left(\prod_{k=1}^{n}\left(1+\frac{b_k}{a_k}\right)\right)^{\frac{1}{n}} \geqslant 1+\left(\prod_{k=1}^{n}\frac{b_k}{a_k}\right)^{\frac{1}{n}} \Leftrightarrow$$

$$\frac{1}{n}\sum_{k=1}^{n}\ln\left(1+\frac{b_k}{a_k}\right) \geqslant \ln\left[1+\left(\prod_{k=1}^{n}\frac{b_k}{a_k}\right)^{\frac{1}{n}}\right]$$

令 $e^{x_k}=\frac{b_k}{a_k}$,则上式等价于

$$\frac{1}{n}\sum_{k=1}^{n}\ln(1+e^{x_k}) \geqslant \ln\left(1+e^{\frac{1}{n}\sum\limits_{k=1}^{n}x_k}\right)$$

为此,只需证明函数 $f(x)=\ln(1+e^x)$ 在定义域上是下凸函数即可

$$f'(x)=\frac{e^x}{1+e^x}=1-\frac{1}{1+e^x}$$

$$f''(x)=\frac{\mathrm{e}^x}{(1+\mathrm{e}^x)^2}>0$$

故函数 $f(x)$ 在定义域上是下凸函数.

也可由定义来证：

因为

$$\mathrm{e}^{x_1}+\mathrm{e}^{x_2}\geqslant 2\cdot \mathrm{e}^{\frac{x_1+x_2}{2}}$$

所以

$$\frac{1}{2}[\ln(1+\mathrm{e}^{x_1})+\ln(1+\mathrm{e}^{x_2})]=$$

$$\frac{1}{2}\ln[(1+\mathrm{e}^{x_1})(1+\mathrm{e}^{x_2})]=$$

$$\frac{1}{2}\ln(1+\mathrm{e}^{x_1}+\mathrm{e}^{x_2}+\mathrm{e}^{x_1+x_2})\geqslant$$

$$\frac{1}{2}\ln[1+2\cdot \mathrm{e}^{\frac{x_1+x_2}{2}}+\mathrm{e}^{x_1+x_2}]=$$

$$\frac{1}{2}\ln\ (1+\mathrm{e}^{\frac{x_1+x_2}{2}})^2=\ln(1+\mathrm{e}^{\frac{x_1+x_2}{2}})$$

从而 $f(x)$ 在定义域上是下凸函数.

由琴生不等式知，原不等式成立.

三角形不等式　设 $a_i,b_i\in\mathbf{R}(i=1,2,\cdots,n)$，则有

$$\sqrt{\sum_{i=1}^{n}(a_i-b_i)^2}\leqslant\sqrt{\sum_{i=1}^{n}a_i^2}+\sqrt{\sum_{i=1}^{n}b_i^2}$$

证明　由柯西不等式知

$$\left[\left(\sum_{i=1}^{n}a_i^2\right)^{\frac{1}{2}}+\left(\sum_{i=1}^{n}b_i^2\right)^{\frac{1}{2}}\right]^2=$$

$$\sum_{i=1}^{n}(a_i^2+b_i^2)+2\left[\left(\sum_{i=1}^{n}a_i^2\right)\left(\sum_{i=1}^{n}b_i^2\right)\right]^{\frac{1}{2}}\geqslant$$

$$\sum_{i=1}^{n}(a_i^2+b_i^2)+2\sum_{i=1}^{n}|a_i||b_i|\geqslant$$

$$\sum_{i=1}^{n}(a_i^2+b_i^2)-2\sum_{i=1}^{n}a_ib_i=$$
$$\sum_{i=1}^{n}(a_i-b_i)^2$$

评注 该不等式有它的几何意义:$\boldsymbol{a}=(a_1,a_2,\cdots,a_n)$,$\boldsymbol{b}=(b_1,b_2,\cdots,b_n)$. 则

$$|\boldsymbol{a}|=\sqrt{\sum_{i=1}^{n}a_i^2},\ |\boldsymbol{b}|=\sqrt{\sum_{i=1}^{n}b_i^2}$$
$$|\boldsymbol{a}\cdot\boldsymbol{b}|\leqslant|\boldsymbol{a}|\cdot|\boldsymbol{b}|$$

即知

$$\sqrt{\sum_{i=1}^{n}(a_i-b_i)^2}\leqslant\sqrt{\sum_{i=1}^{n}a_i^2}+\sqrt{\sum_{i=1}^{n}b_i^2}$$

特别地,当 $n=2$ 时,$\sqrt{a_1^2+a_2^2}$,$\sqrt{b_1^2+b_2^2}$ 表示原点到两点 (a_1,a_2), (b_1,b_2) 的距离之和,而 $\sqrt{(a_1-a_2)^2+(b_1-b_2)^2}$ 表示这两点间的距离,故

$$OP_1+OP_2\geqslant P_1P_2$$

此式说明了:两点之间,线段最短.

在平面向量中,$\overrightarrow{OP_1}=(a_1,a_2)$,$\overrightarrow{OP_2}=(b_1,b_2)$(图2),有

$$|\overrightarrow{OP_1}|+|\overrightarrow{OP_2}|\geqslant|\overrightarrow{OP_1}-\overrightarrow{OP_2}|$$

在复平面直角坐标系中

$$z_1=a_1+a_2\mathrm{i},z_2=b_1+b_2\mathrm{i}\quad(a_1,a_2,b_1,b_2\in\mathbf{R})$$

有

$$|z_1|+|z_2|\geqslant|z_1-z_2|$$

从而有结论:

不共线的三点的三角形,两边之和大于第三边,即

$$\sqrt{a_1^2+a_2^2}+\sqrt{b_1^2+b_2^2}\geqslant\sqrt{(a_1-a_2)^2+(b_1-b_2)^2}$$

将其左右两边同时平方即得

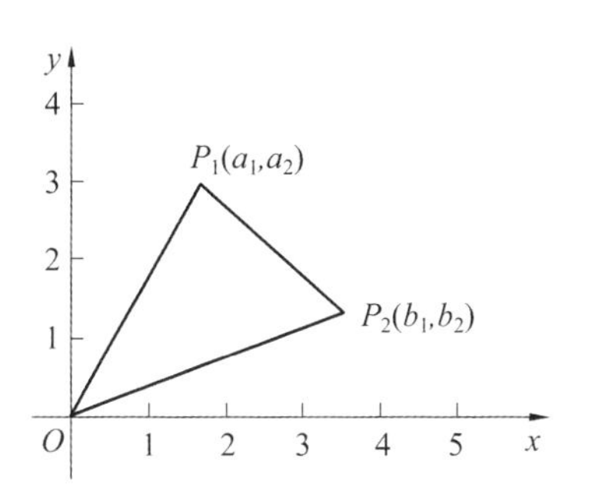

图2

$$\sqrt{(a_1^2+a_2^2)(b_1^2+b_2^2)} \geqslant -(a_1a_2+b_1b_2)$$

再次平方得

$$(a_1^2+a_2^2)(b_1^2+b_2^2) \geqslant (a_1a_2+b_1b_2)^2$$

此即二维的柯西不等式.

在平面向量中,$\overrightarrow{OP_1}=(a_1,a_2)$,$\overrightarrow{OP_2}=(b_1,b_2)$,有

$$|\overrightarrow{OP_1}|\cdot|\overrightarrow{OP_2}| \geqslant |\overrightarrow{OP_1}\cdot\overrightarrow{OP_2}|$$

在复平面直角坐标系中

$$z_1=a_1+a_2\mathrm{i}, z_2=b_1+b_2\mathrm{i}\quad (a_1,a_2,b_1,b_2\in\mathbf{R})$$

有

$$|z_1|\cdot|z_2| \geqslant |\mathrm{Re}(z_1\cdot z_2)|$$

$$(a_1^2+a_2^2)(b_1^2+b_2^2) \geqslant (a_1a_2+b_1b_2)^2 \Leftrightarrow$$

$$(a_1^2-a_2^2)(b_1^2-b_2^2) \leqslant (a_1b_1-a_2b_2)^2$$

此即二维的阿采儿不等式.

当 $n=3$ 时,$\sqrt{a_1^2+a_2^2+a_3^2}$,$\sqrt{b_1^2+b_2^2+b_3^2}$ 表示原点到两点 (a_1,a_2,a_3),(b_1,b_2,b_3) 的距离之和,而 $\sqrt{(a_1-b_1)^2+(a_2-b_2)^2+(a_3-b_3)^2}$ 表示这两点间的距离,所以表示了不共线的三点的三角形两边之和大于第三边.

由此可见，二维的闵可夫斯基不等式与二维的柯西不等式、二维的阿采儿不等式、三角不等式均等价，因而二维的闵可夫斯基不等式应用十分广泛.

本例不等式等价于复数模的不等式

$$|z_1|+|z_2|+\cdots+|z_n|\geqslant|z_1+z_2+\cdots+z_n|$$

特别地，当复数的虚部为0时，不等式即变为一维的实数绝对值不等式

$$|x_1|+|x_2|+\cdots+|x_n|\geqslant|x_1+x_2+\cdots+x_n|$$

闵可夫斯基不等式的应用：

1. 闵可夫斯基不等式的应用

例1 设 $a,b,c\in\mathbf{R},a\neq b$，求证

$$\sqrt{(a-c)^2+b^2}+\sqrt{a^2+(b-c)^2}\geqslant\sqrt{2}\,|a-b|$$

证明 由闵可夫斯基不等式知

$$\begin{aligned}&\sqrt{(a-c)^2+b^2}+\sqrt{a^2+(b-c)^2}=\\&\sqrt{(a-c)^2+b^2}+\sqrt{(b-c)^2+a^2}\geqslant\\&\sqrt{[(a-c)-(b-c)]^2+(b-a)^2}=\\&\sqrt{2}\,|a-b|\end{aligned}$$

另证 在直角坐标系中，取 $P_1(a,b),P_2(b,a),P_3(c,0)$，由

$$|P_1P_3|+|P_2P_3|>|P_1P_2|$$

即得.

例2 对任意实数 $x_i(i=1,2,\cdots,n),x_{n+1}=x_1$，求证

$$\sum_{i=1}^{n}\sqrt{x_i^2+(1-x_{i+1})^2}\geqslant\frac{\sqrt{2}}{2}n$$

证明 由闵可夫斯基不等式和均值不等式知

$$\sum_{i=1}^{n}\sqrt{x_i^2+(1-x_{i+1})^2}\geqslant$$
$$\sqrt{\left(\sum_{i=1}^{n}x_i\right)^2+\left(\sum_{i=1}^{n}(1-x_{i+1})\right)^2}=$$
$$\sqrt{\left(\sum_{i=1}^{n}x_i\right)^2+\left(n-\sum_{i=1}^{n}x_i\right)^2}=$$
$$\sqrt{\frac{1}{2}\left(\sum_{i=1}^{n}x_i+n-\sum_{i=1}^{n}x_i\right)^2}=\frac{\sqrt{2}}{2}n$$

类似题　（摩尔瓦多 2008 年 IMO -BMO 测试题）已知 $a_i\in\mathbf{R}_+(i=1,2,\cdots,n)$，$a_1+a_2+\cdots+a_n\leqslant\frac{n}{2}$. 求

$$A=\sqrt{a_1^2+\frac{1}{a_1^2}}+\sqrt{a_2^2+\frac{1}{a_2^2}}+\cdots+\sqrt{a_n^2+\frac{1}{a_n^2}}$$

的最小值.

解　由闵可夫斯基不等式和柯西不等式知

$$\sqrt{a_1^2+\frac{1}{a_1^2}}+\sqrt{a_2^2+\frac{1}{a_2^2}}+\cdots+\sqrt{a_n^2+\frac{1}{a_n^2}}\geqslant$$
$$\sqrt{(a_1+a_2+\cdots+a_n)^2+\left(\frac{1}{a_1}+\frac{1}{a_2}+\cdots+\frac{1}{a_n}\right)^2}\geqslant$$
$$\sqrt{(a_1+a_2+\cdots+a_n)^2+\frac{n^4}{(a_1+a_2+\cdots+a_n)^2}}$$

由均值不等式知

$$(a_1+a_2+\cdots+a_n)^2+\frac{\left(\frac{n}{2}\right)^4}{(a_1+a_2+\cdots+a_n)^2}\geqslant\frac{n^2}{2}$$

注意到

$$a_1+a_2+\cdots+a_n\leqslant\frac{n}{2}$$

故

$$\frac{\frac{15n^4}{16}}{(a_1+a_2+\cdots+a_n)^2}\geqslant\frac{15n^2}{4}$$

故

$$A\geqslant\sqrt{\frac{n^2}{2}+\frac{15n^4}{4}}=\frac{\sqrt{17}\,n}{2}$$

例 3 若 a_j 和 $b_j(1\leqslant j\leqslant n)$ 均为正实数，已知 $a_jb_j=c_j^2+d_j^2(1\leqslant j\leqslant n)$，求证

$$\sum_{i=1}^n a_i\sum_{i=1}^n b_i\geqslant\left(\sum_{i=1}^n c_i\right)^2+\left(\sum_{i=1}^n d_i\right)^2$$

证明 由柯西不等式和闵可夫斯基不等式知

$$\sum_{i=1}^n a_i\sum_{i=1}^n b_j=\sum_{i=1}^n a_i\sum_{j=1}^n\frac{c_j^2+d_j^2}{a_j}=$$

$$\sum_{i=1}^n(\sqrt{a_i})^2\sum_{i=1}^n\left(\sqrt{\frac{c_i^2+d_i^2}{a_i}}\right)^2\geqslant$$

$$\sum_{i=1}^n\left(\sqrt{a_i}\sqrt{\frac{c_i^2+d_i^2}{a_i}}\right)^2\geqslant\sum_{i=1}^n(\sqrt{c_i^2+d_i^2})^2\geqslant$$

$$\left(\sum_{i=1}^n c_i\right)^2+\left(\sum_{i=1}^n d_i\right)^2$$

例 4 求函数 $y=\sqrt{(x-a)^2+b^2}+\sqrt{(x-c)^2+d^2}(b\neq 0,d\neq 0)$ 的最小值.

解 由闵可夫斯基不等式知

$$y=\sqrt{(x-a)^2+b^2}+\sqrt{(x-c)^2+d^2}\geqslant$$

$$\sqrt{[(x-a)-(x-c)]^2+(b-d)^2}=$$

$$\sqrt{(a-c)^2+(b-d)^2}$$

故函数 y 的最小值是 $\sqrt{(a-c)^2+(b-d)^2}$.

评注 本例可推广为：

对于含有 n 个变量 $x_1,x_2,\cdots,x_n$ 的函数

$$y=\sqrt{p_1(x_1-a_1)^2+p_2(x_2-a_2)^2+\cdots+p_n(x_n-a_n)^2+d_1^2}+\sqrt{p_1(x_1-b_1)^2+p_2(x_2-b_2)^2+\cdots+p_n(x_n-b_n)^2+d_2^2}$$

$$(p_1,p_2,\cdots,p_n,d_1,d_2\in\mathbf{R}_+)$$

有最小值

$$y_{\min}=\sqrt{p_1(a_1-b_1)^2+p_2(a_2-b_2)^2+\cdots+p_n(a_n-b_n)^2+(d_1-d_2)^2}$$

与本例相对应的问题是：

求函数 $y=\sqrt{(x-a)^2+b^2}-\sqrt{(x-c)^2+d^2}$ $(b\neq 0,d\neq 0)$ 的最大值.

解　由柯西不等式知

$$\begin{aligned}y^2=&(x-a)^2+b^2+(x-c)^2+d^2-\\&2\sqrt{(x-a)^2+b^2}\cdot\sqrt{(x-c)^2+d^2}\leqslant\\&(x-a)^2+b^2+(x-c)^2+d^2-\\&2[(x-a)(x-c)+bd]=\\&[(x-a)-(x-c)]^2+(b-d)^2=\\&(a-c)^2+(b-d)^2\end{aligned}$$

即

$$y\leqslant\sqrt{(a-c)^2+(b-d)^2}$$

故函数 y 的最大值是$\sqrt{(a-c)^2+(b-d)^2}$.

同样该问题可推广为：

对于含有 n 个变量 $x_1,x_2,\cdots,x_n$ 的函数

$$y=\sqrt{p_1(x_1-a_1)^2+p_2(x_2-a_2)^2+\cdots+p_n(x_n-a_n)^2+d_1^2}+\sqrt{p_1(x_1-b_1)^2+p_2(x_2-b_2)^2+\cdots+p_n(x_n-b_n)^2+d_2^2}$$

$$(p_1,p_2,\cdots,p_n,d_1,d_2\in\mathbf{R}_+)$$

有最大值

$$y_{\max}=$$

$$\sqrt{p_1(a_1-b_1)^2+p_2(a_2-b_2)^2+\cdots+p_n(a_n-b_n)^2+(d_1-d_2)^2}$$

2. 复数模的不等式 $|z_1|+|z_2|+\cdots+|z_n|\geqslant|z_1+z_2+\cdots+z_n|$ 的应用

在

$$|z_1|+|z_2|+\cdots+|z_n|\geqslant|z_1+z_2+\cdots+z_n|$$

中,令 $n=2$,可得到

$$||z_1|-|z_2||\leqslant|z_1+z_2|\leqslant|z_1|+|z_2|$$

H. Bohr 不等式

$$|z_1+z_2|^2\leqslant(1+c)|z_1|^2+\left(1+\frac{1}{c}\right)|z_2|^2$$

其中等号成立,当且仅当 $z_2=cz_1$.

特别地,当 $c=1$,即得

$$|z_1+z_2|^2\leqslant 2(|z_1|^2+|z_2|^2)$$

该不等式有一个漂亮的恒等式

$$|z_1+z_2|^2+|z_1-z_2|^2=2(|z_1|^2+|z_2|^2)$$

H. Bohr 不等式的推广形式是:

J. W. Archbold 不等式 若 $a_1,a_2,\cdots,a_n$ 是满足 $\sum\limits_{i=1}^{n}\frac{1}{a_i}=1$ 的正数,则

$$|z_1+z_2+\cdots+z_n|^2\leqslant$$
$$a_1|z_1|^2+a_2|z_2|^2+\cdots+a_n|z_n|^2$$

证明 由柯西不等式和三角不等式知

$$a_1|z_1|^2+a_2|z_2|^2+\cdots+a_n|z_n|^2=$$
$$(a_1|z_1|^2+a_2|z_2|^2+\cdots+a_n|z_n|^2)\cdot$$
$$\left(\frac{1}{a_1}+\frac{1}{a_2}+\cdots+\frac{1}{a_n}\right)\geqslant$$

$$(|z_1|+|z_2|+\cdots+|z_n|)^2 \geqslant |z_1+z_2+\cdots+z_n|^2$$

例 5　(2008 年全国高中数学联赛试题) 如图 3，给定凸四边形 $ABCD$，$\angle B+\angle D<180°$，P 是平面上的动点，令 $f(P)=PA\cdot BC+PD\cdot CA+PC\cdot AB$.

(1) 求证：当 $f(P)$ 达到最小值时，P,A,B,C 四点共圆；

(2) 设 E 是 $\triangle ABC$ 外接圆 O 的 $\overset{\frown}{AB}$ 上一点，满足：$\dfrac{AE}{AB}=\dfrac{\sqrt{3}}{2}$，$\dfrac{BC}{EC}=\sqrt{3}-1$，$\angle ECB=\dfrac{1}{2}\angle ECA$，又 DA，DC 是圆 O 的切线，$AC=\sqrt{2}$，求 $f(P)$ 的最小值.

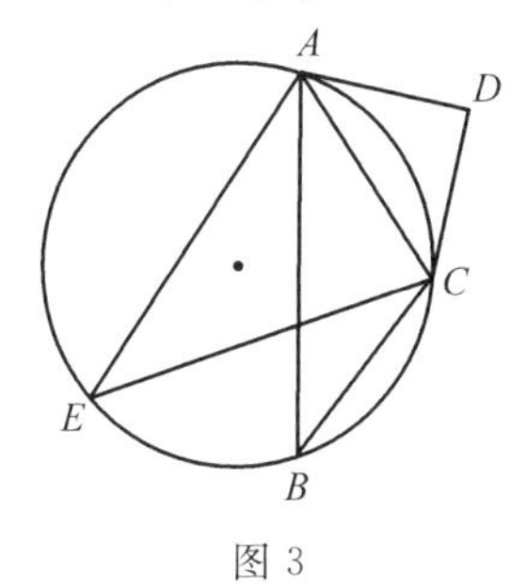

图 3

证明　(1) 引进复平面，仍用 A,B,C 等代表 A，B,C 所对应的复数.

由三角形不等式，对于复数 z_1,z_2，有

$$|z_1|+|z_2| \geqslant |z_1+z_2|$$

当且仅当 z_1 与 z_2(复向量) 同向时取等号，有

$$|\overrightarrow{PA}\cdot\overrightarrow{BC}|+|\overrightarrow{PC}\cdot\overrightarrow{AB}| \geqslant |\overrightarrow{PA}\cdot\overrightarrow{BC}+\overrightarrow{PC}\cdot\overrightarrow{AB}|$$

所以

$$|(A-P)(C-B)|+|(C-P)(B-A)| \geqslant$$
$$|(A-P)(C-B)+(C-P)(B-A)|=$$

$$|-P\cdot C-A\cdot B+C\cdot B+P\cdot A|=$$
$$|(B-P)(C-A)|=|\overrightarrow{PB}|\cdot|\overrightarrow{AC}| \tag{1}$$

从而

$$|\overrightarrow{PA}|\cdot|\overrightarrow{BC}|+|\overrightarrow{PC}|\cdot|\overrightarrow{AB}|+|\overrightarrow{PD}|\cdot|\overrightarrow{CA}|\geqslant$$
$$|\overrightarrow{PB}|\cdot|\overrightarrow{AC}|+|\overrightarrow{PD}|\cdot|\overrightarrow{AC}|=$$
$$(|\overrightarrow{PB}|+|\overrightarrow{PD}|)\cdot|\overrightarrow{AC}|\geqslant|\overrightarrow{BD}|\cdot|\overrightarrow{AC}| \tag{2}$$

式(1)取等号的条件是复数$(A-P)(C-B)$与$(C-P)(B-A)$同向,故存在实数$\lambda>0$,使得

$$(A-P)(C-B)=\lambda(C-P)(B-A)$$

$$\frac{A-P}{C-P}=\lambda\frac{B-A}{C-B}$$

所以

$$\arg\left(\frac{A-P}{C-P}\right)=\arg\left(\frac{B-A}{C-B}\right)$$

向量$\overrightarrow{PC}$旋转到$\overrightarrow{PA}$所成的角等于$\overrightarrow{BC}$旋转到$\overrightarrow{AB}$所成的角,从而P,A,B,C四点共圆.

式(2)取等号的条件显然为B,P,D共线且P在BD上.

故当$f(P)$达到最小值时,点P在$\triangle ABC$之外接圆上,P,A,B,C四点共圆.

(2)由(1)知$f(P)_{\min}=BD\cdot AC$.

记$\angle ECB=\alpha$,则$\angle ECA=2\alpha$,由正弦定理有

$$\frac{AE}{AB}=\frac{\sin 2\alpha}{\sin 3\alpha}=\frac{\sqrt{3}}{2}$$

从而

$$\sqrt{3}\sin 3\alpha=2\sin 2\alpha$$

即

$$\sqrt{3}(3\sin\alpha-4\sin^3\alpha)=4\sin\alpha\cos\alpha$$

所以

$$3\sqrt{3}-4\sqrt{3}(1-\cos^2\alpha)-4\cos\alpha=0$$

整理得

$$4\sqrt{3}\cos^2\alpha-4\cos\alpha-\sqrt{3}=0$$

解得 $\cos\alpha=\frac{\sqrt{3}}{2}$ 或 $\cos\alpha=-\frac{1}{2\sqrt{3}}$(舍去),故 $\alpha=30^\circ$,

$\angle ACE=60^\circ$.

由已知

$$\frac{BC}{EC}=\sqrt{3}-1=\frac{\sin(\angle EAC-30^\circ)}{\sin\angle EAC}$$

有

$$\sin(\angle EAC-30^\circ)=(\sqrt{3}-1)\sin\angle EAC$$

即

$$\frac{\sqrt{3}}{2}\sin\angle EAC-\frac{1}{2}\cos\angle EAC=(\sqrt{3}-1)\sin\angle EAC$$

整理得

$$\frac{2-\sqrt{3}}{2}\sin\angle EAC=\frac{1}{2}\cos\angle EAC$$

故

$$\tan\angle EAC=\frac{1}{2-\sqrt{3}}=2+\sqrt{3}$$

可得 $\angle EAC=75^\circ$,从而 $\angle E=45^\circ$,$\angle DAC=\angle DCA=\angle E=45^\circ$,$\triangle ADC$ 为等腰直角三角形.因 $AC=\sqrt{2}$,则 $CD=1$.

又 $\triangle ABC$ 也是等腰直角三角形,故

$$BC=\sqrt{2}$$

$$BD^2=1+2-2\cdot 1\cdot\sqrt{2}\cos 135^\circ=5$$

$$BD=\sqrt{5}$$

故

$$f(P)_{\min}=BD\cdot AC=\sqrt{5}\cdot\sqrt{2}=\sqrt{10}$$

评注 构造三角形不等式：$||z_1|-|z_2||\leqslant|z_1\pm z_2|\leqslant|z_1|+|z_2|$ 证题经常用到.

例6 设 $a,b,c\in\mathbf{R},a+b+c>0$，求证

$$\sqrt{a^2+b^2}+\sqrt{b^2+c^2}+\sqrt{c^2+a^2}\geqslant\sqrt{2}(a+b+c)$$

证明 构造复数

$$z_1=a+b\mathrm{i},z_2=b+c\mathrm{i},z_3=c+a\mathrm{i}$$

知

$$z_1+z_2+z_3=a+b+c+(a+b+c)\mathrm{i}$$

$$|z_1+z_2+z_3|=\sqrt{(a+b+c)^2+(a+b+c)^2}=\sqrt{2}(a+b+c)$$

$$|z_1|=\sqrt{a^2+b^2}$$

$$|z_2|=\sqrt{b^2+c^2}$$

$$|z_3|=\sqrt{c^2+a^2}$$

由

$$|z_1+z_2+z_3|\leqslant|z_1|+|z_2|+|z_3|$$

即知原不等式成立.

评注 本例可推广为：

设 $\sum_{i=1}^{n}a_i>0,a_{n+1}=a_1$，则有

$$\sum_{i=1}^{n}\sqrt{a_i^2+a_{i+1}^2}\geqslant\sqrt{2}\left(\sum_{i=1}^{n}a_i\right)$$

例7 已知 $\triangle ABC$ 及其所在平面上另外两点 P，Q，a,b,c 是 $\triangle ABC$ 的三边长，求证

$$a\cdot PA\cdot QA+b\cdot PB\cdot QB+c\cdot PC\cdot QC\geqslant abc$$

证明　设 A,B,C,P,Q 依次对应复数 z_1,z_2,z_3,z,z'，考虑关于复数 z 的函数

$$f(z)=\frac{(z-z_1)(z'-z_1)}{(z_2-z_1)(z_3-z_1)}+\frac{(z-z_2)(z'-z_2)}{(z_3-z_2)(z_1-z_2)}+\frac{(z-z_3)(z'-z_3)}{(z_1-z_3)(z_2-z_3)}$$

易知

$$f(z_1)=f(z_2)=f(z_3)=1$$

故 $f(z)\equiv 1$，因此

$$\left|\frac{(z-z_1)(z'-z_1)}{(z_2-z_1)(z_3-z_1)}\right|+\left|\frac{(z-z_2)(z'-z_2)}{(z_3-z_2)(z_1-z_2)}\right|+\left|\frac{(z-z_3)(z'-z_3)}{(z_1-z_3)(z_2-z_3)}\right|\geqslant 1$$

即

$$\frac{|\overrightarrow{PA}|\cdot|\overrightarrow{QA}|}{bc}+\frac{|\overrightarrow{PB}|\cdot|\overrightarrow{QB}|}{ca}+\frac{|\overrightarrow{PC}|\cdot|\overrightarrow{QC}|}{ab}\geqslant 1$$

从而得证.

例8　已知单位圆上一点 P 及内接正 n 边形 $A_1A_2\cdots A_n$：

(1) 求证：$\sum\limits_{i=1}^{n}|PA_i|^4=6n$；

(2) 求证：$\prod\limits_{i=2}^{n}|A_1A_i|=n$；

(3) 求证：$\sum\limits_{i,j=1}^{n}|A_iA_j|^2=2n^2$；

(4) 求 $\prod\limits_{i=1}^{n}|PA_i|$ 的最大值.

解　设正 n 边形各顶点对应的复数分别为 $\varepsilon^0,\varepsilon^1,$

$\varepsilon^2,\cdots,\varepsilon^{n-1}(\varepsilon=e^{i\frac{2\pi}{n}})$，点 P 对应的复数为 z，且 $|z|=1$，则：

(1) $$\sum_{i=1}^{n}|PA_i|^4=\sum_{i=0}^{n-1}|z-\varepsilon^i|^4=$$
$$\sum_{i=0}^{n-1}|z^2-2z\varepsilon^i+\varepsilon^{2i}|^2=$$
$$\sum_{i=0}^{n-1}(z^2-2z\varepsilon^i+\varepsilon^{2i})(\bar{z}^2-2\bar{z}\varepsilon^{-i}+\varepsilon^{-2i})=$$
$$\sum_{i=0}^{n-1}(6-4z\varepsilon^{-i}-4\bar{z}\varepsilon^i+z^2\varepsilon^{-2i}+\bar{z}^2\varepsilon^{2i})=6n$$

(2) 因为

$$\sum_{i=0}^{n-1}z^i=\prod_{i=1}^{n-1}(z-\varepsilon^i)$$

所以

$$\prod_{i=2}^{n}|A_1A_i|=\prod_{i=1}^{n-1}|(1-\varepsilon^i)|=\sum_{i=0}^{n-1}1^i=n$$

(3) $$\sum_{i,j=1}^{n}|A_iA_j|^2=\sum_{i,j=1}^{n}(\varepsilon^i-\varepsilon^j)(\varepsilon^{-j}-\varepsilon^{-i})=$$
$$\sum_{i,j=1}^{n}(2-\varepsilon^{j-i}-\varepsilon^{i-j})=$$
$$2n^2-2\sum_{i,j=1}^{n}\varepsilon^{j-i}=2n^2$$

(4) $\prod_{i=1}^{n}|PA_i|=\prod_{i=0}^{n-1}|(z-\varepsilon^i)|=|z^n-1|\leqslant |z|^n+1=2$，故最大值为2，当且仅当 z 为 -1 的 n 次方根时取得.

3. 向量中的三角不等式 $|\boldsymbol{x}_1|+|\boldsymbol{x}_2|+\cdots+|\boldsymbol{x}_n|\geqslant|\boldsymbol{x}_1+\boldsymbol{x}_2+\cdots+\boldsymbol{x}_n|$ 的应用

例9 设 $0<a,b<1$，求证

$$\sqrt{a^2+b^2}+\sqrt{(1-a)^2+b^2}+\sqrt{a^2+(1-b)^2}+\sqrt{(1-a)^2+(1-b)^2}\geqslant 2\sqrt{2}$$

证明　构造 4 个平面向量

$$\boldsymbol{a}_1=(a,b),\boldsymbol{a}_2=(1-a,b)$$
$$\boldsymbol{a}_3=(a,1-b),\boldsymbol{a}_4=(1-a,1-b)$$

则

$$\begin{aligned}\text{左边}=&|\boldsymbol{a}_1|+|\boldsymbol{a}_2|+|\boldsymbol{a}_3|+|\boldsymbol{a}_4|\geqslant\\&|\boldsymbol{a}_1+\boldsymbol{a}_2+\boldsymbol{a}_3+\boldsymbol{a}_4|=\\&|(2,2)|=\sqrt{2^2+2^2}=2\sqrt{2}=\text{右边}\end{aligned}$$

故原不等式成立.

另证　构造 4 个平面向量

$$\boldsymbol{a}_1=(a,b),\boldsymbol{a}_2=(1-a,b)$$
$$\boldsymbol{a}_3=(a,1-b),\boldsymbol{a}_4=(1-a,1-b)$$

则

$$\begin{aligned}\text{左边}=&|\boldsymbol{a}_1|+|\boldsymbol{a}_2|+|\boldsymbol{a}_3|+|\boldsymbol{a}_4|=\\&(|\boldsymbol{a}_1|+|\boldsymbol{a}_4|)+(|\boldsymbol{a}_2|+|\boldsymbol{a}_3|)\geqslant\\&|\boldsymbol{a}_1+\boldsymbol{a}_4|+|\boldsymbol{a}_2+\boldsymbol{a}_3|=\\&|(1,1)|+|(1,1)|=\sqrt{2}+\sqrt{2}=\\&2\sqrt{2}=\text{右边}\end{aligned}$$

故原不等式成立.

例 10　设 $0<a,b,c<1$,求证

$$\sqrt{a^2+b^2+c^2}+\sqrt{(1-a)^2+b^2+c^2}+\sqrt{a^2+(1-b)^2+c^2}+\sqrt{a^2+b^2+(1-c)^2}+\sqrt{(1-a)^2+(1-b)^2+c^2}+\sqrt{a^2+(1-b)^2+(1-c)^2}+\sqrt{(1-a)^2+b^2+(1-c)^2}+$$

$$\sqrt{(1-a)^2+(1-b)^2+(1-c)^2}\geqslant 4\sqrt{3}$$

证明 构造 8 个空间向量

$$\boldsymbol{a}_1=(a,b,c),\boldsymbol{a}_2=(1-a,b,c)$$

$$\boldsymbol{a}_3=(a,1-b,c),\boldsymbol{a}_4=(a,b,1-c)$$

$$\boldsymbol{a}_5=(1-a,1-b,c),\boldsymbol{a}_6=(a,1-b,1-c)$$

$$\boldsymbol{a}_7=(1-a,b,1-c),\boldsymbol{a}_8=(1-a,1-b,1-c)$$

则

左边 $=|\boldsymbol{a}_1|+|\boldsymbol{a}_2|+\cdots+|\boldsymbol{a}_8|\geqslant$

$|\boldsymbol{a}_1+\boldsymbol{a}_2+\cdots+\boldsymbol{a}_8|=$

$|(4,4,4)|=\sqrt{4^2+4^2+4^2}=4\sqrt{3}=$ 右边

故原不等式成立.

例 11 已知 $a,b\in\mathbf{R}_+,a+b=1$,求证

$$\sqrt{2a+1}+\sqrt{2b+1}\leqslant 2\sqrt{2}$$

证明 设 $\boldsymbol{m}=(1,1),\boldsymbol{n}=(\sqrt{2a+1},\sqrt{2b+1})$,则

$$\boldsymbol{m}\cdot\boldsymbol{n}=\sqrt{2a+1}+\sqrt{2b+1}$$

由性质

$$|\boldsymbol{m}\cdot\boldsymbol{n}|\leqslant|\boldsymbol{m}|\cdot|\boldsymbol{n}|$$

得

$$\sqrt{2a+1}+\sqrt{2b+1}\leqslant 2\sqrt{2}$$

评注 $|\boldsymbol{m}+\boldsymbol{n}|\leqslant|\boldsymbol{m}|+|\boldsymbol{n}|\Leftrightarrow$

$|\boldsymbol{m}+\boldsymbol{n}|^2\leqslant(|\boldsymbol{m}|+|\boldsymbol{n}|)^2\Leftrightarrow$

$\boldsymbol{m}\cdot\boldsymbol{n}\leqslant|\boldsymbol{m}|\cdot|\boldsymbol{n}|$

类似题 (2016 年安徽预赛试题)证明:对任意的实数 a,b,c 都有

$$\sqrt{a^2+ab+b^2}+\sqrt{a^2+ac+c^2}\geqslant$$

$$\sqrt{3a^2+(a+b+c)^2}$$

并求等号成立的充分必要条件.

证法 1　向量 $\boldsymbol{\alpha}=\left(a+\frac{b}{2},\frac{\sqrt{3}}{2}b\right)$，$\boldsymbol{\beta}=\left(a+\frac{c}{2},\frac{\sqrt{3}}{2}c\right)$，则

$$|\boldsymbol{\alpha}|+|\boldsymbol{\beta}|=\sqrt{a^2+ab+b^2}+\sqrt{a^2+ac+c^2}$$

$$|\boldsymbol{\alpha}+\boldsymbol{\beta}|=\sqrt{\left(2a+\frac{b+c}{2}\right)^2+\frac{3}{4}(b+c)^2}=\sqrt{3a^2+(a+b+c)^2}$$

根据三角不等式

$$|\boldsymbol{\alpha}|+|\boldsymbol{\beta}|\geqslant|\boldsymbol{\alpha}+\boldsymbol{\beta}|$$

即可得所要证明的不等式，不等号成立的充分必要条件是 $\boldsymbol{\alpha}$，$\boldsymbol{\beta}$ 平行且方向相同. 当 $\boldsymbol{\alpha}\parallel\boldsymbol{\beta}$ 时

$$c\left(a+\frac{b}{2}\right)-b\left(a+\frac{c}{2}\right)=0\Leftrightarrow a(b-c)=0$$

当 $a=0$，不等式等号成立等价于 $bc\geqslant 0$，当 $b=c$ 时不等式等号成立.

综上所述，不等式等号成立的充分必要条件是 $a=0$ 且 $bc\geqslant 0$ 或者 $b=c$.

证法 2

$$\sqrt{a^2+ab+b^2}+\sqrt{a^2+ac+c^2}\geqslant\sqrt{3a^2+(a+b+c)^2}$$

两边平方，得

$$2a^2+a(b+c)+b^2+c^2+2\sqrt{(a^2+ab+b^2)(a^2+ac+c^2)}\geqslant 4a^2+2a(b+c)+(b+c)^2$$

移项合并，得

$$\sqrt{(a^2+ab+b^2)(a^2+ac+c^2)}\geqslant$$

$$a^2+\frac{1}{2}a(b+c)+bc$$

两边平方展开可得

$$a^4+a^3(b+c)+a^2(b^2+bc+c^2)+$$
$$abc(b+c)+b^2c^2\geqslant$$
$$a^4+a^3(b+c)+a^2\left(\frac{1}{2}(b+c)^2+2bc+c^2\right)+$$
$$abc(b+c)+b^2c^2$$

移项合并,得

$$\frac{3}{4}a^2(b^2+c^2)\geqslant\frac{3}{2}a^2bc\Leftrightarrow a^2(b-c)^2\geqslant 0$$

不等式成立的必要条件是 $a(b-c)=0$.

当 $a=0$,不等式等号成立等价于 $bc\geqslant 0$,当 $b=c$ 时,不等式等号成立.

综上所述,不等式等号成立的充分必要条件是 $a=0$ 且 $bc\geqslant 0$ 或者 $b=c$.

4. 绝对值不等式 $|\boldsymbol{x}_1|+|\boldsymbol{x}_2|+\cdots+|\boldsymbol{x}_n|\geqslant|\boldsymbol{x}_1+\boldsymbol{x}_2+\cdots+\boldsymbol{x}_n|$ 的应用

例 12 设 $a,b\in\mathbf{R}$,求证

$$\frac{|a+b|}{1+|a+b|}\leqslant\frac{|a|+|b|}{1+|a|+|b|}\leqslant\frac{|a|}{1+|a|}+\frac{|b|}{1+|b|}$$

证明 先证明左边不等式成立.

由绝对值不等式知

$$|a+b|\leqslant|a|+|b|$$

注意到函数

$$f(x)=\frac{x}{1+x}=1-\frac{1}{1+x}$$

是$[0,+\infty)$上的单调递减函数,故

$$\frac{|a+b|}{1+|a+b|}\leqslant\frac{|a|+|b|}{1+|a|+|b|}$$

再证明右边不等式成立

$$\frac{|a|+|b|}{1+|a|+|b|}=\frac{|a|}{1+|a|+|b|}+\frac{|b|}{1+|a|+|b|}\leqslant$$

$$\frac{|a|}{1+|a|}+\frac{|b|}{1+|b|}$$

评注　本例中的条件“$a,b\in\mathbf{R}$”可放宽为“$a,b\in\mathbf{C}$”.

用 $a-c,b-c$ 分别替换本例不等式中的 a,b 可得到：

设 $a,b,c\in\mathbf{C}$，则

$$\frac{|a-b|}{1+|a-b|}\leqslant\frac{|a-c|+|b-c|}{1+|a-c|+|b-c|}\leqslant$$

$$\frac{|a-c|}{1+|a-c|}+\frac{|b-c|}{1+|b-c|}$$

本例可推广为：

设 $a_i\in\mathbf{C}(i=1,2,\cdots,n)$，则

$$\frac{\left|\sum_{i=1}^{n}a_i\right|}{1+\left|\sum_{i=1}^{n}a_i\right|}\leqslant\frac{\sum_{i=1}^{n}|a_i|}{1+\sum_{i=1}^{n}|a_i|}\leqslant\sum_{i=1}^{n}\frac{|a_i|}{1+|a_i|}$$

例 13　(第 58 届莫斯科数学奥林匹克试题)设 x,y,z 为实数，证明

$$|x|+|y|+|z|\leqslant$$

$$|x+y-z|+|y+z-x|+|z+x-y|$$

证明　令

$$2a=y+z-x,2b=z+x-y,2c=x+y-z$$

则

$$x=b+c,y=c+a,z=a+b$$

则原不等式可改写为

$$|b+c|+|c+a|+|a+b|\leqslant$$

$$2(|a|+|b|+|c|)$$

由绝对值不等式知

$$|b+c|\leqslant|b|+|c|$$

$$|c+a|\leqslant|c|+|a|$$

$$|a+b|\leqslant|a|+|b|$$

将以上三式同向相加即得原不等式成立.

例 14 (2004 年克罗地亚数学奥林匹克试题)证明不等式

$$|x|+|y|+|z|-|x+y|-|y+z|-|z+x|+|x+y+z|\geqslant 0$$

证明 不妨设 $|z|=\max\{|x|,|y|,|z|\}$.

当 $z=0$ 时,不等式显然成立;

当 $z\neq 0$ 时,不等式等价于

$$\left|\frac{x}{z}\right|+\left|\frac{y}{z}\right|+1-\left|\frac{x}{z}+\frac{y}{z}\right|-\left|\frac{x}{z}+1\right|-\left|\frac{y}{z}+1\right|+\left|\frac{x}{z}+\frac{y}{z}+1\right|\geqslant 0$$

由 $|z|\geqslant|x|$, $|z|\geqslant|y|$ 知

$$\left|\frac{x}{z}\right|\leqslant 1,\left|\frac{y}{z}\right|\leqslant 1$$

即

$$-1\leqslant\frac{x}{z}\leqslant 1,-1\leqslant\frac{y}{z}\leqslant 1$$

即

$$\frac{x}{z}+1\geqslant 0,\frac{y}{z}+1\geqslant 0$$

故不等式可改写为

$$\left|\frac{x}{z}\right|+\left|\frac{y}{z}\right|-\left|\frac{x}{z}+\frac{y}{z}\right|-\left(\frac{x}{z}+\frac{y}{z}+1\right)+$$

$$\left|\frac{x}{z}+\frac{y}{z}+1\right|\geqslant 0$$

由三角形不等式知

$$\left|\frac{x}{z}\right|+\left|\frac{y}{z}\right|-\left|\frac{x}{z}+\frac{y}{z}\right|\geqslant 0$$

由 $|a|\geqslant a$ 知

$$\left|\frac{x}{z}+\frac{y}{z}+1\right|-\left(\frac{x}{z}+\frac{y}{z}+1\right)\geqslant 0$$

将以上两个不等式相加即得

$$\left|\frac{x}{z}\right|+\left|\frac{y}{z}\right|-\left|\frac{x}{z}+\frac{y}{z}\right|-\left(\frac{x}{z}+\frac{y}{z}+1\right)+\left|\frac{x}{z}+\frac{y}{z}+1\right|\geqslant 0$$

故原不等式成立.

评注　本例是著名的 Hlawka 不等式,该不等式可由下列恒等式得到

$$(|x|+|y|+|z|-|x+y|-|y+z|-|z+x|+|x+y+z|)\cdot(|x|+|y|+|z|+|x+y+z|)=\sum(|y|+|z|-|y+z|)\cdot(|x|-|y+z|+|x+y+z|)$$

这个恒等式属于 E. Hlawka.

本例的进一步推广即是 T. Popoviciu 不等式.

例 15　(1) 求证:若 $-1\leqslant x\leqslant 1$,则 $-1\leqslant 4x^3-3x\leqslant 1$;

(2) 设 a,b,c 为实数,M 是函数 $y=|4x^3+ax^2+bx+c|$ 在闭区间 $x\in[-1,1]$ 上的最大值,求 M 的最小值,并求出相应的 a,b,c 的值.

证明　(1) **证法 1**　由 $-1\leqslant x\leqslant 1$ 可令 $x=$

$\cos\theta,\theta\in\left[-\frac{\pi}{2},\frac{\pi}{2}\right]$,则

$$4x^3-3x=4\cos^3\theta-3\cos\theta=\cos 3\theta\in[-1,1]$$

这是因为

$$\sin 2\theta=2\sin\theta\cos\theta,\cos 2\theta=2\cos^2\theta-1$$

所以

$$\begin{aligned}\cos 3\theta=\cos(2\theta+\theta)=\cos 2\theta\cos\theta-\sin 2\theta\sin\theta=\\(2\cos^2\theta-1)\cos\theta-2\cos\theta\sin^2\theta=\\(2\cos^2\theta-1)\cos\theta-2\cos\theta(1-\cos^2\theta)=\\4\cos^3\theta-3\cos\theta\end{aligned}$$

证法2

$$\begin{aligned}&4x^3-3x+1=4(x^3-1)-3(x-1)=\\&4(x-1)(x^2+x+1)-3(x-1)=\\&(x-1)[4(x^2+x+1)-3]=\\&(x-1)(4x^2+4x+1)=\\&(x-1)(2x+1)^2\leqslant 0\\&4x^3-3x-1=4(x^3+1)-3(x+1)=\\&4(x+1)(x^2-x+1)-3(x+1)=\\&(x+1)[4(x^2-x+1)-3]=\\&(x+1)(4x^2-4x+1)=\\&(x+1)(2x-1)^2\geqslant 0\end{aligned}$$

证法3 记

$$F(x)=4x^3-3x\quad(x\in[-1,1])$$

则

$$F'(x)=12x^2-3=3\left(x^2-\frac{1}{4}\right)=3\left(x+\frac{1}{2}\right)\left(x-\frac{1}{2}\right)$$

x	-1	$\left(-1,-\frac{1}{2}\right)$	$-\frac{1}{2}$	$\left(-\frac{1}{2},\frac{1}{2}\right)$	$\frac{1}{2}$	$\left(\frac{1}{2},1\right)$	1
$F'(x)$		>0	0	<0	0	>0	
$F(x)$	-1	↗	极大值1	↘	极小值-1	↗	1

由此可知,当$x=-1$或$\frac{1}{2}$时,$F(x)$有最小值-1;当$x=1$或$-\frac{1}{2}$时,$F(x)$有最大值1.

故当$-1\leqslant x\leqslant 1$时

$$-1\leqslant 4x^3-3x\leqslant 1$$

(2)记

$$f(x)=4x^3+ax^2+bx+c\quad(|x|\leqslant 1)$$

假设结论$M\geqslant 1$,则存在$a,b,c\in\mathbf{R}$,使得当$|x|\leqslant 1$时,恒有$-1<f(x)<1$.

设

$$h(x)=4x^3-3x,g(x)=f(x)-h(x)$$

则

$$g(x)=ax^2+(b-3)x+c$$

因为

$$g(-1)=f(-1)-h(-1)=f(-1)-1<0$$

$$g\left(-\frac{1}{2}\right)=f\left(-\frac{1}{2}\right)-h\left(-\frac{1}{2}\right)=f\left(-\frac{1}{2}\right)+1>0$$

$$g\left(\frac{1}{2}\right)=f\left(\frac{1}{2}\right)-h\left(\frac{1}{2}\right)=f\left(\frac{1}{2}\right)-1<0$$

$$g(1)=f(1)-h(1)=f(1)-1<0$$

所以,方程$g(x)=0$至少有三个不同的实根.这与二次方程$g(x)=0$最多有两个实根矛盾.

因此,$M\geqslant 1$.

当 $M=1$ 时，$g(x)=0$. 故

$$f(x)=h(x)=4x^3-3x$$

此时，函数的解析式为

$$y=|4x^3-3x|$$

点评 $f(x)=4x^3+ax^2+bx+c$，令 $x=t-\frac{a}{12}$ 得

$$g(t)=f\left(t-\frac{a}{12}\right)=$$

$$4\left(t-\frac{a}{12}\right)^3+a\left(t-\frac{a}{12}\right)^2+b\left(t-\frac{a}{12}\right)+c=$$

$$4t^3+\left(b-\frac{a^2}{12}\right)t+\frac{a^3}{216}-\frac{ab}{12}+c$$

类似题 1 已知 $f(x)=x^2+ax+b(a,b\in\mathbf{R})$ 的定义域为$[-1,1]$，记 $|f(x)|$ 的最大值为 M，求证：$M\geqslant\frac{1}{2}$.

证明 因为 $f(x)=x^2+ax+b$，$x\in[-1,1]$ 且 $|f(x)|\leqslant M|$，所以

$$M\geqslant|f(-1)|,M\geqslant|f(1)|,M\geqslant|f(0)|$$

所以

$$\begin{aligned}2M\geqslant&|f(-1)|+|f(1)|=\\&|1-a+b|+|1+a+b|\geqslant\\&|(1-a+b)+(1+a+b)|=\\&|2+2b|\geqslant2-2|b|=\\&2-2|0|\geqslant2-2M\end{aligned}$$

所以 $M\geqslant\frac{1}{2}$.

类似题 2 已知 $f(x)=x^3+px^2+qx+r$. 证明：对任意实数 p,q,r，函数 $|f(x)|$ 在$[-1,1]$上的最大

值不可能小于$\frac{1}{4}$.

证明　(反证法)设对一切$x\in[-1,1]$,都有

$$|x^3+px^2+qx+r|<\frac{1}{4}$$

令$x=\pm1,\pm\frac{1}{2}$,得以下四式

$$-\frac{1}{4}<1+p+q+r<\frac{1}{4}\qquad(1)$$

$$-\frac{1}{4}<-1+p-q+r<\frac{1}{4}\qquad(2)$$

$$-\frac{1}{4}<\frac{1}{8}+\frac{1}{4}p+\frac{1}{2}q+r<\frac{1}{4}\qquad(3)$$

$$-\frac{1}{4}<-\frac{1}{8}+\frac{1}{4}p-\frac{1}{2}q+r<\frac{1}{4}\qquad(4)$$

由(1)+(2)×(-1)得$-\frac{5}{4}<q<-\frac{3}{4}$;

再由(3)+(4)×(-1)得$-\frac{3}{4}<q<\frac{1}{4}$矛盾.

点评　本题的等价命题是:

已知函数$f(x)=x^3+px^2+qx+r$的定义域是$[-1,1]$,记$|f(x)|$的最大值为M,求证:$M\geqslant\frac{1}{4}$.

类似题3　设a,b,c,d为实数,M是关于x的函数$y=8x^4+ax^3+bx^2+cx+d$在$[-1,1]$上的最大值.证明:$M\geqslant1$,并求出$M=1$时的函数表达式.

证明　首先证明:当$|x|\leqslant1$时

$$|8x^4-8x^2+1|\leqslant1$$

令$x=\cos\theta$,则

$$8x^4-8x^2+1=2(2x^2-1)^2-1=$$
$$2(2\cos^2\theta-1)^2-1=$$

$$2\cos^2 2\theta - 1 = \cos 4\theta$$

因为 $|\cos 4\theta| \leqslant 1$，所以，当 $|x| \leqslant 1$ 时，有 $|8x^4 - 8x^2 + 1| \leqslant 1$.

回到原题.

记

$$f(x) = 8x^4 + ax^3 + bx^2 + cx + d \quad (|x| \leqslant 1)$$

假设结论 $M \geqslant 1$，则存在 $a,b,c,d \in \mathbf{R}$，使得当 $|x| \leqslant 1$ 时，恒有 $-1 < f(x) < 1$.

设

$$h(x) = 8x^4 - 8x^2 + 1, g(x) = f(x) - h(x)$$

则

$$g(x) = ax^3 + (b+8)x^2 + cx + d - 1$$

因为

$$g(-1) = f(-1) - h(-1) = f(-1) - 1 < 0$$

$$g\left(-\frac{\sqrt{2}}{2}\right) = f\left(-\frac{\sqrt{2}}{2}\right) - h\left(-\frac{\sqrt{2}}{2}\right) = f\left(-\frac{\sqrt{2}}{2}\right) + 1 > 0$$

$$g(0) = f(0) - h(0) = f(0) - 1 < 0$$

$$g\left(\frac{\sqrt{2}}{2}\right) = f\left(\frac{\sqrt{2}}{2}\right) - h\left(\frac{\sqrt{2}}{2}\right) = f\left(\frac{\sqrt{2}}{2}\right) + 1 > 0$$

$$g(1) = f(1) - h(1) = f(1) - 1 < 0$$

所以，方程 $g(x)=0$ 至少有四个不同的实根. 这与三次方程 $g(x)=0$ 最多有三个实根矛盾.

因此，$M \geqslant 1$.

当 $M=1$ 时，$g(x)=0$. 故

$$f(x) = h(x) = 8x^4 - 8x^2 + 1$$

此时，函数的解析式为

$$y = |8x^4 - 8x^2 + 1|$$

类似题 4 （2012 年全国高中数学联赛天津赛区

预赛试题）三次函数 $f(x)=4x^3+ax^2+bx+c$（其中 $a,b,c\in\mathbf{R}$）满足：当 $-1\leqslant x\leqslant 1$ 时，$-1\leqslant f(x)\leqslant 1$. 求 a,b,c 的所有可能取值.

解　由题意，当 $x=\pm1,\pm\frac{1}{2}c$ 时，$-1\leqslant f(x)\leqslant 1$. 所以

$$-1\leqslant 4+a+b+c\leqslant 1$$

$$-1\leqslant 4-a+b-c\leqslant 1$$

$$-1\leqslant \frac{1}{2}+\frac{a}{4}+\frac{b}{2}+c\leqslant 1$$

$$-1\leqslant \frac{1}{2}-\frac{a}{4}+\frac{b}{2}-c\leqslant 1$$

前两式相加，得 $-2\leqslant 8+2b\leqslant 2$，从而 $b\leqslant -3$. 后两式相加，得 $-2\leqslant 1+b\leqslant 2$，从而 $b\geqslant -3$. 因此 $b=-3$. 代入前述不等式，可得 $a+c=0$，$\frac{a}{4}+c=0$，从而 $a=c=0$.

下面证明 $f(x)=4x^3-3x$ 满足题中所说的条件. 事实上，若 $-1\leqslant x\leqslant 1$，则可令 $x=\cos t$，$t\in\mathbf{R}$，这时

$$f(\cos t)=4\cos^3 t-3\cos t=\cos 3t$$

由于 $-1\leqslant \cos 3t\leqslant 1$，所以 $-1\leqslant f(x)\leqslant 1$.

综上

$$a=0,b=-3,c=0$$

类似题 5　设 $f(x)=\max|x^3-ax^2-bx-c|$ $(1\leqslant x\leqslant 3)$，当 a,b,c 取遍所有实数时，求 $f(x)$ 的最小值.

解　令

$$x=x'+2$$

$$f(x)=\max|x^3-ax^2-bx-c|\ (1\leqslant x\leqslant 3)\Leftrightarrow$$

$$f(x')=\max|x'^3-a_1x'^2-b_1x'-c_1|$$
$$(-1\leqslant x'\leqslant 1)$$

令

$$g(x')=x'^3-a_1x'^2-b_1x'-c_1\quad(x'\in[-1,1])$$

则

$$4g(1)-4g(-1)=8-8b_1$$
$$8g\left(\frac{1}{2}\right)=2-8b_1$$

所以

$$24f(x')\geqslant$$
$$4|g(1)|+4|g(-1)|+8\left|g\left(\frac{1}{2}\right)\right|+8\left|g\left(-\frac{1}{2}\right)\right|$$
$$24f(x')\geqslant$$
$$\left|4g(1)+4g(-1)+8g\left(\frac{1}{2}\right)+8g\left(-\frac{1}{2}\right)\right|=6$$

因此

$$f(x')\geqslant\frac{1}{4}\Rightarrow\max|x'^3-a_1x'^2-b_1x'-c_1|\geqslant\frac{1}{4}$$
$$(-1\leqslant x'\leqslant 1)$$

此时

$$a_1=0,b_1=\frac{3}{4},c_1=0$$

因为 $-1\leqslant x'\leqslant 1$,所以令 $x'=\cos\theta$,则

$$g(x')=\left|\cos^3\theta-\frac{3}{4}\cos\theta\right|\leqslant\frac{1}{4}|\cos\theta|\leqslant\frac{1}{4}$$

所以当 $\cos\theta=\pm 1$ 时,$|g(x')|=\frac{1}{4}$,所以 $|f(x')|_{\min}=\frac{1}{4}$.

因此

$f(x)=\max|x^3-ax^2-bx-c|(1\leqslant x\leqslant 3)\Leftrightarrow$
$\max|(x'+2)^3-a(x'+2)^2-$
$b(x'+2)-c|(-1\leqslant x'\leqslant 1)=$
$\max|x'^3-(a-6)x'^2-(4a+b-12)x'-$
$(4a+2b+c-8)|\geqslant\frac{1}{4}$

所以

$$\begin{cases}a'=a-6=0\\ b'=4a+b-12=\frac{3}{4}\\ c'=4a+2b+c-8=0\end{cases}\Rightarrow\begin{cases}a=6\\ b=-\frac{45}{4}\\ c=\frac{13}{2}\end{cases}$$

时，$f(x)=\frac{1}{4}$.

类似题 6　(1) 求证：若 $-1\leqslant x\leqslant 1$，则 $-1\leqslant 16x^5-20x^3+5x\leqslant 1$(图 4)；

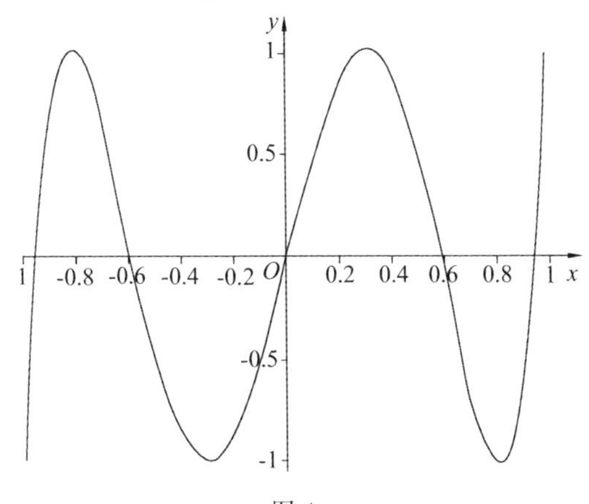

图 4

(2) 设 a,b,c,d,e 为实数，M 是函数 $y=|16x^5+ax^4+bx^3+cx^2+dx+e|$ 在闭区间 $x\in[-1,1]$ 上

的最大值,求 M 的最小值,并求出相应的 a,b,c,d,e 的值.

证明 (1) 由 $-1\leqslant x\leqslant 1$ 可令 $x=\cos\theta,\theta\in\left[-\frac{\pi}{2},\frac{\pi}{2}\right]$,由二倍角和三倍角公式知

$$\sin 2\theta=2\sin\theta\cos\theta,\cos 2\theta=2\cos^2\theta-1$$

$$\sin 3\theta=3\sin\theta-4\sin^3\theta,\cos 3\theta=4\cos^3\theta-3\cos\theta$$

知

$$\begin{aligned}\cos 5\theta= & \cos(3\theta+2\theta)=\cos 3\theta\cos 2\theta-\sin 3\theta\sin 2\theta= \\ & (4\cos^3\theta-3\cos\theta)(2\cos^2\theta-1)- \\ & (3\sin\theta-4\sin^3\theta)\cdot 2\sin\theta\cos\theta= \\ & (4\cos^3\theta-3\cos\theta)(2\cos^2\theta-1)- \\ & (3-4\sin^2\theta)\cdot 2\sin^2\theta\cos\theta= \\ & (4\cos^3\theta-3\cos\theta)(2\cos^2\theta-1)- \\ & [3-4(1-\cos^2\theta)]\cdot 2(1-\cos^2\theta)\cos\theta= \\ & 8\cos^5\theta-10\cos^2\theta+3\cos\theta+ \\ & 8\cos^5\theta-10\cos^2\theta+2\cos\theta= \\ & 16\cos^5\theta-20\cos^2\theta+5\cos\theta\end{aligned}$$

因此

$$\begin{aligned}& |16x^5-20x^3+5x|= \\ & |16\cos^5\theta-20\cos^3\theta+5\cos\theta|=|\cos 5\theta|\leqslant 1\end{aligned}$$

(2) 记

$$f(x)=16x^5+ax^4+bx^3+cx^2+dx+e \quad (|x|\leqslant 1)$$

假设结论 $M\geqslant 1$,则存在 $a,b,c,d,e\in\mathbf{R}$,使得当 $|x|\leqslant 1$ 时,恒有 $-1<f(x)<1$.

设

$$h(x)=16x^5-20x^3+5x \quad (|x|\leqslant 1)$$

$$g(x)=f(x)-h(x)$$

则

$$g(x)=ax^4+(b+20)x^3+cx^2+(d-5)x+e$$

注意到

$$h(x)=16x^5-20x^3+5x\quad(|x|\leqslant 1)$$

$$h'(x)=80x^4-60x^2+5=5(16x^4-12x^2+1)=$$

$$5\left[16\left(x^2-\frac{3}{8}\right)^2-\frac{5}{4}\right]=0$$

解得

$$\left(x^2-\frac{3}{8}\right)^2=\frac{5}{64},x^2-\frac{3}{8}=\pm\frac{\sqrt{5}}{8},x^2=\frac{3\pm\sqrt{5}}{8}$$

即

$$x=\pm\sqrt{\frac{3\pm\sqrt{5}}{8}}=\pm\frac{1}{4}\sqrt{6\pm 2\sqrt{5}}=\pm\frac{1}{4}(\sqrt{5}\pm 1)$$

x	$\left(-1,-\frac{\sqrt{5}+1}{4}\right)$	$-\frac{\sqrt{5}+1}{4}$	$\left(-\frac{\sqrt{5}+1}{4},-\frac{\sqrt{5}-1}{4}\right)$	$-\frac{\sqrt{5}-1}{4}$	$\left(-\frac{\sqrt{5}-1}{4},\frac{\sqrt{5}-1}{4}\right)$
$h'(x)$	+	0	−	0	+
$h(x)$		极大值1		极小值−1	

$$h(1)=1,h(-1)=-1$$

因为

$$g(-1)=f(-1)-h(-1)=f(-1)+1>0$$

$$g\left(-\frac{\sqrt{5}+1}{4}\right)=f\left(-\frac{\sqrt{5}+1}{4}\right)-h\left(-\frac{\sqrt{5}+1}{4}\right)=$$

$$f\left(-\frac{\sqrt{5}+1}{4}\right)-1<0$$

$$g\left(-\frac{\sqrt{5}-1}{4}\right)=f\left(-\frac{\sqrt{5}-1}{4}\right)-h\left(-\frac{\sqrt{5}-1}{4}\right)=$$

$$f\left(-\frac{\sqrt{5}-1}{4}\right)+1>0$$

$$g\left(\frac{\sqrt{5}-1}{4}\right)=f\left(\frac{\sqrt{5}-1}{4}\right)-h\left(\frac{\sqrt{5}-1}{4}\right)=$$

$$f\left(\frac{\sqrt{5}-1}{4}\right)-1<0$$

$$g\left(\frac{\sqrt{5}+1}{4}\right)=f\left(\frac{\sqrt{5}+1}{4}\right)-h\left(\frac{\sqrt{5}+1}{4}\right)=$$

$$f\left(\frac{\sqrt{5}+1}{4}\right)+1>0$$

$$g(1)=f(1)-h(1)=f(1)-1<0$$

所以，方程 $g(x)=0$ 至少有五个不同的实根. 这与四次方程 $g(x)=0$ 最多有四个实根矛盾.

因此，$M\geqslant 1$.

当 $M=1$ 时，$g(x)=0$.

故

$$f(x)=h(x)=16x^5-20x^3+5x$$

此时，函数的解析式为

$$y=|16x^5-20x^3+5x|$$

从而

$$a=0,b=-20,c=0,d=5,e=0$$

类似题 7 （第 37 届 IMO 预选题）设 $P(x)$ 是实系数多项式 $P(x)=ax^3+bx^2+cx+d$，证明：如果对任何 $|x|<1$，均有 $|P(x)|\leqslant 1$，则 $|a|+|b|+|c|+|d|\leqslant 7$.

证明 由 $P(x)$ 是连续函数且 $|x|<1$ 时，$|P(x)|\leqslant 1$，故 $|x|\leqslant 1$ 时，$|P(x)|\leqslant 1$. 分别令 $x=\lambda$ 和 $\frac{\lambda}{2}$（这里 $\lambda=\pm 1$），得

$$|\lambda a+b+\lambda c+d|\leqslant 1,\left|\frac{\lambda}{8}a+b+\frac{\lambda}{2}c+d\right|\leqslant 1$$

所以

$$|\lambda a+b|=$$
$$\left|\frac{4}{3}(\lambda a+b+\lambda c+d)-2\left(\frac{\lambda}{8}a+b+\frac{\lambda}{2}c+d\right)+\right.$$
$$\left.\frac{2}{3}\left(-\frac{\lambda}{8}a+b-\frac{\lambda}{2}c+d\right)\right|\leqslant$$
$$\frac{4}{3}|\lambda a+b+\lambda c+d|+2\left|\frac{\lambda}{8}a+b+\frac{\lambda}{2}c+d\right|+$$
$$\frac{2}{3}\left|-\frac{\lambda}{8}a+b-\frac{\lambda}{2}c+d\right|\leqslant$$
$$\frac{4}{3}+2+\frac{2}{3}=4$$

故

$$|a|+|b|=\max\{|a+b|,|a-b|\}\leqslant 4$$

同样有

$$|\lambda c+d|=$$
$$\left|-\frac{1}{3}(\lambda a+b+\lambda c+d)+2\left(\frac{\lambda}{8}a+b+\frac{\lambda}{2}c+d\right)-\right.$$
$$\left.\frac{2}{3}\left(-\frac{\lambda}{8}a+b-\frac{\lambda}{2}c+d\right)\right|\leqslant$$
$$\frac{1}{3}|\lambda a+b+\lambda c+d|+2\left|\frac{\lambda}{8}a+b+\frac{\lambda}{2}c+d\right|+$$
$$\frac{2}{3}\left|-\frac{\lambda}{8}a+b-\frac{\lambda}{2}c+d\right|\leqslant$$
$$\frac{1}{3}+2+\frac{2}{3}=3$$

故

$$|c|+|d|=\max\{|c+d|,|c-d|\}\leqslant 3$$

因此

$$|a|+|b|+|c|+|d|\leqslant 7$$

例 16 设 $x_i,y_i\in\mathbf{R}(i=1,2,\cdots,n)$，$-2\leqslant a\leqslant 2$，求证

$$\sum_{i=1}^{n}\sqrt{x_i^2+ax_iy_i+y_i^2}\geqslant\frac{\sqrt{2+a}}{2}\left|\sum_{i=1}^{n}x_i+\sum_{i=1}^{n}y_i\right|$$

等号当且仅当 $x_1=x_2=\cdots=x_n=y_1=y_2=\cdots=y_n$ 时成立.

证明 先证明

$$\sqrt{x_i^2+ax_iy_i+y_i^2}\geqslant\frac{\sqrt{2+a}}{2}|x_i+y_i|$$

平方等价于

$$\frac{2-a}{4}(x_i-y_i)^2\geqslant 0$$

故上式成立.

由三角不等式知

$$\begin{aligned}\sum_{i=1}^{n}\sqrt{x_i^2+ax_iy_i+y_i^2}&\geqslant\sum_{i=1}^{n}\frac{\sqrt{2+a}}{2}|x_i+y_i|=\\&\frac{\sqrt{2+a}}{2}\sum_{i=1}^{n}|x_i+y_i|\geqslant\\&\frac{\sqrt{2+a}}{2}\left|\sum_{i=1}^{n}x_i+\sum_{i=1}^{n}y_i\right|\end{aligned}$$

例 17 （2008 年罗马尼亚数学奥林匹克试题）设 $\{a_n\}(n\geqslant 1)$ 是一个数列，且满足 $|a_{n+1}-a_n|\leqslant 1$，数列 $\{b_n\}(n\geqslant 1)$ 定义如下：$b_n=\frac{a_1+a_2+\cdots+a_n}{n}$. 求证：$|b_{n+1}-b_n|\leqslant\frac{1}{2}$.

证明 因为对于任意的 $i(1\leqslant i\leqslant n)$，都有

$|a_i-a_{n+1}|=$

$$|(a_i-a_{i+1})+(a_{i+1}-a_{i+2})+\cdots+(a_n-a_{n+1})|\leqslant$$
$$|a_i-a_{i+1}|+|a_{i+1}-a_{i+2}|+\cdots+|a_n-a_{n+1}|\leqslant$$
$$n+1-i$$

所以

$$|b_{n+1}-b_n|=$$
$$\left|\frac{a_1+a_2+\cdots+a_{n+1}}{n+1}-\frac{a_1+a_2+\cdots+a_n}{n}\right|=$$
$$\frac{|(n+1)(a_1+a_2+\cdots+a_n)-n(a_1+a_2+\cdots+a_{n+1})|}{n(n+1)}=$$
$$\frac{|(a_1+a_2+\cdots+a_n)-na_{n+1}|}{n(n+1)}=$$
$$\frac{|(a_1-a_{n+1})+(a_2-a_{n+1})+\cdots+(a_n-a_{n+1})|}{n(n+1)}\leqslant$$
$$\frac{|a_1-a_{n+1}|+|a_2-a_{n+1}|+\cdots+|a_n-a_{n+1}|}{n(n+1)}\leqslant$$
$$\frac{n+(n-1)+\cdots+2+1}{n(n+1)}=\frac{1}{2}$$

例18　(2010年全国高中数学联赛试题)给定整数 $n>2$,设正实数 $a_1,a_2,\cdots,a_n$ 满足 $a_k\leqslant 1,k=1,2,\cdots,n$,记 $A_k=\dfrac{a_1+a_2+\cdots+a_k}{k},k=1,2,\cdots,n$.求证

$$\left|\sum_{k=1}^{n}a_k-\sum_{k=1}^{n}A_k\right|<\frac{n-1}{2}$$

证法1　由 $0<a_k\leqslant 1$ 知,对 $1\leqslant k\leqslant n-1$,有

$$0<\sum_{i=1}^{k}a_i\leqslant k,0<\sum_{i=k+1}^{n}a_i\leqslant n-k$$

注意到当 $x,y>0$ 时,有

$$|x-y|<\max\{x,y\}$$

于是对 $1\leqslant k\leqslant n-1$,有

$$\begin{aligned}|A_n-A_k|=&\left|\left(\frac{1}{n}-\frac{1}{k}\right)\sum_{i=1}^{k}a_i+\frac{1}{n}\sum_{i=k+1}^{n}a_i\right|=\\&\left|\frac{1}{n}\sum_{i=k+1}^{n}a_i-\left(\frac{1}{k}-\frac{1}{n}\right)\sum_{i=1}^{k}a_i\right|<\\&\max\left\{\frac{1}{n}\sum_{i=k+1}^{n}a_i,\left(\frac{1}{k}-\frac{1}{n}\right)\sum_{i=1}^{k}a_i\right\}\leqslant\\&\max\left\{\frac{1}{n}(n-k),\left(\frac{1}{k}-\frac{1}{n}\right)k\right\}=\\&1-\frac{k}{n}\end{aligned}$$

$$\begin{aligned}&\left|\sum_{k=1}^{n}a_k-\sum_{k=1}^{n}A_k\right|=\left|nA_n-\sum_{k=1}^{n}A_k\right|=\\&\left|\sum_{k=1}^{n}(A_n-A_k)\right|\leqslant\sum_{k=1}^{n-1}|A_n-A_k|<\\&\sum_{k=1}^{n-1}\left(1-\frac{k}{n}\right)=\frac{n-1}{2}\end{aligned}$$

证法 2 我们先证明如下：

引理 $\forall i>j$ 有

$$|A_i-A_j|<\frac{i-j}{i}$$

事实上

$$\begin{aligned}A_i-A_j=&\frac{\sum_{k=1}^{i}a_k}{i}-\frac{\sum_{k=1}^{j}a_k}{j}=\\&\frac{1}{i}\sum_{k=j+1}^{i}a_k-\frac{i-j}{ij}\sum_{k=1}^{j}a_k\qquad(*)\end{aligned}$$

而 $0<a_k\leqslant1(1\leqslant k\leqslant n)$，有

$$式(*)<\frac{1}{i}\sum_{k=j+1}^{i}1-\frac{i-j}{ij}\sum_{k=1}^{j}0=\frac{i-j}{i}$$

$$式(*)>\frac{1}{i}\sum_{k=j+1}^{i}0-\frac{i-j}{ij}\sum_{k=1}^{j}1=-\frac{i-j}{i}$$

即$|A_i-A_j|<\frac{i-j}{i}$成立.

回到原题有

$$\left|\sum_{k=1}^{n}a_k-\sum_{k=1}^{n}A_k\right|=\left|nA_n-\sum_{k=1}^{n}A_k\right|=$$

$$\left|\sum_{k=1}^{n}(A_n-A_k)\right|\leqslant\sum_{k=1}^{n}|A_n-A_k|<$$

$$\sum_{k=1}^{n}\frac{n-k}{n}=\frac{n-1}{2}$$

证毕.

例19　(2011年广州市一模压轴题)已知函数$y=f(x)$的定义域为$\mathbf{R}$,且对于任意$x_1,x_2\in\mathbf{R}$,存在正实数L,使得$|f(x_1)-f(x_2)|\leqslant L|x_1-x_2|$都成立.

(1)若$f(x)=\sqrt{1+x^2}$,求L的取值范围;

(2)当$0<L<1$时,数列$\{a_n\}$满足$a_{n+1}=f(a_n)$,$n=1,2,\cdots$.

(ⅰ)证明:$\sum_{k=1}^{n}|a_k-a_{k+1}|\leqslant\frac{1}{1-L}|a_1-a_2|$;

(ⅱ)令$A_k=\frac{a_1+a_2+\cdots a_k}{k}(k=1,2,3,\cdots)$,证明

$$\sum_{k=1}^{n}|A_k-A_{k+1}|\leqslant\frac{1}{1-L}|a_1-a_2|$$

证明　(1) **证法1**　对任意$x_1,x_2\in\mathbf{R}$,有

$$|f(x_1)-f(x_2)|=\left|\sqrt{1+x_1^2}-\sqrt{1+x_2^2}\right|=\left|\frac{x_1^2-x_2^2}{\sqrt{1+x_1^2}+\sqrt{1+x_2^2}}\right|=\frac{|x_1-x_2|\cdot|x_1+x_2|}{\sqrt{1+x_1^2}+\sqrt{1+x_2^2}}$$

由

$$|f(x_1)-f(x_2)|\leqslant L|x_1-x_2|$$

即

$$\frac{|x_1-x_2|\cdot|x_1+x_2|}{\sqrt{1+x_1^2}+\sqrt{1+x_2^2}}\leqslant L|x_1-x_2|$$

当 $x_1\neq x_2$ 时,得

$$L\geqslant\frac{|x_1+x_2|}{\sqrt{1+x_1^2}+\sqrt{1+x_2^2}}$$

因为

$$\sqrt{1+x_1^2}>|x_1|,\sqrt{1+x_2^2}>|x_2|$$

且

$$|x_1|+|x_2|\geqslant|x_1+x_2|$$

所以

$$\frac{|x_1+x_2|}{\sqrt{1+x_1^2}+\sqrt{1+x_2^2}}<\frac{|x_1+x_2|}{|x_1|+|x_2|}\leqslant 1$$

所以要使

$$|f(x_1)-f(x_2)|\leqslant L|x_1-x_2|$$

对任意 $x_1,x_2\in\mathbf{R}$ 都成立,只要 $L\geqslant 1$.

当 $x_1=x_2$ 时, $|f(x_1)-f(x_2)|\leqslant L|x_1-x_2|$ 恒成立.

所以 L 的取值范围是 $[1,+\infty)$.

证法 2 当 $x_1\neq x_2$ 时

$$|f(x_1)-f(x_2)|\leqslant L|x_1-x_2|$$

$$L\geqslant\frac{|f(x_1)-f(x_2)|}{|x_1-x_2|}$$

恒成立.

由拉格朗日插值定理

$$\frac{|f(x_1)-f(x_2)|}{|x_1-x_2|}=|f'(x)|$$

故

$$L \geqslant |f'(x)|_{\max}$$

$$|f'(x)| = \frac{|x|}{\sqrt{1+x^2}} = \sqrt{\frac{x^2}{1+x^2}} = \sqrt{1-\frac{1}{1+x^2}} < 1$$

所以 $L \geqslant 1$.

当 $x_1 = x_2$ 时，$|f(x_1) - f(x_2)| \leqslant L|x_1 - x_2|$ 恒成立.

所以 L 的取值范围为 $[1, +\infty)$.

证法 3　$f(x) = y = \sqrt{1+x^2}$，图像为双曲线 $y^2 - x^2 = 1$ 的上半支.

当 $x_1 \neq x_2$ 时，$\dfrac{|f(x_1) - f(x_2)|}{|x_1 - x_2|}$ 表示图像上两点连线的斜率的绝对值.

而双曲线渐近线的斜率为 1，所以

$$\frac{|f(x_1) - f(x_2)|}{|x_1 - x_2|} \in [0, 1)$$

所以 $L \geqslant 1$，下同证法 1.

证法 4　$L \geqslant \left(\dfrac{|f(x_1) - f(x_2)|}{|x_1 - x_2|}\right)_{\max}$，当 $x_1 \neq x_2$ 时

$$\frac{|f(x_1) - f(x_2)|}{|x_1 - x_2|} =$$

$$\sqrt{\frac{2 + x_1^2 + x_2^2 - 2\sqrt{(1+x_1^2)(1+x_2^2)}}{x_1^2 + x_2^2 - 2x_1x_2}} \leqslant$$

$$\sqrt{\frac{2 + x_1^2 + x_2^2 - 2(1 + |x_1x_2|)}{x_1^2 + x_2^2 - 2x_1x_2}} =$$

$$\frac{||x_1| - |x_2||}{|x_1 - x_2|} \leqslant \frac{|x_1 - x_2|}{|x_1 - x_2|} = 1$$

所以

$$\frac{|f(x_1)-f(x_2)|}{|x_1-x_2|}\leqslant 1$$

所以 $L\geqslant 1$,下同证法 1.

(2)(ⅰ)**证法 1** 因为

$$a_{n+1}=f(a_n)\quad (n=1,2,\cdots)$$

故当 $n\geqslant 2$ 时

$$\begin{aligned}|a_n-a_{n+1}|=&|f(a_{n-1})-f(a_n)|\leqslant L|a_{n-1}-a_n|=\\&L|f(a_{n-2})-f(a_{n-1})|\leqslant\\&L^2|a_{n-2}-a_{n-1}|\leqslant\cdots\leqslant L^{n-1}|a_1-a_2|\end{aligned}$$

所以

$$\begin{aligned}\sum_{k=1}^{n}|a_k-a_{k+1}|=&|a_1-a_2|+|a_2-a_3|+\\&|a_3-a_4|+\cdots+|a_n-a_{n+1}|\leqslant\\&(1+L+L^2+\cdots+L^{n-1})|a_1-a_2|=\\&\frac{1-L^n}{1-L}|a_1-a_2|\end{aligned}$$

因为 $0<L<1$,所以

$$\sum_{k=1}^{n}|a_k-a_{k+1}|\leqslant\frac{1}{1-L}|a_1-a_2|$$

(当 $n=1$ 时,不等式也成立).

证法 2 因为

$$|a_{k+1}-a_k|\leqslant L|a_k-a_{k-1}|$$

所以

$$|a_3-a_2|\leqslant L|a_2-a_1|$$
$$|a_4-a_3|\leqslant L|a_3-a_2|$$
$$\vdots$$
$$|a_{n+1}-a_n|\leqslant L|a_n-a_{n-1}|$$

以上各式相加,得

$$\sum_{k=2}^{n}|a_k-a_{k+1}|\leqslant L\sum_{k=2}^{n}|a_{k-1}-a_k|=L\sum_{k=1}^{n-1}|a_k-a_{k+1}|$$

所以

$$|a_1-a_2|+\sum_{k=2}^{n}|a_k-a_{k+1}|\leqslant$$

$$|a_1-a_2|+L\sum_{k=1}^{n-1}|a_k-a_{k+1}|\leqslant$$

$$|a_1-a_2|+L\sum_{k=1}^{n-1}|a_k-a_{k+1}|+L|a_n-a_{n+1}|$$

所以

$$\sum_{k=1}^{n}|a_k-a_{k+1}|\leqslant|a_1-a_2|+L\sum_{k=1}^{n}|a_k-a_{k+1}|$$

所以

$$(1-L)\sum_{k=1}^{n}|a_k-a_{k+1}|\leqslant|a_1-a_2|$$

所以

$$\sum_{k=1}^{n}|a_k-a_{k+1}|\leqslant\frac{1}{1-L}|a_1-a_2|$$

证法 3　用数学归纳法证明加强命题

$$\sum_{k=1}^{n}|a_k-a_{k+1}|\leqslant\frac{1-L^n}{1-L}|a_1-a_2|$$

再进行放缩证明.

(ⅱ)**证法 1**　因为

$$A_k=\frac{a_1+a_2+\cdots a_k}{k}$$

所以

$$|A_k-A_{k+1}|=$$

$$\left|\frac{a_1+a_2+\cdots+a_k}{k}-\frac{a_1+a_2+\cdots+a_{k+1}}{k+1}\right|=$$

$$\left|\frac{1}{k(k+1)}(a_1+a_2+\cdots+a_k-ka_{k+1})\right|=$$

$$\frac{1}{k(k+1)}\mid(a_1-a_2)+2(a_2-a_3)+$$

$$3(a_3-a_4)+\cdots+k(a_k-a_{k+1})\mid\leqslant$$

$$\frac{1}{k(k+1)}(|a_1-a_2|+2|a_2-a_3|+$$

$$3|a_3-a_4|+\cdots+k|a_k-a_{k+1}|)$$

所以

$$\sum_{k=1}^{n}|A_k-A_{k+1}|=$$

$$|A_1-A_2|+|A_2-A_3|+\cdots+|A_n-A_{n+1}|\leqslant$$

$$|a_1-a_2|\left(\frac{1}{1\times 2}+\frac{1}{2\times 3}+\cdots+\frac{1}{n(n+1)}\right)+$$

$$2|a_2-a_3|\left(\frac{1}{2\times 3}+\frac{1}{3\times 4}+\cdots+\frac{1}{n(n+1)}\right)+$$

$$3|a_3-a_4|\left(\frac{1}{3\times 4}+\frac{1}{4\times 5}+\cdots+\frac{1}{n(n+1)}\right)+\cdots+$$

$$n|a_n-a_{n+1}|\cdot\frac{1}{n(n+1)}=$$

$$|a_1-a_2|\left(1-\frac{1}{n+1}\right)+|a_2-a_3|\left(1-\frac{2}{n+1}\right)+\cdots+$$

$$|a_n-a_{n+1}|\left(1-\frac{n}{n+1}\right)\leqslant$$

$$|a_1-a_2|+|a_2-a_3|+\cdots+|a_n-a_{n+1}|\leqslant$$

$$\frac{1}{1-L}|a_1-a_2|$$

证法 2 因为

$$kA_k-(k+1)A_{k+1}=-a_{k+1}\tag{1}$$

$$(k-1)A_{k-1}-kA_k=-a_k\tag{2}$$

(1)－(2) 得

$$2kA_k-(k-1)A_{k-1}-(k+1)A_{k+1}=a_k-a_{k+1}$$

所以

$$|2kA_k-(k-1)A_{k-1}-(k+1)A_{k+1}|=$$
$$|(k+1)(A_k-A_{k+1})-(k-1)(A_{k-1}-A_k)|=$$
$$|a_k-a_{k+1}|$$

因为

$$(k+1)|A_k-A_{k+1}|-(k-1)|A_{k-1}-A_k|\leqslant$$
$$|(k+1)(A_k-A_{k+1})-(k-1)(A_{k-1}-A_k)|=$$
$$|a_k-a_{k+1}|\quad(k\geqslant 2)$$

所以

$$(n+1)|A_n-A_{n+1}|-(n-1)|A_{n-1}-A_n|\leqslant$$
$$|(n+1)(A_n-A_{n+1})-(n-1)(A_{n-1}-A_n)|=$$
$$|a_n-a_{n+1}|$$

$$n|A_{n-1}-A_n|-(n-2)|A_{n-2}-A_{n-1}|\leqslant$$
$$|n(A_{n-1}-A_n)-(n-2)(A_{n-2}-A_{n-1})|=$$
$$|a_{n-1}-a_n|$$

$$\vdots$$

$$3|A_2-A_3|-|A_1-A_2|\leqslant$$
$$|2(A_2-A_3)-(A_1-A_2)|=$$
$$|a_2-a_3|$$

将上述各式相加得

$$(n+1)|A_n-A_{n+1}|+|A_{n-1}-A_n|+$$
$$|A_{n-2}-A_{n-1}|+\cdots+|A_2-A_3|-|A_1-A_2|\leqslant$$
$$|a_n-a_{n+1}|+|a_{n-1}-a_n|+\cdots+|a_2-a_3|$$

注意到

$$|A_1-A_2|=\left|a_1-\frac{a_1+a_2}{2}\right|=\frac{1}{2}|a_1-a_2|$$

即

$$2|A_1-A_2|=|a_1-a_2|$$

所以

$$(n+1)|A_n-A_{n+1}|+|A_{n-1}-A_n|+$$
$$|A_{n-2}-A_{n-1}|+\cdots+|A_2-A_3|+|A_1-A_2|\leqslant$$
$$|a_n-a_{n+1}|+|a_{n-1}-a_n|+\cdots+$$
$$|a_2-a_3|+|a_1-a_2|$$

所以

$$\sum_{k=1}^{n}|A_k-A_{k+1}|\leqslant$$
$$(n+1)|A_n-A_{n+1}|+|A_{n-1}-A_n|+$$
$$|A_{n-2}-A_{n-1}|+\cdots+|A_2-A_3|+|A_1-A_2|\leqslant$$
$$\sum_{k=1}^{n}|a_k-a_{k+1}|\leqslant\frac{1}{1-L}|a_1-a_2|$$

证法3

$$|A_k-A_{k+1}|=$$
$$\left|\frac{a_1+a_2+\cdots+a_k}{k}-\frac{a_1+a_2+\cdots+a_{k+1}}{k+1}\right|=$$
$$\left|\frac{1}{k(k+1)}(a_1+a_2+\cdots+a_k-ka_{k+1})\right|=$$
$$\left|\frac{1}{k(k+1)}[(a_1-a_{k+1})+(a_2-a_{k+1})+\cdots+\right.$$
$$\left.(a_k-a_{k+1})]\right|\leqslant$$
$$\frac{1}{k(k+1)}[|a_1-a_{k+1}|+|a_2-a_{k+1}|+\cdots+$$
$$|a_k-a_{k+1}|]\leqslant$$
$$\frac{1}{k(k+1)}[|a_1-a_{k+1}|+|a_2-a_{k+1}|+\cdots+$$
$$|a_k-a_{k+1}|]\leqslant$$
$$\frac{1}{k(k+1)}\{[|a_1-a_2|+|a_2-a_3|+\cdots+$$

$|a_k-a_{k+1}|]+[|a_2-a_3|+|a_3-a_4|+\cdots+$

$|a_k-a_{k+1}|]+\cdots+|a_k-a_{k+1}|\}=$

$\frac{1}{k(k+1)}(|a_1-a_2|+2|a_2-a_3|+$

$3|a_3-a_4|+\cdots+k|a_k-a_{k+1}|)$

下同原解答.

评注　记

$$|a_1-a_2|=b_1,|a_2-a_3|=b_2,$$
$$|a_3-a_4|=b_3,\cdots,|a_k-a_{k+1}|=b_k$$

将上述各式展开,排成矩阵有

$$\begin{pmatrix} b_1 & b_2 & b_3 & \cdots & b_k \\ & b_2 & b_3 & \cdots & b_k \\ & & b_3 & \cdots & b_k \\ & & & & \vdots \\ & & & & b_k \end{pmatrix}$$

就不难发现$|a_1-a_2|,|a_2-a_3|,|a_3-a_4|,\cdots,$ $|a_k-a_{k+1}|$各自的系数了.

例 20　设n为正整数,复系数多项式$P(Z)=a_0+a_1Z+\cdots+a_nZ^n(a_n\neq 0)$.证明:存在一个复数$Z$,使得$|Z|\leqslant 1$,并且$|P(Z)|\geqslant|a_0|+\frac{|a_1|}{n}$.

证明　将$P(Z)$乘以一个单位向量,可使$a_0\geqslant 0$,然后将Z乘以一个单位向量,可使$a_1\geqslant 0$.因此,我们只需在$a_0\geqslant 0,a_1\geqslant 0$的前提下证明题中的结论.对此采用反证法.

若对任意$Z\in\mathbf{C}$,$|Z|\leqslant 1$,均有

$$|P(Z)|<a_0+\frac{a_1}{n}$$

我们令

$$f(Z)=a_0+\frac{a_1}{n}-P(Z)=\frac{a_1}{n}-a_1Z-\cdots-a_nZ^n$$

则 $f(Z)$ 的复根的模长都大于 1. 从而其复根乘积$\left(=(-1)^{n+1}\frac{a_1}{na_n}\right)$不为零,若 $a_1\neq 0$,于是,将$\frac{n}{a_1}f(Z)$分解因式有

$$1-nZ-\cdots-\frac{na_n}{a_1}Z^n=(1-b_1Z)\cdots(1-b_nZ)$$

其中,$b_i\in\mathbf{C}$,且 $|b_i|<1,1\leqslant i\leqslant n$. 注意到

$$b_1+b_2+\cdots+b_n=n$$

从而

$$n=|b_1+b_2+\cdots+b_n|\leqslant$$
$$|b_1|+|b_2|+\cdots+|b_n|<n$$

这是一个矛盾. 所以,命题成立.

5. 三角形不等式

三角形不等式是

$$|x_1+x_2+\cdots+x_n|\leqslant|x_1|+|x_2|+\cdots+|x_n|$$

当 $n=2$ 时

$$||x_1|-|x_2||\leqslant|x_1+x_2|\leqslant|x_1|+|x_2|$$

这些不等式,在几何中应用很广泛.

(1) 线段最短问题

两点之间,线段最短. 其几何表示是

$$OP_1+OP_2\geqslant P_1P_2$$

例 21 已知 M 是 $\triangle ABC$ 内的一点,则

$$MA+MB<AC+BC$$

证明 延长 AM 交 BC 于 N(图 5).

因为

$$AC+BC=AC+BN+NC=(AC+NC)+BN>$$

$$AN+BN=MA+(MN+BN)>MA+MB$$

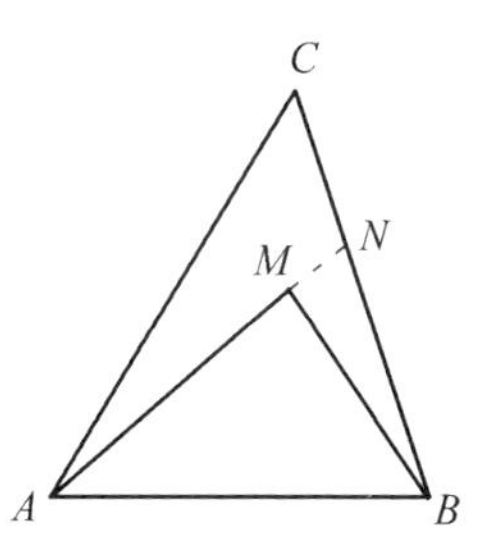

图 5

例 22　已知 M 是凸四边形 $ABCD$ 内的一点,则

$$MA+MB<AD+DC+CB$$

证明　延长 AM 交四边形于 N,不妨设 N 在 CD 上(图 6).

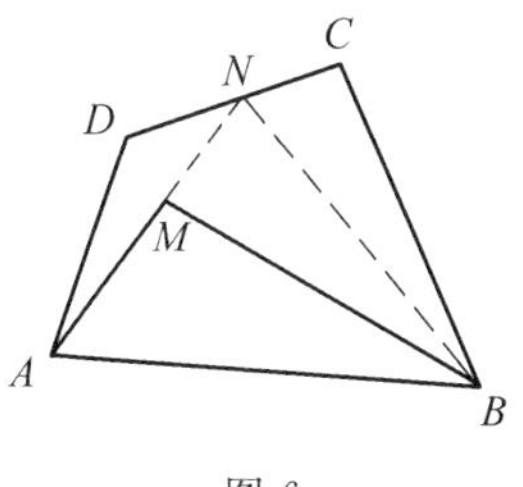

图 6

则

$$\begin{aligned}AD+DC+CB=AD+DN+NC+CB&\geqslant\\AN+NB&=\\MA+MN+NB&>\\MA+MB&\end{aligned}$$

例 23　设正实数满足 $a+b=1$,求证

$$\sqrt{5}\leqslant\sqrt{1+a^2}+\sqrt{1+b^2}<1+\sqrt{2}$$

证明 如图 7 所示,在矩形 $ABCD$ 中,E,F 分别为 AD,BC 的中点,P 为 EF 上一个动点,且 P 与 E,F 不重合.

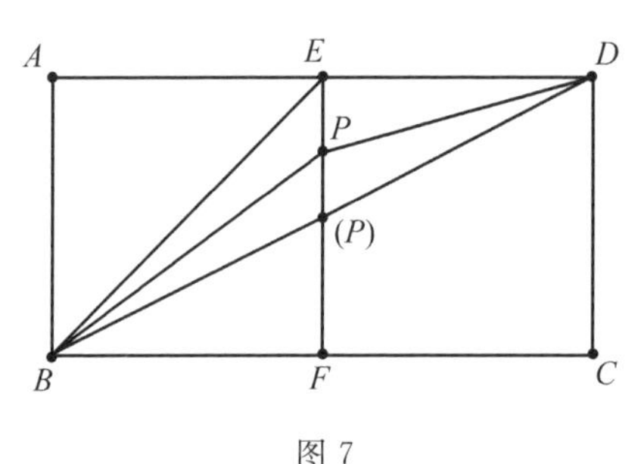

图 7

令 $AB=1$,$BC=2$,$PE=a$,$PF=b$,则

$$PD=\sqrt{1+a^2},PB=\sqrt{1+b^2}$$

由三角不等式知

$$BD\leqslant PB+PD<EB+ED$$

当且仅当 P 在 BD 上时,等号成立.即

$$\sqrt{5}\leqslant\sqrt{1+a^2}+\sqrt{1+b^2}<1+\sqrt{2}$$

评注 本例可进一步推广为:

设 $m,n\in\mathbf{N}$,$m\geqslant 2$,$n\geqslant 2$,$a_i\in\mathbf{R}_+$ $(i=1,2,\cdots,n)$,$\sum_{i=1}^{n}a_i=1$,$p,q>0$,求证

$$\sqrt{n^2k^2+s^2}\leqslant\sum_{i=1}^{n}\sqrt{k^2+a_i^2}<(n-1)k+\sqrt{k^2+s^2}$$

其类似问题是:

设 $n\in\mathbf{N}$,$n\geqslant 2$,$a_i\in\mathbf{R}_+$ $(i=1,2,\cdots,n)$,$\sum_{i=1}^{n}a_i=s$,$k>0$,求证

$$\sqrt[m]{p+q}+(n-1)\sqrt[m]{q}<\sum_{i=1}^{n}\sqrt[m]{pa_i+q}\leqslant$$

$$\sqrt[m]{pn^{m-1}+qn^{m}}$$

例 24　已知点 $A(x_0,y_0)$ 为椭圆 $\frac{x^2}{a^2}+\frac{y^2}{b^2}=1(a>b>0)$ 内一定点，点 P 为椭圆上一动点，$F_1(-c,0)$，$F_2(c,0)$ 分别是椭圆的左、右焦点(图 8)，则 $|PA|+|PF_1|$ 的最大值为 $2a+\sqrt{(x_0-c)^2+y_0{}^2}$，最小值为 $2a-\sqrt{(x_0-c)^2+y_0{}^2}$.

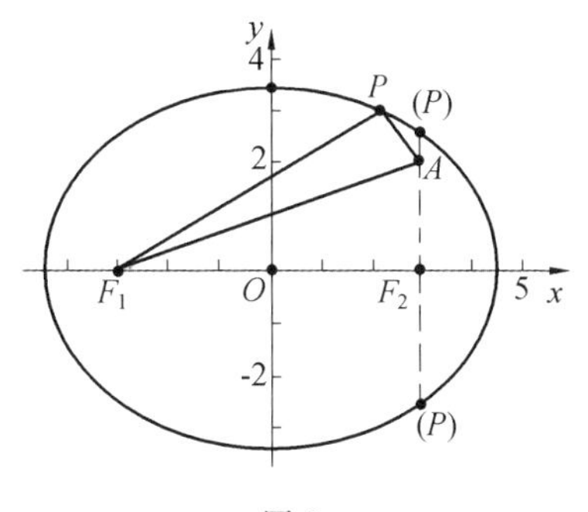

图 8

证明　由椭圆的定义，得

$$|PF_1|+|PF_2|=2a$$

所以

$$|PA|+|PF_1|=|PA|+2a-|PF_2|=2a+(|PA|-|PF_2|)$$

因为

$$||PA|-|PF_2||\leqslant|AF_2|$$

所以当 $|PA|-|PF_2|=|AF_2|$ 时，$|PA|+|PF_1|$ 取最小值 $2a-|AF_2|$；当 $|PF_2|-|PA|=|AF_2|$ 时，$|PA|+|PF_1|$ 取最大值 $2a+|AF_2|$，其中 $|AF_2|=\sqrt{(x_0-c)^2+y_0{}^2}$.

例 25　(2009 年高考数学(四川卷))已知直线 l_1：

$4x-3y+6=0$ 和直线 $l_2: x=-1$，抛物线 $y^2=4x$（图9）上一动点 P 到直线 l_1 和直线 l_2 的距离之和的最小值是（　　）

A. 2　　　B. 3　　　C. $\frac{11}{5}$　　　D. $\frac{37}{16}$

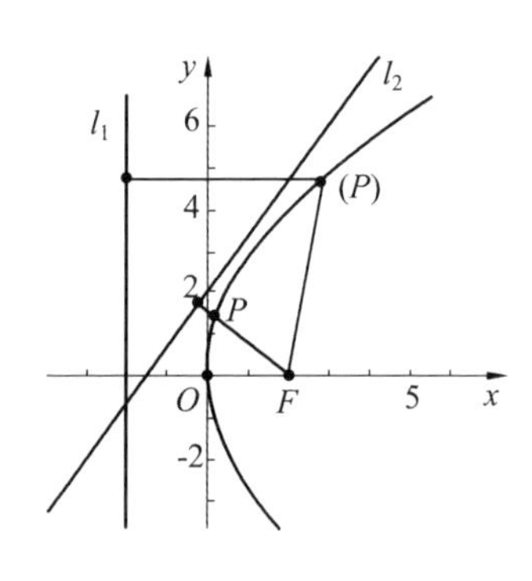

图 9

解　直线 $l_2: x=-1$ 为抛物线 $y^2=4x$ 的准线，由抛物线的定义知，P 到 l_2 的距离等于 P 到抛物线的焦点 $F(1,0)$ 的距离，故本题化为在抛物线 $y^2=4x$ 上找一个点 P，使得 P 到点 $F(1,0)$ 和直线 l_2 的距离之和最小，最小值为 $F(1,0)$ 到直线 $l_1: 4x-3y+6=0$ 的距离，即

$$d_{\min}=\frac{|4\times 1-0+6|}{\sqrt{3^2+4^2}}=2$$

故选择 A.

例 26　已知点 F 为双曲线 $\frac{x^2}{9}-\frac{y^2}{16}=1$ 的右焦点，P 是此双曲线右支上一动点，定点 A 的坐标为 $(9,2)$，求 $|PA|+|PF|$ 的最小值.

解　如图10，设双曲线的左焦点为 F'，可知其坐

标为$(-5,0)$.

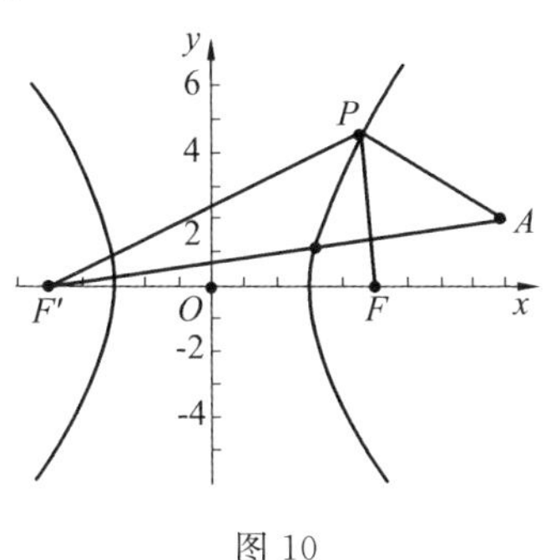

图 10

由双曲线的定义,得

$$|PF'|-|PF|=6$$

所以

$$|PF|=|PF'|-6$$

所以

$$|PA|+|PF|=|PA|+|PF'|-6$$

可见,当 P,F',A 三点共线且点 P 在双曲线的右支上时,$|PA|+|PF|$ 最小,最小值为

$$|AF'|=\sqrt{(9+5)^2+(2-0)^2}=10\sqrt{2}$$

故 $|PA|+|PF|$ 的最小值为 $10\sqrt{2}-6$.

例 27　(2009 年高考数学(辽宁卷))已知 F 是双曲线$\frac{x^2}{4}-\frac{y^2}{12}=1$ 的左焦点,$A(1,4)$,P 是双曲线右支上的动点(图 11),则 $|PF|+|PA|$ 的最小值为________.

解　设双曲线的右焦点为 F',则

$$|PF|-|PF'|=4$$

$$|PF|+|PA|=4+|PF'|+|PA|$$

当 P,F',A 共线时

$$(|PF'|+|PA|)_{\min}=|AE|=5$$

$|PF|+|PA|$ 的最小值为 9.

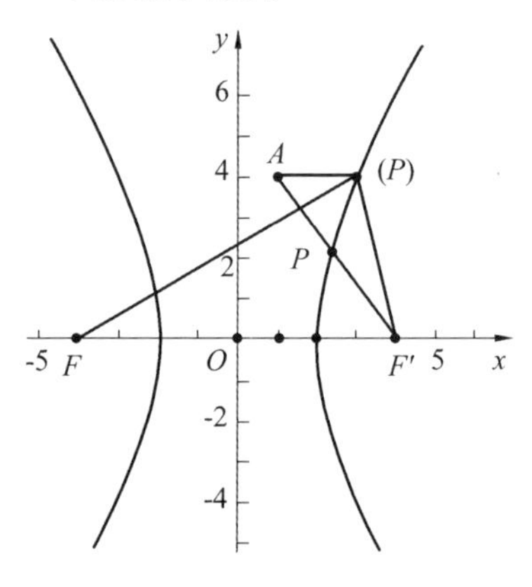

图 11

例 28 (2009 年高考数学(重庆卷)试题改编)点 A 的坐标为$(-\sqrt{5},0)$,B 是圆 $x^2+(y-\sqrt{5})^2=1$ 上的点,点 M 在双曲线 $x^2-\frac{y^2}{4}=1$ 的右支上,求 $|MA|+|MB|$ 的最小值,并求此时点 M 的坐标(图 12).

解 设点 D 的坐标为$(\sqrt{5},0)$,则点 A,D 为双曲线的焦点

$$|MA|-|MD|=2a=2$$

所以

$$|MA|+|MB|=2+|MB|+|MD|\geqslant 2+|BD|$$

因为 B 是圆 $x^2+(y-\sqrt{5})^2=1$ 上的点,设其圆心为 C,则 $C(0,\sqrt{5})$,半径为 1,故

$$|BD|\geqslant|CD|-1=\sqrt{10}-1$$

从而

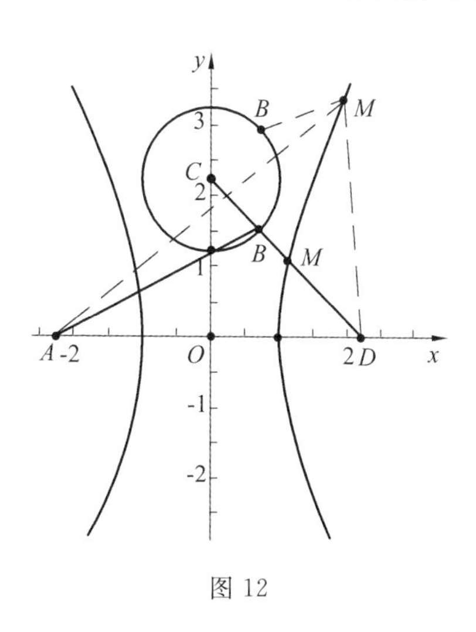

图 12

$$|MA|+|MB|\geqslant 2+|BD|\geqslant\sqrt{10}+1$$

当 M,B 在线段 CD 上时,取等号,此时 $|MA|+|MB|$ 的最小值为 $\sqrt{10}+1$.

因为直线 CD 的方程为 $y=-x+\sqrt{5}$,因点 M 在双曲线右支上,故 $x>0$.

由方程组

$$\begin{cases}4x^2-y^2=4\\ y=-x+\sqrt{5}\end{cases}$$

解得

$$x=\frac{-\sqrt{5}+4\sqrt{2}}{3},y=\frac{4\sqrt{5}-4\sqrt{2}}{3}$$

所以点 M 的坐标为 $\left(\frac{-\sqrt{5}+4\sqrt{2}}{3},\frac{4\sqrt{5}-4\sqrt{2}}{3}\right)$.

例 29　(2011 年高考数学(广东卷,理科)第 19 题改编)已知点 $M\left(\frac{3\sqrt{5}}{5},\frac{4\sqrt{5}}{5}\right)$,$F(\sqrt{5},0)$,且 P 为双曲线

$L:\frac{x^2}{4}-y^2=1$ 上动点,求 $||MP|-|FP||$ 的最大值及此时点 P 的坐标(图 13).

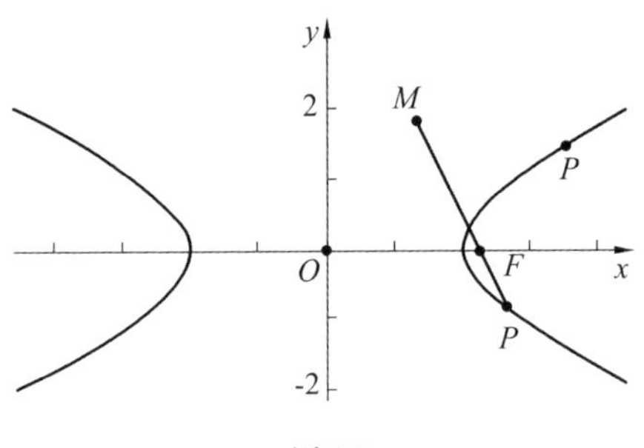

图 13

解　易知点 $M\left(\frac{3\sqrt{5}}{5},\frac{4\sqrt{5}}{5}\right)$ 在双曲线的外部,由

$$||MP|-|FP||\leqslant|MF|=$$
$$\sqrt{\left(\sqrt{5}-\frac{3\sqrt{5}}{5}\right)^2+\left(\frac{4\sqrt{5}}{5}\right)^2}=2$$

当且仅当 M,P,F 三点共线时,$||MP|-|FP||$ 取得最大值 2,有

$$k_{MF}=\frac{0-\frac{4\sqrt{5}}{5}}{\sqrt{5}-\frac{3\sqrt{5}}{5}}=-2$$

$$MF:y=-2(x-\sqrt{5})$$

由

$$\begin{cases}y=-2(x-\sqrt{5})\\\frac{x^2}{4}-y^2=1\end{cases}$$

消去 y 得

$$\frac{x^2}{4}-[-2(x-\sqrt{5})]^2-1=0$$

即

$$15x^2-32\sqrt{5}x+84=0$$

解得 $x=\frac{14\sqrt{5}}{15}$ 或 $x=\frac{6\sqrt{5}}{5}$.

将 $x=\frac{14\sqrt{5}}{15}$ 代入 $y=-2(x-\sqrt{5})$ 得 $y=\frac{2\sqrt{5}}{15}$，$P\left(\frac{14\sqrt{5}}{15},\frac{2\sqrt{5}}{15}\right)$.

将 $x=\frac{6\sqrt{5}}{5}$ 代入 $y=-2(x-\sqrt{5})$ 得 $y=\frac{2\sqrt{5}}{15}$，$P\left(\frac{6\sqrt{5}}{5},-\frac{2\sqrt{5}}{5}\right)$.

例 30　已知抛物线 $y^2=4x$，定点 $A(3,1)$，F 是抛物线的焦点，在抛物线上求一点 P，使 $|AP|+|PF|$ 取最小值，并求其最小值.

分析　由点 A 引准线的垂线，垂足 Q，则

$$|AP|+|PF|=|AP|+|AQ|$$

即为最小值.

解　如图 14，因为 $y^2=4x$，所以 $p=2$，焦点 $F(1,0)$.

由点 A 引准线 $x=-1$ 的垂线，垂足 Q，则

$$|AP|+|PF|=|AP|+|AQ|$$

即为最小值

$$(|AP|+|PF|)_{\min}=4$$

由

$$\begin{cases}y^2=4x\\y=1\end{cases}$$

得 $P\left(\frac{1}{4},1\right)$ 为所求点.

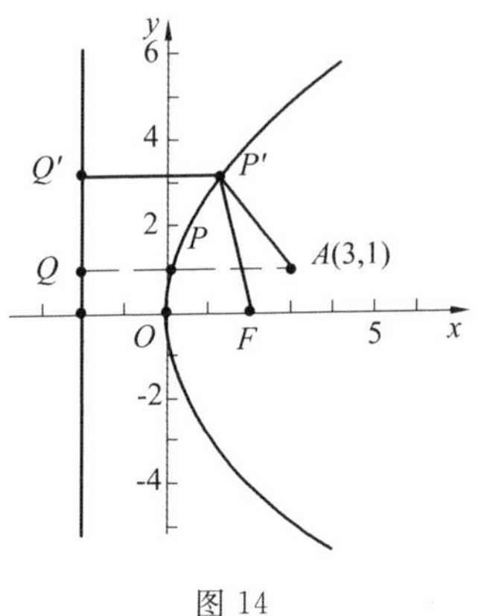

图 14

若另取一点 P'，显然

$$|AP'|+|P'F|=|AP'|+|P'Q'|>|AP|+|PQ|$$

评注 (1)P 为椭圆$\frac{x^2}{a^2}+\frac{y^2}{b^2}=1(a>b>0)$上任一点，$F_1,F_2$ 为二焦点，若 A 为椭圆内一定点，则

$$2a-|AF_2|\leqslant|PA|+|PF_1|\leqslant 2a+|AF_1|$$

当且仅当 A,F_2,P 三点共线时，等号成立. 若 A 为椭圆外一定点，则

$$|AF_1|\leqslant|PA|+|PF_1|\leqslant 2a+|AF_2|$$

当且仅当 A,F_1,P 三点共线时，左边不等式等号成立，当且仅当 A,F_2,P 三点共线时，左边不等式等号成立.

(2)P 为双曲线$\frac{x^2}{a^2}-\frac{y^2}{b^2}=1(a>0,b>0)$上任一点，$F_1,F_2$ 为二焦点，若 A 为双曲线内一定点，则

$$|AF_2|-2a\leqslant|PA|+|PF_1|$$

当且仅当 A,F_2,P 三点共线且 P 和 A,F_2 在 y 轴同侧时，等号成立. 若 A 为双曲线外一定点，P 在左支上，则

$$|AF_1|\leqslant|PA|+|PF_1|$$

当且仅当 A,F_1,P 三点共线且 P 在线段 AF_1 上时，等号成立；P 在右支上，则

$$2a+|AF_2|\leqslant|PA|+|PF_1|$$

当且仅当 A,F_2,P 三点共线且 P 在线段 AF_2 上时，等号成立.

(3) P 为抛物线 $y^2=2px\ (p>0)$ 上任一点，F 为其焦点，若 A 为抛物线内一定点，则

$$|PA|+|PF|\geqslant\frac{p}{2}+x_A$$

当且仅当 A,F,P 三点共线时，等号成立. 若 A 为抛物线外一定点，则

$$|PA|+|PF|\geqslant|AF|$$

当且仅当 A,F,P 三点共线且 P 在线段 AF 上时，等号成立.

思考　如何求 $||PA|-|PF||$ 的最大值呢？

例 31　(1999 年全国高中数学联赛试题) 给定 $A(-2,2)$，已知 B 是椭圆 $\frac{x^2}{25}+\frac{y^2}{16}=1$ 上的动点，F 是左焦点(图 15)，当 $|AB|+\frac{5}{3}|BF|$ 取最小值时，求 B 的坐标.

分析　应如何把 $\frac{5}{3}|MF_1|$ 表示出来.

解　左准线 l_1

$$x=-\frac{a^2}{c}=-\frac{25}{3}$$

作 $MD\perp l_1$ 于点 D，记 $d=|MD|$.

由第二定义可知

$$\frac{|MF_1|}{d}=e=\frac{c}{a}=\frac{3}{5}\Rightarrow|MF_1|=\frac{3}{5}d\Rightarrow$$

$$d=\frac{5}{3}\mid MF_1\mid$$

故有

$$\mid MA\mid+\frac{5}{3}\mid MF_1\mid=\mid MA\mid+d=\mid MA\mid+\mid MD\mid$$

所以当 A,M,D 三点共线时，$\mid MA\mid+\mid MD\mid$ 有最小值：$\frac{25}{3}-2=\frac{19}{3}$.

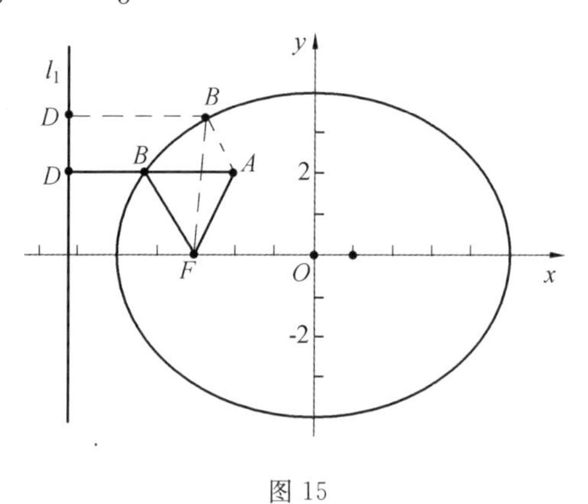

图 15

即 $\mid MA\mid+\frac{5}{3}\mid MF_1\mid$ 的最小值是$\frac{19}{3}$. 此时，可求得 $B\left(-\frac{5\sqrt{3}}{2},2\right)$.

例 32 设 $a,b,c\in\mathbf{R}_+$，且正角 α,β,γ 满足 $\alpha+\beta+\gamma\leqslant 360^\circ$，求证

$$\sqrt{a^2+b^2-2ab\cos\gamma}+\sqrt{b^2+c^2-2bc\cos\alpha}>\sqrt{c^2+a^2-2ca\cos\beta}$$

证明 若 $\alpha+\beta+\gamma=360^\circ$，则构造一个 $\triangle ABC$，在 $\triangle ABC$ 的内部有一点 P（图 16），且

$$PC=a,PA=b,PB=c$$

$$\angle BPC=\alpha,\angle CPA=\beta,\angle APB=\gamma$$

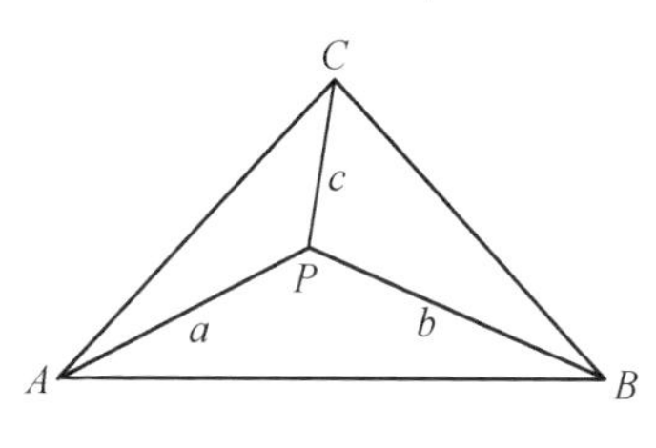

图 16

则由余弦定理知

$$AB=\sqrt{a^2+b^2-2ab\cos\gamma}$$

$$BC=\sqrt{b^2+c^2-2bc\cos\alpha}$$

$$CA=\sqrt{c^2+a^2-2ca\cos\beta}$$

由三角不等式知

$$AB+BC>CA$$

故原不等式成立.

若 $\alpha+\beta+\gamma<360^\circ$，则构造一个三角锥 $P-ABC$(图 17)，且

$$PC=a,PA=b,PB=c$$

$$\angle BPC=\alpha,\angle CPA=\beta,\angle APB=\gamma$$

则由余弦定理知

$$AB=\sqrt{a^2+b^2-2ab\cos\gamma}$$

$$BC=\sqrt{b^2+c^2-2bc\cos\alpha}$$

$$CA=\sqrt{c^2+a^2-2ca\cos\beta}$$

由三角不等式知

$$AB+BC>CA$$

故原不等式成立.

综上可知，原不等式成立.

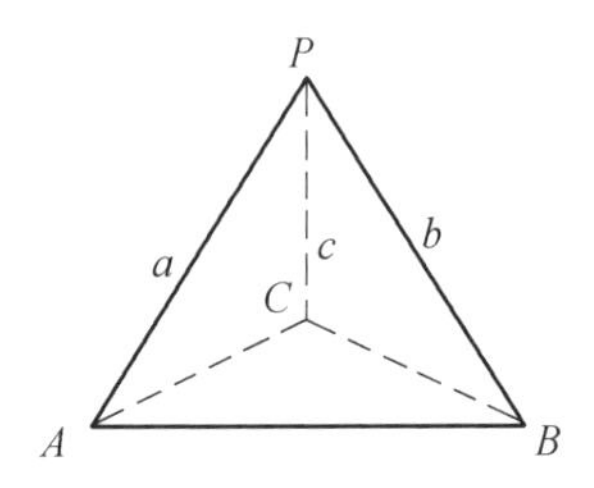

图 17

评注 (1) 若 $\alpha=\beta=60^\circ,\gamma=120^\circ$,即得第 31 届 IMO 国家集训队试题:

证明对于任意正实数 a,b,c,有

$$\sqrt{a^2+b^2-ab}+\sqrt{b^2+c^2-bc}>\sqrt{c^2+a^2+ca}$$

(2) 若 $\alpha=\beta=45^\circ,\gamma=90^\circ$,即得 2007 年泰国数学奥林匹克试题:

证明对于任意正实数 a,b,c,有

$$\sqrt{a^2+b^2-\sqrt{2}ab}+\sqrt{b^2+c^2-\sqrt{2}bc}>\sqrt{c^2+a^2+ca}$$

(3) 若 $\alpha=\beta=\gamma$,且 $\lambda=-2\cos\alpha\in(-2,2)$,即得:

证明对于任意正实数 $a,b,c,\lambda\in(-2,1]$ 有

$$\sqrt{a^2+b^2-\lambda ab}+\sqrt{b^2+c^2-\lambda bc}>\sqrt{c^2+a^2-\lambda ca}$$

例 33 设 $a,b,c\in\mathbf{R}_+$,且 $a^2+b^2+c^2=1$,求证

$$\sqrt{1-a^2}+\sqrt{1-b^2}+\sqrt{1-c^2}>2$$

证明 如图 18 所示,以 a,b,c 为棱长构造长方体 $A_1B_1C_1D_1-A_2B_2C_2D_2$,作长方体以 D_2 为对称中心的对称图形,得到长方体 $D_2E_2F_2G_2-D_3E_3F_3G_3$,则

$$G_2F_3=\sqrt{b^2+c^2}=\sqrt{1-a^2}$$

$$B_1A_2=\sqrt{c^2+a^2}=\sqrt{1-b^2}$$

$$A_2G_2=\sqrt{a^2+b^2}=\sqrt{1-c^2}$$

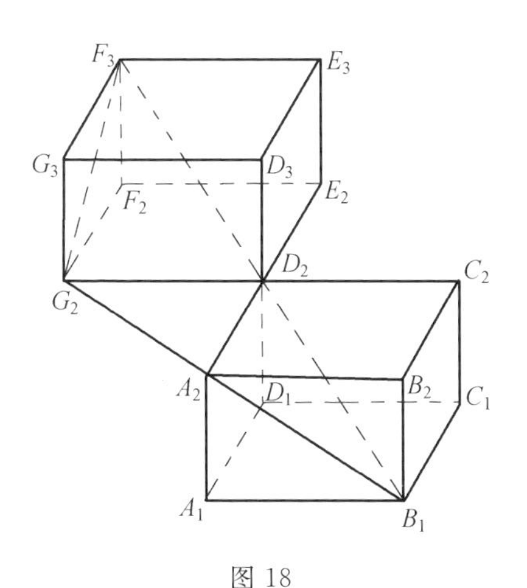

图 18

由 F_3,D_2,B_1 三点共线知

$$B_1F_3=2B_1D_2=2\sqrt{a^2+b^2+c^2}=2$$

由

$$B_1A_2+A_2G_2+G_2F_3>B_1F_3$$

即知原不等式成立.

类似题　(2016 年四川预赛试题)已知正四棱锥 $S-ABCD$ 的侧棱长为 4,$\angle ASB=30^\circ$,过点 A 作截面与侧棱 SB,SC,SD 分别交于 E,F,G,则截面 $AEFG$ 周长的最小值是________.

解　将四棱锥侧面沿 SA 展开,如图 19 所示.

所以截面 $AEFG$ 周长的最小面积为

$$2\cdot SA\sin 60^\circ=4\sqrt{3}$$

(2) 将军饮马问题

将军饮马问题　古希腊一位将军要从 A 地出发到河边 MN 去饮马,然后再回到驻地 B. 问怎样选择饮马地点,才能使路程最短?

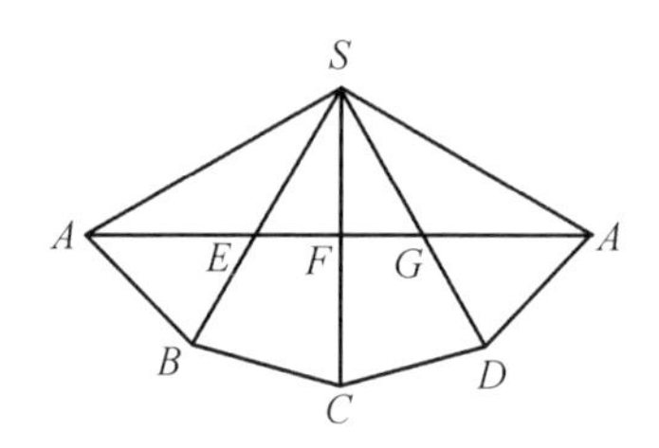

图 19

解析　在河边饮马的地点有许多处，现在的问题是怎样找出使两条线段长度之和为最短的那个点来. 在图 20 上过点 B 作河边 MN 的垂线，垂足为 C，延长 BC 到 B'，B' 是 B 地对于河边 MN 的对称点；联结 AB'，交河边 MN 于 D，那么点 D 就是题目所求的饮马地点. 因为 $BD=B'D$，AD 与 BD 的长度之和就是 AD 与 DB' 的长度之和，即是 AB' 的长度；而选择河边的任何其他点，如点 E，路程 $AE+EB=AE+EB'$，由于 A 和 B' 两点的连线中，线段 AB' 是最短的，所以选择点 D 时路程要短于选择点 E 时的路程.

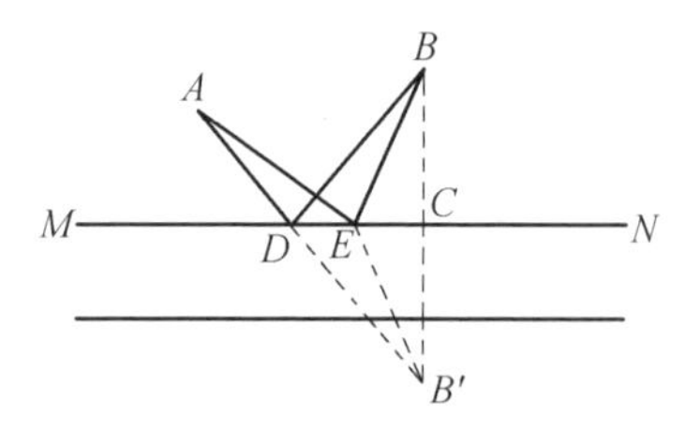

图 20

饮马问题是一个经典的数学问题，反映了数学中的对称性，它与四边形、圆、函数及实际生活紧密联系在一起，贯穿初中数学始终. 由于饮马问题思考过程简单巧妙，越来越受到命题者的青睐.

例 34　(2004 年高二希望杯 1 试) 已知点 $A(3,1)$, 点 M 在直线 $x-y=0$ 上, 点 N 在 x 轴上, 则 $\triangle AMN$ 周长的最小值是________.

分析　利用点关于直线对称来求.

解　如图 21. 点 $A(3,1)$ 关于直线 $x-y=0$ 的对称点是 $A_1(1,3)$, 点 A 关于 x 轴的对称点是 $A_2(3,-1)$. 当 M 在直线 $x-y=0$ 上, N 在 x 轴上时, $\triangle AMN$ 的周长为

$$|AM|+|MN|+|NA|=|A_1A_2|=\sqrt{4+16}=2\sqrt{5}$$

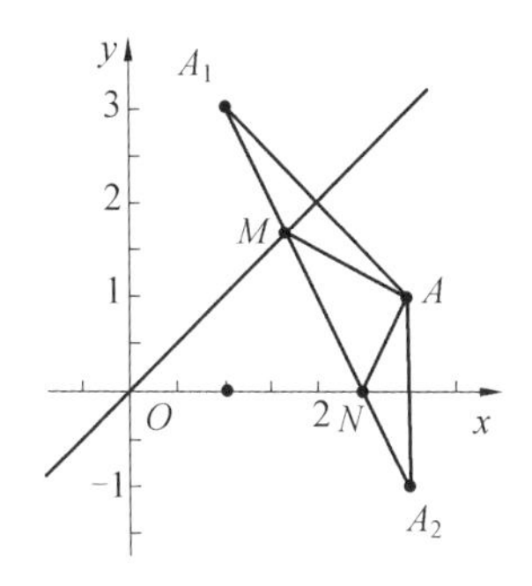

图 21

当且仅当 M 为直线 A_1A_2 与直线 $x-y=0$ 的交点, 且 N 为 A_1A_2 与 x 轴的交点时, $\triangle AMN$ 周长的最小值是 $2\sqrt{5}$.

评注　处理三角形周长的最值问题, 通常采用点关于直线对称的思想来处理. 无独有偶, 本例的变式在 2002 年再次出现.

变式题　(2002 年高二希望杯 1 试) 已知点 $A(3,1)$, 点 M,N 分别在直线 $y=x$ 和 $y=0$ 上, 当 $\triangle AMN$ 的周长最小时, 点 M 的坐标是________, 点 N 的坐标是________.

解 由本例知，点 A 关于直线 $x-y=0$ 的对称点是 $A_1(1,3)$，点 A 关于 x 轴的对称点是 $A_2(3,-1)$，于是过点 A_1,A_2 的直线方程是

$$2x+y-5=0$$

该直线交 $y=x$ 于点 $M\left(\frac{5}{3},\frac{5}{3}\right)$，交 x 轴于点 $N\left(\frac{5}{2},0\right)$. 此时 $\triangle AMN$ 的周长恰好等于联结 A_1,A_2 两点的线段的长. 而对其他位置时的点 M,N，$\triangle AMN$ 的周长同样等于联结 A_1,A_2 两点的折线的长度，自然大于前者.

所以 $M\left(\frac{5}{3},\frac{5}{3}\right)$，$N\left(\frac{5}{2},0\right)$ 即为所求.

例 35 （2005 年高二希望杯 2 试）已知正 $\triangle ABC$ 的边长为 1，点 P 是 $\triangle ABC$ 的中心，点 M_1,M_2,M_3 分别是 $\triangle ABC$ 三边上的点，则 $PM_1+M_1M_2+M_2M_3+M_3P$ 的最小值是________.

分析 利用点关于直线对称来求.

解 如图 22，分别作点 P 关于 AB,AC 的对称点 P_1,P_2，作点 P_2 关于 BC 的对称点 P_3. 联结 P_1P_3，分别交 AB,BC 于点 M_1,M_2，联结 M_2P_2 交 AC 于点 M_3，联结 M_3P，则此时 $PM_1+M_1M_2+M_2M_3+M_3P$ 的值最小，是 P_1P_3.

联结 CP，PP_1，则 $\triangle CPP_2$ 也是正三角形.

在 $\triangle CP_1P_3$ 中

$$PP_1=CP=CP_2=CP_3=\frac{\sqrt{3}}{3}$$

$$\angle P_1CP_3=90^\circ+\angle P_1CB=90^\circ+30^\circ=120^\circ$$

由余弦定理知

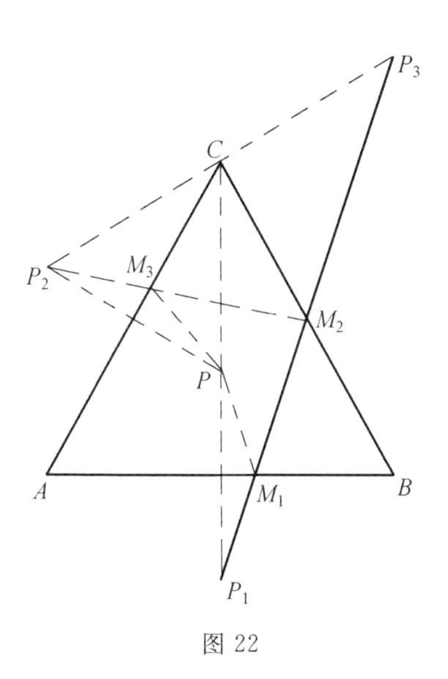

图 22

$P_1P_3=$

$\sqrt{CP_1{}^2+CP_3{}^2-2CP\cdot CP_3\cos\angle P_1CP_3}=$

$\sqrt{\left(\frac{\sqrt{3}}{3}\right)^2+\left(\frac{2\sqrt{3}}{3}\right)^2-2\times\frac{\sqrt{3}}{3}\times\frac{2\sqrt{3}}{3}\times\cos 120^\circ}=$

$\sqrt{\frac{1}{3}+\frac{4}{3}-2\times\frac{2}{3}\times\left(-\frac{1}{2}\right)}=\frac{\sqrt{21}}{3}$

故 $PM_1+M_1M_2+M_2M_3+M_3P$ 的最小值是 $\frac{\sqrt{21}}{3}$.

评注　处理折线段长度的最值问题，通常采用点关于直线对称的思想来处理. 本题也可以建立直角坐标系来解.

例 36　已知 $\frac{x^2}{9}+\frac{y^2}{5}=1$ 的焦点 F_1,F_2,M 是直线 $l:x+y-6=0$ 上一点，求以 F_1,F_2 为焦点，通过点 M

且长轴最短的椭圆方程(图 23).

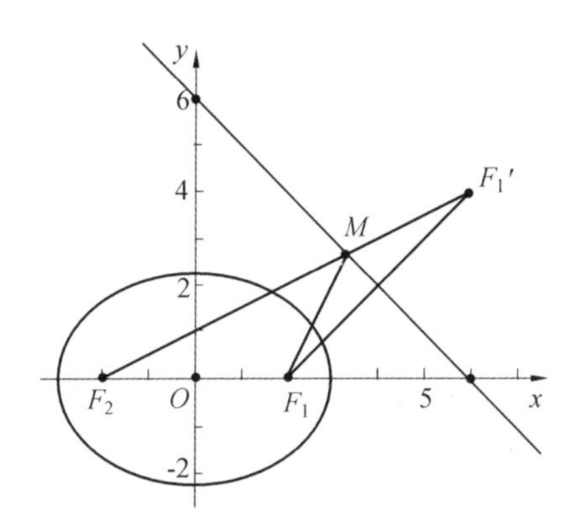

图 23

解 由

$$\frac{x^2}{9}+\frac{y^2}{5}=1$$

得 $F_1(2,0)$,$F_2(-2,0)$,F_1 关于直线 l 的对称点 $F'_1(6,4)$,连 F'_1F_2 交 l 于一点,即为所求的点 M,所以

$$2a=|MF_1|+|MF_2|=|F'_1F_2|=4\sqrt{5}$$

所以 $2a=2\sqrt{5}$,又 $c=2$,所以 $b^2=16$,故所求椭圆方程为

$$\frac{x^2}{20}+\frac{y^2}{16}=1$$

(3) 托勒密不等式的应用

托勒密定理 圆内接四边形中,两条对角线的乘积(两对角线所包矩形的面积)等于两组对边乘积之和(一组对边所包矩形的面积与另一组对边所包矩形的面积之和).

即在圆内接四边形 $ABCD$ 中

$$AB \cdot CD + AD \cdot BC \geqslant BD \cdot AC$$

其逆命题是：

托勒密定理的逆定理　如果凸四边形两组对边的积的和等于两对角线的积，此四边形必内接于圆.

已知四边形 $ABCD$ 满足 $AB \cdot CD + BC \cdot AD = AC \cdot BD$，求证：$A,B,C,D$ 四点共圆.

证明　构造相似三角形，即取点 E(图 24)，使 $\angle BCE = \angle ACD$，且 $\angle CBE = \angle CAD$，则 $\triangle CBE \backsim \triangle CAD$.

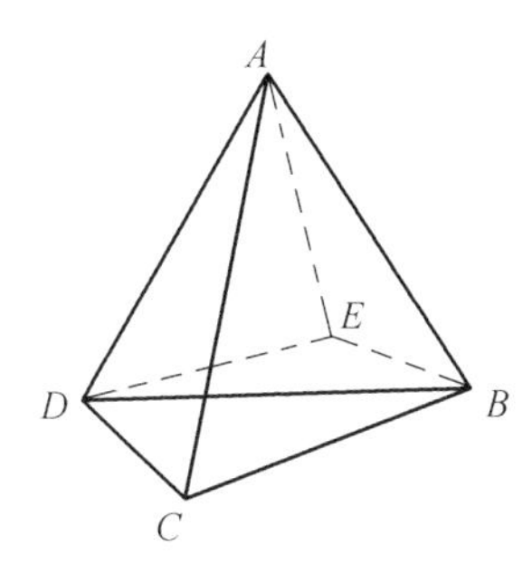

图 24

所以

$$BC \cdot AD = AC \cdot BE \tag{1}$$

又

$$\frac{CB}{CE} = \frac{CA}{CD}, \angle BCA = \angle ECD$$

所以

$$\triangle BCA \backsim \triangle ECD$$

$$AB \cdot CD = AC \cdot DE \tag{2}$$

(1) + (2) 得

$$AB \cdot CD + BC \cdot AD = AC \cdot (BE + DE)$$

显然有

$$BE + DE \geqslant DB$$

于是

$$AB \cdot CD + BC \cdot AD \geqslant AC \cdot DB$$

等号当且仅当 E 在 BD 上成立，结合已知条件得到此时等号成立，这时 $\angle CBD = \angle CAD$，即 A,B,C,D 四点共圆.

由上述证明，我们得到：

托勒密定理的推广 在四边形 $ABCD$ 中，恒有

$$AB \cdot CD + AD \cdot BC \geqslant BD \cdot AC$$

当且仅当四边形 $ABCD$ 内接于圆时等号成立.

另证 以 A 为原点，设 B,C,D 对应的复数分别为 b,c,d.

因为

$$b(c-d)+d(b-c)=c(b-d)$$

所以

$$|c(b-d)| \leqslant |b(c-d)|+|d(b-c)|$$

从而得证.

评注 托勒密定理的推广，即是定理 Ptolemy 不等式.

例 37 (美国数学月刊 2004 年 1 月问题征解 11057) 设 x,y,z 为正数，矩形 $ABCD$ 内部有一点 P，满足 $PA=x,PB=y,PC=z$，求矩形面积的最大值.

解 如图 25 所示，设 $PD=w$，则点 P 正交分解，易得

$$PA^2+PC^2=PB^2+PD^2$$

即

$$x^2+z^2=y^2+w^2$$

即

$$w=\sqrt{x^2+z^2-y^2}$$

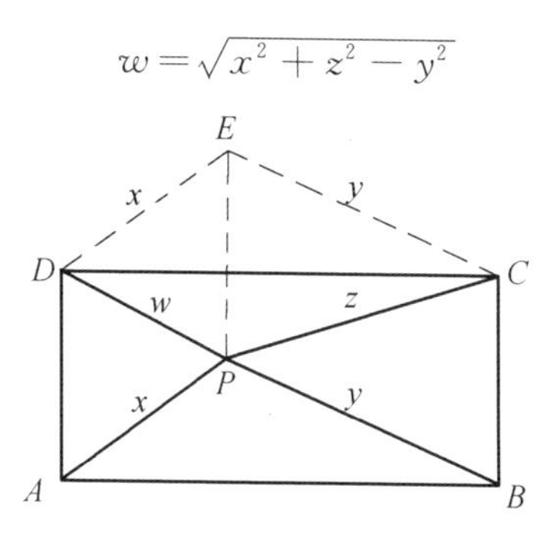

图 25

将 PA 平移至 DE，则四边形 $APED$ 是平行四边形，$PE=AD=BC$，且 $PE \parallel AD \parallel BC$，故四边形 $BPEC$ 是平行四边形，$CE=PB=y$.

对四边形 $CPDE$ 利用托勒密不等式，得

$$S=AD\cdot AB=PE\cdot CD\leqslant DP\cdot CE+CP\cdot DE$$

即

$$S\leqslant xz+yw$$

当且仅当 C,P,D,B 四点共圆时，S 达到最大值 $xz+y\sqrt{x^2+z^2-y^2}$.

例 38　设 C_1,C_2 是同心圆，C_2 的半径是 C_1 半径的 2 倍，四边形 $A_1A_2A_3A_4$ 内接于 C_1，将 A_4A_1 延长交圆 C_2 于 B_1，A_1A_2 延长交圆 C_2 于 B_2，A_2A_3 交圆 C_2 于 B_3，A_3A_4 延长交圆 C_2 于 B_4(图 26)，试证：四边形 $B_1B_2B_3B_4$ 的周长 $\geqslant 2\times$ 四边形 $A_1A_2A_3A_4$ 的周长，并请确定等号成立的条件.

证明　在四边形 $OA_1B_1B_2$ 中，由托勒密定理的推广，得

$$OA_1\cdot B_1B_2+OB_2\cdot A_1B_1\geqslant OB_1\cdot A_1B_2$$

因

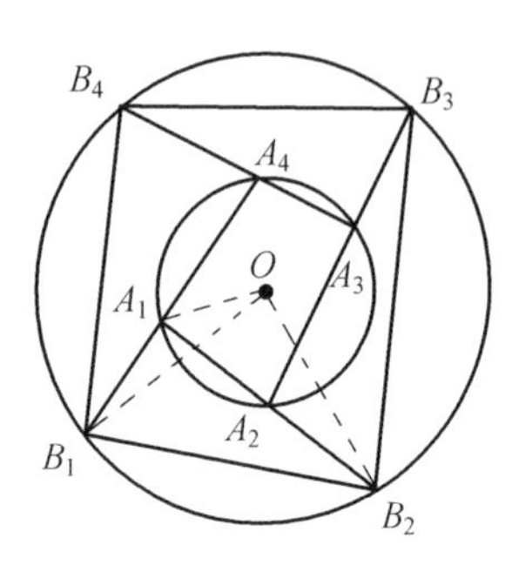

图 26

$$OB_1 = OB_2 = 2OA$$

于是

$$B_1B_2 + 2A_1B_1 \geqslant 2(A_1A_2 + A_2B_2) \qquad (1)$$

同理

$$B_2B_3 + 2A_2B_2 \geqslant 2(A_2A_3 + A_3B_3) \qquad (2)$$

$$B_3B_4 + 2A_3B_3 \geqslant 2(A_3A_4 + A_3B_3) \qquad (3)$$

$$B_4B_1 + 2A_4B_4 \geqslant 2(A_4A_1 + A_1B_1) \qquad (4)$$

相加,得

$$B_1B_2 + B_2B_3 + B_3B_4 + B_4B_1 \geqslant$$
$$2(A_1A_2 + A_2A_3 + A_3A_4 + A_4A_1)$$

式(1)等号成立当且仅当 $OA_1B_1B_2$ 内接于圆成立,可得 $A_1A_4 = A_1A_2$,同理有 $A_2A_3 = A_3A_4$,$A_3A_4 = A_4A_1$,即 $A_1A_2A_3A_4$ 是正方形,从而 $B_1B_2B_3B_4$ 为正方形.

类似题 (2014 年中国西部数学奥林匹克第 7 题)在平面上,已知 O 为正 $\triangle ABC$ 的中心,点 P,Q 满足 $\overrightarrow{OQ} = 2\overrightarrow{PO}$. 证明

$$PA + PB + PC \leqslant QA + QB + QC$$

证明 设 BC,CA,BA 的中点分别为 A_1,B_1,C_1.

由于 $\triangle ABC$ 与 $\triangle A_1B_1C_1$ 关于点 O 位似,位似比

为 $-\frac{1}{2}$,故在此变换下 $P\rightarrow Q$.

则

$$QA+QB+QC=2(PA_1+PB_1+PC_1)$$

在四边形 PA_1BC_1 中,由托勒密不等式知

$$PB\cdot A_1C_1\leqslant PC_1\cdot A_1B+PB_1\cdot PC_1$$

注意到,$\triangle ABC$ 为正三角形,则

$$PB\leqslant PA_1+PC_1$$

同理

$$PC\leqslant PA_1+PB_1,PA\leqslant PB_1+PC_1$$

以上三式相加得

$$PA+PB+PC\leqslant 2(PA_1+PB_1+PC_1)$$

故

$$PA+PB+PC\leqslant QA+QB+QC$$

例 39 (新加坡数学奥林匹克试题)证明对于任意正实数 a,b,c,有

$$c\sqrt{a^2+b^2-ab}+a\sqrt{b^2+c^2-bc}\geqslant b\sqrt{c^2+a^2-ca}$$

证明 如图 27,构造两个 $\triangle ABC$ 和 $\triangle ACD$,其中

$$\angle BAC=\angle CAD=60^\circ$$

$$AB=a,AC=B,AD=c$$

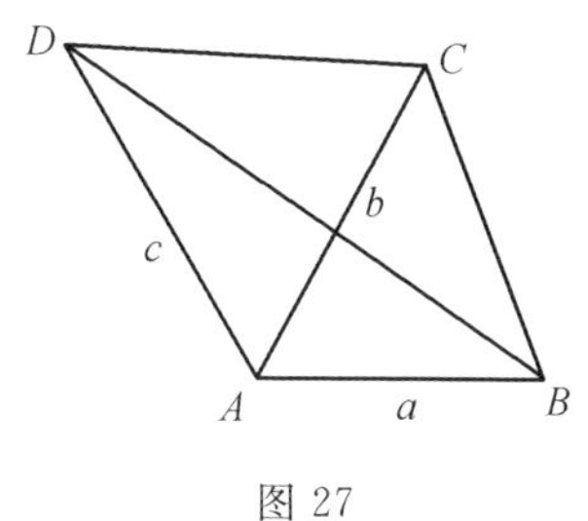

图 27

则由余弦定理知

$$BC=\sqrt{a^2+b^2-ab}$$

$$CD=\sqrt{b^2+c^2-bc}$$

$$BD=\sqrt{c^2+a^2-ca}$$

由 Ptolemy 不等式知

$$AB\cdot CD+BC\cdot AD\geqslant AC\cdot BD$$

即

$$c\sqrt{a^2+b^2-ab}+a\sqrt{b^2+c^2-bc}\geqslant b\sqrt{c^2+a^2-ca}$$

例 40 （2010 年哈萨克斯坦数学奥林匹克试题）设 $x,y\geqslant 0$，证明

$$\sqrt{x^2-x+1}\cdot\sqrt{y^2-y+1}+\sqrt{x^2+x+1}\cdot\sqrt{y^2+y+1}\geqslant 2(x+y)$$

证明 如图 28，构造四边形 $ABCD$，对角线的交点为 O，设 $AO=x$，$OC=y$，$OB=OD=1$，$\angle AOB=\angle COD=60^\circ$.

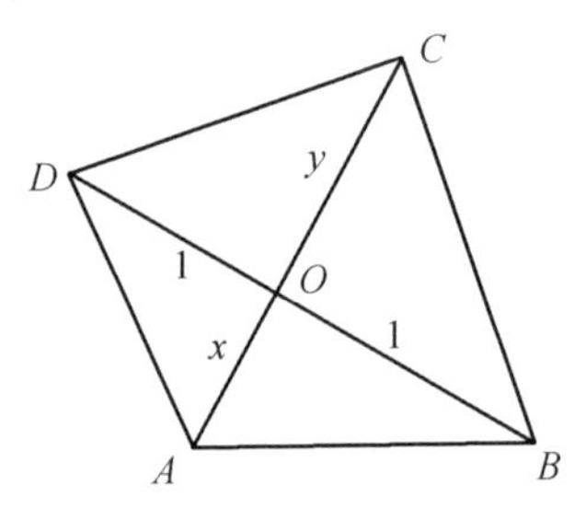

图 28

由余弦定理知

$$AB=\sqrt{x^2-x+1},CD=\sqrt{y^2-y+1}$$

$$AD=\sqrt{x^2+x+1},DA=\sqrt{y^2+y+1}$$

由 Ptolemy 不等式知

$$AB \cdot CD + BC \cdot AD \geqslant AC \cdot BD$$

即

$$\sqrt{x^2-x+1} \cdot \sqrt{y^2-y+1}+\sqrt{x^2+x+1} \cdot \sqrt{y^2+y+1} \geqslant 2(x+y)$$

(4) 费马点问题

在平面几何中，还有一个以费马为名的“费马点”，即：在 $\triangle ABC$ 所在平面上找一点，它到三个顶点的距离之和最小.

只考虑 $\triangle ABC$ 的三个内角都小于 $120°$ 的情况.

解　如图 29，设点 P 是 $\triangle ABC$ 所在平面上一点，将 $\triangle APC$ 绕点 A 逆时针旋转$60°$，得到 $\triangle AQC'$，联结 AC'，此即 $\triangle ABC$ 所在平面上一点到三个顶点的距离之和的最小值，即

$$PA+PB+PC \geqslant AC'$$

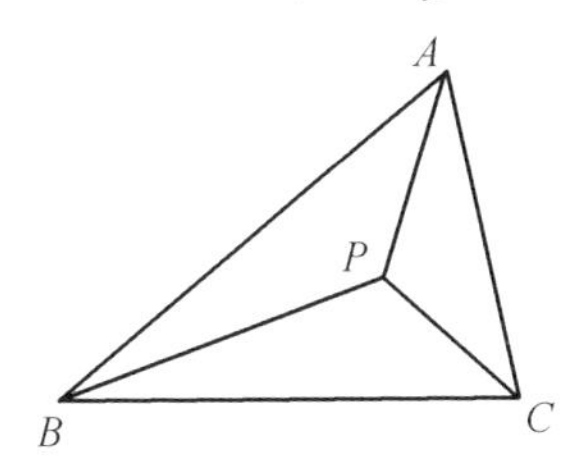

图 29

达到最值的条件是 A,P,Q,C' 四点共线.

当 A,P,Q,C' 四点共线时

$$\angle APB=180°-\angle APQ, \angle APB=180°-\angle AQP$$

由于 $\triangle APQ$ 是 AP 绕点 A 逆时针旋转$60°$得到，故 $\triangle APQ$ 是等边三角形，$\angle APQ=\angle AQP=60°$，故

$$\angle APB=\angle APC=180°-60°=120°$$

从而 $\angle BPC=120°$. 这就是说，当 $PA+PB+PC$ 达到

最小时，$\angle APB=\angle BPC=\angle APC=120^{\circ}$，此点即为费马点 F.

费马点 F 的作法如下：

以 AB,BC,CA 为边向形外作正 $\triangle BCD$，$\triangle ACE$，$\triangle ABK$(图 30)，作此三个三角形的外接圆. 设圆 ABK，圆 ACE 除 A 外的交点为 E，由 A,K,B,F 四点共圆知 $\angle AFB=120^{\circ}$. 同理 $\angle AFC=120^{\circ}$，于是 $\angle BFC=120^{\circ}$. 故圆 BCD 过点 F，即圆 ABK，圆 BCD，圆 ACE 共点 F.

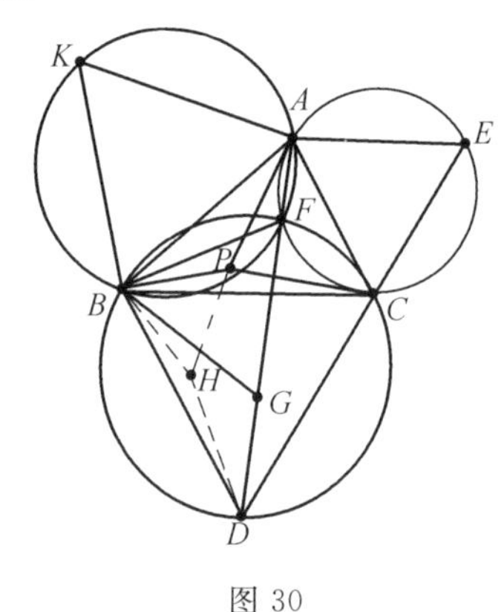

图 30

由 $\angle AFB=120^{\circ}$，$\angle BFD=60^{\circ}$，知 A,F,D 在一条直线上.

在 FD 上取点 G，使 $FG=FB$，则 $\triangle FBG$ 为正三角形. 由

$$BG=BF,BD=BC$$

$$\angle DBG=\angle CBF=60^{\circ}-\angle GBC$$

故

$$\triangle DBG\cong\triangle CBF$$

于是 $GD=FC$，即

$$AD = FA + FB + FC$$

对于平面上任一点 P，以 BP 为一边作等边 $\triangle PBH$，联结 HD，同样可证 $\triangle BHD \cong \triangle BPC$. 于是

$$AP + PH + HD = PA + PB + PC$$

但

$$AP + PH + HD \geqslant AD = PA + PB + PC$$

这就是说，点 F 为所求点. 这点称为 $\triangle ABC$ 的费马点.

如果 $\triangle ABC$ 有某一内角 $\geqslant 120^\circ$，例如 $\angle A \geqslant 120^\circ$，则点 A 即为所求点.

这个题目真正有趣的地方在于，它有一个非常简单的物理解法. 我们可以用费马原理来说明，为什么费马点 F 满足

$$\angle AFB = \angle BFC = \angle AFC = 120^\circ$$

假设我们固定 AF 的长度，那么点 F 的轨迹是一个以 A 为圆心的圆(图 31). 当 $BF + FC$ 达到最小时，路径 $B \to F \to C$ 必然符合光的传播性质，反射点 F 满足入射角等于反射角，也就是说 AF 的延长线(即法线)平分 $\angle BFC$. 同样地，固定 BF 的长度，则要想 $AF + FC$ 最小，BF 的延长线必须平分 $\angle AFC$. 类似地，还有 CF 的延长线平分 $\angle AFB$. 只有上述三个角平分关系同时成立时，$AF + BF + CF$ 才能达到最小，否则我总可以调整它们间的角度使其变得更优. 再加上对顶角相等，我们立即看到，图 32 中所有这 6 个角全都等于60°. 这样，我们就得到了先前证明的结论：存在点 F 使得它到 A，B，C 的距离和最小，此时

$$\angle AFB = \angle BFC = \angle AFC = 120^\circ$$

上面的这个问题有一个扩展，叫作广义费马点问题。考虑平面上 n 个点 A_1，A_2，$\cdots$，A_n，每个点都有一

个权值 $W_1, W_2, \cdots, W_n$，广义费马点是这样的一个点 P，它使得 $\sum PA_i \cdot W_i$ 达到最小. 广义费马点更具一般性，有非常高的实用价值. 比如，城区里有 n 个住宅区，第 i 个住宅区里有 W_i 个人，问邮局设在哪里可以使所有人到邮局的总路程最短。目前，广义费马点问题还没有一般结论，但它可以通过力学模拟法完美解决. 我们可以用力学模拟法说明，这个广义费马点是唯一存在的. 事实上，我们可以建立力学模型找出这个点来.

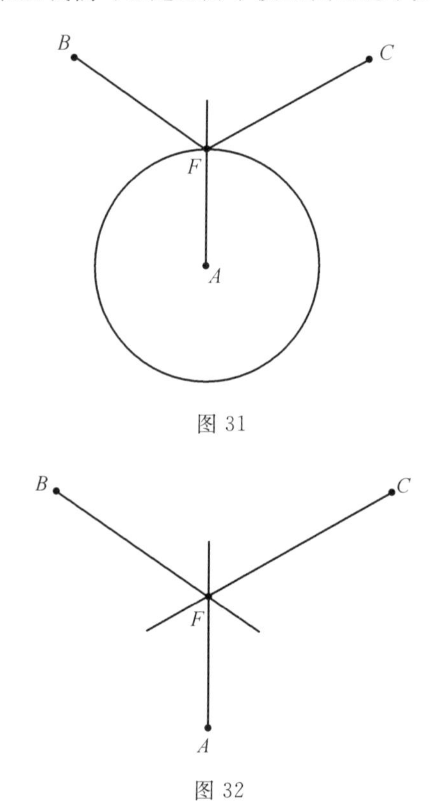

图 31

图 32

例 41　有一条笔直的河流，仓库 A 到河岸所在直线 MN 的距离为 $AC=20$ km. 现有一批货物要从 A 运到 B. 已知货物走陆路时单位里程的运价是水路的 2 倍，货物走陆路到达 D 后再由水路到达 B，问点 D 应选在离 C 多远处才能使总运费最低？

解　如图 33 所示，设走水路每公里的运费为 a 元，则走陆路时每公里的运费为 $2a$ 元，所以总运费

$$y=a(BD+2AD)$$

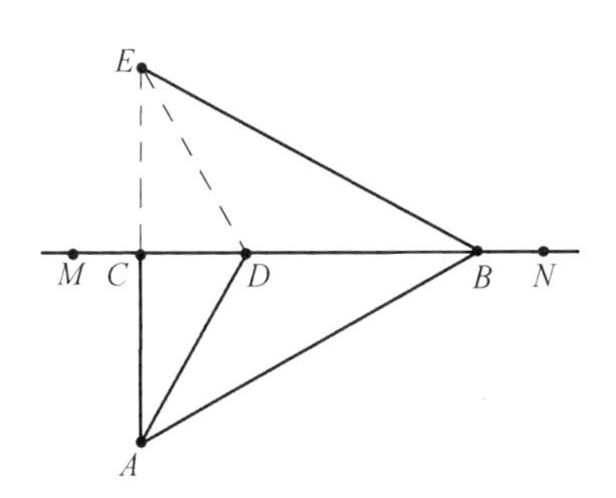

图 33

作点 A 关于直线 MN 的对称点 E，则 $AD=DE$，故

$$y=a(BD+2AD)=a(BD+AD+ED)$$

问题转化为求点 D 到 $\triangle ABE$ 的三顶点的距离和的最小值问题，此即费马点问题. 因此，当点 D 是 $\triangle ABE$ 的费马点时，总运费最低，此时

$$\angle ADB=\angle BDE=\angle ADE=120^\circ$$

在 $\text{Rt}\triangle ADC$ 中

$$AC=20, \angle CAD=30^\circ$$

故

$$CD=\frac{\sqrt{3}}{3}AC=\frac{20\sqrt{3}}{3}$$

所以点 D 应选在离 C 10 km 处才能使总运费最低.

例 42 (2008 年江苏高考题)如图 34,某地有三家工厂,分别位于矩形 $ABCD$ 的顶点 A,B 及 AD 的中点 P 处,已知 $AB=20$ km,$CB=10$ km,为了处理三家工厂的污水,现要在矩形 $ABCD$ 的区域上(含边界),且与 A,B 等距离的一点 O 处建造一个污水处理厂,并铺设排污管道 AO,BO,OP,设排污管道的总长为 y km.

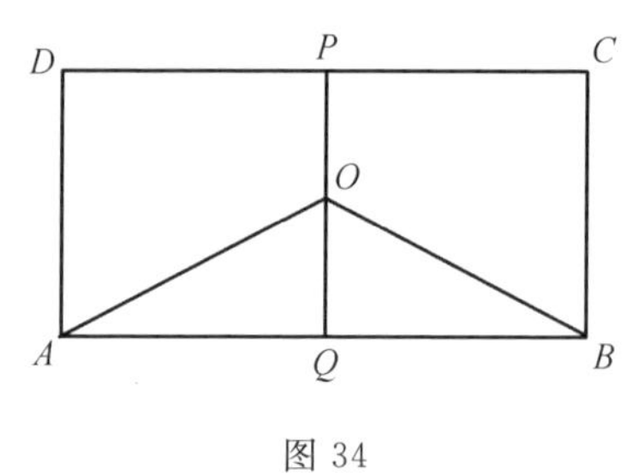

图 34

(1) 按下列要求写出函数关系式:

① 设 $\angle BAO=\theta(\text{rad})$,将 y 表示成 θ 的函数关系式;

② 设 $OP=x(\text{km})$,将 y 表示成 x 的函数关系式.

(2) 请你选用(1) 中的一个函数关系式,确定污水处理厂的位置,使三条排污管道总长度最短.

解 (1)① 由条件知 PQ 垂直平分 AB,若 $\angle BAO=\theta(\text{rad})$,则

$$OA=\frac{AQ}{\cos\theta}=\frac{10}{\cos\theta}$$

故 $OB=\dfrac{10}{\cos\theta}$,又 $OP=10-10\tan\theta$,所以

$$y=OA+OB+OP=\frac{10}{\cos\theta}+\frac{10}{\cos\theta}+10-10\tan\theta$$

所求函数关系式为

$$y=\frac{20-10\sin\theta}{\cos\theta}+10\quad\left(0\leqslant\theta\leqslant\frac{\pi}{4}\right)$$

② 若 $OP=x(\text{km})$，则 $OQ=10-x(\text{km})$，所以

$$OA=OB=\sqrt{(10-x)^2+10^2}=\sqrt{x^2-20x+200}$$

所求函数关系式为

$$y=x+2\sqrt{x^2-20x+200}\quad(0\leqslant x\leqslant 10)$$

$(*)$

(2) 选择函数关系式 ② 求解：$(*)$ 即 $y=OP+2OA$ 的最小值.

注意到 $OB=OA$，则有

$$y=OP+2OA=OP+OA+OB$$

问题转化为求 $\triangle ABP$ 的费马点问题.

当点 O 为 $\triangle ABP$ 的费马点时(图35)

$$\angle AOB=\angle BOP=\angle AOP=120^\circ$$

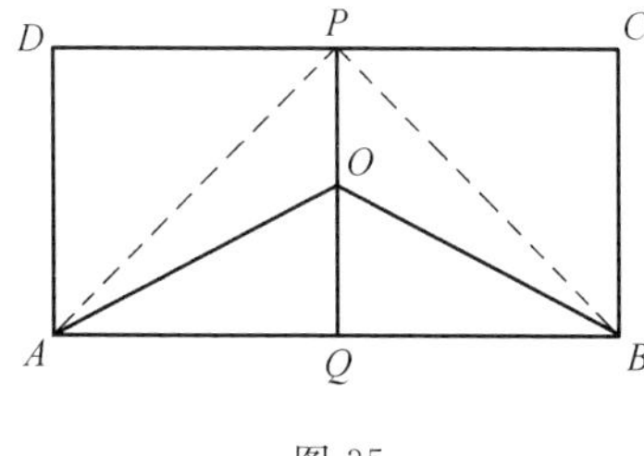

图35

故

$$\angle AOQ=180^\circ-\angle AOP=60^\circ$$

在 $\text{Rt}\triangle APQ$ 中

$$OQ=\frac{AO}{\tan\angle AOQ}=\frac{AO}{\tan 60^\circ}=\frac{10\sqrt{3}}{3}$$

故 $x=10-\frac{10\sqrt{3}}{3}$,故所求污水处理厂的位置在线段 AB 的中垂线上,且距离 AB 边 $\frac{10\sqrt{3}}{3}$ km 处.

例 43 (2007 年高考数学(湖南卷,理科)第 19 题)如图 36,某地为了开发旅游资源,欲修建一条联结风景点 P 和居民区 O 的公路,点 P 所在的山坡面与山脚所在水平面 α 所成的二面角为 $\theta(0^\circ<\theta<90^\circ)$,且 $\sin\theta=\frac{2}{5}$,点 P 到平面 α 的距离 $PH=0.4$ km. 沿山脚原有一段笔直的公路 AB 可供利用. 从点 O 到山脚修路的造价为 a 万元 /km,原有公路改建费用为 $\frac{a}{2}$ 万元 /km. 当山坡上公路长度为 l km$(1\leqslant l\leqslant 2)$ 时,其造价为 $(l^2+1)a$ 万元. 已知 $OA\perp AB$,$PB\perp AB$,$AB=1.5$ km,$OA=\sqrt{3}$ km.

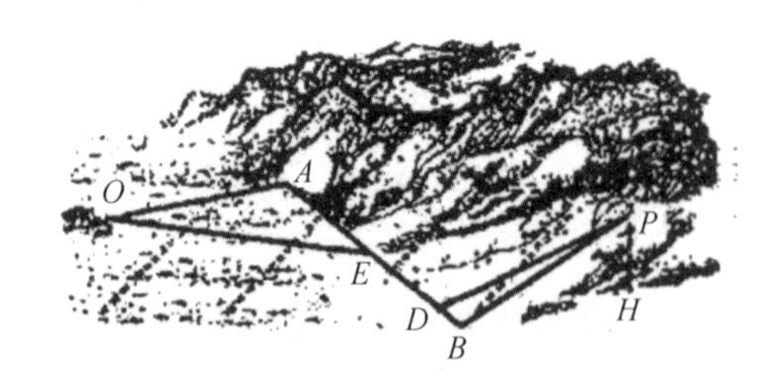

图 36

(1) 在 AB 上求一点 D,使沿折线 $PDAO$ 修建公路的总造价最小;

(2) 对于(1) 中得到的点 D,在 DA 上求一点 E,使

沿折线 $PDEO$ 修建公路的总造价最小.

(3) 在 AB 上是否存在两个不同的点 D',E',使沿折线 $PD'E'O$ 修建公路的总造价小于(2) 中得到的最小总造价,证明你的结论.

解　(1) 如图 37,$PH\perp\alpha$,$HB\subset\alpha$,$PB\perp AB$,由三垂线定理逆定理知,$AB\perp HB$,所以 $\angle PBH$ 是山坡与 α 所成二面角的平面角,则 $\angle PBH=\theta$,$PB=\frac{PH}{\sin\theta}=1$.

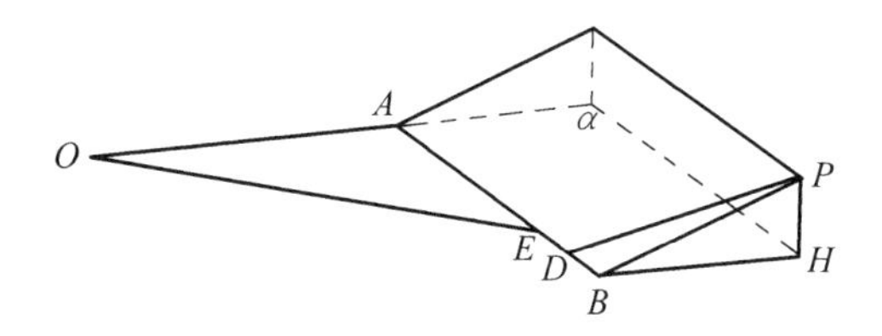

图 37

设 $BD=x$ km,$0\leqslant x\leqslant 1.5$.则

$$PD=\sqrt{x^2+PB^2}=\sqrt{x^2+1}\in[1,2]$$

记总造价为 $f_1(x)$ 万元,据题设有

$$f_1(x)=\left(PD^2+1+\frac{1}{2}AD+AO\right)a=$$

$$\left(x^2-\frac{1}{2}x+\frac{11}{4}+\sqrt{3}\right)a=$$

$$\left(x-\frac{1}{4}\right)^2a+\left(\frac{43}{16}+\sqrt{3}\right)a$$

当 $x=\frac{1}{4}$,即 $BD=\frac{1}{4}$ km 时,总造价 $f_1(x)$ 最小.

(2) 设 $AE=y$ km,$0\leqslant y\leqslant\frac{5}{4}$,总造价为 $f_2(y)$ 万元,根据题设有

$$f_2(y)=\left[PD^2+1+\sqrt{y^2+3}+\frac{1}{2}\left(\frac{3}{2}-\frac{1}{4}-y\right)\right]a=$$

$$\left(\sqrt{y^2+3}-\frac{y}{2}\right)a+\frac{43}{16}a=$$

$$\frac{1}{2}(-y+2\sqrt{y^2+3})a+\frac{43}{16}a$$

问题转化为求

$$u=-y+2\sqrt{y^2+3}$$

的最小值问题，令 $t=-y$，则问题转化为求函数

$$u=t+2\sqrt{t^2+3}$$

的最小值问题

$$u=t+2\sqrt{t^2+(\sqrt{3})^2}+\sqrt{t^2+(-\sqrt{3})^2}$$

设 $A(2t,0)$，$B(0,\sqrt{3})$，$C(0,-\sqrt{3})$，$P(t,0)$，则问题转化为求 $u=PA+PB+PC$ 的最小值，即求 $\triangle ABC$ 的费马点问题.

当 P 为 $\triangle ABC$ 的费马点时

$$\angle APB=\angle BPC=\angle CPA=120^\circ$$

在 $\mathrm{Rt}\triangle OPB$ 中

$$OB=\sqrt{3},\angle OPB=180^\circ-\angle APB=60^\circ$$

$$t=\frac{OB}{\tan\angle OPB}=\frac{\sqrt{3}}{\tan 60^\circ}=1$$

故当 $AE=1$ km 时总造价 $f_2(y)$ 最小，且最小总造价为$\frac{67}{16}a$ 万元.

(3) **解法 1** 不存在这样的点 D'，E'.

事实上，在 AB 上任取不同的两点 D'，E'. 为使总造价最小，E 显然不能位于 D' 与 B 之间. 故可设 E' 位于 D' 与 A 之间，且 $BD'=x_1$ km，$AE'=y_1$ km，$0\leqslant$

$x_1+y_2\leqslant\frac{3}{2}$，总造价为 S 万元，则

$$S=\left(x_1^2-\frac{x_1}{2}+\sqrt{y_1^2+3}-\frac{y_1}{2}+\frac{11}{4}\right)a$$

类似于(1)(2) 讨论知

$$x_1^2-\frac{x_1}{2}\geqslant-\frac{1}{16},\sqrt{y_1^2+3}-\frac{y_1}{2}\geqslant\frac{3}{2}$$

当且仅当 $x_1=\frac{1}{4}$，$y_1=1$ 同时成立时，上述两个不等式等号同时成立，此时 $BD'=\frac{1}{4}$ km，$AE=1$ km，S 取得最小值$\frac{67}{16}a$，点 D'，E' 分别与点 D，E 重合，所以不存在这样的点 D'，E'，使沿折线 $PD'E'O$ 修建公路的总造价小于(2) 中得到的最小总造价.

解法 2　同解法 1 得

$$S=\left(x_1^2-\frac{x_1}{2}+\sqrt{y_1^2+3}-\frac{y_1}{2}+\frac{11}{4}\right)a=$$

$$\left(x_1-\frac{1}{4}\right)^2a+\frac{1}{4}[3(\sqrt{y_1^2+3}-y_1)+$$

$$(\sqrt{y_1^2+3}+y_1)]a+\frac{43}{16}a\geqslant$$

$$\frac{1}{4}\cdot2\sqrt{3(\sqrt{y_1^2+3}-y_1)(\sqrt{y_1^2+3}+y_1)}\cdot a+$$

$$\frac{43}{16}a=\frac{67}{16}a$$

当且仅当 $x_1=\frac{1}{4}$ 且 $3(\sqrt{y_1^2+3}-y_1)(\sqrt{y_1^2+3}+y_1)$，即 $x_1=\frac{1}{4}$，$y_1=1$ 同时成立时，S 取得最小值$\frac{67}{16}a$，以上同解法 1.

例 44 （2016 年辽宁初赛试题）函数

$$f(x,y)=\sqrt{x^2+y^2-6y+9}+\sqrt{x^2+y^2+2\sqrt{3}x+3}+\sqrt{x^2+y^2-2\sqrt{3}x+3}$$

则 $f(x,y)$ 的最小值是(　　)

A. $3+2\sqrt{3}$　　B. $2\sqrt{3}+2$　　C. 6　　D. 8

解

$$f(x,y)=\sqrt{x^2+y^2-6y+9}+\sqrt{x^2+y^2+2\sqrt{3}x+3}+\sqrt{x^2+y^2-2\sqrt{3}x+3}=\sqrt{x^2+(y-3)^2}+\sqrt{(x+\sqrt{3})^2+y^2}+\sqrt{(x-\sqrt{3})^2+y^2}$$

令 $A(0,3),B(-\sqrt{3},0),C(\sqrt{3},0),P(x,y)$(图 38),则

$$f(x,y)=|PA|+|PB|+|PC|$$

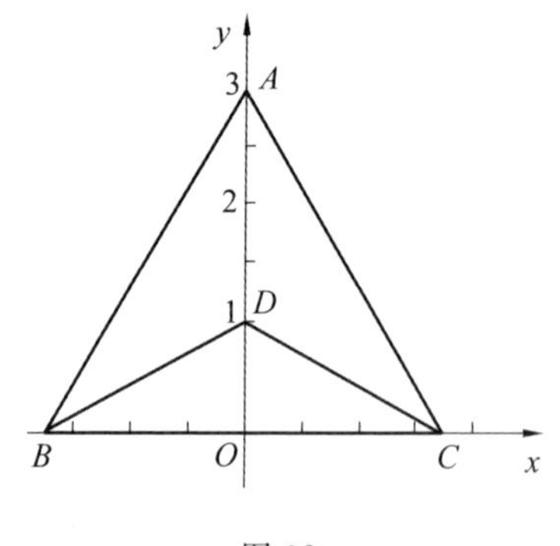

图 38

注意到

$$\angle ABC=\angle BAC=\angle ACB=60^{\circ}$$

故 $\triangle ABC$ 是正三角形，所以 $D(0,1)$ 是 $\triangle ABC$ 的费马点，所以 $f(x,y)$ 的最小值在 P 为 D 时取到，最小值为

$$|DA|+|DB|+|DC|=6$$

故选 C.

4.7 内斯比特不等式及其应用

1903 年，内斯比特建立了如下的几何不等式：

在 $\triangle ABC$ 中，有

$$2>\frac{a}{b+c}+\frac{b}{c+a}+\frac{c}{a+b}\geqslant\frac{3}{2}$$

这就是内斯比特不等式，它优美而又简单.

1954 年，美国数学家 H. S. Shapiro 提出了一个猜想：当 $n\geqslant 3$ 时，且令 $x_{n+1}=x_1,x_{n+2}=x_2$ 有循环不等式

$$\sum_{k=1}^{n}\frac{x_k}{x_{k+1}+x_{k+2}}\geqslant\frac{n}{2}$$

1958 年英国剑桥大学教授莫尔捷洛首先证明了 $n\leqslant 6$ 时不等式成立，并猜测 $n=7$ 时不成立. 但是，1961 年贝尔格莱德的数学家德耶科维奇推翻了莫尔捷洛的猜测，并证明了 $n=8$ 时不等式成立(证明方法也适用于 $n=7$ 的情形)……目前证明了 $n\leqslant 12$ 时不等式成立，而 n 为不小于 25 的奇数以及 n 为不小于 14 的偶数时，不等式不成立. $n=13,15,17,19,21,23$ 也已经证明成立，这个猜想已经被完全解决.

特别地，当 $n=3$ 时，即为内斯比特不等式的代数

形式. 即有

$$\frac{a}{b+c}+\frac{b}{c+a}+\frac{c}{a+b}\geqslant\frac{3}{2}$$

后来内斯比特不等式不断发展，出现了对其 n 维包括代数与几何形式的推广形式，而它也出现了各种各样的加强形式，多为对其左边大于号进行加强. 人们对它的研究热情历经百年，丝毫不减.

证法 1(阿贝尔恒等式法) 欲证不等式等价于

$$\frac{2a-b-c}{b+c}+\frac{2b-c-a}{c+a}+\frac{2c-a-b}{a+b}\geqslant 0$$

不妨设 $a\leqslant b\leqslant c$，则

$$a+b\leqslant a+c\leqslant b+c$$

令

$$a_1=2a-b-c, a_2=2b-c-a, a_3=2c-a-b$$

$$b_1=\frac{1}{b+c}, b_2=\frac{1}{c+a}, b_3=\frac{1}{a+b}$$

则

$$s_1=a_1=2a-b-c\leqslant 0$$

$$s_2=a_1+a_2=a+b-2c\leqslant 0$$

$$s_3=a_1+a_2+a_3=0$$

且易知 $0<b_1\leqslant b_2\leqslant b_3$，由阿贝尔恒等式知

$$\frac{2a-b-c}{b+c}+\frac{2b-c-a}{c+a}+\frac{2c-a-b}{a+b}=$$

$$s_3b_3+s_1(b_1-b_2)+s_2(b_2-b_3)\geqslant 0$$

故原不等式成立.

证法 2 依题意，不妨设 $a\geqslant b\geqslant c>0$，所以有

$$\frac{1}{b+c}\geqslant\frac{1}{c+a}\geqslant\frac{1}{a+b}$$

由排序不等式得

$$\frac{a}{b+c}+\frac{b}{c+a}+\frac{c}{a+b}\geqslant\frac{b}{b+c}+\frac{c}{c+a}+\frac{a}{a+b}$$

$$\frac{a}{b+c}+\frac{b}{c+a}+\frac{c}{a+b}\geqslant\frac{c}{b+c}+\frac{a}{c+a}+\frac{b}{a+b}$$

两式相加得

$$2\left(\frac{a}{b+c}+\frac{b}{c+a}+\frac{c}{a+b}\right)\geqslant 3$$

所以得

$$\frac{a}{b+c}+\frac{b}{c+a}+\frac{c}{a+b}\geqslant\frac{3}{2}$$

证毕.

证法3　依题意,不妨设 $a\geqslant b\geqslant c>0$,所以有

$$\frac{1}{b+c}\geqslant\frac{1}{c+a}\geqslant\frac{1}{a+b}$$

由切比雪夫不等式得

$$\frac{a}{b+c}+\frac{b}{c+a}+\frac{c}{a+b}=$$

$$a\cdot\frac{1}{b+c}+b\cdot\frac{1}{c+a}+c\cdot\frac{1}{a+b}\geqslant$$

$$\frac{1}{3}(a+b+c)\left(\frac{1}{b+c}+\frac{1}{c+a}+\frac{1}{a+b}\right)=$$

$$\frac{1}{6}[(a+b)+(b+c)+(c+a)]\cdot$$

$$\left(\frac{1}{b+c}+\frac{1}{c+a}+\frac{1}{a+b}\right)\geqslant$$

$$\frac{1}{6}\times 3\sqrt[3]{(a+b)(b+c)(c+a)}\cdot$$

$$3\sqrt[3]{\frac{1}{a+b}\cdot\frac{1}{b+c}\cdot\frac{1}{c+a}}=\frac{3}{2}=\frac{3}{2}$$

证法4　依题意,不妨设 $a\geqslant b\geqslant c>0$,所以有

$$\frac{1}{b+c}\geqslant\frac{1}{c+a}\geqslant\frac{1}{a+b}$$

由切比雪夫不等式得

$$\frac{a}{b+c}+\frac{b}{c+a}+\frac{c}{a+b}=$$

$$a\cdot\frac{1}{b+c}+b\cdot\frac{1}{c+a}+c\cdot\frac{1}{a+b}\geqslant$$

$$\frac{1}{3}(a+b+c)\left(\frac{1}{b+c}+\frac{1}{c+a}+\frac{1}{a+b}\right)\geqslant$$

$$\frac{1}{3}(a+b+c)\cdot\frac{9}{b+c+c+a+a+b}=\frac{3}{2}$$

证法 5 不妨设 $a\geqslant b\geqslant c$,则

$$\frac{a}{b+c}+\frac{b}{c+a}+\frac{c}{a+b}-\frac{3}{2}=$$

$$\frac{2a-b-c}{2(b+c)}+\frac{2b-c-a}{2(c+a)}+\frac{2c-a-b}{2(a+b)}\geqslant$$

$$\frac{2a-b-c}{2(a+c)}+\frac{2b-c-a}{2(c+a)}+\frac{2c-a-b}{2(a+b)}=$$

$$\frac{a+b-2c}{2(a+c)}+\frac{2c-a-b}{2(a+b)}\geqslant$$

$$\frac{a+b-2c}{2(a+b)}+\frac{2c-a-b}{2(a+b)}=0$$

证法 6 (程春波)

$$\frac{a}{b+c}+\frac{b}{c+a}+\frac{c}{a+b}\geqslant\frac{3}{2}\Leftrightarrow$$

$$\frac{2a}{b+c}+\frac{2b}{c+a}+\frac{2c}{a+b}\geqslant 3\Leftrightarrow$$

$$\frac{2a-b-c}{b+c}+\frac{2b-c-a}{c+a}+\frac{2c-a-b}{a+b}\geqslant 0$$

不妨设

$$a\geqslant b\geqslant c,\frac{2a-b-c}{b+c}\geqslant 0,\frac{2c-a-b}{a+b}\leqslant 0$$

故

$$\frac{2a-b-c}{b+c}+\frac{2b-c-a}{c+a}+\frac{2c-a-b}{a+b}\geqslant$$

$$\frac{2a-b-c}{b+c}+\frac{2b-c-a}{c+a}\geqslant$$

$$\frac{2a-b-c}{a+c}+\frac{2b-c-a}{c+a}=\frac{a+b-2c}{c+a}\geqslant 0$$

证法7　由对称性，不妨设$a\geqslant b\geqslant c$，并令$x=\frac{a}{c}$，$y=\frac{b}{c}$，将不等式每一项的分子、分母同时除以c使不等式化为在条件$x\geqslant y\geqslant 1$下证明

$$\frac{x}{y+1}+\frac{y}{x+1}+\frac{1}{x+y}\geqslant\frac{3}{2}\Leftrightarrow$$

$$\frac{x(x+1)+y(y+1)}{(x+1)(y+1)}+\frac{1}{x+y}\geqslant\frac{3}{2}$$

令$x+y=A,xy=B$，则

$$上式\Leftrightarrow\frac{A^2-2B+A}{A+B+1}+\frac{1}{A}\geqslant\frac{3}{2}\Leftrightarrow$$

$$2A^3-A^2-A+2\geqslant B(7A-2)$$

显然$7A-2>0,A^2\geqslant 4B$，要证明上式，只要证明

$$4(2A^3-A^2-A+2)\geqslant A^2(7A-2)\Leftrightarrow$$

$$A^3-2A^2-4A+8\geqslant 0\Leftrightarrow$$

$$(A-2)^2(A+2)\geqslant 0$$

从而原不等式得证.

证法8　（杨志明）（等项配置法）

$$\frac{a}{b+c}+\frac{9}{4}\cdot\frac{a(b+c)}{(a+b+c)^2}\geqslant$$

$$2\cdot\frac{3}{2}\cdot\frac{a}{a+b+c}=\frac{3a}{a+b+c}$$

即

$$\frac{a}{b+c} \geqslant \frac{3a}{a+b+c} - \frac{9}{4} \cdot \frac{a(b+c)}{(a+b+c)^2}$$

同理可证

$$\frac{b}{c+a} \geqslant \frac{3b}{a+b+c} - \frac{9}{4} \cdot \frac{b(c+a)}{(a+b+c)^2}$$

$$\frac{c}{a+b} \geqslant \frac{3c}{a+b+c} - \frac{9}{4} \cdot \frac{c(a+b)}{(a+b+c)^2}$$

将以上三式相乘得

$$\frac{a}{b+c} + \frac{b}{c+a} + \frac{c}{a+b} \geqslant$$

$$\frac{3(a+b+c)}{a+b+c} - \frac{9}{4} \cdot \frac{a(b+c)+b(c+a)+c(a+b)}{(a+b+c)^2} =$$

$$3 - \frac{3}{2} \cdot \frac{3(ab+bc+ca)}{(a+b+c)^2} \geqslant$$

$$3 - \frac{3}{2} \cdot \frac{(a+b+c)^2}{(a+b+c)^2} = \frac{3}{2}$$

证法 9 $\frac{a}{b+c} + \frac{a}{b+c} + \frac{1}{2} \geqslant 3\sqrt[3]{\frac{a^2}{2(b+c)^2}} =$

$$\frac{3a}{\sqrt[3]{2a(b+c)(b+c)}} \geqslant \frac{9a}{2(a+b+c)}$$

同理得另二式,三式相加即得.

证法 10

$$x^3 + y^3 + y^3 \geqslant 3xy^2$$

$$x^3 + z^3 + z^3 \geqslant 3xz^2$$

$$2(x^3 + y^3 + z^3) \geqslant 3x(y^2 + z^2)$$

即

$$\frac{x^2}{y^2+z^2} \geqslant \frac{3}{2} \cdot \frac{x^3}{x^3+y^3+z^3}$$

$$\frac{a}{b+c} \geqslant \frac{3}{2} \cdot \frac{\sqrt{a^3}}{\sqrt{a^3}+\sqrt{b^3}+\sqrt{c^3}}$$

证法 11　令

$$R=\frac{a}{b+c}+\frac{b}{c+a}+\frac{c}{a+b}$$

$$S=\frac{b}{b+c}+\frac{c}{c+a}+\frac{a}{a+b}$$

$$V=\frac{c}{b+c}+\frac{a}{c+a}+\frac{b}{a+b}$$

则

$$R+S\geqslant 3, R+V\geqslant 3$$

相加并注意到 $S+V=3$，得 $2R\geqslant 3$.

证法 12　令 $b+c=x, c+a=y, a+b=z$，则 $x, y, z>0$，解得

$$a=\frac{z-x+y}{2}, b=\frac{x-y+z}{2}, c=\frac{y-z+x}{2}$$

所以

$$\frac{a}{b+c}+\frac{b}{c+a}+\frac{c}{a+b}=$$

$$\frac{z-x+y}{2x}+\frac{x-y+z}{2y}+\frac{y-z+x}{2z}=$$

$$\left(\frac{z}{2x}+\frac{x}{2z}\right)+\left(\frac{y}{2x}+\frac{x}{2y}\right)+\left(\frac{z}{2y}+\frac{y}{2z}\right)-\frac{3}{2}\geqslant$$

$$1+1+1-\frac{3}{2}=\frac{3}{2}$$

证法 13　分析：利用调和平均不等式（$H(n)\leqslant G(n)$）只需注意到

$$\frac{(a+b)+(b+c)+(c+a)}{3}\geqslant$$

$$\frac{3}{\frac{1}{a+b}+\frac{1}{b+c}+\frac{1}{c+a}}$$

则容易得证.

证法 14 （宋庆）

$$\frac{c+a}{b+c}+\frac{b+c}{c+a}+\frac{a+b}{b+c}+\frac{b+c}{a+b}+\frac{a+b}{c+a}+\frac{c+a}{a+b}\geqslant 2+2+2$$

$$\frac{2a+b+c}{b+c}+\frac{a+2b+c}{c+a}+\frac{a+b+2c}{a+b}\geqslant 6$$

$$\frac{2a}{b+c}+\frac{2b}{c+a}+\frac{2c}{a+b}\geqslant 3$$

$$\frac{a}{b+c}+\frac{b}{c+a}+\frac{c}{a+b}\geqslant \frac{3}{2}$$

证法 15 不妨设 $a+b+c=1$，由均值不等式得

$$ab+bc+ca\leqslant \frac{(a+b+c)^2}{3}=\frac{1}{3}$$

要证明

$$\frac{a}{b+c}+\frac{b}{c+a}+\frac{c}{a+b}\geqslant \frac{3}{2}$$

只需证明

$$\frac{a}{b+c}+\frac{b}{a+c}+\frac{c}{a+b}\geqslant 3-\frac{9}{2}(ab+bc+ca)$$

即证

$$\left[\frac{a}{b+c}+\frac{9a(b+c)}{4}\right]+\left[\frac{b}{a+c}+\frac{9b(c+a)}{4}\right]+\left[\frac{c}{a+b}+\frac{9c(a+b)}{4}\right]\geqslant 3$$

由均值不等式得

$$\frac{a}{b+c}+\frac{9a(b+c)}{4}\geqslant 3a$$

$$\frac{b}{a+c}+\frac{9b(c+a)}{4}\geqslant 3b$$

$$\frac{c}{a+b}+\frac{9c(a+b)}{4}\geqslant 3c$$

三个式子相加得

$$\left[\frac{a}{b+c}+\frac{9a(b+c)}{4}\right]+\left[\frac{b}{a+c}+\frac{9b(c+a)}{4}\right]+$$
$$\left[\frac{c}{a+b}+\frac{9c(a+b)}{4}\right]\geqslant$$
$$3(a+b+c)=3$$

从而原不等式得证.

证法 16　由对称性,不妨设 $a\geqslant b\geqslant c$,并令 $x=\frac{a}{c},y=\frac{b}{c}$,将不等式每一项的分子、分母同时除以 c 使不等式化为在条件 $x\geqslant y\geqslant 1$ 下证明

$$\frac{x}{y+1}+\frac{y}{x+1}+\frac{1}{x+y}\geqslant\frac{3}{2}$$

由均值不等式得

$$\frac{x+1}{y+1}+\frac{y+1}{x+1}\geqslant 2$$

所以

$$\frac{x}{y+1}+\frac{y}{x+1}\geqslant 2-\left(\frac{1}{x+1}+\frac{1}{y+1}\right)$$

因此,只要证明

$$2-\left(\frac{1}{x+1}+\frac{1}{y+1}\right)\geqslant\frac{3}{2}-\frac{1}{x+y}\Leftrightarrow$$
$$\frac{1}{2}-\frac{1}{y+1}\geqslant\frac{1}{x+1}-\frac{1}{x+y}\Leftrightarrow$$
$$\frac{y-1}{2(y+1)}\geqslant\frac{y-1}{(x+1)(x+y)}\Leftrightarrow$$
$$(x+1)(x+y)\geqslant 2(y+1)$$

由条件 $x\geqslant y\geqslant 1$ 得

$$x+y\geqslant 2,x+1\geqslant y+1$$

从而原不等式得证.

证法 17 （Hojoo Lee）不妨设 $a+b+c=1$，由均值不等式知

$$ab+bc+ca\leqslant\frac{1}{3}(a+b+c)^2=\frac{1}{3}$$

故可加强证明

$$\frac{a}{b+c}+\frac{b}{c+a}+\frac{c}{a+b}\geqslant 3-\frac{9}{2}(ab+bc+ca)$$

$$\left[\frac{a}{b+c}+\frac{9a(b+c)}{4}\right]+\left[\frac{b}{c+a}+\frac{9b(c+a)}{4}\right]+\left[\frac{c}{a+b}+\frac{9c(a+b)}{4}\right]\geqslant 3$$

由均值不等式知

$$\left[\frac{a}{b+c}+\frac{9a(b+c)}{4}\right]+\left[\frac{b}{c+a}+\frac{9b(c+a)}{4}\right]+\left[\frac{c}{a+b}+\frac{9c(a+b)}{4}\right]\geqslant$$

$$2\sqrt{\frac{a}{b+c}\cdot\frac{9a(b+c)}{4}}+2\sqrt{\frac{b}{c+a}\cdot\frac{9b(c+a)}{4}}+2\sqrt{\frac{c}{a+b}\cdot\frac{9c(a+b)}{4}}=$$

$$3a+3b+3c=3$$

证法 18 （Hojoo Lee）不妨设 $a\geqslant b\geqslant c$，令 $x=\frac{a}{c}$，$y=\frac{b}{c}$，$x\geqslant y\geqslant 1$，则

$$\frac{a}{b+c}+\frac{b}{c+a}+\frac{c}{a+b}\geqslant\frac{3}{2}\Leftrightarrow$$

$$\frac{\frac{a}{c}}{\frac{b}{c}+1}+\frac{\frac{b}{c}}{1+\frac{a}{c}}+\frac{1}{\frac{a}{c}+\frac{b}{c}}\geqslant\frac{3}{2}\Leftrightarrow$$

$$\frac{x}{y+1}+\frac{y}{1+x}+\frac{1}{x+y}\geqslant\frac{3}{2}\Leftrightarrow$$

$$\frac{x}{y+1}+\frac{y}{1+x}\geqslant\frac{3}{2}-\frac{1}{x+y}$$

由均值不等式知

$$\frac{1+x}{1+y}+\frac{1+y}{1+x}\geqslant 2\Leftrightarrow$$

$$\frac{x}{y+1}+\frac{y}{1+x}\geqslant 2-\frac{1}{1+x}-\frac{1}{1+y}$$

为此，只需证明

$$2-\frac{1}{1+x}-\frac{1}{1+y}\geqslant\frac{3}{2}-\frac{1}{x+y}\Leftrightarrow$$

$$\frac{1}{2}-\frac{1}{1+y}\geqslant\frac{1}{1+x}-\frac{1}{x+y}\Leftrightarrow$$

$$\frac{y-1}{2(1+y)}\geqslant\frac{y-1}{(x+1)(x+y)}\Leftrightarrow$$

$$(y-1)[(x+1)(x+y)-2(1+y)]\geqslant 0\Leftrightarrow$$

$$(y-1)[(x^2-1)+(xy-1)+(x-y)]\geqslant 0$$

由 $x\geqslant y\geqslant 1$ 知，上式显然成立.

证法 19　因为

$$\frac{a}{b+c}=a\cdot\frac{1}{1-a}=a(1+a+a^2+\cdots)=$$
$$a+a^2+a^3+\cdots$$

所以

$$\frac{a}{b+c}+\frac{b}{c+a}+\frac{c}{a+b}=$$
$$(a+b+c)+(a^2+b^2+c^2)+(a^3+b^3+c^3)+\cdots\geqslant$$
$$(a+b+c)+\frac{1}{3}(a+b+c)^2+\frac{1}{3^2}(a+b+c)^3+\cdots=$$
$$1+\frac{1}{3}+\frac{1}{3^2}+\cdots=\frac{1}{1-\frac{1}{3}}=\frac{3}{2}$$

证法 20　（刘保乾）先证

$$\frac{a}{b+c}\geqslant\frac{9}{4}\cdot\frac{a}{a+b+c}-\frac{1}{4}\Leftrightarrow$$

$$\frac{4a}{b+c}+\frac{a}{a}\geqslant\frac{9a}{a+b+c}\Leftrightarrow$$

$$\frac{4}{b+c}+\frac{1}{a}\geqslant\frac{9}{a+b+c}$$

最后一式由柯西不等式即得.

同理可证

$$\frac{b}{c+a}\geqslant\frac{9}{4}\cdot\frac{b}{a+b+c}-\frac{1}{4}$$

$$\frac{c}{a+b}\geqslant\frac{9}{4}\cdot\frac{c}{a+b+c}-\frac{1}{4}$$

以上三式相加即得.

证法 21 (Hojoo Lee) 由

$$\left(\frac{a}{b+c}-\frac{1}{2}\right)^2\geqslant 0$$

得

$$\frac{a}{b+c}\geqslant\frac{1}{4}\cdot\frac{\frac{8a}{b+c}-1}{\frac{a}{b+c}+1}=\frac{1}{4}\cdot\frac{8a-b-c}{a+b+c}$$

同理可证

$$\frac{b}{c+a}\geqslant\frac{1}{4}\cdot\frac{8b-c-a}{a+b+c},\frac{c}{a+b}\geqslant\frac{1}{4}\cdot\frac{8c-a-b}{a+b+c}$$

以上三式相加即得.

证法 22 欲证原不等式成立,只需证

$$\left(\frac{a}{b+c}+1\right)+\left(\frac{b}{c+a}+1\right)+\left(\frac{c}{a+b}+1\right)\geqslant\frac{9}{2}$$

即证

$$\frac{a+b+c}{b+c}+\frac{a+b+c}{c+a}+\frac{a+b+c}{a+b}\geqslant\frac{9}{2}$$

也即证

$$[2(a+b+c)]\left(\frac{1}{b+c}+\frac{1}{c+a}+\frac{1}{a+b}\right)\geqslant 9$$

由柯西不等式知上式显然成立，故原不等式成立，证毕.

证法 23

$$\frac{a}{b+c}+\frac{b}{c+a}+\frac{c}{a+b}=$$

$$\frac{a^2}{a(b+c)}+\frac{b^2}{b(c+a)}+\frac{c^2}{c(a+b)}\geqslant$$

$$\frac{(a+b+c)^2}{a(b+c)+b(c+a)+c(a+b)}=$$

$$\frac{(a+b+c)^2}{2(ab+bc+ca)}=\frac{3}{2}\cdot\frac{(a+b+c)^2}{3(ab+bc+ca)}\geqslant$$

$$\frac{3}{2}\cdot\frac{(a+b+c)^2}{2(ab+bc+ca)+a^2+b^2+c^2}=\frac{3}{2}$$

证法 24　在王挽澜教授《建立不等式的方法》一书中看到该不等式的"概率证法"：设随机变量 X 的分布列为

$$P\left(X=\frac{s}{b+c}\right)=\frac{b+c}{2s}$$

$$P\left(X=\frac{s}{c+a}\right)=\frac{c+a}{2s}$$

$$P\left(X=\frac{s}{a+b}\right)=\frac{a+b}{2s}$$

其中 $s=a+b+c$. 易求 $EX=1.5$；由概率不等式 $EX^2\geqslant(EX)^2$，即可得证，当且仅当 $DX=0$ 时取等号，即 $a=b=c$ 时取等号.

证法 25　由柯西不等式及 Vasc 不等式知

$$\frac{x}{y+z}+\frac{y}{z+x}+\frac{z}{x+y}=$$

$$\frac{x^4}{x^3(y+z)}+\frac{y^4}{y^3(z+x)}+\frac{z^4}{z^3(x+y)}\geqslant$$
$$\frac{(x^2+y^2+z^2)^2}{x^3(y+z)+y^3(z+x)+z^3(x+y)}=$$
$$\frac{(x^2+y^2+z^2)^2}{(x^3y+y^3z+z^3x)+(xy^3+yz^3+zx^3)}\geqslant$$
$$\frac{(x^2+y^2+z^2)^2}{\frac{1}{3}(x^2+y^2+z^2)^2+\frac{1}{3}(x^2+y^2+z^2)^2}=\frac{3}{2}.$$

证法 26 （SOS 法）

$$\frac{a}{b+c}+\frac{b}{c+a}+\frac{c}{a+b}-\frac{3}{2}=$$
$$\frac{1}{2}\left[\frac{2a}{b+c}+\frac{2b}{c+a}+\frac{2c}{a+b}-3\right]=$$
$$\frac{1}{2}\left[\left(\frac{a}{b+c}+\frac{b}{c+a}-1\right)+\left(\frac{b}{c+a}+\frac{c}{a+b}-1\right)+\right.$$
$$\left.\left(\frac{c}{a+b}+\frac{a}{b+c}-1\right)\right]=$$
$$\frac{1}{2}\left[\frac{a(c+a)+b(b+c)-(a+b)(b+c)}{(a+b)(b+c)}+\right.$$
$$\frac{b(a+b)+c(c+a)-(b+c)(c+a)}{(b+c)(c+a)}+$$
$$\left.\frac{c(b+c)+a(a+b)-(b+c)(c+a)}{(c+a)(a+b)}\right]=$$
$$\frac{1}{2}\left[\frac{c^2+a^2-2ca}{(a+b)(b+c)}+\frac{a^2+b^2-2ab}{(b+c)(c+a)}+\right.$$
$$\left.\frac{b^2+c^2-2bc}{(c+a)(a+b)}\right]=$$
$$\frac{1}{2}\left[\frac{(c-a)^2}{(a+b)(b+c)}+\frac{(a-b)^2}{(b+c)(c+a)}+\right.$$
$$\left.\frac{(b-c)^2}{(c+a)(a+b)}\right]\geqslant 0$$

证法 27　（分式转化为整式法）不等式可化为

$$2a(c+a)(a+b)+2b(a+b)(b+c)+$$
$$2c(b+c)(c+a)\geqslant$$
$$3(a+b)(b+c)(c+a)\Leftrightarrow$$
$$2(a^3+b^3+c^3)\geqslant$$
$$ab(a+b)+bc(b+c)+ca(c+a)\Leftrightarrow$$
$$\sum_{\text{cyc}}[a^3+b^3-ab(a+b)]=$$
$$\sum_{\text{cyc}}(a+b)(a-b)^2\geqslant 0$$

显然

$$\sum_{\text{cyc}}(a+b)(a-b)^2\geqslant 0$$

成立.故有

$$\frac{a}{b+c}+\frac{b}{c+a}+\frac{c}{a+b}\geqslant\frac{3}{2}$$

证法 28　令 $\sigma_1=a+b+c$,则

原不等式 $\Leftrightarrow$

$$\frac{a}{\sigma_1-a}+\frac{b}{\sigma_1-b}+\frac{c}{\sigma_1-c}\geqslant\frac{3}{2}\Leftrightarrow$$
$$2a(\sigma_1-b)(\sigma_1-c)+$$
$$2b(\sigma_1-c)(\sigma_1-a)+$$
$$2c(\sigma_1-a)(\sigma_1-b)\geqslant$$
$$3(\sigma_1-a)(\sigma_1-b)(\sigma_1-c)$$

后一式经化简整理即得.

证法 29　（以直代曲）不妨设 $a+b+c=1$,则

$$\frac{a}{b+c}+\frac{b}{c+a}+\frac{c}{a+b}=\frac{a}{1-a}+\frac{b}{1-b}+\frac{c}{1-c}$$

考察函数 $f(x)=\dfrac{x}{1-x}$,其中 $0<x<1$,则

$$f'(x)=\frac{1}{(1-x)^2},f''(x)=\frac{3}{(1-x)^3}\geqslant 0$$

$f(t)$ 在 $(0,1)$ 上是下凸函数.故

$$f(x)\geqslant f'\left(\frac{1}{3}\right)\left(x-\frac{1}{3}\right)+f\left(\frac{1}{3}\right)$$

即

$$\frac{x}{1-x}\geqslant\frac{9}{4}\left(x-\frac{1}{3}\right)+\frac{1}{2}$$

即

$$\frac{a}{b+c}\geqslant\frac{9}{4}\cdot\frac{a}{a+b+c}-\frac{1}{4}$$

证法30 不妨设 $a+b+c=1$,则 $\frac{a}{b+c}=\frac{a}{1-a}$.记 $f(x)=\frac{x}{1-x}$,则

$$f'(x)=\frac{1\cdot(1-x)-x\cdot(-1)}{(1-x)^2}=\frac{1}{(1-x)^2}$$

$$f''(x)=-2\cdot\frac{1}{(1-x)^3}\cdot(-1)=\frac{2}{(1-x)^3}>0$$

则

$$f(x)-f\left(\frac{1}{3}\right)\geqslant f'\left(\frac{1}{3}\right)\left(x-\frac{1}{3}\right)$$

即

$$\frac{x}{1-x}\geqslant\frac{9}{4}x-\frac{1}{4}$$

故

$$\frac{a}{1-a}\geqslant\frac{9}{4}a-\frac{1}{4}$$

$$\frac{b}{1-b}\geqslant\frac{9}{4}b-\frac{1}{4}$$

$$\frac{c}{1-c}\geqslant\frac{9}{4}c-\frac{1}{4}$$

即

$$\frac{a}{1-a}+\frac{b}{1-b}+\frac{c}{1-c}\geqslant\frac{9}{4}(a+b+c)-\frac{3}{4}$$

$$\frac{a}{b+c}+\frac{b}{c+a}+\frac{c}{a+b}\geqslant\frac{9}{4}-\frac{3}{4}=\frac{3}{2}$$

证法 31　设 $x=\frac{a}{b+c},y=\frac{b}{c+a},z=\frac{c}{a+b}$,记

$$f(t)=\frac{t}{1+t}=1-\frac{1}{1+t}\quad(t\geqslant 0)$$

则

$$f(x)+f(y)+f(z)=1$$

令 $U=\frac{x+y+z}{3}$,要证明原不等式,只要证明 $U\geqslant\frac{1}{2}$.

条件 $f(x)+f(y)+f(z)=1$ 可化为

$$\frac{x}{1+x}+\frac{y}{1+y}+\frac{z}{1+z}=1$$

即

$$xy+yz+zx+2xyz=1$$

由均值不等式得

$$xy+yz+zx\leqslant\frac{(x+y+z)^2}{3},xyz\leqslant\left(\frac{x+y+z}{3}\right)^3$$

于是

$$2U^2+3U^2\geqslant 1$$

即

$$(2U-1)(U+1)^2\geqslant 0$$

所以 $U\geqslant\frac{1}{2}$.

证法 32　设

$$x=\frac{a}{b+c},y=\frac{b}{c+a},z=\frac{c}{a+b}$$

记

$$f(t)=\frac{t}{1+t}=1-\frac{1}{1+t}\quad(t\geqslant 0)$$

则

$$f(x)+f(y)+f(z)=1$$

又

$$f'(t)=\frac{1}{(1+t)^2}\geqslant 0,f''(t)=-\frac{4}{(1+t)^3}\leqslant 0$$

所以 $f(t)$ 在$(0,+\infty)$上是增函数,也是凸函数.由琴生不等式得

$$f\left(\frac{1}{2}\right)=\frac{1}{3}=\frac{1}{3}[f(x)+f(y)+f(z)]\leqslant f\left(\frac{x+y+z}{3}\right)$$

因为 $f(t)$ 在$(0,+\infty)$上是增函数,所以

$$\frac{1}{2}\leqslant\frac{x+y+z}{3}$$

即

$$\frac{a}{b+c}+\frac{b}{c+a}+\frac{c}{a+b}\geqslant\frac{3}{2}$$

参看蔡玉书《数学奥林匹克中的不等式》第 343 页.

证法 33 在$\frac{a}{b+c}+\frac{b}{c+a}+\frac{c}{a+b}$中将$a,b,c$分别换成$\frac{a}{a+b+c},\frac{b}{a+b+c},\frac{c}{a+b+c}$,不等式仍然成立,故不妨设 $a+b+c=1$,则

$$\frac{a}{b+c}+\frac{b}{c+a}+\frac{c}{a+b}=\frac{a}{1-a}+\frac{b}{1-b}+\frac{c}{1-c}$$

考察函数 $f(x)=\frac{x}{1-x}$,其中 $0<x<1$,则

$$f''(t)=\frac{3}{(1-x)^3}\geqslant 0$$

$f(t)$ 在$(0,1)$上是下凸函数.由琴生不等式得

$$f\left(\frac{1}{2}\right)=\frac{1}{3}=\frac{1}{3}[f(x)+f(y)+f(z)]\leqslant$$

$$f\left(\frac{x+y+z}{3}\right)$$

$$f(x)+f(y)+f(z)=1$$

又

$$f'(t)=\frac{1}{(1+t)^2}\geqslant 0, f''(t)=-\frac{4}{(1+t)^3}\leqslant 0$$

所以 $f(t)$ 在$(0,+\infty)$上是增函数,也是凸函数.由琴生不等式得

$$f(a)+f(b)+f(c)\geqslant 3f\left(\frac{a+b+c}{3}\right)=3f\left(\frac{1}{3}\right)=\frac{3}{2}$$

即

$$\frac{a}{b+c}+\frac{b}{c+a}+\frac{c}{a+b}\geqslant\frac{3}{2}$$

证法34　若 $a,b,c>0$,则

$$\frac{a}{b+c}+\frac{b}{c+a}+\frac{c}{a+b}\geqslant$$

$$\frac{3}{2}+\frac{a^3+b^3+c^3-3abc}{2(a+b)(b+c)(c+a)}$$

它等价于舒尔不等式

$$a(a-b)(a-c)+b(b-c)(b-a)+$$

$$c(c-a)(c-b)\geqslant 0$$

证法35　已知 $a,b,c>0$,则

$$\frac{a}{b+c}+\frac{b}{c+a}+\frac{c}{a+b}\geqslant$$

$$\frac{3}{2}+\frac{(a-b)^2+(b-c)^2+(c-a)^2}{(a+b+c)^2}$$

移到左边

$$\frac{a}{b+c}+\frac{b}{c+a}+\frac{c}{a+b}-\frac{3}{2}-$$
$$\frac{(a-b)^2+(b-c)^2+(c-a)^2}{(a+b+c)^2}\geqslant 0$$

左边＝

$$\frac{2\sum a^5-\sum(a^4b+ab^4)-\sum(a^3b^2+a^2b^3)+2\sum a^2b^2c}{2(a+b)(b+c)(c+a)(a+b+c)^2}$$

根据舒尔不等式

$$\sum a^r(a-b)(a-c)\geqslant 0$$

当 $r=3$ 时,有

$$a^3a(a-c)-a^3b(a-c)+b^3b(b-a)-$$
$$b^3c(b-a)+c^3c(c-b)-c^3a(c-b)\geqslant 0 \quad (1)$$

$$a^5-a^3b^2-a^3c^2-a^3bc+2ab^2c^2+b^5-b^3c^2-$$
$$b^3a^2-b^3bc+2bc^2a^2+c^5-c^3a^2-$$
$$c^3b^2-c^3bc+2ca^2b^2\geqslant 0$$
$$a^3(a-b)(a+b)+b^3(b-c)(b+c)+$$
$$c^3(c-a)(c+a)+a^2b^2(c-b)+$$
$$a^2c^2(b-a)+b^2c^2(a-c)+$$
$$a^2bc(b-a)+abc^2(a-c)+ab^2c(c-b)\geqslant 0$$
$$(a-b)(a^4+ba^3-a^2c^2-a^2bc)+$$
$$(b-c)(b^4+b^3c-a^2b^2-ab^2c)+$$
$$(c-a)(c^4+ac^3-b^2c^2-abc^2)\geqslant 0$$
$$(a+b+c)[a^2(a-b)(a-c)+$$
$$b^2(b-c)(b-a)+c^2(c-a)(c-b)]\geqslant 0 \quad (2)$$

(1)＋(2) 即证原不等式.

我们认为这种证法非常优美,只需连续用到两次舒尔不等式即可证明.

要证明此不等式还可用到SOS法，并找到因式分解的形式.

证法36　已知 $a,b,c>0$，则

$$\frac{a}{b+c}+\frac{b}{c+a}+\frac{c}{a+b}\geqslant$$
$$\frac{3}{2}+\frac{(a-b)^2+(b-c)^2+(c-a)^2}{(a+b+c)^2}$$

引理1　若 a,b,c 都是实数，且 $b+c,c+a,a+b$ 均不为0，则

$$\frac{a}{b+c}+\frac{b}{c+a}+\frac{c}{a+b}-\frac{3}{2}=$$
$$\frac{1}{2}\left[\frac{(c-a)^2}{(a+b)(b+c)}+\frac{(a-b)^2}{(b+c)(c+a)}+\right.$$
$$\left.\frac{(b-c)^2}{(c+a)(a+b)}\right]$$

证明

$$\frac{a}{b+c}+\frac{b}{c+a}+\frac{c}{a+b}-\frac{3}{2}=$$
$$\frac{1}{2}\left[\frac{2a}{b+c}+\frac{2b}{c+a}+\frac{2c}{a+b}-3\right]=$$
$$\frac{1}{2}\left[\left(\frac{a}{b+c}+\frac{b}{c+a}-1\right)+\left(\frac{b}{c+a}+\frac{c}{a+b}-1\right)+\right.$$
$$\left.\left(\frac{c}{a+b}+\frac{a}{b+c}-1\right)\right]=$$
$$\frac{1}{2}\left[\frac{a(c+a)+b(b+c)-(a+b)(b+c)}{(a+b)(b+c)}+\right.$$
$$\frac{b(a+b)+c(c+a)-(b+c)(c+a)}{(b+c)(c+a)}+$$
$$\left.\frac{c(b+c)+a(a+b)-(b+c)(c+a)}{(c+a)(a+b)}\right]=$$
$$\frac{1}{2}\left[\frac{(c-a)^2}{(a+b)(b+c)}+\frac{(a-b)^2}{(b+c)(c+a)}+\right.$$

$$\frac{(b-c)^2}{(c+a)(a+b)}\Bigg]$$

由引理可得

$$\sum(a+b)(a-b)^2\geqslant$$

$$\frac{2\left[\sum(a-b)^2\right](a+b)(b+c)(c+a)}{(a+b+c)^2}\Leftrightarrow$$

$$\sum(a-b)^2(a+b)(a^2+b^2-c^2)\geqslant 0$$

因为这是一个对称式,所以不妨设 $a\geqslant b\geqslant c$. 注意到要证明原不等式成立,即要证明

$$(a-c)^2S_b+(b-c)^2S_a=$$

$$\left[S_a+\left(\frac{a-c}{b-c}\right)^2S_b\right](b-c)^2\geqslant$$

$$(b^2S_a+a^2S_b)\frac{(b-c)^2}{b^2}$$

若要证

$$S_a(b-c)^2+S_b(a-c)^2+S_c(b-a)^2\geqslant 0$$

即证

$$b^2S_a+a^2S_b\geqslant 0$$

所以

$$\begin{aligned}b^2S_a+a^2S_b=&(b^3+cb^2)(b^2+c^2-a^2)+\\&(a^3+ca^2)(a^2+c^2-b^2)=\\&a^5+b^5+a^4c+b^4c+a^3c^2+\\&b^3c^2+a^2c^3+b^2c^3-\\&a^2b^3-b^2a^3-2a^2b^2c\end{aligned}$$

根据排序不等式和均值不等式

$$b^5+a^5\geqslant a^2b^3+a^3b^2$$

$$b^4c+a^4c\geqslant 2a^2b^2c$$

所以原不等式成立.

证法 37　设 a,b,c 是正实数,则有

$$\frac{a}{b+c}+\frac{b}{c+a}+\frac{c}{a+b}\geqslant$$
$$\frac{(a+b+c)^2}{2(ab+bc+ca)}=$$
$$\frac{3}{2}+\frac{(a-b)^2+(b-c)^2+(c-a)^2}{4(ab+bc+ca)}$$

证明　原不等式等价于

$$(a^4b+ab^4+b^4c+bc^4+c^4a+ca^4)-$$
$$(a^3b^2+a^2b^3+b^3c^2+b^2c^3+c^3a^2+c^2a^3)\geqslant 0 \tag{1}$$

式(1)$\Leftrightarrow(a^4b+ab^4-a^3b^2-a^2b^3)+$

$(b^4c+bc^4-b^3c^2-b^2c^3)+$

$(c^4a+ca^4-c^3a^2-c^2a^3)\geqslant 0\Leftrightarrow$

$ab(a^2-b^2)(a-b)+bc(b^2-c^2)(b-c)+$

$ca(c^2-a^2)(c-a)\geqslant 0\Leftrightarrow$

$ab(a+b)(a-b)^2+bc(b+c)(b-c)^2+$

$ca(c+a)(c-a)^2\geqslant 0$

注意到恒等式

$$\frac{a^2}{b+c}+\frac{b^2}{c+a}+\frac{c^2}{a+b}-\frac{1}{2}(a+b+c)=$$
$$(a+b+c)\left(\frac{a}{b+c}+\frac{b}{c+a}+\frac{c}{a+b}-\frac{3}{2}\right)$$

转证　(1988 年"友谊杯"国际数学竞赛题)设 x,$y,z\in\mathbf{R}_+$,则

$$\frac{x^2}{y+z}+\frac{y^2}{z+x}+\frac{z^2}{x+y}\geqslant\frac{1}{2}(x+y+z)$$

这道题通过添配适当的因式,则可用柯西不等式证明.

证法 38　根据柯西不等式得

$$[(b+c)+(c+a)+(a+b)]\cdot$$

$$\left(\frac{a^2}{b+c}+\frac{b^2}{c+a}+\frac{c^2}{a+b}\right)\geqslant$$

$$(a+b+c)^2$$

所以

$$\frac{a^2}{b+c}+\frac{b^2}{c+a}+\frac{c^2}{a+b}\geqslant\frac{a+b+c}{2}$$

证法 39 由

$$\frac{2a}{b+c}\geqslant 2-\frac{b+c}{2a}$$

知

$$\frac{a^2}{b+c}=\frac{a}{2}\cdot\frac{2a}{b+c}\geqslant\frac{a}{2}\cdot\left(2-\frac{b+c}{2a}\right)=a-\frac{b+c}{4}\tag{1}$$

同理有

$$\frac{b^2}{c+a}\geqslant b-\frac{c+a}{4}\tag{2}$$

$$\frac{c^2}{a+b}\geqslant c-\frac{a+b}{4}\tag{3}$$

(1)+(2)+(3) 整理得

$$\frac{a^2}{b+c}+\frac{b^2}{c+a}+\frac{c^2}{a+b}\geqslant\frac{a+b+c}{2}$$

证法 40 设 $a+b+c=s$,构造函数 $f(x)=\frac{x}{s-x}$,易知 $f(x)$ 在 $(0,s)$ 上是增函数,所以

$$\left(a-\frac{s}{3}\right)\left[f(a)-f\left(\frac{s}{3}\right)\right]\geqslant 0$$

即

$$\left(a-\frac{s}{3}\right)\left(\frac{a}{s-a}-\frac{\frac{s}{3}}{s-\frac{s}{3}}\right)\geqslant 0$$

所以

$$\frac{a^2}{s-a}-\frac{a}{2}-\frac{s-a}{3(s-a)}+\frac{s}{6}\geqslant 0$$

$$\frac{a^2}{s-a}\geqslant\frac{s\cdot a}{3(s-a)}+\frac{3a-s}{6}$$

同理有

$$\frac{b^2}{s-b}\geqslant\frac{s\cdot b}{3(s-b)}+\frac{3b-s}{6}$$

$$\frac{c^2}{s-c}\geqslant\frac{s\cdot c}{3(s-c)}+\frac{3c-s}{6}$$

所以

$$\frac{a^2}{b+c}+\frac{b^2}{c+a}+\frac{c^2}{a+b}\geqslant$$

$$\frac{s\cdot a}{3(s-a)}+\frac{s\cdot b}{3(s-b)}+\frac{s\cdot c}{3(s-c)}+\frac{3(a+b+c)-3s}{6}$$

而 $a+b+c=s$，所以

$$\frac{2}{3}\left(\frac{a^2}{b+c}+\frac{b^2}{c+a}+\frac{c^2}{a+b}\right)\geqslant$$

$$\frac{1}{3}\left(\frac{ab+ac}{b+c}+\frac{ab+bc}{c+a}+\frac{ac+bc}{a+b}\right)$$

所以

$$\frac{a^2}{b+c}+\frac{b^2}{c+a}+\frac{c^2}{a+b}\geqslant\frac{a+b+c}{2}$$

证法 41　分析：显然 $a=b=c$ 时取等号．此时 $\frac{a^2}{b+c}=\frac{a}{2}$．为化去分母配辅助式 $k(b+c)$，我们取待定系数 $k=\frac{1}{4}$ 则可证得.

因为

$$\frac{a^2}{b+c}+\frac{1}{4}(b+c)\geqslant 2\sqrt{\frac{a^2}{b+c}\cdot\frac{1}{4}(b+c)}=a(1)$$

同理有

$$\frac{b^2}{c+a}+\frac{1}{4}(c+a)\geqslant b \tag{2}$$

$$\frac{c^2}{a+b}+\frac{1}{4}(a+b)\geqslant c \tag{3}$$

上面三式相加整理可得

$$\frac{a^2}{b+c}+\frac{b^2}{c+a}+\frac{c^2}{a+b}\geqslant\frac{a+b+c}{2}$$

四元内斯比特不等式 （1989 年四川竞赛题）已知 a,b,c,d 是正实数，求证

$$\frac{a}{b+c}+\frac{b}{c+d}+\frac{c}{d+a}+\frac{d}{a+b}\geqslant 2$$

证明 由柯西不等式知

$$[a(b+c)+b(c+d)+c(d+a)+d(a+b)]\cdot$$
$$\left(\frac{a}{b+c}+\frac{b}{c+d}+\frac{c}{d+a}+\frac{d}{a+b}\right)\geqslant$$
$$(a+b+c+d)^2$$
$$(a+b+c+d)^2-$$
$$2[a(b+c)+b(c+d)+c(d+a)+d(a+b)]=$$
$$a^2+b^2+c^2+d^2-2ac-2bd=$$
$$(a-c)^2+(b-d)^2\geqslant 0$$

五元内斯比特不等式 已知 a,b,c,d,e 是正实数，求证

$$\frac{a}{b+c}+\frac{b}{c+d}+\frac{c}{d+e}+\frac{d}{e+a}+\frac{e}{a+b}\geqslant\frac{5}{2}$$

证明 柯西不等式知

$$[a(b+c)+b(c+d)+c(d+e)+$$
$$d(e+a)+e(a+b)]\cdot$$
$$\left(\frac{a}{b+c}+\frac{b}{c+d}+\frac{c}{d+e}+\frac{d}{e+a}+\frac{e}{a+b}\right)\geqslant$$

$(a+b+c+d+e)^2$

为此,只需证明

$$2(a+b+c+d+e)^2 \geqslant$$
$$5[a(b+c)+b(c+d)+c(d+e)+$$
$$d(e+a)+e(a+b)]$$

记

$$a+b+c+d+e=S$$

则上述不等式等价于

$$4S^2 \geqslant 5[a(S-a)+b(S-b)+c(S-c)+$$
$$d(S-d)+e(S-e)] \Leftrightarrow$$
$$4S^2 \geqslant 5[a(S-a)+b(S-b)+c(S-c)+$$
$$d(S-d)+e(S-e)] \Leftrightarrow$$
$$4S^2 \geqslant 5S(a+b+c+d+e)-$$
$$5(a^2+b^2+c^2+d^2+e^2) \Leftrightarrow$$
$$5(a^2+b^2+c^2+d^2+e^2) \geqslant$$
$$5S^2=5(a+b+c+d+e)^2$$

最后一式由幂平均不等式即知其成立.

六元内斯比特不等式　设 $x_i \in \mathbf{R}_+ (i=1,2,\cdots,6)$ 都有

$$\sum_{i=1}^{6} \frac{x_i}{x_{i+1}+x_{i+2}} \geqslant 3$$

这里 $x_7=x_1, x_8=x_2$.

证明　由柯西不等式知

$$\sum_{i=1}^{6} x_i(x_{i+1}+x_{i+2}) \sum_{i=1}^{6} \frac{x_i}{x_{i+1}+x_{i+2}} \geqslant (\sum_{i=1}^{6} x_i)^2$$

为此,只需证明

$$(\sum_{i=1}^{6} x_i)^2 \geqslant 3\sum_{i=1}^{6} x_i(x_{i+1}+x_{i+2})$$

$$(\sum_{i=1}^{6} x_i)^2 - 3\sum_{i=1}^{6} x_i(x_{i+1} + x_{i+2}) =$$

$$\sum_{i=1}^{6} x_i^2 - \sum_{i=1}^{6} x_i(x_{i+1} + x_{i+2}) + 2(x_1x_4 + x_2x_5 + x_3x_6) =$$

$$\frac{1}{2}[(x_1 + x_4 - x_2 - x_5)^2 + (x_2 + x_5 - x_3 - x_6)^2 +$$

$$(x_3 + x_6 - x_1 - x_4)^2] \geqslant 0$$

三元内斯比特不等式的推广 设 $x,y,z \in \mathbf{R}_+$，当 $k \geqslant \log_2 3 - 1$ 或 $k \leqslant 0$ 时，有

$$\left(\frac{x}{y+z}\right)^k + \left(\frac{y}{z+x}\right)^k + \left(\frac{z}{x+y}\right)^k \geqslant \frac{3}{2^k}$$

当 $0 < k < \log_2 3 - 1$ 时，有

$$\left(\frac{x}{y+z}\right)^k + \left(\frac{y}{z+x}\right)^k + \left(\frac{z}{x+y}\right)^k > 2$$

先给出两个引理.

引理 2 设 A,B,C 为三角形的三个内角，则当 $k \geqslant \log_2 3$ 时，有

$$\sin^k \frac{A}{2} + \sin^k \frac{B}{2} + \sin^k \frac{C}{2} \geqslant \frac{3}{2^k}$$

引理 3 设 A,B,C 为三角形的三个内角，则对任意实数 x,y,z，有

$$x^2 + y^2 + z^2 \geqslant 2\left(yz\sin\frac{A}{2} + xz\sin\frac{B}{2} + xy\sin\frac{C}{2}\right)$$

证明 由

$$\left(y - z\sin\frac{A}{2} - x\sin\frac{C}{2}\right)^2 + \left(z\cos\frac{A}{2} - x\cos\frac{C}{2}\right)^2 \geqslant 0$$

展开即得.

(1) 当 $k \leqslant 0$ 时，由算术－几何平均值不等式，得

$$\left(\frac{x}{y+z}\right)^k + \left(\frac{y}{z+x}\right)^k + \left(\frac{z}{x+y}\right)^k =$$

$$\left(\frac{y+z}{x}\right)^{-k}+\left(\frac{z+x}{y}\right)^{-k}+\left(\frac{x+y}{z}\right)^{-k}\geqslant$$

$$3\left(\frac{(x+y)(y+z)(z+x)}{xyz}\right)^{-\frac{k}{3}}\geqslant$$

$$3\left(\frac{2\sqrt{xy}\cdot 2\sqrt{yz}\cdot 2\sqrt{zx}}{xyz}\right)^{-\frac{k}{3}}=\frac{3}{2^k}$$

(2) 当 $k\geqslant\log_2 3-1$ 时，令 $a=y+z,b=z+x$，$c=x+y$，则有

$$b+c>a,c+a>b,a+b>c$$

故可知 a,b,c 可以构成三角形的三边长，对应的内角分别记为 A,B,C，并记三角形的半周长为 $s=\frac{1}{2}(a+b+c)$，则由引理 2 和引理 3 及

$$\sqrt{\frac{(s-b)(s-c)}{bc}}=\sin\frac{A}{2}$$

$$\sqrt{\frac{(s-c)(s-a)}{ca}}=\sin\frac{B}{2}$$

$$\sqrt{\frac{(s-a)(s-b)}{ab}}=\sin\frac{C}{2}$$

知

$$\left(\frac{x}{y+z}\right)^{k}+\left(\frac{y}{z+x}\right)^{k}+\left(\frac{z}{x+y}\right)^{k}=$$

$$\left(\frac{s-a}{a}\right)^{k}+\left(\frac{s-b}{b}\right)^{k}+\left(\frac{s-c}{c}\right)^{k}\geqslant$$

$$2\left[\left(\sqrt{\frac{(s-b)(s-c)}{bc}}\right)^{k}\sin\frac{A}{2}+\right.$$

$$\left(\sqrt{\frac{(s-c)(s-a)}{ca}}\right)^{k}\sin\frac{B}{2}+$$

$$\left.\left(\sqrt{\frac{(s-a)(s-b)}{ab}}\right)^{k}\sin\frac{C}{2}\right]=$$

$$2\left(\sin^{k+1}\frac{A}{2}+\sin^{k+1}\frac{B}{2}+\sin^{k+1}\frac{C}{2}\right)\geqslant$$

$$2\cdot\frac{3}{2^{k+1}}=\frac{3}{2^{k}}$$

(3) 当 $0<k<\log_2 3-1$ 时,注意到

$$0<\sin\frac{A}{2},\sin\frac{B}{2},\sin\frac{C}{2}<1$$

于是由引理 2 和引理 3 得

$$\left(\frac{x}{y+z}\right)^{k}+\left(\frac{y}{z+x}\right)^{k}+\left(\frac{z}{x+y}\right)^{k}=$$

$$\left(\frac{s-a}{a}\right)^{k}+\left(\frac{s-b}{b}\right)^{k}+\left(\frac{s-c}{c}\right)^{k}\geqslant$$

$$2\left[\left(\sqrt{\frac{(s-b)(s-c)}{bc}}\right)^{k}\sin\frac{A}{2}+\right.$$

$$\left(\sqrt{\frac{(s-c)(s-a)}{ca}}\right)^{k}\sin\frac{B}{2}+$$

$$\left.\left(\sqrt{\frac{(s-a)(s-b)}{ab}}\right)^{k}\sin\frac{C}{2}\right]=$$

$$2\left(\sin^{k+1}\frac{A}{2}+\sin^{k+1}\frac{B}{2}+\sin^{k+1}\frac{C}{2}\right)>$$

$$2\left(\sin^{\log_2 3}\frac{A}{2}+\sin^{\log_2 3}\frac{B}{2}+\sin^{\log_2 3}\frac{C}{2}\right)\geqslant$$

$$2\cdot\frac{3}{2^{\log_2 3}}=2$$

证毕.

下面给出内斯比特不等式的 3 个加强形式.

加强 1 若 $a,b,c\in\mathbf{R}_{+}$,则有

$$\frac{a}{b+c}+\frac{b}{c+a}+\frac{c}{a+b}-\frac{3}{2}\geqslant\frac{(a-b)^2+(b-c)^2+(c-a)^2}{(a+b+c)^2}$$

证明　移项得

$$\frac{a}{b+c}+\frac{b}{c+a}+\frac{c}{a+b}-$$

$$\frac{3}{2}-\frac{(a-b)^2+(b-c)^2+(c-a)^2}{(a+b+c)^2}=$$

$$\frac{2\sum a^5-\sum(a^4b+ab^4)-\sum(a^3b^2+a^2b^3)+2\sum a^2b^2c}{2(a+b)(b+c)(c+a)(a+b+c)^2}$$

根据舒尔不等式

$$\sum a^r(a-b)(a-c)\geqslant 0$$

当 $r=3$ 时,有

$$\sum[a^3a(a-c)-a^3b(a-c)]\geqslant 0 \qquad (1)$$

$$\sum a^5-\sum(a^3b^2+a^2b^3)-abc\sum a^2+$$

$$2abc\sum bc\geqslant 0$$

$$\sum a^3(a-b)(a+b)+\sum a^2b^2(c-b)+$$

$$abc\sum a(b-a)\geqslant 0$$

$$\sum(a-b)(a^4+ba^3-a^2c^2-a^2bc)\geqslant 0$$

$$(a+b+c)\sum a^2(a-b)(a-c)\geqslant 0 \qquad (2)$$

(1)+(2) 即得原不等式.

加强 2　若 $a,b,c\in\mathbf{R}_+$,则有

$$\sum\frac{a}{b+c}-\frac{3}{2}\geqslant\frac{1}{2}\cdot\frac{(a-b)^2}{a^2+b^2+c^2}$$

引理 4　若 a,b,c 都是实数,且 $b+c,c+a,a+b$ 均不为 0,则

$$\frac{a}{b+c}+\frac{b}{c+a}+\frac{c}{a+b}-\frac{3}{2}=$$

$$\frac{1}{2}\left[\frac{(c-a)^2}{(a+b)(b+c)}+\frac{(a-b)^2}{(b+c)(c+a)}+\right.$$

$$\left.\frac{(b-c)^2}{(c+a)(a+b)}\right]$$

证明

$$\frac{a}{b+c}+\frac{b}{c+a}+\frac{c}{a+b}-\frac{3}{2}=$$

$$\frac{1}{2}\left[\frac{2a}{b+c}+\frac{2b}{c+a}+\frac{2c}{a+b}-3\right]=$$

$$\frac{1}{2}\left[\left(\frac{a}{b+c}+\frac{b}{c+a}-1\right)+\right.$$

$$\left(\frac{b}{c+a}+\frac{c}{a+b}-1\right)+$$

$$\left.\left(\frac{c}{a+b}+\frac{a}{b+c}-1\right)\right]=$$

$$\frac{1}{2}\left[\frac{a(c+a)+b(b+c)-(a+b)(b+c)}{(a+b)(b+c)}+\right.$$

$$\frac{b(a+b)+c(c+a)-(b+c)(c+a)}{(b+c)(c+a)}+$$

$$\left.\frac{c(b+c)+a(a+b)-(b+c)(c+a)}{(c+a)(a+b)}\right]=$$

$$\frac{1}{2}\left[\frac{(c-a)^2}{(a+b)(b+c)}+\frac{(a-b)^2}{(b+c)(c+a)}+\right.$$

$$\left.\frac{(b-c)^2}{(c+a)(a+b)}\right]$$

由引理 4 得，原不等式等价于

$$\sum\frac{(c-a)^2}{(a+b)(b+c)}\geqslant\frac{(a-b)^2}{a^2+b^2+c^2}\Leftrightarrow$$

$$\frac{(c-a)^2}{(a+b)(b+c)}+\frac{(b-c)^2}{(c+a)(a+b)}\geqslant$$

$$\left[\frac{1}{a^2+b^2+c^2}-\frac{1}{(b+c)(c+a)}\right](a-b)^2$$

由柯西不等式知

$$\frac{(c-a)^2}{(a+b)(b+c)}+\frac{(b-c)^2}{(c+a)(a+b)}\geqslant$$
$$\frac{[(c-a)+(b-c)]^2}{(a+b)(b+c)+(c+a)(a+b)}=$$
$$\frac{(a-b)^2}{(a+b)(b+c)+(c+a)(a+b)}$$

因此,只需证明

$$\frac{1}{(a+b)(b+c)+(c+a)(a+b)}\geqslant$$
$$\frac{1}{a^2+b^2+c^2}-\frac{1}{(b+c)(c+a)}\Leftrightarrow$$
$$c^4+(a+b)c^3-(a^2+b^2+3ab)c^2+$$
$$2(a^3+b^3-a^2b-ab^2)c+$$
$$a^4+b^4+2(a^3b+ab^3)\geqslant 0$$

注意到

$$a^3+b^3-a^2b-ab^2=$$
$$(a+b)(a^2-ab+b^2)-ab(a+b)=$$
$$(a+b)(a-b)^2\geqslant 0$$

因此,只需证明

$$c^4+(a+b)c^3-(a^2+b^2+3ab)c^2+$$
$$a^4+b^4+2(a^3b+ab^3)\geqslant 0$$

由于上式是齐次式,不妨设 $c=1$,则不等式可化为

$$a^4+b^4+2ab(a^2+b^2)-$$
$$(a^2+b^2+3ab)+(a+b)+1\geqslant 0$$

令 $a+b=u,ab=v$,则 $u^2\geqslant 4v$,有

$$a^2+b^2=(a+b)^2-2ab=u^2-2v$$
$$a^4+b^4=(a^2+b^2)^2-2a^2b^2=$$
$$(u^2-2v)^2-2v^2$$

则不等式等价于

$$(u^2-2v)^2-2v^2+2v(u^2-2v)-$$
$$(u^2-2v+3v)+u+1\geqslant 0\Leftrightarrow$$
$$2v^2+(2u^2+1)v-u^4+u^2-u-1\leqslant 0$$

$$2v^2+(2u^2+1)v-u^4+u^2-u-1\leqslant$$
$$2\left(\frac{u^2}{4}\right)^2+(2u^2+1)\cdot\frac{u^2}{4}-u^4+u^2-u-1=$$
$$-\frac{3u^4-10u^2+8u+8}{8}=$$
$$-\frac{(u+2)(3u^3-6u^2+2u+4)}{8}=$$
$$-\frac{(u+2)\left[\left(\frac{1}{2}u^3+\frac{1}{2}u^3+4-3u^2\right)+2(u^3+u-2u^2)+u^2\right]}{8}=$$
$$-\frac{(u+2)\left[\left(\frac{1}{2}u^3+\frac{1}{2}u^3+4-3u^2\right)+2(u^3+u-2u^2)+u^2\right]}{8}=$$
$$-\frac{(u+2)\left[\left(2\sqrt[3]{\frac{1}{2}}u+\sqrt[3]{4}\right)\left(\sqrt[3]{\frac{1}{2}}u-\sqrt[3]{4}\right)^2+2u(u-1)^2+u^2\right]}{8}\leqslant 0$$

加强 3 若 $a,b,c\in\mathbf{R}_+$,则有

$$\frac{a^2}{b+c}+\frac{b^2}{c+a}+\frac{c^2}{a+b}-\frac{a+b+c}{2}\geqslant$$
$$\frac{1}{2}\cdot\frac{(2a-b-c)^2}{a+b+c}$$

引理 5 若 a,b,c 都是实数,且 $b+c,c+a,a+b$ 均不为 0,则

$$\frac{a^2}{b+c}+\frac{b^2}{c+a}+\frac{c^2}{a+b}-\frac{a+b+c}{2}=$$
$$\frac{1}{4}\left[\frac{(2a-b-c)^2}{b+c}+\frac{(2b-c-a)^2}{c+a}+\frac{(2c-a-b)^2}{a+b}\right]$$

证明

$$\frac{(2a-b-c)^2}{b+c}=\frac{4a^2}{b+c}-4a+b+c$$

$$\frac{(2b-c-a)^2}{c+a}=\frac{4b^2}{c+a}-4b+c+a$$

$$\frac{(2c-b-a)^2}{a+b}=\frac{4c^2}{c+a}-4c+b+a$$

将以上三式相加即得证.

由引理 5,原不等式等价于

$$\frac{1}{4}\left[\frac{(2a-b-c)^2}{b+c}+\frac{(2b-c-a)^2}{c+a}+\frac{(2c-a-b)^2}{a+b}\right]\geqslant$$

$$\frac{(2a-b-c)^2}{2(a+b+c)}\Leftrightarrow$$

$$\frac{(2a-b-c)^2}{b+c}+\frac{(2b-c-a)^2}{c+a}+\frac{(2c-a-b)^2}{a+b}\geqslant$$

$$\frac{2\,(2a-b-c)^2}{a+b+c}$$

由权方和不等式知

$$\frac{(2a-b-c)^2}{b+c}+\frac{(2b-c-a)^2}{c+a}+\frac{(2c-a-b)^2}{a+b}\geqslant$$

$$\frac{(2a-b-c)^2}{(c+a)+(a+b)}+\frac{(2a-b-c)^2}{b+c}=$$

$$\left[\frac{1}{(c+a)+(a+b)}+\frac{1}{b+c}\right](2a-b-c)^2\geqslant$$

$$\frac{4}{(c+a)+(a+b)+(b+c)}(2a-b-c)^2=$$

$$\frac{2\,(2a-b-c)^2}{a+b+c}$$

内斯比特不等式在竞赛中的应用

例 1　(第 36 届 IMO 第 2 题)已知 a,b,c 为满足 $abc=1$ 的正数,试证

$$\frac{1}{a^3(b+c)}+\frac{1}{b^3(c+a)}+\frac{1}{c^3(a+b)}\geqslant\frac{3}{2}$$

证明

$$\frac{1}{a^3(b+c)}+\frac{1}{b^3(c+a)}+\frac{1}{c^3(a+b)}=$$

$$\frac{(abc)^2}{a^3(b+c)}+\frac{(abc)^2}{b^3(c+a)}+\frac{(abc)^2}{c^3(a+b)}=$$

$$\frac{(bc)^2}{ab+ca}+\frac{(ca)^2}{bc+ab}+\frac{(ab)^2}{ca+bc}\geqslant\frac{3}{2}$$

例 2 (1990 年国际友谊杯数学竞赛试题)设 $a,b,c\in\mathbf{R}_+$,求证

$$\frac{a^2}{b+c}+\frac{b^2}{c+a}+\frac{c^2}{a+b}\geqslant\frac{a+b+c}{2}$$

证明 $\frac{a^2}{b+c}+\frac{b^2}{c+a}+\frac{c^2}{a+b}=$

$$\frac{a[(a+b+c)-(b+c)]}{b+c}+$$

$$\frac{b[(a+b+c)-(c+a)]}{c+a}+$$

$$\frac{c[(a+b+c)-(a+b)]}{a+b}=$$

$$(a+b+c)\left(\frac{a}{b+c}+\frac{b}{c+a}+\frac{c}{a+b}\right)-$$

$$(a+b+c)\geqslant\frac{a+b+c}{2}$$

$$\frac{a^2}{b+c}+\frac{b^2}{c+a}+\frac{c^2}{a+b}-\frac{a+b+c}{2}=$$

$$(a+b+c)\left(\frac{a}{b+c}+\frac{b}{c+a}+\frac{c}{a+b}-\frac{3}{2}\right)$$

变式题 1 (2005 年第 19 届北欧数学竞赛试题)设 a,b,c 是正实数,求证

$$\frac{2a^2}{b+c}+\frac{2b^2}{c+a}+\frac{2c^2}{a+b}\geqslant a+b+c$$

变式题 2　(2005 年罗马尼亚数学奥林匹克试题)已知 a,b,c 是正实数,求证

$$\frac{b+c}{a^2}+\frac{c+a}{b^2}+\frac{a+b}{c^2}\geqslant 2\left(\frac{1}{a}+\frac{1}{b}+\frac{1}{c}\right)\Leftrightarrow$$

$$\frac{\left(\frac{1}{a}\right)^2}{\frac{1}{b}+\frac{1}{c}}+\frac{\left(\frac{1}{b}\right)^2}{\frac{1}{c}+\frac{1}{a}}+\frac{\left(\frac{1}{c}\right)^2}{\frac{1}{a}+\frac{1}{b}}\geqslant 2\left(\frac{1}{a}+\frac{1}{b}+\frac{1}{c}\right)$$

例 3　(第 37 届 IMO 预选题改编)如图 1,$\triangle ABC$ 为锐角三角形,外接圆圆心为 O,半径为 R,AO 的延长线交 $\triangle BOC$ 的外接圆于点 A',BO 的延长线交 $\triangle AOC$ 的外接圆于点 B',CO 的延长线交 $\triangle AOB$ 的外接圆于点 C',求证

$$\frac{1}{OA'}+\frac{1}{OB'}+\frac{1}{OC'}\geqslant\frac{3}{2R}$$

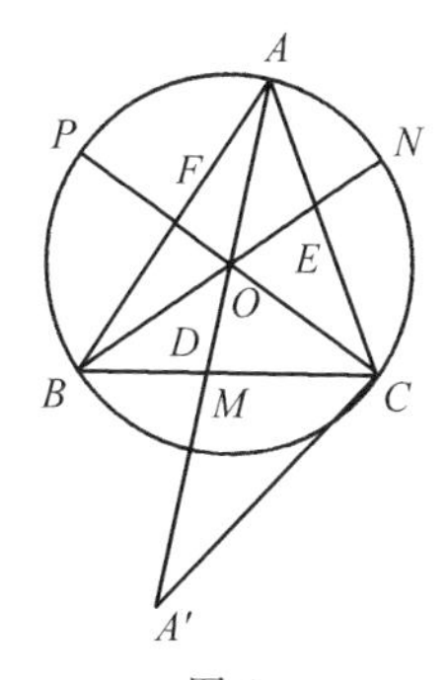

图 1

证明　如图 1,设 AO,BO,CO 分别交对边 BC,CA,AB 于点 D,E,F.

由 O,B,A',C 共圆,知

$$\angle OA'B=\angle OBC=\angle OCB$$

从而

$$\triangle OBD\backsim\triangle OA'B$$

于是

$$\frac{OB}{OA'}=\frac{OD}{OB}$$

即

$$OA'=\frac{OB^2}{OD}=\frac{R^2}{OD}$$

同理可得

$$OB'=\frac{R^2}{OE},OC'=\frac{R^2}{OF}$$

设$\triangle OBC$，$\triangle OCA$，$\triangle OAB$的面积依次为x，y，z，则

$$\frac{OD}{DA}=\frac{S_{\triangle OBC}}{S_{\triangle ABC}}=\frac{x}{x+y+z}$$

从而

$$\frac{OA}{OD}=\frac{y+z}{x}$$

同理可得

$$\frac{OB}{OE}=\frac{z+x}{y},\frac{OC}{OF}=\frac{x+y}{z}$$

故

$$\frac{1}{OA'}=\frac{OD}{R^2}\cdot\frac{OA}{OD}=\frac{x}{y+z}\cdot\frac{1}{R}$$

同理可得

$$\frac{1}{OB'}=\frac{y}{z+x}\cdot\frac{1}{R},\frac{1}{OC'}=\frac{z}{x+y}\cdot\frac{1}{R}$$

故原不等式等价于

$$\frac{x}{y+z}+\frac{y}{z+x}+\frac{z}{x+y}\geqslant\frac{3}{2}$$

此即内斯比特不等式.

评注　若将外心改为垂心、内心、重心，仍然有类

似的结论,有兴趣的读者不妨试一试.

例 4　(2005 年白俄罗斯竞赛试题) 设 a,b,c 是正实数,证明

$$\frac{a^3-2a+2}{b+c}+\frac{b^3-2b+2}{c+a}+\frac{c^3-2c+2}{a+b}\geqslant\frac{3}{2}$$

证明　由均值不等式知

$$a^3+2=a^3+1+1\geqslant 3\sqrt[3]{a^3\cdot 1\cdot 1}=3a$$

故

$$\frac{a^3-2a+2}{b+c}\geqslant\frac{3a-2a}{b+c}=\frac{a}{b+c}$$

同理

$$\frac{b^3-2b+2}{c+a}\geqslant\frac{b}{c+a},\frac{c^3-2c+2}{a+b}\geqslant\frac{c}{a+b}$$

所以

$$\frac{a^3-2a+2}{b+c}+\frac{b^3-2b+2}{c+a}+\frac{c^3-2c+2}{a+b}\geqslant$$

$$\frac{a}{b+c}+\frac{b}{a+c}+\frac{c}{a+b}\geqslant\frac{3}{2}$$

(孙建斌,背景不等式的进一步探究,中学数学研究,2008 年第 8 期).

例 5　(《数学教学》2001 年 5 月号问题 543)a,b,c 为 $\triangle ABC$ 三边长,求证

$$\sqrt{\frac{a}{b+c-a}}+\sqrt{\frac{b}{c+a-b}}+\sqrt{\frac{c}{a+b-c}}\geqslant 3$$

证明　由均值不等式知

$$\sqrt{\frac{a}{b+c-a}}=\frac{a}{\sqrt{a}\sqrt{b+c-a}}\geqslant\frac{2a}{b+c}$$

同理

$$\sqrt{\frac{b}{c+a-b}}\geqslant\frac{2b}{c+a},\sqrt{\frac{c}{a+b-c}}\geqslant\frac{2c}{a+b}$$

所以

$$\sqrt{\frac{a}{b+c-a}}+\sqrt{\frac{b}{c+a-b}}+\sqrt{\frac{c}{a+b-c}}\geqslant$$

$$\frac{2a}{a+b}+\frac{2b}{c+a}+\frac{2c}{a+b}\geqslant 2\times\frac{3}{2}=3$$

例 6 （《数学教学》2001 年 5 月号问题 544）已知 h_a,h_b,h_c,m_a,m_b,m_c 分别为 $\triangle ABC$ 三边 a,b,c 上的高线和中线，求证

$$\frac{m_a}{h_b+h_c}+\frac{m_b}{h_c+h_a}+\frac{m_c}{h_a+h_b}\geqslant\frac{3}{2}$$

证明 由高的定义知，$m_a\geqslant h_a$，故

$$\frac{m_a}{h_b+h_c}\geqslant\frac{h_a}{h_b+h_c}$$

同理

$$\frac{m_b}{h_c+h_a}\geqslant\frac{h_b}{h_c+h_a},\frac{m_c}{h_a+h_b}\geqslant\frac{h_c}{h_a+h_b}$$

所以

$$\frac{m_a}{h_b+h_c}+\frac{m_b}{h_c+h_a}+\frac{m_c}{h_a+h_b}\geqslant$$

$$\frac{h_a}{h_b+h_c}+\frac{h_b}{h_c+h_a}+\frac{h_c}{h_a+h_b}\geqslant\frac{3}{2}$$

例 7 （《数学通报》问题 839）若 α,β,γ 均为锐角，且满足 $\cos^2\alpha+\cos^2\beta+\cos^2\gamma=1$，求证：$\cot^2\alpha+\cot^2\beta+\cot^2\gamma\geqslant\frac{3}{2}$.

证明 $\cot^2\alpha=\frac{\cos^2\alpha}{\sin^2\alpha}=\frac{\cos^2\alpha}{1-\cos^2\alpha}=\frac{\cos^2\alpha}{\cos^2\beta+\cos^2\gamma}$

同理

$$\cot^2\beta=\frac{\cos^2\beta}{\cos^2\gamma+\cos^2\alpha},\cot^2\gamma=\frac{\cos^2\gamma}{\cos^2\alpha+\cos^2\beta}$$

所以

$$\cot^2\alpha+\cot^2\beta+\cot^2\gamma=$$

$$\frac{\cos^2\alpha}{\cos^2\beta+\cos^2\gamma}+\frac{\cos^2\beta}{\cos^2\gamma+\cos^2\alpha}+\frac{\cos^2\gamma}{\cos^2\alpha+\cos^2\beta}\geqslant\frac{3}{2}$$

例 8　(《数学教学》2002 年 2 月号问题 556)$\triangle ABC$ 是锐角三角形,求证

$$\frac{\cos A}{\cos(B-C)}+\frac{\cos B}{\cos(C-A)}+\frac{\cos C}{\cos(A-B)}\geqslant\frac{3}{2}$$

证明　因为

$$\frac{\cos A}{\cos(B-C)}=\frac{2\sin A\cos A}{2\sin(B+C)\cos(B-C)}=$$

$$\frac{\sin 2A}{\sin 2B+\sin 2C}$$

同理

$$\frac{\cos B}{\cos(C-A)}=\frac{\sin 2B}{\sin 2C+\sin 2A}$$

$$\frac{\cos C}{\cos(A-B)}=\frac{\sin 2C}{\sin 2A+\sin 2B}$$

所以

$$\frac{\cos A}{\cos(B-C)}+\frac{\cos B}{\cos(C-A)}+\frac{\cos C}{\cos(A-B)}=$$

$$\frac{\sin 2A}{\sin 2B+\sin 2C}+\frac{\sin 2B}{\sin 2C+\sin 2A}+$$

$$\frac{\sin 2C}{\sin 2A+\sin 2B}\geqslant\frac{3}{2}$$

本题的几何意义是:

(《数学通报》问题 1078)设 O 为锐角 $\triangle ABC$ 的外心,与三边的交点为 A',B',C',求证:$\frac{2}{3}(AA'+BB'+CC')\geqslant OA+OB+OC$.

例 9　(《数学教学》2002 年 2 月)设 a,b,c 为正实

数,且适合 $abc=1$,求证

$$\frac{1}{a^3(b+c)}+\frac{1}{b^3(c+a)}+\frac{1}{c^3(a+b)}\geqslant\frac{3}{2}$$

$$\frac{1}{a^3(b+c)}+\frac{1}{b^3(c+a)}+\frac{1}{c^3(a+b)}=$$
$$\frac{(bc)^2}{ab+ca}+\frac{(ca)^2}{bc+ab}+\frac{(ab)^2}{ca+bc}=$$
$$(ab+bc+ca)\cdot$$
$$\left(\frac{bc}{ab+ca}+\frac{ca}{bc+ab}+\frac{ab}{ca+bc}-\frac{3}{2}\right)+$$
$$\frac{ab+bc+ca}{2}$$

例 10 (《中学数学》1996 年 2 月数学奥林匹克问题初 40 题)若 $x,y,z\in\mathbf{R}_+$,求证

$$\frac{x}{2x+y+z}+\frac{y}{x+2y+z}+\frac{z}{x+y+2z}\leqslant\frac{3}{4}$$

证明 原不等式等价于

$$\frac{2x}{2x+y+z}+\frac{2y}{x+2y+z}+\frac{2z}{x+y+2z}\leqslant\frac{3}{2}\Leftrightarrow$$
$$\left(1-\frac{2x}{2x+y+z}\right)+\left(1-\frac{2y}{x+2y+z}\right)+$$
$$\left(1-\frac{2z}{x+y+2z}\right)\geqslant\frac{3}{2}\Leftrightarrow$$
$$\frac{y+z}{(x+y)+(z+x)}+\frac{z+x}{(x+y)+(y+z)}+$$
$$\frac{x+y}{(z+x)+(y+z)}\geqslant\frac{3}{2}$$

此即内斯比特不等式.

例 11 (《上海中学数学》1996 年(5))已知 $x,y,z\in\mathbf{R}_+$,求证

$$\frac{x^2}{y^2+z^2+yz}+\frac{y^2}{z^2+x^2+zx}+\frac{z^2}{x^2+y^2+xy}\geqslant 1$$

证明　因为

$$\frac{x^2}{y^2+z^2+yz} \geqslant \frac{x^2}{y^2+z^2+\frac{1}{2}(y^2+z^2)}=\frac{2}{3}\cdot\frac{x^2}{y^2+z^2}$$

同理

$$\frac{y^2}{z^2+x^2+zx} \geqslant \frac{2}{3}\cdot\frac{y^2}{z^2+x^2}$$

$$\frac{z^2}{x^2+y^2+xy} \geqslant \frac{2}{3}\cdot\frac{z^2}{x^2+y^2}$$

所以

$$\frac{x^2}{y^2+z^2+yz}+\frac{y^2}{z^2+x^2+zx}+\frac{z^2}{x^2+y^2+xy} \geqslant$$

$$\frac{2}{3}\left(\frac{x^2}{y^2+z^2}+\frac{y^2}{z^2+x^2}+\frac{z^2}{x^2+y^2}\right) \geqslant \frac{2}{3}\cdot\frac{3}{2}=1$$

例 12　(张善立,“证一个几何不等式”,《中等数学》,1999(3))求证:$\triangle ABC$ 的高 h_a,h_b,h_c 及旁切圆半径 r_a,r_b,r_c,满足不等式:$\frac{h_a}{r_a}+\frac{h_b}{r_b}+\frac{h_c}{r_c} \geqslant 3$.

证明　设 $a=y+z,b=z+x,c=x+y$,则

$$x=\frac{1}{2}(b+c-a)$$

$$y=\frac{1}{2}(c+a-b)$$

$$z=\frac{1}{2}(a+b-c)$$

由几何知识知

$$\frac{h_a}{r_a}=\frac{\frac{2\Delta}{a}}{\frac{2\Delta}{b+c-a}}=\frac{b+c-a}{a}=\frac{2x}{y+z}$$

同理

$$\frac{h_b}{r_b}=\frac{2y}{z+x},\frac{h_c}{r_c}=\frac{2z}{x+y}$$

所以

$$\frac{h_a}{r_a}+\frac{h_b}{r_b}+\frac{h_c}{r_c}=\frac{2x}{y+z}+\frac{2y}{z+x}+\frac{2z}{x+y}\geqslant 2\times\frac{3}{2}=3$$

例 13 设正数 a,b,c 的乘积 $abc=1$,证明

$$\frac{1}{a^2(b+c)}+\frac{1}{b^2(c+a)}+\frac{1}{c^2(a+b)}\geqslant\frac{3}{2}$$

证明 设 $a=\frac{1}{x},b=\frac{1}{y},c=\frac{1}{z}$,则 $xyz=1$,且所需证明的不等式可化为

$$\frac{x^2}{y+z}+\frac{y^2}{z+x}+\frac{z^2}{x+y}\geqslant\frac{3}{2}$$

现不妨设 $x\geqslant y\geqslant z$,则

$$\frac{x}{y+z}\geqslant\frac{y}{z+x}\geqslant\frac{z}{x+y}$$

据排序不等式得

$$\frac{x^2}{y+z}+\frac{y^2}{z+x}+\frac{z^2}{x+y}\geqslant$$

$$z\cdot\frac{x}{y+z}+x\cdot\frac{y}{z+x}+y\cdot\frac{z}{x+y}$$

$$\frac{x^2}{y+z}+\frac{y^2}{z+x}+\frac{z^2}{x+y}\geqslant$$

$$y\cdot\frac{x}{y+z}+z\cdot\frac{y}{z+x}+x\cdot\frac{z}{x+y}$$

两式相加并化简可得

$$2\left(\frac{x^2}{y+z}+\frac{y^2}{z+x}+\frac{z^2}{x+y}\right)\geqslant x+y+z\geqslant$$

$$3\sqrt[3]{xyz}=3$$

另证 $\frac{1}{a^2(b+c)}+\frac{1}{b^2(c+a)}+\frac{1}{c^2(a+b)}=$

$$\frac{abc}{a^2(b+c)}+\frac{abc}{b^2(c+a)}+\frac{abc}{c^2(a+b)}=$$

$$\frac{bc}{ab+ca}+\frac{ca}{bc+ab}+\frac{ab}{ca+bc}\geqslant\frac{3}{2}$$

例 14　（2013 年波罗的海数学奥林匹克试题）已知 x,y,z 是正数，求证

$$\frac{x^3}{y^2+z^2}+\frac{y^3}{z^2+x^2}+\frac{z^3}{x^2+y^2}\geqslant\frac{x+y+z}{2}$$

证明　不妨设 $x\geqslant y\geqslant z$，则

$$x^2\geqslant y^2\geqslant z^2, x^2+y^2\geqslant z^2+x^2\geqslant y^2+z^2$$

故

$$\frac{x^2}{y^2+z^2}\geqslant\frac{y^2}{z^2+x^2}\geqslant\frac{z^2}{x^2+y^2}$$

由切比雪夫不等式知

$$\frac{x^3}{y^2+z^2}+\frac{y^3}{z^2+x^2}+\frac{z^3}{x^2+y^2}=$$

$$x\cdot\frac{x^2}{y^2+z^2}+y\cdot\frac{y^2}{z^2+x^2}+z\cdot\frac{z^2}{x^2+y^2}\geqslant$$

$$\frac{1}{3}(x+y+z)\left(\frac{x^2}{y^2+z^2}+\frac{y^2}{z^2+x^2}+\frac{z^2}{x^2+y^2}\right)$$

由内斯比特不等式知

$$\frac{x^2}{y^2+z^2}+\frac{y^2}{z^2+x^2}+\frac{z^2}{x^2+y^2}\geqslant\frac{3}{2}$$

故

$$\frac{x^3}{y^2+z^2}+\frac{y^3}{z^2+x^2}+\frac{z^3}{x^2+y^2}\geqslant$$

$$\frac{1}{3}(x+y+z)\left(\frac{x^2}{y^2+z^2}+\frac{y^2}{z^2+x^2}+\frac{z^2}{x^2+y^2}\right)\geqslant$$

$$\frac{1}{3}(x+y+z)\cdot\frac{3}{2}=\frac{x+y+z}{2}$$

例 15　（2005 年德国数学奥林匹克试题）若 $a,b,$

$c>0, a+b+c=1$,求证

$$2\left(\frac{a}{c}+\frac{c}{b}+\frac{b}{a}\right)\geqslant\frac{1+a}{1-a}+\frac{1+b}{1-b}+\frac{1+c}{1-c}$$

证明

$$2\left(\frac{a}{c}+\frac{c}{b}+\frac{b}{a}\right)\geqslant\frac{1+a}{1-a}+\frac{1+b}{1-b}+\frac{1+c}{1-c}\Leftrightarrow$$

$$\frac{3}{2}+\frac{a}{b+c}+\frac{b}{c+a}+\frac{c}{a+b}\leqslant\frac{a}{c}+\frac{c}{b}+\frac{b}{a}\Leftrightarrow$$

$$\frac{ab}{c(b+c)}+\frac{bc}{a(c+a)}+\frac{ca}{b(a+b)}\geqslant\frac{3}{2}$$

事实上,$\left(\frac{ab}{c},\frac{bc}{a},\frac{ca}{b}\right)$与$\left(\frac{1}{a+b},\frac{1}{b+c},\frac{1}{c+a}\right)$反序.若 $c\geqslant a\geqslant b$,则

$$\frac{ab}{c}\leqslant\frac{bc}{a}\leqslant\frac{ca}{b},\frac{1}{a+b}\geqslant\frac{1}{b+c}\geqslant\frac{1}{c+a}$$

由排序不等式知

$$\frac{ab}{c}\cdot\frac{1}{b+c}+\frac{bc}{a}\cdot\frac{1}{c+a}+\frac{ca}{b}\cdot\frac{1}{a+b}\geqslant$$

$$\frac{ab}{c}\cdot\frac{1}{a+b}+\frac{bc}{a}\cdot\frac{1}{b+c}+\frac{ca}{b}\cdot\frac{1}{c+a}$$

即

$$\frac{ab}{c(b+c)}+\frac{bc}{a(c+a)}+\frac{ca}{b(a+b)}\geqslant$$

$$\frac{ab}{c(a+b)}+\frac{bc}{a(b+c)}+\frac{ca}{b(c+a)}$$

为此,只需证明

$$\frac{ab}{c(a+b)}+\frac{bc}{a(b+c)}+\frac{ca}{b(c+a)}\geqslant\frac{3}{2}$$

此即内斯比特不等式.

例 16 (2012 年希腊国家队选拔考试试题)设正实数 a,b,c,满足 $a+b+c=3$.证明

$$\frac{a^2}{(b+c)^3}+\frac{b^2}{(c+a)^3}+\frac{c^2}{(a+b)^3}\geqslant\frac{3}{8}$$

并说明等号成立的条件.

证明　原不等式等价于

$$(a+b+c)\left[\frac{a^2}{(b+c)^3}+\frac{b^2}{(c+a)^3}+\frac{c^2}{(a+b)^3}\right]\geqslant\frac{9}{8}\Leftrightarrow$$

$$[(a+b)+(b+c)+(c+a)]\left[\frac{1}{b+c}\cdot\frac{a^2}{(b+c)^2}+\frac{1}{c+a}\cdot\frac{b^2}{(c+a)^2}+\frac{1}{a+b}\cdot\frac{c^2}{(a+b)^2}\right]\geqslant\frac{9}{4}$$

由柯西不等式得

$$[(a+b)+(b+c)+(c+a)]\left[\frac{1}{b+c}\cdot\frac{a^2}{(b+c)^2}+\frac{1}{c+a}\cdot\frac{b^2}{(c+a)^2}+\frac{1}{a+b}\cdot\frac{c^2}{(a+b)^2}\right]\geqslant\left(\frac{a}{b+c}+\frac{b}{c+a}+\frac{c}{a+b}\right)^2$$

为此,只需证明

$$\frac{a}{b+c}+\frac{b}{c+a}+\frac{c}{a+b}\geqslant\frac{3}{2}$$

此即内斯比特不等式

$$\frac{a+b+c}{b+c}+\frac{a+b+c}{c+a}+\frac{a+b+c}{a+b}\geqslant\frac{9}{2}\Leftrightarrow$$

$$(a+b+c)\left(\frac{1}{b+c}+\frac{1}{c+a}+\frac{1}{a+b}\right)\geqslant\frac{9}{2}\Leftrightarrow$$

$$[(a+b)+(b+c)+(c+a)]\left(\frac{1}{a+b}+\frac{1}{b+c}+\frac{1}{c+a}\right)\geqslant 9$$

由柯西不等式,知上式显然成立.

当且仅当

$$\frac{a}{b+c}=\frac{b}{c+a}=\frac{c}{a+b}\Leftrightarrow$$
$$\frac{a+b+c}{b+c}=\frac{a+b+c}{c+a}=\frac{a+b+c}{a+b}\Leftrightarrow$$
$$\frac{3}{b+c}=\frac{3}{c+a}=\frac{3}{a+b}\Leftrightarrow$$
$$a=b=c$$

时,等号成立.

另证 1

$$\frac{a^2}{(b+c)^3}+\frac{b^2}{(c+a)^3}+\frac{c^2}{(a+b)^3}=$$
$$\frac{\left(\frac{a}{b+c}\right)^2}{b+c}+\frac{\left(\frac{b}{c+a}\right)^2}{c+a}+\frac{\left(\frac{c}{a+b}\right)^2}{a+b}\geqslant$$
$$\frac{\left(\frac{a}{b+c}+\frac{b}{c+a}+\frac{c}{a+b}\right)^2}{b+c+c+a+a+b}\geqslant\frac{\left(\frac{3}{2}\right)^2}{6}=\frac{3}{8}$$

另证 2

$$\frac{a^2}{(b+c)^3}+\frac{b^2}{(c+a)^3}+\frac{c^2}{(a+b)^3}=$$
$$\frac{\left(\frac{a}{b+c}\right)^2}{b+c}+\frac{\left(\frac{b}{c+a}\right)^2}{c+a}+\frac{\left(\frac{c}{a+b}\right)^2}{a+b}$$

由均值不等式的变形

$$\frac{a^2}{b}\geqslant\frac{a}{2}-\frac{b}{16}$$

知

$$\frac{\left(\frac{a}{b+c}\right)^2}{b+c}\geqslant\frac{a}{2(b+c)}-\frac{b+c}{16}$$
$$\frac{\left(\frac{b}{c+a}\right)^2}{c+a}\geqslant\frac{b}{2(c+a)}-\frac{c+a}{16}$$

$$\frac{\left(\frac{c}{a+b}\right)^2}{a+b} \geqslant \frac{c}{2(a+b)} - \frac{a+b}{16}$$

三式相加即得

$$\frac{\left(\frac{a}{b+c}\right)^2}{b+c} + \frac{\left(\frac{b}{c+a}\right)^2}{c+a} + \frac{\left(\frac{c}{a+b}\right)^2}{a+b} \geqslant$$

$$\frac{1}{2}\left(\frac{a}{b+c} + \frac{b}{c+a} + \frac{c}{a+b}\right) -$$

$$\frac{1}{16}(b+c+c+a+a+b) \geqslant$$

$$\frac{1}{2} \cdot \frac{3}{2} - \frac{1}{16} \cdot 6 = \frac{3}{8}$$

例 17　设正数 a,b,c 满足 $a+b+c=1$,证明

$$\frac{a^2+b}{b+c} + \frac{b^2+c}{c+a} + \frac{c^2+a}{a+b} \geqslant 2$$

证明　注意到

$$\frac{a^2+b}{b+c} + \frac{b^2+c}{c+a} + \frac{c^2+a}{a+b} + 1 =$$

$$\left(\frac{a^2+b}{b+c} + a\right) + \left(\frac{b^2+c}{c+a} + b\right) + \left(\frac{c^2+a}{a+b} + c\right) =$$

$$\frac{a+b}{b+c} + \frac{b+c}{c+a} + \frac{c+a}{a+b}$$

故原不等式等价于

$$\frac{a+b}{b+c} + \frac{b+c}{c+a} + \frac{c+a}{a+b} \geqslant 3$$

例 18　$a,b,c \in \mathbf{R}_+$,求证

$$\frac{a^2+bc}{a(b+c)} + \frac{b^2+ca}{b(c+a)} + \frac{c^2+ab}{c(a+b)} \geqslant 3$$

证明　$\dfrac{a^2+bc}{a(b+c)} = \dfrac{c}{a+b} + \dfrac{ca}{ab+bc}$

即

$$\sum \frac{a^2+bc}{a(b+c)}=\sum \frac{c}{a+b}+\sum \frac{ca}{ab+bc}$$

再利用内斯比特不等式

$$\sum \frac{c}{a+b} \geqslant \frac{3}{2}, \sum \frac{ca}{ab+bc} \geqslant \frac{3}{2}$$

相加即得.

评析 本题采用拆项与并项的方法,再利用已知不等式和配方等技巧.

例 19 (2011 年第 62 届罗马尼亚数学奥林匹克十年级第 3 题)已知 $a,b,c>0$. 证明

$$f(x)=\frac{a^x}{b^x+c^x}+\frac{b^x}{c^x+a^x}+\frac{c^x}{a^x+b^x}$$

在$(0,+\infty)$上单调递增,在$(-\infty,0)$上单调递减.

证明 对 $x_1>x_2>0$ 或 $x_1<x_2<0$,设 $x=\frac{x_1}{x_2}>1, a_1=a^{x_2}, b_1=b^{x_2}, c_1=c^{x_2}$,则

$$f(x_1)-f(x_2)=$$

$$\sum\left(\frac{a^{x_1}}{b^{x_1}+c^{x_1}}-\frac{a^{x_2}}{b^{x_2}+c^{x_2}}\right)=$$

$$\sum\left(\frac{a^{x_1}}{b^{x_1}+c^{x_1}}-\frac{a_1}{b_1+c_1}\right)=$$

$$\sum \frac{a_1 b_1(a_1^{x-1}-b_1^{x-1})+a_1 c_1(a_1^{x-1}-c_1^{x-1})}{(b_1+c_1)(b_1^x+c_1^x)}=$$

$$\sum\left[\frac{a_1 b_1}{(b_1+c_1)(b_1^x+c_1^x)}-\frac{a_1 b_1}{(c_1+a_1)(c_1^x+a_1^x)}\right]\cdot$$

$$(a_1^{x-1}-b_1^{x-1})=$$

$$\sum \frac{a_1 b_1(a_1^{x-1}-b_1^{x-1})}{(b_1+c_1)(c_1+a_1)(b_1^x+c_1^x)(c_1^x+a_1^x)}\cdot$$

$$[(a_1^{x+1}-b_1^{x+1})+(a_1-b_1)c_1^x+c_1(a_1^x-b_1^x)]$$

由 $x>1$,知循环三项中每两项均非负. 故

$$f(x_1)-f(x_2)>0$$

评注　由本例结论易得：

当 $x\geqslant 1$ 时

$$\frac{a^{x+1}}{b^{x+1}+c^{x+1}}+\frac{b^{x+1}}{c^{x+1}+a^{x+1}}+\frac{c^{x+1}}{a^{x+1}+b^{x+1}}\geqslant$$

$$\frac{a^x}{b^x+c^x}+\frac{b^x}{c^x+a^x}+\frac{c^x}{a^x+b^x}\geqslant$$

$$\frac{a}{b+c}+\frac{b}{c+a}+\frac{c}{a+b}\geqslant\frac{3}{2}$$

4.8　萧振纲不等式及其应用

定理1（萧振纲不等式）　设 λ,μ,γ 及 x,y,z 皆为正数，$k>-1$，则

$$x(\mu+\gamma-k\lambda)+y(\gamma+\lambda-k\mu)+z(\lambda+\mu-k\gamma)\geqslant$$

$$\frac{1}{2}\left\{\frac{x+y+z}{\lambda+\mu+\gamma}[(\lambda+\mu+\gamma)^2-\right.$$

$$(k+1)(\lambda^2+\mu^2+\gamma^2)]+$$

$$\frac{1}{2}\frac{\lambda+\mu+\gamma}{x+y+z}[(x+y+z)^2-$$

$$\left.(k+1)(x^2+y^2+z^2)]\right\}$$

等号当且仅当 $x=\lambda,y=\mu,z=\gamma$ 时成立.

证明　由柯西不等式知

$$2ab=(\sqrt{t}a)\cdot\left(\frac{1}{\sqrt{t}}b\right)+\left(\frac{1}{\sqrt{t}}b\right)\cdot(\sqrt{t}a)\leqslant$$

$$\sqrt{\left(ta^2+\frac{1}{t}b^2\right)\left(\frac{1}{t}b^2+ta^2\right)}=$$

$$ta^2+\frac{1}{t}b^2$$

其中,$t>0$.有

$$x(\mu+\gamma-k\lambda)+y(\gamma+\lambda-k\mu)+z(\lambda+\mu-k\gamma)=$$

$$(\lambda+\mu+\gamma)(x+y+z)-(k+1)(\lambda x+\mu y+\gamma z)\geqslant$$

$$(\lambda+\mu+\gamma)(x+y+z)-$$

$$(k+1)\frac{1}{2}\left[\frac{\lambda+\mu+\gamma}{x+y+z}\sum x^2+\frac{x+y+z}{\lambda+\mu+\gamma}\sum \lambda^2\right]=$$

$$\frac{1}{2}\left[\frac{\lambda+\mu+\gamma}{x+y+z}(x+y+z)^2-\right.$$

$$(k+1)\frac{1}{2}\cdot\frac{\lambda+\mu+\gamma}{x+y+z}\sum x^2+$$

$$\frac{1}{2}\cdot\frac{x+y+z}{\lambda+\mu+\gamma}(\lambda+\mu+\gamma)^2-$$

$$(k+1)\frac{1}{2}\cdot\frac{x+y+z}{\lambda+\mu+\gamma}\sum\lambda^2=$$

$$\frac{1}{2}\left\{\frac{\lambda+\mu+\gamma}{x+y+z}[(x+y+z)^2-\right.$$

$$(k+1)(x^2+y^2+z^2)]+$$

$$\frac{x+y+z}{\lambda+\mu+\gamma}[(\lambda+\mu+\gamma)^2-$$

$$\left.(k+1)(\lambda^2+\mu^2+\gamma^2)]\right\}$$

在定理 1 中,令 $x=a'^2$,$y=b'^2$,$z=c'^2$,$\lambda=a^2$,$\mu=b^2$,$\gamma=c^2$,$k=1$,即得:

彭家贵－常庚哲不等式 设 $a,b,c,\Delta;a',b',c',\Delta'$ 分别为 $\triangle ABC$ 和 $\triangle A'B'C'$ 的三边与面积,则

$$a'^2(b^2+c^2-a^2)+b'^2(c^2+a^2-b^2)+c'^2(a^2+b^2-c^2)\geqslant$$

$$8\left(\frac{a'^2+b'^2+c'^2}{a^2+b^2+c^2}\Delta^2+\frac{a^2+b^2+c^2}{a'^2+b'^2+c'^2}\Delta'^2\right)$$

等号当且仅当 $\triangle ABC\backsim\triangle A'B'C'$ 时成立.

在上式中利用均值不等式,即得:

匹多(Pedoe)不等式　设 $a,b,c,\Delta;a',b',c',\Delta'$ 分别为 $\triangle ABC$ 和 $\triangle A'B'C'$ 的三边与面积,则

$$a'^2(b^2+c^2-a^2)+b'^2(c^2+a^2-b^2)+c'^2(a^2+b^2-c^2)\geqslant 16\Delta\Delta'$$

等号当且仅当 $\triangle ABC\backsim\triangle A'B'C'$ 时成立.

在匹多不等式中,让 $\triangle A'B'C'$ 为正三角形,即得:

Weitezenbock 不等式　设 a,b,c,Δ 分别为 $\triangle ABC$ 的三边与面积,则有

$$a^2+b^2+c^2\geqslant 4\sqrt{3}\Delta$$

等号当且仅当 $\triangle ABC$ 为正三角形时成立.

在萧振纲不等式中利用均值不等式即得简超不等式.

推论1(简超不等式)　设 $\lambda,\mu,\gamma,x,y,z>0$, $k>-1$, 且

$$(\lambda+\mu+\gamma)^2-(k+1)(\lambda^2+\mu^2+\gamma^2)>0$$

$$(x+y+z)^2-(k+1)(x^2+y^2+z^2)>0$$

则

$$\lambda(y+z-kx)+\mu(z+x-ky)+\gamma(x+y-kz)\geqslant\sqrt{(\lambda+\mu+\gamma)^2-(k+1)(\lambda^2+\mu^2+\gamma^2)}\cdot\sqrt{(x+y+z)^2-(k+1)(x^2+y^2+z^2)}$$

等号当且仅当 $\frac{x}{\lambda}=\frac{y}{\mu}=\frac{z}{\gamma}$ 时成立.

特别地,在萧振纲不等式中令 $k=0$,即得黄汉生不等式.

推论2(黄汉生不等式)　设 $\lambda,\mu,\gamma,x,y,z>0$, 则

$$(\mu+\gamma)x+(\gamma+\lambda)y+(\lambda+\mu)z\geqslant$$

$$\frac{x+y+z}{\lambda+\mu+\gamma}(\lambda\mu+\mu\gamma+\gamma\lambda)+\frac{\lambda+\mu+\gamma}{x+y+z}(xy+yz+zx)$$

等号当且仅当$\frac{\lambda}{x}=\frac{\mu}{y}=\frac{\gamma}{z}$时成立.

证明

$$\begin{aligned}
&(\lambda+\mu+\gamma)(x+y+z)-\\
&[(\mu+\gamma)x+(\gamma+\lambda)y+(\lambda+\mu)z]=\\
&\lambda x+\mu y+\gamma z\leqslant\\
&(\lambda^2+\mu^2+\gamma^2)^{\frac{1}{2}}(x^2+y^2+z^2)^{\frac{1}{2}}=\\
&[(\lambda+\mu+\gamma)^2-2(\lambda\mu+\mu\gamma+\gamma\lambda)]^{\frac{1}{2}}\cdot\\
&[(x+y+z)^2-2(xy+yz+zx)]^{\frac{1}{2}}=\\
&(\lambda+\mu+\gamma)(x+y+z)\left[1-\frac{2(\lambda\mu+\mu\gamma+\gamma\lambda)}{(\lambda+\mu+\gamma)^2}\right]^{\frac{1}{2}}\cdot\\
&\left[1-\frac{2(xy+yz+zx)}{(x+y+z)^2}\right]^{\frac{1}{2}}\leqslant\\
&(\lambda+\mu+\gamma)(x+y+z)\cdot\\
&\frac{1}{2}\left[2-\frac{2(\lambda\mu+\mu\gamma+\gamma\lambda)}{(\lambda+\mu+\gamma)^2}-\frac{2(xy+yz+zx)}{(x+y+z)^2}\right]=\\
&(\lambda+\mu+\gamma)(x+y+z)-\\
&\frac{x+y+z}{\lambda+\mu+\gamma}\cdot(\lambda\mu+\mu\gamma+\gamma\lambda)-\\
&\frac{\lambda+\mu+\gamma}{x+y+z}\cdot(xy+yz+zx)
\end{aligned}$$

另证　原不等式等价于

$$\begin{aligned}
&(\lambda+\mu+\gamma)^2(x+y+z)^2\geqslant\\
&(\lambda+\mu+\gamma)(x+y+z)(\lambda x+\mu y+\gamma z)+\\
&(\lambda+\mu+\gamma)^2(xy+yz+zx)+\\
&(x+y+z)^2(\lambda\mu+\mu\gamma+\gamma\lambda)
\end{aligned}$$

由均值不等式和柯西不等式,可得

$$
\begin{aligned}
&(\lambda+\mu+\gamma)^2(x+y+z)^2=\\
&\frac{1}{2}(\lambda+\mu+\gamma)^2(x+y+z)^2+\\
&\frac{1}{2}(\lambda+\mu+\gamma)^2(x+y+z)^2=\\
&\frac{1}{2}[(\lambda+\mu+\gamma)^2(x^2+y^2+z^2)+\\
&(\lambda^2+\mu^2+\gamma^2)(x+y+z)^2]+\\
&(\lambda+\mu+\gamma)^2(xy+yz+zx)+\\
&(x+y+z)^2(\lambda\mu+\mu\gamma+\gamma\lambda)\geqslant\\
&(\lambda+\mu+\gamma)(x+y+z)\cdot\\
&\sqrt{(x^2+y^2+z^2)+(\lambda^2+\mu^2+\gamma^2)}+\\
&(\lambda+\mu+\gamma)^2(xy+yz+zx)+\\
&(x+y+z)^2(\lambda\mu+\mu\gamma+\gamma\lambda)\geqslant\\
&(\lambda+\mu+\gamma)(x+y+z)(\lambda x+\mu y+\gamma z)+\\
&(\lambda+\mu+\gamma)^2(xy+yz+zx)+\\
&(x+y+z)^2(\lambda\mu+\mu\gamma+\gamma\lambda)
\end{aligned}
$$

即

$$
\begin{aligned}
&(\lambda+\mu+\gamma)^2(x+y+z)^2\geqslant\\
&(\lambda+\mu+\gamma)(x+y+z)(\lambda x+\mu y+\gamma z)+\\
&(\lambda+\mu+\gamma)^2(xy+yz+zx)+\\
&(x+y+z)^2(\lambda\mu+\mu\gamma+\gamma\lambda)
\end{aligned}
$$

成立.

由均值不等式和柯西不等式取等号的条件知,当且仅当 $\lambda:x=\mu:y=\gamma:z$ 时原不等式等号成立.

特别地,在黄汉生不等式中应用均值不等式即可得杨学枝不等式.

推论3(杨学枝不等式)　设 λ,μ,γ 及 x,y,z 同时满足

$$\lambda+\mu+\gamma\geqslant 0, x+y+z\geqslant 0$$
$$\lambda\mu+\mu\gamma+\gamma\lambda\geqslant 0, xy+yz+zx\geqslant 0$$

则

$$x(\mu+\gamma)+y(\gamma+\lambda)+z(\lambda+\mu)\geqslant$$
$$2\sqrt{(\lambda\mu+\mu\gamma+\gamma\lambda)(xy+yz+zx)}$$

等号当且仅当 $x=\lambda, y=\mu, z=\gamma$ 时成立.

在推论 3 中,令

$$\frac{1}{2}(\mu+\gamma)=a^2, \frac{1}{2}(\gamma+\lambda)=b^2, \frac{1}{2}(\lambda+\mu)=c^2$$

即得:

A. Oppenheim 不等式

$$xa^2+yb^2+zc^2\geqslant 4\sqrt{xy+yz+zx}\Delta$$

在上式中,作变换

$$x\to xa^{-2}, y=yb^{-2}, z=zc^{-2}$$

即得到《数学通讯》1989 年第 12 期的征解问题

$$(\lambda\mu+\mu\gamma+\gamma\lambda)abc\geqslant$$
$$4\sqrt{\lambda\mu\gamma(\lambda a^2+\mu b^2+\gamma c^2)}\Delta\quad(\lambda,\mu,\gamma\in\mathbf{R}_+)$$

根据 $\Delta=\frac{abc}{4R}$ 知,上式等价于:

O. Kooi 不等式

$$\mu\gamma a^2+\gamma\lambda b^2+\lambda\mu c^2\leqslant(\lambda+\mu+\gamma)^2R^2$$

由正弦定理得到:

O. Kooi 不等式的等价形式:

设 $x,y,z\in\mathbf{R}_+$,则在 $\triangle ABC$ 中,有

$$(x+y+z)^2\geqslant$$
$$4(xy\sin^2C+yz\sin^2A+zx\sin^2B)$$

等号成立当且仅当

$$x:\sin 2A=y:\sin 2B=z:\sin 2C$$

在推论3中取

$$x=-a^2+b^2+c^2, y=a^2-b^2+c^2, z=a^2+b^2-c^2$$

即得:

Neuberg-Pedoe 不等式

$$a^2(-a'^2+b'^2+c'^2)+b^2(a'^2-b'^2+c'^2)+$$
$$c^2(a'^2+b'^2-c'^2)\geqslant 16\Delta\Delta'$$

其中a,b,c与a',b',c'是两个三角形的三边长,Δ,Δ'代表它们的面积.

该不等式是1891年J. Ncuberh提出的猜想,1943年,D. Pedoe 第一个给出了证明,所以称作Neuberg-Pedoe不等式.

此外,由推论3还可以得到

$$(\lambda\mu+\mu\gamma+\gamma\lambda)abc\geqslant$$
$$4\sqrt{\lambda\mu\gamma(\lambda a^2+\mu b^2+\gamma c^2)}\Delta\quad(\lambda,\mu,\gamma\in\mathbf{R}_+)$$

$$t_aa_1+t_bb_1+t_cc_1\geqslant 4\sqrt{3\Delta\Delta_1}$$

$$t_bt_ca_1^2+t_ct_ab_1^2+t_at_bc_1^2\geqslant 16\Delta\Delta_1$$

$$a^2+b^2+c^2\geqslant$$
$$4\sqrt{3}\Delta+(a-b)^2+(b-c)^2+(c-a)^2$$

其中t_a,t_b,t_c是$\triangle ABC$的三条内角平分线长.

定理2　杨学枝不等式的推广

$$\left(\sum_{i=1}^n p_i\right)\left(\sum_{i=1}^n p_i\right)-\sum_{i=1}^n p_iq_i\geqslant\sqrt{\left(\sum_{\text{sym}}p_ip_j\right)\left(\sum_{\text{sym}}q_iq_j\right)}$$

证明

$$\sum_{i=1}^n p_iq_i+\sqrt{\left(\sum_{\text{sym}}p_ip_j\right)\left(\sum_{\text{sym}}q_iq_j\right)}\leqslant$$
$$\sqrt{\left(\sum_{i=1}^n p_i^2+\sum_{\text{sym}}p_ip_j\right)\left(\sum_{i=1}^n q_i^2+\sum_{\text{sym}}q_iq_j\right)}=$$

$$\left(\sum_{i=1}^{n} p_i\right)\left(\sum_{i=1}^{n} p_i\right)$$

为了应用上述定理及推论解题，常常用到如下引理.

引理 1 在 $\triangle ABC$ 中，有

$$\cot A \cdot \cot B + \cot B \cdot \cot C + \cot C \cdot \cot A = 1$$

证明 由 $\cot A = \dfrac{1}{\tan A}$ 知，原等式等价于

$$\tan A + \tan B + \tan C = \tan A\tan B\tan C$$

由 $A + B + C = \pi$ 知

$$A + B = \pi - C, \tan (A + B) = \tan (\pi - C)$$

即

$$\frac{\tan A + \tan B}{1 - \tan A\tan B} = -\tan C$$

即

$$(\tan A + \tan B) = -(1 - \tan A\tan B)\tan C$$

即

$$\tan A + \tan B + \tan C = \tan A\tan B\tan C$$

引理 2 在 $\triangle ABC$ 中，有

$$\tan \frac{A}{2} \cdot \tan \frac{B}{2} + \tan \frac{B}{2} \cdot \tan \frac{C}{2} + \tan \frac{C}{2} \cdot \tan \frac{A}{2} = 1$$

证明 由 $A + B + C = \pi$ 知

$$\frac{A}{2} + \frac{B}{2} = \frac{\pi}{2} - \frac{C}{2}$$

$$\tan\left(\frac{A}{2} + \frac{B}{2}\right) = \tan\left(\frac{\pi}{2} - \frac{C}{2}\right)$$

即

$$\frac{\tan \frac{A}{2} + \tan \frac{B}{2}}{1 - \tan \frac{A}{2}\tan \frac{B}{2}} = \frac{1}{\tan \frac{C}{2}}$$

即

$$\left(\tan\frac{A}{2}+\tan\frac{B}{2}\right)\tan\frac{C}{2}=1-\tan\frac{A}{2}\tan\frac{B}{2}$$

即

$$\tan\frac{A}{2}\cdot\tan\frac{B}{2}+\tan\frac{B}{2}\cdot\tan\frac{C}{2}+\tan\frac{C}{2}\cdot\tan\frac{A}{2}=1$$

评注　用$\frac{\pi}{2}-\frac{A}{2},\frac{\pi}{2}-\frac{B}{2},\frac{\pi}{2}-\frac{C}{2}$分别替换

$$\tan A+\tan B+\tan C=\tan A\tan B\tan C$$

中的 A,B,C 即得引理 2.

引理 3　设 r_a,r_b,r_c,p 分别是 $\triangle ABC$ 的旁切圆半径和半周长，有

$$r_ar_b+r_br_c+r_cr_a=p^2$$

证明　由旁切圆半径公式：$r_a=\frac{\Delta}{p-a}$ 和海伦公式 $\Delta^2=p(p-a)(p-b)(p-c)$ 知

$$r_ar_b+r_br_c+r_cr_a=$$

$$\frac{\Delta}{p-a}\cdot\frac{\Delta}{p-b}+\frac{\Delta}{p-b}\cdot\frac{\Delta}{p-c}+\frac{\Delta}{p-c}\cdot\frac{\Delta}{p-a}=$$

$$\frac{\Delta^2[(p-a)+(p-b)+(p-c)]}{(p-a)(p-b)(p-c)}=$$

$$\frac{p(p-a)(p-b)(p-c)\cdot p}{(p-a)(p-b)(p-c)}=p^2$$

引理 4　若 $x,y,z>0$，则

$$\frac{x}{y+z}\cdot\frac{y}{z+x}+\frac{y}{z+x}\cdot\frac{z}{x+y}+\frac{z}{x+y}\cdot\frac{x}{y+z}\geqslant\frac{3}{4}$$

证明　原不等式等价于

$$4[xy(x+y)+yz(y+z)+zx(z+x)]\geqslant$$

$$3(x+y)(y+z)(z+x)\Leftrightarrow$$

$$x^2y+xy^2+y^2z+yz^2+z^2x+zx^2\geqslant 6xyz\Leftrightarrow$$

$$(x+y+z)(xy+yz+zx)\geqslant 9xyz$$

这只需利用三维均值不等式即可.

引理 5 若 $a,b,c>0$,且 $x=a+\frac{1}{b}-1,y=b+\frac{1}{c}-1,z=c+\frac{1}{a}-1$,则

$$xy+yz+zx\geqslant 3$$

证明 不妨设 $x=\max\{x,y,z\}$,则

$$x\geqslant\frac{1}{3}(x+y+z)=$$
$$\frac{1}{3}\left(a+\frac{1}{b}-1+b+\frac{1}{c}-1+c+\frac{1}{a}-1\right)\geqslant$$
$$\frac{1}{3}(2+2+2-3)=1$$
$$(x+1)(y+1)(z+1)=$$
$$abc+\frac{1}{abc}+a+b+c+\frac{1}{a}+\frac{1}{b}+\frac{1}{c}\geqslant$$
$$2+a+b+c+\frac{1}{a}+\frac{1}{b}+\frac{1}{c}=$$
$$5+x+y+z$$

即

$$xyz+xy+yz+zx\geqslant 4$$
$$y+z=\frac{1}{a}+b+\frac{(c-1)^2}{c}>0$$

(1) 若 $yz\leqslant 0$,则 $xyz\leqslant 0$,故

$$xy+yz+zx\geqslant 4>3$$

(2) 若 $y,z>0$,令 $d=\sqrt{\frac{xy+yz+zx}{3}}$,则 $d\geqslant 1$.

利用均值不等式知,$xyz\leqslant d^3$,因此,$d^3+3d^2\geqslant 4$,$(d-1)(d+2)^2\geqslant 0$,$d\geqslant 1$.

等号成立当且仅当 $a=b=c=1$.

引理6　(2010年《数学通报》数学问题1830)$a,b,c\in(0,+\infty)$,$a+b+c=2$,求证

$$\left(\frac{1-a}{a}\right)\left(\frac{1-b}{b}\right)+\left(\frac{1-b}{b}\right)\left(\frac{1-c}{c}\right)+\left(\frac{1-c}{c}\right)\left(\frac{1-a}{a}\right)\geqslant\frac{3}{4}$$

证明　原不等式等价于

$$c(2-2a)(2-2b)+a(2-2b)(2-2c)+b(2-2c)(2-2a)\geqslant 3\Leftrightarrow$$
$$2c(b+c-a)(c+a-b)+2a(c+a-b)(a+b-c)+2b(a+b-c)(b+c-a)\geqslant 3(a+b+c)\Leftrightarrow$$
$$(a+b-c)(a-b)^2+(b+c-a)(b-c)^2+(c+a-b)(c-a)^2\geqslant 0.$$

不妨设 $a\geqslant b\geqslant c$,则

$$(c-a)^2\geqslant(b-c)^2$$

故

$$\begin{aligned}&(a+b-c)(a-b)^2+(b+c-a)(b-c)^2+(c+a-b)(c-a)^2\geqslant\\&(a+b-c)(a-b)^2+(b+c-a)(b-c)^2+(c+a-b)(b-c)^2=\\&(a+b-c)(a-b)^2+2c(b-c)^2\geqslant 0\end{aligned}$$

引理7　(27届IMO中国国家集训队试题)设 a,b,c 是 $\triangle ABC$ 的三边长,$\triangle ABC$ 所在平面内任意两点 P,P',则有

$$\frac{PA\cdot P'A}{bc}+\frac{PB\cdot P'B}{ca}+\frac{PC\cdot P'C}{ab}\geqslant 1$$

证明　设在复平面内,A,B,C 三点对应的复数为 A,B,C,P,P' 对应的复数为 p,p',构造二次多项式

$$f(x)=(x-p)(x-p')$$

则由拉格朗日(Lagrange)公式可得

$$\sum_{j=1}^{3}\prod_{\substack{i\neq j\\1\leqslant i\leqslant 3}}\frac{x-x_i}{x_j-x_i}f(x_j)=(x-p)(x-p')$$

比较上式两边 x^2 的系数得

$$\frac{f(x_1)}{(x_1-x_2)(x-x_3)}+\frac{f(x_2)}{(x_2-x_3)(x_2-x_1)}+\frac{f(x_3)}{(x_3-x_1)(x_3-x_2)}=1$$

于是

$$\sum_{j=1}^{3}\prod_{\substack{i\neq j\\1\leqslant i\leqslant 3}}\frac{|f(x_j)|}{|x_j-x_i|}\geqslant 1$$

但

$$|f(x_1)|=|(x_1-p)(x_1-p')|=PA\cdot P'A$$

$$|f(x_2)|=|(x_2-p)(x_2-p')|=PB\cdot P'B$$

$$|f(x_3)|=|(x_3-p)(x_3-p')|=PC\cdot P'C$$

且

$$|x_1-x_2|=c,\ |x_2-x_3|=a,\ |x_3-x_1|=b$$

将此代入上式，有

$$\frac{PA\cdot P'A}{bc}+\frac{PB\cdot P'B}{ca}+\frac{PC\cdot P'C}{ab}\geqslant 1$$

特别地，将 PA,PB,PC 分别换为 PB,PC,PA，$P'A,P'B,P'C$ 分别换为 PC,PA,PB 即得 T. Hayashi 不等式，即引理 8.

引理 8 (T. Hayashi) 如果 a,b,c 为 $\triangle ABC$ 的三边，那么 $\triangle ABC$ 平面上任一点 P，有

$$\frac{PB\cdot PC}{bc}+\frac{PC\cdot PA}{ca}+\frac{PA\cdot PB}{ab}\geqslant 1$$

与杨学枝不等式不分强弱的还有：

定理3(**陈计不等式**)　设 $\lambda,\mu,\gamma,x,y,z>0$,则

$$[(\mu+\gamma)x+(\gamma+\lambda)y+(\lambda+\mu)z]^2\geqslant 4(\lambda+\mu+\gamma)(\lambda yz+\mu zx+\gamma xy)$$

等号当且仅当 $x=y=z$ 时成立.

证明　不妨设 $x\geqslant y\geqslant z$,则

$$[(\mu+\gamma)x+(\gamma+\lambda)y+(\lambda+\mu)z]^2-4(\lambda+\mu+\gamma)(\lambda yz+\mu zx+\gamma xy)=[(\mu-\gamma)x+(\gamma+\lambda)y-(\lambda+\mu)z]^2+4\mu\gamma(x-y)(x-z).$$

以上结论应用很广,下面举例说明以上结论的应用.

例1　(2001年乌克兰数学奥林匹克试题)已知 a,b,c,x,y,z 是正实数,且 $x+y+z=1$,证明

$$ax+by+cz+2\sqrt{(xy+yz+zx)(ab+bc+ca)}\leqslant a+b+c$$

证明　原不等式等价于

$$ax+by+cz+2\sqrt{(xy+yz+zx)(ab+bc+ca)}\leqslant (a+b+c)(x+y+z)$$

$$(b+c)x+(c+a)y+(a+b)z\geqslant 2\sqrt{(xy+yz+zx)(ab+bc+ca)}$$

此即杨学枝不等式.

例2　(Balkan,2012)设 x,y,z 是正实数,求证

$$\sum_{cyc}(x+y)\sqrt{(z+x)(z+y)}\geqslant 4(xy+yz+zx)$$

证明　由定理知

$$\sum_{cyc}(x+y)\sqrt{(z+x)(z+y)}\geqslant 2\sqrt{xy+yz+zx}\cdot$$

$$\sqrt{\sum_{\text{cyc}}\sqrt{(z+x)(z+y)(x+y)(x+z)}}$$

为此,只需证明

$$\sum_{\text{cyc}}(z+x)\sqrt{(x+y)(y+z)}\geqslant 4(xy+yz+zx)$$

由柯西不等式知

$$\sqrt{(x+y)(y+z)}\geqslant y+\sqrt{zx}$$

为此,只需证明

$$\sum_{\text{cyc}}(z+x)(y+\sqrt{zx})\geqslant 4(xy+yz+zx)\Leftrightarrow$$

$$\sum_{\text{cyc}}(z+x)\sqrt{zx}\geqslant 2(xy+yz+zx)$$

由均值不等式知

$$\sum_{\text{cyc}}(z+x)\sqrt{zx}\geqslant\sum_{\text{cyc}}2\sqrt{zx}\cdot\sqrt{zx}=2\sum_{\text{cyc}}zx=2(xy+yz+zx)$$

例3 已知 $a,b,c>0$,求证

$$\frac{b^2+c^2}{a(b+c)}+\frac{c^2+a^2}{b(c+a)}+\frac{a^2+b^2}{c(a+b)}\geqslant\frac{3}{2}\left(\sqrt{\frac{(a+b+c)(a^2+b^2+c^2)}{abc}}-1\right)$$

证明 注意到

$$1+\frac{b^2+c^2}{a(b+c)}=\frac{bc}{ab+ca}\left(\frac{c+a}{b}+\frac{a+b}{c}\right)$$

$$3+\frac{b^2+c^2}{a(b+c)}+\frac{c^2+a^2}{b(c+a)}+\frac{a^2+b^2}{c(a+b)}=$$

$$\frac{bc}{ab+ca}\left(\frac{c+a}{b}+\frac{a+b}{c}\right)+\frac{ca}{ab+bc}\left(\frac{a+b}{c}+\frac{b+c}{a}\right)+\frac{ab}{bc+ca}\left(\frac{b+c}{a}+\frac{c+a}{b}\right)\geqslant$$

$$2\sqrt{\sum\frac{bc}{ab+ca}\cdot\frac{ca}{ab+bc}\cdot\sum\frac{(c+a)(a+b)}{bc}}\geqslant$$

$$2\sqrt{\frac{3}{4}\cdot\sum\left[1+\frac{a(a+b+c)}{bc}\right]}=$$

$$\sqrt{3\cdot\left[3+\frac{(a+b+c)(a^2+b^2+c^2)}{abc}\right]}\geqslant$$

$$\frac{3}{2}\left(1+\sqrt{\frac{(a+b+c)(a^2+b^2+c^2)}{abc}}\right)$$

例4　已知 $n\geqslant 2,a,b,c>0$，求证

$$\frac{a^n+b^n}{a+b}+\frac{b^n+c^n}{b+c}+\frac{c^n+a^n}{c+a}\geqslant$$

$$\sqrt{\frac{3(a^{n-1}+b^{n-1}+c^{n-1})(a^n+b^n+c^n)}{a+b+c}}$$

证明　注意到

$$\sum\frac{a^n+b^n}{a+b}=\sum\frac{a^nb^n}{a+b}\left(\frac{1}{a^n}+\frac{1}{b^n}\right)\geqslant$$

$$2\sqrt{\sum\frac{a^{2n}b^{2n}c^{2n}}{(a+b)(a+c)}\cdot\sum\frac{1}{a^nb^n}}=$$

$$2\sqrt{\sum\frac{a^n}{(a+b)(a+c)}\cdot\sum a^n}$$

为此，只需证明

$$\frac{a^n}{(a+b)(a+c)}+\frac{b^n}{(b+c)(b+a)}+\frac{c^n}{(c+a)(c+b)}\geqslant$$

$$\frac{3}{4}\cdot\frac{a^{n-1}+b^{n-1}+c^{n-1}}{a+b+c}\Leftrightarrow$$

$$a^n(b+c)+b^n(c+a)+c^n(a+b)\geqslant$$

$$\frac{3}{4}\cdot\frac{a^{n-1}+b^{n-1}+c^{n-1}}{a+b+c}(a+b)(b+c)(c+a)$$

注意到

$$4[(a^{n-1}+b^{n-1}+c^{n-1})(ab+bc+ca)-$$

$$abc(a^{n-2}+b^{n-2}+c^{n-2})](a+b+c)\geqslant$$

$$3(a^{n-1}+b^{n-1}+c^{n-1})\cdot$$

$$[(a+b+c)(ab+bc+ca)-abc]$$

为此,只需证明

$$3(a^{n-1}+b^{n-1}+c^{n-1})\geqslant$$
$$(a^{n-2}+b^{n-2}+c^{n-2})(a+b+c)$$

最后一式只需利用切比雪夫不等式即知成立.

例 5 已知 $k\geqslant 0,a,b,c>0$,求证

$$\frac{a^k+b^k}{a+b}+\frac{b^k+c^k}{b+c}+\frac{c^k+a^k}{c+a}\geqslant$$
$$\sqrt{\frac{8(a+b+c)(a^kb^k+b^kc^k+c^ka^k)}{(a+b)(b+c)(c+a)}}$$

证明 注意到

$$\sum\frac{a^k+b^k}{a+b}=\sum\frac{a^kb^k}{a+b}\left(\frac{1}{a^k}+\frac{1}{b^k}\right)\geqslant$$
$$2\sqrt{\sum\frac{a^{2k}b^kc^k}{(a+b)(a+c)}\cdot\sum\frac{1}{a^kb^k}}=$$
$$2\sqrt{\sum\frac{a^k}{(a+b)(a+c)}\cdot\sum a^k}$$

为此,只需证明

$$\left[\frac{a^k}{(a+b)(a+c)}+\frac{b^k}{(b+c)(b+a)}+\frac{c^k}{(c+a)(c+b)}\right]\cdot$$
$$(a^k+b^k+c^k)\geqslant$$
$$\frac{2(a+b+c)(a^kb^k+b^kc^k+c^ka^k)}{(a+b)(b+c)(c+a)}\Leftrightarrow$$
$$[a^k(b+c)+b^k(c+a)+c^k(a+b)](a^k+b^k+c^k)\geqslant$$
$$2(a+b+c)(a^kb^k+b^kc^k+c^ka^k)\Leftrightarrow$$
$$a^{2k}b+b^{2k}c+c^{2k}a+ab^{2k}+bc^{2k}+ca^{2k}\geqslant$$
$$a^{k+1}b^k+b^{k+1}c^k+c^{k+1}a^k+a^kb^{k+1}+b^kc^{k+1}+c^ka^{k+1}.$$

注意到

$$(2k,1,0)\succ(k+1,k,0)$$

由米尔黑德(Muirhead) 不等式知,原不等式成立.

例 6　设 $a,b,c,s,\Delta,r_a,r_b,r_c$ 分别是 $\triangle ABC$ 的三边长、半周长、面积和旁切圆半径,A',B',C' 是 $\triangle A'B'C'$ 的三个内角,求证

$$\sum(s-b)(s-c)\left(\tan\frac{B'}{2}+\tan\frac{C'}{2}\right)\geqslant$$

$$\left[\frac{\sum\tan\frac{A'}{2}}{\sum\tan\frac{A}{2}}+\frac{\sum\tan\frac{A}{2}}{\sum\tan\frac{A'}{2}}\right]\Delta\Leftrightarrow$$

$$\sum\tan\frac{A}{2}\left(\tan\frac{B'}{2}+\tan\frac{C'}{2}\right)\geqslant$$

$$\left[\frac{\sum\tan\frac{A'}{2}}{\sum\tan\frac{A}{2}}+\frac{\sum\tan\frac{A}{2}}{\sum\tan\frac{A'}{2}}\right]\Leftrightarrow$$

$$\tan\frac{A'}{2}(r_b+r_c)+\tan\frac{B'}{2}(r_c+r_a)+\tan\frac{C'}{2}(r_a+r_b)=$$

$$r_a\left(\tan\frac{B'}{2}+\tan\frac{C'}{2}\right)+r_b\left(\tan\frac{A'}{2}+\tan\frac{B'}{2}\right)+$$

$$r_c\left(\tan\frac{C'}{2}+\tan\frac{A'}{2}\right)\geqslant\left[\frac{\sum\tan\frac{A'}{2}}{\sum\tan\frac{A}{2}}+\frac{\sum\tan\frac{A}{2}}{\sum\tan\frac{A'}{2}}\right]s$$

证明　由推论 2 知

$$\sum\tan\frac{A}{2}\left(\tan\frac{B'}{2}+\tan\frac{C'}{2}\right)\geqslant$$

$$\frac{\sum\tan\frac{A'}{2}}{\sum\tan\frac{A}{2}}\sum\tan\frac{B}{2}\tan\frac{C}{2}+$$

$$\frac{\sum\tan\frac{A}{2}}{\sum\tan\frac{A'}{2}}\sum\tan\frac{B'}{2}\tan\frac{C'}{2}$$

例 7 设 A,B,C 是 $\triangle ABC$ 的三个内角,A',B',C' 是 $\triangle A'B'C'$ 的三个内角,求证

$$\sum\tan^2\frac{A'}{2}\cot\frac{A}{2}\left(\tan\frac{B}{2}+\tan\frac{C}{2}\right)\geqslant$$

$$\frac{\sum\tan\frac{A'}{2}}{\sum\tan\frac{A}{2}}+\frac{\sum\tan\frac{A}{2}}{\sum\tan\frac{A'}{2}}$$

证明 由推论 2 知

$$\sum\tan^2\frac{A'}{2}\cot\frac{A}{2}\left(\tan\frac{B}{2}+\tan\frac{C}{2}\right)=$$

$$\sum\frac{\tan^2\frac{A'}{2}}{\tan\frac{A}{2}}\left(\tan\frac{B}{2}+\tan\frac{C}{2}\right)\geqslant$$

$$\frac{\sum\tan\frac{A'}{2}}{\sum\tan\frac{A}{2}}\cdot\sum\frac{\left(\tan\frac{B'}{2}\tan\frac{C'}{2}\right)^2}{\tan\frac{B}{2}\tan\frac{C}{2}}+$$

$$\frac{\sum\tan\frac{A}{2}}{\sum\tan\frac{A'}{2}}\cdot\sum\tan\frac{B}{2}\tan\frac{C}{2}\geqslant$$

$$\frac{\sum\tan\frac{A'}{2}}{\sum\tan\frac{A}{2}}\cdot\frac{\left(\sum\tan\frac{B'}{2}\tan\frac{C'}{2}\right)^2}{\sum\tan\frac{B}{2}\tan\frac{C}{2}}+\frac{\sum\tan\frac{A}{2}}{\sum\tan\frac{A'}{2}}=$$

$$\frac{\sum \tan \frac{A'}{2}}{\sum \tan \frac{A}{2}}+\frac{\sum \tan \frac{A}{2}}{\sum \tan \frac{A'}{2}}$$

例8　设 $a,b,c,s,\Delta,h_a,h_b,h_c,r_a,r_b,r_c$ 分别是 $\triangle ABC$ 的三边长、半周长、面积、三边的高和旁切圆半径，A',B',C' 是 $\triangle A'B'C'$ 的三个内角，求证

$$\sum \frac{b+c}{h_a+r_a}\tan \frac{A'}{2}\geqslant 2\Leftrightarrow \sum \tan \frac{A'}{2}a(s-a)\geqslant 2\Delta$$

证明　令 $s-a=x,s-b=y,s-c=z$，则

$$a=y+z,\Delta=\sqrt{(x+y+z)xyz}$$

$$\sum \tan \frac{A'}{2}a(s-a)\geqslant 2\Delta\Leftrightarrow$$

$$\sum \tan \frac{A'}{2}(xy+zx)\geqslant 2\sqrt{(x+y+z)xyz}$$

$$\sum \tan \frac{A'}{2}(xy+zx)\geqslant$$

$$2\sqrt{\sum \tan \frac{B'}{2}\tan \frac{C'}{2}\cdot \sum (xy\cdot zx)}=$$

$$2\sqrt{(x+y+z)xyz}$$

例9　设 a,b,c,s,Δ 分别是 $\triangle ABC$ 的三边长、半周长、面积，A',B',C' 是 $\triangle A'B'C'$ 的三个内角，求证

$$\sum \tan^2 \frac{A'}{2}\cot \frac{A}{2}a(s-a)\geqslant 2\Delta$$

证明　令 $s-a=x,s-b=y,s-c=z$，则

$$a=y+z,\Delta=\sqrt{(x+y+z)xyz}$$

$$\sum \tan^2 \frac{A'}{2}\cot \frac{A}{2}a(s-a)=$$

$$\sum \frac{\tan^2 \frac{A'}{2}}{\tan \frac{A}{2}}(xy+zx)\geqslant$$

$$2\sqrt{\sum \frac{\left(\tan\frac{B'}{2}\tan\frac{C'}{2}\right)^2}{\tan\frac{B}{2}\tan\frac{C}{2}}\cdot\sum(xy\cdot zx)}\geqslant$$

$$2\sqrt{\frac{\left(\sum\tan\frac{B'}{2}\tan\frac{C'}{2}\right)^2}{\sum\tan\frac{B}{2}\tan\frac{C}{2}}\cdot xyz(x+y+z)}=$$

$2\sqrt{xyz(x+y+z)}=2\Delta$

评注 一般地

$$\sum\tan^{t+1}\frac{A'}{2}\cot^t\frac{A}{2}a(s-a)\geqslant 2\Delta$$

t 为整数.

证明 令 $s-a=x,s-b=y,s-c=z$,则

$$a=y+z,\Delta=\sqrt{(x+y+z)xyz}$$

$$\sum\tan^{t+1}\frac{A'}{2}\cot^t\frac{A}{2}a(s-a)=$$

$$\sum\frac{\tan^{t+1}\frac{A'}{2}}{\tan^t\frac{A}{2}}(xy+zx)\geqslant$$

$$2\sqrt{\sum\frac{\left(\tan\frac{B'}{2}\tan\frac{C'}{2}\right)^{t+1}}{\left(\tan\frac{B}{2}\tan\frac{C}{2}\right)^t}\cdot\sum(xy\cdot zx)}\geqslant$$

$$2\sqrt{\frac{\left(\sum\tan\frac{B'}{2}\tan\frac{C'}{2}\right)^{t+1}}{\left(\sum\tan\frac{B}{2}\tan\frac{C}{2}\right)^t}\cdot xyz(x+y+z)}=$$

$2\sqrt{xyz(x+y+z)}=2\Delta$

例 10 在 $\triangle ABC$ 和 $\triangle A'B'C'$ 中,求证

$\cot A'(\cot B+\cot C)+\cot B'\cdot(\cot C+\cot A)+\cot C'(\cot A+\cot B)\geqslant 2$

证明　由推论 3 和引理 1 知

$$\cot A'(\cot B+\cot C)+\cot B'\cdot(\cot C+\cot A)+\cot C'(\cot A+\cot B)\geqslant$$
$$2\sqrt{(\sum\cot A'\cdot\cot B')(\sum\cot A\cdot\cot B)}=2$$

评注　1983 年张运筹将纽贝格－匹多不等式

$$a'^2(-a^2+b^2+c^2)+b'^2(a^2-b^2+c^2)+c'^2(a^2+b^2-c^2)\geqslant 16\Delta\Delta'$$

等价转换为角元形式,即是本例.

例 11　在 $\triangle ABC$ 和 $\triangle A'B'C'$ 中,求证

$$\tan\frac{A'}{2}\left(\tan\frac{B}{2}+\tan\frac{C}{2}\right)+\tan\frac{B'}{2}\left(\tan\frac{C}{2}+\tan\frac{A}{2}\right)+\tan\frac{C'}{2}\left(\tan\frac{A}{2}+\tan\frac{B}{2}\right)\geqslant 2$$

证明　由推论 3 和引理 2 知

$$\tan\frac{A'}{2}\left(\tan\frac{B}{2}+\tan\frac{C}{2}\right)+\tan\frac{B'}{2}\left(\tan\frac{C}{2}+\tan\frac{A}{2}\right)+\tan\frac{C'}{2}\left(\tan\frac{A}{2}+\tan\frac{B}{2}\right)\geqslant$$
$$2\sqrt{\left(\sum\tan\frac{A'}{2}\tan\frac{B'}{2}\right)\left(\sum\tan\frac{A}{2}\tan\frac{B}{2}\right)}=2$$

评注　在本例中,借助正切半角公式

$$\tan\frac{A}{2}=\frac{a^2-(b-c)^2}{4\Delta}=\frac{(a+b-c)(a-b+c)}{4\Delta}=\frac{(p-b)(p-c)}{4\Delta}$$

其中 $p=\frac{1}{2}(a+b+c)$,即得安振平 1983 年在大学毕业

论文中得到的结论：

设 $\triangle ABC$ 和 $\triangle A'B'C'$ 的边长、半周长和面积分别为 a,b,c,p,Δ 和 a',b',c',p',Δ'，则有

$$a'(p'-a')(p-b)(p-c)+$$
$$b'(p'-b')(p-c)(p-a)+$$
$$c'(p'-c')(p-a)(p-b)\geqslant 2\Delta\Delta'$$

当且仅当 $\triangle ABC\backsim\triangle A'B'C'$ 时等号成立.

特别地，当 $a'=b'=c'=1$，即得：

(Finslev-Hadwiger，1937) 设 $\triangle ABC$ 的边长和面积分别为 a,b,c,Δ，则有

$$a^2+b^2+c^2\geqslant$$
$$4\sqrt{3}\Delta+(a-b)^2+(b-c)^2+(c-a)^2$$

当且仅当 $\triangle ABC$ 为正三角形时等号成立.

例 12 已知 $a,b,c>0$，求证

$$\frac{ab(a^3+b^3)}{a^2+b^2}+\frac{bc(b^3+c^3)}{b^2+c^2}+\frac{ca(c^3+a^3)}{c^2+a^2}\geqslant$$
$$\sqrt{3abc(a^3+b^3+c^3)}$$

证法 1

$$\frac{ab(a^3+b^3)}{a^2+b^2}+\frac{bc(b^3+c^3)}{b^2+c^2}+\frac{ca(c^3+a^3)}{c^2+a^2}=$$
$$\frac{a^4b^4}{a^2+b^2}\left(\frac{1}{a^3}+\frac{1}{b^3}\right)+\frac{b^4c^4}{b^2+c^2}\left(\frac{1}{b^3}+\frac{1}{c^3}\right)+$$
$$\frac{c^4a^4}{c^2+a^2}\left(\frac{1}{c^3}+\frac{1}{a^3}\right)\geqslant$$
$$2\sqrt{\sum\frac{a^4b^8c^4}{(a^2+b^2)(b^2+c^2)}\cdot\sum\frac{1}{a^3b^3}}=$$
$$2\sqrt{abc\sum\frac{b^4}{(a^2+b^2)(b^2+c^2)}\cdot\sum a^3}$$

为此，只需证明

$$\sum \frac{b^4}{(a^2+b^2)(b^2+c^2)} \geqslant \frac{3}{4}$$

由柯西不等式知

$$\sum \frac{b^4}{(a^2+b^2)(b^2+c^2)} \geqslant \frac{(a^2+b^2+c^2)^2}{\sum (a^2+b^2)(b^2+c^2)}$$

为此,只需证明

$$\frac{(a^2+b^2+c^2)^2}{\sum (a^2+b^2)(b^2+c^2)} \geqslant \frac{3}{4} \Leftrightarrow$$

$$4(a^2+b^2+c^2)^2 \geqslant 3\sum (a^2+b^2)(b^2+c^2) \Leftrightarrow$$

$$a^4+b^4+c^4 \geqslant a^2b^2+b^2c^2+c^2a^2 \Leftrightarrow$$

$$(a^2-b^2)^2+(b^2-c^2)^2+(c^2-a^2)^2 \geqslant 0$$

显然成立.

证法 2　令 $x=\frac{1}{c^2}, y=\frac{1}{b^2}, z=\frac{1}{a^2}, A=\frac{a^2b^2}{c}, B=\frac{b^2c^2}{a}, C=\frac{c^2a^2}{b}$,则

$$\frac{x}{y+z}(B+C)=\frac{ab(a^3+b^3)}{a^2+b^2}$$

$$\frac{y}{z+x}(C+A)=\frac{bc(b^3+c^3)}{b^2+c^2}$$

$$\frac{z}{x+y}(A+B)=\frac{ca(c^3+a^3)}{c^2+a^2}$$

$$\frac{ab(a^3+b^3)}{a^2+b^2}+\frac{bc(b^3+c^3)}{b^2+c^2}+\frac{ca(c^3+a^3)}{c^2+a^2}=$$

$$\frac{x}{y+z}(B+C)+\frac{y}{z+x}(C+A)+\frac{z}{x+y}(A+B) \geqslant$$

$$2\sqrt{\left(\sum \frac{x}{y+z}\cdot\frac{y}{z+x}\right)(AB+BC+CA)} \geqslant$$

$$2\sqrt{\frac{3}{4}(AB+BC+CA)}=\sqrt{3(AB+BC+CA)}=$$

$\sqrt{3abc(a^3+b^3+c^3)}$

例 13　已知 $a,b,c>0$,求证

$$ab\cdot\frac{a+c}{b+c}+bc\cdot\frac{b+a}{c+a}+ca\cdot\frac{c+b}{a+b}\geqslant\sqrt{3abc(a+b+c)}$$

证法 1　令 $x=\frac{1}{bc},y=\frac{1}{ca},z=\frac{1}{ab},A=ca,B=ab,C=bc$,则

$$\frac{x}{y+z}(B+C)=ab\cdot\frac{a+c}{b+c}$$

$$\frac{y}{z+x}(C+A)=bc\cdot\frac{b+a}{c+a}$$

$$\frac{z}{x+y}(A+B)=ca\cdot\frac{c+b}{a+b}$$

由推论 3 和引理 4 知

$$ab\cdot\frac{a+c}{b+c}+bc\cdot\frac{b+a}{c+a}+ca\cdot\frac{c+b}{a+b}=$$

$$\frac{x}{y+z}(B+C)+\frac{y}{z+x}(C+A)+\frac{z}{x+y}(A+B)\geqslant$$

$$2\sqrt{\left(\sum\frac{x}{y+z}\cdot\frac{y}{z+x}\right)(AB+BC+CA)}\geqslant$$

$$2\sqrt{\frac{3}{4}(AB+BC+CA)}=\sqrt{3(AB+BC+CA)}=$$

$$\sqrt{3abc(a+b+c)}$$

证法 2

$$ab\frac{a+c}{b+c}+bc\frac{b+a}{c+a}+ca\frac{c+b}{a+b}=$$

$$\frac{a^2bc}{b+c}\left(\frac{1}{c}+\frac{1}{a}\right)+\frac{ab^2c}{c+a}\left(\frac{1}{a}+\frac{1}{b}\right)+\frac{abc^2}{a+b}\left(\frac{1}{b}+\frac{1}{c}\right)\geqslant$$

$$2\sqrt{abc\sum\frac{ab}{(b+c)(c+a)}\cdot\sum\frac{1}{ab}}\geqslant$$

$$2\sqrt{abc\cdot\frac{3}{4}\cdot\frac{a+b+c}{abc}}=$$

$$\sqrt{3abc(a+b+c)}$$

例 14 （*Crux Mathematicorum*，1672）已知 a,b,c,x,y,z 是正实数，求证

$$\frac{a}{b+c}(y+z)+\frac{b}{c+a}(z+x)+\frac{c}{a+b}(x+y)\geqslant$$

$$3\frac{xy+yz+zx}{x+y+z}$$

证明　由推论3和引理4知

$$\frac{a}{b+c}(y+z)+\frac{b}{c+a}(z+x)+\frac{c}{a+b}(x+y)\geqslant$$

$$2\sqrt{\left(\sum\frac{a}{b+c}\cdot\frac{b}{c+a}\right)(xy+yz+zx)}\geqslant$$

$$2\sqrt{\frac{3}{4}(xy+yz+zx)}=\sqrt{3(xy+yz+zx)}$$

为此，只需证明

$$\sqrt{3(xy+yz+zx)}\geqslant 3\frac{xy+yz+zx}{x+y+z}\Leftrightarrow$$

$$(x+y+z)^2\geqslant 3(xy+yz+zx)\Leftrightarrow$$

$$x^2+y^2+z^2\geqslant xy+yz+zx\Leftrightarrow$$

$$(x-y)^2+(y-z)^2+(z-x)^2\geqslant 0$$

例 15 （安振平猜想114）设 a,b,c 是正实数，x,y,z 为负实数，求证

$$\frac{a(y^2+z^2)}{b+c}+\frac{b(z^2+x^2)}{c+a}+\frac{a(x^2+y^2)}{a+b}\geqslant$$

$$xy+yz+zx$$

证明　由推论3和引理4知

$$\frac{a(y^2+z^2)}{b+c}+\frac{b(z^2+x^2)}{c+a}+\frac{a(x^2+y^2)}{a+b}=$$

$$\frac{a}{b+c}(y^2+z^2)+\frac{b}{c+a}(z^2+x^2)+\frac{a}{a+b}(x^2+y^2)\geqslant$$

$$2\sqrt{\left(\sum\frac{a}{b+c}\cdot\frac{b}{c+a}\right)\left(\sum x^2y^2\right)}\geqslant$$

$$2\sqrt{\frac{3}{4}(x^2y^2+y^2z^2+z^2x^2)}=$$

$$\sqrt{3(x^2y^2+y^2z^2+z^2x^2)}\geqslant$$

$$xy+yz+zx$$

例 16 已知 $x,y,z>0$,求证

$$xy(x+y-z)+yz(y+z-x)+zx(z+x-y)\geqslant$$

$$\sqrt{3(x^3y^3+y^3z^3+z^3x^3)}$$

证明

$$xy(x+y-z)+yz(y+z-x)+zx(z+x-y)=$$

$$\frac{x(y^3+z^3)}{y+z}+\frac{y(z^3+x^3)}{z+x}+\frac{z(x^3+y^3)}{x+y}$$

原不等式等价于

$$\frac{x(y^3+z^3)}{y+z}+\frac{y(z^3+x^3)}{z+x}+\frac{z(x^3+y^3)}{x+y}\geqslant$$

$$\sqrt{3(x^3y^3+y^3z^3+z^3x^3)}$$

由推论 3 和引理 4 知

$$\frac{x(y^3+z^3)}{y+z}+\frac{y(z^3+x^3)}{z+x}+\frac{z(x^3+y^3)}{x+y}\geqslant$$

$$2\sqrt{\left(\sum\frac{x}{y+z}\cdot\frac{y}{z+x}\right)\left(\sum x^3y^3\right)}\geqslant$$

$$2\sqrt{\frac{3}{4}(x^3y^3+y^3z^3+z^3x^3)}=$$

$$\sqrt{3(x^3y^3+y^3z^3+z^3x^3)}$$

例 17 已知 $a,b,c>0$,且 $ab+bc+ca=3$,求证

$$\frac{a(b^2+c^2)}{a^2+bc}+\frac{b(c^2+a^2)}{b^2+ca}+\frac{c(a^2+b^2)}{c^2+ab}\geqslant 3$$

证明　令 $x=a(b^2+c^2), y=b(c^2+a^2), z=c(a^2+b^2)$，则

$$\frac{x}{y+z}(b+c)=\frac{a(b^2+c^2)(b+c)}{b(c^2+a^2)+c(a^2+b^2)}=\frac{a(b^2+c^2)}{a^2+bc}$$

同理

$$\frac{y}{z+x}(c+a)=\frac{b(c^2+a^2)}{b^2+ca}$$

$$\frac{z}{x+y}(a+b)=\frac{c(a^2+b^2)}{c^2+ab}$$

由推论 3 和引理 4 知

$$\frac{a(b^2+c^2)}{a^2+bc}+\frac{b(c^2+a^2)}{b^2+ca}+\frac{c(a^2+b^2)}{c^2+ab}=$$

$$\frac{x}{y+z}(b+c)+\frac{y}{z+x}(c+a)+\frac{z}{x+y}(a+b)\geqslant$$

$$2\sqrt{\left(\sum\frac{x}{y+z}\cdot\frac{y}{z+x}\right)(ab+bc+ca)}\geqslant$$

$$2\sqrt{\frac{3}{4}(ab+bc+ca)}=\sqrt{3(ab+bc+ca)}=3$$

例 18　若 $a,b,c,x,y,z>0$，且 $a+\frac{1}{b}-1>0$，$b+\frac{1}{c}-1>0$，$c+\frac{1}{a}-1>0$，求证

$$\left(a+\frac{1}{b}-1\right)(y+z)+\left(b+\frac{1}{c}-1\right)(z+x)+\left(c+\frac{1}{a}-1\right)(x+y)\geqslant 2\sqrt{3(xy+yz+zx)}$$

证明　由推论 3 及引理 5 知

$$\left(a+\frac{1}{b}-1\right)(y+z)+\left(b+\frac{1}{c}-1\right)(z+x)+$$

$$\left(c+\frac{1}{a}-1\right)(x+y)\geqslant$$

$$2\sqrt{\left(\sum xy\right)\left(\sum\left(a+\frac{1}{b}-1\right)\left(b+\frac{1}{c}-1\right)\right)}\geqslant$$

$$2\sqrt{3(xy+yz+zx)}$$

例 19 已知 $x,y,z,a,b,c\in(0,+\infty)$，$a+b+c=2$，求证

$$\left(\frac{1-a}{a}\right)(y+z)+\left(\frac{1-b}{b}\right)(z+x)+$$

$$\left(\frac{1-c}{c}\right)(x+y)\geqslant\sqrt{3(xy+yz+zx)}$$

证明 由推论 3 及引理 6 知

$$\left(\frac{1-a}{a}\right)(y+z)+\left(\frac{1-b}{b}\right)(z+x)+$$

$$\left(\frac{1-c}{c}\right)(x+y)\geqslant$$

$$2\sqrt{(xy+yz+zx)\left(\sum\frac{1-a}{a}\cdot\frac{1-b}{b}\right)}\geqslant$$

$$2\sqrt{(xy+yz+zx)\cdot\frac{3}{4}}=$$

$$\sqrt{3(xy+yz+zx)}$$

例 20 设 x,y,z 为满足 $x+y+z>0$，$xy+yz+zx\geqslant 0$ 的实数，如果 a,b,c 为 $\triangle ABC$ 的三边，那么 $\triangle ABC$ 平面上任一点 P，有

$$\frac{y+z}{a}PA+\frac{z+x}{b}PB+\frac{x+y}{c}PC\geqslant$$

$$2\sqrt{xy+yz+zx}$$

当且仅当 $\frac{y+z}{a^2}=\frac{z+x}{b^2}=\frac{x+y}{c^2}$，$\triangle ABC$ 为锐角三角形且 P 为垂心时或 $a^2x=b^2y$，$z=0$ 且 $P=C$ 时等号

成立.

证明　由推论3和引理8知

$\frac{y+z}{a}PA+\frac{z+x}{b}PB+\frac{x+y}{c}PC=$

$\frac{PA}{a}(y+z)+\frac{PB}{b}(z+x)+\frac{PC}{c}(x+y)\geqslant$

$2\sqrt{(xy+yz+zx)\left(\frac{PB\cdot PC}{bc}+\frac{PC\cdot PA}{ca}+\frac{PA\cdot PB}{ab}\right)}\geqslant$

$2\sqrt{xy+yz+zx}$

评注　在本例中令 $x=r_a,y=r_b,z=r_c$，即得：

如果 a,b,c,p 分别为 $\triangle ABC$ 的三边长和半周长，那么 $\triangle ABC$ 平面上任一点 P，有

$$\frac{r_b+r_c}{a}PA+\frac{r_c+r_a}{b}PB+\frac{r_a+r_b}{c}PC\geqslant 2p$$

当且仅当 $\frac{r_b+r_c}{a^2}=\frac{r_c+r_a}{b^2}=\frac{r_a+r_b}{c^2}$，$\triangle ABC$ 为锐角三角形且 P 为垂心时等号成立.

例21　设实数 x,y,z 满足 $x+y+z>0,xy+yz+zx>0$，且记 a,b,c 分别为 $\triangle ABC$ 的三边，那么 $\triangle ABC$ 平面上任一点 P，有

$$\frac{PA}{a}(y+z)+\frac{PB}{b}(z+x)+\frac{PC}{c}(x+y)\geqslant$$

$$2\sqrt{xy+yz+zx}$$

当且仅当

$$\frac{PA}{a(y+z)}=\frac{PB}{b(z+x)}=\frac{PC}{c(x+y)}$$

时等号成立.

证明　由推论3和引理8知

$\frac{PA}{a}(y+z)+\frac{PB}{b}(z+x)+\frac{PC}{c}(x+y)\geqslant$

$$2\sqrt{\left(\frac{PB\cdot PC}{bc}+\frac{PC\cdot PA}{ca}+\frac{PA\cdot PB}{ab}\right)(xy+yz+zx)}\geqslant$$

$$2\sqrt{1\cdot(xy+yz+zx)}=2\sqrt{xy+yz+zx}$$

评注 在本例中,令 $x=\frac{P'A'}{a'}$,$y=\frac{P'B'}{b'}$,$z=\frac{P'C'}{c'}$,即得:

设 a,b,c,a',b',c' 分别为 $\triangle ABC$ 与 $\triangle A'B'C'$ 的三边,那么 $\triangle ABC$ 平面上任一点 P 与 $\triangle A'B'C'$ 平面上任一点 P',有

$$\frac{PA}{a}\left(\frac{P'B'}{b'}+\frac{P'C'}{c'}\right)+\frac{PB}{b}\left(\frac{P'C'}{c'}+\frac{P'A'}{a'}\right)+$$

$$\frac{PC}{c}\left(\frac{P'A'}{a'}+\frac{P'B'}{b'}\right)\geqslant 2$$

当且仅当 $\triangle ABC$ 与 $\triangle A'B'C'$ 为相似的锐角三角形且 P 与 P' 分别为它们的垂心时,或 $ab'=ba'$,$P'=C'$ 时成立.

若取 $\triangle A'B'C'\cong\triangle ABC$,该结论即为引理 8.

4.9 波利亚不等式及其应用

波利亚(Polya)不等式 设 $0<a\leqslant a_i\leqslant A$,$0<b\leqslant b_i\leqslant B(i=1,2,\cdots,n)$,则

$$\left(\sum_{i=1}^{n}a_i^2\right)\left(\sum_{i=1}^{n}b_i^2\right)\leqslant\frac{1}{4}\left(\sqrt{\frac{AB}{ab}}+\sqrt{\frac{ab}{AB}}\right)^2\left(\sum_{i=1}^{n}a_ib_i\right)^2$$

波利亚不等式可以看作是柯西不等式的上界.

加权波利亚不等式 设 $0<a\leqslant a_i\leqslant A$,$0<b\leqslant b_i\leqslant B(i=1,2,\cdots,n)$,又 $p_i\geqslant 0$,则

$$(\sum_{i=1}^{n} p_i a_i^2)(\sum_{i=1}^{n} p_i b_i^2) \leqslant$$

$$\frac{1}{4}\left(\sqrt{\frac{AB}{ab}}+\sqrt{\frac{ab}{AB}}\right)^2 (\sum_{i=1}^{n} p_i a_i b_i)^2$$

证法1　注意到条件

$$a^2 \leqslant a_i^2 \leqslant A^2, b^2 \leqslant b_i^2 \leqslant B^2$$

令 u_i, v_i 满足方程

$$\begin{cases} a_i^2 = u_i a^2 + v_i A^2 \\ b_i^2 = u_i b^2 + v_i B^2 \end{cases}$$

总有解.因为当 $a^2b^2 = A^2B^2$ 时,即 $a=A, b=B$,只要取 $u_i + v_i = 1$ 即可;当 $a^2b^2 \neq A^2B^2$ 时,可求出上述方程的解.

由上述方程及柯西不等式知

$$a_i b_i = (u_i a^2 + v_i A^2)^{\frac{1}{2}} (u_i b^2 + v_i B^2)^{\frac{1}{2}} \geqslant u_i aB + v_i bA$$

记 $p = \sum_{i=1}^{n} p_i u_i, q = \sum_{i=1}^{n} p_i v_i$,则

$$\frac{\sum_{i=1}^{n} p_i a_i^2 \sum_{i=1}^{n} p_i b_i^2}{(\sum_{i=1}^{n} p_i a_i b_i)^2} \leqslant \frac{(pa^2 + qA^2)(pB^2 + qa^2)}{(paB + qbA)^2} =$$

$$1 + pq\left(\frac{AB - ab}{paB + qbA}\right)^2 \leqslant$$

$$1 + pq\left(\frac{AB - ab}{2\sqrt{pqabAB}}\right)^2 =$$

$$\frac{1}{4}\left(\sqrt{\frac{AB}{ab}}+\sqrt{\frac{ab}{AB}}\right)^2$$

证法2　由条件

$$ab_i \leqslant a_i b_i \leqslant Ba_i, ba_i \leqslant a_i b_i \leqslant Ab_i$$

故

$$(Ba_i - ab_i)(ba_i - Ab_i) \leqslant 0$$

于是

$$bBa_i^2 + aAb_i^2 \leqslant (ab + AB)a_ib_i$$

$$bB\sum_{i=1}^{n} p_ia_i^2 + aA\sum_{i=1}^{n} p_ib_i^2 \leqslant (ab + AB)\sum_{i=1}^{n} p_ia_ib_i \tag{*}$$

由均值不等式知

$$2\sqrt{abAB(\sum_{i=1}^{n} p_ia_i^2)(\sum_{i=1}^{n} p_ib_i^2)} \leqslant$$

$$bB\sum_{i=1}^{n} p_ia_i^2 + aA\sum_{i=1}^{n} p_ib_i^2 \leqslant$$

$$(ab + AB)\sum_{i=1}^{n} p_ia_ib_i$$

特别地，当 $p_i = 1(i = 1, 2, \cdots, n)$，即得波利亚不等式.

三维数组的波利亚不等式 设 $0 < x \leqslant x_i \leqslant X$，$0 < y \leqslant y_i \leqslant Y$，$0 < z \leqslant z_i \leqslant Z(i = 1, 2, \cdots, n)$，则

$$(\sum_{i=1}^{n} x_i^{\ 3})(\sum_{i=1}^{n} y_i^{\ 3})(\sum_{i=1}^{n} z_i^{\ 3}) \leqslant$$

$$\frac{(x^2 + y^2 + z^2 + X^2 + Y^2 + Z^2)^3}{216xyzXYZ}(\sum_{i=1}^{n} x_iy_iz_i)^3$$

证明 令

$$a_i = \frac{y_iz_i}{x_i}, b_i = \frac{z_ix_i}{y_i}, c_i = \frac{x_iy_i}{z_i} \quad (i = 1, 2, \cdots, n)$$

则

$$0 < a = \frac{yz}{x} \leqslant a_i \leqslant A = \frac{YZ}{X}$$

$$0 < b = \frac{zx}{y} \leqslant b_i \leqslant B = \frac{ZX}{Y}$$

$$0 < c = \frac{xy}{z} \leqslant c_i \leqslant C = \frac{XY}{Z}$$

$$(i = 1, 2, \cdots, n)$$

又易知

$$x_i^2 = b_i c_i, y_i^2 = c_i a_i, z_i^2 = a_i b_i$$

$$x^2 = bc, y^2 = ca, z^2 = ab$$

$$X^2 = BC, Y^2 = CA, Z^2 = AB$$

由(*)可得如下三式

$$bB \sum_{i=1}^{n} a_i^2 c_i + aA \sum_{i=1}^{n} b_i^2 c_i \leqslant (ab + AB) \sum_{i=1}^{n} a_i b_i c_i$$

$$cC \sum_{i=1}^{n} b_i^2 a_i + bB \sum_{i=1}^{n} c_i^2 a_i \leqslant (bc + BC) \sum_{i=1}^{n} a_i b_i c_i$$

$$aA \sum_{i=1}^{n} c_i^2 b_i + cC \sum_{i=1}^{n} a_i^2 b_i \leqslant (ca + CA) \sum_{i=1}^{n} a_i b_i c_i$$

将以上三式相加可得

$$cC \sum_{i=1}^{n} a_i b_i (a_i + b_i) + aA \sum_{i=1}^{n} b_i c_i (b_i + c_i) +$$

$$bB \sum_{i=1}^{n} c_i a_i (c_i + a_i) \leqslant$$

$$(ab + AB + bc + BC + ca + CA) \sum_{i=1}^{n} a_i b_i c_i$$

由二元平均不等式知,上式可化为

$$2cC \sum_{i=1}^{n} (a_i b_i)^{\frac{3}{2}} + 2aA \sum_{i=1}^{n} (b_i c_i)^{\frac{3}{2}} + 2bB \sum_{i=1}^{n} (c_i a_i)^{\frac{3}{2}} \leqslant$$

$$(ab + AB + bc + BC + ca + CA) \sum_{i=1}^{n} a_i b_i c_i$$

作代换回到原来的三组数,有

$$2 \frac{yzYZ}{xX} \sum_{i=1}^{n} x_i^3 + 2 \frac{zxZX}{yY} \sum_{i=1}^{n} y_i^3 + 2 \frac{xyXY}{zZ} \sum_{i=1}^{n} z_i^3 \leqslant$$

$$(x^2+y^2+z^2+X^2+Y^2+Z^2)\sum_{i=1}^{n}x_iy_iz_i$$

对上式左边利用三元均值不等式,有

$$6\sqrt[3]{xyzXYZ(\sum_{i=1}^{n}x_i{}^3)(\sum_{i=1}^{n}y_i{}^3)(\sum_{i=1}^{n}z_i{}^3)}\leqslant$$

$$(x^2+y^2+z^2+X^2+Y^2+Z^2)\sum_{i=1}^{n}x_iy_iz_i$$

由此原命题得证.

特别地,在波利亚不等式中,用$\sqrt{a_i\lambda_i}$,$\sqrt{\frac{a_i}{\lambda_i}}$分别替换$a_i$,$b_i$即得康托洛维奇不等式.

康托洛维奇不等式 已知$a_i\geqslant 0(i=1,2,\cdots,n)$,且$\sum_{i=1}^{n}a_i=1$,$0<\lambda_1\leqslant\lambda_2\leqslant\cdots\leqslant\lambda_n$,则

$$(\sum_{i=1}^{n}a_i\lambda_i)(\sum_{i=1}^{n}\frac{a_i}{\lambda_i})\leqslant\frac{(\lambda_1+\lambda_n)^2}{4\lambda_1\lambda_n}$$

康托洛维奇不等式还有一种利用判别式法证明.

证明 设

$$f(x)=(\sum_{i=1}^{n}\frac{a_i}{\lambda_i})x^2-\frac{\lambda_1+\lambda_n}{\sqrt{\lambda_1\lambda_n}}x+\sum_{i=1}^{n}a_i\lambda_i$$

取$x_0=\sqrt{\lambda_1\lambda_n}$代入上式,得

$$f(x_0)=\left(\sum_{i=1}^{n}\frac{a_i}{\lambda_i}\right)\lambda_1\lambda_n-(\lambda_1+\lambda_n)+\sum_{i=1}^{n}a_i\lambda_i=$$

$$\sum_{i=2}^{n-1}\frac{a_i}{\lambda_i}\lambda_1\lambda_n+\lambda_1(a_1+a_n-1)+$$

$$\lambda_n(a_1+a_n-1)+\sum_{i=2}^{n-1}a_i\lambda_i$$

因为$\sum_{i=1}^{n}a_i=1$,所以

$$a_1+a_n-1=-\sum_{i=2}^{n-1}a_i$$

于是

$$f(x_0)=\sum_{i=2}^{n-1}\frac{a_i}{\lambda_i}\lambda_1\lambda_n-\lambda_1\sum_{i=2}^{n-1}a_i-\lambda_n\sum_{i=2}^{n-1}a_i+\sum_{i=2}^{n-1}a_i\lambda_i$$

$$f(x_0)=\sum_{i=2}^{n-1}\frac{a_i}{\lambda_i}\lambda_1\lambda_n-\lambda_1\sum_{i=2}^{n-1}a_i-\lambda_n\sum_{i=2}^{n-1}a_i+\sum_{i=2}^{n-1}a_i\lambda_i=$$

$$\sum_{i=2}^{n-1}a_i\left(\frac{\lambda_1\lambda_n}{\lambda_i}-\lambda_1-\lambda_n+\lambda_i\right)=$$

$$\sum_{i=2}^{n-1}a_i\cdot\frac{(\lambda_1-\lambda_i)(\lambda_n-\lambda_i)}{\lambda_i}$$

因为 $a_i\geqslant 0,\lambda_n\geqslant\lambda_i\geqslant\lambda_1>0$，所以 $f(x_0)\leqslant 0$.

从而必有

$$\Delta=\left(\frac{\lambda_1+\lambda_n}{\sqrt{\lambda_1\lambda_n}}\right)^2-4\left(\sum_{i=1}^{n}\frac{a_i}{\lambda_i}\right)\left(\sum_{i=1}^{n}a_i\lambda_i\right)\geqslant 0$$

所以

$$\left(\sum_{i=1}^{n}a_i\lambda_i\right)\left(\sum_{i=1}^{n}\frac{a_i}{\lambda_i}\right)\leqslant\frac{(\lambda_1+\lambda_n)^2}{4\lambda_1\lambda_n}$$

上述证法是极为初等的，但所推出的结果却是有深刻背景的.事实上，上述结论与在最优化理论中具有重要意义的康托洛维奇不等式等价，只不过这一不等式是由向量和矩阵形式给出的，但只需经过一些等价变换，就是康托洛维奇不等式，还可以将其作如下的推广，即：

康托洛维奇不等式的推广　已知 $a_i\geqslant 0$，且 $\sum_{i=1}^{n}x_i=p\ (>0)$，$0<m\leqslant y_i\leqslant M(i=1,2,\cdots,n)$，则

$$\left(\sum_{i=1}^{n}x_iy_i\right)\left(\sum_{i=1}^{n}\frac{x_i}{y_i}\right)\leqslant\frac{[p(m+M)]^2}{4mM}$$

证明 由 $\sum_{i=1}^{n} x_i = p$，有 $\sum_{i=1}^{n} \frac{x_i}{p} = 1$，于是由康托洛维奇不等式，得

$$\left(\sum_{i=1}^{n} \frac{x_i y_i}{p}\right)\left(\sum_{i=1}^{n} \frac{x_i}{p y_i}\right) \leqslant \frac{(m+M)^2}{4mM}$$

所以

$$\left(\sum_{i=1}^{n} x_i y_i\right)\left(\sum_{i=1}^{n} \frac{x_i}{y_i}\right) \leqslant \frac{[p(m+M)]^2}{4mM}$$

应用康托洛维奇不等式的推广，可以推出许多著名的不等式，例如：

设 $0 < a \leqslant a_i \leqslant A, 0 < b \leqslant b_i \leqslant B (i=1,2,\cdots,n)$，则

$$\left(\sum_{i=1}^{n} a_i^2\right)\left(\sum_{i=1}^{n} b_i\right)^2 \leqslant \frac{(ab+AB)^2}{4abAB}\left(\sum_{i=1}^{n} a_i b_i\right)^2$$

这便是著名的波利亚—薛戈不等式，它的证明只需在康托洛维奇不等式的推广中取

$$x_i = a_i b_i, y_i = \frac{a_i}{b_i}$$

则

$$x_i y_i = a_i^2, \frac{x_i}{y_i} = b_i^2$$

且

$$m = \frac{a}{B} \leqslant y_i \leqslant \frac{A}{b} = M$$

将其代入康托洛维奇不等式的推广，再由

$$\frac{(m+M)^2}{4mM} = \frac{\left(\frac{a}{B} + \frac{A}{b}\right)^2}{4 \frac{a}{B} \cdot \frac{A}{b}} = \frac{(ab+AB)^2}{4abAB}$$

就是所需证的不等式.

在康托洛维奇不等式中,令 $a_i=\frac{1}{n}(i=1,2,\cdots,n)$,则得到:

Schweitzer 不等式　已知 $0<\lambda_1\leqslant\lambda_2\leqslant\cdots\leqslant\lambda_n$,则

$$\left(\sum_{i=1}^{n}\lambda_i\right)\left(\sum_{i=1}^{n}\frac{1}{\lambda_i}\right)\leqslant\frac{(\lambda_1+\lambda_n)^2n^2}{4\lambda_1\lambda_n}$$

Minle 不等式　设 $a_i+b_i>0(i=1,2,\cdots,n)$,则

$$\sum_{i=1}^{n}\frac{a_ib_i}{a_i+b_i}\leqslant\frac{\sum_{i=1}^{n}a_i\sum_{i=1}^{n}b_i}{\sum_{i=1}^{n}a_i+\sum_{i=1}^{n}b_i}$$

其中等号成立当且仅当 $\frac{a_1}{b_1}=\frac{a_2}{b_2}=\cdots=\frac{a_n}{b_n}$ 时成立.

证明　原不等式等价于

$$\sum_{i=1}^{n}\frac{a_i(a_i+b_i)-a_i^2}{a_i+b_i}\leqslant\frac{\sum_{i=1}^{n}a_i\sum_{i=1}^{n}b_i}{\sum_{i=1}^{n}a_i+\sum_{i=1}^{n}b_i}\Leftrightarrow$$

$$\sum_{i=1}^{n}a_i-\sum_{i=1}^{n}\frac{a_i^2}{a_i+b_i}\leqslant\frac{\sum_{i=1}^{n}a_i\sum_{i=1}^{n}b_i}{\sum_{i=1}^{n}a_i+\sum_{i=1}^{n}b_i}\Leftrightarrow$$

$$\sum_{i=1}^{n}a_i-\frac{\sum_{i=1}^{n}a_i\sum_{i=1}^{n}b_i}{\sum_{i=1}^{n}a_i+\sum_{i=1}^{n}b_i}\leqslant\sum_{i=1}^{n}\frac{a_i^2}{a_i+b_i}\Leftrightarrow$$

$$\sum_{i=1}^{n}\frac{a_i^2}{a_i+b_i}\geqslant\frac{\left(\sum_{i=1}^{n}a_i\right)^2}{\sum_{i=1}^{n}a_i+\sum_{i=1}^{n}b_i}$$

最后一式，由 T_2 引理即得证.

例 1 （1979 年北京市中学数学竞赛第二试最后一题）已知 $a_1 \geqslant 0, a_2 \geqslant 0, a_3 \geqslant 0$，且 $a_1 + a_2 + a_3 = 1$，$0 < \lambda_1 \leqslant \lambda_2 \leqslant \lambda_3$，求证下面的不等式成立

$$(a_1\lambda_1 + a_2\lambda_2 + a_3\lambda_3)\left(\frac{a_1}{\lambda_1} + \frac{a_2}{\lambda_2} + \frac{a_3}{\lambda_3}\right) \leqslant \frac{(\lambda_1 + \lambda_3)^2}{4\lambda_1\lambda_3}$$

解 由康托洛维奇不等式知

$$(a_1\lambda_1 + a_2\lambda_2 + a_3\lambda_3)\left(\frac{a_1}{\lambda_1} + \frac{a_2}{\lambda_2} + \frac{a_3}{\lambda_3}\right) \leqslant \frac{(\lambda_1 + \lambda_3)^2}{4\lambda_1\lambda_3}(a_1 + a_2 + a_3)^2 = \frac{(\lambda_1 + \lambda_3)^2}{4\lambda_1\lambda_3}$$

特别地，当 $\lambda_1 = 1, \lambda_2 = 3, \lambda_3 = 5$ 时即得 2017 年全国高中数学联赛题：

例 2 （2017 年全国高中数学联赛试题）设 x_1, x_2, x_3 是非负实数，满足 $x_1 + x_2 + x_3 = 1$，求 $(x_1 + 3x_2 + 5x_3)\left(x_1 + \frac{x_2}{3} + \frac{x_3}{5}\right)$ 的最小值和最大值.

解 由柯西不等式知

$$(x_1 + 3x_2 + 5x_3)\left(x_1 + \frac{x_2}{3} + \frac{x_3}{5}\right) \geqslant \left(\sqrt{x_1} \cdot \sqrt{x_1} + \sqrt{3x_2} \cdot \sqrt{\frac{x_2}{3}} + \sqrt{5x_3} \cdot \sqrt{\frac{x_3}{5}}\right)^2 = (x_1 + x_2 + x_3)^2 = 1$$

当 $x_1 = 1, x_2 = 0, x_3 = 0$ 时不等式等号成立，故欲求的最小值为 1.

因为

$$(x_1 + 3x_2 + 5x_3)\left(x_1 + \frac{x_2}{3} + \frac{x_3}{5}\right) =$$

$$\frac{1}{5}(x_1+3x_2+5x_3)\left(5x_1+\frac{5x_2}{3}+x_3\right)\leqslant$$

$$\frac{1}{5}\cdot\frac{1}{4}\left((x_1+3x_2+5x_3)+\left(5x_1+\frac{5x_2}{3}+x_3\right)\right)^2=$$

$$\frac{1}{20}\left(6x_1+\frac{14}{3}x_2+6x_3\right)^2\leqslant$$

$$\frac{1}{20}(6x_1+6x_2+6x_3)^2=\frac{9}{5}$$

当 $x_1=\frac{1}{2},x_2=0,x_3=\frac{1}{2}$ 时不等式等号成立，故欲求的最大值为 $\frac{9}{5}$.

该题的一般推广即是宋庆老师在 AOPS 上提出的如下问题：

例 3　设 $x_1,x_2,\cdots,x_n\geqslant 0$，且 $x_1+x_2+\cdots+x_n=1$，求证

$$[x_1+3x_2+\cdots+(2n-1)x_n]\cdot\left(x_1+\frac{x_2}{3}+\cdots+\frac{x_n}{2n-1}\right)\leqslant\frac{n^2}{2n-1}$$

解　由康托洛维奇不等式知

$$[x_1+3x_2+\cdots+(2n-1)x_n]\cdot\left(x_1+\frac{x_2}{3}+\cdots+\frac{x_n}{2n-1}\right)\leqslant$$

$$\frac{[1+(2n-1)]^2}{4(2n-1)}(x_1+x_2+\cdots+x_n)^2=\frac{n^2}{2n-1}$$

评注　例 2，例 3 的一般结论是：

设 $x_1,x_2,\cdots,x_n(n\geqslant 3)$ 是非负实数，满足 $x_1+x_2+\cdots+x_n=a(a>0)$，如 $\lambda_n>0$ 且 $\{\lambda_n\}$ 单调递增

$$w=(\lambda_1x_1+\lambda_2x_2+\cdots+\lambda_nx_n)(\frac{x_1}{\lambda_1}+\frac{x_2}{\lambda_2}+\cdots+\frac{x_n}{\lambda_n})$$

(1) 当 $x_1,x_2,\cdots,x_n$ 中有一个等于 a，其余均为 0 时，w 取得最小值 a^2；

(2) 当 $x_i=0(i=1,2,\cdots,n)$，$x_1=x_n=\frac{a}{2}$ 时，w 取得最小值$\frac{(\lambda_1+\lambda_n)^2a^2}{4\lambda_1\lambda_n}$.

例 4 (1977 年美国数学奥林匹克试题) 证明如果给定的两个正数 $p<q$，即对任意 $a,b,c,d,e\in[p,q]$，都有

$$(a+b+c+d+e)\left(\frac{1}{a}+\frac{1}{b}+\frac{1}{c}+\frac{1}{d}+\frac{1}{e}\right)\leqslant$$
$$25+6\left(\sqrt{\frac{p}{q}}-\sqrt{\frac{q}{p}}\right)^2$$

并确定等号成立的充要条件.

解 由 Lagrange 恒等式

$$(a_1^2+a_2^2+\cdots+a_n^2)(b_1^2+b_2^2+\cdots+b_n^2)=$$
$$(a_1b_1+a_2b_2+\cdots+a_nb_n)^2+$$
$$\sum_{1\leqslant i<j\leqslant n}(a_ib_j-a_jb_i)^2$$

知

$$(a+b+c+d+e)\left(\frac{1}{a}+\frac{1}{b}+\frac{1}{c}+\frac{1}{d}+\frac{1}{e}\right)=$$
$$25+\sum\left(\sqrt{\frac{a}{b}}-\sqrt{\frac{b}{a}}\right)^2$$

当 $A,B\geqslant 1$ 时

$$(A^2-1)(B^2-1)+\left(\frac{1}{A^2}-1\right)\left(\frac{1}{B^2}-1\right)\geqslant 0$$

从而

$$\left(A-\frac{1}{A}\right)^2+\left(B-\frac{1}{B}\right)^2\leqslant\left(AB-\frac{1}{AB}\right)^2$$

不妨设 $a\leqslant b\leqslant c\leqslant d\leqslant e$,运用上式得

$$\left(\sqrt{\frac{e}{d}}-\sqrt{\frac{d}{e}}\right)^2+\left(\sqrt{\frac{d}{a}}-\sqrt{\frac{a}{d}}\right)^2\leqslant$$

$$\left(\sqrt{\frac{e}{a}}-\sqrt{\frac{a}{e}}\right)^2$$

$$\left(\sqrt{\frac{e}{c}}-\sqrt{\frac{c}{e}}\right)^2+\left(\sqrt{\frac{c}{a}}-\sqrt{\frac{c}{d}}\right)^2\leqslant$$

$$\left(\sqrt{\frac{e}{a}}-\sqrt{\frac{a}{e}}\right)^2$$

$$\left(\sqrt{\frac{e}{b}}-\sqrt{\frac{b}{e}}\right)^2+\left(\sqrt{\frac{b}{a}}-\sqrt{\frac{a}{b}}\right)^2\leqslant$$

$$\left(\sqrt{\frac{e}{a}}-\sqrt{\frac{a}{e}}\right)^2$$

$$\left(\sqrt{\frac{d}{c}}-\sqrt{\frac{c}{d}}\right)^2+\left(\sqrt{\frac{c}{b}}-\sqrt{\frac{b}{c}}\right)^2\leqslant$$

$$\left(\sqrt{\frac{d}{b}}-\sqrt{\frac{b}{d}}\right)^2$$

故

$$25+\sum\left(\sqrt{\frac{a}{b}}-\sqrt{\frac{b}{a}}\right)^2\leqslant 25+6\left(\sqrt{\frac{q}{p}}-\sqrt{\frac{p}{q}}\right)^2$$

等号当且仅当 a,b,c,d,e 中有两个或三个取 q,其余取 p 时成立.

例 5　(1978 年第 12 届全苏数学奥林匹克九年级题 7)若实数 $x_1,x_2,\cdots,x_n\in[p,q]$,证明下列不等式

$$(x_1+x_2+\cdots+x_n)\left(\frac{1}{x_1}+\frac{1}{x_2}+\cdots+\frac{1}{x_n}\right)\leqslant$$

$$\frac{(a+b)^2}{4ab}n^2$$

证明　由已知不等式

$$ab \leqslant \frac{1}{4}(a+b)^2$$

对于任意的 $c>0$,均有

$$p=(x_1+x_2+\cdots+x_n)\left(\frac{1}{x_1}+\frac{1}{x_2}+\cdots+\frac{1}{x_n}\right)=$$

$$\left(\frac{x_1}{c}+\frac{x_2}{c}+\cdots+\frac{x_n}{c}\right)\left(\frac{c}{x_1}+\frac{c}{x_2}+\cdots+\frac{c}{x_n}\right)\leqslant$$

$$\left(\frac{x_1}{c}+\frac{x_2}{c}+\cdots+\frac{x_n}{c}+\frac{c}{x_1}+\frac{c}{x_2}+\cdots+\frac{c}{x_n}\right)^2$$

函数

$$f(t)=\frac{t}{c}+\frac{c}{t}\quad(a\leqslant t\leqslant b)$$

在 $t=a$ 或 $t=b$ 时取最大值,取 $c=\sqrt{ab}$,则 $f(a)=f(b)$. 当 $a\leqslant t\leqslant b$ 时

$$f(t)\leqslant\sqrt{\frac{a}{b}}+\sqrt{\frac{b}{a}}$$

因而

$$p\leqslant n^2\cdot\frac{1}{4}\left(\sqrt{\frac{a}{b}}+\sqrt{\frac{b}{a}}\right)^2=\frac{(a+b)^2}{4ab}n^2$$

例 6　(2013 年江苏复赛题)设 θ_i 是实数,且 $x_i=1+3\sin^2\theta_i$,$i=1,2,\cdots,n$,证明

$$(x_1+x_2+\cdots+x_n)\left(\frac{1}{x_1}+\frac{1}{x_2}+\cdots+\frac{1}{x_n}\right)\leqslant\frac{(5n)^2}{4}$$

解　由于 $x_i=1+3\sin^2\theta_i\in[1,4]$,一定存在 x_1,x_2,$\cdots$,x_n 的一个排列 x'_1,x'_2,$\cdots$,x'_n,使得 $1\leqslant x'_1\leqslant x'_2\leqslant\cdots\leqslant x'_n\leqslant 4$,由 Schweitzer 不等式有

$$(x'_1+x'_2+\cdots+x'_n)\left(\frac{1}{x'_1}+\frac{1}{x'_2}+\cdots+\frac{1}{x'_n}\right)\leqslant\frac{(5n)^2}{4}$$

从而

$$(x_1+x_2+\cdots+x_n)\left(\frac{1}{x_1}+\frac{1}{x_2}+\cdots+\frac{1}{x_n}\right)\leqslant\frac{(5n)^2}{4}$$

例7　(2013年爱沙尼亚国家队选拔考试试题)设 $x_1,x_2,\cdots,x_n$ 是 n 个不全为0的非负实数.证明

$$1\leqslant\frac{\left(\sum\limits_{k=1}^{n}\frac{1}{k}x_k\right)\left(\sum\limits_{k=1}^{n}kx_k\right)}{\left(\sum\limits_{k=1}^{n}x_k\right)^2}\leqslant\frac{(n+1)^2}{4n}$$

证明　注意到

$$\begin{aligned}\left(\sum_{k=1}^{n}\frac{1}{k}x_k\right)\left(\sum_{k=1}^{n}kx_k\right)&=\frac{1}{n}\left(\sum_{k=1}^{n}\frac{n}{k}x_k\right)\left(\sum_{k=1}^{n}kx_k\right)\leqslant\\&\frac{1}{4n}\left[\sum_{k=1}^{n}x_k\left(\frac{n}{k}+k\right)\right]^2\leqslant\\&\frac{1}{4n}\left[\sum_{k=1}^{n}x_k(n+1)\right]^2=\\&\frac{(n+1)^2}{4n}\left(\sum_{k=1}^{n}x_k\right)^2\end{aligned}$$

这里用到了

$$(n-k)(k-1)\geqslant 0\Leftrightarrow\frac{n}{k}+k\leqslant n+1$$
$$(k\in\{1,2,\cdots,n\})$$

当 $x_1=x_n=1,x_2=x_3=\cdots=x_{n-1}=0$ 时,可取到等号.又

$$\left(\sum_{k=1}^{n}\frac{1}{k}x_k\right)\left(\sum_{k=1}^{n}kx_k\right)\geqslant\left(\sum_{k=1}^{n}\sqrt{\frac{x_k}{k}}\cdot\sqrt{kx_k}\right)^2=\left(\sum_{k=1}^{n}x_k\right)^2$$

当且仅当有某一个 x_i 非0时,可取到等号.

例8　(2014年江苏复赛题)设 n 为正整数,$2\leqslant$

$x_i \leqslant 8, i=1,2,\cdots,n$. 证明

$$(x_1+x_2+\cdots+x_n)\left(\frac{1}{x_1}+\frac{1}{x_2}+\cdots+\frac{1}{x_n}\right) \leqslant \left(\frac{5n}{4}\right)^2$$

并讨论何时等号成立?

证明 因为

$$(x_1+x_2+\cdots+x_n)\left(\frac{1}{x_1}+\frac{1}{x_2}+\cdots+\frac{1}{x_n}\right)=$$

$$\left(\frac{x_1}{4}+\frac{x_2}{4}+\cdots+\frac{x_n}{4}\right)\left(\frac{4}{x_1}+\frac{4}{x_2}+\cdots+\frac{4}{x_n}\right) \leqslant$$

$$\frac{1}{4}\left(\frac{x_1}{4}+\frac{x_2}{4}+\cdots+\frac{x_n}{4}+\frac{4}{x_1}+\frac{4}{x_2}+\cdots+\frac{4}{x_n}\right)^2 \tag{1}$$

所以,只要证明

$$\frac{x_1}{4}+\frac{x_2}{4}+\cdots+\frac{x_n}{4}+\frac{4}{x_1}+\frac{4}{x_2}+\cdots+\frac{4}{x_n} \leqslant \frac{5}{2}n$$

令

$$f(x)=\frac{x}{4}+\frac{4}{x} \quad (x \in [2,8])$$

由

$$f'(x)=\frac{1}{4}-\frac{4}{x^2}=0$$

得 $x=4$.

因此,当 $x \in (2,4)$, $f'(x)<0$, $f(x)$ 为单调减函数;当 $x \in (4,8)$, $f'(x)>0$, $f(x)$ 为单调增函数.

故

$$f(x) \leqslant \max\{f(2), f(8)\}=\frac{5}{2}$$

于是

$$f(x_i) \leqslant \frac{5}{2} \quad (i=1,2,\cdots,n)$$

当且仅当 $x_i=2$ 或 8 时

$$f(x_i)=\frac{5}{2} \tag{2}$$

因此

$$\begin{aligned}&\frac{x_1}{4}+\frac{x_2}{4}+\cdots+\frac{x_n}{4}+\frac{4}{x_1}+\frac{4}{x_2}+\cdots+\frac{4}{x_n}=\\&f(x_1)+f(x_2)+\cdots+f(x_n)\leqslant\\&\frac{5}{2}+\frac{5}{2}+\cdots+\frac{5}{2}=\frac{5n}{2}\end{aligned}$$

所以

$$(x_1+x_2+\cdots+x_n)\left(\frac{1}{x_1}+\frac{1}{x_2}+\cdots+\frac{1}{x_n}\right)\leqslant\left(\frac{5n}{4}\right)^2$$

要使

$$(x_1+x_2+\cdots+x_n)\left(\frac{1}{x_1}+\frac{1}{x_2}+\cdots+\frac{1}{x_n}\right)=\left(\frac{5n}{4}\right)^2$$

由式(1)(2) 知,必须有

$$\begin{cases}\frac{x_1}{4}+\frac{x_2}{4}+\cdots+\frac{x_n}{4}=\frac{4}{x_1}+\frac{4}{x_2}+\cdots+\frac{4}{x_n}\\f(x_i)=\frac{5}{2},x_i=2\text{ 或 }8\quad(i=1,2,\cdots,n)\end{cases}$$

设 $x_1,x_2,\cdots,x_n$ 中,有 p 个等于 2,q 个等于 8,则 $p+q=n$, 且

$$\frac{2}{4}\cdot p+\frac{8}{4}\cdot q=\frac{4}{2}\cdot p+\frac{4}{8}\cdot q$$

因此

$$p=q,n=2p$$

即 n 为偶数.

而当 n 为偶数时,且 $x_1,x_2,\cdots,x_n$ 中一半取 2,一半取 8 时,等号成立.

故当且仅当 n 为偶数,且 $x_1,x_2,\cdots,x_n$ 中一半取

2,一半取8时等号成立.

例9 (2016年克罗地亚数学奥林匹克试题)设 $x_1,x_2,\cdots,x_n$ 为正实数,证明

$$\left(\sum_{k=1}^{n}\frac{x_k}{k}\right)\left(\sum_{k=1}^{n}kx_k\right)\leqslant\frac{(n+1)^2}{4n}\left(\sum_{k=1}^{n}kx_k\right)^2$$

证明 对于 $1\leqslant k\leqslant n(k\in\mathbf{Z}_+)$,有

$$\left(\frac{n}{k}-1\right)(k-1)\leqslant 0$$

即

$$\frac{n}{k}+k\leqslant n+1$$

故

$$\left(\sum_{k=1}^{n}\frac{x_k}{k}\right)\left(\sum_{k=1}^{n}kx_k\right)=\frac{1}{n}\left(\sum_{k=1}^{n}\frac{nx_k}{k}\right)\left(\sum_{k=1}^{n}kx_k\right)\leqslant$$

$$\frac{1}{n}\cdot\frac{1}{4}\left(\sum_{k=1}^{n}\frac{nx_k}{k}+\sum_{k=1}^{n}kx_k\right)^2=$$

$$\frac{1}{4n}\left(\sum_{k=1}^{n}x_k\left(\frac{n}{k}+k\right)\right)^2\leqslant$$

$$\frac{1}{4n}\left(\sum_{k=1}^{n}x_k(n+1)\right)^2=\frac{(n+1)^2}{4n}\left(\sum_{k=1}^{n}kx_k\right)^2$$

4.10 惠更斯不等式及其应用

定理 (惠更斯(Huygens)不等式)已知 a_i, $b_i>0(i=1,2,\cdots,n)$,则

$$\prod_{i=1}^{n}(a_i+b_i)\geqslant\left(\sqrt[n]{\prod_{i=1}^{n}a_i}+\sqrt[n]{\prod_{i=1}^{n}b_i}\right)^n$$

本定理由算术-几何平均不等式可证.其证明如

下：

证明　由卡尔松不等式知

$$\frac{\sqrt[n]{\prod_{i=1}^{n} a_i}}{\sqrt[n]{\prod_{i=1}^{n}(a_i+b_i)}}+\frac{\sqrt[n]{\prod_{i=1}^{n} b_i}}{\sqrt[n]{\prod_{i=1}^{n}(a_i+b_i)}}=$$

$$\sqrt[n]{\prod_{i=1}^{n}\frac{a_i}{a_i+b_i}}+\sqrt[n]{\prod_{i=1}^{n}\frac{b_i}{a_i+b_i}}=$$

$$\frac{1}{n}\sum_{i=1}^{n}\frac{a_i}{a_i+b_i}+\frac{1}{n}\sum_{i=1}^{n}\frac{b_i}{a_i+b_i}=$$

$$\frac{1}{n}\sum_{i=1}^{n}\frac{a_i+b_i}{a_i+b_i}=\frac{1}{n}\sum_{i=1}^{n}1=\frac{1}{n}\cdot n=1$$

证毕.

推论　设 $a_i\in\mathbf{R}_+,i=1,2,\cdots,n$，且 $\sum_{i=1}^{n}a_i=1,k\in\mathbf{N}_+$，则

$$\prod_{i=1}^{n}\left(\frac{1}{a_i^k}+1\right)\geqslant(n^k+1)^n \tag{1}$$

式(1) 的对偶形式是

$$\prod_{i=1}^{n}\left(\frac{1}{a_i^k}-1\right)\geqslant(n^k-1)^n \tag{2}$$

式(2) 可采用数学归纳法证明.

证明　先考虑 $k=1$ 时的情形，即式(2) 变为

$$\prod_{i=1}^{n}\left(\frac{1}{a_i}-1\right)\geqslant(n-1)^n$$

因为

$$\frac{1}{a_i}-1=\frac{1-a_i}{a_i}=\frac{1}{a_i}\sum_{\substack{j=1\\ j\neq i}}^{n}a_i\geqslant$$

$$\frac{1}{a_i}\cdot(n-1)\left(\frac{A}{a_i}\right)^{\frac{1}{n-1}}$$

其中

$$A=\prod_{i=1}^{n}a_i$$

所以

$$\frac{1}{a_i}-1\geqslant\frac{1}{a_i}\cdot(n-1)A^{\frac{1}{n-1}}a_i^{-\frac{n}{n-1}}$$

故

$$\prod_{i=1}^{n}\left(\frac{1}{a_i}-1\right)\geqslant(n-1)^nA^{\frac{n}{n-1}}\left(\prod_{i=1}^{n}a_i\right)^{-\frac{n}{n-1}}=$$

$$(n-1)^nA^{\frac{n}{n-1}}\cdot A^{-\frac{n}{n-1}}=(n-1)^n$$

因此 $k=1$ 时,式(2) 成立.

假设 $k=m$ 时成立,记

$$S_m=\prod_{i=1}^{n}\left(\frac{1}{a_i^m}-1\right)$$

$$b_{i,m}=\frac{1}{a_i^m}-1$$

$$C_m=\frac{b_{i,m}}{a_i}$$

$$C=\prod_{m=1}^{n}C_m$$

则有

$$S_m=\prod_{i=1}^{n}\left(\frac{1}{a_i^m}-1\right)\geqslant(n^m-1)^n$$

则当 $k=m+1$ 时

$$S_{m+1}=\prod_{i=1}^{n}\left(\frac{1}{a_i^{m+1}}-1\right)=\prod_{i=1}^{n}\left(\frac{\frac{1}{a_i^m}-1}{a_i}+\frac{1-a_i}{a_i}\right)=$$

$$\prod_{i=1}^{n}(b_{i,m}+b_{i,1})\geqslant(C_m^{\frac{1}{n}}+S_1^{\frac{1}{n}})^n\geqslant$$

$(n^{m+1}-1)^n$

这说明当$k=m+1$时,式(2)也成立,从而对于一切自然数k,式(2)恒成立.

评注　特别地,当$k=1$时,式(1)即为著名的Klamkin不等式

$$\prod_{i=1}^{n}\left(\frac{1}{a_i}+1\right)\geqslant(n+1)^n \tag{3}$$

式(2)即为著名的Newman不等式

$$\prod_{i=1}^{n}\left(\frac{1}{a_i}-1\right)\geqslant(n-1)^n \tag{4}$$

注意到$\sum\limits_{i=1}^{n}a_i=1$等价于$\sum\limits_{i=1}^{n}\frac{1-a_i}{2}=1$,用$\frac{1-a_i}{2}$替换式(4)中的$a_i$,可以得到Klamkin不等式

$$\prod_{i=1}^{n}\frac{1+a_i}{1-a_i}\geqslant\left(\frac{n+1}{n-1}\right)^n \tag{5}$$

以下举例说明该不等式的应用.

例1　(1989年全国高中数学联赛题第三题)已知$a_1,a_2,\cdots,a_n$为正数,满足$a_1\cdot a_2\cdot\cdots\cdot a_n=1$.求证

$$(2+a_1)\cdot(2+a_2)\cdot\cdots\cdot(2+a_n)\geqslant 3^n$$

证明　由惠更斯不等式知

$$(2+a_1)\cdot(2+a_2)\cdot\cdots\cdot(2+a_n)\geqslant$$
$$(2+\sqrt[n]{a_1a_2\cdots a_n})^n=3^n$$

例2　(2007年乌克兰数学竞赛)设$a,b,c>0$且$abc=1$,证明

$$\left(a+\frac{1}{a+1}\right)\left(b+\frac{1}{c+1}\right)\left(c+\frac{1}{c+1}\right)\geqslant\frac{27}{8}$$

证明　记$f(x)=x+\frac{1}{x+1},x>0$,则

$$f'(x)=1-\frac{1}{(x+1)^2}$$

$$f''(x)=\frac{2(x+1)}{(x+1)^4}=\frac{2}{(x+1)^3}>0$$

故 $f(x)$ 是$(0,+\infty)$ 上的下凸函数,则

$$f(x)\geqslant f'(1)(x-1)+f(1)$$

即

$$x+\frac{1}{x+1}\geqslant\frac{3}{4}(x+1)$$

结合惠更斯不等式知

$$\left(a+\frac{1}{a+1}\right)\left(b+\frac{1}{c+1}\right)\left(c+\frac{1}{c+1}\right)\geqslant$$

$$\left(\frac{3}{4}\right)^3(a+1)(b+1)(c+1)\geqslant$$

$$\left(\frac{3}{4}\right)^3(\sqrt[3]{abc}+1)^3\geqslant$$

$$\left(\frac{3}{4}\right)^3(\sqrt[3]{1}+1)^3=\frac{27}{8}$$

推广　设 $a_1,a_2,\cdots,a_n>0$,且 $a_1a_2\cdots a_n=1$,求证

$$\prod_{i=1}^{n}\left(a_i+\frac{1}{a_i+1}\right)\geqslant\left(\frac{3}{2}\right)^n$$

证明　记 $f(x)=x+\dfrac{1}{x+1}$,$x>0$,则

$$f'(x)=1-\frac{1}{(x+1)^2}$$

$$f''(x)=\frac{2(x+1)}{(x+1)^4}=\frac{2}{(x+1)^3}>0$$

故 $f(x)$ 是$(0,+\infty)$ 上的下凸函数,则

$$f(x)\geqslant f'(1)(x-1)+f(1)$$

即

$$x+\frac{1}{x+1}\geqslant\frac{3}{4}(x+1)$$

结合惠更斯不等式知

$$\prod_{i=1}^{n}\left(a_i+\frac{1}{a_i+1}\right)\geqslant\prod_{i=1}^{n}\frac{3}{4}(a_i+1)\geqslant$$

$$\left(\frac{3}{4}\right)^n(\sqrt[n]{a_1a_2\cdots a_n}+1)^n\geqslant$$

$$\left(\frac{3}{4}\right)^n(\sqrt[n]{1}+1)^n=\left(\frac{3}{2}\right)^n$$

例 3　设 $a,b,c,d>0,abcd=1$,求证

$$(a+b)(b+c)(c+d)(d+a)\geqslant$$
$$(a+1)(b+1)(c+1)(d+1)$$

证明

$$(a+b)(b+c)(c+d)(d+a)=$$

$$\prod\sqrt[8]{(a+b)^3(d+a)^3(b+c)(d+c)}\geqslant$$

$$\prod(\sqrt[8]{a^6bd}+\sqrt[8]{b^3d^3c^2})\geqslant$$

$$\prod\left(\sqrt[8]{\frac{a^8bd}{bd}}+\sqrt[8]{\frac{a^2b^3d^3c^2}{bd}}\right)=$$

$$\prod(\sqrt[8]{a^8}+\sqrt[8]{a^2b^2c^2d^2})=$$

$$\prod(a+\sqrt[4]{abcd})=$$

$$\prod(a+1)$$

评注　杨志明提出,南京师范大学附属中学李心宇同学证明.

例 4　设 $a,b,c,d\in\overline{\mathbf{R}_-}$,则

$$\frac{(1+a^3)(1+b^3)(1+c^3)(1+d^3)}{(1+a^2)(1+b^2)(1+c^2)(1+d^2)}\geqslant\frac{1+abcd}{2}$$

当且仅当 $a=b=c=d=1$ 时,上式取等号.

证明　先证明

$$2(1+a^3)^4-(1+a^2)^4(1+a^4)=$$

$$(1-a)^2(1+2a-a^2+4a^3+2a^4+$$
$$2a^6+4a^7-a^8+2a^9+a^{10})\geqslant 0$$

为此,只需证明

$$(1+a^4)(1+b^4)(1+c^4)(1+d^4)\geqslant(1+abcd)^4$$

最后一式即为惠更斯不等式.

例 5 (Crux Mathematicorum,Walther Janous) 若 $n>2,x_1,x_2,\cdots,x_n>0$,且 $x_1x_2\cdots x_n=1$,求证

$$\prod_{i=1}^{n}\left(1+\frac{1}{x_i}\right)\geqslant\prod_{i=1}^{n}\left(\frac{n-x_i}{1-x_i}\right)$$

证明 最自然的想法是利用事实

$$\frac{n-x_i}{1-x_i}=1+\frac{n-1}{x_1+x_2+\cdots+x_{i-1}+x_{i+1}+\cdots+x_n}$$

因此,我们有

$$\prod_{i=1}^{n}\left(\frac{n-x_i}{1-x_i}\right)\leqslant\prod_{i=1}^{n}\left(1+\frac{1}{\sqrt[n-1]{x_1x_2\cdots x_{i-1}x_{i+1}\cdots x_n}}\right)$$

我们需要证明不等式

$$\prod_{i=1}^{n}\left(1+\frac{1}{x_i}\right)\geqslant\prod_{i=1}^{n}\left(1+\frac{1}{\sqrt[n-1]{x_1x_2\cdots x_{i-1}x_{i+1}\cdots x_n}}\right)$$

但是这道题并不难,因为它是直接通过以下叠乘即得

$$\prod_{j\neq i}\left(1+\frac{1}{x_i}\right)\geqslant\left(1+\sqrt[n-1]{\prod_{j\neq i}\frac{1}{x_j}}\right)^{n-1}$$

而此不等式由惠更斯不等式得到.

例 6 (2011 年甘肃预赛试题) 设 $a_1,a_2,\cdots,a_n$ 为正数,且 $a_1+a_2+\cdots+a_n=1$,求证

$$\left(a_1+\frac{1}{a_1}\right)^2+\left(a_2+\frac{1}{a_2}\right)^2+\cdots+\left(a_n+\frac{1}{a_n}\right)^2\geqslant\frac{(n^2+1)^2}{n}$$

证明　由均值不等式和惠更斯不等式知

$$\left(a_1+\frac{1}{a_1}\right)^2+\left(a_2+\frac{1}{a_2}\right)^2+\cdots+\left(a_n+\frac{1}{a_n}\right)^2 \geqslant$$

$$n\sqrt[n]{\left(a_1+\frac{1}{a_1}\right)^2\cdot\left(a_2+\frac{1}{a_2}\right)^2\cdot\cdots\cdot\left(a_n+\frac{1}{a_n}\right)^2} \geqslant$$

$$n\sqrt[n]{\left[\left(a_1+\frac{1}{a_1}\right)\left(a_2+\frac{1}{a_2}\right)\cdots\left(a_n+\frac{1}{a_n}\right)\right]^2} \geqslant$$

$$n\sqrt[n]{\left[\left(\sqrt[n]{a_1a_2\cdots a_n}+\frac{1}{\sqrt[n]{a_1a_2\cdots a_n}}\right)^n\right]^2}=$$

$$n\left(\sqrt[n]{a_1a_2\cdots a_n}+\frac{1}{\sqrt[n]{a_1a_2\cdots a_n}}\right)^2$$

由均值不等式知

$$\sqrt[n]{a_1a_2\cdots a_n}\leqslant\frac{a_1+a_2+\cdots+a_n}{n}=\frac{1}{n}$$

函数 $f(x)=x+\frac{1}{x}$ 是$\left(0,\frac{1}{n}\right]$上的减函数,故

$$f(\sqrt[n]{a_1a_2\cdots a_n})\geqslant f\left(\frac{1}{n}\right)=n+\frac{1}{n}$$

故

$$\left(a_1+\frac{1}{a_1}\right)^2+\left(a_2+\frac{1}{a_2}\right)^2+\cdots+\left(a_n+\frac{1}{a_n}\right)^2 \geqslant$$

$$n\left(\sqrt[n]{a_1a_2\cdots a_n}+\frac{1}{\sqrt[n]{a_1a_2\cdots a_n}}\right)^2 \geqslant$$

$$n\left(n+\frac{1}{n}\right)^2=\frac{(n^2+1)^2}{n}$$

例7　设 $a_i\in\mathbf{R}_+,i=1,2,\cdots,n$,且 $\sum_{i=1}^{n}a_i=1,k\in\mathbf{N}_+$,求证

$$\prod_{i=1}^{n}\left(\frac{1}{a_i^k}+1\right)\geqslant(n^k+1)^n$$

证明 由惠更斯不等式和均值不等式知

$$\prod_{i=1}^{n}\left(\frac{1}{a_i^k}+1\right)\geqslant$$

$$\left(\sqrt[n]{\frac{1}{\prod_{i=1}^{n}a_i^k}}+1\right)^n=\left[\left(\frac{1}{\sqrt[n]{\prod_{i=1}^{n}a_i}}\right)^k+1\right]^n\geqslant$$

$$\left[\left(\frac{1}{\frac{1}{n}\sum_{i=1}^{n}a_i}\right)^k+1\right]^n\geqslant(n^k+1)^n$$

评注 当 $k=1$ 时,设 $a_i\in\mathbf{R}_+$,$i=1,2,\cdots,n$,且 $\sum_{i=1}^{n}a_i=1$,则有

$$\prod_{i=1}^{n}\left(\frac{1}{a_i}+1\right)\geqslant(n+1)^n$$

此即 Klamkin 不等式,由此可得

$$\prod_{i=1}^{n}\left(\frac{1+a_i}{1-a_i}\right)\geqslant\left(\frac{n+1}{n-1}\right)^n$$

Klamkin 不等式的对偶形式是:

设 $a_i\in\mathbf{R}_+$,$i=1,2,\cdots,n$,且 $\sum_{i=1}^{n}a_i=1$,则有

$\prod_{i=1}^{n}\left(\frac{1}{a_i}-1\right)\geqslant(n-1)^n$(Newman 不等式)

例 8 设 $a_i\in\mathbf{R}_+$,$i=1,2,\cdots,n$,且 $\sum_{i=1}^{n}a_i=1$,$k\in\mathbf{N}_+$,求证

$$\prod_{i=1}^{n}\left(\frac{1}{a_i^k}+a_i^k\right)\geqslant\left(n^k+\frac{1}{n^k}\right)^n$$

证明 由惠更斯不等式和均值不等式知

$$\prod_{i=1}^{n}\left(\frac{1}{a_i^k}+a_i\right)\geqslant\left(\sqrt[n]{\frac{1}{\prod_{i=1}^{n}a_i^k}}+\sqrt[n]{\prod_{i=1}^{n}a_i}\right)^n=$$

$$\left[\left(\frac{1}{\sqrt[n]{\prod_{i=1}^{n} a_i}}\right)^k+\left(\sqrt[n]{\prod_{i=1}^{n} a_i}\right)\right]^n \geqslant$$

$$\left[\frac{1}{\left(\frac{1}{n}\sum_{i=1}^{n} a_i\right)^k}+\left(\frac{1}{n}\sum_{i=1}^{n} a_i\right)\right]^n=$$

$$\left(\frac{n^{k+1}+1}{n}\right)^n$$

评注　最后一步放缩利用 AG 不等式和类似耐克(Nike)函数：$y=x+\frac{1}{x^k}(k\geqslant 1)$是$(0,1]$上的单调递减函数.

例 9　设 $a_i\in\mathbf{R}_+,i=1,2,\cdots,n$，且 $\sum_{i=1}^{n} a_i=1,k\in\mathbf{N}_+$，求证

$$\prod_{i=1}^{n}\left(\frac{1}{a_i^k}+a_i^k\right)\geqslant\left(n^k+\frac{1}{n^k}\right)^n$$

证明　由惠更斯不等式和均值不等式知

$$\prod_{i=1}^{n}\left(\frac{1}{a_i^k}+a_i^k\right)\geqslant\left(\sqrt[n]{\frac{1}{\prod_{i=1}^{n} a_i^k}}+\sqrt[n]{\prod_{i=1}^{n} a_i^k}\right)^n=$$

$$\left[\left(\frac{1}{\sqrt[n]{\prod_{i=1}^{n} a_i}}\right)^k+\left(\sqrt[n]{\prod_{i=1}^{n} a_i}\right)^k\right]^n\geqslant$$

$$\left[\left(\frac{1}{\frac{1}{n}\sum_{i=1}^{n} a_i}\right)^k+\left(\frac{1}{n}\sum_{i=1}^{n} a_i\right)^k\right]^n=$$

$$\left(n^k+\frac{1}{n^k}\right)^n$$

评注　最后一步放缩利用 AG 不等式和耐克函

数：$y=x+\frac{1}{x}$ 是$(0,1]$上的单调递减函数.

例 10 设 $0<b_i<1(i=1,2,\cdots,n)$，且

$$\sum_{i=1}^{n}\frac{3}{2-4b_i}=\frac{2+n}{2}$$

求证

$$\prod_{i=1}^{n}\frac{1}{1+b_i}\geqslant\left(\frac{n+1}{2}\right)^n$$

证明 令 $a_i=\frac{1+b_i}{1-b_i}$，则 $\sum_{i=1}^{n}a_i=1$，所以

$$\prod_{i=1}^{n}\frac{1}{1+b_i}=\prod_{i=1}^{n}\frac{1}{2}\left(\frac{1}{a_i}+1\right)\geqslant\frac{1}{2^n}(n+1)^n=\left(\frac{n+1}{2}\right)^n$$

例 11 （2011年吉尔吉斯斯坦数学奥林匹克题）设 $a_1,a_2,\cdots,a_n>0(n\geqslant 3)$，满足 $a_1+a_2+\cdots+a_n=1$，求证

$$\left(\frac{1}{a_1^2}-1\right)\left(\frac{1}{a_2^2}-1\right)\cdots\left(\frac{1}{a_n^2}-1\right)\geqslant(n^2-1)^n$$

证明 在推论中的式(2)取 $k=2$ 即得证.

评注 将推论中的式(3)(4)叠乘得

$$\left(\frac{1}{a_1^2}-1\right)\left(\frac{1}{a_2^2}-1\right)\cdots\left(\frac{1}{a_n^2}-1\right)=$$
$$\left[\left(\frac{1}{a_1}+1\right)\left(\frac{1}{a_2}+1\right)\cdots\left(\frac{1}{a_n}+1\right)\right]\cdot$$
$$\left[\left(\frac{1}{a_1}-1\right)\left(\frac{1}{a_2}-1\right)\cdots\left(\frac{1}{a_n}-1\right)\right]\geqslant$$
$$(n+1)^n\cdot(n-1)^n=(n^2-1)^n$$

卡拉玛特不等式

第5章

5.0 凸函数

凸函数是基础数学中很重要的一类函数，其理论基础由丹麦数学家J. Jensen在21世纪初奠定.在数学分析、函数论等很多数学问题的分析与证明中，都要用到凸函数.函数的凸与凹反映在几何上是对应曲线(曲面)的弯曲方向，如图1，称函数 $f(x)$ 在 $[a,b]$ 上是凹函数，在 $[b,c]$ 上是凸函数.

1.凸函数的多种定义

定义1 设函数 $f(x)$ 在 (a,b) 上有定义，若曲线 $y=f(x)$ 上任意两点间的弧线总位于联结这两点的弦之上，则称 $f(x)$ 是区间 (a,b) 上的凸函数.

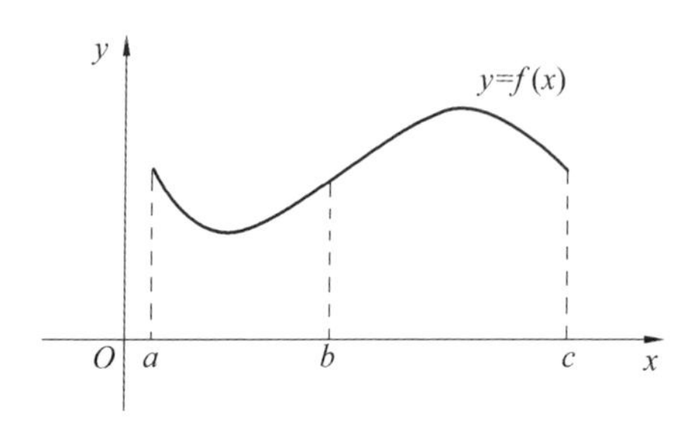

图 1

定义 2 设函数 $f(x)$ 在 $[a,b]$ 上连续，若对于 $\forall x_1,x_2\in[a,b]$，有

$$f\left(\frac{x_1+x_2}{2}\right)\geqslant\frac{f(x_1)+f(x_2)}{2}$$

则称 $f(x)$ 是 $[a,b]$ 上的凸函数.

定义 3 在区间 (a,b) 内定义的函数 $f(x)$，如果对任意 n 个点 $x_1,x_2,\cdots,x_n\in(a,b)$，有

$$f\left(\frac{x_1+x_2+\cdots+x_n}{n}\right)\geqslant \frac{f(x_1)+f(x_2)+\cdots+f(x_n)}{n}$$

则称函数 $f(x)$ 是 (a,b) 内的凸函数.

定义 4 设函数 $f(x)$ 在 $[a,b]$ 上连续，若对于 $\forall x_1,x_2\in[a,b]$ 及 $0\leqslant t\leqslant 1$，有

$$f[(1-t)x_1+tx_2]\geqslant(1-t)f(x_1)+tf(x_2)$$

则称 $f(x)$ 是 $[a,b]$ 上的凸函数.

定义 5 设函数 $f(x)$ 在 $[a,b]$ 上连续，在 (a,b) 内可导，若对于 (a,b) 中任意一点 x_0，当 $x\in(a,b)$ 且 $x\neq x_0$ 时，成立

$$f(x)\leqslant f'(x_0)(x-x_0)+f(x_0)$$

则称 $f(x)$ 是 $[a,b]$ 上的凸函数.

定义6　设函数 $f(x)$ 在 $[a,b]$ 上连续，在 (a,b) 内二阶可导，若当 $x\in(a,b)$ 时

$$f''(x)\leqslant 0$$

则称 $f(x)$ 是 $[a,b]$ 上的凸函数.

凸函数的重要性及其应用价值已为大家所熟知，尤其在不等式研究中，凸函数所发挥的作用是无可替代的.

2. 常见上凸函数

(1) $f(x)=-\sin x, x\in[0,\pi]$.

(2) $f(x)=-\cos x, x\in\left[-\frac{\pi}{2},\frac{\pi}{2}\right]$.

(3) $f(x)=\tan x, x\in\left(0,\frac{\pi}{2}\right)$.

(4) $f(x)=\cot x, x\in\left(0,\frac{\pi}{2}\right]$.

(5) $f(x)=a^x(a>1), x\in(0,+\infty)$.

(6) $f(x)=x^p(p>0), x\in(0,+\infty)$.

(7) $f(x)=\lg(1+a^x)(a>1), x\in(0,+\infty)$.

(8) $f(x)=-\lg x, x\in(0,+\infty)$.

(9) $f(x)=\lg\left(\frac{1}{x}-1\right), x\in(0,+\infty)$.

(10) $f(x)=\lg\left(ax+\frac{1}{x}\right)(0<a<4), x\in(0,1]$.

(11) $f(x)=\left(x+\frac{a}{x}\right)^p(p>1,a>0), x\in(0,+\infty)$.

(12) $f(x)=\sqrt{a^2+x^2}, x\in(0,+\infty)$.

(13) $f(x)=\frac{x}{\sqrt{1-x}}, x\in(0,1)$.

(14) $f(x)=\frac{x^{\lambda}}{p-qx}(p>0,q>0,\lambda\geqslant 1),x\in\left(0,\frac{p}{q}\right)$.

(15) $f(x)=\frac{x}{1-x^{2}},x\in(0,1)$.

5.1 卡拉玛特不等式及其应用

定理 1(**卡拉玛特(Karamata)不等式**) 如果 $f(x)$ 是在 I 上是下凸(上凸)函数，$x_i,y_i\in\mathbf{R},i=1,2,\cdots,n$，在 I 上取值满足 $(x_1,x_2,\cdots,x_n)\succ(y_1,y_2,\cdots,y_n)$，则有

$$f(x_1)+f(x_2)+\cdots+f(x_n)\geqslant(\leqslant)$$
$$f(y_1)+f(y_2)+\cdots+f(y_n)$$

其中 $\succ$ 表示优超于，即对于 $x_1\geqslant x_2\geqslant\cdots\geqslant x_n,y_1\geqslant y_2\geqslant\cdots\geqslant y_n$，有

$$\sum_{i=1}^{k}x_i\geqslant\sum_{i=1}^{k}y_i\quad(k=1,2,\cdots,n)$$
$$\sum_{i=1}^{n}x_i=\sum_{i=1}^{n}y_i$$

证明 由 $f(x)$ 是在 I 上是下凸(上凸)函数，知

$$f(x)-f(y)\geqslant(\leqslant)(x-y)f'(y)$$

故

$$f(x_i)-f(y_i)\geqslant(\leqslant)(x_i-y_i)f'(y_i)$$

因此

$$\sum_{i=1}^{n}f(x_i)-\sum_{i=1}^{n}f(y_i)=$$

$$\sum_{i=1}^{n}(f(x_i)-f(y_i))\geqslant(\leqslant)$$
$$\sum_{i=1}^{n}(x_i-y_i)f'(y_i)=$$
$$(x_1-y_1)(f'(y_1)-f'(y_2))+$$
$$(x_1+x_2-y_1-y_2)(f'(y_2)-f'(y_3))+\cdots+$$
$$\left(\sum_{i=1}^{n-1}x_i-\sum_{i=1}^{n-1}y_i\right)[f'(y_{n-1})-f'(y_n)]+$$
$$\left(\sum_{i=1}^{n}x_i-\sum_{i=1}^{n}y_i\right)[f'(y_n)-f'(y_{n+1})]$$

对于 $k=1,2,\cdots,n,f'(y_k)\geqslant(\leqslant)f'(y_{k+1})$，且 $\sum_{i=1}^{k}x_i\geqslant\sum_{i=1}^{k}y_i$，即知

$$f(x_1)+f(x_2)+\cdots+f(x_n)\geqslant(\leqslant)$$
$$f(y_1)+f(y_2)+\cdots+f(y_n)$$

另证　仅证 $f(x)$ 是在 I 上是下凸的情形. 为了证明定理 1,现给出如下:

引理　设 $f:I\to\mathbf{R}$ 为下凸函数，$a<c<b,a,b,c\in I$，则

$$\frac{f(c)-f(a)}{c-a}\leqslant\frac{f(b)-f(a)}{b-a}\leqslant\frac{f(b)-f(c)}{b-c}$$

证明　由 $f(x)$ 是凸函数知

$$\frac{(b-c)f(a)+(c-a)f(b)}{b-a}\geqslant f(c)$$

即

$$\frac{f(c)-f(a)}{c-a}\leqslant\frac{f(b)-f(a)}{b-a}\Leftrightarrow$$
$$\frac{f(b)-f(a)}{b-a}\leqslant\frac{f(b)-f(c)}{b-c}$$

回到原题,令

$$m_i = \frac{f(x_i) - f(y_i)}{x_i - y_i} \quad (i = 1, 2, \cdots, n)$$

我们证明

$$m_i \geqslant m_{i+1} \tag{1}$$

当 $x_i \geqslant x_{i+1} \geqslant y_i \geqslant y_{i+1}$，由引理

$$m_i = \frac{f(x_i) - f(y_i)}{x_i - y_i} \geqslant \frac{f(x_i) - f(y_{i+1})}{x_i - y_{i+1}} \geqslant \frac{f(x_{i+1}) - f(y_{i+1})}{x_{i+1} - y_{i+1}} = m_{i+1}$$

当 $x_i \geqslant y_i \geqslant x_{i+1} \geqslant y_{i+1}$，或当 $x_i \geqslant y_i \geqslant y_{i+1} \geqslant x_{i+1}$，类似可证.

若(1) 已证明：令 $a_k = \sum_{i=1}^{k} x_i, b_k = \sum_{i=1}^{k} y_i, k = 1, 2, \cdots, n$，则 $a_k \geqslant b_k$. 所以由阿贝尔恒等式知

$$0 \leqslant \sum_{i=1}^{n} (a_i - b_i)(m_i - m_{i+1}) = \sum_{i=1}^{n} [(a_i - a_{i-1}) - (b_i - b_{i-1})] m_i = \sum_{i=1}^{n} (f(x_i) - f(y_i))$$

推论 设两组正数 $x_1 \leqslant x_2 \leqslant \cdots \leqslant x_n, y_1 \leqslant y_2 \leqslant \cdots \leqslant y_n$ 满足不等式组

$$x_1 \geqslant y_1$$
$$x_1 + x_2 \geqslant y_1 + y_2$$
$$\vdots$$
$$x_1 + x_2 + \cdots + x_n \geqslant y_1 + y_2 + \cdots + y_n$$

则对于任意凸函数 $f(x)$，有

$$\prod_{i=1}^{n} f(x_i) \geqslant \prod_{i=1}^{n} f(y_i)$$

卡拉玛特不等式的加权推广形式为：

定理 2(富克斯(Fuchs)不等式)　$f(x)$ 是在 I 上的下凸(上凸)函数，$p_1,p_2,\cdots,p_n$ 是正实数，设 x_i，$y_i\in\mathbf{R}$，$i=1,2,\cdots,n$，且 $(p_1x_1,p_2x_2,\cdots,p_nx_n)\succ(p_1y_1,p_2y_2,\cdots,p_ny_n)$，则有

$$f(p_1x_1)+f(p_2x_2)+\cdots+f(p_nx_n)\geqslant(\leqslant)$$
$$f(p_1y_1)+f(p_2y_2)+\cdots+f(p_ny_n)$$

下面借助阿贝尔恒等式加以证明.

证明　设

$$c_i=\frac{f(y_i)-f(x_i)}{y_i-x_i}$$
$$A_i=p_1x_1+p_2x_2+\cdots+p_nx_n$$
$$B_i=p_1y_1+p_2y_2+\cdots+p_ny_n$$

则

$$\sum_{i=1}^{n}p_if(x_i)-\sum_{i=1}^{n}p_if(y_i)=\sum_{i=1}^{n}p_ic_i(x_i-y_i)=$$
$$\sum_{i=1}^{n}p_ic_ix_i-\sum_{i=1}^{n}p_ic_iy_i=$$
$$\sum_{i=1}^{n}(c_i-c_{i+1})(p_1x_1+p_2x_2+\cdots+p_nx_n)-$$
$$\sum_{i=1}^{n}(c_i-c_{i+1})(p_1y_1+p_2y_2+\cdots+p_ny_n)=$$
$$\sum_{i=1}^{n-1}(c_i-c_{i+1})(A_i-B_i)-c_n(A_n-B_n)$$

由于 $f(x)$ 是下凸的，所以 c_i 单调递减，于是 $c_i\geqslant c_{i+1}$，又 $A_i\geqslant B_i(1\leqslant i\leqslant n-1)$，$A_n=B_n$，于是定理得证.

例 1　已知 $x>0$，$x\neq1$，$n\in\mathbf{N}^*$，则

$$\sum_{k=0}^{n}x^k>\frac{n+1}{n-1}\sum_{k=1}^{n-1}x^k$$

证明 当 $x>0,x\neq 1$ 时,并注意到

$$(\underbrace{1,\cdots,1}_{n+1个},\underbrace{2,\cdots,2}_{2n+1个},\cdots,\underbrace{n-1,\cdots,n-1}_{2n+1个})\prec\prec$$

$$(\underbrace{0,\cdots,0}_{n-1个},\underbrace{1,\cdots,1}_{n-1个},\cdots,\underbrace{n,\cdots,n}_{n-1个})$$

由函数 $g(t)=x^t$ 在$[0,+\infty)$上严格下凸,由卡拉玛特不等式知

$$\sum_{k=0}^{n}(n-1)x^k>(n+1)\sum_{k=1}^{n-1}x^k$$

即

$$\sum_{k=0}^{n}x^k>\frac{n+1}{n-1}\sum_{k=1}^{n-1}x^k$$

例 2 已知 $0\leqslant x\leqslant 1$,则

$$(2n+1)x^n(1-x)\leqslant 1-x^{2n+1}$$

且当 $x\neq 1$ 时,不等式严格成立.

证明 当 $x=0$ 或 1 时,不等式显然成立.

当 $0<x<1$ 时,注意到

$$\underbrace{(n,\cdots,n)}_{2n+1}\prec\prec(0,1,\cdots,2n)$$

由 $f(x)=x^t$ 在$(0,+\infty)$上严格下凸,由卡拉玛特不等式知

$$(2n+1)x^n<x^{2n}+x^{2n-1}+\cdots+x+1$$

即

$$(2n+1)x^n(1-x)<$$
$$(1-x)(x^{2n}+x^{2n-1}+\cdots+x+1)$$

也即

$$(2n+1)x^n(1-x)<1-x^{2n+1}$$

例 3 (2006 年中国国家队培训题)$a\geqslant b\geqslant c\geqslant d>0$,求证

$$\left(1+\frac{c}{a+b}\right)\left(1+\frac{d}{b+c}\right)\left(1+\frac{a}{c+d}\right)\left(1+\frac{b}{d+a}\right)\geqslant\left(\frac{3}{2}\right)^{4}$$

证明　原不等式等价于

$$\ln\frac{a+b+c}{3}+\ln\frac{b+c+d}{3}+\ln\frac{c+d+a}{3}+\ln\frac{d+a+b}{3}\geqslant$$

$$\ln\frac{a+b}{2}+\ln\frac{b+c}{2}+\ln\frac{c+d}{2}+\ln\frac{d+a}{2}$$

若 $a+d\geqslant b+c$，注意到函数 $f(x)=\ln x$ 是上凸函数，且

$$\frac{a+b+c}{3}\geqslant\frac{d+a+b}{3}\geqslant\frac{c+d+a}{3}\geqslant\frac{b+c+d}{3}$$

$$\frac{a+b}{2}\geqslant\frac{d+a}{2}\geqslant\frac{b+c}{2}\geqslant\frac{c+d}{2}$$

由 $a\geqslant b\geqslant c\geqslant d$ 知

$$\frac{a+b+c}{3}\leqslant\frac{a+b}{2}$$

$$\frac{a+b+c}{3}+\frac{d+a+b}{3}\leqslant\frac{a+b}{2}+\frac{d+a}{2}$$

$$\frac{a+b+c}{3}+\frac{d+a+b}{3}+\frac{c+d+a}{3}\leqslant\frac{a+b}{2}+\frac{d+a}{2}+\frac{b+c}{2}$$

$$\frac{a+b+c}{3}+\frac{d+a+b}{3}+\frac{c+d+a}{3}+\frac{b+c+d}{3}=\frac{a+b}{2}+\frac{d+a}{2}+\frac{b+c}{2}+\frac{c+d}{2}$$

由卡拉玛特不等式知原不等式成立.

若 $a+d\leqslant b+c$,同理可证原不等式成立.

综上可知,原不等式成立,当且仅当 $a=b=c=d$ 时等号成立.

例 4 (《数学通报》问题解答 849 题)$\triangle ABC$ 的内心为 I,内角平分线 AD,BE,CF 与对边相交于 D,E,F. 求证:$\frac{3}{2}\leqslant\frac{ID}{IA}+\frac{IE}{IB}+\frac{IF}{IC}<2$.

证明 因为 $\frac{BD}{DC}=\frac{c}{b}$,所以

$$BD=\frac{ac}{b+c},\frac{ID}{IA}=\frac{BD}{BA}=\frac{a}{b+c}$$

同理可得

$$\frac{IE}{IB}=\frac{b}{c+a},\frac{IF}{IC}=\frac{c}{a+b}$$

故原不等式等价于

$$\frac{3}{2}\leqslant\frac{a}{b+c}+\frac{b}{c+a}+\frac{c}{a+b}<2$$

令 $2p=a+b+c$, $f(x)=\frac{x}{2p-x}$, $f(x)$ 是 $(0,2p)$ 上的严格下凸函数.

易得

$$\left(\frac{2p}{3},\frac{2p}{3},\frac{2p}{3}\right)\prec(a,b,c)\prec\prec(p,p,0)$$

由卡拉玛特不等式知

$$3f\left(\frac{2p}{3}\right)\leqslant f(a)+f(b)+f(c)<2f(p)+f(0)$$

此即

$$\frac{3}{2}\leqslant\frac{a}{b+c}+\frac{b}{c+a}+\frac{c}{a+b}<2$$

例 5 (第 29 届 IMO 加拿大训练题)给定两组数

$x_1, x_2, \cdots, x_n$ 和 $y_1, y_2, \cdots, y_n$,已知:

(1)$x_1 \geqslant x_2 \geqslant \cdots \geqslant x_n > 0, y_1 \geqslant y_2 \geqslant \cdots \geqslant y_n > 0$.

(2)$x_1 \leqslant y_1, x_1x_2 \leqslant y_1y_2, \cdots, x_1x_2\cdots x_n \leqslant y_1y_2\cdots y_n$.

证明:对于任何正整数 k,都有如下不等式成立

$$x_1 + x_2 + \cdots + x_n \leqslant y_1 + y_2 + \cdots + y_n$$

证明　作变换

$$a_i = \ln x_i, b_i = \ln y_i \quad (i = 1, 2, \cdots, n)$$

则

$$x_i = \mathrm{e}^{a_i}, y_i = \mathrm{e}^{b_i} \quad (i = 1, 2, \cdots, n)$$

则原命题等价于:

(i)$a_1 \geqslant a_2 \geqslant \cdots \geqslant a_n > 0, b_1 \geqslant b_2 \geqslant \cdots \geqslant b_n > 0$.

(ii)$a_1 \leqslant b_1, a_1 + a_2 \leqslant b_1 + b_2, \cdots, a_1 + a_2 + \cdots + a_n \leqslant b_1 + b_2 + \cdots + b_n$.

证明:对于任何正整数 k,都有如下不等式成立

$$\mathrm{e}^{a_1} + \mathrm{e}^{a_2} + \cdots + \mathrm{e}^{a_n} \leqslant \mathrm{e}^{b_1} + \mathrm{e}^{b_2} + \cdots + \mathrm{e}^{b_n}$$

注意到函数 $f(x) = \mathrm{e}^x$ 是下凸函数,且 $a_1 \leqslant b_1$, $a_1 + a_2 \leqslant b_1 + b_2, \cdots, a_1 + a_2 + \cdots + a_n \leqslant b_1 + b_2 + \cdots + b_n$,由卡拉玛特不等式知原不等式成立.

例6　**(Turkevicius 不等式)** 已知 $a, b, c, d > 0$,求证

$$a^4 + b^4 + c^4 + d^4 + 2abcd \geqslant a^2b^2 + a^2c^2 + a^2d^2 + b^2c^2 + b^2d^2 + c^2d^2$$

证明　不妨设 $a \geqslant b \geqslant c \geqslant d > 0$. 令 $x = \ln a$, $y = \ln b, z = \ln c, u = \ln d$,则 $a = \mathrm{e}^x, b = \mathrm{e}^y, c = \mathrm{e}^z, d = \mathrm{e}^u$,且 $x \geqslant y \geqslant z \geqslant u > 0$.

原不等式等价于

$$e^{4x}+e^{4y}+e^{4z}+e^{4u}+e^{x+y+z+u}+e^{x+y+z+u}\geqslant$$
$$e^{2(x+y)}+e^{2(x+z)}+e^{2(x+u)}+e^{2(y+z)}+e^{2(y+u)}+e^{2(z+u)}$$

记

$$m=(4x,4y,4z,4u,x+y+z+u,x+y+z+u)$$
$$n=(2(x+y),2(x+u),2(y+z),2(x+z),$$
$$2(y+u),2(z+u))$$

注意到函数 $f(x)=e^x$ 是下凸函数,由卡拉玛特不等式知,只需证明在某一条件下 $m>n$.

由于 $4x\geqslant 4y\geqslant 4z,4x\geqslant x+y+z+u\geqslant 4u$.

如果 $4z\geqslant x+y+z+u$,则

$$2(x+y)\geqslant 2(x+z)\geqslant 2(y+z)\geqslant 2(x+u)\geqslant$$
$$2(y+u)\geqslant 2(z+u)$$

此时,$m>n$.

同理可证 $4z\leqslant x+y+z+u,4y\geqslant x+y+z+u,4x\leqslant x+y+z+u$ 的情形.

评注 本例的等价形式是

$$(a^2-b^2)^2+(c^2-d^2)^2\geqslant$$
$$(a^2+b^2)(c^2+d^2)-(ab+cd)^2$$

由于该不等式是齐次式,不妨设

$$a^2+b^2=1,c^2+d^2=1$$

可令

$$a=\cos\alpha,b=\sin\alpha,c=\cos\beta,d=\sin\beta$$

则上式可改写为

$$(\cos^2\alpha-\sin^2\alpha)^2+(\cos^2\beta-\sin^2\beta)^2\geqslant$$
$$1-(\sin\alpha\cos\alpha+\sin\beta\cos\beta)^2\Leftrightarrow$$
$$\cos^2 2\alpha+\cos^2 2\beta+\frac{1}{4}(\sin 2\alpha+\sin 2\beta)^2\geqslant 1\Leftrightarrow$$

$4\cos^2 2\alpha+4\cos^2 2\beta+\sin^2 2\alpha+$

$\sin^2 2\beta+2\sin 2\alpha\sin 2\beta\geqslant 4\Leftrightarrow$

$3\cos^2 2\alpha+3\cos^2 2\beta+2\sin 2\alpha\sin 2\beta\geqslant 2\Leftrightarrow$

$4\geqslant 3\sin^2 2\alpha+3\sin^2 2\beta-2\sin 2\alpha\sin 2\beta\Leftrightarrow$

$6\geqslant 3(1-\cos 4\alpha)+3(1-\cos 4\beta)+$

$\cos 2(\alpha+\beta)-\cos 2(\alpha-\beta)\Leftrightarrow$

$3(\cos 4\alpha+\cos 4\beta)\geqslant$

$\cos 2(\alpha+\beta)-\cos 2(\alpha-\beta)\Leftrightarrow$

$6\cos 2(\alpha+\beta)\cos 2(\alpha-\beta)\geqslant$

$\cos 2(\alpha+\beta)-\cos 2(\alpha-\beta)$

例 7　设 $x,y,z\geqslant 0$，记 $x+y+z=\sum x=3$，求证

$$\sum\sqrt{x^2+y+2}\geqslant 6$$

证明　不妨设 $x=\max\{x,y,z\}$.

(1) 当 $x\geqslant y\geqslant z$ 时，由 $\sum x=3$ 及抽屉原理知，$x\geqslant 1, z\leqslant 1$. 又

$$(x+1)^2-(x^2+y+2)=2x-y-1=$$
$$(x-1)+(x-y)\geqslant 0$$

即

$$(x+1)^2\geqslant x^2+y+2$$

$$(x+1)^2+(y+1)^2-(x^2+y+2)-$$
$$(y^2+z+2)=$$
$$2x-y-1+2y-z-1=$$
$$2x+y-z-2=$$
$$2(x-1)+(y-z)\geqslant 0$$

即

$$(x+1)^2+(y+1)^2\geqslant(x^2+y+2)+(y^2+z+2)$$

$$(x+1)^2+(y+1)^2+(z+1)^2-(x^2+y+2)-$$
$$(y^2+z+2)-(z^2+x+2)=$$
$$2x-y-1+2y-z-1+2z-x-1=$$
$$x+y+z-3=0$$

即

$$(x+1)^2+(y+1)^2+(z+1)^2=$$
$$(x^2+y+2)+(y^2+z+2)+(z^2+x+2)$$

故

$$((x+1)^2,(y+1)^2,(z+1)^2)\succ$$
$$(x^2+y+2,y^2+z+2,z^2+x+2)$$

又 $g(x)=\sqrt{x}$ 在$[0,3]$上为上凸函数，由卡拉玛特不等式得

$$\sum\sqrt{x^2+y+2}\geqslant\sum\sqrt{(x+1)^2}=\sum(x+1)=$$
$$\sum x+3=3+3=6$$

(2) 当 $x\geqslant z\geqslant y$ 时，由 $\sum x=3$ 及抽屉原理知，$x\geqslant 1,y\leqslant 1$. 又

$$(x+1)^2-(x^2+y+2)=$$
$$2x-y-1=$$
$$(x-1)+(x-y)\geqslant 0$$

即

$$(x+1)^2\geqslant x^2+y+2$$
$$(x+1)^2+(z+1)^2-(x^2+y+2)-$$
$$(z^2+x+2)=$$
$$2x-y-1+2z-x-1=$$
$$x+2z-y-2=$$
$$3-y-z+2z-y-2=$$
$$1-2y+z=(1-y)+(z-y)\geqslant 0$$

即

$$(x+1)^2+(z+1)^2 \geqslant (x^2+y+2)+(z^2+x+2)$$

$$(x+1)^2+(y+1)^2+(z+1)^2-(x^2+y+2)-$$
$$(y^2+z+2)-(z^2+x+2)=$$
$$2x-y-1+2y-z-1+2z-x-1=$$
$$x+y+z-3=0$$

即

$$(x+1)^2+(y+1)^2+(z+1)^2=$$
$$(x^2+y+2)+(y^2+z+2)+(z^2+x+2)$$

故

$$((x+1)^2,(z+1)^2,(y+1)^2) \succ$$
$$(x^2+y+2,z^2+x+2,y^2+z+2)$$

又 $g(x)=\sqrt{x}$ 在 $[0,3]$ 上为上凸函数，由卡拉玛特不等式得

$$\sum \sqrt{x^2+y+2} \geqslant \sum \sqrt{(x+1)^2}=\sum (x+1)=$$
$$\sum x+3=3+3=6$$

综上可知，原不等式成立.

例 8　(2016年罗马尼亚数学奥林匹克决赛十年级第2题)函数 $f:\mathbf{R}\to\mathbf{R}$ 满足：

(ⅰ) $f(x+y)\leqslant f(x)+f(y)$；

(ⅱ) $f(tx+(1-t)y)\leqslant tf(x)+(1-t)f(y)$，其中，$x,y\in\mathbf{R}$，$t\in[0,1]$. 证明：

(1) 对任意的 $a\leqslant b\leqslant c\leqslant d$，若 $d-c=b-a$，则 $f(b)+f(c)\leqslant f(a)+f(d)$；

(2) 对任意的正整数 $n\geqslant 3$，$x_1,x_2,\cdots,x_n\in\mathbf{R}$，有

$$f\left(\sum_{i=1}^{n} x_i\right)+(n-2)\sum_{i=1}^{n} f(x_i) \geqslant \sum_{1\leqslant i<j\leqslant n} f(x_i+x_j)$$

证明　(1) 由(ii) 知,$f(x)$ 是下凸函数.

由 $a \leqslant b \leqslant c \leqslant d$,且 $d-c=b-a$ 知,$a \leqslant b$,且 $a+d=b+c$.

由卡拉马特不等式知

$$f(b)+f(c) \leqslant f(a)+f(d)$$

另证　记

$$t=\frac{d-b}{d-a}=\frac{c-a}{d-a} \in [0,1]$$

则

$$b=ta+(1-t)d, c=(1-t)a+td$$

由(ii)知

$$f(b) \leqslant tf(a)+(1-t)f(d)$$

类似地

$$f(c) \leqslant (1-t)f(a)+tf(d)$$

两式相加即得欲证结论.

(2) 用数学归纳法证明.

首先证明 $n=3$ 时的情形.

假设 x,y,z 为任意实数,不妨设 x,y 同号.

若 $x \geqslant 0$,则由

$$z+(x+y+z)=(x+z)+(y+z)$$

$$z \leqslant x+z, y+z \leqslant x+y+z$$

通过(1) 中的结论知

$$f(x+z)+f(y+z) \leqslant f(z)+f(x+y+z)$$

将上式与(i)中不等式相加即得结论.

若 $x<0$,则

$$x+z \leqslant z, x+y+z \leqslant y+z$$

可类似前面假设的情形处理.

假设结论对 n 成立.

接下来考虑 $x_1,x_2,\cdots,x_{n+1}$.

对 $x_1,x_2,\cdots,x_{n-1},x_n+x_{n+1}$ 运用数学归纳假设,知

$$f(\sum_{i=1}^{n+1}x_i)+(n-2)(\sum_{i=1}^{n-1}f(x_i)+f(x_n+x_{n+1}))\geqslant$$
$$\sum_{1\leqslant i<j\leqslant n-1}f(x_i+x_j)+\sum_{1\leqslant i\leqslant n-1}f(x_i+x_n+x_{n+1}) \quad (1)$$

结合 $n=3$ 时,对于 $i=1,2,\cdots,n-1$,有

$$f(x_i+x_n+x_{n+1})\geqslant f(x_i+x_n)+f(x_i+x_{n+1})+f(x_n+x_{n+1})-f(x_i)-f(x_n)-f(x_{n+1})$$

将这 $n-1$ 个式子相加后代入式(1)即得结论.

5.2　琴生不等式及其应用

定理(琴生不等式)　设 $f(x)$ 是开区间 (a,b)(这里 a 可以是 $-\infty$,b 可以是 $+\infty$)内一个下凸函数,那么,对于 (a,b) 内任意 n 个实数 $x_1,x_2,\cdots,x_n$,有

$$\frac{1}{n}[f(x_1)+f(x_2)+\cdots+f(x_n)]\geqslant f[\frac{1}{n}(x_1+x_2+\cdots+x_n)]$$

等号成立当且仅当 $x_1=x_2=\cdots=x_n$.

证明　在卡拉玛特不等式的条件中取

$$x_1+x_2+\cdots+x_n=y_1+y_2+\cdots+y_n$$
$$y_1=y_2=\cdots=y_n=\frac{1}{n}(x_1+x_2+\cdots+x_n)$$

即得到琴生不等式.

另证　(数学归纳法)当 $n=1$ 时

$$\frac{1}{1}f(x_1)=f\left(\frac{1}{1}x_1\right)$$

成立.

假设当 $n=k$ 时,有

$$\frac{1}{k}[f(x_1)+f(x_2)+\cdots+f(x_k)]\geqslant$$

$$f\left[\frac{1}{k}(x_1+x_2+\cdots+x_k)\right]$$

则当 $n=k+1$ 时

$$A=\frac{1}{k+1}(x_1+x_2+\cdots+x_{k+1})=\frac{2kA}{2k}=$$

$$\frac{(k+1)A+(k-1)}{2k}=$$

$$\frac{1}{2k}(x_1+x_2+\cdots+x_k)+\frac{1}{2k}[x_{k+1}+(k-1)A]$$

$$f(A)=f\left(\frac{1}{k+1}(x_1+x_2+\cdots+x_k+x_{k+1})\right)=$$

$$f\left(\frac{1}{2}\left\{\frac{1}{k}(x_1+x_2+\cdots+x_k)+\right.\right.$$

$$\left.\left.\frac{1}{k}[x_{k+1}+(k-1)A]\right\}\right)\leqslant$$

$$\frac{1}{2}f\left(\frac{1}{k}(x_1+x_2+\cdots+x_k)+\right.$$

$$\left.\frac{1}{2}f\left(\frac{1}{k}[x_{k+1}+(k-1)A]\right)\leqslant\right.$$

$$\frac{1}{2k}[f(x_1)+f(x_2)+\cdots+f(x_k)]+$$

$$\frac{1}{2k}[f(x_{k+1})+(k-1)f(A)]=$$

$$\frac{1}{2k}[f(x_1)+f(x_2)+\cdots+f(x_k)+$$

$$f(x_{k+1})+(k-1)f(A)]$$

即

$$f\left[\frac{1}{k+1}(x_1+x_2+\cdots+x_k)\right]\leqslant$$

$$\frac{1}{k+1}[f(x_1)+f(x_2)+\cdots+f(x_k)+f(x_{k+1})]$$

综上可知,琴生不等式成立.

琴生不等式加权形式　对任意一列 $a_1,a_2,\cdots,a_n\in\mathbf{R}_+,a_1+a_2+\cdots+a_n=1$,设 $f(x)$ 是开区间(a,b)(这里 a 可以是 $-\infty$,b 可以是 $+\infty$) 内一个凸函数,那么,对于(a,b) 内任意 n 个实数 $x_1,x_2,\cdots,x_n$,有

$$a_1f(x_1)+a_2f(x_2)+\cdots+a_nf(x_n)\geqslant$$

$$f(a_1x_1+a_2x_2+\cdots+a_nx_n)$$

等号成立当且仅当 $x_1=x_2=\cdots=x_n$.

应用 $f(x)=\frac{1}{x^2}$,此时是下凸函数,可得倒数平方和的不等式

$$\frac{1}{a_1^2}+\frac{1}{a_2^2}+\cdots+\frac{1}{a_n^2}\geqslant\frac{n^3}{(a_1+a_2+\cdots+a_n)^2}$$

等号成立条件 $a_1=a_2=\cdots=a_n$.

而与此对应的另一个倒数和再平方的不等式,是利用调和平均和平方平均的关系,得到

$$\left(\frac{1}{a_1}+\frac{1}{a_2}+\cdots+\frac{1}{a_n}\right)^2\geqslant\frac{n^2}{a_1^2+a_2^2+\cdots+a_n^2}$$

等号成立条件 $a_1=a_2=\cdots=a_n$.

常用不等式

$$\frac{x_1^t+x_2^t+\cdots+x_n^t}{n}\geqslant\left(\frac{x_1+x_2+\cdots+x_n}{n}\right)^t\quad(t>1)$$

$$\frac{x_1^t+x_2^t+\cdots+x_n^t}{n}\leqslant$$

$$\left(\frac{x_1+x_2+\cdots+x_n}{n}\right)^t\quad(0<t<1)$$

均值不等式

$$\frac{x_1+x_2+\cdots+x_n}{n}\geqslant\sqrt[n]{x_1x_2\cdots x_n}$$

证明　由函数 $f(x)=-\ln x$ 是 $\mathbf{R}_+$ 上的下凸函数，使用琴生不等式知

$$\frac{1}{n}\sum_{i=1}^{n}(-\ln x_i)\geqslant-\ln\left(\frac{1}{n}\sum_{i=1}^{n}x_i\right)$$

即

$$-\ln\left(\prod_{i=1}^{n}x_i\right)^{\frac{1}{n}}\geqslant-\ln\left(\frac{1}{n}\sum_{i=1}^{n}x_i\right)$$

即

$$\ln\left(\frac{1}{n}\sum_{i=1}^{n}x_i\right)\geqslant\ln\left(\prod_{i=1}^{n}x_i\right)^{\frac{1}{n}}$$

即

$$\frac{1}{n}\sum_{i=1}^{n}x_i\geqslant\left(\prod_{i=1}^{n}x_i\right)^{\frac{1}{n}}$$

琴生不等式是许多经典不等式之“母”，对琴生不等式中的函数 $f(x)$ 变元及变元的个数作特殊处理，可以构造出许多数学竞赛题.

琴生不等式的使用技巧

1. 直接套用

例 1　(2005 年高考数学(全国卷 Ⅰ)压轴题)(Ⅰ)设函数

$f(x)=x\log_2 x+(1-x)\log_2(1-x)\quad(0<x<1)$

求 $f(x)$ 的最小值；

(Ⅱ)设正数 $p_1,p_2,p_3,\cdots,p_{2^n}$ 满足 $p_1+p_2+p_3+\cdots+p_{2^n}=1$，证明

$$p_1\log_2 p_1+p_2\log_2 p_2+p_3\log_2 p_3+\cdots+$$

$$p_{2^n}\log_2 p_{2^n}\geqslant -n$$

解　（Ⅰ）对函数 $f(x)$ 求导数

$$f'(x)=(x\log_2 x)'+[(1-x)\log_2(1-x)]'=$$

$$\log_2 x-\log_2(1-x)+\frac{1}{\ln 2}-\frac{1}{\ln 2}=$$

$$\log_2 x-\log_2(1-x)$$

于是 $f'\left(\frac{1}{2}\right)=0$.

当 $x<\frac{1}{2}$ 时

$$f'(x)=\log_2 x-\log_2(1-x)<0$$

$f(x)$ 在区间 $\left(0,\frac{1}{2}\right)$ 是减函数；

当 $x>\frac{1}{2}$ 时

$$f'(x)=\log_2 x-\log_2(1-x)>0$$

$f(x)$ 在区间 $\left(\frac{1}{2},1\right)$ 是增函数.

所以 $f(x)$ 在 $x=\frac{1}{2}$ 时取得最小值，$f\left(\frac{1}{2}\right)=-1$.

（Ⅱ）**证明**　令 $f(x)=x\log_2 x$，则

$$f'(x)=\frac{\ln x+1}{\ln 2},f''(x)=\frac{1}{x\ln 2}>0$$

故 $f(x)$ 是 $(0,+\infty)$ 的下凸函数，由琴生不等式知

$$f(p_1)+f(p_2)+f(p_3)+\cdots+f(p_{2^n})\geqslant$$

$$2^n f\left(\frac{p_1+p_2+p_3+\cdots+p_{2^n}}{2^n}\right)=$$

$$2^n f\left(\frac{1}{2^n}\right)=2^n\cdot\frac{1}{2^n}\log_2\frac{1}{2^n}=-n$$

另证 1　用数学归纳法证明.

(i) 当 $n=1$ 时，由（Ⅰ）知命题成立.

(ii) 假定当 $n=k$ 时命题成立，即若正数 p_1，$p_2,\cdots,p_{2^k}$ 满足 $p_1+p_2+\cdots+p_{2^k}=1$，则

$$p_1\log_2 p_1+p_2\log_2 p_2+\cdots+p_{2^k}\log_2 p_{2^k}\geqslant -k$$

当 $n=k+1$ 时，若正数 $p_1,p_2,\cdots,p_{2^{k+1}}$ 满足 $p_1+p_2+\cdots+p_{2^{k+1}}=1$，令

$$x=p_1+p_2+\cdots+p_{2^k},q_1=\frac{p_1}{x},q_2=\frac{p_2}{x},\cdots,q_{2^k}=\frac{p_{2^k}}{x}$$

则 $q_1,q_2,\cdots,q_{2^k}$ 为正数，且 $q_1+q_2+\cdots+q_{2^k}=1$.

由归纳假定知

$$q_1\log_2 p_1+q_2\log_2 p_2+\cdots+q_{2^k}\log_2 q_{2^k}\geqslant -k$$

$$\begin{aligned}&p_1\log_2 p_1+p_2\log_2 p_2+\cdots+p_{2^k}\log_2 p_{2^k}=\\&x(q_1\log_2 q_1+q_2\log_2 q_2+\cdots+q_{2^k}\log_2 q_{2^k}+\log_2 x)\geqslant\\&x(-k)+x\log_2 x\end{aligned}\tag{1}$$

同理，由

$$p_{2^k+1}+p_{2^k+2}+\cdots+p_{2^{k+1}}=1-x$$

可得

$$\begin{aligned}&p_{2^k+1}\log_2 p_{2^k+1}+\cdots+p_{2^{k+1}}\log_2 p_{2^{k+1}}\geqslant\\&(1-x)(-k)+(1-x)\log_2(1-x)\end{aligned}\tag{2}$$

综合(1)(2) 两式

$$\begin{aligned}&p_1\log_2 p_1+p_2\log_2 p_2+\cdots+p_{2^{k+1}}\log_2 p_{2^{k+1}}\geqslant\\&[x+(1-x)](-k)+x\log_2 x+\\&(1-x)\log_2(1-x)\geqslant -(k+1)\end{aligned}$$

即当 $n=k+1$ 时命题也成立.

根据(i)(ii) 可知对一切正整数 n，命题成立.

另证 2 令函数

$$g(x)=x\log_2 x+(c-x)\log_2(c-x)$$

$$(\text{常数 } c>0,x\in(0,c))$$

那么

$$g(x)=c\left[\frac{x}{c}\log_2\frac{x}{c}+\left(1-\frac{x}{c}\right)\log_2\left(1-\frac{x}{c}\right)+\log_2 c\right]$$

利用(Ⅰ)知,当$\frac{x}{c}=\frac{1}{2}\left(即\ x=\frac{c}{2}\right)$时,函数$g(x)$取得最小值.

对任意$x_1>0,x_2>0$,都有

$$x_1\log_2 x_1+x_2\log_2 x_2\geqslant 2\cdot\frac{x_1+x_2}{2}\log_2\frac{x_1+x_2}{2}=$$
$$(x_1+x_2)[\log_2(x_1+x_2)-1] \tag{1}$$

下面用数学归纳法证明结论.

(i) 当$n=1$时,由(Ⅰ)知命题成立.

(ii) 设当$n=k$时命题成立,即若正数$p_1,p_2,\cdots,p_{2^k}$满足$p_1+p_2+\cdots+p_{2^k}=1$,有

$$p_1\log_2 p_1+p_2\log_2 p_2+\cdots+p_{2^k}\log_2 p_{2^k}\geqslant -k$$

当$n=k+1$时,$p_1,p_2,\cdots,p_{2^{k+1}}$满足$p_1+p_2+\cdots+p_{2^{k+1}}=1$.令

$$H=p_1\log_2 p_1+p_2\log_2 p_2+\cdots+$$
$$p_{2^{k+1}-1}\log_2 p_{2^{k+1}-1}+p_{2^{k+1}}\log_2 p_{2^{k+1}}$$

由(1)得到

$$H\geqslant(p_1+p_2)[\log_2(p_1+p_2)-1]+\cdots+$$
$$(p_{2^{k+1}-1}+p_{2^{k+1}})[\log_2(p_{2^{k+1}-1}+p_{2^{k+1}})-1]$$

因为

$$(p_1+p_2)+\cdots+(p_{2^{k+1}-1}+p_{2^{k+1}})=1$$

由归纳法假设

$$(p_1+p_2)\log_2(p_1+p_2)+\cdots+$$
$$(p_{2^{k+1}-1}+p_{2^{k+1}})\log_2(p_{2^{k+1}-1}+p_{2^{k+1}})\geqslant -k$$

得到

$$H\geqslant -k-(p_1+p_2+\cdots+p_{2^{k+1}+1}+p_{2^{k+1}})=$$
$$-(k+1)$$

即当 $n=k+1$ 时命题也成立.

所以对一切正整数 n,命题成立.

例2 (IMO32－5)设 P 是 $\triangle ABC$ 内一点,求证:$\angle PAB,\angle PBC,\angle PCA$ 至少有一个小于或等于 30°.

证明 令 $\alpha=\angle PAB,\beta=\angle PBC,\gamma=\angle PCA$. 于是

P 到 AB 的距离 $=PA\sin\alpha=PB\sin(B-\beta)$

P 到 BC 的距离 $=PB\sin\beta=PC\sin(C-\gamma)$

P 到 CA 的距离 $=PC\sin\gamma=PA\sin(A-\alpha)$

从而

$$\sin\alpha\cdot\sin\beta\cdot\sin\gamma=$$
$$\sin(A-\alpha)\cdot\sin(B-\beta)\cdot\sin(C-\gamma)$$

若 $\alpha+\beta+\gamma\leqslant 90^\circ$,结论显然成立,若 $\alpha+\beta+\gamma>90^\circ$,则

$$(A-\alpha)+(B-\beta)+(C-\gamma)\leqslant 90^\circ$$

由均值不等式和琴生不等式知

$$\sin\alpha\sin\beta\sin\gamma=\sin(A-\alpha)\sin(B-\beta)\sin(C-\gamma)\leqslant$$
$$\left(\frac{\sin(A-\alpha)+\sin(B-\beta)+\sin(C-\gamma)}{3}\right)^3\leqslant$$
$$\left(\sin\frac{(A-\alpha)+(B-\beta)+(C-\gamma)}{3}\right)^3\leqslant$$
$$(\sin 30^\circ)^3=\frac{1}{8}$$

由此可知 α,β,γ 中存在一个,例如 α 满足 $\sin\alpha\leqslant\frac{1}{2}$.

所以,或者 $\alpha\leqslant 30^\circ$ 或者 $\alpha\geqslant 150^\circ$. 在后一情况必有 β,γ 都小于 30°.

2. 局部使用

例3　(2003湖南预赛)已知 x,y,z 是正实数,且 $x+y+z=1$,求证

$$\frac{3x^2-x}{1+x^2}+\frac{3y^2-y}{1+y^2}+\frac{3z^2-z}{1+z^2}\geqslant 0$$

证明　记

$$f(x)=\frac{3x^2-x}{1+x^2}\quad (0<x<1)$$

则

$$f'(x)=\frac{x^2+6x-1}{(x^2+1)^2}$$

$$f''(x)=\frac{2(3+3x-9x^2-x^3)}{(x^2+1)^3}=$$

$$\frac{2[(3-2x)(31+81x+9x^2)+19]}{27(x^2+1)^3}$$

故当 $0\leqslant x\leqslant \frac{2}{3}$ 时,$f''(x)>0$,$f(x)$ 是 $[0,\frac{2}{3}]$ 上的下凸函数.

因为 $x+y+z=1$,所以由抽屉原理知,x,y,z 中至少有两个不大于 $\frac{2}{3}$,不妨设 $y,z\in[0,\frac{2}{3}]$.

由琴生不等式知

$$f(y)+f(z)=\frac{3y^2-y}{1+y^2}+\frac{3z^2-z}{1+z^2}\geqslant 2f\left(\frac{y+z}{2}\right)=$$

$$2f\left(\frac{1-x}{2}\right)=\frac{2(1-4x+3x^2)}{5-2x+x^2}$$

要证明原不等式成立,即证明

$$f(x)+f(y)+f(z)\geqslant 0$$

只需证明

$$f(x)+2f\left(\frac{y+z}{2}\right)\geqslant 0$$

即可,即证明

$$\frac{3x^2-x}{1+x^2}+\frac{2(1-4x+3x^2)}{5-2x+x^2}\geqslant 0$$

也即证明

$$9x^4-15x^3+25x^2-13x+2\geqslant 0$$

也即证明

$$(3x-1)^2(x^2-x+2)\geqslant 0$$

由 $x,y,z>0,x+y+z=1$ 知,$0<x<1$,故 $x^2-x+2>0$,从而

$$(3x-1)^2(x^2-x+2)\geqslant 0$$

故原不等式成立,当且仅当 $x=y=z=\frac{1}{3}$ 时取等号.

评注 局部使用琴生不等式,可达减元的功效,最终化为一元不等式去证明.

另证 记

$$f(x)=\frac{3x^2-x}{1+x^2}\quad(0<x<1)$$

则 $f(x)$ 的导函数为

$$f'(x)=\frac{x^2+6x-1}{(x^2+1)^2}$$

当 $x=\frac{1}{3}$ 时,$f'\left(\frac{1}{3}\right)=\frac{9}{10}$,所以 $f(x)$ 在 $x=\frac{1}{3}$ 处的切线方程为

$$y=\frac{9}{10}\left(x-\frac{1}{3}\right)$$

下证:当 $0<x<1$ 时,不等式

$$\frac{3x^2-x}{1+x^2}\geqslant\frac{9x}{10}-\frac{3}{10}$$

事实上，当 $0<x<1$ 时

$$(3x-1)^2(x-3)\leqslant 0$$

成立，故

$$10(3x^2-x)\geqslant(1+x^2)(9x-3)$$

成立，所以当 $0<x<1$ 时，不等式

$$\frac{3x^2-x}{1+x^2}\geqslant\frac{9x}{10}-\frac{3}{10}$$

成立.

故

$$\frac{3x^2-x}{1+x^2}+\frac{3y^2-y}{1+y^2}+\frac{3z^2-z}{1+z^2}\geqslant$$

$$\frac{9}{10}(x+y+z)-\frac{9}{10}=0$$

当且仅当 $x=y=z$ 时取等号.

评注　"化曲为直"是证明函数不等式的一种很好的方法.

例 4　设非负实数 x,y,z 满足 $x+y+z=1$，求证：$\frac{3+x}{x^2+1}+\frac{3+y}{y^2+1}+\frac{3+z}{z^2+1}\leqslant 9$.

证明　由不等式的对称性，不妨设 $0\leqslant x\leqslant y\leqslant z$，则由 $x+y+z=1$ 知，$0\leqslant x\leqslant y\leqslant z\leqslant 1$. 故 $x\geqslant x^2,y\geqslant y^2,z\geqslant z^2$.

由 $0\leqslant x\leqslant y\leqslant z\leqslant 1$，且 $x+y+z=1$ 知，$\frac{1}{3}\leqslant z\leqslant 1$，故 $0\leqslant x+y\leqslant\frac{2}{3}$，则 $x,y\in[0,\frac{2}{3}]$.

记

$$f(x)=\frac{3+x}{x^2+1}\quad (x\in[0,\frac{2}{3}])$$

则

$$f'(x)=\frac{1\cdot(x^2+1)-(3+x)\cdot 2x}{(x^2+1)^2}=\frac{1-6x-x^2}{(x^2+1)^2}$$

$$f''(x)=$$

$$\frac{(-6-2x)\cdot(x^2+1)^2-(1-6x-x^2)\cdot 2x(x^2+1)}{(x^2+1)^4}=$$

$$\frac{2(x^3+9x^2-3x-3)}{(x^2+1)^3}$$

记

$$g(x)=x^3+9x^2-3x-3\quad (x\in[0,\frac{2}{3}])$$

则

$$g'(x)=3x^2+18x-3=3(x^2+6x-1)=$$
$$3(x+3+\sqrt{10})(x+3-\sqrt{10})$$

当 $0\leqslant x\leqslant\sqrt{10}-3$ 时，$g'(x)\geqslant 0$；当 $\sqrt{10}-3\leqslant x\leqslant\frac{2}{3}$ 时，$g'(x)\leqslant 0$. 故

$$g(x)_{\max}=\max\{f(0),f\left(\frac{2}{3}\right)\}=$$
$$\max\{-3,-\frac{19}{27}\}=-\frac{19}{27}<0$$

故当 $x\in\left[0,\frac{2}{3}\right]$ 时

$$g(x)\leqslant g(x)_{\max}=-\frac{19}{27}<0$$

即 $g(x)<0$，即 $f''(x)>0$.

故当 $x\in\left[0,\frac{2}{3}\right]$ 时，$f(x)$ 是上凸函数.

由琴生不等式知

$$f(x)+f(y)\leqslant 2f\left(\frac{x+y}{2}\right)$$

即

$$\frac{3+x}{x^2+1}+\frac{3+y}{y^2+1}\leqslant 2\cdot\frac{3+\frac{x+y}{2}}{\left(\frac{x+y}{2}\right)^2+1}=$$

$$\frac{4(7-z)}{(1-z)^2+4}$$

为此,只需证明

$$\frac{4(7-z)}{(1-z)^2+4}+\frac{3+z}{z^2+1}\leqslant 9$$

即

$$z^4-15z^3+25z^2-13z+2\geqslant 0$$

即

$$(z^2-z+2)(3z-1)^2\geqslant 0$$

显然.

评注　本例有下界:设非负实数 x,y,z 满足 $x+y+z=1$, 则有

$$\frac{3+x}{x^2+1}+\frac{3+y}{y^2+1}+\frac{3+z}{z^2+1}\geqslant 8$$

3. 变形巧用

例5　(2006年第21届CMO第5题)实数列 $\{a_n\}$ 满足:$a_1=\frac{1}{2}$,$a_{k+1}=-a_k+\frac{1}{2-a_k}$,$k=1,2,\cdots$. 证明不等式

$$\left(\frac{n}{2(a_1+a_2+\cdots+a_n)}-1\right)^n\leqslant$$
$$\left(\frac{a_1+a_2+\cdots+a_n}{n}\right)^n\left(\frac{1}{a_1}-1\right)\left(\frac{1}{a_2}-1\right)\cdots\left(\frac{1}{a_n}-1\right)$$

证明　首先,用数学归纳法证明:$0 < a_n \leqslant \frac{1}{2}$,$n=1,2,\cdots$.

$n=1$ 时,命题显然成立.

假设命题对 $n(n \geqslant 1)$ 成立,即有 $0 < a_n \leqslant \frac{1}{2}$.

设 $f(x)=-x+\frac{1}{2-x}$,$x \in \left[0,\frac{1}{2}\right]$,则 $f(x)$ 是减函数,于是

$$a_{n+1}=f(a_n) \leqslant f(0)=\frac{1}{2}$$

$$a_{n+1}=f(a_n) \geqslant f\left(\frac{1}{2}\right)=\frac{1}{6}>0$$

即命题对 $n+1$ 也成立.

原命题等价于

$$\left(\frac{n}{a_1+a_2+\cdots+a_n}\right)^n\left(\frac{n}{2(a_1+a_2+\cdots+a_n)}-1\right)^n \leqslant \left(\frac{1}{a_1}-1\right)\left(\frac{1}{a_2}-1\right)\cdots\left(\frac{1}{a_n}-1\right)$$

设 $f(x)=\ln\left(\frac{1}{x}-1\right)$,$x \in \left(0,\frac{1}{2}\right)$,则 $f(x)$ 是凸函数,即对 $0 < x_1,x_2 < \frac{1}{2}$,有

$$f\left(\frac{x_1+x_2}{2}\right) \leqslant \frac{f(x_1)+f(x_2)}{2}$$

事实上

$$f\left(\frac{x_1+x_2}{2}\right) \leqslant \frac{f(x_1)+f(x_2)}{2}$$

等价于

$$\left(\frac{2}{x_1+x_2}-1\right)^2 \leqslant \left(\frac{1}{x_1}-1\right)\left(\frac{1}{x_2}-1\right) \Leftrightarrow$$

$$(x_1-x_2)^2\geqslant 0$$

所以,由 Jenson 不等式可得

$$f\left(\frac{x_1+x_2+\cdots+x_n}{n}\right)\leqslant \frac{f(x_1)+f(x_2)+\cdots+f(x_n)}{n}$$

即

$$\left(\frac{n}{a_1+a_2+\cdots+a_n}-1\right)^n\leqslant \left(\frac{1}{a_1}-1\right)\left(\frac{1}{a_2}-1\right)\cdots\left(\frac{1}{a_n}-1\right)$$

另一方面,由题设及 Cauchy 不等式,可得

$$\begin{aligned}\sum_{i=1}^{n}(1-a_i)&=\sum_{i=1}^{n}\frac{1}{a_i+a_{i+1}}-n\geqslant\\&\frac{n^2}{\sum\limits_{i=1}^{n}(a_i+a_{i+1})}-n=\\&\frac{n^2}{a_{n+1}-a_1+2\sum\limits_{i=1}^{n}a_i}-n\geqslant\\&\frac{n^2}{2\sum\limits_{i=1}^{n}a_i}-n=\\&n\left(\frac{n}{2\sum\limits_{i=1}^{n}a_i}-1\right)\end{aligned}$$

所以

$$\frac{\sum\limits_{i=1}^{n}(1-a_i)}{\sum\limits_{i=1}^{n}a_i}\geqslant\frac{n}{\sum\limits_{i=1}^{n}a_i}\left(\frac{n}{2\sum\limits_{i=1}^{n}a_i}-1\right)$$

故

$$\left(\frac{n}{a_1+a_2+\cdots+a_n}\right)^n\left(\frac{n}{2(a_1+a_2+\cdots+a_n)}-1\right)^n\leqslant$$

$$\left(\frac{(1-a_1)+(1-a_2)+\cdots+(1-a_n)}{a_1+a_2+\cdots+a_n}\right)^n\leqslant$$

$$\left(\frac{1}{a_1}-1\right)\left(\frac{1}{a_2}-1\right)\cdots\left(\frac{1}{a_n}-1\right)$$

从而原命题得证.

例 6 (2011 年高考数学(湖北卷))(Ⅰ)已知函数 $f(x)=\ln x-x+1, x\in(0,+\infty)$,求函数 $f(x)$ 的最大值;

(Ⅱ)设 $a_k, b_k(k=1,2,\cdots,n)$ 均为正数,证明:

(i) 若 $a_1b_1+a_2b_2+\cdots+a_nb_n\leqslant b_1+b_2+\cdots+b_n$,则 ${a_1}^{b_1}{a_2}^{b_2}\cdots{a_n}^{b_n}\leqslant 1$;

(ii) 若 $b_1+b_2+\cdots+b_n=1$,则

$$\frac{1}{n}\leqslant {b_1}^{b_1}{b_2}^{b_2}\cdots{b_n}^{b_n}\leqslant {b_1}^2+{b_2}^2+\cdots+{b_n}^2$$

解 (Ⅰ)$f(x)$ 的定义域为$(0,+\infty)$,令 $f'(x)=\frac{1}{x}-1=0$,解得 $x=1$.

当 $0<x<1$ 时,$f'(x)>0$,$f(x)$ 在$(0,1)$内是增函数;

当 $x>1$ 时,$f'(x)<0$,$f(x)$ 在$(1,+\infty)$内是减函数;

故函数 $f(x)$ 在 $x=1$ 处取得最大值 $f(1)=0$.

(Ⅱ)**证明** (i) 令 $g(x)=\ln x(x>0)$,则

$$g'(x)=\frac{1}{x}, g''(x)=-\frac{1}{x^2}<0$$

所以 $g(x)$ 在 $(0,+\infty)$ 上是凹函数，对于任意 $a_k\in(0,+\infty)$ $(k=1,2,\cdots,n)$，由琴生不等式

$$\frac{\sum_{k=1}^{n}b_k\ln a_k}{\sum_{k=1}^{n}b_k}\leqslant\ln\left(\frac{\sum_{k=1}^{n}b_k\cdot a_k}{\sum_{k=1}^{n}b_k}\right)\leqslant\ln 1=0$$

$$\left(\text{因为}\sum_{k=1}^{n}a_kb_k\leqslant\sum_{k=1}^{n}b_k\right)$$

所以

$$\sum_{k=1}^{n}b_k\cdot\ln a_k\leqslant 0$$

故 $\prod_{k=1}^{n}a_k^{b_k}\leqslant 1$.

(ii) 由(i)知，$g(x)=\ln x(x>0)$ 在 $(0,+\infty)$ 上是凹函数，由琴生不等式：

1° 对于任意 $b_k\in(0,1)$，且 $\sum_{k=1}^{n}b_k=1$，有

$$\frac{\sum_{k=1}^{n}b_k\cdot\ln b_k}{\sum_{k=1}^{n}b_k}\leqslant\ln\left(\frac{\sum_{k=1}^{n}b_k^2}{\sum_{k=1}^{n}b_k}\right)\Rightarrow\prod_{k=1}^{n}b_k^{b_k}\leqslant\sum_{k=1}^{n}b_k^2\ (*)$$

2° 对于 $b_k,\frac{1}{b_k}\in(0,+\infty)$，且 $\sum_{k=1}^{n}b_k=1$，有

$$\frac{\sum_{k=1}^{n}b_k\ln\frac{1}{b_k}}{\sum_{k=1}^{n}b_k}\leqslant\ln\left(\frac{\sum_{k=1}^{n}\frac{1}{b_k}\cdot b_k}{\sum_{k=1}^{n}b_k}\right)=\ln n\quad(**)$$

从而

$$\ln\frac{1}{\prod_{k=1}^{n} b_k^{b_k}}\leqslant \ln n$$

故

$$\ln\prod_{k=1}^{n} b_k^{b_k}\geqslant \frac{1}{n}$$

由(*)(**)综合,可得出原不等式成立.

例 7 (2012 年高考数学(湖北卷)第 22 题)

(Ⅰ)已知函数 $f(x)=rx-x^r+(1-r)(x>0)$,其中 r 为有理数,且 $0<r<1$. 求 $f(x)$ 的最小值;

(Ⅱ)试用(Ⅰ)的结果证明如下命题:

设 $a_1\geqslant 0,a_2\geqslant 0,b_1,b_2$ 为正有理数. 若 $b_1+b_2=1$,则 ${a_1}^{b_1}{a_2}^{b_2}\leqslant a_1b_1+a_2b_2$;

(Ⅲ)请将(Ⅱ)中的命题推广到一般形式,并用数学归纳法证明你所推广的命题.

注 当 α 为正有理数时,有求导公式

$$(x^{\alpha})'=\alpha x^{\alpha-1}$$

解 (Ⅰ)$f'(x)=r-rx^{r-1}=r(1-x^{r-1})$,令 $f'(x)=0$,解得 $x=1$.

当 $0<x<1$ 时,$f'(x)<0$,所以 $f(x)$ 在 $(0,1)$ 内是减函数;

当 $x>1$ 时,$f'(x)>0$,所以 $f(x)$ 在 $(1,+\infty)$ 内是增函数.

故函数 $f(x)$ 在 $x=1$ 处取得最小值 $f(1)=0$.

(Ⅱ)**证明** 令 $g(x)=\ln x(x>0)$,则 $g(x)$ 在 $(0,+\infty)$ 上为凹函数.

1° 当 a_1,a_2 中至少有一个为 0 时,则

$${a_1}^{b_1}{a_2}^{b_2}\leqslant a_1b_1+a_2b_2$$

成立;

2° 若 $a_1, a_2 > 0$ 时，由琴生不等式

$$\frac{b_1 \ln a_1 + b_2 \ln a_2}{b_1 + b_2} \leqslant \ln\left(\frac{a_1 b_1 + a_2 b_2}{b_1 + b_2}\right)$$

因为 $b_1 + b_2 = 1$，所以

$$\ln a_1^{b_1} a_2^{b_2} \leqslant \ln (a_1 b_1 + a_2 b_2) \Rightarrow a_1^{b_1} a_2^{b_2} \leqslant a_1 b_1 + a_2 b_2$$

综上，原不等式成立.

(Ⅲ) 命题形式：

设 $a_k \geqslant 0$，b_k 为正有理数，$k=1,2,\cdots,n$，若 $\sum\limits_{k=1}^{n} b_k = 1$，则

$$\prod_{k=1}^{n} a_k^{b_k} \leqslant \sum_{k=1}^{n} a_k b_k$$

证明　1° 当 $a_1, a_2, \cdots, a_n$ 中至少有一个为 0 时，原不等式显然成立.

2° 当 $a_k > 0 (k=1,2,\cdots,n)$ 时，由琴生不等式

$$\frac{\sum\limits_{k=1}^{n} b_k \ln a_k}{\sum\limits_{k=1}^{n} b_k} \leqslant \ln\left(\frac{\sum\limits_{k=1}^{n} a_k b_k}{\sum\limits_{k=1}^{n} b_k}\right) \Rightarrow \prod_{k=1}^{n} a_k^{b_k} \leqslant \sum_{k=1}^{n} a_k b_k$$

综上，原不等式成立.

4. 关联合用

例 8　(第 4 届 CMO 试题) 设 $x_1, x_2, \cdots, x_n \in \mathbf{R}_+$，且 $x_1 + x_2 + \cdots + x_n = 1$，求证

$$\frac{x_1}{\sqrt{1-x_1}} + \frac{x_2}{\sqrt{1-x_2}} + \cdots + \frac{x_n}{\sqrt{1-x_n}} \geqslant \frac{\sqrt{x_1} + \sqrt{x_2} + \cdots + \sqrt{x_n}}{\sqrt{n-1}}$$

证明　设

$$f(x)=\frac{x}{\sqrt{1-x}} \quad (0<x<1)$$

则

$$f'(x)=\frac{1\cdot\sqrt{1-x}-x\cdot\frac{-1}{2\sqrt{1-x}}}{1-x}=\frac{2-x}{(1-x)^{\frac{3}{2}}}$$

$$f''(x)=\frac{1+2x}{4\,(1-x)^{\frac{5}{2}}}>0$$

故 $f(x)$ 在 $(0,1)$ 上是下凸函数，且 $x_1+x_2+\cdots+x_n=1$，于是

$$\frac{x_1}{\sqrt{1-x_1}}+\frac{x_2}{\sqrt{1-x_2}}+\cdots+\frac{x_n}{\sqrt{1-x_n}}=$$

$$f(x_1)+f(x_2)+\cdots+f(x_n)\geqslant$$

$$nf\left(\frac{x_1+x_2+\cdots+x_n}{n}\right)=$$

$$nf\left(\frac{1}{n}\right)=\sqrt{\frac{n}{n-1}}$$

设 $g(x)=\sqrt{x}$，$0<x<1$，则

$$g'(x)=\frac{1}{2\sqrt{x}},g''(x)=-\frac{1}{4x^{\frac{3}{2}}}<0$$

故 $g(x)$ 在 $(0,1)$ 上是上凸函数，且 $x_1+x_2+\cdots+x_n=1$，于是

$$\frac{\sqrt{x_1}+\sqrt{x_2}+\cdots+\sqrt{x_n}}{\sqrt{n-1}}=$$

$$\frac{g(x_1)+g(x_2)+\cdots+g(x_n)}{\sqrt{n-1}}\leqslant$$

$$\frac{ng\left(\frac{x_1+x_2+\cdots+x_n}{n}\right)}{\sqrt{n-1}}=$$

$$\frac{ng\left(\frac{1}{n}\right)}{\sqrt{n-1}}=\sqrt{\frac{n}{n-1}}$$

故

$$\frac{x_1}{\sqrt{1-x_1}}+\frac{x_2}{\sqrt{1-x_2}}+\cdots+\frac{x_n}{\sqrt{1-x_n}}\geqslant$$

$$\sqrt{\frac{n}{n-1}}\geqslant\frac{\sqrt{x_1}+\sqrt{x_2}+\cdots+\sqrt{x_n}}{\sqrt{n-1}}$$

另证　设

$$f(x)=\frac{x}{\sqrt{1-x}}-\frac{\sqrt{x}}{\sqrt{n-1}}\quad(0<x<1)$$

则

$$f'(x)=\frac{1\cdot\sqrt{1-x}-x\cdot\frac{-1}{2\sqrt{1-x}}}{1-x}-$$

$$\frac{1}{2\sqrt{n-1}\sqrt{x}}=$$

$$\frac{2-x}{(1-x)^{\frac{3}{2}}}-\frac{1}{2\sqrt{n-1}\sqrt{x}}$$

$$f''(x)=\frac{1+2x}{4(1-x)^{\frac{5}{2}}}+\frac{1}{4\sqrt{n-1}x^{\frac{3}{2}}}>0$$

故 $f(x)$ 在 $(0,1)$ 上是下凸函数，且 $x_1+x_2+\cdots+x_n=1$，于是

$$\frac{x_1}{\sqrt{1-x_1}}+\frac{x_2}{\sqrt{1-x_2}}+\cdots+\frac{x_n}{\sqrt{1-x_n}}-$$

$$\frac{\sqrt{x_1}+\sqrt{x_2}+\cdots+\sqrt{x_n}}{\sqrt{n-1}}=$$

$$f(x_1)+f(x_2)+\cdots+f(x_n)\geqslant$$

$$nf\left(\frac{x_1+x_2+\cdots+x_n}{n}\right)=nf\left(\frac{1}{n}\right)=0$$

例 9 （2014 年爱尔兰数学奥林匹克试题）设 a_1，$a_2,\cdots,a_n>0,n>1,\sum\limits_{i=1}^{n}a_i=1$，令 $b_i=\dfrac{a_i^2}{\sum\limits_{j=1}^{n}a_j^2}(i=1,2,\cdots,n)$. 证明：$\sum\limits_{i=1}^{n}\dfrac{a_i}{1-a_i}\leqslant\sum\limits_{i=1}^{n}\dfrac{b_i}{1-b_i}$，并指出取等条件.

证明 设 $p\geqslant 1,f(x)=x^p$ 为区间$[0,+\infty)$上的严格下凸函数，取 $p=2n-1(n\geqslant 1)$，由加权琴生不等式知

$$\left(\sum_{i=1}^{n}a_i^2\right)^{2n-1}=\left(\frac{\sum\limits_{i=1}^{n}a_i\cdot a_i}{\sum\limits_{i=1}^{n}a_i}\right)^{2n-1}\leqslant\frac{\sum\limits_{i=1}^{n}a_i\cdot a_i^{2n-1}}{\sum\limits_{i=1}^{n}a_i}=\sum_{i=1}^{n}a_i^{2n}$$

即

$$\left(\sum_{i=1}^{n}a_i^2\right)^{n}\leqslant\left(\sum_{i=1}^{n}a_i^{2n}\right)^{\frac{n}{2n-1}}$$

取 $p=\dfrac{2n-1}{n-1}(n\geqslant 1)$，由加权琴生不等式知

$$\left(\sum_{i=1}^{n}a_i^n\right)^{\frac{2n-1}{n-1}}=\left(\frac{\sum\limits_{i=1}^{n}a_i\cdot a_i^{n-1}}{\sum\limits_{i=1}^{n}a_i}\right)^{\frac{2n-1}{n-1}}\leqslant\frac{\sum\limits_{i=1}^{n}a_i\cdot a_i^{(n-1)\cdot\frac{2n-1}{n-1}}}{\sum\limits_{i=1}^{n}a_i}=\sum_{i=1}^{n}a_i^{2n}$$

即

$$\left(\sum_{i=1}^{n} a_i^n\right)^{\frac{2n-1}{n-1}} \leqslant \sum_{i=1}^{n} a_i^{2n}$$

结合以上两式得

$$\left(\sum_{i=1}^{n} a_i^n\right)\left(\sum_{i=1}^{n} a_i^2\right)^n \leqslant$$

$$\left(\sum_{i=1}^{n} a_i^{2n}\right)^{\frac{n}{2n-1}}\left(\sum_{i=1}^{n} a_i^{2n}\right)^{\frac{n-1}{2n-1}} = \sum_{i=1}^{n} a_i^{2n}$$

即

$$\sum_{i=1}^{n} a_i^n \leqslant \frac{\sum_{i=1}^{n} (a_i^2)^n}{\left(\sum_{i=1}^{n} a_i^2\right)^n} = \sum_{i=1}^{n}\left(\frac{a_i^2}{\sum_{j=1}^{n} a_j^2}\right)^n = \sum_{i=1}^{n} b_i^n$$

由 $f(x)$ 的凸函数性质，知取等条件为 $a_1 = a_2 = \cdots = a_n = \frac{1}{n}$.

评注　本题的结论同样适用于 $b_i = \frac{a_i^r}{\sum_{j=1}^{n} a_j^r}$ $(i=1, 2,\cdots,n, r > 1)$ 的情形.

5. 构造利用

例 10　若 a,b,c 为正数，且 $abc = 1$，求证

$$\sqrt{a^2+1}+\sqrt{b^2+1}+\sqrt{c^2+1} \leqslant \sqrt{2}(a+b+c)$$

证明　由 $abc = 1$ 得

$$\ln a + \ln b + \ln c = 0$$

令

$$x_1 = \ln a, x_2 = \ln b, x_3 = \ln c$$

则

$$x_1 + x_2 + x_3 = 0$$

$$\sqrt{a^2+1}+\sqrt{b^2+1}+\sqrt{c^2+1}-\sqrt{2}(a+b+c)=$$
$$(\sqrt{e^{2x_1}+1}-\sqrt{2}e^{x_1})+(\sqrt{e^{2x_2}+1}-\sqrt{2}e^{x_2})+$$
$$(\sqrt{e^{2x_3}+1}-\sqrt{2}e^{x_3})$$

设

$$f(x)=\sqrt{e^{2x}+1}-\sqrt{2}e^x\quad(x\in\mathbf{R})$$

则

$$f''(x)=\frac{e^{4x}+2e^{2x}}{(e^{2x}+1)^{\frac{3}{2}}}-\sqrt{2}e^x$$

由于

$$\sqrt{2}e^x(e^{2x}+1)^{\frac{3}{2}}>e^{4x}+2e^{2x}\Leftrightarrow$$
$$e^{8x}+2e^{6x}+2e^{4x}+2e^{2x}>0$$

所以 $f''(x)<0$，故 $f(x)$ 为上凸函数，由琴生不等式

$$(\sqrt{e^{2x_1}+1}-\sqrt{2}e^{x_1})+(\sqrt{e^{2x_2}+1}-\sqrt{2}e^{x_2})+$$
$$(\sqrt{e^{2x_3}+1}-\sqrt{2}e^{x_3})\leqslant 3f\left(\frac{x_1+x_2+x_3}{3}\right)=0$$

因此

$$\sqrt{a^2+1}+\sqrt{b^2+1}+\sqrt{c^2+1}\leqslant\sqrt{2}(a+b+c)$$

评注 本例采用了构造使用琴生不等式. 如果在考虑 $f''(x)<0$ 的过程中将下面的不等式中的 β,γ 调节

$$\sqrt{a^2+\beta}+\sqrt{b^2+\beta}+\sqrt{c^2+\beta}\leqslant\sqrt{\lambda}(a+b+c)$$

就可以轻松获得一些推广和加强，如：本题可加强为

$$\sqrt{a^2+1}+\sqrt{b^2+1}+\sqrt{c^2+1}\leqslant\sqrt{\frac{4}{3}}(a+b+c)$$

例 11 （2005 年全国高中数学联赛试题）设正数 a,b,c,x,y,z 满足 $cy+bz=a,az+cy=b,bx+ay=$

c,求函数 $f(x,y,z)=\frac{x^2}{1+x}+\frac{y^2}{1+y}+\frac{z^2}{1+z}$ 的最小值.

解　由题设条件易得

$$x=\frac{b^2+c^2-a^2}{2bc}=\cos A$$

$$y=\frac{c^2+a^2-b^2}{2ca}=\cos B$$

$$z=\frac{a^2+b^2-c^2}{2ab}=\cos C$$

求函数 $f(x,y,z)=\frac{x^2}{1+x}+\frac{y^2}{1+y}+\frac{z^2}{1+z}$ 的最小值,其中 A,B,C 分别是边长为 a,b,c 的锐角 $\triangle ABC$ 的内角.

因为函数

$$f(x)=\frac{x^2}{1+x}=x+1+\frac{1}{x+1}-2$$

在 $x\in(0,1)$ 时是凹函数,由凹函数的定义得

$$f(x,y,z)=\frac{x^2}{1+x}+\frac{y^2}{1+y}+\frac{z^2}{1+z}\geqslant$$

$$3\frac{\left(\frac{x+y+z}{3}\right)^2}{1+\frac{x+y+z}{3}}=$$

$$\frac{(x+y+z)^2}{3+(x+y+z)}$$

当且仅当 $x=y=z$ 时取等号,又 $x=y=z$ 即

$$\cos A=\cos B=\cos C$$

而 $A,B,C\in\left(0,\frac{\pi}{2}\right)$,所以 $A=B=C=\frac{\pi}{3}$,$x=y=z=\frac{1}{2}$ 代入上式得 $f(x,y,z)_{最小值}=\frac{1}{2}$.

5.3 波波维丘不等式及其应用

为了表述方便,现给出如下:

定义 1 给定函数 $f: I\subseteq R=(-\infty,+\infty)\to R$, $t\in[0,1]$, $x, y\in I$,如果满足条件

$$f(tx+(1-t)y)\leqslant tf(x)+(1-t)f(y)$$

称函数 f 是区间 I 上的下凸函数.

1965 年,罗马尼亚数学家波波维丘(T. Popoviciu)证明了下面的:

定理 1(波波维丘不等式) 设 $f(x)$ 是 I 上的下凸函数,$x, y, z\in I$,则对任意正实数 p, q, r 有

$$f(x)+f(y)+f(z)+f\left(\frac{x+y+z}{3}\right)\geqslant$$

$$\frac{4}{3}\left[f\left(\frac{x+y}{2}\right)+f\left(\frac{y+z}{2}\right)+f\left(\frac{z+x}{2}\right)\right]$$

证明 不妨设 $x\geqslant y\geqslant z$,构造两组有序数组

$$(a)=(x, x, x, y, y, y, t, t, t, z, z, z)$$

$$(b)=(\alpha, \alpha, \alpha, \alpha, \beta, \beta, \beta, \beta, \gamma, \gamma, \gamma, \gamma)$$

其中 $t=\frac{x+y+z}{3}, \alpha=\frac{x+y}{2}, \beta=\frac{y+z}{2}, \gamma=\frac{z+x}{2}$,则有

$$x\geqslant\alpha, 3x+y\geqslant 4\alpha, 3x+y+t\geqslant 4\alpha+2\beta$$

$$3x+y+3t\geqslant 4\alpha+3\beta$$

$$3x+2y+3t\geqslant 4\alpha+4\beta$$

$$3x+3y+3t\geqslant 4\alpha+4\beta+\gamma$$

$$3x+3y+3t+z\geqslant 4\alpha+4\beta+2\gamma$$

$$3x+3y+3t+3z=4\alpha+4\beta+4\gamma$$

故$(a) \succ (b)$. 由卡拉玛特不等式知

$$3[f(x)+f(y)+f(z)+f(t)] \geqslant$$
$$4[f(\alpha)+f(\beta)+f(\gamma)]$$

注意到

$$\frac{1}{3}\left(\frac{x+y}{2}+\frac{y+z}{2}+\frac{z+x}{2}\right)=\frac{x+y+z}{3}$$

由 $f(x)$ 是 I 上的下凸函数,及琴生不等式知

$$f\left(\frac{x+y}{2}\right)+f\left(\frac{y+z}{2}\right)+f\left(\frac{z+x}{2}\right) \geqslant$$
$$3f\left(\frac{x+y+z}{3}\right)$$

结合定理 1 即得:

定理 2(波波维丘不等式)　设 $f(x)$ 是 I 上的下凸函数,$x,y,z \in I$,则有

$$\frac{f(x)+f(y)+f(z)}{3}+f\left(\frac{x+y+z}{3}\right) \geqslant$$
$$\frac{2}{3}\left[f\left(\frac{x+y}{2}\right)+f\left(\frac{y+z}{2}\right)+f\left(\frac{z+x}{2}\right)\right]$$

证明　不妨设 $x \leqslant y \leqslant z$.

如果 $y \leqslant \frac{x+y+z}{3}$,则

$$\frac{x+y+z}{3} \leqslant \frac{x+z}{2} \leqslant z, \frac{x+y+z}{3} \leqslant \frac{y+z}{2} \leqslant z$$

故存在 $s,t \in [0,1]$,使得

$$\frac{x+z}{2}=\left(\frac{x+y+z}{3}\right)s+z(1-s)$$

$$\frac{y+z}{2}=\left(\frac{x+y+z}{3}\right)t+z(1-t)$$

$$\frac{x+y-2z}{2}=\frac{x+y-2z}{3}(s+t)$$

即 $s+t=\frac{3}{2}$.

由于 $f(x)$ 是 I 上的下凸函数,则有

$$f\left(\frac{x+z}{2}\right)\leqslant s\cdot f\left(\frac{x+y+z}{3}\right)+(1-s)\cdot f(z)$$

$$f\left(\frac{y+z}{2}\right)\leqslant t\cdot f\left(\frac{x+y+z}{3}\right)+(1-t)\cdot f(z)$$

$$f\left(\frac{x+y}{2}\right)\leqslant \frac{1}{2}f(x)+\frac{1}{2}f(y)$$

将以上三式相加即得

$$f\left(\frac{x+y}{2}\right)+f\left(\frac{y+z}{2}\right)+f\left(\frac{z+x}{2}\right)\leqslant$$

$$\frac{3}{2}\left[\frac{f(x)+f(y)+f(z)}{3}+f\left(\frac{x+y+z}{3}\right)\right]$$

如果 $\frac{x+y+z}{3}<y$,则

$$x\leqslant\frac{x+z}{2}\leqslant\frac{x+y+z}{3},x\leqslant\frac{x+y}{2}\leqslant\frac{x+y+z}{3}$$

故存在 $s,t\in[0,1]$,使得

$$\frac{x+z}{2}=\left(\frac{x+y+z}{3}\right)s+x(1-s)$$

$$\frac{x+y}{2}=\left(\frac{x+y+z}{3}\right)t+x(1-t)$$

$$\frac{y+z-2x}{2}=\frac{y+z-2x}{3}(s+t)$$

即 $s+t=\frac{3}{2}$.

由于 $f(x)$ 是 I 上的下凸函数,则有

$$f\left(\frac{x+z}{2}\right)\leqslant s\cdot f\left(\frac{x+y+z}{3}\right)+(1-s)\cdot f(x)$$

$$f\left(\frac{x+y}{2}\right)\leqslant t\cdot f\left(\frac{x+y+z}{3}\right)+(1-t)\cdot f(x)$$

$$f\left(\frac{y+z}{2}\right) \leqslant \frac{1}{2}f(y)+\frac{1}{2}f(z)$$

将以上三式相加即得

$$f\left(\frac{x+y}{2}\right)+f\left(\frac{y+z}{2}\right)+f\left(\frac{z+x}{2}\right) \leqslant$$

$$\frac{3}{2}\left[\frac{f(x)+f(y)+f(z)}{3}+f\left(\frac{x+y+z}{3}\right)\right]$$

另证1(波波维丘的证法)　通过近似参数,我们可以减少到分段线性凸函数的情况,它们的一般形式是

$$f(x)=\alpha x+\beta+\sum_{k=1}^{m-1} c_k \mid x-x_k \mid$$

$$f(x)+f(y)+f(z)+f\left(\frac{x+y+z}{3}\right)-$$

$$2\left[f\left(\frac{x+y}{2}\right)+f\left(\frac{y+z}{2}\right)+f\left(\frac{z+x}{2}\right)\right]=$$

$$\sum_{k=1}^{m-1} c_k(\mid x-x_k \mid+\mid y-x_k \mid+\mid z-x_k \mid+$$

$$\left|\frac{1}{3}(x+y+z)-x_k\right|)-$$

$$\sum_{k=1}^{m-1} c_k(\mid (x-x_k)+(y-x_k) \mid+$$

$$\mid (y-x_k)+(z-x_k) \mid+$$

$$\mid (z-x_k)+(x-x_k) \mid) \geqslant$$

$$\frac{1}{3}\sum_{k=1}^{m-1} c_k \mid (x+y+z)-2x_k \mid \geqslant 0$$

评注　最后放缩用到了 Hlawka 的不等式

$$\mid x \mid+\mid y \mid+\mid z \mid+\mid x+y+z \mid \geqslant$$

$$\mid x+y \mid+\mid y+z \mid+\mid z+x \mid$$

另证2　不妨设 $x \geqslant y \geqslant z$,构造两组有序数组

$$(a)=(x_1,x_2,x_3,x_4,x_5,x_6)$$

$$(b)=(y_1,y_2,y_3,y_4,y_5,y_6)$$

$$\frac{x+y}{2}\geqslant\frac{z+x}{2}\geqslant\frac{y+z}{2},x\geqslant\frac{x+y+z}{3}\geqslant z$$

(1) 当 $x\geqslant\frac{x+y+z}{3}\geqslant y\geqslant z$ 时,考虑数组

$$x_1=x,x_2=x_3=x_4=\frac{x+y+z}{3},x_5=y,x_6=z$$

$$y_1=y_2=\frac{x+y}{2},y_3=y_4=\frac{x+z}{2},y_5=y_6=\frac{y+z}{2}$$

(2) 当 $x\geqslant y\geqslant\frac{x+y+z}{3}\geqslant z$ 时,考虑数组

$$x_1=x,x_2=y,x_3=x_4=x_5=\frac{x+y+z}{3},x_6=z$$

$$y_1=y_2=\frac{x+y}{2},y_3=y_4=\frac{x+z}{2},y_5=y_6=\frac{y+z}{2}$$

不论哪种情况,均有 $(a)>(b)$. 由卡拉玛特不等式知,定理 2 成立.

评注 定理 2 的等价形式是

$$\frac{f(x_1)+f(x_2)+f(x_3)}{3}-f\left(\frac{x_1+x_2+x_3}{3}\right)\geqslant$$

$$2\left[\frac{f\left(\frac{x_1+x_2}{2}\right)+f\left(\frac{x_2+x_3}{2}\right)+f\left(\frac{x_3+x_1}{2}\right)}{3}-f\left(\frac{x_1+x_2+x_3}{3}\right)\right]$$

2015 年 Cf. Mihai 和 Mitroi-Symeonidis 得到:

推论 假设 $f\in C^2([a,b])$, $f(x)$ 是 I 上的下凸函数,且 $m=\inf\{f''(x):x\in[a,b]\}$, $M=\sup\{f''(x):x\in[a,b]\}$, $x,y,z\in[a,b]$,那么

$$\frac{M}{36}((x-y)^2+(y-z)^2+(z-x)^2)\geqslant$$

$$\frac{f(x)+f(y)+f(z)}{3}+f\left(\frac{x+y+z}{3}\right)-$$

$$\frac{2}{3}\left(f\left(\frac{x+y}{2}\right)+f\left(\frac{y+z}{2}\right)+f\left(\frac{z+x}{2}\right)\right)\geqslant$$

$$\frac{m}{36}((x-y)^2+(y-z)^2+(z-x)^2)$$

证明　构造函数

$$F(x)=\frac{M}{2}x^2-f(x)$$

$$G(x)=f(x)-\frac{m}{2}x^2$$

则

$$F'(x)=Mx-f'(x),G'(x)=f'(x)-mx$$

$$F''(x)=M-f''(x)\geqslant 0,G''(x)=f''(x)-m\geqslant 0$$

故函数 $F(x),G(x)$ 都是凸函数.

由 $F(x)$ 是凸函数及定理 2 知

$$\frac{F(x)+F(y)+F(z)}{3}+F\left(\frac{x+y+z}{3}\right)\geqslant$$

$$\frac{2}{3}\left[F\left(\frac{x+y}{2}\right)+F\left(\frac{y+z}{2}\right)+F\left(\frac{z+x}{2}\right)\right]$$

$$\frac{M}{2}\left[\frac{\sum\limits_{\text{cyc}}x^2}{3}+\left(\frac{\sum\limits_{\text{cyc}}x}{3}\right)^2\right]-\left[\frac{\sum\limits_{\text{cyc}}f(x)}{3}+f\left(\frac{\sum\limits_{\text{cyc}}x}{3}\right)\right]\geqslant$$

$$\frac{2}{3}\cdot\frac{M}{2}\sum_{\text{cyc}}\left(\frac{x+y}{2}\right)^2-\frac{2}{3}\cdot\sum_{\text{cyc}}f\left(\frac{x+y}{2}\right)$$

即

$$\frac{M}{36}((x-y)^2+(y-z)^2+(z-x)^2)\geqslant$$

$$\frac{f(x)+f(y)+f(z)}{3}+f\left(\frac{x+y+z}{3}\right)-$$

$$\frac{2}{3}\left(f\left(\frac{x+y}{2}\right)+f\left(\frac{y+z}{2}\right)+f\left(\frac{z+x}{2}\right)\right)$$

由 $G(x)$ 是凸函数及定理 2 知

$$\frac{G(x)+G(y)+G(z)}{3}+G\left(\frac{x+y+z}{3}\right)\geqslant$$

$$\frac{2}{3}\left[G\left(\frac{x+y}{2}\right)+G\left(\frac{y+z}{2}\right)+G\left(\frac{z+x}{2}\right)\right]$$

$$\left[\frac{\sum\limits_{\text{cyc}}f(x)}{3}+f\left[\frac{\sum\limits_{\text{cyc}}x}{3}\right]\right]-\frac{m}{2}\left[\frac{\sum\limits_{\text{cyc}}x^2}{3}+\left[\frac{\sum\limits_{\text{cyc}}x}{3}\right]^2\right]\geqslant$$

$$\frac{2}{3}\cdot\sum_{\text{cyc}}f\left(\frac{x+y}{2}\right)-\frac{2}{3}\cdot\frac{m}{2}\sum_{\text{cyc}}\left(\frac{x+y}{2}\right)^2$$

即

$$\frac{f(x)+f(y)+f(z)}{3}+f\left(\frac{x+y+z}{3}\right)-$$

$$\frac{2}{3}\left(f\left(\frac{x+y}{2}\right)+f\left(\frac{y+z}{2}\right)+f\left(\frac{z+x}{2}\right)\right)\geqslant$$

$$\frac{m}{36}((x-y)^2+(y-z)^2+(z-x)^2)$$

1982 年，A. Lupas 将定理 1 加权为：

定理 3（**波波维丘不等式的加权形式**）　设 $f(x)$ 是 I 上的下凸函数，$x,y,z\in I$，则对任意正实数 p,q,r 有

$$pf(x)+qf(y)+rf(z)+$$

$$(p+q+r)f\left(\frac{px+qy+rz}{p+q+r}\right)\geqslant$$

$$(p+q)f\left(\frac{px+qy}{p+q}\right)+(q+r)f\left(\frac{qy+rz}{q+r}\right)+$$

$$(r+p)f\left(\frac{rz+px}{r+p}\right)$$

评注　若将“凸”改为“上凸”，则不等式反向成

立,即有:

设 $f(x)$ 是 I 上的上凸函数,$x,y,z\in I$,则对任意正实数 p,q,r 有

$$pf(x)+qf(y)+rf(z)+(p+q+r)f\left(\frac{px+qy+rz}{p+q+r}\right)\leqslant (p+q)f\left(\frac{px+qy}{p+q}\right)+(q+r)f\left(\frac{qy+rz}{q+r}\right)+(r+p)f\left(\frac{rz+px}{r+p}\right)$$

定义2　给定区间 I,函数 $h:(0,1)\to(0,\infty)$ 满足条件

$$h(1-\lambda)+h(\lambda)\geqslant 1\quad(\lambda\in(0,1))$$

如果函数 $f:I\to R$,$x,y\in I$,$\lambda\in(0,1)$,满足条件

$$f((1-\lambda)x+\lambda y)\leqslant h(1-\lambda)f(x)+h(\lambda)f(y)$$

那么称函数 $f:I\to R$ 是 $h-$下凸函数.

特别地,如果 $h(\lambda)=\lambda^s$,$s\in(0,1]$,那么称函数 $f:I\to R$ 是 $s-$下凸函数,例如函数

$$f(t)=\begin{cases}a & (t=0)\\ bt^s+c & (t>0)\end{cases}(b>0,0\leqslant c\leqslant a)$$

上是 $s-$下凸函数.

2015 年 Cf. Mihai 和 Mitroi-Symeonidis 得到:

定理4　$x,y,z\in I$,如果 h 是凹函数,对于每一个 $h-$下凸函数 f,有

$$\max\left\{h\left(\frac{1}{2}\right),2h\left(\frac{1}{4}\right)\right\}(f(x)+f(y)+f(z))+2h\left(\frac{3}{4}\right)f\left(\frac{x+y+z}{3}\right)\geqslant f\left(\frac{x+y}{2}\right)+f\left(\frac{y+z}{2}\right)+f\left(\frac{z+x}{2}\right)$$

2002～2004年，Vasile Cirtoaje将定理1加权为：

定理5(波波维丘不等式的高维形式) 设$f(x)$是I上的下凸函数，$a_1,a_2,\cdots,a_n\in I$，则有

$$f(a_1)+\cdots+f(a_n)+n(n-2)f(a)\geqslant (n-1)[f(b_1)+\cdots+f(b_n)]$$

其中

$$a=\frac{a_1+a_2+\cdots+a_n}{n},b_i=\frac{1}{n-1}\sum_{j=1,j\neq i}^{n}a_j$$

证明 不妨设$n\geqslant 3$，$a_1\leqslant a_2\leqslant\cdots\leqslant a_n$。存在正整数$m(1\leqslant m\leqslant n-1)$，使得

$$a_1\leqslant\cdots\leqslant a_m\leqslant a\leqslant a_{m+1}\leqslant\cdots\leqslant a_n$$
$$b_1\geqslant\cdots\geqslant b_m\geqslant b\geqslant b_{m+1}\geqslant\cdots\geqslant b_n$$

其中

$$a=\frac{a_1+a_2+\cdots+a_n}{n}$$

要证原不等式成立，只需证明

$$f(a_1)+\cdots+f(a_m)+n(n-m-2)f(a)\geqslant (n-1)[f(b_{m+1})+\cdots+f(b_n)] \tag{1}$$

$$f(a_{m+1})+\cdots+f(a_n)+n(m-1)f(a)\geqslant (n-1)[f(b_1)+\cdots+f(b_m)] \tag{2}$$

为了证明式(1)，由琴生不等式知

$$f(a_1)+\cdots+f(a_m)+(n-m-1)f(a)\geqslant (n-1)f(b)$$

其中

$$b=\frac{a_1+\cdots+a_m+(n-m-1)a}{n-1}$$

为此，只需证明

$$(n-m-1)f(a)+f(b)\geqslant f(b_{m+1})+\cdots+f(b_n)$$

由于

$$a \geqslant b_{m+1} \geqslant \cdots \geqslant b_n$$

$$(n-m-1)a+b=b_{m+1}+\cdots+b_n$$

因此

$$\overrightarrow{A_{n-m}}=(a,\cdots,a,b) \succ \overrightarrow{B_{n-m}}=(b_{m+1},b_{m+2},\cdots,b_n)$$

所以,对凸函数应用卡拉玛特不等式即知式(1)成立.

同样,可用琴生不等式证明式(2).

由琴生不等式知

$$\frac{f(a_{m+1})+\cdots+f(a_n)+n(m-1)f(a)}{n-1} \geqslant f(c)$$

即

$$f(c)+(m-1)f(a) \geqslant f(b_1)+\cdots+f(b_m)$$

其中

$$c=\frac{a_{m+1}+\cdots+a_n+(m-1)a}{n-1}$$

因为

$$b_1 \geqslant \cdots \geqslant b_m \geqslant a, c+(m-1)a=b_1+\cdots+b_m$$

所以

$$\vec{C}_m=(c,a,\cdots,a) \succ \vec{D}_m=(b_1,b_2,\cdots,b_m)$$

所以,对凸函数应用卡拉玛特不等式即知式(2)成立.

综上可知,原不等式成立.

评注 波波维丘不等式的高维形式等价于

$$E(a_1,a_2,\cdots,a_n)=\frac{f(a_1)+\cdots+f(a_n)-nf(a)}{f(b_1)+\cdots+f(b_n)-nf(a)} \geqslant n-1$$

定理6(波波维丘不等式的高维形式) 设 $f(x)$ 是 I 上的下凸函数,$a_1,a_2,\cdots,a_n \in I$,则有

$$f(a_1)+f(a_2)+\cdots+f(a_n)+\frac{n}{n-2}f(a) \geqslant \frac{2}{n-2}\sum_{1\leqslant i<j\leqslant n} f\left(\frac{a_i+a_j}{2}\right)$$

其中

$$a=\frac{a_1+a_2+\cdots+a_n}{n}$$

证明 不妨设 $n\geqslant 3$,假设该命题对 $n-1$ 成立,我们证明该命题对 n 也成立.

令

$$a=\frac{a_1+a_2+\cdots+a_n}{n},x=\frac{a_1+a_2+\cdots+a_{n-1}}{n-1}$$

根据归纳假设有

$$(n-3)[f(a_1)+f(a_2)+\cdots+f(a_{n-1})]+(n-1)f(x)\geqslant 2\sum_{1\leqslant i<j\leqslant n-1}f\left(\frac{a_i+a_j}{2}\right)\Leftrightarrow$$

$$f(a_1)+f(a_2)+\cdots+f(a_{n-1})+(n-2)f(a_n)+nf(a)\geqslant (n-1)f(x)+2\sum_{i=1}^{n-1}f\left(\frac{a_i+a_n}{2}\right)$$

由琴生不等式知

$$f(a_1)+f(a_2)+\cdots+f(a_{n-1})\geqslant (n-1)f(x)$$

为此,只需证明

$$(n-2)f(a_n)+nf(a)\geqslant 2\sum_{i=1}^{n-1}f\left(\frac{a_i+a_n}{2}\right)$$

由于

$$(n-2)a_n+na=2\sum_{i=1}^{n-1}\frac{a_i+a_n}{2}$$

因此,我们对以下两种情形利用卡拉玛特不等式.

(1)$2a\geqslant \max\{a_1,a_2,\cdots,a_n\}+\min\{a_1,a_2,\cdots,a_n\}$.

不妨设 $a_1=\max\{a_1,a_2,\cdots,a_n\},a_n=\min\{a_1,$

$a_2,\cdots,a_n\}$，于是 $2a\geqslant a_1+a_n$.

根据卡拉玛特不等式，这足以说明

$$a_n\leqslant\min\left\{\frac{a_1+a_n}{2},\frac{a_2+a_n}{2},\cdots,\frac{a_{n-1}+a_n}{2}\right\}$$

$$a\geqslant\max\left\{\frac{a_1+a_n}{2},\frac{a_2+a_n}{2},\cdots,\frac{a_{n-1}+a_n}{2}\right\}$$

第一个条件是显然的，第二个条件根据 $a\geqslant\frac{a_1+a_n}{2}$ 即知成立.

(2) $2a\leqslant\max\{a_1,a_2,\cdots,a_n\}+\min\{a_1,a_2,\cdots,a_n\}$.

不妨设 $a_1=\min\{a_1,a_2,\cdots,a_n\}$，$a_n=\max\{a_1,a_2,\cdots,a_n\}$，于是 $2a\geqslant a_1+a_n$.

根据卡拉玛特不等式，这足以说明

$$a\leqslant\min\left\{\frac{a_1+a_n}{2},\frac{a_2+a_n}{2},\cdots,\frac{a_{n-1}+a_n}{2}\right\}$$

$$a_n\geqslant\max\left\{\frac{a_1+a_n}{2},\frac{a_2+a_n}{2},\cdots,\frac{a_{n-1}+a_n}{2}\right\}$$

第一个条件根据 $a\leqslant\frac{a_1+a_n}{2}$ 即知成立，第二个条件是显然成立的.

定理 7(波波维丘不等式的高维形式)　设 $f(x)$ 是 I 上的下凸函数，$a_1,a_2,\cdots,a_n\in I$，则有

$$\binom{n-2}{m-1}[f(a_1)+f(a_2)+\cdots+f(a_n)]+$$

$$n\binom{n-2}{m-2}f\left(\frac{a_1+a_2+\cdots+a_n}{n}\right)\geqslant$$

$$m\sum_{1\leqslant i_1<\cdots<i_m\leqslant n}f\left(\frac{a_{i_1}+a_{i_2}+\cdots+a_{i_m}}{m}\right)$$

波波维丘不等式的结论还有很多，在此不一一列

举,有兴趣可以参看相关论文.下面谈谈波波维丘不等式的应用.

例1 (《数学通讯》1986年第12期问题Curx,2108)设正实数 x,y,z 满足条件:$x+y+z=1$,求证

$$\frac{1}{x+yz}+\frac{1}{y+zx}+\frac{1}{z+xy}\leqslant\frac{3}{4}\sqrt{\frac{3}{xyz}}$$

证明 原不等式等价于

$$\frac{1}{x(x+y+z)+yz}+\frac{1}{y(x+y+z)+zx}+\frac{1}{z(x+y+z)+xy}\leqslant\frac{3}{4}\sqrt{\frac{3}{xyz}}\Leftrightarrow$$

$$\frac{1}{(x+y)(x+z)}+\frac{1}{(y+z)(y+x)}+\frac{1}{(z+x)(z+y)}\leqslant\frac{3}{4}\sqrt{\frac{3}{xyz}}\Leftrightarrow$$

$$8\sqrt{xyz}\sqrt{(x+y+z)^3}\leqslant 3\sqrt{3}(x+y)(y+z)(z+x)\Leftrightarrow$$

$$64xyz(x+y+z)^3\leqslant 27(x+y)^2(y+z)^2(z+x)^2\Leftrightarrow$$

$$\ln x+\ln y+\ln z+3\ln\frac{x+y+z}{3}\leqslant 2\ln\frac{x+y}{2}+2\ln\frac{y+z}{2}+2\ln\frac{z+x}{2}$$

也即定理3的上凸情形.

例2 已知 $a,b,c\geqslant 1$,求证

$$\frac{a+b+c}{3}+\sqrt[3]{abc}-\frac{2}{3}(\sqrt{ab}+\sqrt{bc}+\sqrt{ca})\geqslant\frac{1}{36}\left(\ln^2\frac{a}{b}+\ln^2\frac{b}{c}+\ln^2\frac{c}{a}\right)$$

证明 构造函数

$$f(x)=\mathrm{e}^{x}-\frac{1}{2}x^{2}$$

则

$$f'(x)=\mathrm{e}^{x}-x, f''(x)=\mathrm{e}^{x}-1>\mathrm{e}^{0}-1=0$$

即函数 $f(x)$ 是下凸函数.

由定理2知

$$\frac{f(x)+f(y)+f(z)}{3}+f\left(\frac{x+y+z}{3}\right)\geqslant$$

$$\frac{2}{3}\left[f\left(\frac{x+y}{2}\right)+f\left(\frac{y+z}{2}\right)+f\left(\frac{z+x}{2}\right)\right]$$

$$\frac{1}{3}\sum_{\text{cyc}}\mathrm{e}^{x}+\mathrm{e}^{\frac{1}{3}\sum\limits_{\text{cyc}}x}-\frac{1}{2}\left[\frac{\sum\limits_{\text{cyc}}x^{2}}{3}+\left(\frac{\sum\limits_{\text{cyc}}x}{3}\right)^{2}\right]\geqslant$$

$$\frac{2}{3}\cdot\sum_{\text{cyc}}\mathrm{e}^{\frac{1}{2}(x+y)}-\frac{2}{3}\cdot\frac{1}{2}\sum_{\text{cyc}}\left(\frac{x+y}{2}\right)^{2}$$

即

$$\frac{1}{3}\sum_{\text{cyc}}\mathrm{e}^{x}+\mathrm{e}^{\frac{1}{3}\sum\limits_{\text{cyc}}x}-\frac{2}{3}\cdot\sum_{\text{cyc}}\mathrm{e}^{\frac{1}{2}(x+y)}\geqslant$$

$$\frac{1}{36}((x-y)^{2}+(y-z)^{2}+(z-x)^{2})$$

由 $a,b,c\geqslant1$ 知,$\ln a,\ln b,\ln c\geqslant0$,用 $\ln a,\ln b$,$\ln c$ 分别替换上式中的 x,y,z 即得

$$\frac{a+b+c}{3}+\sqrt[3]{abc}-\frac{2}{3}(\sqrt{ab}+\sqrt{bc}+\sqrt{ca})\geqslant$$

$$\frac{1}{36}\left(\ln^{2}\frac{a}{b}+\ln^{2}\frac{b}{c}+\ln^{2}\frac{c}{a}\right)$$

例3 已知 $x,y,z\geqslant0$,求证

$$x^{\frac{1}{2}}+y^{\frac{1}{2}}+z^{\frac{1}{2}}+\sqrt{3}\left(\frac{x+y+z}{3}\right)^{\frac{1}{2}}\geqslant$$

$$\left(\frac{x+y}{2}\right)^{\frac{1}{2}}+\left(\frac{y+z}{2}\right)^{\frac{1}{2}}+\left(\frac{z+x}{2}\right)^{\frac{1}{2}}$$

证明 在定理 4 中,令 $s=\frac{1}{2}, f(t)=t^{\frac{1}{2}}, h(t)=t^{\frac{1}{2}}, 2h\left(\frac{3}{4}\right)=\sqrt{3}, \max\left\{h\left(\frac{1}{2}\right), 2h\left(\frac{1}{4}\right)\right\}=1$,由此即得

$$x^{\frac{1}{2}}+y^{\frac{1}{2}}+z^{\frac{1}{2}}+\sqrt{3}\left(\frac{x+y+z}{3}\right)^{\frac{1}{2}} \geqslant$$

$$\left(\frac{x+y}{2}\right)^{\frac{1}{2}}+\left(\frac{y+z}{2}\right)^{\frac{1}{2}}+\left(\frac{z+x}{2}\right)^{\frac{1}{2}}$$

例 4 已知 $a_1, a_2, \cdots, a_n \in \mathbf{R}_+$,且 $a_1a_2\cdots a_n=1$,求证

$$a_1^{n-1}+a_2^{n-1}+\cdots+a_n^{n-1}+n(n-2) \geqslant$$

$$(n-1)\left(\frac{1}{a_1}+\frac{1}{a_2}+\cdots+\frac{1}{a_n}\right)$$

证明 注意到 $a_1a_2\cdots a_n=1$,原不等式等价于

$$a_1^{n-1}+a_2^{n-1}+\cdots+a_n^{n-1}+n(n-2)\left(a_1a_2\cdots a_n\right)^{\frac{n-1}{n}} \geqslant$$

$$(n-1)a_1a_2\cdots a_n\left(\frac{1}{a_1}+\frac{1}{a_2}+\cdots+\frac{1}{a_n}\right) \Leftrightarrow$$

$$\mathrm{e}^{x_1}+\mathrm{e}^{x_2}+\cdots+\mathrm{e}^{x_n}+n(n-2)\mathrm{e}^{\frac{1}{n}(x_1+x_2+\cdots+x_n)} \geqslant$$

$$(n-1)\left(\mathrm{e}^{y_1}+\mathrm{e}^{y_2}+\cdots+\mathrm{e}^{y_n}\right)$$

其中

$$x_i=(n-1)\ln a_i(i=1,2,\cdots,n), y_i=\frac{1}{n-1}\sum_{j\neq i}x_j$$

令 $f(x)=\mathrm{e}^x$,上述不等式等价于

$$f(x_1)+f(x_2)+\cdots+f(x_n)+n(n-2)f(a) \geqslant$$

$$(n-1)\left[f(y_1)+f(y_2)+\cdots+f(y_n)\right]$$

其中

$$a=\frac{x_1+x_2+\cdots+x_n}{n}$$

由 $f'(x)=\mathrm{e}^x, f''(x)=\mathrm{e}^x>0$ 知,$f(x)=\mathrm{e}^x$ 是下

凸函数,由定理 5 知上式成立.

评注　由 $n-1$ 为均值不等式知

$$a_i^{n-1}+n-2=a_i^{n-1}+\underbrace{1+1+\cdots+1}_{n-2\text{个}}\geqslant(n-1)a_i$$

故

$$a_1^{n-1}+a_2^{n-1}+\cdots+a_n^{n-1}+n(n-2)\geqslant$$
$$(n-1)(a_1+a_2+\cdots+a_n)$$

结合本例结论,即可得到如下结论:

已知 $a_1,a_2,\cdots,a_n\in\mathbf{R}_+$,且 $a_1a_2\cdots a_n=1$,则

$$a_1^{n-1}+a_2^{n-1}+\cdots+a_n^{n-1}+n(n-2)\geqslant$$
$$\frac{n-1}{2}\left(a_1+a_2+\cdots+a_n+\frac{1}{a_1}+\frac{1}{a_2}+\cdots+\frac{1}{a_n}\right)$$

例 5　已知 $a_1,a_2,\cdots,a_n\in\mathbf{R}_+$,且 $a_1+a_2+\cdots+a_n=n$,求证

$$(n-a_1)(n-a_2)\cdots(n-a_n)\geqslant(n-1)^n\sqrt[n-1]{a_1a_2\cdots a_n}$$

证明　$b_i=\dfrac{n-a_i}{n-1}=\dfrac{1}{n-1}\sum\limits_{\substack{j=1\\j\neq i}}^{n}a_j$,则原不等式等价于

$$b_1b_2\cdots b_n\geqslant\sqrt[n-1]{a_1a_2\cdots a_n}\Leftrightarrow$$
$$\sum_{i=1}^{n}\ln b_i\geqslant\frac{1}{n-1}\sum_{i=1}^{n}\ln a_i\Leftrightarrow$$
$$\sum_{i=1}^{n}(-\ln a_i)\geqslant(n-1)\sum_{i=1}^{n}(-\ln b_i)$$

构造函数 $f(x)=-\ln x,x>0$,则

$$f'(x)=-\frac{1}{x},f''(x)=\frac{1}{x^2}>0$$

故函数 $f(x)=-\ln x$ 是 $(0,+\infty)$ 上的下凸函数,由定理 5 知

$$f(a_1)+\cdots+f(a_n)+n(n-2)f(a)\geqslant$$

$$(n-1)[f(b_1)+\cdots+f(b_n)]$$

其中

$$a=\frac{a_1+a_2+\cdots+a_n}{n}=1$$

故

$$f(a)=-\ln 1=0$$

从而有

$$f(a_1)+\cdots+f(a_n)\geqslant(n-1)[f(b_1)+\cdots+f(b_n)]$$

即

$$\sum_{i=1}^{n}(-\ln a_i)\geqslant(n-1)\sum_{i=1}^{n}(-\ln b_i)$$

证毕.

评注 由均值不等式知

$$n=a_1+a_2+\cdots+a_n\geqslant n\left(\prod_{i=1}^{n}a_i\right)^{\frac{1}{n}}$$

即 $0<\prod\limits_{i=1}^{n}a_i\leqslant 1$,故本例结论比以下不等式强.

已知 $a_1,a_2,\cdots,a_n\in\mathbf{R}_+$,且 $a_1+a_2+\cdots+a_n=n$,求证

$$(n-a_1)(n-a_2)\cdots(n-a_n)\geqslant(n-1)^n a_1a_2\cdots a_n$$

证明

$$\frac{n-a_i}{n-1}=\frac{1}{n-1}\sum a_j\geqslant\left(\prod_{\substack{j=1\\j\neq i}}^{n}a_j\right)^{\frac{1}{n-1}}$$

故

$$\prod_{i=1}^{n}\frac{n-a_i}{n-1}\geqslant\prod_{i=1}^{n}\left(\prod_{\substack{j=1\\j\neq i}}^{n}a_j\right)^{\frac{1}{n-1}}=a_1a_2\cdots a_n$$

例 6 已知 $a_1,a_2,\cdots,a_n\in\mathbf{R}_+$,且 $b_i=\frac{1}{n-1}\sum\limits_{j\neq i}a_j,i=1,2,\cdots,n$,求证

$$\frac{b_1}{a_1}+\frac{b_2}{a_2}+\cdots+\frac{b_n}{a_n}\geqslant\frac{a_1}{b_1}+\frac{a_2}{b_2}+\cdots+\frac{a_n}{b_n}$$

证明　令 $a=\frac{a_1+a_2+\cdots+a_n}{n}$,则

$$\frac{(n-1)b_i}{a_i}=\frac{na}{a_i}-1,\frac{a_i}{b_i}=\frac{na}{b_i}-n+1$$

因此,原不等式等价于

$$\frac{1}{a_1}+\frac{1}{a_2}+\cdots+\frac{1}{a_n}+\frac{n(n-2)}{a}\geqslant$$
$$(n-1)\left(\frac{1}{b_1}+\frac{1}{b_2}+\cdots+\frac{1}{b_n}\right)$$

构造函数 $f(x)=\frac{1}{2}$,$x>0$,则

$$f'(x)=-\frac{1}{x^2},f''(x)=\frac{2}{x^3}>0$$

故函数 $f(x)=\frac{1}{x}$ 是$(0,+\infty)$上的下凸函数,由定理 5 知

$$\frac{1}{a_1}+\frac{1}{a_2}+\cdots+\frac{1}{a_n}+n(n-2)\cdot\frac{1}{a}\geqslant$$
$$(n-1)\left(\frac{1}{b_1}+\frac{1}{b_2}+\cdots+\frac{1}{b_n}\right)$$

故命题得证.

例 7　已知 $a_1,a_2,\cdots,a_n\in\mathbf{R}_+$,且 $a_1+a_2+\cdots+a_n=\frac{1}{a_1}+\frac{1}{a_2}+\cdots+\frac{1}{a_n}$,求证:

(1) $\frac{1}{1+(n-1)a_1}+\frac{1}{1+(n-1)a_2}+\cdots+\frac{1}{1+(n-1)a_n}\geqslant 1$;

(2) $\frac{1}{n-1+a_1}+\frac{1}{n-1+a_2}+\cdots+\frac{1}{n-1+a_n}\leqslant 1$.

证明 （反证法）假设

$$\frac{1}{1+(n-1)a_1}+\frac{1}{1+(n-1)a_2}+\cdots+$$

$$\frac{1}{1+(n-1)a_n}<1$$

令 $a_i=\frac{1-x_i}{(n-1)x_i}(i=1,2,\cdots,n)$，则

$$\frac{1}{1+(n-1)a_i}=x_i$$

故上式可改写为

$$x_1+x_2+\cdots+x_n<1$$

$$1-x_i>\sum_{\substack{j=1\\j\neq i}}^{n}x_j=(n-1)y_i$$

因此

$$a_1+a_2+\cdots+a_n=\sum_{i=1}^{n}\frac{1-x_i}{(n-1)x_i}>\sum_{i=1}^{n}\frac{y_i}{x_i}$$

由例 6 的结论知

$$a_1+a_2+\cdots+a_n=$$

$$\sum_{i=1}^{n}\frac{1-x_i}{(n-1)x_i}>\sum_{i=1}^{n}\frac{y_i}{x_i}\geqslant\sum_{i=1}^{n}\frac{x_i}{y_i}>$$

$$\sum_{i=1}^{n}\frac{(n-1)x_i}{1-x_i}=$$

$$\frac{1}{a_1}+\frac{1}{a_2}+\cdots+\frac{1}{a_n}$$

这与题设条件矛盾，故假设不成立，即原结论成立.

评注 在本例结论中，分别用 $\frac{1}{a_1},\frac{1}{a_2},\cdots,\frac{1}{a_n}$ 替换 $a_1,a_2,\cdots,a_n$ 即得

$$\frac{a_1}{a_1+n-1}+\frac{a_2}{a_2+n-1}+\cdots+\frac{a_n}{a_n+n-1}\geqslant 1$$

即

$$\frac{1}{n-1+a_1}+\frac{1}{n-1+a_2}+\cdots+\frac{1}{n-1+a_n}\leqslant 1$$

例 8　已知 $a_1,a_2,\cdots,a_n\in\mathbf{R}_+,n\geqslant 3$，且 $a_1+a_2+\cdots+a_n=1$，求证

$$\left(a_1+\frac{1}{a_1}-2\right)\left(a_2+\frac{1}{a_2}-2\right)\cdots\left(a_n+\frac{1}{a_n}-2\right)\geqslant \left(n+\frac{1}{n}-2\right)^n$$

证明　注意到

$$a_i+\frac{1}{a_i}-2=\frac{a_i^2-2a_i+1}{a_i}=\frac{(a_i-1)^2}{a_i}$$

因此，原不等式等价于

$$\prod_{i=1}^{n}(1-a_i)^2\geqslant\left[\frac{(n-1)^2}{n}\right]^n\prod_{i=1}^{n}a_i$$

构造函数 $f(x)=-\ln x,x>0$，则

$$f'(x)=-\frac{1}{x},f''(x)=\frac{1}{x^2}>0$$

故函数 $f(x)=-\ln x$ 是 $(0,+\infty)$ 上的下凸函数，由定理 4 知

$$f(a_1)+f(a_2)+\cdots+f(a_n)+n(n-2)f(a)\geqslant (n-1)[f(b_1)+f(b_2)+\cdots+f(b_n)]$$

其中

$$a=\frac{a_1+a_2+\cdots+a_n}{n}=\frac{1}{n}$$

故

$$f(a)=-\ln\frac{1}{n}=\ln n$$

从而有

$$-(\ln a_1+\ln a_2+\cdots+\ln a_n)-n(n-2)\ln a\geqslant$$
$$-(n-1)(\ln b_1+\ln b_2+\cdots+\ln b_n)$$

即

$$(n-1)\ln(b_1b_2\cdots b_n)\geqslant$$
$$\ln(a_1a_2\cdots a_n)+n(n-2)\ln a$$

即

$$(b_1b_2\cdots b_n)^{n-1}\geqslant(a_1a_2\cdots a_n)\left(\frac{a_1+a_2+\cdots+a_n}{n}\right)^{n(n-2)}$$

其中

$$b_i=\frac{1}{n-1}\sum_{\substack{j=1\\j\neq i}}^{n}a_j=\frac{1}{n-1}(1-a_i)\quad(i=1,2,\cdots,n)$$

也即

$$(1-a_1)^{n-1}(1-a_2)^{n-1}\cdots(1-a_n)^{n-1}\geqslant$$
$$n^n\left(1-\frac{1}{n}\right)^{n(n-1)}a_1\cdots a_n$$

又由均值不等式知

$$(1-a_1)+(1-a_2)+\cdots+(1-a_n)\geqslant$$
$$n\sqrt[n]{(1-a_1)(1-a_2)\cdots(1-a_n)}$$

即

$$\left(1-\frac{1}{n}\right)^n\geqslant(1-a_1)(1-a_2)\cdots(1-a_n)$$

由此可得

$$\left(1-\frac{1}{n}\right)^{n(n-3)}\prod_{i=1}^{n}(1-a_i)^2\geqslant\prod_{i=1}^{n}(1-a_i)^{n-1}\geqslant$$
$$n^n\left(1-\frac{1}{n}\right)^{n(n-1)}a_1\cdots a_n$$

即

$$\prod_{i=1}^{n}(1-a_i)^2 \geqslant \left[\frac{(n-1)^2}{n}\right]^n \prod_{i=1}^{n} a_i$$

等号成立当且仅当 $a_1=a_2=\cdots=a_n=\frac{1}{n}$.

例 9　已知 $a_1,a_2,\cdots,a_n\in \mathbf{R}_+,n\geqslant 3$，且 $a_1+a_2+\cdots+a_n=\frac{1}{a_1}+\frac{1}{a_2}+\cdots+\frac{1}{a_n}=ns$，求证

$$\frac{1}{a_1+n-1}+\frac{1}{a_2+n-1}+\cdots+\frac{1}{a_n+n-1}\geqslant$$

$$\frac{1}{ns-a_1+1}+\frac{1}{ns-a_2+1}+\cdots+\frac{1}{ns-a_n+1}$$

证明　由柯西不等式知

$$(a_1+a_2+\cdots+a_n)\left(\frac{1}{a_1}+\frac{1}{a_2}+\cdots+\frac{1}{a_n}\right)\geqslant n^2$$

故 $s\geqslant 1$.

构造函数 $f(x)=\frac{1}{1+(n-1)x},x>0$，则

$$f'(x)=-\frac{n-1}{[1+(n-1)x]^2}$$

$$f''(x)=\frac{2(n-1)^2}{[1+(n-1)x]^2}>0$$

故函数 $f(x)$ 是 $(0,+\infty)$ 上的下凸函数，由定理4知

$$\sum_{i=1}^{n}\frac{1}{1+(n-1)x_i}+\frac{n(n-2)}{1+(n-1)s}\geqslant$$

$$(n-1)\sum_{i=1}^{n}\frac{1}{ns-x_i+1}$$

为此，只需证明

$$(n-1)\sum_{i=1}^{n}\frac{1}{x_i+n-1}\geqslant$$

$$\sum_{i=1}^{n}\frac{1}{1+(n-1)x_i}+\frac{n(n-2)}{1+(n-1)s}\Leftrightarrow$$

$$\sum_{i=1}^{n}\frac{1}{(x_i+n-1)\left(\frac{1}{x_i}+n-1\right)}\geqslant\frac{1}{1+(n-1)s}\Leftrightarrow$$

$$\sum_{i=1}^{n}\frac{1}{A_i}\geqslant\frac{1}{1+(n-1)s}$$

其中

$$A_i=(n-1)\left(x_i+\frac{1}{x_i}\right)+n^2-2n+2$$

由均值不等式知

$$\sum_{i=1}^{n}\frac{1}{A_i}\geqslant\frac{n^2}{\sum_{i=1}^{n}A_i}=\frac{n^2}{2(n-1)s+n^2-2n+2}$$

为此,只需证明

$$\frac{n^2}{2(n-1)s+n^2-2n+2}\geqslant\frac{1}{1+(n-1)s}\Leftrightarrow$$

$$n^2[1+(n-1)s]\geqslant 2(n-1)s+n^2-2n+2\Leftrightarrow$$

$$n^2s\geqslant 2s-2\Leftrightarrow 2\geqslant(2-n^2)s$$

显然.

原不等式等号成立的条件是当且仅当 $a_1=a_2=\cdots=a_n=s$.

例 10 已知 $a_1,a_2,\cdots,a_n\in\mathbf{R}_+,n\geqslant 3$,且 $a_1a_2\cdots a_n=1,0<p\leqslant\frac{2n-1}{(n-1)^2}$,求证

$$\frac{1}{\sqrt{1+pa_1}}+\frac{1}{\sqrt{1+pa_2}}+\cdots+\frac{1}{\sqrt{1+pa_n}}\leqslant\frac{n}{\sqrt{1+p}}$$

证明 (反证法)假设

$$\frac{1}{\sqrt{1+pa_1}}+\frac{1}{\sqrt{1+pa_2}}+\cdots+\frac{1}{\sqrt{1+pa_n}}>\frac{n}{\sqrt{1+p}}$$

成立,令 $1+pa_i=\frac{1+p}{x_i^2}(a_i>0),i=1,2,\cdots,n$,则上式

可改写为

$$a_1+a_2+\cdots+a_n>n \tag{1}$$

由 $1+pa_i=\frac{1+p}{x_i^2}$ 知

$$1+p-x_i^2=pa_ix_i^2$$

$$(1+p-x_1^2)(1+p-x_2^2)\cdots(1+p-x_n^2)=$$
$$a_1a_2\cdots a_n\cdot p^n(x_1x_2\cdots x_n)^2 \tag{2}$$

要使 $a_1a_2\cdots a_n<1$,只需

$$(1+p-x_1^2)(1+p-x_2^2)\cdots(1+p-x_n^2)<$$
$$p^n(x_1x_2\cdots x_n)^2 \tag{3}$$

即可.由于$\frac{1+p-x_i^2}{x_i^2}$随着 x_i 的减小而增大,故不妨考虑 $a_1+a_2+\cdots+a_n=n$ 这种情形.

令 $1+p=q^2,1<q\leqslant\frac{n}{n-1}$,则上式变为

$$(q^2-x_1^2)(q^2-x_2^2)\cdots(q^2-x_n^2)<$$
$$(q^2-1)^n(x_1x_2\cdots x_n)^2 \tag{4}$$

构造函数

$$f(x)=-\ln\left(\frac{n}{n-1}-x\right)\quad(0<x<1)$$

有

$$f'(x)=\frac{1}{\frac{n}{n-1}-x}=\frac{n-1}{n-(n-1)x}$$

$$f''(x)=-\frac{-(n-1)^2}{[n-(n-1)x]^2}=\frac{(n-1)^2}{[n-(n-1)x]^2}>0$$

故函数 $f(x)=-\ln\left(\frac{n}{n-1}-x\right)$ 是$(0,1)$上的下凸函数,由定理5知

$(x_1x_2\cdots x_n)^{n-1}\geqslant$

$$[n-(n-1)x_1][n-(n-1)x_2]\cdots[n-(n-1)x_n] \tag{5}$$

构造函数

$$g(x)=\ln\frac{n-(n-1)x}{q-x}$$

$$f'(x)=\frac{1}{\frac{n-(n-1)x}{q-x}}\cdot\frac{-(n-1)(q-x)-[n-(n-1)x](-1)}{(q-x)^2}=\frac{q(n-1)-n}{[n-(n-1)x](q-x)}$$

$$f''(x)=\frac{[q(n-1)-n][(q-2x)(n-1)+n]}{[n-(n-1)x]^2(q-x)^2}>0$$

故函数 $g(x)=\ln\frac{n-(n-1)x}{q-x}$ 是$(0,1)$上的下凸函数，由琴生不等式知

$$\frac{[n-(n-1)x_1][n-(n-1)x_2]\cdots[n-(n-1)x_n]}{(q-x_1)(q-x_2)\cdots(q-x_n)}\geqslant\frac{1}{(q-1)^n} \tag{6}$$

由式(3)(4)知

$$(x_1x_2\cdots x_n)^{n-1}\geqslant\frac{(q-x_1)(q-x_2)\cdots(q-x_n)}{(q-1)^n} \tag{7}$$

由式(4)知，要证明式(1)成立，只需证明

$$(x_1x_2\cdots x_n)^{n-3}(q+x_1)(q+x_2)\cdots(q+x_n)\geqslant(q+1)^n \tag{8}$$

由均值不等式知

$$x_1x_2\cdots x_n\leqslant\left(\frac{x_1+x_2+\cdots+x_n}{n}\right)^n=1 \tag{9}$$

$$(q+x_1)(q+x_2)\cdots(q+x_n)\leqslant$$

$$\left(q+\frac{x_1+x_2+\cdots+x_n}{n}\right)^n=(q+1)^n \quad (10)$$

由式(9)(10)相乘即得式(8).

由此可知,(3)成立,结合式(2),即得 $a_1a_2\cdots a_n<1$.

这与假设 $a_1a_2\cdots a_n=1$ 矛盾.故假设不成立,即原命题成立.

原不等式当且仅当 $a_1=a_2=\cdots=a_n=1$ 成立.

例 11　已知 $a_1,a_2,\cdots,a_n\in\mathbf{R}_+$,求证

$$(n-1)(a_1^2+a_2^2+\cdots+a_n^2)+n\sqrt[n]{a_1^2a_2^2\cdots a_n^2}\geqslant$$
$$(n-1)(a_1+a_2+\cdots+a_n)^2$$

证明　由恒等式

$$(a_1+a_2+\cdots+a_n)^2=$$
$$a_1^2+a_2^2+\cdots+a_n^2+2\sum_{1\leqslant i<j\leqslant n}a_ia_j$$

知原不等式等价于

$$a_1^2+a_2^2+\cdots+a_n^2+\frac{n}{n-2}n\sqrt[n]{a_1^2a_2^2\cdots a_n^2}\geqslant$$

$$\frac{2}{n-2}\sum_{1\leqslant i<j\leqslant n}a_ia_j\Leftrightarrow$$

$$\mathrm{e}^{2\ln a_1}+\mathrm{e}^{2\ln a_2}+\cdots+\mathrm{e}^{2\ln a_n}+$$

$$\frac{n}{n-2}\mathrm{e}^{\frac{1}{n}(2\ln a_1+2\ln a_1+\cdots+2\ln a_n)}\geqslant$$

$$\frac{2}{n-2}\sum_{1\leqslant i<j\leqslant n}\mathrm{e}^{\frac{2\ln a_i+2\ln a_j}{2}}$$

令 $f(x)=\mathrm{e}^x,x_i=2\ln a_i(i=1,2,\cdots,n)$,上述不等式等价于

$$f(x_1)+f(x_2)+\cdots+f(x_n)+\frac{n}{n-2}f(a)\geqslant$$

$$\frac{2}{n-2}\sum_{1\leqslant i<j\leqslant n} f\left(\frac{x_i+x_j}{2}\right)$$

其中 $$a=\frac{x_1+x_2+\cdots+x_n}{n}$$

由

$$f'(x)=\mathrm{e}^x, f''(x)=\mathrm{e}^x>0$$

知，$f(x)=\mathrm{e}^x$ 是下凸函数，由定理 5 知上式成立.

例 12 已知 $a,b,c,d\in\mathbf{R}_+$，且 $ab+bc+cd+da=4$，求证

$$\left(1+\frac{a}{b}\right)\left(1+\frac{b}{c}\right)\left(1+\frac{c}{d}\right)\left(1+\frac{d}{a}\right)\geqslant (a+b+c+d)^2$$

证明

$$ab+bc+cd+da=4\Leftrightarrow(a+c)(b+d)=4$$

原不等式等价于

$$(a+b)(b+c)(c+d)(d+a)\geqslant abcd(a+b+c+d)^2\Leftrightarrow$$

$$(a+b)(b+c)(c+d)(d+a)(a+c)(b+d)\geqslant 4abcd(a+b+c+d)^2\Leftrightarrow$$

$$\sum_{\text{sym}}\ln\frac{a+b}{2}\geqslant\sum_{\text{sym}}\ln a+2\ln\frac{a+b+c+d}{4}\Leftrightarrow$$

$$\sum_{\text{sym}}(-\ln a)+2\left[-\ln\frac{a+b+c+d}{4}\right]\geqslant\sum_{\text{sym}}\left[-\ln\frac{a+b}{2}\right]$$

构造函数 $f(x)=-\ln x, x>0$，则

$$f'(x)=-\frac{1}{x}, f''(x)=\frac{1}{x^2}>0$$

故函数 $f(x)=-\ln x$ 是 $(0,+\infty)$ 上的下凸函数，由定理 5 知，上式成立.

评注　本题条件可减弱为“$ab+bc+cd+da\leqslant 4$”,命题也成立.本题条件改为“$a^2+b^2+c^2+d^2\leqslant 4$”,命题也成立.

5.4　舒尔不等式及其应用

定理1(舒尔不等式)　设 a,b,c 是正实数.证明

$$a^3+b^3+c^3+3abc\geqslant$$
$$a^2b+a^2c+b^2a+b^2c+c^2a+c^2b$$

证明　由于给定的不等式是对称的,不失一般性,我们可以假设 $a\geqslant b\geqslant c$.

令 $x=\ln a,y=\ln b,z=\ln c$,给定的不等式变为

$$\mathrm{e}^{3x}+\mathrm{e}^{3y}+\mathrm{e}^{3z}+\mathrm{e}^{x+y+z}+\mathrm{e}^{x+y+z}+\mathrm{e}^{x+y+z}\geqslant$$
$$\mathrm{e}^{2x+y}+\mathrm{e}^{2x+z}+\mathrm{e}^{x+2y}+\mathrm{e}^{2y+z}+\mathrm{e}^{2z+x}+\mathrm{e}^{2z+y}$$

函数 $f(x)=\mathrm{e}^x$ 是 $\mathbf{R}$ 上的凸函数,所以卡拉玛特不等式就足够了.

证明有序数组

$$a=(3x,3y,3z,x+y+z,x+y+z,x+y+z)$$

优超

$$b=(2x+y,2x+z,2y+x,2z+x,2y+z,2z+y)$$

因为 $a\geqslant b\geqslant c$,因此 $x\geqslant y\geqslant z$,且 $3x\geqslant x+y+z\geqslant 3z$.

如果 $x+y+z\geqslant 3y$(当 $3y\geqslant x+y+z$ 时类似可证),那么显然有

$$3x\geqslant x+y+z\geqslant 3y\geqslant 3z$$
$$2x+y\geqslant 2x+z\geqslant 2y+x\geqslant 2z+x\geqslant$$
$$2y+z\geqslant 2z+y$$

这意味着 $a > b$，证毕.

另证 不失一般性，假设 $a \geqslant b \geqslant c$. 考虑 a 的函数

$$f(a)=a^3+b^3+c^3+3abc-a^2b-a^2c-b^2a-b^2c-c^2a-c^2b$$

则有

$$f'(a)=3a^2+3bc-2ab-b^2-2ac-c^2$$
$$f''(a)=6a-2b-2c \geqslant 0$$

以及

$$f''(b)=4b-2c \geqslant 0$$

所以

$$f''(a) \geqslant f''(b)=2c(2b-c) \geqslant 0 \quad (x \in (b,a))$$

因为 $f''(a)$ 是线性函数，因此在 (b,a) 上为正，这意味着

$$f(a) \geqslant f(b)=c(b-c)^2 \geqslant 0$$

证毕.

定理 2(舒尔不等式的推广) 若 $x \geqslant 0, y \geqslant 0, z \geqslant 0, \alpha$ 为实数，则

$$\sum x^{\alpha}(x-y)(x-z) \geqslant 0$$

当且仅当 $x=y=z$ 或 $x=0, y=z$ 的置换时，等号成立.

证明 当 $\alpha \geqslant 0$ 时，由于给定的不等式是对称的和齐次式，不失一般性，我们可以假设 $x \geqslant y \geqslant z > 1$.

令 $a=\ln x, b=\ln y, c=\ln z$，给定的不等式变为

$$\mathrm{e}^{(\alpha+2)a}+\mathrm{e}^{(\alpha+2)b}+\mathrm{e}^{(\alpha+2)c}+\mathrm{e}^{\alpha a+b+c}+\mathrm{e}^{a+\alpha b+c}+\mathrm{e}^{a+b+\alpha c} \geqslant \mathrm{e}^{(\alpha+1)a+b}+\mathrm{e}^{(\alpha+1)b+c}+\mathrm{e}^{(\alpha+1)c+a}+\mathrm{e}^{a+(\alpha+1)b}+\mathrm{e}^{b+(\alpha+1)c}+\mathrm{e}^{c+(\alpha+1)a}$$

函数 $f(x)=\mathrm{e}^x$ 是 $\mathbf{R}$ 上的凸函数，所以卡拉玛特

不等式就足够了.

证明有序数组

$$m=((\alpha+2)a,(\alpha+2)b,\alpha a+b+c,$$
$$a+\alpha b+c,a+b+\alpha c,(\alpha+2)c)$$

在某一条件下优超

$$n=((\alpha+1)a+b,a+(\alpha+1)b,$$
$$c+(\alpha+1)a,(\alpha+1)c+a,$$
$$(\alpha+1)b+c,b+(\alpha+1)c)$$

因为 $x\geqslant y\geqslant z>1$,因此 $a\geqslant b\geqslant c>0$,且 $(\alpha+2)a\geqslant \alpha a+b+c\geqslant(\alpha+2)c$.

如果 $(\alpha+2)b\geqslant \alpha a+b+c$（当 $(\alpha+2)b\leqslant \alpha a+b+c$ 时类似可证），即 $b-c\geqslant\alpha(a-b)$,那么显然有：

(i) 当 $0\leqslant\alpha<1$ 时

$$(\alpha+1)c+a\geqslant(\alpha+1)b+c\Leftrightarrow a-b\geqslant\alpha(b-c)$$

此时有

$$(\alpha+2)a\geqslant(\alpha+2)b\geqslant\alpha a+b+c\geqslant a+\alpha b+c\geqslant$$
$$a+b+\alpha c\geqslant(\alpha+2)c$$
$$(\alpha+1)a+b\geqslant a+(\alpha+1)b\geqslant$$
$$c+(\alpha+1)a\geqslant(\alpha+1)c+a\geqslant$$
$$(\alpha+1)b+c\geqslant b+(\alpha+1)c$$

这意味着 $m>n$;

(ii) 当 $\alpha\geqslant 1$ 时

$$(\alpha+1)c+a\leqslant(\alpha+1)b+c\Leftrightarrow a-b\leqslant\alpha(b-c)$$

此时有

$$(\alpha+2)a\geqslant(\alpha+2)b\geqslant\alpha a+b+c\geqslant a+\alpha b+c\geqslant$$
$$a+b+\alpha c\geqslant(\alpha+2)c$$
$$(\alpha+1)a+b\geqslant a+(\alpha+1)b\geqslant$$
$$c+(\alpha+1)a\geqslant(\alpha+1)b+c\geqslant$$

$$(\alpha+1)c+a\geqslant b+(\alpha+1)c$$

此时,有序数组

$$m=((\alpha+2)a,(\alpha+2)b,\alpha a+b+c,a+\alpha b+c,$$
$$a+b+\alpha c,(\alpha+2)c)$$
$$n=((\alpha+1)a+b,a+(\alpha+1)b,$$
$$c+(\alpha+1)a,(\alpha+1)b+c,$$
$$(\alpha+1)c+a,b+(\alpha+1)c)$$

这意味着 $m>n$.

当 $\alpha<0$ 时,用 x,y,z 分别替换 $x^{\alpha},y^{\alpha},z^{\alpha}$ 知,原不等式等价于

$$\sum x(x^{\alpha}-y^{\alpha})(x^{\alpha}-z^{\alpha})\geqslant 0$$

由于给定的不等式是对称的和齐次式,不失一般性,我们可以假设 $x\geqslant y\geqslant z>1$.

令 $a=\ln x,b=\ln y,c=\ln z$,给定的不等式变为

$$\mathrm{e}^{(2\alpha+1)a}+\mathrm{e}^{(2\alpha+1)b}+\mathrm{e}^{(2\alpha+1)c}+\mathrm{e}^{\alpha a+\alpha b+c}+\mathrm{e}^{a+\alpha b+\alpha c}+\mathrm{e}^{\alpha a+b+\alpha c}\geqslant$$
$$\mathrm{e}^{(\alpha+1)a+\alpha b}+\mathrm{e}^{(\alpha+1)b+\alpha c}+\mathrm{e}^{(\alpha+1)c+\alpha a}+$$
$$\mathrm{e}^{\alpha a+(\alpha+1)b}+\mathrm{e}^{\alpha b+(\alpha+1)c}+\mathrm{e}^{\alpha c+(\alpha+1)a}$$

仿上可证,在此从略.

综上可知,原不等式成立.

另证 1 不妨设 $x\geqslant y\geqslant z$,有:

(1) 当 $\alpha\geqslant 0$ 时,令 $a_1=x^{\alpha},a_2=y^{\alpha},a_3=z^{\alpha}$,则 $a_1\geqslant a_2\geqslant a_3>0$,有

$$b_1=(x-y)(x-z)$$
$$b_2=(y-z)(y-x)$$
$$b_3=(z-x)(z-y)$$
$$B_1=b_1=(x-y)(x-z)\geqslant 0$$

$$B_2=b_1+b_2=$$
$$(x-y)(x-z)+(y-z)(y-x)=$$

$$(x-y)[(x-z)-(y-z)]=$$
$$(x-y)^2 \geqslant 0$$
$$B_3=b_1+b_2+b_3=$$
$$(x-y)(x-z)+(y-z)(y-x)+$$
$$(z-x)(z-y)=$$
$$\frac{1}{2}[(b_1+b_2)+(b_2+b_3)+(b_3+b_1)]=$$
$$\frac{1}{2}[(x-y)^2+(y-z)^2+(z-x)^2] \geqslant 0$$

由阿贝尔恒等式

$$\sum_{i=1}^{n} a_i b_i = a_n B_n - \sum_{i=1}^{n-1}(a_{i+1}-a_i)B_i$$

其中 $b_1=B_1, b_i=B_i-B_{i-1}$，$B_n=\sum\limits_{i=1}^{n} b_i$ 知

$$x^\alpha(x-y)(x-z)+y^\alpha(y-z)(y-x)+$$
$$z^\alpha(z-x)(z-y)=$$
$$(x^\alpha-y^\alpha)B_1+(y^\alpha-z^\alpha)B_2+z^\alpha B_3 \geqslant 0$$

(2) 当 $\alpha<0$ 时，令 $a_1=z^\alpha, a_2=y^\alpha, a_3=x^\alpha$，则 $a_1 \geqslant a_2 \geqslant a_3>0$，有

$$b_1=(z-x)(z-y)$$
$$b_2=(y-z)(y-x)$$
$$b_3=(x-y)(x-z)$$

$$B_1=b_1=(z-x)(z-y)=(x-z)(y-z) \geqslant 0$$
$$B_2=b_1+b_2=(z-x)(z-y)+(y-z)(y-x)=$$
$$(y-z)[(y-x)-(z-x)]=(y-z)^2 \geqslant 0$$
$$B_3=b_1+b_2+b_3=$$
$$(x-y)(x-z)+(y-z)(y-x)+$$
$$(z-x)(z-y)=$$

$$\frac{1}{2}[(b_1+b_2)+(b_2+b_3)+(b_3+b_1)]=$$

$$\frac{1}{2}[(x-y)^2+(y-z)^2+(z-x)^2]\geqslant 0$$

由阿贝尔恒等式

$$\sum_{i=1}^{n}a_ib_i=a_nB_n-\sum_{i=1}^{n-1}(a_{i+1}-a_i)B_i$$

其中 $b_1=B_1, b_i=B_i-B_{i-1}, B_n=\sum\limits_{i=1}^{n}b_i$ 知

$$x^\alpha(x-y)(x-z)+y^\alpha(y-z)(y-x)+$$
$$z^\alpha(z-x)(z-y)=$$
$$(z^\alpha-y^\alpha)B_1+(y^\alpha-x^\alpha)B_2+x^\alpha B_3\geqslant 0$$

舒尔不等式还有一种很漂亮的证法,即优化假设法.

另证 2 不妨设 $x\geqslant y\geqslant z$,则:

当 $\alpha\geqslant 0$ 时

$$x^\alpha(x-y)(x-z)+y^\alpha(y-z)(y-x)+$$
$$z^\alpha(z-x)(z-y)\geqslant$$
$$x^\alpha(x-y)(x-z)+y^\alpha(y-z)(y-x)\geqslant$$
$$y^\alpha(x-y)(y-z)+y^\alpha(y-z)(y-x)=0$$

当 $\alpha<0$ 时

$$x^\alpha(x-y)(x-z)+y^\alpha(y-z)(y-x)+$$
$$z^\alpha(z-x)(z-y)\geqslant$$
$$y^\alpha(y-z)(y-x)+z^\alpha(z-x)(z-y)=$$
$$y^\alpha(y-z)(y-x)+z^\alpha(x-z)(y-z)\geqslant$$
$$y^\alpha(y-z)(y-x)+y^\alpha(x-y)(y-z)=0$$

优化假设法在不等式的证明中屡见不鲜,请大家细加揣摩,加以运用.

下面再提供一种差分代换法证明.

另证3　由对称性可假定 $x \geqslant y \geqslant z$，令 $x=t_1+t_2+t_3$，$y=t_2+t_3$，$z=t_3$，其中，t_1,t_2,t_3 是非负实数，则

左端 $=$

$$x^{\alpha}(x-y)(x-z)+y^{\alpha}(y-z)(y-x)+$$
$$z^{\alpha}(z-y)(z-x)=$$
$$(t_1+t_2+t_3)^{\alpha}t_1(t_1+t_2)+$$
$$(t_2+t_3)^{\alpha}t_2(-t_1)+t_3^{\alpha}t_2(t_1+t_2)=$$
$$(t_1+t_2+t_3)^{\alpha}t_1^2+$$
$$[(t_1+t_2+t_3)^{\alpha}-(t_2+t_3)^{\alpha}+$$
$$t_3^{\alpha}]t_1t_2+t_3^{\alpha}t_2^2 \geqslant 0$$

另证4　由对称性可假定 $x=\max\{x,y,z\}$，则

$$x^{\alpha}(x-y)(x-z) \geqslant 0 \tag{1}$$

令

$$A=\begin{pmatrix} y^{\alpha}(y-x) & z^{\alpha}(z-x) \\ y & z \end{pmatrix}$$

$$B=\begin{pmatrix} y^{\alpha}(y-x) & z^{\alpha}(z-x) \\ z & y \end{pmatrix}$$

由微微对偶不等式：$S(A) \geqslant S(B)$ 知

$$y^{\alpha+1}(y-x)+z^{\alpha+1}(z-x) \geqslant$$
$$y^{\alpha}z(y-x)+yz^{\alpha}(z-x)$$

即

$$y^{\alpha}(y-z)(y-x)+z^{\alpha}(z-y)(z-x) \geqslant 0 \tag{2}$$

式(1)和式(2)相加即得证.

定理3（**舒尔不等式推广**）　若 $x \geqslant 0, y \geqslant 0, z \geqslant 0$，$k$ 为非负实数，则：

（ⅰ）$\sum (yz)^{k}(x-y)(x-z) \geqslant 0$；

（ⅱ）$\sum x^{k}(y+z)(x-y)(x-z) \geqslant 0$；

(ⅲ) $\sum (yz)^k(y+z)(x-y)(x-z) \geqslant 0$.

证明 (ⅰ) $\sum (yz)^k(x-y)(x-z) \geqslant 0 \Rightarrow (xyz)^k \sum x^{-k}(x-y)(x-z) \geqslant 0$ 成立.

(ⅱ) 由对称性可假定 $x \geqslant y \geqslant z$,令 $x=t_1+t_2+t_3$, $y=t_2+t_3$, $z=t_3$,其中,t_1,t_2,t_3 是非负实数,则

$$\begin{aligned}
\text{左端}=&x^k(y+z)(x-y)(x-z)+\\
&y^k(z+x)(y-z)(y-x)+\\
&z^k(x+y)(z-y)(z-x)=\\
&(t_1+t_2+t_3)^k(t_2+2t_3)t_1(t_1+t_2)+\\
&(t_2+t_3)^k(t_1+t_2+2t_3)t_2(-t_1)+\\
&t_3^k(t_1+2t_2+2t_3)t_2(t_1+t_2)=\\
&(t_1+t_2+t_3)^k(t_2+2t_3)t_1^2+\\
&t_3^k t_2^2(t_1+2t_2+2t_3)+\\
&[(t_1+t_2+t_3)^k(t_2+2t_3)-\\
&(t_2+t_3)^k(t_1+t_2+2t_3)+\\
&t_3^k(t_1+2t_2+2t_3)]t_1t_2 \geqslant 0
\end{aligned} \tag{1}$$

分 $0 \leqslant k < 1$ 和 $k \geqslant 1$ 讨论可证明(1).

(ⅲ) 同理可证.

舒尔不等式的高维推广 设 n^2 个非负实数 a_{ij} $(1 \leqslant i,j \leqslant n)$ 满足 $\sum\limits_{i=1}^{n} a_{ij}=1$ 和 $\sum\limits_{j=1}^{n} a_{ij}=1$,$x_k$ $(1 \leqslant k \leqslant n)$ 是 n 个非负实数,$y_i=\sum\limits_{k=1}^{n} a_{ik}x_k (1 \leqslant i \leqslant n)$,求证:$y_1y_2\cdots y_n \geqslant x_1x_2\cdots x_n$.

证明 如果 $x_k(1 \leqslant k \leqslant n)$ 中有一个为0,不等式显然成立.不妨考虑 x_k 全是正数的情形,由于函数 $f(x)=-\ln x(x>0)$ 是连续的下凸函数,由加权琴生

不等式,有

$$-\sum_{j=1}^{n}a_{ij}\ln x_j=-\frac{\sum\limits_{j=1}^{n}a_{ij}\ln x_j}{\sum\limits_{j=1}^{n}a_{ij}}\geqslant$$

$$-\ln\frac{\sum\limits_{j=1}^{n}a_{ij}x_j}{\sum\limits_{j=1}^{n}a_{ij}}=-\ln y_i$$

即

$$y_i\geqslant x_1^{a_{i1}}x_2^{a_{i2}}\cdots x_n^{a_{in}}\quad(1\leqslant i\leqslant n)$$

故

$$y_1y_2\cdots y_n\geqslant\prod_{i=1}^{n}y_i\geqslant x_1^{a_{i1}}x_2^{a_{i2}}\cdots x_n^{a_{in}}=$$

$$x_1^{\sum\limits_{j=1}^{n}a_{j1}}x_2^{\sum\limits_{j=1}^{n}a_{j2}}\cdots x_n^{\sum\limits_{j=1}^{n}a_{jn}}=x_1x_2\cdots x_n$$

由此结论,不难得到:

设有 n 个非负实数 $a_i(1\leqslant i\leqslant n)$ 满足

$$x_j=a_j+\frac{n-3}{n-1}\left(\sum_{i=1}^{n}a_i-a_j\right)\quad(1\leqslant j\leqslant n,n\geqslant 3)$$

则有

$$x_1x_2\cdots x_n\geqslant\prod_{i=1}^{n}(s-2a_i)$$

其中 $s=\sum\limits_{j=1}^{n}a_j$.

证明　令 $a_{ik}=\frac{1}{n-1}(1-b_{ik})$,其中 $b_{ik}=\begin{cases}1(i=k)\\0(i\neq k)\end{cases}$,则

$$\sum_{k=1}^{n}a_{ik}=1,\sum_{i=1}^{n}b_{ik}=1$$

当 $i \neq j$ 时

$$(s-2a_i)+(s-2a_j)=$$
$$2s-2(a_i+a_j) \geqslant 0 \quad (1 \leqslant i,j \leqslant n)$$

所以 n 个非负实数 $s-2a_i(1 \leqslant i \leqslant n)$ 中至多一个负数.当恰好有一个负数时,结论显然成立.不妨考虑 $s-2a_i(1 \leqslant i \leqslant n)$ 均为非负数的情形

$$\sum_{k=1}^{n} a_{ik}(s-2a_k)=s-2\sum_{k=1}^{n} a_{ik}a_k=$$
$$s-\frac{2}{n-1}\sum_{k=1}^{n}(1-b_{ik})a_k=$$
$$s-\frac{2}{n-1}(s-a_i)=$$
$$\frac{2}{n-1}a_i+\frac{n-3}{n-1}s=$$
$$a_i+\frac{n-3}{n-1}(s-a_i)=x_i$$

由舒尔不等式知

$$x_1x_2\cdots x_n \geqslant \prod_{i=1}^{n}(s-2a_i)$$

特别地,当 $n=3$ 时,有

$$a_1a_2a_3 \geqslant (a_2+a_3-a_1)(a_1+a_3-a_2)(a_1+a_2-a_3)$$

1. $\alpha=0$

$$(x-y)(x-z)+(y-z)(y-x)+$$
$$(z-x)(z-y) \geqslant 0 \Leftrightarrow$$
$$x^2+y^2+z^2 \geqslant xy+yz+zx \Leftrightarrow$$
$$(x+y+z)^2 \geqslant 3(xy+yz+zx)$$

例 1 在 $\triangle ABC$ 中,求证

$$\cot^2 A+\cot^2 B+\cot^2 C \geqslant 1 \tag{1}$$

$$\cot^2\frac{A}{2}+\cot^2\frac{B}{2}+\cot^2\frac{C}{2} \geqslant 9 \tag{2}$$

证明　在 $\triangle ABC$,有

$$\tan A+\tan B+\tan C=\tan A\tan B\tan C$$

即

$$\cot A\cot B+\cot B\cot C+\cot C\cot A=1$$

式(1) 等价于

$$\cot^2A+\cot^2B+\cot^2C\geqslant$$
$$\cot A\cot B+\cot B\cot C+\cot C\cot A$$

显然.

在

$$\tan A+\tan B+\tan C=\tan A\tan B\tan C$$

中,作变换

$$\left(\frac{\pi}{2}-\frac{A}{2},\frac{\pi}{2}-\frac{B}{2},\frac{\pi}{2}-\frac{C}{2}\right)\rightarrow(A,B,C)$$

得

$$\tan\left(\frac{\pi}{2}-\frac{A}{2}\right)+\tan\left(\frac{\pi}{2}-\frac{B}{2}\right)+\tan\left(\frac{\pi}{2}-\frac{C}{2}\right)=$$
$$\tan\left(\frac{\pi}{2}-\frac{A}{2}\right)\tan\left(\frac{\pi}{2}-\frac{B}{2}\right)\tan\left(\frac{\pi}{2}-\frac{C}{2}\right)\Leftrightarrow$$
$$\cot\frac{A}{2}+\cot\frac{B}{2}+\cot\frac{C}{2}=\cot\frac{A}{2}\cot\frac{B}{2}\cot\frac{C}{2}\Leftrightarrow$$
$$\tan\frac{A}{2}\tan\frac{B}{2}+\tan\frac{B}{2}\tan\frac{C}{2}+\tan\frac{C}{2}\tan\frac{A}{2}=1$$

由舒尔不等式和柯西不等式知

$$\cot^2\frac{A}{2}+\cot^2\frac{B}{2}+\cot^2\frac{C}{2}\geqslant$$
$$\cot\frac{A}{2}\cot\frac{B}{2}+\cot\frac{B}{2}\cot\frac{C}{2}+\cot\frac{C}{2}\cot\frac{A}{2}\geqslant$$
$$\frac{9}{\tan\frac{A}{2}\tan\frac{B}{2}+\tan\frac{B}{2}\tan\frac{C}{2}+\tan\frac{C}{2}\tan\frac{A}{2}}=9$$

例 2 （2005 年罗马尼亚数学奥林匹克试题）已知 $a,b,c>0,a+b+c=3$，求证

$$a^2b^2c^2 \geqslant (3-2a)(3-2b)(3-2c)$$

证明 原不等式等价于

$$(a+b+c)^3(-a+b+c)(a-b+c)(a+b-c) \leqslant 27a^2b^2c^2$$

令 $x=-a+b+c,y=a-b+c,z=a+b-c$，若 x,y,z 中有一个为负，或者三个为负，上式显然成立.

不妨设 $x,y,z \geqslant 0$，则

$$x+y+z=a+b+c$$

$$x+y=2c,y+z=2a,z+x=2b$$

原不等式等价于

$$64xyz(x+y+z)^3 \leqslant 27(x+y)^2(y+z)^2(z+x)^2$$

注意到

$$9(x+y)(y+z)(z+x) \geqslant 8(x+y+z)(xy+yz+zx)$$

和

$$(xy+yz+zx)^2 \geqslant 3xyz(x+y+z)$$

故

$$27(x+y)^2(y+z)^2(z+x)^2 = \frac{1}{3}[9(x+y)(y+z)(z+x)]^2 \geqslant \frac{64}{3}(x+y+z)^2 \cdot 3xyz(x+y+z) = 64xyz(x+y+z)^3$$

类似题 （第 32 届巴尔干地区数学奥林匹克试题（2015 年））已知 a,b,c 为正实数. 证明

$$\sum a^3b^6+3a^3b^3c^3\geqslant abc\sum a^3b^3+a^2b^2c^2\sum a^3$$

证明　令 $x=ab^2,y=bc^2,z=ca^2$，则原不等式改写为

$$\sum x^3+3xyz-\sum x^2y-\sum x^2z\geqslant 0\Leftrightarrow$$

$$\sum x(x-y)(x-z)\geqslant 0$$

此即舒尔不等式.

例 3　已知 $a,b,c>0$，且 $a^2+b^2+c^2+abc=4$，求证

$$\sqrt{\frac{2-a}{2+a}}+\sqrt{\frac{2-b}{2+b}}+\sqrt{\frac{2-c}{2+c}}\geqslant\sqrt{3}$$

证明　一个恒等式：已知 $a,b,c>0$，且 $a^2+b^2+c^2+abc=4$，则有

$$\sqrt{\frac{(2-a)(2-b)}{(2+a)(2+b)}}+\sqrt{\frac{(2-b)(2-c)}{(2+b)(2+c)}}+$$

$$\sqrt{\frac{(2-c)(2-a)}{(2+c)(2+a)}}=1$$

因为

$$a^2+b^2+c^2+abc=4$$

所以

$$16=4a^2+4b^2+4c^2+4abc$$

于是有

$$\sqrt{\frac{(2-a)(2-b)}{(2+a)(2+b)}}+\sqrt{\frac{(2-b)(2-c)}{(2+b)(2+c)}}+$$

$$\sqrt{\frac{(2-c)(2-a)}{(2+c)(2+a)}}=$$

$$\frac{\sqrt{(4-a^2)(4-b^2)}}{(2+a)(2+b)}+\frac{\sqrt{(4-b^2)(4-c^2)}}{(2+b)(2+c)}+$$

$$\frac{\sqrt{(4-c^2)(4-a^2)}}{(2+c)(2+a)}=$$

$$\frac{\sqrt{16-4(a^2+b^2)+a^2b^2}}{(2+a)(2+b)}+$$

$$\frac{\sqrt{16-4(b^2+c^2)+b^2c^2}}{(2+b)(2+c)}+$$

$$\frac{\sqrt{16-4(c^2+a^2)+c^2a^2}}{(2+c)(2+a)}=$$

$$\frac{\sqrt{4c^2+4abc+a^2b^2}}{(2+a)(2+b)}+\frac{\sqrt{4a^2+4abc+b^2c^2}}{(2+b)(2+c)}+$$

$$\frac{\sqrt{4b^2+4abc+c^2a^2}}{(2+c)(2+a)}=$$

$$\frac{\sqrt{(2c+ab)^2}}{(2+a)(2+b)}+\frac{\sqrt{(2a+bc)^2}}{(2+b)(2+c)}+\frac{\sqrt{(2b+ab)^2}}{(2+c)(2+a)}=$$

$$\frac{2c+ab}{(2+a)(2+b)}+\frac{2a+bc}{(2+b)(2+c)}+\frac{2b+ca}{(2+c)(2+a)}=$$

$$\frac{(2c+ab)(2+c)+(2a+bc)(2+a)+(2b+ca)(2+b)}{(2+a)(2+b)(2+c)}=$$

$$\frac{8+4(a+b+c)+2(ab+bc+ca)+abc}{(2+a)(2+b)(2+c)}=$$

$$\frac{(2+a)(2+b)(2+c)}{(2+a)(2+b)(2+c)}=1$$

利用该恒等式，并结合

$$(x+y+z)^2\geqslant 3(xy+yz+zx)$$

立得

$$\left(\sqrt{\frac{2-a}{2+a}}+\sqrt{\frac{2-b}{2+b}}+\sqrt{\frac{2-c}{2+c}}\right)^2\geqslant$$

$$3\left(\sqrt{\frac{(2-a)(2-b)}{(2+a)(2+b)}}+\sqrt{\frac{(2-b)(2-c)}{(2+b)(2+c)}}+\right.$$

$$\sqrt{\frac{(2-c)(2-a)}{(2+c)(2+a)}}\Bigg)=3$$

即

$$\sqrt{\frac{2-a}{2+a}}+\sqrt{\frac{2-b}{2+b}}+\sqrt{\frac{2-c}{2+c}}\geqslant\sqrt{3}$$

类似题　(2015 年加拿大数学奥林匹克第 2 题) 在锐角 $\triangle ABC$ 中,三条高 AD,BE,CF 相交于点 H.求证

$$\frac{AB\cdot AC+BC\cdot BA+CA\cdot CB}{AH\cdot AD+BH\cdot BE+CH\cdot CF}\leqslant 2$$

证明　设 $BC=a,CA=b,AB=c$.由 $\angle BFH=\angle BDH=90^\circ$,知 F,H,D,B 四点共圆.由圆幂定理,得

$$AH\cdot AD=AC\cdot AB\cos A=bc\cos A$$

由余弦定理知

$$\cos A=\frac{b^2+c^2-a^2}{2bc}$$

从而

$$AH\cdot AD=\frac{b^2+c^2-a^2}{2}$$

类似地

$$BH\cdot BE=\frac{c^2+a^2-b^2}{2}$$

$$CH\cdot CF=\frac{a^2+b^2-c^2}{2}$$

因此

$$AH\cdot AD+BH\cdot BE+CH\cdot CF=$$
$$\frac{b^2+c^2-a^2}{2}+\frac{c^2+a^2-b^2}{2}+\frac{a^2+b^2-c^2}{2}=$$
$$\frac{a^2+b^2+c^2}{2}$$

从而,原不等式等价于

$$a^2+b^2+c^2\geqslant ab+bc+ca$$

此即舒尔不等式.

2. $\alpha=1$.

定理 4 三元齐三次对称多项式 $f(x,y,z)$ 可以唯一的表示为

$$f(x,y,z)=ag_{3.1}+bg_{3.2}+cg_{3.3}$$

其中

$$g_{3.1}=\sum x(x-y)(x-z)$$

$$g_{3.2}=\sum (y+z)(x-y)(x-z)$$

$$g_{3.3}=xyz$$

并且当 $x,y,z\geqslant 0$ 时

$$a,b,c\geqslant 0\Leftrightarrow f(x,y,z)\geqslant 0$$

先给出系数 a,b,c,d 的简单确定方法

$$a=f(1,0,0),b=\frac{f(1,1,0)}{2},c=f(1,1,1)$$

$$x(x-y)(x-z)+y(y-z)(y-x)+$$
$$z(z-x)(z-y)\geqslant 0$$

舒尔不等式 如果 $a,b,c\geqslant 0$,求证

$$a^3+b^3+c^3\geqslant$$
$$3abc+a(b-c)^2+b(c-a)^2+c(a-b)^2$$

证明 不妨设 $a\geqslant b\geqslant c$ 则

左边 $-$ 右边 $=$

$$(a^3+b^3+2abc-a^2b-ab^2-a^2c-b^2c)+$$
$$(c^3+abc-ac^2-bc^2)=$$
$$(a-b)^2(a+b-c)+c(a-c)(b-c)\geqslant 0$$

说明 (Ⅰ)本例在证明中运用了优化假设的技巧.根据不等式的条件(特别是对称性),对其中的字母

作有序化或最优化的假设，这一假设相当于增添了一个不等式条件，常使证明顺利而简捷.

（Ⅱ）本例是三元均值不等式“$x,y,z\in\mathbf{R}_+$，那么

$$x^3+y^3+z^3\geqslant 3xyz$$

当且仅当 $x=y=z$ 时取等号”的一种加强.

（Ⅲ）本例还有以下各种等价形式：

(1)$(x+y+z)[(x-y)^2+(y-z)^2+(z-x)^2]\geqslant 2[x(y-z)^2+y(z-x)^2+z(x-y)^2]$；

(2)$(x+y)(x-y)^2+(y+z)(y-z)^2+(z+x)(z-x)^2\geqslant x(y-z)^2+y(z-x)^2+z(x-y)^2$；

(3)$(x+y-z)(x-y)^2+(y+z-x)(y-z)^2+(z+x-y)(z-x)^2\geqslant 0$；

(4)$(x+y-z)(y+z-x)(z+x-y)\leqslant xyz$；

(5)$4(x+y+z)(xy+yz+zx)\leqslant (x+y+z)^3+9xyz$；

(6)$x^3+y^3+z^3+3xyz\geqslant xy(x+y)+yz(y+z)+zx(z+x)$；

(7)$x(z-x)^2+y(y-z)^2\geqslant (x-z)(y-z)\cdot(x+y-z)$；

(8)$x(x-y-z)^2+y(y-z-x)^2+z(z-x-y)^2\geqslant 3xyz$；

(9)$2(x^3+y^3+z^3)+3xyz\geqslant 2(x+y+z)(xy+yz+zx)$；

(10)$(x+y+z)(x^2+y^2+z^2)+9xyz\geqslant 2(x+y+z)(xy+yz+zx)$；

(11)$(x+y+z)(x^2+y^2+z^2-2xy-2yz-2zx)+9xyz\geqslant 0$；

(12)$x(y+z-x)(y+z-2x)+y(z+x-y)\cdot$

$(z+x-2y)+z(x+y-z)(x+y-2z)\geqslant 0$；

(13)$x(x-y)(x-z)+y(y-z)(y-x)+z(z-x)(z-y)\geqslant 0$.

（Ⅳ）将本例的结论应用于三角形，并由三维均值不等式即得：在 $\triangle ABC$ 中，记

$$P=\sum a^3=a^3+b^3+c^3$$

$$Q=\prod a=abc$$

$$R=\sum bc(b+c)=a^2b+ab^2+a^2c+b^2c+ac^2+bc^2$$

则有：“$2P\geqslant P+3Q\geqslant R\geqslant 6Q$”. 利用此结论，可证明一大批对称或非对称三角形不等式，此法称为“$P-Q-R$”法. 与“$P-Q-R$”等价的不等式有

$$\prod \sin\frac{A}{2}\leqslant\frac{1}{8},\sum\cos A\leqslant\frac{3}{2}$$

$$R\geqslant 2r,\sum r_a\geqslant 9r,\sum\sin^2\frac{A}{2}\leqslant\frac{3}{4},\cdots$$

其中 R,r,r_a 分别是 $\triangle ABC$ 的外接圆半径、内切圆半径、边 a 所对应的旁切圆半径.

（Ⅴ）应用“$P-Q-R$”法可得到一条三元三次齐次不等式链：

设 a,b,c 为非负实数，则

$$a^3+b^3+c^3\geqslant$$

$$\begin{cases}\frac{1}{2}[(a+b+c)(a^2+b^2+c^2)-3abc]\\ \frac{2}{3}(a^3+b^3+c^3)+abc\end{cases}\geqslant$$

$$\frac{1}{3}(a+b+c)(a^2+b^2+c^2)\geqslant$$

$$\frac{1}{2}(a^3+b^3+c^3+3abc)\geqslant$$

$$\frac{1}{4}[a(a+b)(a+c)+b(b+c)(b+a)+$$
$$c(c+a)(c+b)]\geqslant$$
$$\begin{cases}\frac{1}{9}[(a+b+c)^3\\ \frac{1}{2}[ab(a+b)+bc(b+c)+ca(c+a)]\end{cases}\geqslant$$
$$\frac{3}{8}(a+b)(b+c)(c+a)\geqslant$$
$$\frac{1}{3}(a+b+c)(ab+bc+ca)\geqslant$$
$$\frac{1}{4}[a(b+c)^2+b(c+a)^2+c(a+b)^2]\geqslant 3abc\geqslant$$
$$\frac{1}{4}[a(b+c)^2+b(c+a)^2+c(a+b)^2]\geqslant 3abc\geqslant$$
$$\frac{1}{3}(a+b+c)[(c+a-b)(a+b-c)+$$
$$(a+b-c)(b+c-a)+(b+c-a)(c+a-b)]\geqslant$$
$$a^2(b+c-a)+b^2(c+a-b)+c^2(a+b-c)\geqslant$$
$$3(a+b-c)(b+c-a)(c+a-b)\geqslant$$
$$3(3a-b-c)(3b-c-a)(3c-a-b)$$

舒尔不等式给出了如下一个变形：

设 $x,y,z\in\mathbf{R}_+$，则

$$\left(\sum x\right)^3-4\sum x\sum yz+9xyz\geqslant 0\qquad (*)$$

作变换

$$\sum x=\sigma_1,\sum yz=\sigma_2,\prod x=\sigma_3$$

则

$$\sum x^2=\sigma_1^2-2\sigma_2,\sum x^3=\sigma_1^3-3\sigma_1\sigma_2+3\sigma_3$$
$$\sum x^2(y+z)=\sigma_1\sigma_2-3\sigma_3,\prod(y+z)=\sigma_1\sigma_2-\sigma_3$$

从而不等式(*)可简化为如下易记的不等式

$$\sigma_1^3-4\sigma_1\sigma_2+9\sigma_3\geqslant 0 \qquad (**)$$

很多不等式可以通过如上变换,再借助不等式(**)得到简单的证明,下面给出一些应用.

例 4 (1983 年瑞士数学奥林匹克试题)设 x,y,z 是正实数,则

$$xyz\geqslant(y+z-x)(z+x-y)(x+y-z)$$

证明 原不等式等价于

$$\sigma_3\geqslant(\sigma_1-2x)(\sigma_1-2y)(\sigma_1-2z)=\sigma_1^3-2\sigma_1\sigma_1^2+4\sigma_1\sigma_2-8\sigma_3$$

移项整理即得不等式(**),故原不等式得证.

例 5 (第 6 届 IMO 试题)设 x,y,z 是三角形的三边长,则

$$x^2(y+z-x)+y^2(z+x-y)+z^2(x+y-z)\leqslant 3xyz$$

证明 原不等式等价于

$$x^2(\sigma_1-2x)+y^2(\sigma_1-2y)+z^2(\sigma_1-2z)\leqslant 3\sigma_3\Leftrightarrow$$

$$\sigma_1\sum x^2-2\sum x^3\leqslant 3\sigma_3\Leftrightarrow$$

$$\sigma_1(\sigma_1^2-2\sigma_2)-2(\sigma_1^3-3\sigma_1\sigma_2+3\sigma_3)\leqslant 3\sigma_3$$

最后一不等式化简整理即得式(**).

例 6 设 $a,b,c\in\mathbf{R}_+$,求证

$$\sqrt{abc}(\sqrt{a}+\sqrt{b}+\sqrt{c})+(a+b+c)^2\geqslant 4\sqrt{3abc(a+b+c)}$$

证明 先证

$$\sqrt{abc}(\sqrt{a}+\sqrt{b}+\sqrt{c})+(a+b+c)^2\geqslant 4(ab+bc+ca)$$

令 $\sqrt{a}=x,\sqrt{b}=y,\sqrt{c}=z$,则

$$xyz\sum x+\left(\sum x^2\right)^2\geqslant 4\sum x^2y^2$$

而

$$\sum x^2y^2=\left(\sum xy\right)^2-2xyz\sum x$$

上式等价于

$$xyz\sum x+\left(\sum x^2\right)^2\geqslant 4\left[\left(\sum xy\right)^2-2xyz\sum x\right]\Leftrightarrow$$

$$\sigma_1\sigma_3+(\sigma_1^2-2\sigma_2)^2\geqslant 4(\sigma_2^2-2\sigma_1\sigma_3)$$

化简整理即得式(* *).

再证不等式

$$ab+bc+ca\geqslant\sqrt{3abc(a+b+c)}$$

上式可由熟知不等式

$$(x+y+z)^2\geqslant 3(xy+yz+zx)$$

易得,故原不等式得证.

例 7　(2008 年伊朗数学奥林匹克试题) 设 $a,b,c>0$,且 $ab+bc+ca=1$,求证

$$\sqrt{a^3+a}+\sqrt{b^3+b}+\sqrt{c^3+c}\geqslant 2\sqrt{a+b+c}$$

证明　所证不等式等价于

$$\sum\sqrt{a(a+b)(a+c)}\geqslant$$

$$2\sqrt{(a+b+c)(ab+bc+ca)}\Leftrightarrow$$

$$\sum a(a+b)(a+c)+$$

$$2\sum(a+b)\sqrt{ab(a+b)(a+c)}\geqslant$$

$$4\sum ab(a+b)+12abc\Leftrightarrow$$

$$\sum a^3+\sum(a+b)\sqrt{ab(a+b)(a+c)}\geqslant$$

$$3\sum ab(a+b)+9abc$$

由柯西不等式知

$$ab(a+b)(a+c)=(ab+bc)(ab+ac)\geqslant$$

$$(ab+\sqrt{ab}\cdot c)^2$$

于是所证只需证

$$\sum a^3+2\sum(a+b)(ab+\sqrt{ab}\cdot c)\geqslant$$

$$3\sum ab(a+b)+9abc\Leftrightarrow$$

$$\sum a^3+2\sum ab(a+b)+2\sum(a+b)\sqrt{ab}\cdot c\geqslant$$

$$3\sum ab(a+b)+9abc\Leftrightarrow$$

$$\sum a^3+2\sum(a+b)\sqrt{ab}\cdot c\geqslant$$

$$\sum ab(a+b)+9abc$$

因为 $a+b\geqslant 2\sqrt{ab}$,故只需证

$$\sum a^3+12abc\geqslant\sum ab(a+b)+9abc\Leftrightarrow$$

$$\sum a^3-\sum ab(a+b)+3abc\geqslant 0\Leftrightarrow$$

$$\sum a(a-b)(a-c)\geqslant 0$$

由舒尔不等式知最后一式成立,故所证得证.

类似题(Gerretsen 不等式) 设 R,r,s 分别是 $\triangle ABC$ 的外接圆半径、内切圆半径和半周长,则

$$16Rr-5r^2\leqslant s^2\leqslant 4R^2+4Rr+3r^2$$

证明 设 $a=y+z,b=z+x,c=x+y$,则

$$s=x+y+z,R=\frac{(x+y)(y+z)(z+x)}{4\sqrt{xyz(x+y+z)}}$$

$$r=\sqrt{\frac{xyz}{x+y+z}}$$

故

$$\frac{s^2}{r^2}=\frac{(x+y+z)^3}{xyz},\frac{R}{r}=\frac{(x+y)(y+z)(z+x)}{4xyz}$$

故左边不等式等价于

$$4\sum_{cyc}x\prod_{cyc}(x+y)\leqslant 5xyz\sum_{cyc}x+(\sum_{cyc}x)^4\Leftrightarrow$$

$$4\prod_{cyc}(x+y)\leqslant 5xyz+(\sum_{cyc}x)^3\Leftrightarrow$$

$$4\prod_{cyc}(x+y)\leqslant 5xyz+(\sum_{cyc}x)^3\Leftrightarrow$$

$$\sigma_1^3-4\sigma_1\sigma_2+9\sigma_3\geqslant 0$$

此即式(* *).

右边不等式等价于

$$\frac{(x+y+z)^3}{xyz}\leqslant$$

$$4\left[\frac{(x+y)(y+z)(z+x)}{4xyz}\right]^2+$$

$$4\left[\frac{(x+y)(y+z)(z+x)}{4xyz}\right]+3\Leftrightarrow$$

$$(xy)^3+(yz)^3+(zx)^3+3(xy)(yz)(zx)\geqslant$$

$$(xy)^2(yz)+(xy)(yz)^2+(yz)^2(zx)+$$

$$(yz)(zx)^2+(zx)^2(xy)+(zx)(xy)^2$$

此即三次舒尔不等式.

例 8　(2008 年马其顿数学奥林匹克试题) 如果 a,b,c 是正实数,求证

$$\left(1+\frac{4a}{b+c}\right)\left(1+\frac{4b}{c+a}\right)\left(1+\frac{4c}{a+b}\right)>25$$

证明　所证不等式等价于

$$(b+c+4a)(c+a+4b)(a+b+4c)>$$

$$25(a+b)(b+c)(c+a)$$

令 $a+b+c=s$,则上式又等价于

$$(s+3a)(s+3b)(s+3c)>$$

$$25(s-a)(s-b)(s-c)\Leftrightarrow$$

$$4s^3+9s\sum ab+27abc>$$

$$25\left(s\sum ab-abc\right)\Leftrightarrow$$

$$s^3+13abc>4s\sum ab$$

因为

$$s^3=(a+b+c)^3=\sum a^3+3\sum ab(a+b)-3abc$$

$$s\sum ab=\sum ab(a+b)+2abc\Leftrightarrow$$

$$\sum a^3+3\sum ab(a+b)-3abc+13abc>$$

$$4(\sum ab(a+b)+2abc)\Leftrightarrow$$

$$\sum a^3-\sum ab(a+b)+7abc>0\Leftrightarrow$$

$$\sum a(a-b)(a-c)+4abc>0$$

由舒尔不等式知最后一式成立,故得证.

例9 (2008年塞尔维亚数学奥林匹克试题)已知a,b,c是正数,且$a+b+c=1$,证明

$$\sum\frac{1}{bc+a+\frac{1}{a}}\leqslant\frac{27}{31}$$

证明 原式等价于

$$\sum\frac{9a^2+9abc+9-31a}{a^2+abc+1}\geqslant 0$$

不妨设$a\geqslant b\geqslant c$,显然有$9(a+b)<31$等,所以容易证明

$$9a^2+9abc+9-31a\leqslant 9b^2+9abc+9-31b\leqslant 9c^2+9abc+9-31c$$

$$\frac{1}{a^2+abc+1}\leqslant\frac{1}{b^2+abc+1}\leqslant\frac{1}{c^2+abc+1}$$

因此,由切比雪夫不等式有

$$3\sum\frac{9a^2+9abc+9-31a}{a^2+abc+1}\geqslant$$

$$\sum(9a^2+9abc+9-31a)\cdot\sum\frac{1}{a^2+abc+1}$$

于是只要证明

$$\sum(9a^2+9abc+9-31a)\geqslant 0$$

它等价于

$$9\sum(a^2+27abc+27)-31\sum a\geqslant 0$$

因为$a+b+c=1$,所以只要证明

$$9\sum(a^2+27abc-4)\geqslant 0$$

即

$$9\sum a\sum(a^2+27abc)-4(\sum a)^3\geqslant 0\qquad(1)$$

而

$$\sum a\sum a^2=\sum a^3+\sum ab(a+b)$$

$$(\sum a)^3=\sum a^3+3\sum[ab(a+b)+6abc]$$

于是式(1)等价于

$$9\left[\sum a^3+\sum ab(a+b)\right]+27abc-$$

$$4\left[\sum a^3+3\sum ab(a+b)+6abc\right]\geqslant 0\Leftrightarrow$$

$$5\sum a^3-3\sum ab(a+b)+3abc\geqslant 0\Leftrightarrow$$

$$3\sum a(a-b)(a-c)+2\left(\sum a^3-3abc\right)\geqslant 0$$

由舒尔不等式和$\sum a^3\geqslant 3abc$知最后一式成立,故得证.

例10　(第25届IMO试题)设x,y,z是非负数,且$\sum x=1$,则

$$0\leqslant xy+yz+zx-2xyz\leqslant\frac{7}{27}$$

证明　由条件有$\sigma_1=1$,则不等式(* *)可化为

$$1-4\sigma_2+9\sigma_3\geqslant 0$$

即

$$4\sigma_2-9\sigma_3\leqslant 1$$

注意到

$$\sigma_3\leqslant\left(\frac{\sigma_1}{3}\right)^3=\frac{1}{27}$$

故

$$xy+yz+zx-2xyz=\sigma_2-2\sigma_3=$$
$$\frac{1}{4}(4\sigma_2-9\sigma_3)+\frac{1}{4}\sigma_3\leqslant\frac{7}{27}$$

而

$$xy+yz+zx-2xyz\geqslant$$
$$xyz+xyz+xyz-2xyz=xyz\geqslant 0$$

例 11 （第 41 届 IMO 试题）设 $a,b,c\in\mathbf{R}_+$，且 $abc=1$，则

$$\left(a-1+\frac{1}{b}\right)\left(b-1+\frac{1}{c}\right)\left(c-1+\frac{1}{a}\right)\leqslant 1$$

证明 令 $a=\frac{y}{x},b=\frac{x}{z},c=\frac{z}{y}$，则

$$\left(\frac{y}{x}-1+\frac{z}{x}\right)\left(\frac{x}{z}-1+\frac{y}{z}\right)\left(\frac{z}{y}-1+\frac{x}{y}\right)\leqslant 1$$

此不等式经过化简正是例 4 的不等式.

评注 在本不等式中作变换：$(a,b,c)\rightarrow(a^n,b^n,c^n)$，即得《数学通报》2001(4) 数学问题 1310：设 $a,b,c\in\mathbf{R}_+$，且 $abc=1,n\in\mathbf{N}_+$，则

$$\left(a^n-1+\frac{1}{b^n}\right)\left(b^n-1+\frac{1}{c^n}\right)\left(c^n-1+\frac{1}{a^n}\right)\leqslant 1$$

提示 由熟知不等式

$$(x+y)(y+z)(z+x)\geqslant 8xyz$$

得

$$\sigma_1\sigma_2-9\sigma_3\geqslant 0.$$

结合式（* *），可得

$$2\sigma_1^3-7\sigma_1\sigma_2+9\sigma_3\geqslant 0 \qquad (***)$$

不等式（* * *）又有很好的应用.

例 12　（2003年爱尔兰数学奥林匹克试题）设 T 是一个周长为 2 的三角形，x,y,z 是 T 的三边长，则 $xyz+\frac{28}{27}\geqslant xy+yz+zx$.

证明　原不等式等价于 $\sigma_3+\frac{28}{27}\geqslant\sigma_2$. 由已知条件有 $\sigma_1=2$，则不等式（* *）可化为

$$8-8\sigma_2+9\sigma_3\geqslant 0\Leftrightarrow\sigma_3+\frac{8}{9}+\frac{1}{9}\sigma_2\geqslant\sigma_2$$

结合熟知不等式

$$(x+y+z)^2\geqslant 3(xy+yz+zx)$$

及条件易得 $\sigma_2\leqslant\frac{4}{3}$，从而

$$\sigma_3+\frac{8}{9}+\frac{1}{9}\sigma_2\geqslant\sigma_2\Rightarrow$$

$$\sigma_2\leqslant\sigma_3+\frac{8}{9}+\frac{1}{9}\sigma_2\leqslant$$

$$\sigma_3+\frac{8}{9}+\frac{1}{9}\times\frac{4}{3}=\sigma_3+\frac{28}{27}$$

这正是原不等式，故不等式得证.

例 13　（《数学通讯》竞赛之窗 1992(11) 问题 31）设 $\triangle ABC$ 的三边 a,b,c 满足 $a+b+c=1$，求证

$$5(a^2+b^2+c^2)+18abc\geqslant\frac{7}{3}$$

证明　由已知条件有 $\sigma_1=1$，原不等式 $\Leftrightarrow 4-15\sigma_2+27\sigma_3\geqslant 0$. 而不等式（* *）可化为

$$1-4\sigma_2+9\sigma_3\geqslant 0\Leftrightarrow 3-12\sigma_2+27\sigma_3\geqslant 0$$

由不等式

$$(x+y+z)^2\geqslant 3(xy+yz+zx)$$

及 $\sigma_1=1$ 得 $1-3\sigma_2\geqslant 0$,此式和上式相加即得

$$4-15\sigma_2+27\sigma_3\geqslant 0$$

从而原不等式得证.

例 14 (1992年加拿大数学奥林匹克试题)设 $x,y,z\geqslant 0$,则

$$x(x-z)^2+y(y-z)^2\geqslant (x-z)(y-z)(x+y-z)$$

证明 原不等式等价于

$$\sum x^3+3xyz\geqslant \sum x^2(y+z)\Leftrightarrow$$
$$\sigma_1^3-3\sigma_1\sigma_2+3\sigma_3+3\sigma_3\geqslant \sigma_1\sigma_2-3\sigma_3\Leftrightarrow$$
$$\sigma_1^3-4\sigma_1\sigma_2+9\sigma_3\geqslant 0$$

后一式即为不等式(* *).

例 15 已知 $a,b,c\in\mathbf{R}_+$,且 $a+b+c=1$,证明

$$\frac{13}{27}\leqslant a^2+b^2+c^2+4abc<1$$

证明
$$a^2+b^2+c^2+4abc<1=(a+b+c)^2=a^2+b^2+c^2+2ab+2bc+2ca$$
$$2abc<ab+bc+ca$$

$$\frac{13}{27}\leqslant a^2+b^2+c^2+4abc\Leftrightarrow$$
$$27(a^2+b^2+c^2)(a+b+c)+4abc-13(a+b+c)^3\geqslant 0\Leftrightarrow$$
$$7(a^3+b^3+c^3)+15abc-$$

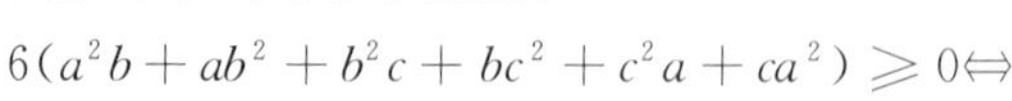

$$6(a^2b+ab^2+b^2c+bc^2+c^2a+ca^2)\geqslant 0\Leftrightarrow$$

$$7(a^3+b^3+c^3+3abc-a^2b-ab^2-$$
$$b^2c-bc^2-c^2a-ca^2)+$$
$$(a^2b+ab^2+b^2c+bc^2+$$
$$c^2a+ca^2-6abc)\geqslant 0$$

类似题　设 $a,b,c\geqslant 0$，且 $a+b+c=1$ 求证

$$a(1-2a)(1-3a)+b(1-2b)(1-3b)+$$
$$c(1-2c)(1-3c)\geqslant 0$$

证明　左边 $=a(b+c-a)(b+c-2a)+$

$$b(c+a-b)(c+a-2b)+$$
$$c(a+b-c)(a+b-2c)=$$
$$2(a^3+b^3+c^3+3abc-a^2b-$$
$$ab^2-b^2c-bc^2-c^2a-ca^2)\geqslant 0$$

例16　(IMO美国国家队训练题)证明:在任意锐角 $\triangle ABC$ 中,有

$$\cot^3A+\cot^3B+\cot^3C+6\cot A\cot B\cot C\geqslant$$
$$\cot A+\cot B+\cot C$$

证明　令 $\cot A=x,\cot B=y,\cot C=z$,因为

$$xy+yz+zx=1$$

所以只要证明下面齐次不等式即可得

$$x^3+y^3+z^3+6xyz\geqslant(x+y+z)(xy+yz+zx)$$

这等价于舒尔不等式的变式$(**)$.

例17　设 $a,b,c>0$,求证

$$\frac{(a+b)^2}{c^2+ab}+\frac{(b+c)^2}{a^2+bc}+\frac{(c+a)^2}{b^2+ca}\geqslant 6$$

证明

$$\frac{(a+b)^2}{c^2+ab}+\frac{(b+c)^2}{a^2+bc}+\frac{(c+a)^2}{b^2+ca}=$$

$$\frac{[(a+b)^2]^2}{(a+b)^2(c^2+ab)}+\frac{[(b+c)^2]^2}{(b+c)^2(a^2+bc)}+$$

$$\frac{[(c+a)^2]^2}{(c+a)^2(b^2+ca)} \geqslant$$

$$\frac{[(a+b)^2+(b+c)^2+(c+a)^2]^2}{(a+b)^2(c^2+ab)+(b+c)^2(a^2+bc)+(c+a)^2(b^2+ca)}$$

为此,只需证明

$$\frac{[(a+b)^2+(b+c)^2+(c+a)^2]^2}{(a+b)^2(c^2+ab)+(b+c)^2(a^2+bc)+(c+a)^2(b^2+ca)} \geqslant 6$$

即证

$$[(a+b)^2+(b+c)^2+(c+a)^2]^2 \geqslant 6[(a+b)^2(c^2+ab)+(b+c)^2(a^2+bc)+(c+a)^2(b^2+ca)]$$

也即证

$$4(a^4+b^4+c^4)+2(a^3b+b^3c+c^3a+ab^3+bc^3+ca^3)-12(a^2b^2+b^2c^2+c^2a^2)+4abc(a+b+c) \geqslant 0$$

注意到

$$a^3b+b^3c+c^3a+ab^3+bc^3+ca^3 = ab(a^2+b^2)+bc(b^2+c^2)+ca(c^2+a^2) \geqslant ab\cdot 2ab+bc\cdot 2bc+ca\cdot 2ca = 2(a^2b^2+b^2c^2+c^2a^2)$$

为此,只需证明

$$a^4+b^4+c^4-2(a^2b^2+b^2c^2+c^2a^2)+abc(a+b+c) \geqslant 0 \Leftrightarrow$$

$$(a+b+c)[abc-(a+b-c)(b+c-a)(c+a-b)] \geqslant 0 \Leftrightarrow$$

$$abc-(a+b-c)(b+c-a)(c+a-b) \geqslant 0$$

此即舒尔不等式.

3. $\alpha\in\mathbf{R}$.

定理5　三元齐四次对称多项式 $f(x,y,z)$ 可以唯一的表示为

$$f(x,y,z)=ag_{4.1}+bg_{4.2}+cg_{4.3}+dg_{4.4}$$

其中

$$g_{4.1}=\sum x^2(x-y)(x-z)$$

$$g_{4.2}=\sum x(y+z)(x-y)(x-z)$$

$$g_{4.3}=\sum yz(x-y)(x-z)$$

$$g_{4.4}=xyz(x+y+z)$$

并且当 $x,y,z\geqslant 0$ 时

$$a,b,c,d\geqslant 0\Leftrightarrow f(x,y,z)\geqslant 0$$

先给出系数 a,b,c,d 的简单确定方法

$$a=f(1,0,0),c=f(1,1,0)$$

$$d=\frac{f(1,1,1)}{3},b=a+\frac{c-f(-1,0,1)}{4}$$

舒尔不等式的加强

加强1　设 $a,b,c>0$，则有

$$a^3+b^3+c^3+3abc-(a^2b+b^2c+c^2a+ab^2+bc^2+c^2a)\geqslant\frac{\sum(a+b-c)^2(a-b)^2}{2(a+b+c)}$$

证明　原不等式等价于

$$f(a,b,c)=2\sum a\left[\sum a^3+3abc-\sum(a^2b+ab^2)\right]-\sum(a+b-c)^2(a-b)^2\geqslant 0$$

应用定理5得

$$f(a,b,c)=2g_{4.2}\geqslant 0$$

定理6　三元齐五次对称多项式 $f(x,y,z)$ 可以

唯一的表示为

$$f(x,y,z)=ag_{5.1}+bg_{5.2}+cg_{5.3}+dg_{5.4}+eg_{5.5}$$

其中

$$g_{5.1}=\sum x^3(x-y)(x-z)$$

$$g_{5.2}=\sum x^2(y+z)(x-y)(x-z)$$

$$g_{5.3}=\sum yz(y+z)(x-y)(x-z)$$

$$g_{5.4}=xyz\sum(x-y)(x-z)$$

$$g_{5.5}=xyz(xy+yz+zx)$$

并且当 $x,y,z\geqslant 0$ 时

$$a,b,c,d,e\geqslant 0\Leftrightarrow f(x,y,z)\geqslant 0$$

先给出系数 a,b,c,d 的简单确定方法(i 为虚数单位)

$$a=f(1,0,0),c=\frac{f(1,1,0)}{2},e=\frac{f(1,1,1)}{3}$$

$$b=\frac{f(1,\mathrm{i},0)}{2(1+\mathrm{i})}+\frac{c}{2},d=\frac{f(-1,\mathrm{i},1)\mathrm{i}+8b+e-2a}{2}$$

加强 2 设 $a,b,c>0$,则有

$$a^3+b^3+c^3+3abc-(a^2b+b^2c+c^2a+ab^2+bc^2+c^2a)\geqslant\frac{abc[(a-b)^2+(b-c)^2+(c-a)^2]}{a^2+b^2+c^2}.$$

证明 原不等式等价于

$$f(a,b,c)=a^3(a-b)(a-c)+b^3(b-c)(b-a)+c^3(c-a)(c-b)\geqslant 0$$

应用定理 6 得

$$f(a,b,c)=g_{5.1}\geqslant 0$$

加强 3 设 $a,b,c>0$,则有

$a^3+b^3+c^3+3abc-$

$$(a^2b+b^2c+c^2a+ab^2+bc^2+c^2a)\geqslant$$
$$\frac{2abc[(a-b)^2+(b-c)^2+(c-a)^2]}{(a+b+c)^2}$$

证明　原不等式等价于

$$f(a,b,c)=$$
$$\left(\sum a\right)^2\left[\sum a^3+3abc-\sum(a^2b+ab^2)\right]-$$
$$2abc\sum(a-b)^2\geqslant 0$$

应用定理6得

$$f(a,b,c)=g_{5.1}+2g_{5.2}\geqslant 0$$

加强4　设 $a,b,c>0$，则有

$$a^3+b^3+c^3+3abc-$$
$$(a^2b+b^2c+c^2a+ab^2+bc^2+c^2a)\geqslant$$
$$\frac{abc[(a-b)^2+(b-c)^2+(c-a)^2]}{2(ab+bc+ca)}$$

证明　原不等式等价于

$$f(a,b,c)=$$
$$2\sum ab\left[\sum a^3+3abc-\sum(a^2b+ab^2)\right]-$$
$$abc\sum(a-b)^2\geqslant 0$$

应用定理6得

$$f(a,b,c)=2g_{5.2}\geqslant 0$$

加强5　设 $a,b,c>0$，则有

$$a^3+b^3+c^3+3abc-$$
$$(a^2b+b^2c+c^2a+ab^2+bc^2+c^2a)\geqslant$$
$$\frac{5}{2}\cdot\frac{abc[(a-b)^2+(b-c)^2+(c-a)^2]}{(a+b)(b+c)+(b+c)(c+a)+(c+a)(a+b)}$$

证明　原不等式等价于

$$f(a,b,c)=2\sum(a+b)(a+c)\cdot$$

$$\left[\sum a^3+3abc-\sum(a^2b+ab^2)\right]-$$

$$5abc\sum(a-b)^2\geqslant 0$$

应用定理 6 得

$$f(a,b,c)=2g_{5.1}+6g_{5.2}\geqslant 0$$

定理 7 三元齐六次对称多项式 $f(x,y,z)$ 可以唯一的表示为

$$f(x,y,z)=ag_{6.1}+bg_{6.2}+cg_{6.3}+dg_{6.4}+eg_{6.5}+mg_{6.6}+ng_{6.7}$$

其中

$$g_{6.1}=\sum x^4(x-y)(x-z)$$

$$g_{6.2}=\sum x^3(y+z)(x-y)(x-z)$$

$$g_{6.3}=(x-y)^2(y-z)^2(z-x)^2$$

$$g_{6.4}=\sum(yz)^2(x-y)(x-z)$$

$$g_{6.5}=xyz\sum x(x-y)(x-z)$$

$$g_{6.6}=xyz\sum(y+z)(x-y)(x-z)$$

$$g_{6.7}=(xyz)^2$$

并且当 $x,y,z\geqslant 0$ 时

$$a,b,c,d,e,m,n\geqslant 0\Leftrightarrow f(x,y,z)\geqslant 0$$

先给出系数 a,b,c,d 的简单确定方法(i 为虚数单位)

$$a=f(1,0,0),d=f(1,1,0),n=f(1,1,1)$$

由

$$\begin{cases}f(0,-1,1)=4a-4b+4c-d\\f(0,1,\mathrm{i})\mathrm{i}=2a-2b-2c+d\end{cases}$$

将 a,d 代入解得 b,c.

由

$$\begin{cases} f(-1,1,1)=4a-8b+4d+4e-8m+n \\ f(-1,1,\mathrm{i})=2a+16c-6d-6e+8m-n \end{cases}$$

将 a,b,c,d,n 代入解得 e,m.

加强 6　设 $a,b,c>0$,则有

$$abc\geqslant\frac{(a+b+c)^3}{27abc}(b+c-a)(c+a-b)(a+b-c)$$

证明　原不等式等价于

$$f(a,b,c)=27a^2b^2c^2-(a+b+c)^3(b+c-a)\cdot$$
$$(c+a-b)(a+b-c)\geqslant 0$$

应用定理 7 得

$$f(a,b,c)=g_{6.1}+3g_{6.2}+11g_{6.3}\geqslant 0$$

另证　当 a,b,c 不能构成三角形时,原不等式左端为正,右端为负,不等式显然成立.

当 a,b,c 能构成三角形时,由余弦定理知

$$a^2+b^2-c^2=2ab\cos C$$
$$(a+b)^2-c^2=2ab(1+\cos C)$$
$$(a+b+c)(a+b-c)=2ab(1+\cos C)$$

同理

$$(a+b+c)(b+c-a)=2bc(1+\cos A)$$
$$(a+b+c)(c+a-b)=2ca(1+\cos B)$$

三式相乘,并利用均值不等式和

$$\cos A+\cos B+\cos C\leqslant\frac{3}{2}$$

可得

$$(a+b+c)^3(b+c-a)(c+a-b)(a+b-c)=$$
$$8a^2b^2c^2(1+\cos A)(1+\cos B)(1+\cos C)\leqslant$$
$$8a^2b^2c^2\left(\frac{3+\cos A+\cos B+\cos C}{3}\right)^3\leqslant$$

$$8a^2b^2c^2\left(\frac{3+\frac{3}{2}}{3}\right)^3=27a^2b^2c^2$$

评注 (1) 由本结论和

$$a+b+c\geqslant 3\sqrt[3]{abc}$$

可得

$$(b+c-a)(c+a-b)(a+b-c)\leqslant abc$$

此即1983年瑞士数学奥林匹克竞赛题.

(2) 由本结论和海伦公式

$$S=\sqrt{p(p-a)(p-b)(p-c)}\quad \left(p=\frac{1}{2}(a+b+c)\right)$$

可得

$$S\leqslant\frac{3\sqrt{3}}{4}\cdot\frac{abc}{a+b+c}$$

此即1984年张运筹给出Weitezen bock不等式的一个类似不等式,也等价于1988年刘晓波给出的另一个不等式

$$(abcp_ap_bp_c)^{\frac{1}{3}}\geqslant\frac{2S}{\sqrt{3}}$$

也等价于1989年冯跃峰给出的另一个不等式

$$\frac{1}{a^2}+\frac{1}{b^2}+\frac{1}{c^2}\leqslant$$

$$\frac{3\sqrt{3}}{4S}+\frac{1}{2}\left[\left(\frac{1}{a}-\frac{1}{b}\right)^2+\left(\frac{1}{b}-\frac{1}{c}\right)^2+\left(\frac{1}{c}-\frac{1}{a}\right)^2\right]$$

(3) 由

$$S\leqslant\frac{3\sqrt{3}}{4}\cdot\frac{abc}{a+b+c}\leqslant\frac{3\sqrt{3}}{4}\cdot\frac{abc}{3\sqrt[3]{abc}}=$$

$$\frac{\sqrt{3}}{4}\cdot(a^2b^2c^2)^{\frac{1}{3}}\leqslant\frac{\sqrt{3}}{4}\cdot\frac{a^2+b^2+c^2}{3}$$

可得 Weitezen bock 不等式

$$a^2+b^2+c^2\geqslant 4\sqrt{3}S$$

加强 7　设 $a,b,c>0$,则有

$$a^3+b^3+c^3+3abc-(a^2b+b^2c+c^2a+ab^2+bc^2+c^2a)\geqslant\frac{abc(a+b+c)[(a-b)^2+(b-c)^2+(c-a)^2]}{2(a+b)(b+c)(c+a)}$$

证明　原不等式等价于

$$f(a,b,c)=2\prod(a+b)\left[\sum a^3+3abc-\sum(a^2b+ab^2)\right]-abc\sum a\sum(a-b)^2\geqslant 0$$

应用定理 7 得

$$f(a,b,c)=2g_{6.2}+2g_{6.3}+6g_{6.4}\geqslant 0$$

加强 8　设 $a,b,c>0$,则有

$$a^3+b^3+c^3+3abc-(a^2b+b^2c+c^2a+ab^2+bc^2+c^2a)\geqslant abc\left[\frac{(a-b)^2}{(a+c)(b+c)}+\frac{(b-c)^2}{(b+a)(b+c)}+\frac{(c-a)^2}{(c+b)(a+b)}\right]$$

证明　原不等式等价于

$$f(a,b,c)=\prod(a+b)\left[\sum a^3+3abc-\sum(a^2b+ab^2)\right]-abc\sum(a+b)(a-b)^2\geqslant 0$$

应用定理 7 得

$$f(a,b,c)=g_{6.2}+g_{6.3}+2g_{6.4}\geqslant 0$$

例 18　(2011 年科索沃)已知 $a,b,c>0$,求证

$$\frac{\sqrt{a^3+b^3}}{a^2+b^2}+\frac{\sqrt{b^3+c^3}}{b^2+c^2}+\frac{\sqrt{c^3+a^3}}{c^2+a^2}\geqslant$$

$$\frac{6(ab+bc+ca)}{(a+b+c)\sqrt{(a+b)(b+c)(c+a)}}$$

证明 由柯西不等式有

$$\sqrt{(a^3+b^3)(a+b)} \geqslant a^2+b^2$$

因此,只需证明

$$\frac{1}{\sqrt{a+b}}+\frac{1}{\sqrt{b+c}}+\frac{1}{\sqrt{c+a}} \geqslant$$

$$\frac{6(ab+bc+ca)}{(a+b+c)\sqrt{(a+b)(b+c)(c+a)}} \Leftrightarrow$$

$$(a+b+c)(\sqrt{(a+b)(b+c)}+$$

$$\sqrt{(b+c)(c+a)}+\sqrt{(c+a)(a+b)}) \geqslant$$

$$6(ab+bc+ca)$$

再由柯西不等式有

$$\sqrt{(a+b)(a+c)} \geqslant a+\sqrt{bc}$$

为此只需证明

$$(a+b+c)(a+\sqrt{bc}+b+\sqrt{ca}+c+\sqrt{ab}) \geqslant$$

$$6(ab+bc+ca) \Leftrightarrow$$

$$(a^2+a\sqrt{bc}+b^2+\sqrt{ca}+c^2+\sqrt{ab})+$$

$$(\sqrt{bc}(b+c)+\sqrt{ca}(c+a)+\sqrt{ab}(a+b)) \geqslant$$

$$4(ab+bc+ca)$$

由舒尔不等式有

$$a(\sqrt{a}-\sqrt{b})(\sqrt{a}-\sqrt{c})+b(\sqrt{b}-\sqrt{c})(\sqrt{b}-\sqrt{a})+$$

$$c(\sqrt{c}-\sqrt{a})(\sqrt{c}-\sqrt{b}) \geqslant 0 \Leftrightarrow$$

$$a^2+a\sqrt{bc}+b^2+\sqrt{ca}+c^2+\sqrt{ab} \geqslant$$

$$\sqrt{bc}(b+c)+\sqrt{ca}(c+a)+\sqrt{ab}(a+b)$$

因此

$(a^2+a\sqrt{bc}+b^2+\sqrt{ca}+c^2+\sqrt{ab})+$

$(\sqrt{bc}(b+c)+\sqrt{ca}(c+a)+\sqrt{ab}(a+b))\geqslant$

$2(\sqrt{bc}(b+c)+\sqrt{ca}(c+a)+\sqrt{ab}(a+b))\geqslant$

$2(\sqrt{bc}\cdot 2\sqrt{bc}+\sqrt{ca}\cdot 2\sqrt{ca}+\sqrt{ab}\cdot\sqrt{ab})=$

$4(ab+bc+ca)$

例 19　(第46届IMO试题)设正实数 x,y,z 满足 $xyz\geqslant 1$. 证明

$$\frac{x^5-x^2}{x^5+y^2+z^2}+\frac{y^5-y^2}{y^5+z^2+x^2}+\frac{z^5-z^2}{z^5+x^2+y^2}\geqslant 0$$

证明　注意到

$$\frac{x^5-x^2}{x^5+y^2+z^2}\geqslant\frac{x^5-x^2\cdot xyz}{x^5+(y^2+z^2)\cdot xyz}=$$

$$\frac{x^4-x^2yz}{x^4+(y^2+z^2)yz}=$$

$$\frac{2x^4-2x^2yz}{2x^4+2(y^2+z^2)yz}\geqslant$$

$$\frac{2x^4-x^2(y^2+z^2)}{2x^4+(y^2+z^2)^2}$$

故欲证原不等式,只需证

$$\sum\frac{2x^4-x^2(y^2+z^2)}{2x^4+(y^2+z^2)^2}\geqslant 0$$

作代换 $(x^2,y^2,z^2)\rightarrow(x,y,z)$,于是

$$\sum\frac{2x^2-x(y+z)}{2x^2+(y+z)^2}\geqslant 0\Leftrightarrow$$

$$f(x,y,z)=$$

$$\sum\{[2x^2-x(y+z)][2y^2+(z+x)^2]\cdot$$

$$[2z^2+(x+y)^2]\}\geqslant 0$$

首先,计算 $a=f(1,0,0)=2,d=f(1,1,0)=24$, $n=f(1,1,1)=0$.

再计算 $f(0,-1,1)$，$f(0,1,\mathrm{i})\mathrm{i}$，得方程组

$$\begin{cases}0=4\times 2-4b+4c-24\\8=2\times 2-2b-2c+24\end{cases}$$

解得 $b=3,c=7$.

最后计算 $f(-1,1,1)$，$f(-1,1,\mathrm{i})$ 得方程组

$$\begin{cases}64=80+4e-8m\\-48=-28-6e+8m\end{cases}$$

解得 $e=18,m=11$.

故

$$f(x,y,z)=2g_{6.1}+3g_{6.2}+7g_{6.3}+24g_{6.4}+18g_{6.5}+11g_{6.6}\geqslant 0$$

得证.

例 20 （2003 年 IMO 美国国家队选拔考试题）设 a,b,c 为区间 $\left(0,\frac{\pi}{2}\right)$ 上的实数，证明

$$\frac{\sin a\sin(a-b)\sin(a-c)}{\sin(b+c)}+\frac{\sin b\sin(b-c)\sin(b-a)}{\sin(c+a)}+\frac{\sin c\sin(c-a)\sin(c-b)}{\sin(a+b)}\geqslant 0$$

证明 由积化和差公式和二倍角公式，有

$$\sin a\sin(a-b)\sin(a-c)\sin(c+a)\sin(a+b)=\sin a(\sin^2 a-\sin^2 b)(\sin^2 a-\sin^2 c)$$

令 $\sin^2 a=x$，$\sin^2 b=y$，$\sin^2 c=z$，则所证不等式等价于

$$x^{\frac{1}{2}}(x-y)(x-z)+y^{\frac{1}{2}}(y-z)(y-x)+z^{\frac{1}{2}}(z-x)(z-y)\geqslant 0$$

这是舒尔不等式的一个特例$\left(r=\frac{1}{2}\right)$.

例 21　(2001年IMO罗马尼亚国家队选拔考试题)已知a,b,c是一个三角形的三边长,证明

$$(-a+b+c)(a-b+c)+(a-b+c)(a+b-c)+(a+b-c)(-a+b+c)\leqslant\sqrt{abc}(\sqrt{a}+\sqrt{b}+\sqrt{c})$$

证明　假设a,b,c是任意正数,经过标准化运算,原不等式变为

$$2(ab+bc+ca)\leqslant a^2+b^2+c^2+a\sqrt{bc}+b\sqrt{ca}+c\sqrt{ab}$$

令$a=x^2,b=y^2,c=z^2$,则上式等价于

$$x^4+y^4+z^4+x^2yz+xy^2z+xyz^2\geqslant 2(x^2y^2+y^2z^2+z^2x^2)$$

由AM－GM不等式,得

$$2x^2y^2\leqslant x^3y+xy^3$$

从而只要证明下面不等式即可

$$x^4+y^4+z^4+x^2yz+xy^2z+xyz^2\geqslant x^3y+xy^3+y^3z+yz^3+z^3x+zx^3$$

这可以写成下面的形式

$$x^2(x-y)(x-z)+y^2(y-z)(y-x)+z^2(z-x)(z-y)\geqslant 0$$

这是舒尔不等式的一个特例$(r=2)$,所以结论成立.

类似题　(2015年越南数学奥林匹克第2题)令a,b,c为非负实数.证明

$$3\sum a^2\geqslant\left(\sum a\right)\left(\sum\sqrt{ab}\right)+\sum(a-b)^2\geqslant\left(\sum a\right)^2$$

证明 注意到

$$3\sum a^2-\left(\sum a\right)^2=\sum (a-b)^2$$

原不等式左边不等式等价于

$$\left(\sum a\right)^2\geqslant\left(\sum a\right)\left(\sum \sqrt{ab}\right)$$

即

$$\sum a\geqslant\sum \sqrt{ab}$$

令 $x=\sqrt{a}$，$y=\sqrt{b}$，$z=\sqrt{c}$，则上式改写为

$$\sum x^2\geqslant\sum xy$$

此即舒尔不等式中 $\alpha=0$ 的情形.

原不等式右端不等式改写为

$$\left(\sum x^2\right)\left(\sum xy\right)+\sum (x^2-y^2)^2\geqslant\left(\sum x^2\right)^2\Leftrightarrow$$

$$\sum x^4+xyz\sum x+\sum xy(x^2+y^2)\geqslant 4\sum x^2y^2$$

由舒尔不等式中 $\alpha=2$ 知

$$\sum x^4+xyz\sum x\geqslant\sum xy(x^2+y^2)$$

由均值不等式知

$$\sum xy(x^2+y^2)\geqslant\sum 2x^2y^2$$

故右端不等式成立.

于是，原不等式得证.

例22 (Crux 2006:415-416)设 $k>-1$ 为一固定的实数，a,b,c 为非负实数，满足 $a+b+c=1$，且 $ab+bc+ca>0$. 求

$$\min\left\{\frac{(1+ka)(1+kb)(1+kc)}{(1-a)(1-b)(1-c)}\right\}$$

解 所求的最小值是

$$\min\left\{\frac{1}{8}(k+3)^3,(k+2)^2\right\}$$

首先,我们证明下面的不等式

$$4(ab+bc+ca)\leqslant 1+9abc \tag{1}$$

利用条件 $a+b+c=1$,得

$$1+9abc-4(ab+bc+ca)=$$
$$(a+b+c)^3-4(a+b+c)\cdot$$
$$(ab+bc+ca)+9abc=$$
$$a(a-b)(a-c)+b(b-c)(b-a)+$$
$$c(c-a)(c-b)\geqslant 0$$

上式后半部分为舒尔不等式,这就证明了(1)成立.

我们也断定

$$ab+bc+ca\geqslant 9abc \tag{2}$$

事实上,利用 $AM-GM$ 不等式可得

$$ab+bc+ca=$$
$$(a+b+c)(ab+bc+ca)=$$
$$a^2b+ab^2+b^2c+bc^2+c^2a+ca^2+3abc\geqslant$$
$$6abc+3abc=9abc$$

回到原来的问题,我们发现 a,b 或 c 都不能等于1.例如,如果 $a=1$,则 $b=c=0$,这意味着 $ab+bc+ca=0$,矛盾.这样,$a,b,c\in(0,1)$,令

$$Q(a,b,c)=\frac{(1+ka)(1+kb)(1+kc)}{(1-a)(1-b)(1-c)}=$$
$$\frac{k^3abc+k^2(ab+bc+ca)+k+1}{ab+bc+ca-abc}=$$
$$k^2+(k+1)\cdot\frac{k^2abc+1}{ab+bc+ca-abc}$$

注意到

$$Q\left(\frac{1}{3},\frac{1}{3},\frac{1}{3}\right)=\frac{1}{8}(k+3)^3$$

和

$$Q\left(0,\frac{1}{2},\frac{1}{2}\right)=(k+2)^2.$$

情况 1：当 $k^2\leqslant 5$ 时. 我们证明 $Q(a,b,c)\geqslant Q\left(\frac{1}{3},\frac{1}{3},\frac{1}{3}\right)$.

因为 $k+1>0$，直接计算可得

$$k^2(ab+bc+ca-9abc)+$$
$$27(ab+bc+ca-abc)\leqslant 8 \tag{3}$$

由(2)可知

$$k^2(ab+bc+ca-9abc)\geqslant 0$$

因为 $k^2\leqslant 5$，(3)的左边至多为 $8[4(ab+bc+ca)-9abc]$，所以由(1)可得(3)成立.

这样，$Q\left(\frac{1}{3},\frac{1}{3},\frac{1}{3}\right)=\frac{1}{8}(k+3)^3$ 是 $Q(a,b,c)$ 的最小值.

情况 2：当 $k^2\geqslant 5$ 时，我们证明 $Q(a,b,c)\geqslant Q\left(0,\frac{1}{2},\frac{1}{2}\right)$.

因为 $k+1>0$，我们推出这个不等式等价于

$$1+4[abc-(ab+bc+ca)]+k^2abc\geqslant 0$$

因为 $k^2\geqslant 5$，由(1)可得这个不等式成立. 这样，$Q\left(0,\frac{1}{2},\frac{1}{2}\right)=(k+2)^2$ 是 $Q(a,b,c)$ 的最小值.

注意到

$$\frac{1}{8}(k+3)^3-(k+2)^2=\frac{1}{8}(k+1)(k^2-5)$$

我们发现，如果 $k^2\geqslant 5$，则

$$\frac{1}{8}(k+3)^3\geqslant(k+2)^2$$

如果 $k^2\leqslant 5$，则

$$\frac{1}{8}(k+3)^3 \leqslant (k+2)^2$$

结论成立.

例 23　(Crux2006:190-191) 设 a,b,c 是非负实数,满足 $a^2+b^2+c^2=1$,证明

$$\frac{1}{1-ab}+\frac{1}{1-bc}+\frac{1}{1-ca} \leqslant \frac{9}{2}$$

证明　原不等式等价于

$$3-5(ab+bc+ca)+6abc(a+b+c)+ abc(a+b+c-9abc) \geqslant 0 \tag{1}$$

由 AM－GM 不等式,我们有

$$a+b+c-9abc = (a+b+c)(a^2+b^2+c^2)-9abc \geqslant 3\sqrt[3]{abc}\cdot\sqrt[3]{a^2b^2c^2}-9abc=0 \tag{2}$$

另一方面

$$3-5(ab+bc+ca)+6abc(a+b+c)= 3(a^2+b^2+c^2)^2-5(ab+bc+ca)(a^2+b^2+c^2)+ 6abc(a+b+c)= [(a-b)^4+(b-c)^4+(c-a)^4]+ [a^2(a-b)(a-c)+b^2(b-c)(b-a)+ c^2(c-a)(c-b)] \geqslant 0 \tag{3}$$

因为

$$(a-b)^4+(b-c)^4+(c-a)^4 \geqslant 0$$

$$a^2(a-b)(a-c)+b^2(b-c)(b-a)+ c^2(c-a)(c-b) \geqslant 0$$

后一个是舒尔不等式的特例($r=2$),且由(2)和(3)得(1)成立,等号成立当且仅当 $a=b=c=\frac{\sqrt{3}}{3}$.

例 24　(1996 年伊朗) 证明:对正实数 x,y,z,下

面不等式成立

$$(xy+yz+zx)\left[\frac{1}{(x+y)^2}+\frac{1}{(y+z)^2}+\frac{1}{(z+x)^2}\right]\geqslant\frac{9}{4}$$

证明 通过去分母,原不等式变为

$$\sum_{\text{sym}}(4x^5y-x^4y^2-3x^3y^3+x^4yz-2x^3y^2z+x^2y^2z^2)\geqslant 0$$

这里 $\sum\limits_{\text{sym}}$ 表示跑遍 x,y,z 的所有排列.(特别是,这意味着 x^3y^3 在最后的表达式中的系数是 -6,$x^2y^2z^2$ 的系数是 6).

由此想到舒尔不等式的变式. 该不等式乘以 $2xyz$,合并对称项,得

$$\sum_{\text{sym}}(x^4yz-2x^3y^2z+x^2y^2z^2)\geqslant 0$$

而且

$$\sum_{\text{sym}}(x^5y-x^4y^2)+3(x^5y-x^3y^3)\geqslant 0$$

通过两次利用 AM - GM 不等式,结合后面两个不等式即可得到所要证的不等式.

以下三个不等式的形式与舒尔不等式类似,有趣的是,其证明方法也与舒尔不等式的证明类似.

例 25 设 $a\geqslant b\geqslant c$,非负实数 x,y,z 满足 $x+z\geqslant y$. 求证

$$x^2(a-b)(a-c)+y^2(b-c)(b-a)+z^2(c-a)(c-b)\geqslant 0$$

证明 因为 $x+z\geqslant y$,且 $(b-c)(b-a)\leqslant 0$,所以

$$x^2(a-b)(a-c)+y^2(b-c)(b-a)+z^2(c-a)(c-b)\geqslant$$

$$x^2(a-b)(a-c)+(x+z)^2(b-c)(b-a)+$$
$$z^2(c-a)(c-b)=[x(a-b)+z(c-b)]^2\geqslant 0$$

当 $x+z=y$,且 $x(a-b)=z(b-c)$ 时等号成立.

推论 设 a,b,c 是三角形的三边长,x,y,z 为任意实数,则有

$$a^2(x-y)(x-z)+b^2(y-z)(y-x)+$$
$$c^2(z-x)(z-y)\geqslant 0$$

例 26 已知实数 a,b,c,x,y,z 满足 $a\geqslant b\geqslant c$,且 $x\geqslant y\geqslant z$ 或 $x\leqslant y\leqslant z$,k 是正整数. $f:\mathbf{R}\to\mathbf{R}_+$ 是单调或凸函数,求证

$$f(x)(a-b)^k(a-c)^k+f(y)(b-c)^k(b-a)^k+$$
$$f(z)(c-a)^k(c-b)^k\geqslant 0$$

证明 当 k 为偶数时,不等式显然成立.

当 k 为奇数时,因为 $f:\mathbf{R}\to\mathbf{R}_+$ 是单调或凸函数,且 $x\geqslant y\geqslant z$ 或 $x\leqslant y\leqslant z$,所以 $f(x)\geqslant f(y)$ 和 $f(z)\geqslant f(y)$ 必有一个成立,不妨设 $f(x)\geqslant f(y)$.

因为 $a\geqslant b\geqslant c$,所以

$$(a-c)^k\geqslant(b-c)^k$$

从而

$$f(x)(a-c)^k-f(y)(b-c)^k\geqslant 0$$

由此可得

$$f(x)(a-b)^k(a-c)^k+f(y)(b-c)^k(b-a)^k+$$
$$f(z)(c-a)^k(c-b)^k=$$
$$(a-b)^k[f(x)(a-c)^k-f(y)(b-c)^k]+$$
$$f(z)(c-a)^k(c-b)^k\geqslant 0$$

例 27 (Surányi) 设 $n\geqslant 3$ 为正整数,$x_1,x_2,\cdots,x_n$ 为非负实数,则

$$(n-1)\sum_{i=1}^{n}x_i^n+n\prod_{i=1}^{n}x_i\geqslant\left(\sum_{i=1}^{n}x_i\right)\left(\sum_{i=1}^{n}x_i^{n-1}\right)$$

证明 若存在 $x_i=0$，不妨设 $x_n=0$，原不等式变为

$$(n-1)\sum_{i=1}^{n-1}x_i^n \geqslant (\sum_{i=1}^{n-1}x_i)(\sum_{i=1}^{n-1}x_i^{n-1})$$

由切比雪夫不等式立得此式成立.

下设 $x_i \geqslant 0, i=1,2,\cdots,n$，利用数学归纳法证明原式.

当 $n=3$ 时

原不等式 $\Leftrightarrow$

$2(x_1^3+x_2^3+x_3^3)+3x_1x_2x_3 \geqslant$

$(x_1+x_2+x_3)(x_1^2+x_2^2+x_3^2) \Leftrightarrow$

$x_1(x_1-x_2)(x_1-x_3)+x_2(x_2-x_1)(x_2-x_3)+$

$x_3(x_3-x_1)(x_3-x_2) \geqslant 0$

此即舒尔不等式.

设原不等式对 $n-1$ 成立($n \geqslant 4$)，考虑 n 的情况：

记 $T=\prod_{i=1}^{n}x_i, S_t=\sum_{i=1}^{n}x_i^t, t=1,2,\cdots,n$. 对固定的 $k, 1 \leqslant k \leqslant n$，考虑数组 $(x_1,x_2,\cdots,x_{k-1},x_{k-1},\cdots,x_n)$，由归纳假设，有

$$(n-2)\sum_{\substack{i=1\\i\neq k}}^{n}x_i^{n-1}+(n-1)\prod_{\substack{i=1\\i\neq k}}^{n}x_i \geqslant (\sum_{\substack{i=1\\i\neq k}}^{n}x_i)(\sum_{\substack{i=1\\i\neq k}}^{n}x_i^{n-2})$$

即

$$(n-2)(S_{n-1}-x_k^{n-1})+(n-1)\frac{T}{x_k} \geqslant$$

$$(S_1-x_k)(S_{n-2}-x_k^{n-2})$$

整理得

$$T \geqslant \frac{1}{n-1}(S_1S_{n-2}x_k-S_{n-2}x_k^2-S_1x^{n-1}-$$

$$(n-2)S_{n-1}x_k+(n-1)x_k^n)$$

上式对 $k=1,2,\cdots,n$ 求和,得

$$T\geqslant\frac{1}{n-1}(S_1^2S_{n-2}-S_2S_{n-2}-$$
$$(n-1)S_1S_{n-1}+(n-1)S_n)$$

代入原不等式,得

$$(n-1)S_n+\frac{n}{n-1}(S_1^2S_{n-2}-S_2S_{n-2}-$$
$$(n-1)S_1S_{n-1}+(n-1)S_n)\geqslant S_1S_{n-1}\Leftrightarrow$$
$$nS_n+\frac{1}{n-1}S_{n-2}(S_1^2-S_2)\geqslant 2S_1S_{n-1}\qquad(1)$$

因为

$$S_{n-2}(S_1^2-S_2)=\sum_{i=1}^{n}x_i^{n-2}[(\sum_{i=1}^{n}x_i)^2-\sum_{i=1}^{n}x_i^2]=$$
$$2\sum_{\text{sym}}x_i^{n-2}\sum_{\text{sym}}x_ix_j=$$
$$2\sum_{\text{sym}}x_i^{n-1}x_j+2\sum_{\text{sym}}x_i^{n-2}x_jx_k$$
$$S_1S_{n-1}=\sum_{\text{sym}}x_i^{n-1}\sum_{\text{sym}}x_j=\sum_{\text{sym}}x_i^n+\sum_{\text{sym}}x_i^{n-1}x_j$$

所以

$$(1)\Leftrightarrow n\sum_{\text{sym}}x_i^n+\frac{2}{n-1}\sum_{\text{sym}}x_i^{n-1}x_j+\frac{2}{n-1}\sum_{\text{sym}}x_i^{n-2}x_jx_k\geqslant$$
$$2\sum_{\text{sym}}x_i^n+2\sum_{\text{sym}}x_i^{n-1}x_j\Leftrightarrow$$
$$\frac{n^2-3n+2}{2}\sum_{\text{sym}}x_i^n-(n-2)\sum_{\text{sym}}x_i^{n-1}x_j+$$
$$\sum_{\text{sym}}x_i^{n-2}x_jx_k\geqslant 0\Leftrightarrow$$
$$\sum_{\text{sym}}x_i^{n-2}(x_i-x_j)(x_i-x_k)\geqslant 0$$

由舒尔不等式知此式成立.

例 28　已知 $a,b,c\in\mathbf{R}_+$,求证

$$4(a^6+b^6+c^6)+5abc(a^3+b^3+c^3)\geqslant$$
$$(a^2+ab+b^2)(b^2+bc+c^2)(c^2+ca+a^2)$$

证明 由舒尔不等式知

$$a^6+b^6+c^6+3a^2b^2c^2\geqslant$$
$$a^2(b^2+c^2)+b^2(c^2+a^2)+c^2(a^2+b^2)$$

$$4(a^6+b^6+c^6)+5abc(a^3+b^3+c^3)\geqslant$$
$$(a^6+b^6+c^6)+3[a^2(b^2+c^2)+b^2(c^2+a^2)+$$
$$c^2(a^2+b^2)-3a^2b^2c^2]+5abc\cdot 3abc=$$
$$(a^6+b^6+c^6)+3[a^2(b^2+c^2)+$$
$$b^2(c^2+a^2)+c^2(a^2+b^2)]+6a^2b^2c^2=$$
$$(a^2+b^2+c^2)^3=$$
$$\left[\frac{(a^2+ab+b^2)+(b^2+bc+c^2)+(c^2+ca+a^2)}{3}\right]^3\geqslant$$
$$(a^2+ab+b^2)(b^2+bc+c^2)(c^2+ca+a^2)$$

例 29 （2016 年以色列数学奥林匹克试题的弱化）已知 $a,b,c\in\mathbf{R}_+$，求证

$$4(a^6+b^6+c^6)+5abc(a^3+b^3+c^3)\geqslant$$
$$(ab+bc+ca)^3$$

证明 由舒尔不等式知

$$a^6+b^6+c^6+3a^2b^2c^2\geqslant$$
$$a^2(b^2+c^2)+b^2(c^2+a^2)+c^2(a^2+b^2)$$

$$4(a^6+b^6+c^6)+5abc(a^3+b^3+c^3)\geqslant$$
$$(a^6+b^6+c^6)+3[a^2(b^2+c^2)+b^2(c^2+a^2)+$$
$$c^2(a^2+b^2)-3a^2b^2c^2]+5abc\cdot 3abc=$$
$$(a^6+b^6+c^6)+3[a^2(b^2+c^2)+$$
$$b^2(c^2+a^2)+c^2(a^2+b^2)]+6a^2b^2c^2=$$
$$(a^2+b^2+c^2)^3\geqslant$$
$$(ab+bc+ca)^3$$

评注　事实上,有:

已知 $a,b,c\in\mathbf{R}_+$,求证:

$$(a^2+ab+b^2)(b^2+bc+c^2)(c^2+ca+a^2)\geqslant(ab+bc+ca)^3$$

证明　由赫尔德不等式知

$$(a^2+ab+b^2)(b^2+bc+c^2)(c^2+ca+a^2)\geqslant(ab+bc+ca)^3$$

例 30　设 $x,y,z\geqslant 0$,又

$$S_c(t,u)=\sum_{\text{cyc}}(x-ty)(x-tz)\cdot(x-uy)(x-uz)$$

试证:当 $t\geqslant 1,u\geqslant 1$ 时,有 $S_c(t,u)\geqslant 0$.

证明

$$\begin{aligned}S_c(t,u)=&\sum_{\text{cyc}}(x-ty)(x-tz)\cdot(x-uy)(x-uz)=\\&\sum_{\text{cyc}}x^4-(t+u)\sum_{\text{sym}}x^3y+\\&(t^2u^2+2tu)\sum_{\text{cyc}}x^2y^2+\\&(t^2+u^2-2t^2u-2tu^2+2tu)xyz\sum_{\text{cyc}}x\end{aligned}$$

$$\begin{aligned}&\frac{1}{2}\sum_{\text{cyc}}(y-z)^2(y+z-tx-uy)^2=\\&\sum_{\text{cyc}}x^4-(t+u)\sum_{\text{sym}}x^3y+\\&(t^2+u^2+2tu-1)\sum_{\text{cyc}}x^2y^2+\\&(-t^2-u^2-2tu+2t+2u)xyz\sum_{\text{cyc}}x\end{aligned}$$

$$\begin{aligned}S_c(t,u)=&\sum_{\text{cyc}}(x-ty)(x-tz)\cdot(x-uy)(x-uz)=\\&\frac{1}{2}\sum_{\text{cyc}}(y-z)^2(y+z-tx-uy)^2+\\&F_c(t,u)\end{aligned}$$

其中

$$F_c(t,u)=(t-1)(u-1)G_c(t,u)$$

$$G_c(t,u)=[(tu+1)(y^2+z^2)+(t+u)(y-z)^2]x^2-2(t+u)yz(y+z)x+(t+1)(u+1)y^2z^2$$

为此,只需证明

$$H_c(t,u)=(tu+1)(y^2+z^2)x^2-2(t+u)yz(y+z)x+(t+1)(u+1)y^2z^2\geqslant 0$$

注意到

$$(tu+1)(y^2+z^2)x^2-2(t+u)yz(y+z)x+(t+1)(u+1)y^2z^2=$$

$$\frac{1}{2}(tu+1)(y-z)^2x^2+\frac{1}{2}(tu+1)(y+z)^2x^2-2(t+u)yz(y+z)x+(t+1)(u+1)y^2z^2=$$

$$\frac{1}{2}(tu+1)(y-z)^2x^2+\frac{1}{2}(tu+1)\left[(y+z)x-\frac{2(t+u)}{tu+1}yz\right]^2+\left[(t+1)(u+1)-\frac{2(t+u)^2}{tu+1}\right]y^2z^2=$$

$$\frac{1}{2}(tu+1)(y-z)^2x^2+\frac{1}{2}(tu+1)\left[(y+z)x-\frac{2(t+u)}{tu+1}yz\right]^2+\frac{(t-1)(u-1)(tu+2t+1)}{tu+1}y^2z^2\geqslant 0$$

$$S_c(t,u)=\sum_{\text{cyc}}(x-ty)(x-tz)\cdot(x-uy)(x-uz)$$

$$\sum_{cyc}(x-ty)(x-tz)\cdot(x-y)(x-z)=$$
$$\frac{1}{2}\sum_{cyc}(y-z)(y+z-tx)^2$$

故

$$S_c(t,u)=\frac{1}{2}\sum_{cyc}(y-z)(y+z-tx)^2+Q$$

另证　(付云浩,2016年3月23日)先来看一个特殊情况,即 $u=1$ 的情况,我们要证明

$$\sum_{cyc}(x-ty)(x-tz)\cdot(x-y)(x-z)\geqslant 0$$

由对称性,不妨设 $x\leqslant y\leqslant z$,显然第一项非负,若第三项非负,则由

$$|y-x|=|x-y|,|y-z|\leqslant|x-z|$$
$$|y-tx|\leqslant|x-ty|,|y-tz|\leqslant|x-tz|$$

知第二项的绝对值是负项,由于 $z\geqslant x,z\geqslant y,tx\leqslant ty$,故必有 $tx<z<ty$.若第二项非负,则

第三项的绝对值 $\leqslant$

$$(z-x)(z-y)\left(\frac{tx-ty}{2}\right)^2\leqslant$$

$$\frac{(tz-tx)(z-x)(z-y)(tz-ty)}{4}\leqslant 第一项$$

因此,左边非负.下面设第二项也为负数,由于 $x\leqslant y\leqslant z$,只能 $y>tx$,因此

左边都是负项 $=$

$$(y-x)(z-x)(ty-x)(tz-x)-$$
$$(z-y)(y-z)(y-tx)(ty-x)-$$
$$(z-x)(z-y)(ty-z)(z-tx)\geqslant$$
$$(y-x)(z-x)(ty-x)(tz-x)-$$
$$(z-x)(y-x)(y-tx)(ty-x)-$$

$$(z-x)(z-y)(ty-z)(z-tx)=$$
$$(t-1)(y+x)(y-x)(z-x)(tz-x)-$$
$$(z-x)(z-y)(ty-z)(ty-x)$$

注意到

$$(t-1)(y+x)\geqslant(t-1)y=ty-y\geqslant ty-z$$

$$y-x=\frac{ty-tx}{t}>\frac{ty-z}{t}$$

$$tz-x=t\left(z-\frac{x}{t}\right)\geqslant t(z-x)$$

故原不等式左边非负,结论成立.

回到原问题,设 $t+u=A,tu+1=B$,将左边完全展开,只需要证明

$$\sum_{\text{cyc}}x^4-A\sum_{\text{sym}}x^3y+(B^2-A^2)\sum_{\text{cyc}}x^2y^2+$$
$$(A^2-2A)(B-1)xyz\sum_{\text{cyc}}x\geqslant 0$$

由于刚刚已证明 $u=1$,即 $B=A$ 的情况,这说明

$$\sum_{\text{cyc}}x^4-A\sum_{\text{sym}}x^3y+(A^2-1)\sum_{\text{cyc}}x^2y^2+$$
$$(A^2-2A)(A-1)xyz\sum_{\text{cyc}}x\geqslant 0$$

因此,只需证明

$$(B^2-A^2)\sum_{\text{cyc}}x^2y^2-2A(B-A)xyz\sum_{\text{cyc}}x\geqslant 0$$

由 $t\geqslant 1,u\geqslant 1$ 可知 $B\geqslant A$,因此

$$B-A\geqslant 0,B+A\geqslant 2A$$

又

$$\sum_{\text{cyc}}x^2y^2\geqslant xyz\sum_{\text{cyc}}x$$

因此,最后一式成立. 证毕.

评注 请有兴趣的读者继续思考:试求使 $S_c(t,u)\geqslant 0$ 成立的实数 t,u 的取值范围.

类似题 (2014年克罗地亚数学奥林匹克第1题)设 $x,y,z\geqslant 0$,求证

$$\sum_{\text{cyc}}(x-ty)(x-tz)\cdot(x-y)(x-z)\geqslant 0$$

证明 令 $y=x+p,z=x+q$,则原不等式等价于

$$Au^2+Bu+C\geqslant 0$$

其中

$$u=(1-t)x,s=2+t$$

$$A=p^2-pq+q^2$$

$$B=(p+q)(2A-spq)$$

$$C=(p+q)^2A-spq(p+q)^2+s^2p^2q^2$$

$$D=B^2-4AC=-3s^2p^2q^2(p-q)^2\leqslant 0$$

评注

(1) $\sum_{\text{cyc}}(x-ty)(x-tz)\cdot(x-y)(x-z)=\frac{1}{2}\sum_{\text{cyc}}(y-z)(y+z-tx)^2$

(2) $4M\sum_{\text{cyc}}(x-ty)(x-tz)\cdot(x-y)(x-z)=P^2+3Q^2$

其中

$$M=x^2+y^2+z^2-xy-yz-zx=\sum_{\text{cyc}}(x-y)(x-z)$$

$$P=2\sum_{\text{cyc}}x(x-y)(x-z)-t\sum_{\text{cyc}}x(y-z)^2$$

$$Q=(t+2)^2(x-y)^2(y-z)^2(z-x)^2$$

5.5　米尔黑德不等式及其应用

米尔黑德不等式　设实数 a_1,a_2,a_3,b_1,b_2,b_3 满足

$$a_1\geqslant a_2\geqslant a_3\geqslant 0,b_1\geqslant b_2\geqslant b_3\geqslant 0$$
$$a_1\geqslant b_1,a_1+a_2\geqslant b_1+b_2$$
$$a_1+a_2+a_3\geqslant b_1+b_2+b_3$$

则有

$$x^{a_1}y^{a_2}z^{a_3}+x^{a_1}y^{a_3}z^{a_2}+x^{a_2}y^{a_1}z^{a_3}+$$
$$x^{a_2}y^{a_3}z^{a_1}+x^{a_3}y^{a_1}z^{a_2}+x^{a_3}y^{a_2}z^{a_1}\geqslant$$
$$x^{b_1}y^{b_2}z^{b_3}+x^{b_1}y^{b_3}z^{b_2}+x^{b_2}y^{b_1}z^{b_3}+$$
$$x^{b_2}y^{b_3}z^{b_1}+x^{b_3}y^{b_1}z^{b_2}+x^{b_3}y^{b_2}z^{b_1}$$

证明　由于上述不等式是对称式，且是齐次式，不妨设 $x\geqslant y\geqslant z\geqslant 1$，令 $a=\ln x,b=\ln y,c=\ln z$，则 $a\geqslant b\geqslant c\geqslant 0$.

原不等式等价于

$$e^{a_1a+a_2b+a_3c}+e^{a_1a+a_3c+a_2b}+e^{a_2a+a_1b+a_3c}+$$
$$e^{a_2a+a_3b+a_1c}+e^{a_3a+a_1b+a_2c}+e^{a_3a+a_2b+a_1c}\geqslant$$
$$e^{b_1a+b_2b+b_3c}+e^{b_1a+b_3c+b_2b}+e^{b_2a+b_1b+b_3c}+$$
$$e^{b_2a+b_3b+b_1c}+e^{b_3a+b_1b+b_2c}+e^{b_3a+b_2b+b_1c}$$

函数 $f(x)=e^x$ 是 $\mathbf{R}$ 上的凸函数，所以卡拉玛特不等式就足够了.

证明有序数组

$$m=(a_1a+a_2b+a_3c,a_1a+a_3b+a_2c,$$
$$a_2a+a_1b+a_3c,a_2a+a_3b+a_1c,$$
$$a_3a+a_1b+a_2c,a_3a+a_2b+a_1c)$$

在某一条件下(其他情形类似处理)优超

$$n=(b_1a+b_2b+b_3c,b_1a+b_3b+b_2c,$$
$$b_2a+b_1b+b_3c,b_2a+b_3b+b_1c,$$
$$b_3a+b_1b+b_2c,b_3a+b_2b+b_1c)$$

注意到

$$a_1a+a_2b+a_3c\geqslant a_1a+a_3b+a_2c$$
$$a_2a+a_1b+a_3c\geqslant a_2a+a_3b+a_1c$$
$$a_3a+a_1b+a_2c\geqslant a_3a+a_2b+a_1c$$

$a_1a+a_3b+a_2c\geqslant a_2a+a_1b+a_3c\Leftrightarrow$

$(a_1-a_2)a+(a_3-a_1)b+(a_2-a_3)c\geqslant 0\Leftrightarrow$

$(a_1-a_2)(a-b)-(a_2-a_3)(b-c)\geqslant 0\Leftrightarrow$

$\frac{a-b}{b-c}\geqslant\frac{a_2-a_3}{a_1-a_2}$

$a_2a+a_3b+a_1c\geqslant a_3a+a_1b+a_2c\Leftrightarrow$

$(a_2-a_3)a+(a_3-a_1)b+(a_1-a_2)c\geqslant 0\Leftrightarrow$

$(a_2-a_3)(a-b)-(a_1-a_2)(b-c)\geqslant 0\Leftrightarrow$

$\frac{a-b}{b-c}\geqslant\frac{a_1-a_2}{a_2-a_3}$

记$\frac{a-b}{b-c}=p_1,\frac{a_2-a_3}{a_1-a_2}=q_1,\frac{a_1-a_2}{a_2-a_3}=r_1$,则

Ⅰ$_1$. 当$\begin{cases}p_1\geqslant q_1\\p_1\geqslant r_1\end{cases}$时

$$a_1a+a_3b+a_2c\geqslant a_2a+a_1b+a_3c$$
$$a_2a+a_3b+a_1c\geqslant a_3a+a_1b+a_2c$$

此时

$$a_1a+a_2b+a_3c\geqslant a_1a+a_3b+a_2c\geqslant$$
$$a_2a+a_1b+a_3c\geqslant a_2a+a_3b+a_1c\geqslant$$
$$a_3a+a_1b+a_2c\geqslant a_3a+a_2b+a_1c$$

I_2. 当$\begin{cases}p_1\geqslant q_1\\p_1\leqslant r_1\end{cases}$时

$$a_1a+a_3b+a_2c\geqslant a_2a+a_1b+a_3c$$

$$a_2a+a_3b+a_1c\leqslant a_3a+a_1b+a_2c$$

此时

$$a_1a+a_2b+a_3c\geqslant a_1a+a_3b+a_2c\geqslant$$

$$a_2a+a_1b+a_3c\geqslant a_3a+a_1b+a_2c\geqslant$$

$$a_2a+a_3b+a_1c\geqslant a_3a+a_2b+a_1c$$

I_3. 当$\begin{cases}p_1\leqslant q_1\\p_1\geqslant r_1\end{cases}$时

$$a_1a+a_3b+a_2c\leqslant a_2a+a_1b+a_3c$$

$$a_2a+a_3b+a_1c\geqslant a_3a+a_1b+a_2c$$

此时

$$a_1a+a_2b+a_3c\geqslant a_2a+a_1b+a_3c\geqslant$$

$$a_1a+a_3b+a_2c\geqslant a_2a+a_3b+a_1c\geqslant$$

$$a_3a+a_1b+a_2c\geqslant a_3a+a_2b+a_1c$$

I_4. 当$\begin{cases}p_1\leqslant q_1\\p_1\leqslant r_1\end{cases}$时

$$a_1a+a_3b+a_2c\leqslant a_2a+a_1b+a_3c$$

$$a_2a+a_3b+a_1c\leqslant a_3a+a_1b+a_2c$$

此时

$$a_1a+a_2b+a_3c\geqslant a_2a+a_1b+a_3c\geqslant$$

$$a_1a+a_3b+a_2c\geqslant a_3a+a_1b+a_2c\geqslant$$

$$a_2a+a_3b+a_1c\geqslant a_3a+a_2b+a_1c$$

$$b_1a+b_2b+b_3c\geqslant b_1a+b_3b+b_2c$$

$$b_2a+b_1b+b_3c\geqslant b_2a+b_3b+b_1c$$

$$b_3a+b_1b+b_2c\geqslant b_3a+b_2b+b_1c$$

$$b_1a+b_3b+b_2c\geqslant b_2a+b_1b+b_3c\Leftrightarrow$$

$(b_1-b_2)a+(b_3-b_1)b+(b_2-b_3)c\geqslant 0\Leftrightarrow$

$(b_1-b_2)(a-b)-(b_2-b_3)(b-c)\geqslant 0\Leftrightarrow$

$\frac{a-b}{b-c}\geqslant\frac{b_2-b_3}{b_1-b_2}$

$b_2a+b_3b+b_1c\geqslant b_3a+b_1b+b_2c\Leftrightarrow$

$(b_2-b_3)a+(b_3-b_1)b+(b_1-b_2)c\geqslant 0\Leftrightarrow$

$(b_2-b_3)(a-b)-(b_1-b_2)(b-c)\geqslant 0\Leftrightarrow$

$\frac{a-b}{b-c}\geqslant\frac{b_1-b_2}{b_2-b_3}$

记$\frac{a-b}{b-c}=p_2,\frac{a_2-a_3}{a_1-a_2}=q_2,\frac{a_1-a_2}{a_2-a_3}=r_2$，则：

II$_1$. 当$\begin{cases}p_2\geqslant q_2\\p_2\geqslant r_2\end{cases}$时

$$b_1a+b_3b+b_2c\geqslant b_2a+b_1b+b_3c$$

$$b_2a+b_3b+b_1c\geqslant b_3a+b_1b+b_2c$$

此时

$$b_1a+b_2b+b_3c\geqslant b_1a+b_3b+b_2c\geqslant$$

$$b_2a+b_1b+b_3c\geqslant b_2a+b_3b+b_1c\geqslant$$

$$b_3a+b_1b+b_2c\geqslant b_3a+b_2b+b_1c$$

II$_2$. 当$\begin{cases}p_2\geqslant q_2\\p_2\leqslant r_2\end{cases}$时

$$b_1a+b_3b+b_2c\geqslant b_2a+b_1b+b_3c$$

$$b_2a+b_3b+b_1c\leqslant b_3a+b_1b+b_2c$$

此时

$$b_1a+b_2b+b_3c\geqslant b_1a+b_3b+b_2c\geqslant$$

$$b_2a+b_1b+b_3c\geqslant b_3a+b_1b+b_2c\geqslant$$

$$b_2a+b_3b+b_1c\geqslant b_3a+b_2b+b_1c$$

II$_3$. 当$\begin{cases}p_2\leqslant q_2\\p_2\geqslant r_2\end{cases}$时

$$b_1a+b_3b+b_2c\leqslant b_2a+b_1b+b_3c$$
$$b_2a+b_3b+b_1c\geqslant b_3a+b_1b+b_2c$$

此时

$$b_1a+b_2b+b_3c\geqslant b_2a+b_1b+b_3c\geqslant$$
$$b_1a+b_3b+b_2c\geqslant b_2a+b_3b+b_1c\geqslant$$
$$b_3a+b_1b+b_2c\geqslant b_3a+b_2b+b_1c$$

II_4. 当$\begin{cases}p_2\leqslant q_2\\p_2\leqslant r_2\end{cases}$时

$$b_1a+b_3b+b_2c\leqslant b_2a+b_1b+b_3c$$
$$b_2a+b_3b+b_1c\leqslant b_3a+b_1b+b_2c$$

此时

$$b_1a+b_2b+b_3c\geqslant b_2a+b_1b+b_3c\geqslant$$
$$b_1a+b_3b+b_2c\geqslant b_3a+b_1b+b_2c\geqslant$$
$$b_2a+b_3b+b_1c\geqslant b_3a+b_2b+b_1c$$

按照I_i,II_j($i,j\in\{1,2,3,4\}$)分16种情形进行讨论,即可得出$m>n$. 例如在I_1,II_1条件下,就有$m>n$.

另证 当$b_1\geqslant a_2$时

$$x^{a_1}y^{a_2}z^{a_3}+x^{a_1}y^{a_3}z^{a_2}+x^{a_2}y^{a_1}z^{a_3}+x^{a_2}y^{a_3}z^{a_1}+$$
$$x^{a_3}y^{a_1}z^{a_2}+x^{a_3}y^{a_2}z^{a_1}=$$
$$z^{a_3}(x^{a_1}y^{a_2}+x^{a_2}y^{a_1})+y^{a_3}(x^{a_1}z^{a_2}+x^{a_2}z^{a_1})+$$
$$x^{a_3}(y^{a_1}z^{a_2}+y^{a_2}z^{a_1})\geqslant$$
$$z^{a_3}(x^{a_1+a_2-b_1}y^{b_1}+x^{b_1}y^{a_1+a_2-b_1})+y^{a_3}(x^{a_1+a_2-b_1}z^{b_1}+$$
$$x^{b_1}z^{a_1+a_2-b_1})+$$
$$x^{a_3}(y^{a_1+a_2-b_1}z^{b_1}+y^{b_1}z^{a_1+a_2-b_1})=$$
$$x^{b_1}(y^{a_1+a_2-b_1}z^{a_3}+y^{a_3}z^{a_1+a_2-b_1})+y^{b_1}(z^{a_3}x^{a_1+a_2-b_1}+$$
$$z^{a_1+a_2-b_1}x^{a_3})+$$
$$z^{b_1}(x^{a_1+a_2-b_1}y^{a_3}+x^{a_3}y^{a_1+a_2-b_1})\geqslant$$

$$x^{b_1}(y^{b_2}z^{b_3}+y^{b_3}z^{b_2})+y^{b_1}(z^{b_3}x^{b_2}+z^{b_2}x^{b_3})+$$
$$z^{b_1}(x^{b_2}y^{b_3}+x^{b_3}y^{b_2})=$$
$$x^{b_1}y^{b_2}z^{b_3}+x^{b_1}y^{b_3}z^{b_2}+x^{b_2}y^{b_1}z^{b_3}+x^{b_2}y^{b_3}z^{b_1}+$$
$$x^{b_3}y^{b_1}z^{b_2}+x^{b_3}y^{b_2}z^{b_1}$$

当 $b_1\leqslant a_2$ 时

$$x^{a_1}y^{a_2}z^{a_3}+x^{a_1}y^{a_3}z^{a_2}+x^{a_2}y^{a_1}z^{a_3}+x^{a_2}y^{a_3}z^{a_1}+$$
$$x^{a_3}y^{a_1}z^{a_2}+x^{a_3}y^{a_2}z^{a_1}=$$
$$x^{a_1}(y^{a_2}z^{a_3}+y^{a_3}z^{a_2})+y^{a_1}(z^{a_2}x^{a_3}+z^{a_3}x^{a_2})+$$
$$z^{a_1}(x^{a_2}y^{a_3}+x^{a_3}y^{a_2})\geqslant$$
$$x^{a_1}(y^{b_1}z^{a_2+a_3-b_1}+y^{a_2+a_3-b_1}z^{b_1})+y^{a_1}(z^{b_1}x^{a_2+a_3-b_1}+$$
$$z^{a_2+a_3-b_1}x^{b_1})+$$
$$z^{a_1}(x^{b_1}y^{a_2+a_3-b_1}+x^{a_2+a_3-b_1}y^{b_1})=$$
$$y^{b_1}(z^{a_1}x^{a_2+a_3-b_1}+z^{a_2+a_3-b_1}x^{a_1})+z^{b_1}(x^{a_1}y^{a_2+a_3-b_1}+$$
$$x^{a_2+a_3-b_1}y^{a_1})+$$
$$x^{a_1}(y^{a_1}z^{a_2+a_3-b_1}+y^{a_2+a_3-b_1}z^{b_1})\geqslant$$
$$y^{b_1}(z^{a_3}x^{b_2}+z^{b_2}x^{a_3})+z^{b_1}(x^{a_3}y^{b_2}+x^{b_2}y^{a_3})+$$
$$x^{a_1}(y^{a_3}z^{b_2}+y^{b_2}z^{a_3})=$$
$$x^{b_1}y^{b_2}z^{b_3}+x^{b_1}y^{b_3}z^{b_2}+x^{b_2}y^{b_1}z^{b_3}+x^{b_2}y^{b_3}z^{b_1}+$$
$$x^{b_3}y^{b_1}z^{b_2}+x^{b_3}y^{b_2}z^{b_1}$$

综上可知，原不等式成立，当且仅当 $x=y=z$ 时等号成立.

由此可知

$$x^{m+n}+y^{m+n}\geqslant x^my^n+x^ny^m\Leftrightarrow$$
$$x^{m+n}+y^{m+n}\geqslant\frac{1}{2}(x^m+y^m)(x^n+y^n)$$
$$(x,y>0,m,n\geqslant 0)$$

特别地，当 $y=1$ 时，有

$$x^{m+n}+1\geqslant x^m+x^n\Leftrightarrow$$

$$x^{m+n}+1\geqslant\frac{1}{2}(x^m+1)(x^n+1)$$

$$(x>0,m,n\geqslant 0)$$

由此可知

$$xy+yz+zx\leqslant\frac{1}{3}(x+y+z)^2\leqslant x^2+y^2+z^2$$

$$6xyz\leqslant x^2y+xy^2+y^2z+yz^2+z^2x+zx^2\leqslant$$
$$x^3+y^3+z^3+3xyz$$

$$x^2yz+xy^2z+xyz^2\leqslant x^2y^2+y^2z^2+z^2x^2\leqslant$$
$$\frac{1}{2}(x^3y+xy^3+y^3z+yz^3+z^3x+zx^3)\leqslant$$
$$x^4+y^4+z^4$$

$$2(x^3yz+xy^3z+xyz^3)\leqslant$$
$$x^3y^2+x^2y^3+y^3z^2+y^2z^3+z^3x^2+z^2x^3\leqslant$$
$$x^4y+xy^4+y^4z+yz^4+z^4x+zx^4\leqslant$$
$$2(x^5+y^5+z^5)$$

$$6x^2y^2z^2\leqslant$$
$$x^3y^2z+x^2y^3z+xy^3z^2+xy^2z^3+x^2yz^3+x^3yz^2\leqslant$$
$$x^4y^2+x^2y^4+y^4z^2+y^2z^4+z^4x^2+z^2x^4\leqslant$$
$$x^5y+xy^5+y^5z+yz^5+z^5x+zx^5\leqslant$$
$$2(x^6+y^6+z^6)$$

米尔黑德不等式的推广 设两组正数 $p_1\leqslant p_2\leqslant\cdots\leqslant p_n,q_1\leqslant q_2\leqslant\cdots\leqslant q_n$ 满足不等式组

$$p_1\geqslant q_1$$

$$p_1+p_2\geqslant q_1+q_2$$

$$\vdots$$

$$p_1+p_2+\cdots+p_n\geqslant q_1+q_2+\cdots+q_n$$

对于正实数 $x_1,x_2,\cdots,x_n$，定义

$$[p]=[p_1,p_2,\cdots,p_n]=\frac{1}{n!}\sum_{\sigma\in S_n}x_{\sigma(1)}^{p_1}x_{\sigma(2)}^{p_2}\cdots x_{\sigma(n)}^{p_n}$$

则

$$[p]\geqslant[q]$$

证明　设 $p>q$ 且 $p\neq q$. 让 i 从1到 n 取值,第一个非零数 p_i-q_i 在优超关系中的条件2是正数. 接着有一个实数 p_i-q_i 在优超关系中的条件3是负数. 因此,当 $j<k$ 时,任意的 $i\in[j,k]$,有 $p_j>q_j$,$p_k<q_k$ 和 $p_i=q_i$.

设 $b=\frac{p_j+p_k}{2}$,$d=\frac{p_j-p_k}{2}$,因此

$$[b-d,b+d]=[p_k,p_j]\supset[q_k,q_j]$$

设 $c=\max\{|q_j-b|,|q_k-b|\}$,那么 $0\leqslant c<d$.

设 $r=(r_1,\cdots,r_n)$,令 $r_i=p_i$(除了 $r_j=b+c$ 和 $r_k=b-c$). 由 c 的定义,要么 $r_j=q_j$ 要么 $r_k=q_k$. 同样,由 b,c,d 得定义,我们有 $p>r$,$p\neq r$ 和 $r>q$,又

$$n!([p]-[r])=\sum_{\sigma\in S_n}x_\sigma(x_{\sigma(j)}^{p_j}x_{\sigma(k)}^{p_k}-x_{\sigma(j)}^{r_j}x_{\sigma(k)}^{r_k})=$$

$$\sum_{\sigma\in S_n}x_\sigma(u^{b+d}v^{b-d}-u^{b+c}v^{b-c})$$

其中 x_σ 是 $x_{\sigma(i)}^{p_i}(i\neq j,i\neq k)$ 的积,且 $u=x_{\sigma(j)}$,$v=x_{\sigma(k)}$. 对于每一个排列 σ,存在一个排列 ρ 使得对于 $i\neq j,i\neq k$,有 $\sigma(i)=\rho(i)$,且 $\sigma(j)=\rho(k)$,$\sigma(k)=\rho(j)$. 在上面的总和中,如果我们将 σ 和 ρ 配对,使得 $x_\sigma=x_\rho$,并结合括号中的因子 σ 和 ρ,有

$$(u^{b+d}v^{b-d}-u^{b+c}v^{b-c})+(v^{b+d}u^{b-d}-v^{b+c}u^{b-c})=$$

$$u^{b-d}v^{b-d}(u^{d+c}-v^{d+c})(u^{d-c}-v^{d-c})\geqslant 0$$

所以上面的和是非负的. 于是 $[p]\geqslant[r]$.

等号成立当且仅当对于所有的 σ 和 ρ，$u=v$，且 $x_1=x_2=\cdots=x_n$.

最后，r 至少还有一个 q 比 p 协调一致.

所以重复这个过程有限多次，我们最终会得到 $r=q$ 的情形. 证毕.

特别地，有

$$[1,0,\cdots,0]=\frac{(n-1)!}{n!}(x_1+x_2+\cdots+x_n)$$

$$\left[\frac{1}{n},\frac{1}{n},\cdots,\frac{1}{n}\right]=\frac{n!}{n!}(x_1x_2\cdots x_n)^{\frac{1}{n}}=(x_1x_2\cdots x_n)^{\frac{1}{n}}$$

此即具有单位权的算术平均与几何平均，可见米尔黑德不等式是算术－几何平均不等式的推广.

苏化明－杨林不等式　设 $a_i(i=1,2,\cdots,n)$ 均为正数，$m,k,r,s\in\mathbf{R}$，且 $m+k=r+s$，$m\geqslant r\geqslant s\geqslant k$，则

$$\left(\sum_{i=1}^{n}a_i^m\right)\left(\sum_{i=1}^{n}a_i^k\right)\geqslant\left(\sum_{i=1}^{n}a_i^r\right)\left(\sum_{i=1}^{n}a_i^s\right)$$

证明　注意到 $m\geqslant s$，$m+k=r+s$，由米尔黑德不等式知

$$a_i^m a_j^k+a_i^k a_j^m\geqslant a_i^r a_j^s+a_i^s a_j^r$$

上式两边分别对 $i,j(i\neq j)$ 求和，然后再加上

$$a_1^{m+k}+a_2^{m+k}+\cdots+a_n^{m+k}=a_1^{r+s}+a_2^{r+s}+\cdots+a_n^{r+s}$$

即可得到原不等式.

特别地，取 $k=0$，则 $m=r+s$，由本例即可得到切比雪夫不等式

$$\frac{1}{n}\left(\sum_{i=1}^{n}a_i^m\right)\geqslant\left(\frac{1}{n}\sum_{i=1}^{n}a_i^r\right)\left(\frac{1}{n}\sum_{i=1}^{n}a_i^s\right)$$

苏化明－杨林不等式的推广　设 $a_i(i=1,2,\cdots,n)$ 均为正数，$m_i,k_i,r_i,s_i\in\mathbf{R}$，且 $m_i+k_i=r_i+s_i$，$m_i\geqslant$

$r_i \geqslant s_i \geqslant k_i (i=1,2,\cdots,n)$，则

$$\left(\sum_{i=1}^{n} a_i^{m_i}\right)\left(\sum_{i=1}^{n} a_i^{k_i}\right) \geqslant \left(\sum_{i=1}^{n} a_i^{r_i}\right)\left(\sum_{i=1}^{n} a_i^{s_i}\right)$$

下面谈谈米尔黑德不等式的应用.

例1　求证：$x^8+x^2+1>x^5+x$.

这是《高中代数50讲》第58页的例3，作者贾士代先生特意为此题作解说："本例用常规方法难以奏效.这里，对 x 的值集按区间分类，然后在每一个区间内分别去证，问题便迎刃而解."足见他对此法的青睐，其巧妙之处在于分类后灵活地进行组合.然而如何想到要分 $x \geqslant 1$ 与 $x<1$ 两种情况，却有一定的难度.

事实上，借助米尔黑德不等式，能够快速解决这类问题.

证法1　由米尔黑德不等式知

$$x^8+x^2 \geqslant x^6+x^4$$

$$x^6+1 \geqslant x^5+x$$

将以上两式相加即得

$$x^8+x^2+x^6+1 \geqslant x^6+x^4+x^5+x$$

即

$$x^8+x^2+1 \geqslant x^4+x^5+x \geqslant x^5+x$$

故

$$x^8+x^2+1>x^5+x$$

若能够注意到各项的次数间的特征

$$8+2=2\times 5, 2+0=2\times 1$$

也可采用配方法.

证法2

$$\text{左边}-\text{右边}=\left(x^4-\frac{x}{2}\right)^2+\frac{3}{4}\left(x-\frac{2}{3}\right)^2+\frac{2}{3}>0$$

故所证不等式成立.

评注 一元高次不等式的证明,因其次数高,作差后常不易分解而导致解题失败.尽管有时经分类讨论能使问题得到解决,但是证明过程复杂.也常面临着如何分类的问题.经探讨发现,若注意观察不等式左右两边项数、次数特征,采用米尔黑德不等式,或者采用配方法,常使此类问题简洁获证.

本例的变形是:

(2008 年复旦自主招生)设 $f(x)=x^8-x^5+x^2-x+1$.则 $f(x)$ 有性质:________.

A.对任意实数 x,$f(x)$ 总是大于 0

B.对任意实数 x,$f(x)$ 总是小于 0

C.当 $x>0$ 时,$f(x)\leqslant 0$

D.以上均不对

为了使读者对配方法有更深层的理解,今将例 1 演变为如下习题作为练习:

(1)证明方程 $x^8-x^5+x^2+x+1=0$ 无实根.

(2)证明 $x^8+x^2+1>x^5-x$.

(3)证明 $x^8+x^2+1>x-x^5$.

(4)证明 $x^8+x^2+1>-x^5-x$.

(5)证明 $x^8+x^2+1>|x^5-x|$.

(6)证明 $x^8+x^2+1>|x^5+x|$.

(7)证明 $x^8+x^2+1>|x^5+|x||$

(8)证明 $x^8+x^2+1>||x^5|+x|$.

例 2 求证对于任意实数 x,不等式 $x^4+x^2+1>x^3+x$ 成立.

这是曾峰先生在《数学通讯》2000 年第 6 期“重视解题方法的合理选用”一文的例 1,曾先生分析:如果

采用求差比较，则 $x^4+x^2+1-x^3-x$ 不易分解. 注意 $x>1$ 时 $x^4>x^3, x^2>x$，可用放缩法. 因此我们考虑：何时有 $x^4>x^3, x^2>x$？于是我们得到下面的一证法. 即在 x 值上分类讨论，在逻辑程序上采用综合方法. 尽管有上述分析，也很难想到要分 $x\leqslant 0, x\geqslant 1$ 和 $0<x<1$ 三种情况讨论，且过程复杂，只要注意到各项的次数特征，仍可采用配方法证明.

证明　由米尔黑德不等式知

$$x^4+1\geqslant x^3+x$$

故

$$x^4+x^2+1>x^3+x$$

成立.

另证1　左边 − 右边 $=\left(x^2-\frac{x}{2}\right)^2+\frac{3}{4}\left(x-\frac{2}{3}\right)^2+\frac{2}{3}>0$，故原不等式成立.

另证2　原不等式等价于

$$(x^2-x+1)(x^2+x+1)>x(x^2+x+1)-x^2$$

即

$$(x^2+x+1)(x^2-2x+1)+x^2>0$$

也即

$$(x^2+x+1)(x-1)^2+x^2>0$$

评注　由本例可解决：

(2013罗马尼亚数学奥林匹克试题) 已知 $x\in\mathbf{R}$. 求证：$x^4-x^3-x+1\geqslant 0$.

例3　对任意实数 x，求证

$$x^6-x^5+x^4-x^3+x^2-x+\frac{3}{4}>0$$

这是黄宣国教授在《数学奥林匹克大集1994》中

的一道习题，其提示是：先求证当 $x\leqslant 0$ 时 $f(x)+f(-x)>0$，$f(x)-f(-x)\geqslant 0$. 再讨论 $x\geqslant 1$，$x\in(0,1)$ 的情况.

证明 由米尔黑德不等式知

$$x^6+x^2\geqslant x^5+x^3$$

为此，只需证明

$$x^4-x+\frac{3}{4}>0\Leftrightarrow 4x^4-4x+3>0\Leftarrow$$

$$x^4+1+1+1\geqslant 4x$$

这只需由四维均值不等式即得.

若注意到各项的次数特征，仍可采用配方法证明.

另证 1 左边 − 右边 $=x^2\left(x^2-\frac{x}{2}\right)^2+\frac{3}{4}x^2\left(x-\frac{2}{3}\right)^2+\frac{2}{3}\left(x-\frac{3}{4}\right)^2+\frac{3}{8}>0$，故原不等式成立.

另证 2 原不等式等价于

$$(x^2-x)(x^4+x^2+1)+\frac{3}{4}>0$$

若 $x^2-x\geqslant 0$，即 $x\geqslant 1$ 或 $x<0$，则有 $(x^2-x)(x^4+x^2+1)+\frac{3}{4}>0$ 显然成立.

若 $x^2-x<0$，即 $0<x<1$，则有

$$x^2-x=\left(x-\frac{1}{2}\right)^2-\frac{1}{4}\in\left(-\frac{1}{4},0\right)$$

$$0<x^4+x^2+1<3$$

$$-\frac{3}{4}<(x^2-x)(x^4+x^2+1)<0$$

即

$$(x^2-x)(x^4+x^2+1)+\frac{3}{4}>0$$

例4　证明函数 $f(x)=x^6-x^3+x^2-x+1$ 的值恒为正数.

证明　由米尔黑德不等式知

$$x^6+x^2\geqslant 2x^4$$

$$x^4+1\geqslant x^3+x$$

将以上两式相加即得

$$x^6+x^2+x^4+1\geqslant 2x^4+x^3+x$$

即

$$x^6+x^2+1\geqslant x^4+x^3+x\geqslant x^3+x$$

即

$$f(x)=x^6-x^3+x^2-x+1$$

的值恒为正数.

另证1　当 $x<0$ 时，$f(x)$ 各项都为正数，因此当 $x<0$ 时，$f(x)$ 为正数.

当 $0<x\leqslant 1$ 时

$$f(x)=x^6+x^2(1-x)+(1-x)>0$$

当 $x>1$ 时

$$f(x)=x^3(x^3-1)+x(x-1)+1>0$$

综上可知，函数 $f(x)$ 的值恒为正数.

说明　这种把所有情况都考虑在内的演绎推理规则叫作完全归纳推理.

另证2　当 $x<0$ 时，$f(x)$ 各项都为正数，因此当 $x<0$ 时 $f(x)$ 为正数.

当 $0<x\leqslant 1$ 时

$$f(x)=x^6+x^2(1-x)+(1-x)>0$$

当 $x>1$ 时

$$f'(x)=6x^5-3x^2+2x-1$$

$$f''(x)=30x^4-6x+2=5x^4+(5x^2-1)^2+x^2+(3x-1)^2\geqslant 0$$

故

$$f'(x)\geqslant f'(1)=6\times 1^5-3\times 1^2+2\times 1-1=4>0$$

故

$$f(x)\geqslant f(1)=1^6-1^3+1^2-1+1=1>0$$

综上可知,函数 $f(x)$ 的值恒为正数.

另证 3

$$f(x)=x^6-x^3+x^2-x+1=\left(x^3-\frac{1}{2}\right)^2+\left(x-\frac{1}{2}\right)^2+\frac{1}{2}$$

另证 4

$$\begin{aligned}f(x)=x^6-x^3+x^2-x+1&=(x^3-x)^2+x^4+(1-x+x^4-x^3)=\\&(x^3-x)^2+x^4+(1-x)-x^3(1-x)=\\&(x^3-x)^2+x^4+(1-x)(1-x^3)=\\&(x^3-x)^2+x^4+(1-x)^2(1+x+x^2)=\\&(x^3-x)^2+x^4+\\&(1-x)^2\left[\left(x+\frac{1}{2}\right)^2+\frac{3}{4}\right]\geqslant 0\end{aligned}$$

例 5 (第26届美国数学奥林匹克试题)证明:对所有正数 a,b,c,有

$$\frac{1}{a^3+b^3+abc}+\frac{1}{b^3+c^3+abc}+\frac{1}{c^3+a^3+abc}\leqslant\frac{1}{abc}$$

证明 由米尔黑德不等式知

$$a^3+b^3\geqslant a^2b+ab^2$$

$$\frac{1}{a^3+b^3+abc}+\frac{1}{b^3+c^3+abc}+\frac{1}{c^3+a^3+abc}\leqslant$$

$$\frac{1}{a^2b+ab^2+abc}+\frac{1}{b^2c+bc^2+abc}+\frac{1}{c^2a+ca^2+abc}=$$

$$\frac{1}{abc}\left(\frac{c}{a+b+c}+\frac{a}{a+b+c}+\frac{b}{a+b+c}\right)=\frac{1}{abc}$$

例 6 （第 37 届 IMO 预选赛试题）设 a,b,c 是正实数，且 $abc=1$，证明

$$\frac{ab}{a^5+b^5+ab}+\frac{bc}{b^5+c^5+bc}+\frac{ca}{c^5+a^5+ca}\leqslant 1$$

证明　由米尔黑德不等式知

$$a^5+b^5\geqslant a^3b^2+a^2b^3$$

$$\frac{ab}{a^5+b^5+ab}+\frac{bc}{b^5+c^5+bc}+\frac{ca}{c^5+a^5+ca}\leqslant$$

$$\frac{ab}{a^3b^2+a^2b^3+a^2b^2c}+\frac{bc}{b^3c^2+b^2c^3+ab^2c^2}+$$

$$\frac{ca}{c^3a^2+c^2a^3+a^2b^2c}=$$

$$\frac{1}{a^2b+ab^2+abc}+\frac{1}{b^2c+bc^2+abc}+\frac{1}{c^2a+ca^2+abc}=$$

$$\frac{1}{abc}\left(\frac{c}{a+b+c}+\frac{a}{a+b+c}+\frac{b}{a+b+c}\right)=1$$

例 7 （2008 年波斯尼亚数学奥林匹克试题）已知 $a,b,c>0$ 且 $a^2+b^2+c^2=1$，求证

$$\frac{a^5+b^5}{ab(a+b)}+\frac{b^5+c^5}{bc(b+c)}+\frac{c^5+a^5}{ca(c+a)}\geqslant$$
$$3(ab+bc+ca)-2$$

证明　由米尔黑德不等式知

$$a^5+b^5\geqslant a^4b+ab^4=ab(a^3+b^3)$$

故

$$\frac{a^5+b^5}{ab(a+b)}+\frac{b^5+c^5}{bc(b+c)}+\frac{c^5+a^5}{ca(c+a)}\geqslant$$
$$\frac{ab(a^3+b^3)}{ab(a+b)}+\frac{bc(b^3+c^3)}{bc(b+c)}+\frac{ca(c^3+a^3)}{ca(c+a)}=$$
$$\frac{a^3+b^3}{a+b}+\frac{b^3+c^3}{b+c}+\frac{c^3+a^3}{c+a}=$$
$$a^2-ab+b^2+b^2-bc+c^2+c^2-ca+a^2=$$
$$2(a^2+b^2+c^2)-(ab+bc+ca)=$$
$$4(a^2+b^2+c^2)-(ab+bc+ca)-2\geqslant$$
$$4(ab+bc+ca)-(ab+bc+ca)-2=$$
$$3(ab+bc+ca)-2$$

评注 从证明过程,不难看出本例可加强为

$$\frac{a^5+b^5}{ab(a+b)}+\frac{b^5+c^5}{bc(b+c)}+\frac{c^5+a^5}{ca(c+a)}\geqslant$$
$$2(a^2+b^2+c^2)-(ab+bc+ca)\quad(a,b,c>0)$$

本例还可以进一步加强为

$$\frac{a^5+b^5}{ab(a+b)}+\frac{b^5+c^5}{bc(b+c)}+\frac{c^5+a^5}{ca(c+a)}\geqslant$$
$$6-5(ab+bc+ca)$$

证明 原不等式等价于

$$\sum\frac{a^5+b^5}{ab(a+b)}-\sum\frac{1}{2}(a^2+b^2)\geqslant\frac{5}{2}\sum(a-b)^2\Leftrightarrow$$
$$\sum(a-b)^2\left(\frac{2a^2+ab+2b^2}{2ab}-\frac{5}{2}\right)\geqslant 0\Leftrightarrow$$
$$\sum\frac{(a-b)^4}{ab}\geqslant 0$$

显然成立.

例8 (2014保加利亚国家队选拔考试)证明:对所有的正实数 a,b,c,d,均有

$$\sum\frac{a^4}{a^3+a^2b+ab^2+b^3}\geqslant\frac{a+b+c+d}{4}$$

证法 1

$$\sum \frac{a^4}{a^3+a^2b+ab^2+b^3}-$$

$$\sum \frac{b^4}{a^3+a^2b+ab^2+b^3}=$$

$$\sum \frac{a^4-b^4}{a^3+a^2b+ab^2+b^3}=$$

$$\sum \frac{(a-b)(a+b)(a^2+b^2)}{(a+b)(a^2+b^2)}=$$

$$\sum (a-b)=0$$

所以,只要证明

$$\sum \frac{a^4+b^4}{a^3+a^2b+ab^2+b^3} \geqslant \frac{a+b+c+d}{2}$$

为此,只需证明

$$\frac{a^4+b^4}{a^3+a^2b+ab^2+b^3} \geqslant \frac{a+b}{4}$$

由米尔黑德不等式知

$$a^3+b^3 \geqslant a^2b+ab^2$$

由切比雪夫不等式知

$$\frac{a^4+b^4}{a^3+a^2b+ab^2+b^3} \geqslant \frac{a^4+b^4}{2(a^3+b^3)} \geqslant$$

$$\frac{\frac{1}{2}(a+b)(a^3+b^3)}{2(a^3+b^3)}=\frac{a+b}{4}$$

证法 2　由证法1知,只需证明

$$\frac{a^4+b^4}{a^3+a^2b+ab^2+b^3} \geqslant \frac{a+b}{4}$$

而

$$\frac{a^4+b^4}{a^3+a^2b+ab^2+b^3} \geqslant \frac{a+b}{4} \Leftrightarrow$$

$$4(a^4+b^4)\geqslant(a+b)(a^3+a^2b+ab^2+b^3)\Leftrightarrow$$
$$3(a^4+b^4)\geqslant 2(a^3b+a^2b^2+ab^3)\Leftrightarrow$$
$$3(a^2-b^2)^2\geqslant 2ab(a^2-2ab+b^2)\Leftrightarrow$$
$$3(a+b)^2(a-b)^2\geqslant 2ab(a-b)^2\Leftrightarrow$$
$$(3a^2+4ab+3b^2)(a-b)^2\geqslant 0$$

显然成立.

证法 3 由证法 1 知,只需证明

$$\frac{a^4+b^4}{a^3+a^2b+ab^2+b^3}\geqslant\frac{a+b}{4}$$

由均值不等式知

$$\frac{a^4+b^4}{a^3+a^2b+ab^2+b^3}\geqslant\frac{\frac{1}{2}(a^2+b^2)^2}{(a+b)(a^2+b^2)}=$$

$$\frac{a^2+b^2}{2(a+b)}\geqslant\frac{\frac{1}{2}(a+b)^2}{2(a+b)}=\frac{a+b}{4}$$

证法 4

$$\frac{a^4}{a^3+a^2b+ab^2+b^3}\geqslant\frac{5}{8}a-\frac{3}{8}b\Leftrightarrow$$
$$3(a^4+b^4)\geqslant 2(a^3b+a^2b^2+ab^3)\Leftrightarrow$$
$$3(a^2-b^2)^2\geqslant 2ab(a^2-2ab+b^2)\Leftrightarrow$$
$$3(a+b)^2(a-b)^2\geqslant 2ab(a-b)^2\Leftrightarrow$$
$$(3a^2+4ab+3b^2)(a-b)^2\geqslant 0$$

显然成立,则

$$\sum\frac{a^4}{a^3+a^2b+ab^2+b^3}\geqslant\sum\left(\frac{5}{8}a-\frac{3}{8}b\right)=$$
$$\frac{a+b+c+d}{4}$$

例 9 (《中等数学》2007.4.高 198)已知 a,b,c 为满足 $abc=1$ 的正数,$n\geqslant 1$ 或 $n\leqslant -2$,求证

$$\frac{a^n}{a^n+b+c}+\frac{b^n}{a+b^n+c}+\frac{c^n}{a+b+c^n}\geqslant 1$$

证明　因 $n\geqslant 1$ 或 $n\leqslant -2$,所以

$$\frac{n+2}{3}\cdot\frac{n-1}{3}\geqslant 0$$

注意到

$$\frac{2n+1}{3}\geqslant\frac{n+2}{3},\frac{2n+1}{3}+0=\frac{n+2}{3}+\frac{n-1}{3}$$

由米尔黑德不等式知

$$b^{\frac{2n+1}{3}}+c^{\frac{2n+1}{3}}\geqslant b^{\frac{n+2}{3}}c^{\frac{n-1}{3}}+b^{\frac{n-1}{3}}c^{\frac{n+2}{3}}$$

$$a^{\frac{n-1}{3}}(b^{\frac{2n+1}{3}}+c^{\frac{2n+1}{3}})\geqslant a^{\frac{n-1}{3}}(b^{\frac{n+2}{3}}c^{\frac{n-1}{3}}+b^{\frac{n-1}{3}}c^{\frac{n+2}{3}})=$$
$$(abc)^{\frac{n-1}{3}}(b+c)=b+c$$

$$a^{\frac{n-1}{3}}(a^{\frac{2n+1}{3}}+b^{\frac{2n+1}{3}}+c^{\frac{2n+1}{3}})=$$
$$a^n+a^{\frac{n-1}{3}}(b^{\frac{2n+1}{3}}+c^{\frac{2n+1}{3}})\geqslant$$
$$a^n+b+c$$

故

$$\frac{a^n}{a^n+b+c}\geqslant\frac{a^{\frac{2n+1}{3}}}{a^{\frac{2n+1}{3}}+b^{\frac{2n+1}{3}}+c^{\frac{2n+1}{3}}}$$

同理

$$\frac{b^n}{a+b^n+c}\geqslant\frac{b^{\frac{2n+1}{3}}}{a^{\frac{2n+1}{3}}+b^{\frac{2n+1}{3}}+c^{\frac{2n+1}{3}}}$$

$$\frac{a^n}{a+b+c^n}\geqslant\frac{c^{\frac{2n+1}{3}}}{a^{\frac{2n+1}{3}}+b^{\frac{2n+1}{3}}+c^{\frac{2n+1}{3}}}$$

以上三式相加即得

$$\frac{a^n}{a^n+b+c}+\frac{b^n}{a+b^n+c}+\frac{c^n}{a+b+c^n}\geqslant 1$$

易知,当且仅当 $a=b=c$ 或 $n=1$ 或 $n=-2$ 时,等号成立.

评注 本题的关键在于证明

$$\frac{a^n}{a^n+b+c} \geqslant \frac{a^{\frac{2n+1}{3}}}{a^{\frac{2n+1}{3}}+b^{\frac{2n+1}{3}}+c^{\frac{2n+1}{3}}}$$

推广 若 $m \geqslant n, mn \geqslant 0, a, b>0$，则有

$$\frac{c^{m+2n}}{(abc)^n a^{m-n}+b^{m-n}+c^{m+2n}} \geqslant \frac{c^{m+n}}{a^{m+n}+b^{m+n}+c^{m+n}}$$

证明 因为 $m \geqslant n, mn \geqslant 0, a, b>0$，由米尔黑德不等式知

$$a^{m+n}+b^{m+n} \geqslant a^m b^n+a^n b^m$$

$$c^n(a^{m+n}+b^{m+n}) \geqslant (abc)^n(a^{m-n}+b^{m-n})$$

$$c^n(a^{m+n}+b^{m+n}+c^{m+n}) \geqslant (abc)^n(a^{m-n}+b^{m-n})+c^{m+2n}$$

即

$$\frac{c^{m+2n}}{(abc)^n(a^{m-n}+b^{m-n})+c^{m+2n}} \geqslant \frac{c^{m+n}}{a^{m+n}+b^{m+n}+c^{m+n}}$$

特别地，可证明(《数学教学》2007.12.高 724)已知 a, b, c 为满足 $abc=1$ 的正数，$n \geqslant 2$ 或 $n \leqslant -4$，求证

$$\frac{a^n}{a^n+b^2+c^2}+\frac{b^n}{a^2+b^n+c^2}+\frac{c^n}{a^2+b^2+c^n} \geqslant 1$$

例 10 (第 46 届 IMO 第 3 题)设 x, y, z 为正实数，且 $xyz \geqslant 1$，证明

$$\frac{x^5-x^2}{x^5+y^2+z^2}+\frac{y^5-y^2}{y^5+z^2+x^2}+\frac{z^5-z^2}{z^5+x^2+y^2} \geqslant 0$$

证明 原不等式等价于

$$\frac{x^5}{x^5+y^2+z^2}+\frac{y^5}{y^5+z^2+x^2}+\frac{z^5}{z^5+x^2+y^2} \geqslant$$

$$\frac{x^2}{x^5+y^2+z^2}+\frac{y^2}{y^5+z^2+x^2}+\frac{z^2}{z^5+x^2+y^2}$$

加强证明

$$\frac{x^5}{x^5+y^2+z^2}+\frac{y^5}{y^5+z^2+x^2}+\frac{z^5}{z^5+x^2+y^2} \geqslant 1 \geqslant$$

$$\frac{x^2}{x^5+y^2+z^2}+\frac{y^2}{y^5+z^2+x^2}+\frac{z^2}{z^5+x^2+y^2}$$

先证明左边不等式成立.

由米尔黑德不等式知

$$y^4+z^4\geqslant y^3z+yz^3=yz(y^2+z^2)$$

所以

$$x(y^4+z^4)\geqslant xyz(y^2+z^2)\geqslant y^2+z^2$$

故

$$\frac{x^5}{x^5+y^2+z^2}\geqslant\frac{x^5}{x^5+x(y^4+z^4)}=\frac{x^4}{x^4+y^4+z^4}$$

所以

$$\frac{x^5}{x^5+y^2+z^2}+\frac{y^5}{y^5+z^2+x^2}+\frac{z^5}{z^5+x^2+y^2}\geqslant 1$$

再证明左边不等式成立.

由柯西不等式及 $xyz\geqslant 1$ 知

$$(x^5+y^2+z^2)(yz+y^2+z^2)\geqslant(x^2+y^2+z^2)^2$$

即

$$\frac{x^2(yz+y^2+z^2)}{(x^2+y^2+z^2)^2}\geqslant\frac{x^2}{x^5+y^2+z^2}$$

所以

$$\sum_{\text{cyc}}\frac{x^2(yz+y^2+z^2)}{(x^2+y^2+z^2)^2}\geqslant\sum_{\text{cyc}}\frac{x^2}{x^5+y^2+z^2}$$

由算术－几何平均不等式知

$$\sum_{\text{cyc}}x^4\geqslant\sum_{\text{cyc}}\frac{y^4+z^4}{2}\geqslant\sum_{\text{cyc}}x^2y^2=$$

$$\sum_{\text{cyc}}x^2\left(\frac{y^2+z^2}{2}\right)\geqslant\sum_{\text{cyc}}x^2yz$$

所以

$$(x^2+y^2+z^2)^2\geqslant 2\sum_{\text{cyc}}x^2y^2+\sum_{\text{cyc}}x^2yz$$

$$1 \geqslant \sum_{\text{cyc}} \frac{x^2(yz + y^2 + z^2)}{(x^2 + y^2 + z^2)^2}$$

例 11 (1961 年第 6 届 IMO 第 2 题)在 $\triangle ABC$ 中,求证

$$a^2(b+c-a) + b^2(c+a-b) + c^2(a+b-c) \leqslant 3abc$$

证明 作统一替换法代换:$a = y + z, b = z + x, c = x + y(x, y, z > 0)$,等价于

$$(y+z)^2 \cdot 2x + (z+x)^2 \cdot 2y + (x+y)^2 \cdot 2z \leqslant 3(x+y)(y+z)(z+x) \Leftrightarrow$$

$$x^2y + y^2z + z^2x + xy^2 + yz^2 + zx^2 \geqslant 6xyz$$

注意到 $2 > 1, 2+1 > 1+1, 2+1+0 = 1+1+1$,由米尔黑德不等式即知原不等式成立.

另证 由六元均值不等式即知原不等式成立.

例 12 (1967 年 IMO 预选题)已知 a, b, c 是正数,求证

$$\frac{1}{a} + \frac{1}{b} + \frac{1}{c} \leqslant \frac{a^8 + b^8 + c^8}{a^3b^3c^3}$$

证明 $8 > 4, 8+0 > 4+2, 8+0+0 = 4+2+2$,由米尔黑德不等式知

$$a^8 + b^8 + c^8 \geqslant a^4b^2c^2 + a^2b^4c^2 + a^2b^2c^4 = a^2b^2c^2(a^2 + b^2 + c^2)$$

$$\frac{a^8 + b^8 + c^8}{a^3b^3c^3} \geqslant \frac{a^2b^2c^2(a^2 + b^2 + c^2)}{a^3b^3c^3} = \frac{a^2 + b^2 + c^2}{abc} \geqslant \frac{ab + bc + ca}{abc} = \frac{1}{a} + \frac{1}{b} + \frac{1}{c}$$

例 13 在 $\triangle ABC$ 中,a, b, c, p, Δ 是三角形的三边、半周长和面积,求证

$$(p-a)^4 + (p-b)^4 + (p-c)^4 \geqslant \Delta^2$$

证明　设 $p-a=x,p-b=y,p-c=z$,则

$$p=x+y+z$$

由海伦公式知

$$\Delta^2=p(p-a)(p-b)(p-c)=xyz(x+y+z)$$

故原不等式可改写为

$$x^4+y^4+z^4\geqslant xyz(x+y+z)$$

由米尔黑德不等式即知上述不等式成立.

另证　由海伦公式知

$$\Delta^2=p(p-a)(p-b)(p-c)$$

故原不等式可改写为

$$(p-a)^4+(p-b)^4+(p-c)^4\geqslant$$
$$p(p-a)(p-b)(p-c)$$

由切比雪夫不等式和均值不等式知

$$(p-a)^4+(p-b)^4+(p-c)^4\geqslant$$
$$\frac{1}{3}[(p-a)+(p-b)+(p-c)]\cdot$$
$$[(p-a)^3+(p-b)^3+(p-c)^3]\geqslant$$
$$\frac{1}{3}p\cdot 3\sqrt[3]{(p-a)^3(p-b)^3(p-c)^3}=$$
$$p(p-a)(p-b)(p-c)$$

评注　本例证明采用了等量替换法,这一替换具有将几何问题转化为代数问题,反过来将代数问题转化为几何问题的功能,应用很广泛.在三角形不等式的证明中,代换 $a=y+z,b=z+x,c=x+y$ 经常用到.其中 x,y,z 是正数.反过来 $p-a=x,p-b=y,p-c=z,p=\frac{1}{2}(a+b+c)$.这一代换具有明显的几何意义:$\triangle ABC$ 的内切圆把 a,b,c 三边都分为两部分,即 $y+z,z+x,x+y$.用这种代换方法可以证明一类三

角形不等式.

本题还可以进一步加强为:

在 $\triangle ABC$ 中,a,b,c,p,Δ 是三角形的三边、半周长和面积,求证

$$(p-a)^2(p-b)^2+(p-b)^2(p-c)^2+(p-c)^2(p-a)^2\geqslant\Delta^2$$

证明 由常见均值不等式

$$x^2+y^2+z^2\geqslant xy+yz+zx$$

知

$$\begin{aligned}&(p-a)^2(p-b)^2+(p-b)^2(p-c)^2+\\&(p-c)^2(p-a)^2\geqslant\\&\sum(p-a)(p-b)(p-b)(p-c)=\\&(p-a)(p-b)(p-b)(p-c)\sum(p-a)=\\&p(p-a)(p-b)(p-b)(p-c)=\Delta^2\end{aligned}$$

例 14 (2016 年摩尔多瓦数学奥林匹克试题)已知 a,b,c 是满足 $a^2+b^2+c^2+ab+bc+ca=6$ 的正数,求 $a+b+c$ 的最大值.

解 由米尔黑德不等式知

$$a^2+b^2+c^2\geqslant ab+bc+ca$$

所以

$$\begin{aligned}(a+b+c)^2=a^2+b^2+c^2+2ab+2bc+2ca\leqslant\\\frac{3}{2}(a^2+b^2+c^2+ab+bc+ca)=9\end{aligned}$$

所以 $a+b+c\leqslant3$,仅当 $a=b=c=1$ 时,$a+b+c$ 取得最大值 3.

例 15 (2016 年叙利亚数学奥林匹克试题)已知 a,b,c 是满足 $a+b+c=3$ 的正数,求证

$$\frac{a^3+b^3}{a^2+ab+b^2}+\frac{b^3+c^3}{b^2+bc+c^2}+\frac{c^3+a^3}{c^2+ca+a^2}\geqslant 2$$

证明　由米尔黑德不等式知

$$a^3+b^3\geqslant a^2b+ab^2$$

即

$$3(a^3+b^3)\geqslant a^3+b^3+2a^2b+2ab^2=(a+b)(a^2+ab+b^2)$$

所以

$$\frac{a^3+b^3}{a^2+ab+b^2}\geqslant\frac{a+b}{3}$$

所以

$$\frac{a^3+b^3}{a^2+ab+b^2}+\frac{b^3+c^3}{b^2+bc+c^2}+\frac{c^3+a^3}{c^2+ca+a^2}\geqslant \frac{1}{3}(a+b+b+c+c+a)=2$$

例 16　(2015 年摩尔多瓦数学奥林匹克试题)已知 a,b,c 是满足 $abc=1$ 的正数,求证

$$a^3+b^3+c^3+\frac{bc}{b^2+c^2}+\frac{ca}{c^2+a^2}+\frac{ab}{a^2+b^2}\geqslant\frac{9}{2}$$

证明　由米尔黑德不等式知

$$2(a^3+b^3+c^3)\geqslant a(b^2+c^2)+b(c^2+a^2)+c(a^2+b^2)$$

所以

$$a^3+b^3+c^3+\frac{bc}{b^2+c^2}+\frac{ca}{c^2+a^2}+\frac{ab}{a^2+b^2}=$$

$$a^3+b^3+c^3+\frac{1}{a(b^2+c^2)}+\frac{1}{b(c^2+a^2)}+\frac{1}{c(a^2+b^2)}\geqslant$$

$$a^3+b^3+c^3+\frac{9}{a(b^2+c^2)+b(c^2+a^2)+c(a^2+b^2)}\geqslant$$

$$\frac{1}{2}\left(a^3+b^3+c^3+a^3+b^3+c^3+\frac{9}{a^3+b^3+c^3}\right)\geqslant$$

$$\frac{3}{2}\cdot\sqrt[3]{9(a^3+b^3+c^3)}\geqslant\frac{9}{2}$$

例 17 （2014年越南数学奥林匹克试题）已知 x，y，z 是正数，求

$$P=\frac{x^3y^4z^3}{(x^4+y^4)(xy+z^2)^3}+\frac{y^3z^4x^3}{(y^4+z^4)(yz+x^2)^3}+\frac{z^3x^4y^3}{(z^4+x^4)(zx+y^2)^3}$$

的最大值.

解 由米尔黑德不等式知

$$x^4+y^4\geqslant x^3y+xy^3\geqslant 2x^2y^2$$

所以

$$x^4+y^4\geqslant\frac{2}{3}xy(x^2+y^2+xy)$$

$$\frac{x^3y^4z^3}{(x^4+y^4)(xy+z^2)^3}\leqslant$$

$$\frac{3}{8}\cdot\frac{x^3y^4z^3}{xy(x^2+y^2+xy)xyz^2(xy+z^2)}=$$

$$\frac{3}{8}\cdot\frac{xy^2z}{(x^2+y^2+xy)(xy+z^2)}=$$

$$\frac{3}{8}\cdot\frac{xy^2z}{(x^2y^2+y^2z^2+z^2x^2)+xy(x^2+y^2+z^2)}\leqslant$$

$$\frac{3xy^2z}{32}\cdot\left(\frac{1}{x^2y^2+y^2z^2+z^2x^2}+\frac{1}{xy(x^2+y^2+z^2)}\right)=$$

$$\frac{3}{32}\cdot\left(\frac{xyz\cdot y}{x^2y^2+y^2z^2+z^2x^2}+\frac{yz}{x^2+y^2+z^2}\right)$$

故

$$P\leqslant\frac{3}{32}\cdot\left(\frac{xyz(x+y+z)}{x^2y^2+y^2z^2+z^2x^2}+\frac{xy+yz+zx}{x^2+y^2+z^2}\right)\leqslant\frac{3}{16}$$

易知当 $x=y=z$ 时等式成立. 所以，所求最大值为 $\frac{3}{16}$.

例18　(第34届哥伦比亚数学奥林匹克试题(2015年))已知正实数x,y,z满足$x+y+z=1,x^4+y^4+z^4=\frac{1}{4}$.证明

$$x^3+y^3+z^3+3(x^5+y^5+z^5)\leqslant 1$$

证明　注意到

$$1=4(x^4+y^4+z^4)(x+y+z)$$

$$x^3+y^3+z^3\ (x+y+z)^2=x^3+y^3+z^3$$

故只需证明

$$(x^3+y^3+z^3)(x+y+z)^2+3(x^5+y^5+z^5)\leqslant$$
$$4(x^4+y^4+z^4)(x+y+z) \tag{1}$$

展开式(1),不等式化为

$$x^3y^2+y^3x^2+y^3z^2+z^3y^2+z^3x^2+x^3z^2+$$
$$2(x^3yz+xy^3z+xyz^3)\leqslant$$
$$2(x^4y+xy^4+y^4z+yz^4+z^4x+zx^4) \tag{2}$$

由米尔黑德不等式知

$$\sum x^4y\geqslant\sum x^3y^2,\sum x^4y\geqslant\sum x^3yz \tag{3}$$

由式(3)即知,式(2)成立.

评注　$\sum x^4y$表示x^4y的对称求和.

例19　(2016年江西预赛试题)设x,y,z为正数,满足:$xy+yz+zx=1$,证明

$$xyz(x+y)(y+z)(x+z)\geqslant$$
$$(1-x^2)(1-y^2)(1-z^2)$$

证明　据条件,即要证

$$xyz(x+y+z-xyz)\geqslant(1-x^2)(1-y^2)(1-z^2) \tag{1}$$

也即

$$xyz(x+y+z)\geqslant$$

$$1-(x^2+y^2+z^2)+(x^2y^2+y^2z^2+x^2z^2) \quad (2)$$

将此式各项齐次化,因为

$$1=(xy+yz+xz)^2=$$
$$x^2y^2+y^2z^2+x^2z^2+2xyz(x+y+z)$$
$$x^2+y^2+z^2=(x^2+y^2+z^2)(xy+yz+xz)=$$
$$x^3(y+z)+y^3(x+z)+$$
$$z^3(x+y)+xyz(x+y+z)$$

代入(2),只要证

$$xyz(x+y+z)\geqslant$$
$$2(x^2y^2+y^2z^2+x^2z^2)-x^3(y+z)+$$
$$y^3(x+z)+z^3(x+y)+xyz(x+y+z)$$

即

$$x^3(y+z)+y^3(x+z)+z^3(x+y)-$$
$$2(x^2y^2+y^2z^2+x^2z^2)\geqslant 0$$

此即米尔黑德不等式,故命题得证.

另证 由阿采儿不等式知

$$[z(x+y)]^2=(1-xy)^2\geqslant(1-x^2)(1-y^2)$$

同理可得

$$[x(y+z)]^2=(1-yz^2)\geqslant(1-y^2)(1-z^2)$$
$$[y(z+x)]^2=(1-zx)^2\geqslant(1-z^2)(1-x^2)$$

三式同向叠乘即得

$$[z(x+y)]^2[x(y+z)]^2[y(z+x)]^2\geqslant$$
$$(1-x^2)^2(1-y^2)^2(1-z^2)^2$$

开平方即得

$$xyz(x+y)(y+z)(z+x)\geqslant$$
$$(1-x^2)(1-y^2)(1-z^2)$$

例 20 (2005年格鲁吉亚国家集训队试题)设 x,y,z 为正数,满足:$xyz=1$,求证

$$x^3+y^3+z^3\geqslant xy+yz+zx$$

证明　由米尔黑德不等式知

$$2(x^3+y^3+z^3)\geqslant$$
$$x^2y+y^2z+z^2x+xy^2+yz^2+zx^2$$

即

$$3(x^3+y^3+z^3)\geqslant x^3+y^3+z^3+x^2y+y^2z+$$
$$z^2x+xy^2+yz^2+zx^2=$$
$$(x+y+z)(x^2+y^2+z^2)$$
$$x^2+y^2+z^2\geqslant xy+yz+zx$$

再由均值不等式知

$$x+y+z\geqslant 3\sqrt[3]{xyz}=3$$

故

$$x^3+y^3+z^3\geqslant\frac{1}{3}(x+y+z)(x^2+y^2+z^2)\geqslant$$
$$\frac{1}{3}\cdot 3(xy+yz+zx)=$$
$$xy+yz+zx$$

另证1　由米尔黑德不等式和均值不等式知

$$2(x^3+y^3+z^3)\geqslant$$
$$x^2y+y^2z+z^2x+xy^2+yz^2+zx^2=$$
$$(x+y+z)(xy+yz+zx)-3xyz$$

即

$$x^3+y^3+z^3\geqslant$$
$$\frac{1}{2}(x+y+z)(xy+yz+zx)-\frac{3}{2}\geqslant$$
$$\frac{1}{2}\cdot 3\sqrt[3]{xyz}(xy+yz+zx)-\frac{3}{2}=$$
$$xy+yz+zx+\frac{1}{2}(xy+yz+zx)-\frac{3}{2}\geqslant$$

$$xy+yz+zx+\frac{1}{2}\cdot 3\sqrt[3]{xy\cdot yz\cdot zx}-\frac{3}{2}=$$

$$xy+yz+zx$$

另证 2 采用切比雪夫不等式得到

$$x^3+y^3+z^3\geqslant\frac{1}{3}(x+y+z)(x^2+y^2+z^2)$$

下同本例解法.

例 21 (2002 年第 34 届加拿大数学奥林匹克试题)证明:对任意正实数 a,b,c,有

$$\frac{a^3}{bc}+\frac{b^3}{ca}+\frac{c^3}{ab}\geqslant a+b+c$$

并求出取等号的条件.

证明 原不等式等价于

$$a^4+b^4+c^4\geqslant a^2bc+ab^2c+abc^2$$

由米尔黑德不等式得

$$\sum a^2b^1c^1\leqslant\sum a^4b^0c^0$$

故原不等式成立.

例 22 (2011 年第 19 届土耳其数学奥林匹克第 3 题)若正实数 x,y,z 满足 $xyz=1$,证明

$$\frac{1}{x+y^{20}+z^{11}}+\frac{1}{y+z^{20}+x^{11}}+\frac{1}{z+x^{20}+y^{11}}\leqslant 1$$

证明 由柯西不等式知

$$\frac{1}{x+y^{20}+z^{11}}\leqslant\frac{x^{13}+y^{-6}+z^3}{(x^7+y^7+z^7)^2}$$

同理可得

$$\frac{1}{y+z^{20}+x^{11}}\leqslant\frac{y^{13}+z^{-6}+x^3}{(x^7+y^7+z^7)^2}$$

$$\frac{1}{z+x^{20}+y^{11}}\leqslant\frac{z^{13}+x^{-6}+y^3}{(x^7+y^7+z^7)^2}$$

以上三式相加即得

$$\frac{1}{x+y^{20}+z^{11}}+\frac{1}{y+z^{20}+x^{11}}+\frac{1}{z+x^{20}+y^{11}}\leqslant$$
$$\frac{x^{13}+y^{-6}+z^{3}}{(x^{7}+y^{7}+z^{7})^{2}}+\frac{y^{13}+z^{-6}+x^{3}}{(x^{7}+y^{7}+z^{7})^{2}}+$$
$$\frac{z^{13}+x^{-6}+y^{3}}{(x^{7}+y^{7}+z^{7})^{2}}$$

因此,只需证明

$$x^{13}+y^{13}+z^{13}+x^{-6}+y^{-6}+z^{-6}+x^{3}+y^{3}+z^{3}\leqslant$$
$$x^{14}+y^{14}+z^{14}+2(x^{7}y^{7}+y^{7}z^{7}+z^{7}x^{7})$$

因为 $xyz=1$,所以

$$x^{13}+y^{13}+z^{13}=\sum x^{13\frac{1}{3}}y^{\frac{1}{3}}z^{\frac{1}{3}}$$
$$x^{-6}+y^{-6}+z^{-6}=\sum x^{6\frac{2}{3}}y^{6\frac{2}{3}}z^{\frac{2}{3}}$$
$$x^{3}+y^{3}+z^{3}=\sum x^{6\frac{2}{3}}y^{3\frac{2}{3}}z^{3\frac{2}{3}}$$

又

$$\left(13\frac{1}{3},\frac{1}{3},\frac{1}{3}\right)\prec(14,0,0)$$
$$\left(6\frac{2}{3},6\frac{2}{3},\frac{2}{3}\right)\prec(7,7,0)$$
$$\left(6\frac{2}{3},\frac{11}{3},\frac{11}{3}\right)\prec(7,7,0)$$

由米尔黑德不等式得

$$\sum x^{13\frac{1}{3}}y^{\frac{1}{3}}z^{\frac{1}{3}}\leqslant\sum x^{14}y^{0}z^{0}$$
$$\sum x^{6\frac{2}{3}}y^{6\frac{2}{3}}z^{\frac{2}{3}}\leqslant\sum x^{7}y^{7}z^{0}$$
$$\sum x^{6\frac{2}{3}}y^{3\frac{2}{3}}z^{3\frac{2}{3}}\leqslant\sum x^{7}y^{7}z^{0}$$

故原不等式成立.

例 23　(2015年第9届中欧地区数学奥林匹克团体赛第1题)证明:对任意满足 $abc=1$ 的正实数 a,b,c,有

$$\frac{a}{2b+c^2}+\frac{b}{2c+a^2}+\frac{c}{2a+b^2}\leqslant\frac{a^2+b^2+c^2}{3}$$

证明 由均值不等式知

$$\sum_{\text{cyc}}\frac{a}{2b+c^2}=\sum_{\text{cyc}}\frac{a}{b+b+c^2}\leqslant\sum_{\text{cyc}}\frac{a}{3\sqrt[3]{b^2c^2}}=\frac{1}{3}\sum_{\text{cyc}}a^{\frac{5}{3}}$$

由米尔黑德不等式得

$$\sum_{\text{cyc}}a^{\frac{5}{3}}=\sum_{\text{cyc}}a^{\frac{16}{9}}b^{\frac{1}{9}}c^{\frac{1}{9}}\leqslant\sum_{\text{cyc}}a^2$$

故

$$\sum_{\text{cyc}}\frac{a}{2b+c^2}\leqslant\frac{1}{3}\sum_{\text{cyc}}a^{\frac{5}{3}}\leqslant\sum_{\text{cyc}}a^2$$

公开的问题

第6章

6.1 代数不等式问题

1. 设 $a,b,c \in \mathbf{R}_+$，求证

$$\frac{(a-b)^2+(b-c)^2+(c-a)^2}{ab+bc+ca} \geqslant \frac{(a^2-bc)(b^2-ca)(c^2-ab)}{(a^2+bc)(b^2+ca)(c^2+ab)}$$

2. 设 $a,b,c \in \mathbf{R}_+$，求证

$$\frac{(a-b)^2+(b-c)^2+(c-a)^2}{2(ab+bc+ca)} \geqslant \frac{a^2-bc}{a^2+bc}+\frac{b^2-ca}{b^2+ca}+\frac{c^2-ab}{c^2+ab} \geqslant \frac{4-5\sqrt[3]{10}+\sqrt[3]{100}}{12}\cdot\frac{(a-b)^2+(b-c)^2+(c-a)^2}{ab+bc+ca}$$

3. 设 $a,b,c \in \mathbf{R}_+$，求证

$$\frac{a}{b+c}+\frac{b}{c+a}+\frac{c}{a+b}\geqslant$$

$$\frac{a^2}{a^2+bc}+\frac{b^2}{b^2+ca}+\frac{c^2}{c^2+ab}$$

4. 设 $a,b,c>0$,求证

$$(a+b+c)\left(\frac{b^2}{a^2}+\frac{c^2}{b^2}+\frac{a^2}{c^2}\right)\geqslant$$

$$6\left(\frac{a^2}{b+c}+\frac{b^2}{c+a}+\frac{c^2}{a+b}\right)$$

5. 设 $a,b,c>0$,求证

$$(a+b+c)\left(\frac{b^2}{a^2}+\frac{c^2}{b^2}+\frac{a^2}{c^2}\right)-$$

$$k\left(\frac{a^2}{b+c}+\frac{b^2}{c+a}+\frac{c^2}{a+b}\right)\geqslant$$

$$\left(3-\frac{k}{2}\right)(a+b+c)$$

其中 $k_{\max}=10.898\,505\,6\cdots$ 是一元六次方程

$$5\,764\,801k^9-122\,162\,880k^8+1\,284\,512\,324k^7-$$

$$11\,405\,380\,440k^6+64\,169\,173\,872k^5-$$

$$190\,518\,183\,552k^4+236\,837\,976\,512k^3-$$

$$191\,696\,810\,112k^2+83\,443\,322\,880k-$$

$$22\,039\,921\,152=0$$

的根.

6. 设 $a,b,c\in\mathbf{R}_+$,求证

$$\frac{a}{b}+\frac{b}{c}+\frac{c}{a}\geqslant 2\left(\frac{a^2}{a^2+bc}+\frac{b^2}{b^2+ca}+\frac{c^2}{c^2+ab}\right)$$

7. 已知 $a,b,c\geqslant 0,k\geqslant 1$,求证

$$(a^2+k)(b^2+k)(c^2+k)\geqslant\frac{3}{4}k^2(a+b+c)^2$$

8. 已知 $a,b,c\geqslant 0,k\geqslant 2$,求证

$$(a^2+k)(b^2+k)(c^2+k) \geqslant (k+1)(a+b+c)^2$$

9. 已知 $a,b,c \geqslant 0$,求证

$$(a^2+1)(b^2+1)(c^2+1) \geqslant (a+b+c-1)^2$$

10. 已知 $a,b,c \geqslant 0, k \geqslant \dfrac{\sqrt{5}+1}{2}$,求证

$$(a^2+k)(b^2+k)(c^2+k) \geqslant$$
$$(k+1)(a+b+c+k-2)^2$$

11. 已知 $a,b,c \geqslant 0, k \geqslant 1$,求证

$$(a^3+k)(b^3+k)(c^3+k) \geqslant (a+b+c+k-1)^3$$

12. 已知 $a,b,c \geqslant 0, k \geqslant 2$,求证

$$(a^3+k)(b^3+k)(c^3+k) \geqslant (a+b+c+k-2)^3$$

13. 任意的正实数 a,b,c 两两不等,$k > 0$. 证明

$$\left(\frac{a}{b-c}+k\right)^4+\left(\frac{b}{c-a}+k\right)^4+\left(\frac{c}{a-b}+k\right)^4 \geqslant 2+3k$$

14. 已知 $x,y,z > 0, xyz = 1$,求证

$$\frac{1}{2}(x+y+z) \geqslant \frac{z}{x+y}+\frac{x}{y+z}+\frac{y}{z+x}$$

15. 已知 $a,b,c \geqslant 0, a+b+c=2$,求证

$$(a^2+ab+b^2)(b^2+bc+c^2)(c^2+ca+a^2)+\frac{17}{8}abc \leqslant 3$$

安振平的加强

16. 已知 $a,b,c \geqslant 0$,a,b,c 不全为 0,求证

$$\sqrt{\frac{a}{b+c}}+\sqrt{\frac{b}{c+a}}+\sqrt{\frac{c}{a+b}}+\frac{2\sqrt{ab+bc+ca}}{a+b+c} \geqslant 3$$

17. 已知 $a,b,c > 0, 0 \leqslant \lambda \leqslant 2, \mu > 0$,求证

$$\frac{a^2+\lambda bc}{b+\mu c}+\frac{b^2+\lambda ca}{c+\mu a}+\frac{c^2+\lambda ab}{a+\mu b} \geqslant$$

$$\frac{1+\lambda}{1+\mu}(a+b+c)$$

18. 设 x,y,z 都是正数,求证

$$\frac{z^2-zx}{x+y}+\frac{x^2-xy}{y+z}+\frac{y^2-yz}{z+x}\geqslant$$
$$k\cdot\frac{(x-y)^2+(y-z)^2+(z-x)^2}{x+y+z}$$

其中 $k_{\max}=0.952\ 078\ 828\ 5\cdots$ 是一元六次方程

$$192k^6-1\ 152k^5-15k^4+16k^3+$$
$$54k^2+41k+10=0$$

的根.

19. 已知 a,b,c 是正数,求证

$$\frac{a^4}{a^4+(b+c)^4}+\frac{b^4}{b^4+(c+a)^4}+\frac{c^4}{c^4+(a+b)^4}\geqslant$$
$$\frac{3}{17}\left[\frac{a^3}{a^3+(b+c)^3}+\frac{b^3}{b^3+(c+a)^3}+\frac{c^3}{c^3+(a+b)^3}\right]\geqslant$$
$$\frac{5}{17}\left[\frac{a^2}{a^2+(b+c)^2}+\frac{b^2}{b^2+(c+a)^2}+\frac{c^2}{c^2+(a+b)^2}\right]\geqslant$$
$$\frac{3}{17}$$

20. 已知 a,b,c 是正数,$k\in\mathbf{N}$,求证

$$\frac{a^{k+1}}{a^{k+1}+(b+c)^{k+1}}+\frac{b^{k+1}}{b^{k+1}+(c+a)^{k+1}}+$$
$$\frac{c^{k+1}}{c^{k+1}+(a+b)^{k+1}}\geqslant$$
$$\frac{2^k+1}{2^{k+1}+1}\left[\frac{a^k}{a^k+(b+c)^k}+\right.$$
$$\left.\frac{b^k}{b^k+(c+a)^k}+\frac{c^k}{c^k+(a+b)^k}\right]\geqslant$$
$$\frac{3}{2^{k+1}+1}$$

21. 已知 $a,b,c\in\mathbf{R}_+,abc=1$，求证

$$1+\frac{6}{a+b+c}\geqslant\frac{9}{ab+bc+ca}$$

22. 已知 $a,b,c\in\mathbf{R}_+,abc=1$，求证

$$\frac{1}{a}+\frac{1}{b}+\frac{1}{c}+\frac{k}{a+b+c}\geqslant 3+\frac{k}{3}$$

其中 $k_{\max}=8.108\ 642\ 71\cdots$ 是方程 $16k^3+567k^2-3\ 402k-18\ 225=0$ 的根.

23. 求证

$$x^3y^2(y-2z)(y-z)+y^3z^2(z-2x)(z-x)+z^3x^2(x-2y)(x-y)\geqslant 0\Leftrightarrow$$

$$\frac{xy^2}{z^2}+\frac{yz^2}{x^2}+\frac{zx^2}{y^2}+2(x+y+z)\geqslant 3\left(\frac{xy}{z}+\frac{yz}{x}+\frac{zx}{y}\right)$$

24. 求证

$$x^2y^2(2y-5z)(y-z)+y^2z^2(2z-5x)(z-x)+z^2x^2(2x-5y)(x-y)\geqslant 0$$

25. 求证

$$x^2y^2(y-kz)(y-z)+y^2z^2(z-kx)(z-x)+z^2x^2(x-ky)(x-y)\geqslant 0$$

其中 $k_{\max}=8-3\sqrt{2}$.

26. $a,b,c\in\mathbf{R}_+,a+b+c=1$，求证

$$\frac{a^2}{\sqrt{a^2+b}}+\frac{b^2}{\sqrt{b^2+c}}+\frac{c^2}{\sqrt{b^2+c}}\geqslant\frac{1}{2}$$

27. $a,b,c\in\mathbf{R}_+,a+b+c=1$，求证

$$\frac{1}{b+c^2}+\frac{1}{c+a^2}+\frac{1}{a+b^2}>\frac{13}{2}$$

28. 设 $x,y,z>0$，求证

$$\frac{x^2}{y+z}+\frac{y^2}{z+x}+\frac{z^2}{x+y}+\frac{3}{2}(x+y+z)\geqslant 2\sqrt{3(x^2+y^2+z^2)}$$

29. 设 $x,y,z>0$,求证

$$\frac{y^2}{x}+\frac{z^2}{y}+\frac{x^2}{z}+4(x+y+z)\geqslant 5\sqrt{3(x^2+y^2+z^2)}$$

30. 已知 a,b,c 是满足 $a+b+c=3$ 的非负数,求证

$$\frac{a}{a+b}+\frac{b}{b+c}+\frac{c}{c+a}+\frac{27k}{abc}\geqslant\frac{3}{2}+27k$$

其中 $k_{\min}=0.000\ 215\ 576\ 778\cdots\cdots$ 是方程

$$12\ 098\ 274\ 048k^6+2\ 977\ 236k^4+215\ 163k^2-1=0$$

的根.

31. 设 a,b,c 为正数,且 $a+b+c=3$,求证

$$a^5b^5c^5(a^4+b^4+c^4)\leqslant 3$$

32. 设 a,b,c 为正数,且 $a+b+c=3$,求证

$$a^8b^8c^8(a^5+b^5+c^5)\leqslant 3$$

33. 设 a,b,c 为正数,且 $a+b+c=3$,求证

$$a^{11}b^{11}c^{11}(a^6+b^6+c^6)\leqslant 3$$

33. 设 a,b,c 为正数,且 $a+b+c=3$,求证

$$a^{16}b^{16}c^{16}(a^7+b^7+c^7)\leqslant 3$$

35. 设 a,b,c 为正数,且 $a+b+c=3$,若有

$$a^pb^pc^p(a^q+b^q+c^q)\leqslant 3$$

则 p,q 应满足什么条件?

36. 设 $a,b,c>0$,且 $a+b+c=3$,求证

$$\frac{1}{a^4}+\frac{1}{b^4}+\frac{1}{c^4}\geqslant a^4+b^4+c^4$$

37. 设 $a,b,c>0$,且 $a+b+c=3$,求证

$$\frac{1}{a^5}+\frac{1}{b^5}+\frac{1}{c^5}\geqslant a^5+b^5+c^5$$

38. 设 $a,b,c>0$，且 $a+b+c=3$，$k\geqslant 6$，则

$$\frac{1}{a^k}+\frac{1}{b^k}+\frac{1}{c^k}\geqslant a^k+b^k+c^k$$

不一定成立. 例如

$$k=6,a=b=\frac{4}{5},c=\frac{7}{5}$$

$$\frac{1}{a^6}+\frac{1}{b^6}+\frac{1}{c^6}-(a^6+b^6+c^6)=$$

$$-\frac{1\ 097\ 878\ 482\ 207}{3\ 764\ 768\ 000\ 000}<0$$

此时

$$\frac{1}{a^6}+\frac{1}{b^6}+\frac{1}{c^6}<a^6+b^6+c^6$$

而当

$$k=6,a=b=\frac{3}{5},c=\frac{9}{5}$$

$$\frac{1}{a^6}+\frac{1}{b^6}+\frac{1}{c^6}-(a^6+b^6+c^6)=\frac{72\ 996\ 794\ 416}{8\ 303\ 765\ 625}>0$$

此时

$$\frac{1}{a^6}+\frac{1}{b^6}+\frac{1}{c^6}>a^6+b^6+c^6$$

那么，对于 $k\geqslant 6$，则

$$\frac{1}{a^k}+\frac{1}{b^k}+\frac{1}{c^k}\geqslant a^k+b^k+c^k$$

是否一定不成立呢?

39. 设 $a,b,c>0$，求证

$$\frac{a}{b+c}+\frac{b}{c+a}+\frac{c}{a+b}\geqslant$$

$$\frac{a}{\sqrt{a^2+8bc}}+\frac{b}{\sqrt{b^2+8ca}}+\frac{c}{\sqrt{c^2+8ab}}$$

40. 设 a,b,c 为正数，$abc=1$，求证

$$\frac{1}{a^2+2b^2+2}+\frac{1}{b^2+2c^2+2}+\frac{1}{c^2+2a^2+2}\leqslant\frac{3}{5}$$

41. 设 a,b,c 为正数,$abc=1$,求证

$$\frac{1}{a^2+3b^2+2}+\frac{1}{b^2+3c^2+2}+\frac{1}{c^2+3a^2+2}\leqslant\frac{1}{2}$$

42. 设 a,b,c 为正数,$abc=1$,求证

$$\frac{1}{a^2+4b^2+3}+\frac{1}{b^2+4c^2+3}+\frac{1}{c^2+4a^2+3}\leqslant\frac{3}{8}$$

43. 设 a,b,c 为正数,$abc=1$,求证

$$\frac{1}{a^2+5b^2+3}+\frac{1}{b^2+5c^2+3}+\frac{1}{c^2+5a^2+3}\leqslant\frac{1}{3}$$

44. 设 a,b,c 为正数,$abc=1$,求证

$$\frac{1}{a^2+6b^2+4}+\frac{1}{b^2+6c^2+4}+\frac{1}{c^2+6a^2+4}\leqslant\frac{3}{11}$$

45. 设 a,b,c 为正数,$abc=1$,求证

$$\frac{1}{a^2+7b^2+4}+\frac{1}{b^2+7c^2+4}+\frac{1}{c^2+7a^2+4}\leqslant\frac{1}{4}$$

46. 设 a,b,c 为正数,$abc=1$,$k\geqslant 2$,求证

$$\frac{1}{a^2+(2k-1)b^2+k}+\frac{1}{b^2+(2k-1)c^2+k}+$$

$$\frac{1}{c^2+(2k-1)a^2+k}\leqslant\frac{1}{k}$$

47. 设 a,b,c 为正数,$abc=1$,$k\geqslant 2$,求证

$$\frac{1}{a^2+(k+1)b^2+k}+\frac{1}{b^2+(k+1)c^2+k}+$$

$$\frac{1}{c^2+(k+1)a^2+k}\leqslant\frac{3}{2(k+1)}$$

48. 设 a,b,c 为正数,$abc=1$,求证

$$\frac{a}{2a^2+b^2+2}+\frac{b}{2b^2+c^2+2}+\frac{c}{2c^2+a^2+2}\leqslant\frac{3}{5}$$

49. 设 a,b,c 为正数,$abc=1$,求证

$$\frac{a}{2a^2+b^2+1}+\frac{b}{2b^2+c^2+1}+\frac{c}{2c^2+a^2+1}\leqslant\frac{3}{4}$$

50. 设 a,b,c 为正数,$abc=1$,求证

$$\frac{a}{3a^2+b^2+1}+\frac{b}{3b^2+c^2+1}+\frac{c}{3c^2+a^2+1}\leqslant\frac{3}{5}$$

51. 设 a,b,c 为正数,$abc=1$,求证

$$\frac{a}{3a^2+b^2+2}+\frac{b}{3b^2+c^2+2}+\frac{c}{3c^2+a^2+2}\leqslant\frac{1}{2}$$

52. 若 a,b,c 是正数,求证

$$a\sqrt[3]{\frac{1+a^2}{1+b^2}}+b\sqrt[3]{\frac{1+b^2}{1+c^2}}+c\sqrt[3]{\frac{1+c^2}{1+a^2}}\geqslant a+b+c$$

53. 设 $a,b,c>0,a+b+c=3$,求证

$$(3+2a^3)(3+2b^3)(3+2c^3)\geqslant 125$$

54. 设 $a,b,c>0,a+b+c=3,k\geqslant 0$,求证

$$\sqrt{\frac{a}{b}+ka}+\sqrt{\frac{b}{c}+kb}+\sqrt{\frac{c}{a}+kc}\geqslant 3\sqrt{1+k}$$

其中 $k_{\max}=3.434\ 622\ 82\cdots$ 是方程

$$82\ 944k^{10}+1\ 178\ 496k^9+6\ 172\ 560k^8+$$
$$2\ 171\ 754k^7-58\ 360\ 077k^6-182\ 555\ 088k^5-$$
$$261\ 723\ 663k^4-208\ 520\ 782k^3-93\ 864\ 123k^2-$$
$$22\ 059\ 948k-2\ 088\ 025=0$$

的根.

55. 设 $a,b,c>0,a+b+c=3,k\geqslant 0$,求证

$$\sqrt{\left(\frac{a}{b}+ka\right)\left(\frac{b}{c}+kb\right)}+\sqrt{\left(\frac{b}{c}+kb\right)\left(\frac{c}{a}+kc\right)}+$$
$$\sqrt{\left(\frac{c}{a}+kc\right)\left(\frac{a}{b}+ka\right)}\geqslant 3(1+k)$$

其中 $k_{\min}=-0.394\ 831\ 62\cdots$ 是方程

$$2\ 657\ 205k^{12}+27\ 280\ 638k^{11}+126\ 955\ 350k^{10}+$$

$$353\ 486\ 997k^{9}+654\ 545\ 043k^{8}+847\ 206\ 621k^{7}+783\ 889\ 326k^{6}+520\ 760\ 907k^{5}+245\ 576\ 367k^{4}+79\ 786\ 755k^{3}+16\ 849\ 755k^{2}+2\ 060\ 154k+109\ 033=0$$

的根.

56. 设 $a,b,c\in\mathbf{R}_{+}$,且 $a+b+c=1$,则 $n\in\mathbf{N}_{+}$,求证

$$\sum\frac{a^{n+1}+b}{b+c}\geqslant\frac{1+3^{n}}{2\cdot 3^{n-1}}$$

57. 设 a,b,c 是满足 $a+b+c=1$ 的正数,求证

$$\sum\frac{a^{5}+b}{b+c}\geqslant\frac{41}{27}$$

58. 设 a,b,c 是满足 $a+b+c=1$ 的正数,求证

$$\sum\frac{a^{6}+b}{b+c}\geqslant\frac{122}{81}$$

59. 设 a,b,c 是满足 $a+b+c=1$ 的正数,求证

$$\sum\frac{a^{2}+b}{b+c}\geqslant 2+k\sum(a-b)^{2}$$

其中 $k_{\max}=0.952\ 078\ 828\cdots$ 是方程

$$192k^{6}-1\ 152k^{5}+3\ 296k^{4}-5\ 264k^{3}+4\ 940k^{2}-2\ 004k+23=0$$

的根.

60. 设 a,b,c 是满足 $a+b+c=1$ 的正数,求证

$$\sum\frac{a^{3}+b}{b+c}\geqslant\frac{5}{3}+k\sum(a-b)^{2}$$

其中 $k_{\max}=0.618\ 745\ 495\cdots$ 是方程

$$46\ 656k^{6}-186\ 624k^{5}+412\ 128k^{4}-487\ 728k^{3}+360\ 180k^{2}-10\ 548k-61\ 931=0$$

的根.

61.设 a,b,c 是满足 $a+b+c=1$ 的正数,求证

$$\sum\frac{a^4+b}{b+c}\geqslant\frac{14}{9}+k\sum(a-b)^2$$

其中 $k_{\max}=0.334\ 432\ 193\cdots$ 是方程

$$11\ 337\ 408k^6-16\ 376\ 256k^5+26\ 069\ 040k^4-8\ 440\ 848k^3+6\ 231\ 384k^2+2\ 566\ 804k-9\ 238\ 901=0$$

的根.

62.设 a,b,c 是满足 $a+b+c=1$ 的正数,求证

$$\sum\frac{a^5+b}{b+c}\geqslant\frac{41}{27}+k\sum(a-b)^2$$

其中 $k_{\max}=0.144\ 954\ 956\cdots$ 是方程

$$3\ 671\ 492\ 030\ 322\ 070\ 514\ 237\ 964\ 288k^{15}+27\ 184\ 905\ 496\ 119\ 281\ 369\ 311\ 346\ 688k^{14}+60\ 273\ 660\ 831\ 120\ 657\ 608\ 739\ 913\ 728k^{13}-37\ 370\ 991\ 055\ 114\ 438\ 564\ 698\ 390\ 528k^{12}-386\ 253\ 790\ 393\ 580\ 904\ 067\ 619\ 880\ 960k^{11}-549\ 334\ 210\ 913\ 592\ 836\ 522\ 363\ 191\ 296k^{10}+350\ 841\ 560\ 289\ 026\ 314\ 987\ 314\ 118\ 656k^9+2\ 216\ 456\ 757\ 427\ 941\ 779\ 550\ 577\ 164\ 288k^8+3\ 418\ 658\ 793\ 193\ 231\ 988\ 534\ 923\ 296\ 768k^7+2\ 816\ 764\ 337\ 809\ 873\ 605\ 494\ 773\ 481\ 472k^6+1\ 313\ 680\ 169\ 948\ 284\ 601\ 618\ 889\ 178\ 368k^5+325\ 493\ 187\ 206\ 561\ 578\ 334\ 244\ 994\ 560k^4+42\ 404\ 191\ 878\ 334\ 767\ 971\ 845\ 320\ 000k^3-2\ 207\ 815\ 679\ 510\ 408\ 249\ 208\ 231\ 552k^2-828\ 175\ 795\ 062\ 015\ 884\ 674\ 937\ 760k-221\ 661\ 003\ 555\ 753\ 960\ 026\ 161\ 607=0$$

的根.

63.设 a,b,c 是满足 $a+b+c=1$ 的正数,求证

$$\sum \frac{a^6+b}{b+c} \geqslant \frac{122}{81}+k\sum (a-b)^2$$

其中 $k_{max}=0.025\ 842\ 956\ 85\cdots$ 是方程

$$\begin{aligned}&-127\ 545\ 812\ 067\ 691\ 549+\\&4\ 482\ 785\ 340\ 037\ 365\ 228k+\\&16\ 731\ 569\ 088\ 721\ 113\ 732k^2+\\&29\ 831\ 803\ 345\ 471\ 958\ 208k^3+\\&17\ 215\ 099\ 350\ 254\ 314\ 992k^4+\\&4\ 191\ 716\ 669\ 843\ 968k^5+\\&74\ 732\ 015\ 308\ 412\ 849\ 472k^6+\\&79\ 480\ 750\ 778\ 537\ 474\ 304k^7+\\&30\ 822\ 543\ 024\ 757\ 694\ 208k^8+\\&3\ 794\ 985\ 346\ 768\ 570\ 368k^9=0\end{aligned}$$

的根.

特别地,取 $k=\frac{1}{39}$,求证

$$\sum \frac{a^6+b}{b+c} \geqslant \frac{122}{81}+\frac{1}{39}\sum (a-b)^2$$

64.设 $a,b,c>0$,求证

$$\frac{a^2}{c}+\frac{b^2}{a}+\frac{c^2}{b} \geqslant a+b+c+$$
$$\frac{5}{2(a+b+c)}[(a-b)^2+(b-c)^2+(c-a)^2]$$

65.设 $a,b,c>0$,求证

$$\frac{a^2}{b+c}+\frac{b^2}{c+a}+\frac{c^2}{a+b} \geqslant$$
$$\frac{1}{2}(a+b+c)+$$
$$\frac{1}{a+b+c}[(a-b)^2+(b-c)^2+(c-a)^2]$$

66. 设 $a,b,c>0$，求证

$$\frac{a^2}{b+c}+\frac{b^2}{c+a}+\frac{c^2}{a+b}\geqslant \frac{1}{2}(a+b+c)+\frac{27(a-b)^2}{16(a+b+c)}$$

67. 设 $a,b,c>0$，求证

$$\frac{a^2}{a+b}+\frac{b^2}{b+c}+\frac{c^2}{c+a}\geqslant \frac{1}{2}(a+b+c)+\frac{(2a-b-c)^2}{8(a+b+c)}$$

68. 设 $a,b,c>0$，求证

$$\frac{a^2}{b+c}+\frac{b^2}{c+a}+\frac{c^2}{a+b}\geqslant \frac{1}{2}(a+b+c)+\frac{(2a-b-c)^2+(2b-c-a)^2+(2c-a-b)^2}{3(a+b+c)}$$

69. 设 $a,b,c>0$，求证

$$\frac{a^2}{2b+c}+\frac{b^2}{2c+a}+\frac{c^2}{2a+b}\geqslant \frac{1}{3}(a+b+c)+\frac{9(2a-b-c)^2}{25(a+b+c)}$$

70. 设 $a,b,c>0$，求证

$$\frac{a^2}{2b+c}+\frac{b^2}{2c+a}+\frac{c^2}{2a+b}\geqslant \frac{1}{3}(a+b+c)+\frac{(2a-b-c)^2+(2b-c-a)^2+(2c-a-b)^2}{5(a+b+c)}$$

71. 设 $a,b,c>0$，求证

$$\frac{a^2}{b}+\frac{b^2}{c}+\frac{c^2}{a}\geqslant a+b+c+\frac{34(2a-b-c)^2}{25(a+b+c)}$$

72. 设 $a,b,c>0$，求证

$$\frac{a^2}{b}+\frac{b^2}{c}+\frac{c^2}{a}\geqslant a+b+c+$$

$$\frac{43[(2a-b-c)^2+(2b-c-a)^2+(2c-a-b)^2]}{50(a+b+c)}$$

73.设 $a,b,c>0$,求证

$$\frac{a}{b+c}+\frac{b}{c+a}+\frac{c}{a+b}\geqslant\frac{3}{2}+\frac{9\,(a-b)^2}{16(a^2+b^2+c^2)}$$

74.设 $a,b,c>0$,求证

$$\frac{a}{b+c}+\frac{b}{c+a}+\frac{c}{a+b}\geqslant\frac{3}{2}+\frac{27\,(a-b)^2}{16\,(a+b+c)^2}$$

75.设 $a,b,c>0$,求证

$$\frac{a}{b+c}+\frac{b}{c+a}+\frac{c}{a+b}\geqslant$$

$$\frac{3}{2}+\frac{(a-b)^2+(b-c)^2+(c-a)^2}{(a+b+c)^2}$$

76.设 $a,b,c>0$,求证

$$\frac{a}{b+c}+\frac{b}{c+a}+\frac{c}{a+b}\geqslant$$

$$\frac{3}{2}+\frac{(\sqrt{3}-1)[(a-b)^2+(b-c)^2+(c-a)^2]}{a^2+b^2+c^2}$$

77.设 $a,b,c>0$,求证

$$\frac{a^3}{c}+\frac{b^3}{a}+\frac{c^3}{b}\geqslant a^2+b^2+c^2+$$

$$\frac{6}{5}[(a-b)^2+(b-c)^2+(c-a)^2]$$

78.设 $a,b,c>0$,求证

$$\sum\frac{a}{b+c}-\frac{3}{2}\geqslant$$

$$\frac{\sqrt{13+16\sqrt{2}}}{2}\cdot\frac{|(a-b)(b-c)(c-a)|}{(a+b)(b+c)(c+a)}$$

79.设 $a,b,c>0$,求证

$$\sum \frac{a}{b+c}-\frac{3}{2} \geqslant \frac{9}{16} \cdot \frac{(a-b)^{2}}{a^{2}+b^{2}+c^{2}}$$

80. 若 $a,b,c>0$,求证

$$\frac{b^{2}-a^{2}}{c+a}+\frac{c^{2}-b^{2}}{a+b}+\frac{a^{2}-c^{2}}{b+c} \geqslant$$
$$k \cdot \frac{(a+b+c)(a-b)^{2}}{ab+bc+ca}$$

其中 $k_{\max}=0.233\ 338\ 994\cdots$ 是方程 $k^{4}-15k^{3}+31k^{2}-45k+9=0$ 的一根.

81. 若 $a,b,c>0$,求证

$$\frac{b-a}{c+a}+\frac{c-b}{a+b}+\frac{a-c}{b+c} \geqslant k \cdot \frac{(2a-b-c)^{2}}{(a+b+c)^{2}}$$

其中 $k_{\max}=0.484\ 435\ 331\cdots$ 是方程 $k^{4}+10k^{3}+31k^{2}+30k-23=0$ 的一根.

82. 若 $a,b,c>0$,求证

$$\frac{b-a}{c+a}+\frac{c-b}{a+b}+\frac{a-c}{b+c} \geqslant k \cdot \frac{(a-b)^{2}}{ab+bc+ca}$$

其中 $k_{\max}=0.377\ 631\ 408\cdots$ 是方程 $4k^{3}-15k^{2}+66k-23=0$ 的一根.

83. 若 $a,b,c>0$,求证

$$\frac{b^{2}-a^{2}}{c+a}+\frac{c^{2}-b^{2}}{a+b}+\frac{a^{2}-c^{2}}{b+c} \geqslant$$
$$k \cdot \frac{|(a-b)(b-c)(c-a)|}{(a+b+c)^{2}}$$

其中 $k_{\max}=8.431\ 881\ 99\cdots$ 是方程 $k^{6}-58k^{4}-931k^{2}-9=0$ 的一根.

84. 若 $a,b,c>0$,求证

$$\frac{b-a}{c+a}+\frac{c-b}{a+b}+\frac{a-c}{b+c} \geqslant$$
$$k \cdot \frac{(a-b)^{2}+(b-c)^{2}+(c-a)^{2}}{ab+bc+ca}$$

其中 $k_{\max}=0.235\ 433\ 158\cdots$ 是方程 $216k^3-324k^2+162k-23=0$ 的一根.

85.若 $a,b,c>0$,求证

$$\frac{b-a}{c+a}+\frac{c-b}{a+b}+\frac{a-c}{b+c}\geqslant k\cdot\frac{|(a-b)(b-c)(c-a)|}{(a+b)(b+c)(c+a)}$$

其中 $k_{\max}=2.484\ 435\ 33\cdots$ 是方程 $k^4+2k^3-5k^2-6k-23=0$ 的一根.

86.若 $a,b,c>0$,求证

$$\frac{b-a}{c+a}+\frac{c-b}{a+b}+\frac{a-c}{b+c}\geqslant k\cdot\frac{(2a-b-c)(2b-c-a)(2c-b-a)}{a^3+b^3+c^3}$$

其中 $k_{\max}=0.820\ 873\ 933\ 8\cdots$ 是方程

$$3\ 057\ 647\ 616k^9+3\ 630\ 956\ 544k^8-609\ 140\ 736k^7-3\ 147\ 406\ 848k^6-146\ 546\ 688k^5+288\ 795\ 240k^4+389\ 662\ 432k^3+77\ 007\ 105k^2-3\ 142\ 719k+159\ 651=0$$

的一根.

87.若 $a,b,c>0$,求证

$$\frac{b-a}{c+a}+\frac{c-b}{a+b}+\frac{a-c}{b+c}\geqslant k\cdot\frac{|(a-b)(b-c)(c-a)|}{(a+b+c)^3}$$

其中 $k_{\max}=10.853\ 248\ 93\cdots$ 是方程

$$16k^5+108k^4-2\ 280k^3-5\ 600k^2-30\ 745k+184=0$$

的一根.

88. 若 $a,b,c>0$,求证

$$\frac{b-a}{c+a}+\frac{c-b}{a+b}+\frac{a-c}{b+c}\geqslant$$

$$k\cdot\frac{|(a-b)^3+(b-c)^3+(c-a)^3|}{a^3+b^3+c^3}$$

其中 $k_{\max}=1.021\ 765\ 43\cdots$ 是方程

$$196\ 608k^7-193\ 024k^6-38\ 592k^5+305\ 448k^4-$$
$$383\ 298k^3+89\ 667k^2+15\ 309k+729=0$$

的一根.

89. 若 $a,b,c>0$,求证

$$\frac{b-a}{c+a}+\frac{c-b}{a+b}+\frac{a-c}{b+c}\geqslant$$

$$\left(\frac{3\sqrt[3]{6}}{4}-1\right)\cdot\frac{(a-b)^2+(b-c)^2+(c-a)^2}{ab+bc+ca}$$

90. 若 $a,b,c>0$,求证

$$\frac{b-a}{c+a}+\frac{c-b}{a+b}+\frac{a-c}{b+c}\geqslant$$

$$k\cdot\frac{(a-b)^2+(b-c)^2+(c-a)^2}{(a+b+c)^2}$$

其中 $k_{\max}=0.952\ 078\ 828\cdots$ 是方程

$$192k^6-1\ 152k^5+3\ 296k^4-5\ 264k^3+$$
$$4\ 940k^2-2\ 004k+23=0$$

的一根.

91. 若 $a,b,c>0$,求证

$$\frac{b-a}{c+a}+\frac{c-b}{a+b}+\frac{a-c}{b+c}\geqslant$$

$$\left(\frac{21}{4\sqrt[3]{13+16\sqrt{2}}}-\frac{3}{4}\sqrt[3]{13+16\sqrt{2}}+\frac{5}{4}\right)\cdot$$

$$\frac{(a-b)^2}{(ab+bc+ca)}$$

$$\left(\frac{21}{4\sqrt[3]{13+16\sqrt{2}}}-\frac{3}{4}\sqrt[3]{13+16\sqrt{2}}+\frac{5}{4}\approx\right.$$

$$\left.0.377\ 631\ 408\ 8\right)$$

92. 已知 $a,b,c,d\geqslant 0$,求证

$$(a^2+2)(b^2+2)(c^2+2)(d^2+2)\geqslant$$
$$4(a+b+c+d-2)^2$$

93. 若 a,b,c,d 是正数,求证

$$a\sqrt{\frac{1+a^2}{1+b^2}}+b\sqrt{\frac{1+b^2}{1+c^2}}+c\sqrt{\frac{1+c^2}{1+d^2}}+d\sqrt{\frac{1+d^2}{1+a^2}}\geqslant$$
$$a+b+c+d$$

94. 若 a,b,c,d 为正数,求证

$$\left(\frac{a}{b}+\frac{b}{c}+\frac{c}{d}+\frac{d}{a}\right)\left(\frac{b}{a}+\frac{c}{b}+\frac{d}{c}+\frac{a}{d}\right)\geqslant$$
$$(a+b+c+d)\left(\frac{1}{a}+\frac{1}{b}+\frac{1}{c}+\frac{1}{d}\right)$$

95. 当 $a,b,c,d\in\mathbf{R}_+$,求证

$$\sum\frac{a}{b+c+d}-\frac{4}{3}\geqslant\frac{1}{2}\cdot$$
$$\frac{(a-b)^2+(b-c)^2+(c-d)^2+(d-a)^2+(a-c)^2+(b-d)^2}{(a+b+c+d)^2}$$

96. 当 $a,b,c,d\in\mathbf{R}_+$,求证

$$\sum\frac{a^2}{b+c+d}-\frac{a+b+c+d}{3}\geqslant$$
$$\frac{1}{6}\cdot\frac{(3a-b-c-d)^2}{a+b+c+d}$$

97. 设正数 a,b,c,d,满足 $abcd=1$,求证

$$\frac{1}{a}+\frac{1}{b}+\frac{1}{c}+\frac{1}{d}+\frac{k}{a+b+c+d}\geqslant 4+\frac{k}{4}$$

其中 $k_{\max}=12.418\ 524\ 2\cdots$ 是方程

$$729k^5+627k^4+2\,304\,512k^3-172\,032k^2-$$
$$33\,469\,235k-1\,938\,817\,024=0$$

的根.

98. 设 $a,b,c,d>0$,求证

$$\frac{4(a^2+b^2+c^2+d^2)}{a+b+c+d}\geqslant\frac{a^2+b^2+c^2}{a+b+c}+\frac{b^2+c^2+d^2}{b+c+d}+\frac{c^2+d^2+a^2}{c+d+a}+\frac{d^2+a^2+b^2}{d+a+b}$$

99. 设 $a,b,c,d>0$,求证

$$\frac{4(a^3+b^3+c^3+d^3)}{a+b+c+d}\geqslant\frac{a^3+b^3+c^3}{a+b+c}+\frac{b^3+c^3+d^3}{b+c+d}+\frac{c^3+d^3+a^3}{c+d+a}+\frac{d^3+a^3+b^3}{d+a+b}$$

100. 设 a,b,c 为正数,$abc=1$,k 是正整数,求证

$$3\geqslant\frac{a^{k-1}+b^{k-1}+1}{a^k+b^k+1}+\frac{b^{k-1}+c^{k-1}+1}{b^k+c^k+1}+\frac{c^{k-1}+a^{k-1}+1}{c^k+a^k+1}\geqslant\frac{a^k+b^k+1}{a^{k+1}+b^{k+1}+1}+\frac{b^k+c^k+1}{b^{k+1}+c^{k+1}+1}+\frac{c^k+a^k+1}{c^{k+1}+a^{k+1}+1}$$

101. 设 $a_i>0(i=1,2,\cdots,n)$,且 $\prod\limits_{i=1}^{n}a_i=1$,若 $\lambda\leqslant 4(n-1)$,求证

$$\frac{1}{a_1}+\frac{1}{a_2}+\cdots+\frac{1}{a_n}+\frac{\lambda}{a_1+a_2+\cdots+a_n}\geqslant n+\frac{\lambda}{n}$$

102. 若 $x_1,x_2,\cdots,x_n$ 为正数,求证

$$\left(\frac{x_1}{x_2}+\frac{x_2}{x_3}+\cdots+\frac{x_n}{x_1}\right)\left(\frac{x_2}{x_1}+\frac{x_3}{x_2}+\cdots+\frac{x_1}{x_n}\right)\geqslant$$

$$(x_1+x_2+\cdots+x_n)\left(\frac{1}{x_1}+\frac{1}{x_2}+\cdots+\frac{1}{x_n}\right)$$

103. 已知 $x_1,x_2,\cdots,x_n$ 是正数，$x_{n+1}=x_1,k\in\mathbf{N}$，求证

$$\sum_{i=1}^{n}\frac{x_i^{k+1}}{x_i^{k+1}+(x_{i+1}+x_{i+2}+\cdots+x_{i+n-1})^{k+1}}\geqslant$$

$$\frac{(n-1)^k+1}{(n-1)^{k+1}+1}\sum_{i=1}^{n}\frac{x_i^k}{x_i^k+(x_{i+1}+x_{i+2}+\cdots+x_{i+n-1})^k}\geqslant$$

$$\frac{3}{(n-1)^{k+1}+1}$$

104. 若 $a_i(i=1,2,\cdots,n)>0,n\in\mathbf{N}_+,n\geqslant 2$，求证

$$a_1\sqrt{\frac{1+a_1{}^2}{1+a_2{}^2}}+a_2\sqrt{\frac{1+a_2{}^2}{1+a_3{}^2}}+\cdots+a_n\sqrt{\frac{1+a_n{}^2}{1+a_1{}^2}}\geqslant$$

$$a_1+a_2+\cdots+a_n$$

105. 若 $a_i(i=1,2,\cdots,n)>0,n\in\mathbf{N}_+,n\geqslant 2,m\in\mathbf{N}_+,m\geqslant 2$，求证

$$a_1\sqrt[m]{\frac{1+a_1{}^2}{1+a_2{}^2}}+a_2\sqrt[m]{\frac{1+a_2{}^2}{1+a_3{}^2}}+\cdots+a_n\sqrt[m]{\frac{1+a_n{}^2}{1+a_1{}^2}}\geqslant$$

$$a_1+a_2+\cdots+a_n$$

106. 若 $a_1,a_2,\cdots,a_n\in\mathbf{R}_+$，求证

$$\sum_{i=1}^{n}\left[\frac{a_i}{(\sum_{i=1}^{n}a_i)-a_i}\right]-\frac{n}{n-1}\geqslant k\cdot\frac{\sum_{n\geqslant i>j\geqslant 1}(a_i-a_j)^2}{\sum_{i=1}^{n}a_i{}^2}$$

k 的最大值何时取得？证明方法与技巧？

107. 若 $a_1,a_2,\cdots,a_n\in\mathbf{R}_+$，求证

$$\sum_{i=1}^{n}\left[\frac{a_i}{(\sum_{i=1}^{n}a_i)-a_i}\right]-\frac{n}{n-1}\geqslant k\cdot\frac{\sum_{n\geqslant i>j\geqslant 1}(a_i-a_j)^2}{(\sum_{i=1}^{n}a_i)^2}$$

k 的最大值何时取得?

108. 若 $a_1,a_2,\cdots,a_n\in\mathbf{R}_+$,求证

$$\sum_{i=1}^{n}\frac{a_i}{(\sum_{i=1}^{n}a_i)-a_i}-\frac{3}{2}\geqslant k\cdot\prod_{1\leqslant i<j\leqslant n}\frac{(a_i-a_j)}{(a_i+a_j)}$$

k 的最大值何时取得?

109. 若 $a_1,a_2,\cdots,a_n\in\mathbf{R}_+$,求证

$$\sum_{i=1}^{n}\left[\frac{a_i^{\,n}}{(\sum_{i=1}^{n}a_i^{\,n+m})-a_i^{\,n+m}}\right]\geqslant\frac{k}{\sum_{i=1}^{n}a_i^{\,m}}$$

k 的最大值何时取得?

110. 若 $a_1,a_2,\cdots,a_n\in\mathbf{R}_+,m,l,n\in\mathbf{N}_+$,求证

$$k\cdot\sum_{i=1}^{n}\frac{a_i}{(\sum_{i=1}^{n}a_i)-a_i}\leqslant\sum_{i=1}^{n}a_i^{\,l}\cdot\sum_{i=1}^{n}\frac{a_i^{\,m}}{(\sum_{i=1}^{n}a_i^{\,m+l})-a_i^{\,m+l}}$$

k 的最大值何时取得?

111. 若 $a_1,a_2,\cdots,a_n\in\mathbf{R}_+$,求证

$$\sum_{i=1}^{n}\frac{a_i}{(\sum_{i=1}^{n}a_i)-a_i}-\frac{\sum_{i=1}^{n}a_i}{n-1}\geqslant$$

$$\frac{1}{(n-1)(n-2)}\cdot\frac{[na_1-\sum_{i=1}^{n}a_i]^2}{(\sum_{i=1}^{n}a_i)^2}$$

112. 已知 $a,b,c\in\mathbf{R}_+$ 时,则

$$a^3+b^3+c^3+3abc-(a^2b+b^2c+c^2a+ab^2+bc^2+c^2a)\geqslant$$

$$\frac{1}{2}abc\left[\frac{(a-b)^2}{a^2+b^2}+\frac{(b-c)^2}{b^2+c^2}+\frac{(c-a)^2}{c^2+a^2}\right]$$

113. 已知 a,b,c 是无两个同时为0的非负数,求证

$$\frac{(-a+kb)(a-b)^2}{(a+b)(5a+4b)}+\frac{(-b+kc)(b-c)^2}{(b+c)(5b+4c)}+\frac{(-c+ka)(c-a)^2}{(c+a)(5c+4a)}\geqslant 0$$

其中 $k_{\min}=3.545\ 811\ 11\cdots$ 是方程

$$3\ 678\ 224k^6-11\ 846\ 544k^5-2\ 167\ 809k^4-5\ 428\ 502k^3-8\ 839\ 455k^2+7\ 538\ 862k-1\ 130\ 665=0$$

的根.

114. 已知 a,b,c 是无两个同时为0的非负数,求证

$$\frac{(-10a+71b)(a-b)^2}{(a+b)(a+kb)}+\frac{(-10b+71c)(b-c)^2}{(b+c)(b+kc)}+\frac{(-10c+71a)(c-a)^2}{(c+a)(c+ka)}\geqslant 0$$

其中 $k_{\min}=0.283\ 879\ 692\cdots$ 是方程

$$11\ 722\ 073\ 974\ 169k^6-13\ 638\ 109\ 401\ 926k^5-138\ 844\ 487\ 669k^4-1\ 521\ 587\ 436\ 338k^3+720\ 967\ 133\ 245k^2-1\ 875\ 353\ 012k-2\ 848\ 754\ 380=0$$

的根.

题源 已知 a,b,c 是无两个同时为0的非负数,求证

$$\frac{(-10a+71b)(a-b)^2}{(a+b)(5a+4b)}+\frac{(-10b+71c)(b-c)^2}{(b+c)(5b+4c)}+\frac{(-10c+71a)(c-a)^2}{(c+a)(5c+4a)}\geqslant 0$$

115. 已知 a,b,c 是无两个同时为0的非负数,求证

$$\frac{(-2a+7b)(a-b)^2}{(a+b)(a+kb)}+\frac{(-2b+7c)(b-c)^2}{(b+c)(b+kc)}+$$

$$\frac{(-2c+7a)(c-a)^2}{(c+a)(c+ka)} \geqslant 0$$

其中 $k_{\min}=0.814\ 777\ 148\cdots$ 是方程

$$11\ 520\ 649k^6-19\ 833\ 846k^5+3\ 291\ 419k^4+$$
$$3\ 266\ 782k^3+1\ 643\ 469k^2-674\ 596k-7\ 596=0$$

的根.

116. 设任意的正实数 a,b,c 两两不等,$k\geqslant 0$. 证明

$$\left(\frac{a}{a-b}+k\right)^4+\left(\frac{b}{b-c}+k\right)^4+\left(\frac{c}{c-a}+k\right)^4\geqslant$$
$$1+4k+6k^2+4k^3+2k^4$$

117. 设任意的正实数 a,b,c 两两不等,$k\geqslant 0$. 证明

$$\left(\frac{a}{a-b}-k\right)^4+\left(\frac{b}{b-c}-k\right)^4+\left(\frac{c}{c-a}-k\right)^4\geqslant$$
$$1-4k+6k^2-4k^3+2k^4$$

118. 设任意的正实数 a,b,c 两两不等,$k\geqslant 0$. 证明

$$\left(\frac{a}{b-c}-1\right)^4+\left(\frac{b}{c-a}-1\right)^4+\left(\frac{c}{a-b}-1\right)^4\geqslant k$$

其中 $k_{\max}=7.050\ 945\ 90\cdots$ 是方程

$$k^3-16k^2+116k-373=0$$

的根.

119. 设任意的正实数 a,b,c 两两不等,$k\geqslant 0$. 证明

$$\left(\frac{a}{b-c}-2\right)^4+\left(\frac{b}{c-a}-2\right)^4+\left(\frac{c}{a-b}-2\right)^4\geqslant k$$

其中 $k_{\max}=46.563\ 124\ 0\cdots$ 是方程

$$k^3-142k^2+6\ 860k-112\ 504=0$$

的根.

120. 设任意的正实数 a,b,c 两两不等,证明

$$\left(\frac{a}{b-c}-3\right)^4+\left(\frac{b}{c-a}-3\right)^4+\left(\frac{c}{a-b}-3\right)^4\geqslant 193$$

121. 设任意的正实数 a,b,c 两两不等,$k\geqslant 0$. 证明

$$\left(\frac{a}{b-c}-4\right)^4+\left(\frac{b}{c-a}-4\right)^4+\left(\frac{c}{a-b}-4\right)^4\geqslant k$$

其中 $k_{\max}=566.628\ 374\cdots$ 是方程

$$k^3-1\ 726k^2+993\ 596k-190\ 762\ 888=0$$

的根.

122. 设任意的正实数 a,b,c 两两不等，$k\geqslant 0$. 证明

$$\left(\frac{a}{b-c}-5\right)^4+\left(\frac{b}{c-a}-5\right)^4+\left(\frac{c}{a-b}-5\right)^4\geqslant k$$

其中 $k_{\max}=1\ 335.604\ 56\cdots$ 是方程

$$k^3-4\ 048k^2+5\ 462\ 996k-2\ 457\ 924\ 133=0$$

的根.

123. 设任意的正实数 a,b,c 两两不等，$k\geqslant 0$. 证明

$$\left(\frac{a}{b-c}-6\right)^4+\left(\frac{b}{c-a}-6\right)^4+\left(\frac{c}{a-b}-6\right)^4\geqslant k$$

其中 $k_{\max}=2\ 716.029\ 87\cdots$ 是方程

$$k^3-8\ 206k^2+22\ 447\ 436k-20\ 469\ 394\ 808=0$$

的根.

124. 设任意的正实数 a,b,c 两两不等，$k\geqslant 0$. 证明

$$\left(\frac{a}{b-c}-7\right)^4+\left(\frac{b}{c-a}-7\right)^4+\left(\frac{c}{a-b}-7\right)^4\geqslant k$$

其中 $k_{\max}=4\ 971.975\ 31\cdots$ 是方程

$$k^3-14\ 992k^2+74\ 921\ 780k-124\ 808\ 834\ 389=0$$

的根.

125. 设任意的正实数 a,b,c 两两不等，$k\geqslant 0$. 证明

$$\left(\frac{a}{b-c}-8\right)^4+\left(\frac{b}{c-a}-8\right)^4+\left(\frac{c}{a-b}-8\right)^4\geqslant k$$

其中 $k_{\max}=8\ 415.493\ 56\cdots$ 是方程

$$k^3-25\ 342k^2+214\ 074\ 620k-602\ 799\ 397\ 384=0$$

的根.

126. 设任意的正实数a,b,c两两不等,$k\geqslant 0$. 证明

$$\left(\frac{a}{b-c}-9\right)^4+\left(\frac{b}{c-a}-9\right)^4+\left(\frac{c}{a-b}-9\right)^4\geqslant k$$

其中$k_{\max}=13\ 406.625\ 3\cdots$是方程

$$k^3-40\ 336k^2+542\ 333\ 876k-2\ 430\ 645\ 832\ 853=0$$

的根.

127. 设任意的正实数a,b,c两两不等,$k\geqslant 0$. 证明

$$\left(\frac{a}{b-c}-10\right)^4+\left(\frac{b}{c-a}-10\right)^4+\left(\frac{c}{a-b}-10\right)^4\geqslant k$$

其中$k_{\max}=20\ 353.403\ 3\cdots$是方程

$$k^3-61\ 198k^2+1\ 248\ 401\ 996k-8\ 488\ 904\ 774\ 008=0$$

的根.

128. 设任意的正实数a,b,c两两不等,$k\geqslant 0$. 证明

$$\left(\frac{a}{b-c}-11\right)^4+\left(\frac{b}{c-a}-11\right)^4+\left(\frac{c}{a-b}-11\right)^4\geqslant k$$

其中$k_{\max}=29\ 711.854\ 1\cdots$是方程

$$k^3-89\ 296k^2+2\ 657\ 929\ 556k-26\ 371\ 472\ 350\ 693=0$$

的根.

129. 设$a,b,c>0$,求证

$$\frac{a+b+c}{\sqrt[3]{abc}}-k\sqrt{\frac{a^2+b^2+c^2}{ab+bc+ca}}\geqslant 3-k$$

其中$k_{\max}=1.827\ 212\ 38\cdots$是方程

$$k^{15}+24k^{14}+189k^{13}-3\ 174k^{12}+17\ 409k^{11}-66\ 756k^{10}+292\ 189k^9-1\ 338\ 066k^8+4\ 826\ 955k^7-12\ 529\ 904k^6+23\ 310\ 495k^5-31\ 040\ 442k^4+29\ 270\ 835k^3-19\ 069\ 668k^2+$$

$$8\ 000\ 775k-2\ 004\ 750=0$$

的根.

130. 设 $a,b,c>0$,求证

$$\frac{a+b+c}{\sqrt[3]{abc}}\geqslant\sqrt{\frac{k(a^2+b^2+c^2)}{ab+bc+ca}+9-k}$$

其中 $k_{\max}=5.276\ 364\ 37\cdots$ 是方程

$$k^6+63k^5+1\ 836k^4+7\ 938k^3+9\ 477k^2-$$
$$531\ 441k-328\ 050=0$$

的根.

131. 设 $a,b,c>0$,且 $abc=1$,求证

$$9(1+a)(1+b)(1+c)\leqslant 8\ (a+b+c)^2$$

132. 设 $a,b,c>0$,且 $abc=1$,求证

$$256(1+a^4)(1+b^4)(1+c^4)\leqslant(a+b+c)^8$$

133. 设 $a,b,c>0$,且 $abc=1$,求证

$$1\ 024(1+a^5)(1+b^5)(1+c^5)\leqslant(a+b+c)^{10}$$

134. 设 $a,b,c>0$,且 $abc=1,k\geqslant 3$,求证

$$2^{2k}(1+a^k)(1+b^k)(1+c^k)\leqslant(a+b+c)^{2k}$$

135. 设 $a,b,c\in\mathbf{R}_+,-2-\sqrt{2}\leqslant k\leqslant 1$,求证

$$(a^2+1)(b^2+1)(c^2+1)+$$
$$k(a-1)(b-1)(c-1)\geqslant 0$$

136. 设 $a,b,c>0,k\geqslant\frac{1}{2}$,求证

$$\left(1+\frac{ka}{b}\right)\left(1+\frac{kb}{c}\right)+\left(1+\frac{kb}{c}\right)\left(1+\frac{kc}{a}\right)+$$
$$\left(1+\frac{kc}{a}\right)\left(1+\frac{ka}{b}\right)\geqslant\frac{(1+k)^2\ (a+b+c)^2}{ab+bc+ca}$$

137. 设 $a,b,c>0,0<k\leqslant 1$,求证

$$\frac{a^3}{ka^2+b^2+c^2}+\frac{b^3}{kb^2+c^2+a^2}+\frac{c^3}{kc^2+a^2+b^2}\geqslant$$

$$\frac{3(a^3+b^3+c^3)}{(k+2)(a^2+b^2+c^2)}$$

138. 设 a,b,c 为正实数,求证

$$\frac{a^3}{ka^2-ab+kb^2}+\frac{b^3}{kb^2-bc+kc^2}+\frac{c^3}{kc^2-ca+ka^2}\geqslant \frac{a+b+c}{2k-1}$$

其中 $k_{\min}=1.462\ 259\ 96\cdots$ 是方程

$$351\ 200k^{17}-1\ 778\ 800k^{16}+3\ 464\ 400k^{15}-2\ 956\ 448k^{14}-86\ 614k^{13}+2\ 790\ 923k^{12}-2\ 069\ 899k^{11}-888\ 013k^{10}+1\ 568\ 946k^9+137\ 803k^8-678\ 459k^7-25\ 716k^6+192\ 131k^5+16\ 813k^4-34\ 066k^3-5\ 771k^2+2\ 889k+729=0$$

的根.

139. 已知 $a,b,c\in\mathbf{R}_+,0\leqslant k\leqslant\frac{5}{2}$,求证

$$\frac{a^2+kbc}{(b+c)^2}+\frac{b^2+kca}{(c+a)^2}+\frac{c^2+kab}{(a+b)^2}\geqslant\frac{3(1+k)}{4}$$

140. 已知 $a,b,c\in\mathbf{R}_+,0\leqslant k\leqslant\frac{23}{7}$,求证

$$\frac{a^2+kbc}{(b+c)^3}+\frac{b^2+kca}{(c+a)^3}+\frac{c^2+kab}{(a+b)^3}\geqslant\frac{9(1+k)}{8(a+b+c)}$$

141. 已知 $a,b,c\in\mathbf{R}_+,0\leqslant k\leqslant\frac{23}{8}$,求证

$$\frac{a^2+kbc}{(b+c)^4}+\frac{b^2+kca}{(c+a)^4}+\frac{c^2+kab}{(a+b)^4}\geqslant\frac{9(1+k)}{16(ab+bc+ca)}$$

142. 已知 $a,b,c\in\mathbf{R}_+,0\leqslant k\leqslant\frac{101}{23}$,求证

$$\frac{a^2+kbc}{(b+c)^4}+\frac{b^2+kca}{(c+a)^4}+\frac{c^2+kab}{(a+b)^4}\geqslant\frac{27(1+k)}{16(a+b+c)^2}$$

143. 已知 $a,b,c\in\mathbf{R}_+,0\leqslant k\leqslant\frac{55}{7}$,求证

$$\frac{a^2+kbc}{(b+c)^4}+\frac{b^2+kca}{(c+a)^4}+\frac{c^2+kab}{(a+b)^4}\geqslant\frac{9(1+k)}{16(a^2+b^2+c^2)}$$

144. 已知 $a,b,c\geqslant 0$,求证

$$\sqrt{\frac{3a^2+bc}{a^2+3bc}}+\sqrt{\frac{3b^2+ca}{b^2+3ca}}+\sqrt{\frac{3c^2+ab}{c^2+3ab}}\geqslant\frac{5\sqrt{3}}{3}$$

145. 已知 $a,b,c\geqslant 0,k\geqslant 4$,求证

$$\sqrt{\frac{ka^2+bc}{a^2+kbc}}+\sqrt{\frac{kb^2+ca}{b^2+kca}}+\sqrt{\frac{kc^2+ab}{c^2+kab}}\geqslant 3$$

146. 已知 $a,b,c\geqslant 0,k\geqslant 4$,求证

$$\sqrt{\frac{a^2+kbc}{ka^2+bc}}+\sqrt{\frac{b^2+kca}{kb^2+ca}}+\sqrt{\frac{c^2+kab}{kc^2+ab}}\geqslant 3$$

147. 已知 $a,b,c\geqslant 0,k\geqslant 0$,求证

$$k+\frac{(a+b+c)(a^2+b^2+c^2)}{abc}\geqslant\frac{k+9}{3}\cdot\frac{a+b+c}{\sqrt[3]{abc}}$$

其中 $k_{\max}=35.353\ 985\ 9\cdots$ 是方程

$$128k^5-34\ 128k^4+983\ 664k^3+1\ 842\ 183k^2+13\ 541\ 904k-1\ 417\ 176=0$$

的根.

148. 已知 $a,b,c\geqslant 0,k\geqslant 0$,求证

$$k+\frac{(a+b+c)(ab+bc+ca)}{abc}\geqslant\frac{k+9}{3}\cdot\frac{a+b+c}{\sqrt[3]{abc}}$$

其中 $k_{\max}=8.108\ 642\ 71\cdots$ 是方程

$$16k^3+567k^2-3\ 402k-18\ 225=0$$

的根.

149. 已知 $a,b,c\geqslant 0,k\geqslant 3$,求证

$$\frac{ab+bc+ca}{\sqrt[3]{a^2b^2c^2}}-k\geqslant\frac{3-k}{3}\cdot\frac{a+b+c}{\sqrt[3]{abc}}$$

150. 已知 $a,b,c\geqslant 0,k\leqslant\frac{7}{2}$,求证

$$k+\frac{8-k}{9}\cdot\frac{(a+b+c)(a^2+b^2+c^2)}{abc}\geqslant$$

$$\left(1+\frac{a}{b}\right)\left(1+\frac{b}{c}\right)\left(1+\frac{c}{a}\right)$$

151. 已知 $a,b,c\in\mathbf{R}_+,0\leqslant k\leqslant 2$,求证

$$\frac{a^2-bc}{ka^2+b^2+c^2}+\frac{b^2-ca}{kb^2+c^2+a^2}+\frac{c^2-ab}{kc^2+a^2+b^2}\geqslant 0$$

152. 已知 $a,b,c\in\mathbf{R}_+,k\geqslant 0$,求证

$$\frac{a^2-bc}{ka^3+b^3+c^3}+\frac{b^2-ca}{kb^3+c^3+a^3}+\frac{c^2-ab}{kc^3+a^3+b^3}\geqslant 0$$

其中 $k_{\min}=1.592\ 176\ 08\cdots$ 是方程

$$16k^4-88k^3+51k^2-10k+139=0$$

的根.

153. 已知 $a,b,c\in\mathbf{R}_+,k\geqslant 0$,求证

$$\frac{a^2-bc}{ka^4+b^4+c^4}+\frac{b^2-ca}{kb^4+c^4+a^4}+\frac{c^2-ab}{kc^4+a^4+b^4}\geqslant 0$$

其中 $k_{\min}=1.417\ 167\ 78\cdots$ 是方程

$$11k^6-88k^5+270k^4-292k^3+$$
$$195k^2-28k-196=0$$

的根.

154. 已知 $a,b,c>0,a+b+c=1,k\in\mathbf{R}$,求证

$$\frac{a^3+kb^2}{b^2+c}+\frac{b^3+kc^2}{c^2+a}+\frac{c^3+ka^2}{a^2+b}\geqslant\frac{1+3k}{4}$$

其中 $k_{\min}=-0.800\ 605\ 313\cdots$ 是方程

$$296\ 875k^{10}-12\ 178\ 125k^9+238\ 434\ 054k^8-$$
$$868\ 107\ 732k^7-12\ 855\ 286\ 286k^6-$$

$$14\ 468\ 067\ 078k^5+45\ 483\ 002\ 600k^4-$$
$$54\ 908\ 272\ 260k^3-74\ 621\ 949\ 781k^2+$$
$$785\ 748\ 779k-2\ 303\ 286=0$$

的根.

155.已知正实数 x,y,z 满足 $xyz=1$,求证

$$\frac{x^3}{y^2}+\frac{y^3}{z^2}+\frac{z^3}{x^2}\geqslant x+y+z$$

156.已知正实数 x,y,z 满足 $xyz=1$,求证

$$\frac{x^3}{y^2}+\frac{y^3}{z^2}+\frac{z^3}{x^2}\geqslant x^2+y^2+z^2$$

157.已知正实数 x,y,z 满足 $xyz=1$,求证

$$\frac{x^3}{y^2}+\frac{y^3}{z^2}+\frac{z^3}{x^2}\geqslant \frac{1}{x}+\frac{1}{y}+\frac{1}{z}$$

158.已知正实数 x,y,z 满足 $xyz=1$,求证

$$\frac{x^3}{y^2}+\frac{y^3}{z^2}+\frac{z^3}{x^2}\geqslant \frac{1}{x^2}+\frac{1}{y^2}+\frac{1}{z^2}$$

159.已知正实数 x,y,z 满足 $xyz=1$,求证

$$\frac{x^2}{y^3}+\frac{y^2}{z^3}+\frac{z^2}{x^3}\geqslant x+y+z$$

160.已知正实数 x,y,z 满足 $xyz=1$,求证

$$\frac{x^2}{y^3}+\frac{y^2}{z^3}+\frac{z^2}{x^3}\geqslant x^2+y^2+z^2$$

161.已知正实数 x,y,z 满足 $xyz=1$,求证

$$\frac{x^2}{y^3}+\frac{y^2}{z^3}+\frac{z^2}{x^3}\geqslant \frac{1}{x}+\frac{1}{y}+\frac{1}{z}$$

162.已知正实数 x,y,z 满足 $xyz=1$,求证

$$\frac{x^2}{y^3}+\frac{y^2}{z^3}+\frac{z^2}{x^3}\geqslant \frac{1}{x^2}+\frac{1}{y^2}+\frac{1}{z^2}$$

163.已知正实数 x,y,z 满足 $xyz=1$,求证

$$\frac{x^4}{y^3}+\frac{y^4}{z^3}+\frac{z^4}{x^3}\geqslant x^2+y^2+z^2$$

164. 已知正实数 x,y,z 满足 $xyz=1$,求证

$$\frac{x^3}{y^4}+\frac{y^3}{z^4}+\frac{z^3}{x^4}\geqslant x^3+y^3+z^3$$

165. 已知正实数 x,y,z 满足 $xyz=1$,求证

$$\frac{x^3}{y}+\frac{y^3}{z}+\frac{z^3}{x}\geqslant x^2+y^2+z^2$$

166. 已知正实数 x,y,z 满足 $xyz=1$,求证

$$\frac{x^3}{y}+\frac{y^3}{z}+\frac{z^3}{x}\geqslant x^2+y^2+z^2$$

6.2　几何不等式问题

约定　$\triangle ABC$ 的三内角分别为 A,B,C,三边长分别为 a,b,c,外接圆半径、内切圆半径、半周长、面积分别为 R,r,s,Δ,旁切圆半径分别为 r_a,r_b,r_c,三条高长分别为 h_a,h_b,h_c,三条中线长分别为 m_a,m_b,m_c,三条内角平分线长分别为 w_a,w_b,w_c.

1. 在 $\triangle ABC$ 中,求证

$$\frac{a}{b}+\frac{b}{c}+\frac{c}{a}\geqslant 3+k\cdot\frac{(a-b)^2+(b-c)^2+(c-a)^2}{(a+b+c)^2}$$

其中 $k_{\max}=3.808\ 315\ 31\cdots$ 是方程

$$3k^6-72k^5+824k^4-5\ 264k^3+19\ 760k^2-32\ 064k+1\ 472=0$$

的根.

2. 在 $\triangle ABC$ 中,求证

$$3\left(\sin\frac{A}{2}\sin\frac{B}{2}+\sin\frac{B}{2}\sin\frac{C}{2}+\sin\frac{C}{2}\sin\frac{A}{2}\right)\leqslant\frac{1}{3}(\sin A+\sin B+\sin C)^2$$

3. 在 $\triangle ABC$ 中,求证

$$3\left(\sin\frac{A}{2}\sin\frac{B}{2}+\sin\frac{B}{2}\sin\frac{C}{2}+\sin\frac{C}{2}\sin\frac{A}{2}\right)\leqslant$$

$$\frac{3}{2}(\cos A+\cos B+\cos C)$$

4. 在 $\triangle ABC$ 中,求证

$$3\left(\sin\frac{A}{2}\sin\frac{B}{2}+\sin\frac{B}{2}\sin\frac{C}{2}+\sin\frac{C}{2}\sin\frac{A}{2}\right)\leqslant$$

$$\frac{3}{2}\left(\sin\frac{A}{2}+\sin\frac{B}{2}+\sin\frac{C}{2}\right)\leqslant\frac{9}{4}$$

5. 在 $\triangle ABC$ 中,求证

$$\cos A+\cos B+\cos C\geqslant$$

$$2\left(\sin\frac{A}{2}\sin\frac{B}{2}+\sin\frac{B}{2}\sin\frac{C}{2}+\sin\frac{C}{2}\sin\frac{A}{2}\right)$$

6. 在 $\triangle ABC$ 中,求证

$$\sin^2 A+\sin^2 B+\sin^2 C\leqslant\frac{3}{2}\left(\sin\frac{A}{2}+\sin\frac{B}{2}+\sin\frac{C}{2}\right)$$

7. 在 $\triangle ABC$ 中,求证

$$\cos A+\cos B+\cos C\leqslant\sin\frac{A}{2}+\sin\frac{B}{2}+\sin\frac{C}{2}\Leftrightarrow$$

$$3-2\left(\sin^2\frac{A}{2}+\sin^2\frac{B}{2}+\sin^2\frac{C}{2}\right)\leqslant$$

$$\sin\frac{A}{2}+\sin\frac{B}{2}+\sin\frac{C}{2}$$

8. 在 $\triangle ABC$ 中,求证

$$\sin A\sin B+\sin B\sin C+\sin C\sin A\leqslant$$

$$3\left(\sin\frac{A}{2}\sin\frac{B}{2}+\sin\frac{B}{2}\sin\frac{C}{2}+\sin\frac{C}{2}\sin\frac{A}{2}\right)$$

9. 在 $\triangle ABC$ 中,求证

$$\sqrt[n]{1-\sin A\sin B}+\sqrt[n]{1-\sin B\sin C}+$$

$$\sqrt[n]{1-\sin C\sin A} \geqslant \frac{3}{2}\sqrt[n]{2^{n-2}}$$

10. 设 $\triangle ABC$ 的三边为 a,b,c，面积为 Δ，外接圆和内切圆半径分别为 R,r，求证

$$\frac{R}{2r} \geqslant \left(\frac{a^2+b^2+c^2}{ab+bc+ca}\right)^{\frac{9}{4}}$$

11. 设 $\triangle ABC$ 的三边为 a,b,c，面积为 Δ，外接圆和内切圆半径分别为 R,r，求证

$$\frac{R}{2r} \geqslant \left(\frac{a^2+b^2+c^2}{ab+bc+ca}\right)^{\frac{19}{8}}$$

12. 设 $\triangle ABC$ 的三边为 a,b,c，面积为 Δ，外接圆和内切圆半径分别为 R,r，求证

$$\frac{R}{2r} \geqslant \left(\frac{a^2+b^2+c^2}{ab+bc+ca}\right)^{\frac{39}{16}}$$

13. 设 $\triangle ABC$ 的三边为 a,b,c，面积为 Δ，外接圆和内切圆半径分别为 R,r，k 为正实数，若有

$$\frac{R}{2r} \geqslant \left(\frac{a^2+b^2+c^2}{ab+bc+ca}\right)^{k}$$

恒成立，求 k 的最佳值.

14. 在 $\triangle ABC$ 中，证明或否定

$$3\sum\frac{a}{m_a}-4\sum\frac{m_a}{a} \geqslant 3\sum\frac{a}{r_a}-4\sum\frac{r_a}{a}$$

15. 在 $\triangle ABC$ 中，证明或否定

$$3\sum\frac{a}{h_a}-4\sum\frac{h_a}{a} \geqslant 3\sum\frac{a}{w_a}-4\sum\frac{w_a}{a}$$

16. 在 $\triangle ABC$ 中，证明或否定

$$3\sum\frac{a}{h_a}-4\sum\frac{h_a}{a} \geqslant 3\sum\frac{a}{m_a}-4\sum\frac{m_a}{a}$$

17. 在 $\triangle ABC$ 中，证明或否定

$$3\sum \frac{a}{w_a}-4\sum \frac{w_a}{a} \geqslant 3\sum \frac{a}{m_a}-4\sum \frac{m_a}{a}$$

18. 在 $\triangle ABC$ 中，证明或否定

$$\cos^8 \frac{A}{2}+\cos^7 \frac{B}{2}+\cos^6 \frac{C}{2} \geqslant \frac{189+54\sqrt{3}}{256}$$

19. 在 $\triangle ABC$ 中，证明或否定

$$243R^2 bc(a+b)(a+c) \geqslant 512s^2 rm_a w_a \sum m_a$$

20. 在 $\triangle ABC$ 中，a,b,c,s 分别是三角形的三边及半周长，证明或否定

$$\{4[2(b^2+c^2)+a(b+c)](2c^2+ab)(2b^2+ca)-$$
$$3\sqrt{2}s[(s-b)^2(c-a)(2c^2+ab)+$$
$$(s-c)^2(a-b)(2b^2+ca)]\}(b+c)^3 \geqslant$$
$$64abc(2b^2+2c^2-a^2)(2c^2+ab)(2b^2+ca)$$

21. 在 $\triangle ABC$ 中，a,b,c,s,R,r 分别是三角形的三边、半周长、外接圆半径及内切圆半径，证明或否定

$$27R\sqrt{bc}(a+b)(a+c) \geqslant 64s^2 r$$

22. 在锐角 $\triangle ABC$ 中，试求使不等式

$$4m_a(m_b+m_c) \geqslant 2b^2+2c^2+ab+ac+k[(a-b)^2+(a-c)^2]$$

成立的 $k_{\max}=1.543\ 321\ 032\cdots$，特别地，当 $k=\frac{3\ 314\ 256\ 679}{2\ 147\ 483\ 648}$ 时上式成立.

23. 设点 P 是锐角 $\triangle ABC$ 内任意一点，AP,BP,CP 分别交 BC,CA,AB 于 A',B',C'，记 $BC=a,CA=b,AB=c,AA'=l_a,BB'=l_b,CC'=l_c$，则不等式

$$\frac{l_b+l_c}{l_a} \geqslant \frac{16abc}{(b+c)^3}$$

满足下列条件之一时成立.

(1)$l_a=m_a,l_b=m_b,l_c=m_c$.(BOTTEMA 验证)

(2)$l_a=w_a,l_b=w_b,l_c=w_c$.

(3)$l_a=h_a,l_b=h_b,l_c=h_c$.(显然)

(4)$l_a=\sqrt{s(s-a)},l_b=\sqrt{s(s-b)},l_c=\sqrt{s(s-c)}$.(BOTTEMA 验证)

24. 在 $\triangle ABC$ 中,求证

$$\left[3\left(\frac{2}{3}\right)^k-1\right]\cdot\frac{1}{R^k}+\frac{1}{R\,(2r)^k}\leqslant\frac{1}{w_a^k}\leqslant$$

$$\left[3\left(\frac{2}{3}\right)^k-1\right]\cdot\frac{1}{R^k}+\frac{1}{(2r)^k}$$

当 $k\geqslant\frac{\ln 3}{\ln 3-\ln 2}$ 时上式成立;当 $k<\frac{\ln 3}{\ln 3-\ln 2}$ 时上式反向成立.

25. 在 $\triangle ABC$ 中,求证

$$\sum\frac{1}{r_a^k}\geqslant\sum\frac{1}{w_a^k},k\in\mathbf{R}$$

26. 当 $k\geqslant\frac{\ln 3}{\ln 3-\ln 2}$ 时,试求使不等式

$$\frac{1}{{w_a}^k}\leqslant t\cdot\frac{1}{Rr^{k-1}}+\left[\left(\frac{1}{3}\right)^{k-1}-\frac{t}{2}\right]\frac{1}{r^k}$$

成立的 $t_{\min}$.

27. 在 $\triangle ABC$ 中,求证

$$\left(\tan\frac{A}{2}+\frac{\cos A}{\sin A}\right)^2\geqslant 4\sqrt{\frac{m_a}{h_a}}\tan\frac{B}{2}\tan\frac{C}{2}\Leftrightarrow$$

$$\frac{R}{2r}\geqslant\sqrt[4]{\frac{m_a}{h_a}}\cdot\frac{a}{2\sqrt{(s-b)(s-c)}}$$

28. 在 $\triangle ABC$ 中,求证

$$\left(\tan\frac{A}{2}+\frac{\cos A}{\sin A}\right)^2\geqslant 4\frac{w_a}{h_a}\tan\frac{B}{2}\tan\frac{C}{2}\Leftrightarrow$$

$$\frac{R}{2r} \geqslant \sqrt{\frac{w_a}{h_a}} \cdot \frac{a}{2\sqrt{(s-b)(s-c)}}$$

29. 在 $\triangle ABC$ 中，是否存在实数 k，使得不等式

$$\frac{w_a^k}{h_a^k} \geqslant \frac{a^2}{4(s-b)(s-c)}$$

成立？ 若存在，求出最小的 k；若不存在，请说明理由.

30. $m_a \leqslant \frac{R}{2} + \frac{b^2+c^2}{2(r_a+h_a)}$.

31. 在 $\mathrm{Rt}\triangle ABC$ 中，$a^2+b^2=c^2$，$m \geqslant 2 \geqslant n > 0$，求证

$$a^{m+n}+b^{m+n}+c^{m+n} \geqslant$$

$$\frac{2+\sqrt{2^{m+n}}}{(2+\sqrt{2^m})(2+\sqrt{2^n})}(a^m+b^m+c^m)(a^n+b^n+c^n)$$

更一般地，对于 $n(n \geqslant 3)$ 维的问题又如何呢？

32. 在长方体中，对角线与过同一顶点的三条棱的夹角分别为 α,β,γ，求证

$$\sin^n\alpha+\sin^n\beta+\sin^n\gamma \geqslant$$
$$2^{\frac{n}{2}}(\cos^n\alpha+\cos^n\beta+\cos^n\gamma)$$

33. 在长方体中，对角线与过同一顶点的三条棱的夹角分别为 α,β,γ，求证

$$\sec^n\alpha+\sec^n\beta+\sec^n\gamma \geqslant$$
$$2^{\frac{n}{2}}(\csc^n\alpha+\csc^n\beta+\csc^n\gamma)$$

34. 在长方体中，对角线与过同一顶点的三条棱的夹角分别为 α,β,γ，求证

$$\tan^n\alpha+\tan^n\beta+\tan^n\gamma \geqslant$$
$$2^n(\cot^n\alpha+\cot^n\beta+\cot^n\gamma)$$

35. 在 $m(m \geqslant 3)$ 维单形中，$a_i \in \mathbf{R}_+$，$i=1,2,\cdots,$

$m+1$,且 $\sum_{i=1}^{m} a_i{}^k = a_{m+1}{}^k$,$n \geqslant k \geqslant t > 0$,或 $n \leqslant k \leqslant t < 0$,有

$$\sum_{i=1}^{m+1} a_i{}^{n+t} \geqslant \frac{m + m^{\frac{n+t}{k}}}{(m + m^{\frac{n}{k}})(m + m^{\frac{t}{k}})} (\sum_{i=1}^{m+1} a_i{}^n)(\sum_{i=1}^{m+1} a_i{}^t)$$

36. 在锐角 $\triangle ABC$ 中,求证

$$s \geqslant kR + (3\sqrt{3} - 2k)r$$

其中 $k_{\max} = 1.526\ 446\ 16\cdots$ 是方程

$$k^4 - 28k^3 + 32k^2 + 136k - 188 = 0$$

的根.

37. 在锐角 $\triangle ABC$ 中,求证

$$7s^2 \geqslant (38 + 8\sqrt{2})R^2 - (32\sqrt{2} - 37)r^2$$

38. 在锐角 $\triangle ABC$ 中,求证

$$\sum a^2 \leqslant 3\sqrt{3}\Delta + k\sum (b - c)^2$$

其中 $k_{\min} = 1.561\ 722\ 34\cdots$ 是方程

$$k^4 - 24k^3 + 50k^2 - 24k + 1 = 0$$

的根.

39. 在锐角 $\triangle ABC$ 中,求证

$$\frac{3}{2}sr \leqslant \sum ah_a \leqslant \sum aw_a \leqslant 9\sqrt{3}Rr$$

40. 在 $\triangle ABC$ 中,求证

$$\sum w_a \leqslant kR + (9 - 2k)r$$

其中 $k_{\min} = 2.170\ 728\ 45\cdots$ 是方程

$$72k^5 - 1\ 497k^4 + 12\ 450k^3 - 51\ 109k^2 + 102\ 227k - 78\ 656 = 0$$

的根.

41. 在 $\triangle ABC$ 中,求证

$$\sum m_a \leqslant 4R + r$$

42. 在 $\triangle ABC$ 中,求证

$$\sum \sin A \cos^2 B \leqslant k$$

其中 $k_{\min} = 1.168\ 789\ 76\cdots$ 是方程

$$10\ 851\ 569\ 165\ 584k^8 - 49\ 634\ 353\ 541\ 556k^6 + 84\ 426\ 159\ 373\ 081k^4 - 63\ 227\ 991\ 883\ 014k^2 + 17\ 563\ 818\ 828\ 241 = 0$$

的根.

43. 在 $\triangle ABC$ 中,求证

$$\sum \sin^2 A\cos B \leqslant k$$

其中 $k_{\min} = 1.199\ 327\ 83\cdots$ 是方程

$$823\ 543k^6 + 336\ 140k^5 - 2\ 148\ 732k^4 - 903\ 280k^3 + 1\ 282\ 432k^2 + 606\ 656k + 146\ 752 = 0$$

的根.

44. 在 $\triangle ABC$ 中,求证

$$\sum \sin^2 A \cos^2 B \leqslant 1$$

45. 在 $\triangle ABC$ 中,$k \geqslant 0$,求证

$$\frac{6}{2k+3} \leqslant \sum \frac{1}{k + \sin^2 A + \sin^2 B} \leqslant \frac{3}{2k+3} \cdot \frac{R}{r}$$

46. 在 $\triangle ABC$ 中,求证

$$\sum \frac{\sin^2 A}{\cos^2 A + \cos^2 B} \leqslant \frac{8}{3}$$

47. 在 $\triangle ABC$ 中,$k \geqslant 1$,求证

$$\sum \frac{\sin^2 A}{k + \cos^2 A + \cos^2 B} \leqslant \frac{9}{2(2k+1)}$$

48. 在 $\triangle ABC$ 中,求证

$$\sin \frac{A}{2} a^2 + \sin \frac{B}{2} b^2 + \sin \frac{C}{2} c^2 \geqslant$$

$$2\sqrt{3}\Delta+\frac{1}{2}\sum(a-b)^2$$

49. 在 $\triangle ABC$ 中，求证

$$\sin\frac{C}{2}a^2+\sin\frac{A}{2}b^2+\sin\frac{B}{2}c^2\geqslant 2\sqrt{3}\Delta$$

50. 在 $\triangle ABC$ 中，求证

$$\cos\frac{A}{2}a^2+\cos\frac{B}{2}b^2+\cos\frac{C}{2}c^2\geqslant 6\Delta+\frac{1}{2}\sum(a-b)^2$$

51. 在 $\triangle ABC$ 中，求证

$$\cos\frac{C}{2}a^2+\cos\frac{A}{2}b^2+\cos\frac{B}{2}c^2\geqslant 6\Delta+\frac{1}{2}\sum(a-b)^2$$

52. 在 $\triangle ABC$ 中，求证

$$\tan\frac{A}{2}a^2+\tan\frac{B}{2}b^2+\tan\frac{C}{2}c^2\geqslant 4\Delta+\sum(a-b)^2$$

53. 在 $\triangle ABC$ 中，求证

$$\tan\frac{C}{2}a^2+\tan\frac{A}{2}b^2+\tan\frac{B}{2}c^2\geqslant 4\Delta$$

54. 在 $\triangle ABC$ 中，求证

$$\cot\frac{A}{2}a^2+\cot\frac{B}{2}b^2+\cot\frac{C}{2}c^2\geqslant 4\Delta+\sum(a-b)^2$$

55. 在 $\triangle ABC$ 中，求证

$$\cot\frac{C}{2}a^2+\cot\frac{A}{2}b^2+\cot\frac{B}{2}c^2\geqslant 4\Delta+\sum(a-b)^2$$

56. 在 $\triangle ABC$ 中，求证

$$\sec\frac{A}{2}a^2+\sec\frac{B}{2}b^2+\sec\frac{C}{2}c^2\geqslant 8\Delta+\sqrt{2}\sum(a-b)^2$$

57. 在 $\triangle ABC$ 中，求证

$$\sec\frac{C}{2}a^2+\sec\frac{A}{2}b^2+\sec\frac{B}{2}c^2\geqslant 8\Delta+\sum(a-b)^2$$

58. 在 $\triangle ABC$ 中，求证

$$\csc\frac{A}{2}a^2+\csc\frac{B}{2}b^2+\csc\frac{C}{2}c^2\geqslant$$

$$8\sqrt{3}\Delta+\sqrt{2}\sum(a-b)^2$$

59. 在 $\triangle ABC$ 中,求证

$$\csc\frac{C}{2}a^2+\csc\frac{A}{2}b^2+\csc\frac{B}{2}c^2\geqslant 8\sqrt{3}\Delta+\sum(a-b)^2$$

60. 在 $\triangle ABC$ 中,求证

$$\sin\frac{B}{2}\sin\frac{C}{2}a^2+\sin\frac{C}{2}\sin\frac{A}{2}b^2+\sin\frac{A}{2}\sin\frac{B}{2}c^2\geqslant\Delta$$

61. 在 $\triangle ABC$ 中,求证

$$\cos\frac{B}{2}\cos\frac{C}{2}a^2+\cos\frac{C}{2}\cos\frac{A}{2}b^2+\cos\frac{A}{2}\cos\frac{B}{2}c^2\geqslant$$

$$3\sqrt{3}\Delta$$

62. 在 $\triangle ABC$ 中,求证

$$\tan\frac{B}{2}\tan\frac{C}{2}a^2+\tan\frac{C}{2}\tan\frac{A}{2}b^2+\tan\frac{A}{2}\tan\frac{B}{2}c^2\geqslant 2\Delta$$

63. 在 $\triangle ABC$ 中,求证

$$\cot\frac{B}{2}\cot\frac{C}{2}a^2+\cot\frac{C}{2}\cot\frac{A}{2}b^2+\cot\frac{A}{2}\cot\frac{B}{2}c^2\geqslant 2\Delta$$

64. 在 $\triangle ABC$ 中,求证

$$\tan\frac{A}{2}\tan\frac{B}{2}a^2+\tan\frac{B}{2}\tan\frac{C}{2}b^2+\tan\frac{C}{2}\tan\frac{A}{2}c^2\geqslant$$

$$\frac{4}{3}\sqrt{3}\Delta$$

65. 在 $\triangle ABC$ 中,求证

$$\frac{\sin\frac{B}{2}}{\sin\frac{C}{2}}a^2+\frac{\sin\frac{C}{2}}{\sin\frac{A}{2}}b^2+\frac{\sin\frac{A}{2}}{\sin\frac{B}{2}}c^2\geqslant 4\sqrt{3}\Delta$$

66. 在 $\triangle ABC$ 中,求证

$$\frac{\cos\frac{B}{2}}{\cos\frac{C}{2}}a^2+\frac{\cos\frac{C}{2}}{\cos\frac{A}{2}}b^2+\frac{\cos\frac{A}{2}}{\cos\frac{B}{2}}c^2\geqslant 4\sqrt{3}\Delta$$

67.在 $\triangle ABC$ 中,求证

$$\frac{\tan\frac{B}{2}}{\tan\frac{C}{2}}a^2+\frac{\tan\frac{C}{2}}{\tan\frac{A}{2}}b^2+\frac{\tan\frac{A}{2}}{\tan\frac{B}{2}}c^2\geqslant 4\sqrt{3}\Delta$$

68.在 $\triangle ABC$ 中,求证

$$a^3+b^3+c^3\geqslant 8\sqrt[4]{3}\Delta^{\frac{3}{2}}$$

69.在 $\triangle ABC$ 中,求证

$$a^4+b^4+c^4\geqslant 16\Delta^2+\sum(a^2-b^2)^2$$

70.在 $\triangle ABC$ 中,求证

$$a^4+b^4+c^4\geqslant 16\Delta^2+4\sqrt{3}\Delta\sum(a-b)^2+$$
$$k\sum(a^2-b^2)^2$$

其中 $k_{\max}=0.852\ 390\ 682\cdots$ 是方程

$$3k^4-12k^3-35\ 230k^2+70\ 484k-34\ 477=0$$

的根.

71.在 $\triangle ABC$ 中,求证

$$a^2b^2+b^2c^2+c^2a^2\geqslant 16\Delta^2+\frac{1}{2}\sum(a^2-b^2)^2$$

72.在 $\triangle ABC$ 中,求证

$$a^2b^2+b^2c^2+c^2a^2\geqslant 16\Delta^2+\sqrt{9+6\sqrt{3}}\Delta\sum(a-b)^2$$

73.在 $\triangle ABC$ 中,求证

$$\sin\frac{C}{2}a^2b^2+\sin\frac{A}{2}b^2c^2+\sin\frac{B}{2}c^2a^2\geqslant$$
$$8\Delta^2+\frac{1}{2}\sum(a^2-b^2)^2$$

74. 在 $\triangle ABC$ 中，求证

$$\sin^2\frac{C}{2}a^2b^2+\sin^2\frac{A}{2}b^2c^2+\sin^2\frac{B}{2}c^2a^2\geqslant$$

$$4\Delta^2+\frac{1}{2}\sum\left[a(s-a)-b(s-b)\right]^2$$

75. 在 $\triangle ABC$ 中，求证

$$\sin\frac{A}{2}\sin\frac{B}{2}a^2b^2+\sin\frac{B}{2}\sin\frac{C}{2}b^2c^2+$$

$$\sin\frac{C}{2}\sin\frac{A}{2}c^2a^2\geqslant 4\Delta^2$$

76. 在 $\triangle ABC$ 中，求证

$$\tan\frac{C}{2}a^2b^2+\tan\frac{A}{2}b^2c^2+\tan\frac{B}{2}c^2a^2\geqslant$$

$$\frac{16\sqrt{3}}{3}\Delta^2+\frac{1}{2}\Delta\sum(a-b)^2$$

77. 在 $\triangle ABC$ 中，求证

$$\tan\frac{C}{2}a^2b^2+\tan\frac{A}{2}b^2c^2+\tan\frac{B}{2}c^2a^2\geqslant$$

$$\frac{16\sqrt{3}}{3}\Delta^2+k\sum\left[a(s-a)-b(s-b)\right]^2$$

其中 $k_{\max}=1.977\ 555\ 09\cdots$ 是方程

$$59\ 049k^{18}-27\ 005\ 076k^{16}+907\ 536\ 798k^{14}-$$

$$12\ 056\ 836\ 500k^{12}+80\ 271\ 255\ 393k^{10}-$$

$$299\ 364\ 844\ 656k^8+666\ 301\ 817\ 344k^6-$$

$$924\ 125\ 257\ 728k^4+805\ 702\ 533\ 120k^2-$$

$$374\ 420\ 275\ 200=0$$

的根.

78. 在 $\triangle ABC$ 中，求证

$$\tan^2\frac{C}{2}a^2b^2+\tan^2\frac{A}{2}b^2c^2+\tan^2\frac{B}{2}c^2a^2\geqslant$$

$$\frac{16}{3}\Delta^2+\frac{15+\sqrt{33}}{12}\sum[a(s-a)-b(s-b)]^2$$

79. 在 $\triangle ABC$ 中,求证

$$\tan\frac{A}{2}\tan\frac{B}{2}a^2b^2+\tan\frac{B}{2}\tan\frac{C}{2}b^2c^2+$$

$$\tan\frac{C}{2}\tan\frac{A}{2}c^2a^2\geqslant$$

$$\frac{16}{3}\Delta^2+\frac{2}{9}\sum(a^2-b^2)^2$$

80. 在 $\triangle ABC$ 中,求证

$$\sin\frac{B}{2}a^4+\sin\frac{C}{2}b^4+\sin\frac{A}{2}c^4\geqslant 8\Delta^2$$

81. 在 $\triangle ABC$ 中,求证

$$4\Delta^2+\sum(a^2-b^2)^2\geqslant$$

$$\sin\frac{B}{2}\sin\frac{C}{2}a^4+\sin\frac{C}{2}\sin\frac{A}{2}b^4+$$

$$\sin\frac{A}{2}\sin\frac{B}{2}c^4\geqslant 4\Delta^2$$

82. 在 $\triangle ABC$ 中,$k>0$,求证

$$\sin\frac{B}{2}\sin\frac{C}{2}a^4+\sin\frac{C}{2}\sin\frac{A}{2}b^4+\sin\frac{A}{2}\sin\frac{B}{2}c^4\leqslant$$

$$4\Delta^2+k\sum(a^2-b^2)^2$$

其中 $k_{\min}=0.901\ 426\ 186\cdots$ 是方程

$$115\ 964\ 116\ 992k^{10}-367\ 823\ 683\ 584k^9+$$

$$462\ 051\ 606\ 528k^8-296\ 264\ 466\ 432k^7+$$

$$105\ 971\ 245\ 056k^6-22\ 010\ 950\ 656k^5+$$

$$2\ 532\ 940\ 864k^4-155\ 380\ 608k^3+$$

$$3\ 972\ 993k^2+208k+922=0$$

的根.

83. 在 $\triangle ABC$ 中,求证

$$a^4+b^4+c^4\geqslant 16\Delta^2+2\sqrt{9+6\sqrt{3}}\,\Delta\sum(a-b)^2$$

84. 在 $\triangle ABC$ 中,求证

$$\frac{9abc}{a+b+c}\geqslant 4\sqrt{3}\Delta+\frac{9}{4}\sum\left[\sqrt{a(s-a)}-\sqrt{b(s-b)}\right]^2$$

85. 在 $\triangle ABC$ 中,求证

$$\frac{9abc}{\sqrt{3(ab+bc+ca)}}\geqslant$$

$$4\sqrt{3}\Delta+\frac{9}{4}\sum\left[\sqrt{a(s-a)}-\sqrt{b(s-b)}\right]^2$$

86. 在 $\triangle ABC$ 中,求证

$$\sum(a-b)^2\geqslant\sum\left[\sqrt{a(s-a)}-\sqrt{b(s-b)}\right]^2$$

注 $\sqrt{a(s-a)}-\sqrt{b(s-b)}=$

$$\frac{a(s-a)-b(s-b)}{\sqrt{a(s-a)}+\sqrt{b(s-b)}}=$$

$$\frac{s(a-b)-(a^2-b^2)}{\sqrt{a(s-a)}+\sqrt{b(s-b)}}=$$

$$\frac{(a-b)[s-(a+b)]}{\sqrt{a(s-a)}+\sqrt{b(s-b)}}=$$

$$\frac{(a-b)(s-c)}{2\left[\sqrt{a(s-a)}+\sqrt{b(s-b)}\right]}$$

87. 在 $\triangle ABC$ 中,求证

$$\sum\left(\frac{1}{a}-\frac{1}{b}\right)^2+\frac{\sqrt{3}}{R}\leqslant\frac{1}{a}+\frac{1}{b}+\frac{1}{c}\leqslant$$

$$\frac{\sqrt{3}}{3}\left(\frac{2\sqrt{2}}{R}+\frac{3-2\sqrt{2}}{2r}\right)$$

88. 在 $\triangle ABC$ 中,求证

$$\sum\left(\frac{1}{s-a}-\frac{1}{s-b}\right)^2 \geqslant$$

$$\frac{1}{a}+\frac{1}{b}+\frac{1}{c}+3\sum\left(\frac{1}{a}-\frac{1}{b}\right)^2$$

89. 在 $\triangle ABC$ 中，$k>0$，求证

$$\sum\left(\frac{1}{s-a}-\frac{1}{s-b}\right)^2 \geqslant$$

$$\frac{1}{a}+\frac{1}{b}+\frac{1}{c}+k\sum\left(\frac{1}{\sqrt{a(s-a)}}-\frac{1}{\sqrt{b(s-b)}}\right)^2$$

其中 $k_{\max}=12.987\ 980\ 2\cdots$ 是方程

$$9\ 216k^{16}-83\ 055\ 360k^{14}+13\ 488\ 791\ 680k^{12}+$$

$$42\ 915\ 646\ 624k^{10}+137\ 230\ 466\ 100k^{8}+$$

$$685\ 593\ 728\ 641k^{6}-195\ 428\ 886\ 539k^{4}-$$

$$31\ 127\ 037\ 120k^{2}-7\ 737\ 043\ 968=0$$

的根.

90. 在 $\triangle ABC$ 中，求证

$$\sum\left(\frac{1}{s-a}-\frac{1}{s-b}\right)^2 \geqslant \frac{1}{a^2}+\frac{1}{b^2}+\frac{1}{c^2}+3\sum\left(\frac{1}{a}-\frac{1}{b}\right)^2$$

91. 在 $\triangle ABC$ 中，求证

$$\sum\sin\frac{A}{2}-4\prod\sin\frac{A}{2}\geqslant 1$$

92. 在 $\triangle ABC$ 中，求证

$$\sum\sin^2\frac{A}{2}-8\prod\sin^2\frac{A}{2}\geqslant\frac{5}{8}$$

93. 在 $\triangle ABC$ 中，求证

$$\sum\cos\frac{A}{2}+k\prod\cos\frac{A}{2}\geqslant\frac{3\sqrt{3}}{2}+\frac{3\sqrt{3}}{8}k$$

其中 $k_{\max}=-1.229\ 693\ 77\cdots$ 是方程

$$121k^4+3\ 344k^3+20\ 192k^2+40\ 192k+24\ 832=0$$

的根.

94. 在 $\triangle ABC$ 中,求证

$$\sum\cos^2\frac{A}{2}-\frac{16}{11}\prod\cos^2\frac{A}{2}\geqslant\frac{18}{11}$$

95. 在 $\triangle ABC$ 中,求证

$$\sum\tan^2\frac{A}{2}+\frac{81}{4}\prod\tan^2\frac{A}{2}\geqslant\frac{7}{4}$$

96. 在 $\triangle ABC$ 中,$k>0$,求证

$$\sum\tan\frac{A}{2}-k\prod\tan\frac{A}{2}\geqslant\sqrt{3}-\frac{k}{9}\sqrt{3}$$

其中 $k_{\max}=23.325\ 854\ 9\cdots$ 是方程

$$\begin{aligned}&85\ 184k^{10}+3\ 624\ 192k^9-530\ 794\ 944k^8+\\&15\ 927\ 611\ 904k^7-182\ 382\ 573\ 024k^6+\\&617\ 955\ 815\ 664k^5+1\ 149\ 336\ 821\ 880k^4-\\&1\ 921\ 720\ 416\ 696k^3-2\ 006\ 823\ 784\ 113k^2-\\&1\ 694\ 577\ 218\ 886k+5\ 083\ 731\ 656\ 658=0\end{aligned}$$

的根.

97. 在 $\triangle ABC$ 中,求证

$$\sin\frac{A}{2}\leqslant\frac{a}{b+c}-\frac{(\sqrt{b(s-b)}-c\sqrt{b(s-c)})^2}{a^2+b^2+c^2}$$

98. 在 $\triangle ABC$ 中,求证

$$2\sin^2\frac{A}{2}\leqslant\frac{a^2}{b^2+c^2}+\frac{4(b-c)^2}{a^2+b^2+c^2}$$

99. 在 $\triangle ABC$ 中,求证

$$2\sin^2\frac{A}{2}\leqslant\frac{a^2}{b^2+c^2}+\frac{(b-c)^2}{b^2+c^2}$$

100. 在 $\triangle ABC$ 中,求证

$$(a^2+b^2+c^2-4\sqrt{3}\Delta)(a^2+b^2+c^2)\geqslant$$

$$4[bc(b-c)^2+ca(c-a)^2+ab(a-b)^2]$$

101. 在 $\triangle ABC$ 中,求证

$$(a^2+b^2+c^2-4\sqrt{3}\Delta)(a^2+b^2+c^2)\geqslant k[ab(b-c)^2+bc(c-a)^2+ca(a-b)^2]$$

其中 $k_{\max}=3.321\ 893\ 48\cdots$ 是方程

$$212k^{11}-5\ 333k^{10}+50\ 008k^9+49\ 456k^8-1\ 030\ 784k^7-2\ 948\ 096k^6+30\ 628\ 352k^5-32\ 891\ 904k^4-13\ 713\ 408k^3-142\ 000\ 128k^2-191\ 102\ 976=0$$

的根.

102. 在 $\triangle ABC$ 中,$0\leqslant k\leqslant 6$,求证

$$\frac{a^2b(a-b)}{(a+b)^k}+\frac{b^2c(b-c)}{(b+c)^k}+\frac{c^2a(c-a)}{(c+a)^k}\geqslant 0$$

103. 在 $\triangle ABC$ 中,$k\geqslant 2$,求证

$$a^kb(a-b)+b^kc(b-c)+c^ka(c-a)\geqslant 0$$

104. 在 $\triangle ABC$ 中,$0\leqslant k\leqslant 9$,求证

$$\frac{a^3b(a-b)}{(a+b)^k}+\frac{b^3c(b-c)}{(b+c)^k}+\frac{c^3a(c-a)}{(c+a)^k}\geqslant 0$$

105. 在 $\triangle ABC$ 中,$0\leqslant k\leqslant 12$,求证

$$\frac{a^4b(a-b)}{(a+b)^k}+\frac{b^4c(b-c)}{(b+c)^k}+\frac{c^4a(c-a)}{(c+a)^k}\geqslant 0$$

106. 在 $\triangle ABC$ 中,$0\leqslant k\leqslant 14$,求证

$$\frac{a^5b(a-b)}{(a+b)^k}+\frac{b^5c(b-c)}{(b+c)^k}+\frac{c^5a(c-a)}{(c+a)^k}\geqslant 0$$

107. 在 $\triangle ABC$ 中,$p\geqslant 2$,求证

$$\frac{a^pb(a-b)}{a+b}+\frac{b^pc(b-c)}{b+c}+\frac{c^pa(c-a)}{c+a}\geqslant 0$$

108. 在 $\triangle ABC$ 中,$p\geqslant 2$,求证

$$\frac{a^pb(a-b)}{(a+b)^2}+\frac{b^pc(b-c)}{(b+c)^2}+\frac{c^pa(c-a)}{(c+a)^2}\geqslant 0$$

109. 在 $\triangle ABC$ 中，$p\geqslant 2,q\geqslant 0$，使不等式

$$\frac{a^pb(a-b)}{(a+b)^q}+\frac{b^pc(b-c)}{(b+c)^q}+\frac{c^pa(c-a)}{(c+a)^q}\geqslant 0$$

恒成立的 p,q 应满足什么条件？

110. 设 a,b,c 是 $\triangle ABC$ 的三边长，$t\geqslant 2$，求证

$$a^tb(\sqrt{a}-\sqrt{b})+b^tc(\sqrt{b}-\sqrt{c})+c^ta(\sqrt{c}-\sqrt{a})\geqslant 0$$

111. 设 a,b,c 是 $\triangle ABC$ 的三边长，$t\geqslant 2,k\leqslant 1$，求证

$$a^tb(a^k-b^k)+b^tc(b^k-c^k)+c^ta(c^k-a^k)\geqslant 0$$

112. 设 a,b,c 是锐角 $\triangle ABC$ 的三边长，求证

$$a^4b^2(a-b)+b^4c^2(b-c)+c^4a^2(c-a)\geqslant 0$$

113. 设 a,b,c 是锐角 $\triangle ABC$ 的三边长，求证

$$ab^2(a-b)+bc^2(b-c)+ca^2(c-a)\leqslant 0$$

114. 设 a,b,c 是锐角 $\triangle ABC$ 的三边长，$t\geqslant 3$，求证

$$a^tb^2(a-b)+b^tc^2(b-c)+c^ta^2(c-a)\geqslant 0$$

115. 设 Δ 是 $\triangle ABC$ 的面积，求证

$$ab+bc+ca\geqslant\left(\cot\frac{A}{2}+\cot\frac{B}{2}+\cot\frac{C}{2}\right)\Delta$$

116. 设 Δ 是 $\triangle ABC$ 的面积，求证

$$a^2+b^2+c^2\geqslant a^2\left(\sin\frac{B}{2}+\sin\frac{C}{2}\right)+b^2\left(\sin\frac{C}{2}+\sin\frac{A}{2}\right)+c^2\left(\sin\frac{A}{2}+\sin\frac{B}{2}\right)\geqslant 4\sqrt{3}\Delta$$

117. 设 Δ 是 $\triangle ABC$ 的面积，求证

$$a^2\cos\frac{B-C}{2}+b^2\cos\frac{C-A}{2}+c^2\cos\frac{A-B}{2}\geqslant$$

$$4\sqrt{3}\Delta+\frac{1}{2}\sum_{\mathrm{cyc}}(a-b)^2$$

118. 设 Δ 是 $\triangle ABC$ 的面积,求证

$$a^2\cos^3\frac{B-C}{2}+b^2\cos^3\frac{C-A}{2}+c^2\cos^3\frac{A-B}{2}\geqslant 4\sqrt{3}\Delta$$

119. 设 Δ 是 $\triangle ABC$ 的面积,求证

$$a(p-a)\cos^2\frac{B-C}{4}+b(p-b)\cos^2\frac{C-A}{4}+c(p-c)\cos^2\frac{A-B}{4}\geqslant 2\sqrt{3}\Delta$$

120. 设 Δ 是 $\triangle ABC$ 的面积,求证

$$\sum_{\mathrm{cyc}}a(p-a)\cos^2\frac{B-C}{4}\leqslant 2\sqrt{3}\Delta+\frac{1}{2}\sum_{\mathrm{cyc}}(a-b)^2$$

121. 设 Δ 是 $\triangle ABC$ 的面积,求证

$$a^2\sin\frac{B}{2}\sin\frac{C}{2}+b^2\sin\frac{C}{2}\sin\frac{A}{2}+c^2\sin\frac{A}{2}\sin\frac{B}{2}\leqslant\sqrt{3}\Delta$$

122. 在 $\triangle ABC$ 中,求证

$$(k+1)\left(\frac{a}{b}+\frac{b}{c}+\frac{c}{a}\right)\geqslant k\left(\frac{a}{c}+\frac{c}{b}+\frac{b}{a}\right)+3$$

其中 $k_{\min}=-3.484\,435\,33\cdots$, $k_{\max}=2.484\,435\,33\cdots$ 均是方程

$$k^4+2k^3-5k^2-6k-23=0$$

的根.

123. 在 $\triangle ABC$ 中,求证

$$(k+1)\left(\frac{a^2}{b}+\frac{b^2}{c}+\frac{c^2}{a}\right)\geqslant k\left(\frac{a^2}{c}+\frac{c^2}{b}+\frac{b^2}{a}\right)+a+b+c$$

其中 $k_{\min}=-2.412\,890\,44\cdots$, $k_{\max}=1.412\,890\,44\cdots$ 均是方程

$$16k^4+32k^3-23k^2-39k-53=0$$

的根.

124. 在 $\triangle ABC$ 中,求证

$$(k+1)\left(\frac{a^3}{b^2}+\frac{b^3}{c^2}+\frac{c^3}{a^2}\right)\geqslant k\left(\frac{a^3}{c^2}+\frac{c^3}{b^2}+\frac{b^3}{a^2}\right)+a+b+c$$

其中 $k_{\min}=-1.666\ 580\ 55\cdots$,$k_{\max}=0.666\ 580\ 559\cdots$ 均是方程

$$16k^4+32k^3-23k^2-39k-53=0$$

$$103\ 823k^{12}+622\ 938k^{11}+1\ 465\ 415k^{10}+$$
$$1\ 616\ 810k^9+472\ 770k^8-957\ 462k^7-$$
$$1\ 312\ 737k^6-648\ 810k^5+36\ 554k^4+$$
$$229\ 958k^3+133\ 551k^2+35\ 942k+4\ 099=0$$

的根.

125. 在 $\triangle ABC$ 中,求证

$$(k+1)\left(\frac{a^3}{b}+\frac{b^3}{c}+\frac{c^3}{a}\right)\geqslant$$
$$k\left(\frac{a^3}{c}+\frac{c^3}{b}+\frac{b^3}{a}\right)+a^2+b^2+c^2$$

其中 $k_{\min}=-1.912\ 174\ 86\cdots$,$k_{\max}=0.912\ 174\ 862\cdots$ 均是方程

$$107\ 811k^8+431\ 244k^7+551\ 230k^6+144\ 336k^5-$$
$$312\ 231k^4-361\ 904k^3-17\ 8914k^2-45\ 780k-$$
$$5\ 501=0$$

的根.

126. 在 $\triangle ABC$ 中,求证

$$\tan\frac{A}{2}+\tan\frac{B}{2}+\tan\frac{C}{2}-k\csc\frac{A}{2}\csc\frac{B}{2}\csc\frac{C}{2}\leqslant$$
$$\sqrt{3}-8k$$

其中 $k_{\min}=-1.912\ 174\ 86\cdots$,$k_{\max}=-0.595\ 535\ 284\cdots$ 均是方程

$$6\,912k^3-1\,728k^2+288k-1=0$$

的根.

127. 在 $\triangle ABC$ 中,求证

$$9r-k\cdot\frac{r(R-2r)}{R}\leqslant\sum_{\text{cyc}}a\cos\frac{A}{2}\leqslant 9r+2\sqrt{2}(R-2r)$$

其中 $k_{\min}=-4.068\,855\,60\cdots$ 是方程

$$6k^6-334k^5+13\,343k^4-35\,220k^3-35\,220k^2-2\,935k-61=0$$

的根.

128. 在 $\triangle ABC$ 中,求证

$$3\sqrt{3}r-k\cdot\frac{r(R-2r)}{R}\leqslant\sum_{\text{cyc}}a\sin\frac{A}{2}\leqslant 3\sqrt{3}r+2\sqrt{2}(R-2r)$$

其中 $k_{\min}=-4.631\,249\,71\cdots$ 是方程

$$11\,943\,936k^{32}-31\,587\,729\,408k^{30}+29\,190\,705\,156\,864k^{28}-10\,762\,601\,368\,848\,048k^{26}+1\,203\,519\,034\,883\,984\,080k^{24}+21\,330\,657\,267\,900\,358\,152k^{22}+4\,676\,272\,314\,521\,701\,004\,000k^{20}+415\,335\,588\,142\,013\,168\,328\,293k^{18}+2\,848\,785\,469\,699\,769\,449\,840\,487k^{16}-331\,619\,390\,629\,356\,860\,838\,972\,601k^{14}+533\,413\,491\,465\,252\,358\,471\,389\,435k^{12}-255\,828\,241\,645\,466\,106\,297\,194\,702k^{10}+37\,956\,215\,544\,582\,347\,436\,370\,106k^8-132\,910\,813\,291\,557\,226\,969\,097k^6+$$

$$313\ 906\ 673\ 216\ 327\ 856\ 803k^4-$$
$$364\ 981\ 596\ 451\ 867\ 389k^2+$$
$$284\ 475\ 482\ 692\ 801=0$$

的根.

129. 在 $\triangle ABC$ 中,求证

$$6r+\frac{8r(R-2r)}{R}\leqslant\sum_{\text{cyc}}a\tan\frac{A}{2}\leqslant 6r+4(R-2r)$$

130. 在 $\triangle ABC$ 中,求证

$$18r+\frac{16r(R-2r)}{R}\leqslant\sum_{\text{cyc}}a\cot\frac{A}{2}\leqslant 18r+8(R-2r)$$

131. 在 $\triangle ABC$ 中,求证

$$12r+k\cdot\frac{r(R-2r)}{R}\leqslant\sum_{\text{cyc}}a\sec\frac{A}{2}\leqslant$$
$$12r+4\sqrt{2}(R-2r)$$

其中 $k_{\min}=-10.994\ 145\ 9\cdots$ 是方程

$$k^5-65k^4+506k^3-9\ 558k^2-$$
$$233\ 280k+373\ 248=0$$

的根.

132. 在 $\triangle ABC$ 中,求证

$$12\sqrt{3}r+k\cdot\frac{r(R-2r)}{R}\leqslant\sum_{\text{cyc}}a\csc\frac{A}{2}\leqslant$$
$$12\sqrt{3}r+4\sqrt{2}(R-2r)$$

其中 $k_{\min}=-10.994\ 145\ 9\cdots$ 是方程

$$k^5-65k^4+506k^3-9\ 558k^2-$$
$$233\ 280k+373\ 248=0$$

$$11\ 664k^{28}-412\ 126\ 056k^{26}+$$
$$4\ 834\ 795\ 056\ 849k^{24}-$$
$$19\ 826\ 228\ 288\ 529\ 792k^{22}+$$
$$10\ 734\ 513\ 464\ 069\ 571\ 028k^{20}+$$

$30\ 216\ 929\ 097\ 006\ 270\ 923\ 636k^{18}+$
$2\ 704\ 355\ 505\ 161\ 223\ 374\ 093\ 168k^{16}-$
$1\ 912\ 646\ 698\ 350\ 828\ 126\ 241\ 501\ 664k^{14}+$
$185\ 977\ 904\ 639\ 429\ 909\ 784\ 364\ 696\ 000k^{12}-$
$798\ 679\ 492\ 106\ 575\ 991\ 245\ 014\ 139\ 270\ 848k^{10}+$
$123\ 024\ 795\ 619\ 225\ 543\ 572\ 594\ 304\ 370\ 893\ 824k^{8}-$
$4\ 885\ 915\ 069\ 728\ 554\ 044\ 954\ 693\ 547\ 880\ 087\ 552k^{6}+$
$86\ 659\ 224\ 345\ 926\ 018\ 397\ 202\ 627\ 687\ 190\ 888\ 448k^{4}-$
$721\ 190\ 195\ 327\ 616\ 679\ 685\ 424\ 788\ 505\ 366\ 626\ 304k^{2}+$
$2\ 021\ 126\ 153\ 731\ 459\ 722\ 318\ 246\ 646\ 373\ 129\ 650\ 176=0$
的根.

6.3　数列不等式问题

若 $n\in\mathbf{N}^*$，则有

1. $\frac{1}{2+1}+\frac{2}{2^2+2}+\frac{3}{2^3+3}+\cdots+\frac{n}{2^n+n}<\frac{3}{2}$.

2. $\frac{1}{3+1}+\frac{2}{3^2+2}+\frac{3}{3^3+3}+\cdots+\frac{n}{3^n+n}<\frac{29}{40}$.

3. $\frac{1}{4+1}+\frac{2}{4^2+2}+\frac{3}{4^3+3}+\cdots+\frac{n}{4^n+n}<\frac{93}{250}$.

4. $\frac{1}{5+1}+\frac{2}{5^2+2}+\frac{3}{5^3+3}+\cdots+\frac{n}{5^n+n}<\frac{137}{500}$.

5. $\frac{1}{6+1}+\frac{2}{6^2+2}+\frac{3}{6^3+3}+\cdots+\frac{n}{6^n+n}<\frac{107}{500}$.

6. $\frac{1}{7+1}+\frac{2}{7^2+2}+\frac{3}{7^3+3}+\cdots+\frac{n}{7^n+n}<\frac{7}{40}$.

7. $\frac{1}{8+1}+\frac{2}{8^2+2}+\frac{3}{8^3+3}+\cdots+\frac{n}{8^n+n}<\frac{371}{2\ 500}$.

8. $\frac{1}{9+1}+\frac{2}{9^2+2}+\frac{3}{9^3+3}+\cdots+\frac{n}{9^n+n}<\frac{129}{1\ 000}$.

9. $\frac{1}{10+1}+\frac{2}{10^2+2}+\frac{3}{10^3+3}+\cdots+\frac{n}{10^n+n}<\frac{57}{500}$.

10. $\frac{1}{11+1}+\frac{2}{11^2+2}+\frac{3}{11^3+3}+\cdots+\frac{n}{11^n+n}<\frac{103}{1\ 000}$.

11. $\frac{1}{12+1}+\frac{2}{12^2+2}+\frac{3}{12^3+3}+\cdots+\frac{n}{12^n+n}<\frac{93}{1\ 000}$.

12. $\frac{1}{13+1}+\frac{2}{13^2+2}+\frac{3}{13^3+3}+\cdots+\frac{n}{13^n+n}<\frac{85}{1\ 000}$.

13. $\frac{1}{14+1}+\frac{2}{14^2+2}+\frac{3}{14^3+3}+\cdots+\frac{n}{14^n+n}<\frac{78}{1\ 000}$.

14. $\frac{1}{15+1}+\frac{2}{15^2+2}+\frac{3}{15^3+3}+\cdots+\frac{n}{15^n+n}<\frac{73}{1\ 000}$.

15. $\frac{1}{16+1}+\frac{2}{16^2+2}+\frac{3}{16^3+3}+\cdots+\frac{n}{16^n+n}<\frac{68}{1\ 000}$.

16. $\frac{1}{17+1}+\frac{2}{17^2+2}+\frac{3}{17^3+3}+\cdots+\frac{n}{17^n+n}<$

$\frac{63}{1\ 000}$.

17. $\frac{1}{18+1}+\frac{2}{18^2+2}+\frac{3}{18^3+3}+\cdots+\frac{n}{18^n+n}<\frac{3}{50}$.

18. $\frac{1}{19+1}+\frac{2}{19^2+2}+\frac{3}{19^3+3}+\cdots+\frac{n}{19^n+n}<\frac{7}{125}$.

19. $\frac{1}{20+1}+\frac{2}{20^2+2}+\frac{3}{20^3+3}+\cdots+\frac{n}{20^n+n}<\frac{53}{1\ 000}$.

20. $\frac{1}{21+1}+\frac{2}{21^2+2}+\frac{3}{21^3+3}+\cdots+\frac{n}{21^n+n}<\frac{51}{1\ 000}$.

21. $\frac{1}{22+1}+\frac{2}{22^2+2}+\frac{3}{22^3+3}+\cdots+\frac{n}{22^n+n}<\frac{6}{125}$.

22. $\frac{1}{23+1}+\frac{2}{23^2+2}+\frac{3}{23^3+3}+\cdots+\frac{n}{23^n+n}<\frac{23}{500}$.

23. $\frac{1}{24+1}+\frac{2}{24^2+2}+\frac{3}{24^3+3}+\cdots+\frac{n}{24^n+n}<\frac{11}{250}$.

24. $\frac{1}{25+1}+\frac{2}{25^2+2}+\frac{3}{25^3+3}+\cdots+\frac{n}{25^n+n}<$

$\frac{21}{500}$.

25. $\frac{1}{26+1}+\frac{2}{26^2+2}+\frac{3}{26^3+3}+\cdots+\frac{n}{26^n+n}<\frac{41}{1\ 000}$.

26. $\frac{1}{27+1}+\frac{2}{27^2+2}+\frac{3}{27^3+3}+\cdots+\frac{n}{27^n+n}<\frac{39}{1\ 000}$.

27. $\frac{1}{28+1}+\frac{2}{28^2+2}+\frac{3}{28^3+3}+\cdots+\frac{n}{28^n+n}<\frac{37}{1\ 000}$.

28. $\frac{1}{29+1}+\frac{2}{29^2+2}+\frac{3}{29^3+3}+\cdots+\frac{n}{29^n+n}<\frac{9}{250}$.

29. $\frac{1}{30+1}+\frac{2}{30^2+2}+\frac{3}{30^3+3}+\cdots+\frac{n}{30^n+n}<\frac{35}{1\ 000}$.

30. $\frac{1}{31+1}+\frac{2}{31^2+2}+\frac{3}{31^3+3}+\cdots+\frac{n}{31^n+n}<\frac{17}{500}$.

31. $\frac{1}{32+1}+\frac{2}{32^2+2}+\frac{3}{32^3+3}+\cdots+\frac{n}{32^n+n}<\frac{33}{1\ 000}$.

32. $\frac{1}{33+1}+\frac{2}{33^2+2}+\frac{3}{33^3+3}+\cdots+\frac{n}{33^n+n}<$

$\frac{4}{125}$.

33. $\frac{1}{34+1}+\frac{2}{34^2+2}+\frac{3}{34^3+3}+\cdots+\frac{n}{34^n+n}<\frac{31}{1\ 000}$.

34. $\frac{1}{35+1}+\frac{2}{35^2+2}+\frac{3}{35^3+3}+\cdots+\frac{n}{35^n+n}<\frac{3}{100}$.

35. $\frac{1}{36+1}+\frac{2}{36^2+2}+\frac{3}{36^3+3}+\cdots+\frac{n}{36^n+n}<\frac{29}{1\ 000}$.

36. $\frac{1}{37+1}+\frac{2}{37^2+2}+\frac{3}{37^3+3}+\cdots+\frac{n}{37^n+n}<\frac{7}{250}$.

37. $\frac{1}{38+1}+\frac{2}{38^2+2}+\frac{3}{38^3+3}+\cdots+\frac{n}{38^n+n}<\frac{7}{250}$.

38. $\frac{1}{39+1}+\frac{2}{39^2+2}+\frac{3}{39^3+3}+\cdots+\frac{n}{39^n+n}<\frac{27}{1\ 000}$.

39. $\frac{1}{40+1}+\frac{2}{40^2+2}+\frac{3}{40^3+3}+\cdots+\frac{n}{40^n+n}<\frac{27}{1\ 000}$.

40. $\frac{1}{41+1}+\frac{2}{41^2+2}+\frac{3}{41^3+3}+\cdots+\frac{n}{41^n+n}<$

$\frac{13}{500}$.

41. $\frac{1}{42+1}+\frac{2}{42^{2}+2}+\frac{3}{42^{3}+3}+\cdots+\frac{n}{42^{n}+n}<\frac{1}{40}$.

42. $\frac{1}{43+1}+\frac{2}{43^{2}+2}+\frac{3}{43^{3}+3}+\cdots+\frac{n}{43^{n}+n}<\frac{3}{125}$.

43. $\frac{1}{44+1}+\frac{2}{44^{2}+2}+\frac{3}{44^{3}+3}+\cdots+\frac{n}{44^{n}+n}<\frac{3}{125}$.

44. $\frac{1}{45+1}+\frac{2}{45^{2}+2}+\frac{3}{45^{3}+3}+\cdots+\frac{n}{45^{n}+n}<\frac{23}{1\ 000}$.

45. $\frac{1}{46+1}+\frac{2}{46^{2}+2}+\frac{3}{46^{3}+3}+\cdots+\frac{n}{46^{n}+n}<\frac{23}{1\ 000}$.

46. $\frac{1}{47+1}+\frac{2}{47^{2}+2}+\frac{3}{47^{3}+3}+\cdots+\frac{n}{47^{n}+n}<\frac{11}{500}$.

47. $\frac{1}{48+1}+\frac{2}{48^{2}+2}+\frac{3}{48^{3}+3}+\cdots+\frac{n}{48^{n}+n}<\frac{11}{500}$.

48. $\frac{1}{49+1}+\frac{2}{49^{2}+2}+\frac{3}{49^{3}+3}+\cdots+\frac{n}{49^{n}+n}<$

$\frac{21}{1\ 000}$.

49. $\frac{1}{50+1}+\frac{2}{50^2+2}+\frac{3}{50^3+3}+\cdots+\frac{n}{50^n+n}<\frac{21}{1\ 000}$.

50. $\frac{1}{50+1}+\frac{2}{50^2+2}+\frac{3}{50^3+3}+\cdots+\frac{n}{50^n+n}<\frac{21}{1\ 000}$.

51. $\frac{1}{102+1}+\frac{2}{102^2+2}+\frac{3}{102^3+3}+\cdots+\frac{n}{102^n+n}<\frac{1}{1\ 000}$.

52. $\frac{1}{2+0}+\frac{2}{2^2+1}+\frac{3}{2^3+2}+\cdots+\frac{n}{2^n+n-1}<\frac{9}{5}$.

53. $\frac{1}{3+0}+\frac{2}{3^2+1}+\frac{3}{3^3+2}+\cdots+\frac{n}{3^n+n-1}<\frac{18}{25}$.

54. $\frac{1}{2+2}+\frac{2}{2^2+3}+\frac{3}{2^3+4}+\cdots+\frac{n}{2^n+n+1}<\frac{33}{25}$.

55. $\frac{1}{2+3}+\frac{2}{2^2+4}+\frac{3}{2^3+5}+\cdots+\frac{n}{2^n+n+2}<\frac{6}{5}$.

56. $\frac{1}{3+3}+\frac{2}{3^2+4}+\frac{3}{3^3+5}+\cdots+\frac{n}{3^n+n+2}<$

$\frac{1}{2}$.

57. $\frac{1}{2+4}+\frac{2}{2^2+5}+\frac{3}{2^3+6}+\cdots+\frac{n}{2^n+n+3}<\frac{6}{5}$.

58. $\frac{1}{2+5}+\frac{2}{2^2+6}+\frac{3}{2^3+7}+\cdots+\frac{n}{2^n+n+4}<\frac{11}{10}$.

59. $\frac{1}{2+6}+\frac{2}{2^2+7}+\frac{3}{2^3+8}+\cdots+\frac{n}{2^n+n+5}<1$.

60. $\frac{1}{2+7}+\frac{2}{2^2+8}+\frac{3}{2^3+9}+\cdots+\frac{n}{2^n+n+6}<\frac{921}{1\ 000}$.

参考文献

[1] 郑隆炘，毛鄂涴. 数学思维与数学方法论概论[M]. 武汉：华中理工大学出版社，1997.

[2] 张景中. 教育数学：把数学变容易[J]. 科技导报，2013，31(17)：3.

[3] 张景中. 把数学变容易真是大有可为[N]. 中国教育报，2007-11-15(6).

[4] 张景中. 一线串通的初等数学[M]. 北京：科学出版社，2009.

[5] 匡继昌. 常用不等式[M]. 4版. 济南：山东科学技术出版社，2010.

[6] 杨路，夏壁灿. 不等式机器证明与自动发现[M]. 北京：科学出版社，2008.

[7] 杨路，郁文生. 常用基本不等式的机器证明[J]. 智能系统学报，2011，6(5)：377-390.

[8] 刘保乾. BOTTEMA，我们看见了什么——三角形几何不等式研究的新理论、新方法和新结果[M]. 拉萨：西藏人民出版社，2003.

[9] 刘保乾. 三角形不等式判定程序 agl2009 的改进及应用[J]. 佛山科学技术学院学报(自然科学版)，2011，29(1)：24-32.

[10] 刘保乾. 再谈不等式自动发现与判定程序 agl2010 的改进和应用[J]. 汕头大学学报(自然

科学版),2012,27(1):14-23.

[11] 刘保乾. 用不等式自动发现与判定程序 agl2010 研究 n 元不等式[J]. 广东第二师范学院学报,2012,32(3):13-21.

[12] 刘保乾. 不等式自动发现与判定程序 agl2010 的若干新改进[J]. 汕头大学学报(自然科学版),2014,29(1):33-41.

[13] 刘保乾. 用不等式自动发现与判定程序 agl2010 研究涉及两个三角形的不等式[J]. 佛山科学技术学院学报(自然科学版),2012,30(2):11-17.

[14] 刘保乾. 不等式自动发现和判定程序 agl2010 的若干改进及应用[J]. 广东第二师范学院学报,2011,31(3):13-22.

[15] 刘保乾. 不等式自动发现与判定程序 agl2012 典型应用 9 例[J]. 广东第二师范学院学报,2016,36(3):13-22.

[16] 刘保乾. 三角形几何量的秩序图和量级图初探[J]. 汕头大学学报(自然科学版),2016,31(4):30-39.

[17] 刘保乾. 不等式自动发现与判定程序 agl2012 功能的若干拓展[J]. 广东第二师范学院学报,2014,34(5):28-35.

[18] 陈胜利. 不等式的分拆降维降幂方法与可读证明[M]. 哈尔滨:哈尔滨工业大学出版社,2016.

[19] 肖振纲. 阿贝尔恒等式与数学竞赛[J]. 中等数学,1992(1):5-10.

[20] 杨穗昌. 阿贝尔恒等式与数列[A_k B_k][J]. 武汉教育学院学报(自然科学版),1993,12(33):

40-42.

[21] 密特利诺维奇 D S. 解析不等式[M]. 北京:科学出版社,1987.

[22] MARSHALL A W, OLKIN I. Inequalities: theory of majorization and its applications [M]. New York: Academic Press, 1979.

[23] 南山. 柯西不等式与排序不等式[M]. 上海:上海教育出版社,1996.

[24] 李大矛. 平均值的高斯特征与比较研究[M]. 长春:吉林大学出版社,2012.

[25] 蔡玉书. Chebyshev 不等式的应用[J]. 数学通讯,2010(7):60-62.

[26] 张运筹. 微微对偶不等式及其应用[M]. 2 版. 合肥:中国科学技术大学出版社,2014.

[27] 王向东,苏化明,王方汉. 不等式·理论·方法:经典不等式卷[M]. 哈尔滨:哈尔滨工业大学出版社,2015.

[28] 丁超. 排序原理与不等式[J]. 数学通报,1982(6):29-32.

[29] 黄虹. 算术平均数、几何平均数与调和平均数之间的关系[J]. 重庆工业高等专科学校学报,2000(3):60-61.

[30] 姜天权. 加权幂平均的几个不等式[J]. 南都学坛(自然科学版),2001,21(3):12-14.

[31] 朱华伟,汪江松. 伯努利不等式是一批经典不等式的综合[J]. 中学数学. 1991(6):25-28.

[32] 杨克昌. 赫尔德不等式的证明及其等价形式[J]. 数学教学,1984(6):16-17.

[33] 张宏. Vasc 不等式的证明及应用[J]. 数学通报,2012(2):53-55.
[34] 安振平. 也谈 Vasc 不等式的应用[J]. 数学通讯,2013(3):39-40.
[35] 姜坤崇. 一类三元四次齐次不等式[J]. 数学通讯,2014(4):51-52.
[36] 王凯. Bernoulli 不等式与 Young 不等式的等价性—— 分析一道高考题的命题背景[EB/OL]. [2017-01-20]. http://blog.sina.com.cn/s/blog_7a8eac9b0102uwmn.html.
[37] 邢家省,王洪志. 从伯努利不等式到 Hölder 不等式的演变过程及应用[J]. 吉首大学学报(自然科学版),2010,31(2):10-14.
[38] 薛建明,周旋. Young 不等式及其应用[J]. 贵州大学学报(自然科学版),2016,33(3):8-9.
[39] 吴彩华. Hölder 不等式与 Cauchy 不等式的等价性[J]. 河北建筑科技学院学报,2000,17(1):71-72.
[40] 沈文选. 卡尔松不等式一批著名不等式的综合[J]. 中学数学,1994(7):28-30.
[41] 朱华伟. 嵌入不等式 —— 数学竞赛命题的一个宝藏[J]. 中等数学,2010(1):14-17.
[42] 安振平. 两个三角形不等式[J]. 咸阳师专学报(自然科学版),1988(1):73.
[43] 叶军. 研究 n 边形的一个“母不等式”. 中国初等数学研究文集[M]. 郑州:河南教育出版社,1992.
[44] 杨学枝. 一个三角形不等式的再推广[J]. 中等数

学,1988(1):23-25.

[45] 刘健.三角形的一个二次型不等式及其应用[J].中学教研(数学),1998(7/8):67-71.

[46] 刘健.三正弦不等式及其推广与应用[J].华东交通大学学报,2001,18(3):107-112.

[47] 刘健.几个新的涉及三角形内部任一点的不等式[J].中学数学杂志,1997(5):25-26.

[48] 刘健.一个三元二次型不等式的应用与推广[M]//杨学枝.不等式研究.拉萨:西藏人民出版社,2000.

[49] 安振平.二十六个优美不等式[J].中学数学教学参考,2010(1):136.

[50] 安振平.三十个有趣的不等式问题[J].中学数学教学参考,2011(11):58.

[51] 安振平.一组优美的代数不等式[J].中学数学教学参考,2013(3):63.

[52] 安振平.值得探究的代数优美不等式[J].中学数学教学参考,2014(3):68.

[53] 安振平.优美的代数不等式[J].中学数学教学参考,2015(3):71-72.

[54] 安振平.不等式探究[M].哈尔滨:哈尔滨工业大学出版社,2016.

[55] 黄汉生.一个代数不等式的加强[M]//杨世明.中国初等数学研究文集.郑州:河南教育出版社,1992:273-274.

[56] 秦庆雄,范花妹.一个代数不等式与几个有趣的三角不等式[J].中学数学,2013(7):94-96.

[57] 安振平.涉及两个三角形角元的一个不等式[J].

中学数学教学参考,2012(9):28-29.

[58] 宋庆. 涉及三角形和点的一个不等式及应用[J]. 中学数学,1994(10):18-19.

[59] 宋庆. Hayashi 不等式的推广[J]. 中学数学教学参考,1994(9):25.

[60] 顾立佳. 一个几何不等式的证明[J]. 数学通报,1998(7):24-25.

[61] HUNG P K. 不等式的秘密:第 1 卷[M]. 隋振林,译. 哈尔滨:哈尔滨工业大学出版社,2012.

[62] 尚强,朱华伟. Schur 不等式及其应用[J]. 中学数学教学参考,2010(4):43-45.

[63] 陈计,季潮丞. 数学奥林匹克命题人讲座:代数不等式[M]. 上海:上海科技教育出版社,2009.

[64] 石焕南. 受控理论与解析不等式[M]. 哈尔滨:哈尔滨工业大学出版社,2012.

[65] 韩京俊. 初等不等式的证明方法[M]. 哈尔滨:哈尔滨工业大学出版社,2011.

[66] CVETKOVSKI Z. Inequalities Theorems, Techniques and Selected Problems[M]. Berlin:Springer-Verlag, 2012.

[67] 哈代 G H,李特伍德 J E,波利亚 G. 不等式[M]. 越民义,译. 北京:科学出版社,1965.

[68] 密特利诺维奇 D S. 解析不等式[M]. 张小萍,王龙,译. 北京:科学出版社,1987.

[69] MITRINOVIC D S,PECARIC J E,VOLENCE V, et al. Addenda to the monograph "recent advances in geometric inequalities"[J]. 宁波大学学报,1991,4(2):79-145.

[70] AUMANN G. Konvexe funktionen und induktion bei ungleichungen zwischen mittelwerten[J]. Bayer. Akad. Wiss. Math.-Natur. Kl. Abh. ,Math. Ann. , 1933(109):405-413.

[71] BRECKNER W W. Stetigkeitsaussagen für eine klasse verallge-meinerter konvexer funktionen in topologischen linearen raumen[J]. Publ. Inst. Math. (Beograd),1978(23):13-20.

[72] DAVIES E B. The structure and ideal theory of the predual of a Banach lattice[J]. Trans. Amer. Math. Soc. ,1968(131):544-555.

[73] DRAGOMIR S S,PECARIC J,PERSSON L E. Some inequalities of Hadamard type[J]. Soochow J. Math. ,1995(21):335-341.

[74] HUDZIK H,MALIGRANDA L. Some remarks on s-convex functions[J]. Aequationes Math. , 1994(48):100-111.

[75] MONTEL P. Sur les fonctions convexes et les fonctions soushar-moniques[J]. J. Math. Pures Appl. , 1928,7(9):29-60.

[76] NICULESCU C P, ROVENTA I. Relative convexity and its applications[J]. Aequationes Math. , 2015(89):1389-1400.

[77] PINHEIRO M R. Exploring the concept of s-convexity [J]. Aequationes mathematicae, 2007(74):201-209.

[78] POPOVICIU T. Sur le prolongement des fonctions convexes d'ordre superieur[J].

Bull. Math. Soc. Roumaine des Sc. ,1934(36):75-108.

[79] POPOVICIU T. Sur les équations algébriques ayant toutes leurs racines réelles[J]. Mathematica(Cluj),1935(9):129-145.

[80] POPOVICIU T. Les Fonctions Convexes[M]. Paris: Hermann & Cie. ,1944.

[81] POPOVICIU T. Sur certaines inégalités qui caractérisent les fonctions convexes[J]. Analele Stiinti. Univ. Al. I. Cuza Iasi Sect Ia Mat. ,1965(11):155-164.

[82] VAROSANEC S. On h-convexity[J]. J. Math. Anal. Appl. ,2007,326(1):303-311.

[83] 杨志明. 两个对称条件不等式. 黄石教育学院学报[J]. 1995(2):67-69.

[84] 杨志明. 长方体中的两条不等式链及其应用[J]. 语数外学习:高中版,2000(1):44-46.

[85] 杨志明. 配方法简证一类高次不等式[J]. 数学通讯,2000(20):19.

[86] 杨志明. 一道复习参考题的多证与推广[J]. 数学通讯,2001(19):25.

[87] 杨志明. 教材例习题组成的不等式链[J]. 数学通讯,2002(20):20.

[88] 杨志明. IMO42－2的推广的简证[J]. 数学通报,2003(2):39.

[89] 杨志明. 也谈一个极值问题的推广[J]. 中等数学,2003(3):21-22.

[90] 杨志明. n元三次多项式不等式猜想的证明[J].

中学数学,2003(6):19.

[91] 杨志明.一个四元十四次不等式[J].中学数学,2004(7):45-46.

[92] 杨志明.有关中线与高线的一个半对称不等式猜想的证明[J].中学数学教学,2004(5):36-37.

[93] 杨志明.美国数学月刊问题征解 11057 的简解及类比[J].数学通讯,2004(23):25.

[94] 杨志明.一个三角形不等式的证明 —— 兼擂题(69)的解答[J].中学数学教学,2005(1):40-41.

[95] 杨志明.中线与高线的一个半对称不等式加强猜想的证明[J].广东教育学院学报,2005,25(3):15-18.

[96] 杨志明.一个三元三次不等式的等价形式及简证[J].中学数学,2005(3):40.

[97] 杨志明.一个三角形不等式的证明 —— 兼谈擂题(69)的正确解答[J].中学数学,2006(4):40-41.

[98] 杨志明.阿·尼·瓦西列夫不等式的再推广[J].中学数学,2007(9):46.

[99] 杨志明.一道2007年四川高考题探源及探讨[J].数学通讯,2007(11):20-21.

[100] 杨志明.两个三角不等式猜想的证明[J].中学数学,2008(5):40.

[101] 杨志明.一个费马点问题的探讨[J].中学数学教学,2008(3):52.

[102] 杨志明.一个分式不等式最佳系数的否定及修正[J].中学数学,2008(8):48.

[103] 杨志明."一道竞赛题的加强与推广"的简证

[J]. 数学通讯,2008(9):46.
[104] 杨志明. 一个优美的无理不等式的加强与推广[J]. 中学数学研究,2009(1):22-23.
[105] 杨志明. 周界中点三角形的一个基本不等式的上界[M] // 杨学枝. 中国初等数学研究. 哈尔滨:哈尔滨工业大学出版社,2009.
[106] 杨志明.《美国数学月刊》11250 的证明及其他[J]. 中学数学研究,2009(11):11-13.
[107] 杨志明. 第 20 届韩国数学奥林匹克第 5 题的加强的类似[J]. 数学通讯,2010(5):59-60.
[108] 杨志明. W. Janous 猜想的加强[M] // 杨学枝. 中国初等数学研究. 哈尔滨:哈尔滨工业大学出版社,2010.
[109] 杨志明. 一类优美的三角形不等式[M] // 杨学枝. 中国初等数学研究. 哈尔滨:哈尔滨工业大学出版社,2011.
[110] 杨志明. 几个猜想不等式的证明[J]. 中学数学研究,2013(4):24-26.
[111] 杨志明. 一类三角形不等式问题的探讨[J]. 中学数学研究,2013(10):22-24.
[112] 杨志明. 两个代数不等式猜想的证明[J]. 中学数学研究,2014(1):24-25.
[113] 杨志明. 几个优美代数不等式的证明[J]. 中学数学研究,2014(8):20-22.
[114] 杨志明. Weitzenbock 不等式的一个有趣隔离猜想的解决[J]. 中学教研(数学),2014(4):48-49.
[115] 杨志明. 关于 W. Janous 猜想的变式的注

记[M]//杨学枝.中国初等数学研究.哈尔滨:哈尔滨工业大学出版社,2015.

[116] 杨志明.一个欧拉不等式加强猜想的证明[J].中学数学研究,2016(6):49-50.

[117] 杨志明.也谈一道美国数学月刊问题的再加强[J].中学数学研究,2016(7):49-50.

[118] 叶国祥,杨志明.不等式[M].武汉:湖北教育出版社,2002.

[119] 方廷刚.波利亚不等式的简证及推广[J].中学教研(数学),2002(8):32-33.

[120] 邹生书.对一道最值竞赛题的解法反思与推广拓展[J].数学通讯(上半月),2018(1):30-32.

[121] 张艳宗,曲峰,李慧华.一道2017年全国高中数学联赛最值问题的探究[J].数学通讯(下半月),2018(1):62-65.

◎ 编辑手记

这是一本能够帮助中学师生解题的书.

世界排名第一的围棋手柯洁在接受新华社新青年工作室的采访时就被问到围棋和女孩哪个更难懂?他回答说:现在对我来说,其实围棋绝对是最难懂的,我也一直在学习,就是到底该怎么下.

对中学师生来说怎样解数学难题也是最难懂的,需要一直坚持学习,就是到底该怎样解.

2017 年 12 月 28 日微信公众号“数学解题之路”发表了一篇文章正好回答了本书的内容与数学解题的关系.

问题 (2013 年北京东城区题 20)已知实数组成的数组 $(x_1,x_2,x_3,\cdots,x_n)$ 满足条件:

$$①\sum_{i=1}^{n}x_i=0;②\sum_{i=1}^{n}|x_i|=1.$$

(1) 当 $n=2$ 时,求 x_1,x_2 的值;

(2) 当 $n=3$ 时,求证:$|3x_1+2x_2+x_3|\leqslant 1$;

(3) 设 $a_1\geqslant a_2\geqslant a_3\geqslant\cdots\geqslant a_n$,且 $a_1>a_n(n\geqslant 2)$,求证:$\left|\sum\limits_{i=1}^{n}a_ix_i\right|\leqslant\frac{1}{2}(a_1-a_n)$.

解 (1) 由题意,得

$$\begin{cases}x_1+x_2=0\\|x_1|+|x_2|=1\end{cases}$$

得

$$\begin{cases}x_1=-\frac{1}{2}\\x_2=\frac{1}{2}\end{cases}\quad 或 \quad\begin{cases}x_1=\frac{1}{2}\\x_2=-\frac{1}{2}\end{cases}$$

(2) 当 $n=3$ 时,有

$$\begin{cases}x_1+x_2+x_3=0\\|x_1|+|x_2|+|x_3|=1\end{cases}$$

于是,有

$$|3x_1+2x_2+x_3|=|2x_1+x_2|=|x_1-x_3|\leqslant |x_1|+|x_3|=1-|x_2|\leqslant 1$$

所以

$$|3x_1+2x_2+x_3|\leqslant 1$$

(3) 由题意,得

$$\sum_{i=1}^{n}x_i=0,\sum_{i=1}^{n}|x_i|=1$$

因为 $a_1\geqslant a_i\geqslant a_n$,且 $a_1>a_n(i=1,2,3,\cdots,n)$,有

$$|(a_1-a_i)-(a_i-a_n)|\leqslant|(a_1-a_i)+(a_i-a_n)|=|a_1-a_n|$$

即

$$|a_1+a_n-2a_i| \leqslant |a_1-a_n| \qquad (*)$$

因为

$$\left|\sum_{i=1}^{n} a_i x_i\right| = \left|\sum_{i=1}^{n} a_i x_i - \frac{1}{2}a_1\sum_{i=1}^{n} x_i - \frac{1}{2}a_n\sum_{i=1}^{n} x_i\right| =$$

$$\frac{1}{2}\left|\sum_{i=1}^{n}(2a_i-a_1-a_n)x_i\right| \leqslant$$

$$\frac{1}{2}\sum_{i=1}^{n}(|a_1+a_n-2a_i||x_i|) \leqslant$$

$$\frac{1}{2}\sum_{i=1}^{n}(|a_1-a_n||x_i|) =$$

$$\frac{1}{2}(a_1-a_n)$$

本题收到了江苏南通张庆秋老师用阿贝尔恒等式的证法.

(1) 由

$$\begin{cases} x_1+x_2=0 \\ |x_1|+|x_2|=1 \end{cases}$$

可知

$$\begin{cases} x_1=\dfrac{1}{2} \\ x_2=-\dfrac{1}{2} \end{cases} \text{或} \begin{cases} x_1=-\dfrac{1}{2} \\ x_2=\dfrac{1}{2} \end{cases}$$

(2)

$$|3x_1+2x_2+x_3| = |x_1-x_3| \leqslant |x_1|+|x_3| \leqslant$$
$$|x_1|+|x_2|+|x_3|=1$$

(3) 由

$$\sum_{i=1}^{n} x_i = 0, \sum_{i=1}^{n} |x_i| = 1$$

可知正项之和与负项之和分别为$\frac{1}{2}$和$-\frac{1}{2}$.

令 $S_i=\sum_{k=1}^{i}x_k(i=1,2,\cdots,n)$，则

$$-\frac{1}{2}\leqslant S_i\leqslant\frac{1}{2},S_n=0$$

由阿贝尔变换

$$\sum_{i=1}^{n}a_ix_i=S_na_n+\sum_{i=1}^{n-1}S_i(a_i-a_{i+1})$$

所以

$$\left|\sum_{i=1}^{n}a_ix_i\right|\leqslant|S_na_n|+\sum_{i=1}^{n-1}|S_i||a_i-a_{i+1}|\leqslant$$

$$0+\sum_{i=1}^{n-1}\frac{1}{2}(a_i-a_{i+1})=$$

$$\frac{1}{2}(a_1-a_n)$$

本题还收到了网友“fluxbean”的解答.

令 $b_i=a_i-a_n(i=1,2,\cdots,n)$，原不等式可转化为

$$\left|\sum_{i=1}^{n}a_ix_i\right|=\left|\sum_{i=1}^{n}b_ix_i+a_n\sum_{i=1}^{n}x_i\right|=$$

$$\left|\sum_{i=1}^{n}b_ix_i\right|\leqslant\frac{1}{2}b_1$$

不妨设 $\sum_{i=1}^{n}b_ix_i\geqslant 0$，反之可加负号，因为

$$\sum_{i=1}^{n}x_i=0,\sum_{i=1}^{n}|x_i|=1$$

所以设 M 为 $\sum_{x_i>0}x_i$，N 为 $\sum_{x_i<0}x_i$（分为正、负两部分）

$$M+N=0,M-N=1$$

因此 $M=\frac{1}{2},N=-\frac{1}{2},b_i\geqslant 0(i=1,2,\cdots,n)$，且

$$b_1\geqslant b_2\geqslant b_3\geqslant\cdots\geqslant b_n=0$$

$$\sum_{i=1}^{n} b_i x_i = \sum_{x_i>0} b_i x_i + \sum_{x_i<0} b_i x_i \leqslant$$

$$\sum_{x_i>0} x_i b_i \leqslant b_1 \sum_{x_i>0} x_i = \frac{1}{2} b_1$$

本题也收到了浙江宁波丁峰老师的解答(也用了阿贝尔分部求和公式).

(1) 由题意,得

$$\begin{cases} x_1 = -\dfrac{1}{2} \\ x_2 = \dfrac{1}{2} \end{cases} \quad 或 \quad \begin{cases} x_1 = \dfrac{1}{2} \\ x_2 = -\dfrac{1}{2} \end{cases}$$

(2) 证明

$$|3x_1 + 2x_2 + x_3| = |x_1 - x_3| \leqslant |x_1| + |x_3| \leqslant |x_1| + |x_2| + |x_3| = 1$$

(3) 由条件知,$x_i(1 \leqslant i \leqslant n)$ 中所有的正数之和为 $\frac{1}{2}$,所有的负数之和为 $-\frac{1}{2}$,从而对任意的 $1 \leqslant k \leqslant n$,均有

$$S_k = \left| \sum_{i=1}^{k} x_i \right| \leqslant \frac{1}{2}$$

所以由阿贝尔分部求和公式可得

$$\left| \sum_{i=1}^{n} a_i x_i \right| = \left| a_n \sum_{i=1}^{n} x_i + \sum_{k=1}^{n-1} S_k (a_k - a_{k+1}) \right| =$$

$$\left| \sum_{k=1}^{n-1} S_k (a_k - a_{k+1}) \right| \leqslant$$

$$\sum_{k=1}^{n-1} |S_k| (a_k - a_{k+1}) \leqslant$$

$$\frac{1}{2} \sum_{k=1}^{n-1} (a_k - a_{k+1}) =$$

$$\frac{1}{2}(a_1-a_n)$$

取其中的 $a_i=\frac{1}{i}, 1\leqslant i\leqslant n$，则得到 1989 年的高中数学联赛试题.

阿贝尔方法是从一个十分浅显的恒等式开始的，即：

设 $m<n, m, n\in\mathbf{N}$，则

$$\sum_{k=m}^{n}(A_k-A_{k-1})b_k=$$

$$A_nb_n-A_{m-1}b_m+\sum_{k=m}^{n-1}A_k(b_k-b_{k+1}) \qquad (1)$$

我们称式(1)为阿贝尔和差变换公式.

将式(1)的左边和式拆开，再对 A_k 进行同类项合并即可证明式(1).

于式(1)中令 $A_0=0, A_k=\sum_{i=1}^{k}a_i(1\leqslant k\leqslant n)$，得

$$\sum_{k=1}^{n}a_kb_k=b_n\sum_{k=1}^{n}a_k+\sum_{k=1}^{n-1}\left(\sum_{i=1}^{k}a_i\right)(b_k-b_{k+1}) \qquad (2)$$

我们称式(2)为阿贝尔分部求和公式.

利用它可以巧妙地解答许多奥赛试题，比如下面的：

例 1 若 $x_1, x_2, \cdots, x_n$ 满足条件 $\sum_{i=1}^{n}x_i=0$，$\sum_{i=1}^{n}|x_i|=1$，试证

$$\left|\sum_{i=1}^{n}\frac{x_i}{i}\right|\leqslant\frac{1}{2}-\frac{1}{2n} \qquad (*)$$

该题是 1989 年全国高中数学联赛试题，如果不用阿贝尔分部求和公式，本题还有如下几种证法，第一种是所

谓的磨光变换方法.

证法1 当将所有 x_i 同时变号时,条件和结论都不动,故不妨设 $\sum_{i=1}^{n}\frac{x_i}{i}\geqslant 0$,容易看出,当 $x_1=\frac{1}{2}$,$x_2=x_3=\cdots=x_{n-1}=0$,$x_n=-\frac{1}{2}$ 时,不等式(*)中等号成立.

设 $x_1,x_2,\cdots,x_n$ 中的非负项为 $x_{k_1},\cdots,x_{k_m}$,负项为 $x_{k_{m+1}},\cdots,x_{k_n}$,令

$$x'_1=\sum_{j=1}^{m}x_{k_j},x'_n=\sum_{j=m+1}^{n}x_{k_j},x'_i=0$$
$$(i=2,3,\cdots,n-1)$$

则有

$$x'_1\geqslant\sum_{j=1}^{m}\frac{x_{k_j}}{k_j},\frac{x'_n}{n}\geqslant\sum_{j=m+1}^{n}\frac{x_{k_j}}{k_j}$$

从而有

$$\left|\sum_{i=1}^{n}\frac{x_i}{i}\right|=\sum_{i=1}^{n}\frac{x_i}{i}\leqslant\sum_{i=1}^{n}\frac{x'_i}{i}=\frac{1}{2}-\frac{1}{2n}$$

另外,还有两个用数学归纳法的证明.

证法2 我们证明其加强形式:

n 个实数 $x_1,\cdots,x_n$ 满足 $\sum_{i=1}^{n}|x_i|\leqslant 1,\sum_{i=1}^{n}x_i=0$,则有

$$\left|\sum_{i=1}^{n}\frac{x_i}{i}\right|\leqslant\frac{1}{2}-\frac{1}{2n}$$

用数学归纳法:

当 $n=2$ 时,$x_1=-x_2$,且 $|x_1|=|x_2|\leqslant\frac{1}{2}$,故有

$$|x_1|-\left|\frac{x_2}{2}\right|=\frac{|x_1|}{2}\leqslant\frac{1}{4}=\frac{1}{2}-\frac{1}{2\times 2}$$

即 $n=2$ 时命题成立.

设结论当 $n=k$ 时成立，则当 $n=k+1$ 时，由归纳假设有

$$\left|\sum_{i=1}^{k+1}\frac{x_i}{i}\right|=\left|\sum_{i=1}^{k-1}\frac{x_i}{i}+\frac{x_k+x_{k+1}}{k}-\frac{x_{k+1}}{k(k+1)}\right|=$$

$$\left|\sum_{i=1}^{k}\frac{x_k}{i}+\frac{x_{k+1}}{k}-\frac{x_{k+1}}{k(k+1)}\right|\leqslant$$

$$\left|\sum_{i=1}^{k}\frac{x_k}{i}\right|+\left|\frac{x_{k+1}}{k}\right|+\left|\frac{x_{k+1}}{k(k+1)}\right|\leqslant$$

$$\frac{1}{2}-\frac{1}{2k}+\left|\frac{x_{k+1}}{k(k+1)}\right|$$

由已知推得 $|x_{k+1}|\leqslant\frac{1}{2}$，故得

$$\left|\sum_{i=1}^{k+1}\frac{x_i}{i}\right|\leqslant\frac{1}{2}-\frac{1}{2k}+\frac{1}{2k(k+1)}=$$

$$\frac{1}{2}-\frac{1}{2(k+1)}$$

即当 $n=k+1$ 时结论成立.从而加强命题对 $n\geqslant 2$ 成立.原命题亦然.

证法3　命题对 $n=2$ 时成立，设命题对于 $n=k$ 时成立.当 $n=k+1$ 时，记 $M=\sum_{i=1}^{k-1}|x_i|+|x_k+x_{k+1}|$.

若 $M=0$，则 $x_i=0,i=1,\cdots,k-1,x_k=-x_{k+1}$，$|x_k|=|x_{k+1}|=\frac{1}{2}$，于是

$$\left|\sum_{i=1}^{k+1}\frac{x_i}{i}\right|=\left|\frac{x_k}{k}+\frac{x_{k+1}}{k+1}\right|=$$

$$\frac{1}{2k}-\frac{1}{2(k+1)}\leqslant$$

$$\frac{1}{2}-\frac{1}{2(k+1)} \tag{1}$$

若 $M>0$，则令 $x'_i=\frac{x_i}{M}, i=1,2,\cdots,k-1, x'_k=\frac{x_k+x_{k+1}}{M}$，于是有

$$\sum_{i=1}^{k} x'_i=0 \text{ 且 } \sum_{i=1}^{k} |x'_i|=1$$

由归纳假设知

$$\left|\sum_{i=1}^{k} \frac{x'_i}{i}\right| \leqslant \frac{1}{2}-\frac{1}{2k}$$

由此可得

$$\begin{aligned}\left|\sum_{i=1}^{k+1} \frac{x_i}{i}\right| &= M\left|\sum_{i=1}^{k} \frac{x'_i}{i}-\frac{x_{k+1}}{Mk(k+1)}\right| \leqslant \\ & M\left|\sum_{i=1}^{k} \frac{x'_i}{i}\right|+\frac{|x_{k+1}|}{k(k+1)} \leqslant \\ & M\left(\frac{1}{2}-\frac{1}{2k}\right)+\frac{1}{2k(k+1)} \leqslant \\ & \frac{1}{2}-\frac{1}{2(k+1)}\end{aligned} \tag{2}$$

将式(1)与(2)结合起来即知当 $n=k+1$ 时命题成立.

1989 年，国家教委理科实验班招生又推出类似的问题：

例 2 已知 $a_1 \geqslant a_2 \geqslant \cdots \geqslant a_n (a_1 \neq a_n)$，$\sum_{i=1}^{n} x_i=0$，$\sum_{i=1}^{n} |x_i|=1$，试求 λ 的最小值，使不等式

$$\left|\sum_{i=1}^{n} a_i x_i\right| \leqslant \lambda(a_1-a_n)$$

恒成立.

解 令 $p=\sum_{x_i>0} x_i, q=-\sum_{x_i<0} x_i$，则

$$p-q=0, p+q=1$$

从而 $p=q=\frac{1}{2}$，于是我们有

$$-\frac{1}{2} \leqslant \sum_{i=1}^{k} x_i \leqslant \frac{1}{2} \quad (1 \leqslant k \leqslant n)$$

由阿贝尔分部求和公式，得

$$\begin{aligned}\left|\sum_{i=1}^{n} a_i x_i\right| &= \left|a_n \sum_{i=1}^{n} x_i + \sum_{k=1}^{n-1}\left(\sum_{i=1}^{k} x_i\right)(a_k - a_{k+1})\right| \leqslant \\ & \sum_{k=1}^{n-1}\left|\sum_{i=1}^{k} x_i\right|(a_k - a_{k+1}) \leqslant \\ & \frac{1}{2}\sum_{k=1}^{n-1}(a_k - a_{k+1}) = \\ & \frac{1}{2}(a_1 - a_n)\end{aligned}$$

当 $x_1=\frac{1}{2}, x_n=-\frac{1}{2}$，其余 $x_k=0$ 时，上式取等号，故 λ 的最小值为 $\frac{1}{2}$.

令 $a_k=\frac{1}{k}(k=1,2,\cdots), \lambda=\frac{1}{2}$ 即得例 1.

注 该问题可进一步推广到复数域上，得到下面的命题.

命题 设 $x_1, x_2, \cdots, x_n$ 是复数，$a_1, a_2, \cdots, a_n$ 为实数，它们满足条件

$$\sum_{i=1}^{n} x_i = T, \sum_{i=1}^{n} |x_i| = S$$

$$\max_{1 \leqslant i \leqslant n} |a_i| = M, \min_{1 \leqslant i \leqslant n} |a_i| = m$$

则有不等式

$$\left|\sum_{i=1}^{n} a_i x_i\right| \leqslant \frac{1}{2}(M-m)S + \frac{1}{2}(M+m)|T|$$

这时，例 2 的证明方法不再适用. 这里我们给出一个通用证法. 事实上，因为 $a_i - m \geqslant 0, M - a_i \geqslant 0, i=1, 2, \cdots, n$，所以有

$$\begin{aligned}|2a_i - M - m| = |(a_i - m) - (M - a_i)| \leqslant \\ |a_i - m| + |M - a_i| = \\ M - m\end{aligned}$$

于是，我们有

$$\begin{aligned}&\left|\sum_{i=1}^{n} a_i x_i\right| = \\ &\left|\sum_{i=1}^{n}\left[\frac{1}{2}(2a_i - M - m)x_i + \frac{1}{2}(M+m)x_i\right]\right| \leqslant \\ &\frac{1}{2}\sum_{i=1}^{n}\Big[|2a_i - M - m| \cdot |x_i| + \\ &\frac{1}{2}(M+m)\Big]\left|\sum_{i=1}^{n} x_i\right| \leqslant \\ &\frac{1}{2}\sum_{i=1}^{n}(M-m)|x_i| + \frac{1}{2}(M+m)|T| = \\ &\frac{1}{2}(M-m)S + \frac{1}{2}(M+m)|T|\end{aligned}$$

阿贝尔变换亦可画图形象地证明：

设 $\varepsilon_i, v_i (i=1,2,\cdots,n)$ 为两组实数，若令 $\sigma_k = v_1 + v_2 + \cdots + v_k (k=1,2,\cdots,n)$，则有如下分部求和公式成立

$$\begin{aligned}\sum_{i=1}^{n}\varepsilon_i v_i = (\varepsilon_1 - \varepsilon_2)\sigma_1 + (\varepsilon_2 - \varepsilon_3)\sigma_2 + \cdots + \\ (\varepsilon_{n-1} - \varepsilon_n)\sigma_{n-1} + \varepsilon_n \sigma_n\end{aligned}$$

证明 以 $v_1 = \sigma_1, v_k = \sigma_k - \sigma_{k-1} (k=2,3,\cdots,n)$ 分别乘以 $\varepsilon_k (k=1,2,\cdots,n)$，整理后就得所要证的公式.

引理(分部求和公式——阿贝尔引理) 设 α_i 和

$\beta_i(i=1,2,\cdots,p)$ 是实数,则有:

(1)

$$\sum_{i=1}^{p}\alpha_i\beta_i=\sum_{i=1}^{p-1}(\alpha_i-\alpha_{i+1})B_i+\alpha_pB_p$$

其中

$$B_k=\sum_{i=1}^{k}\beta_i\quad(k=1,2,\cdots,p)$$

(2) 如果 $\alpha_1\geqslant\alpha_2\geqslant\cdots\geqslant\alpha_p$(或者 $\alpha_1\leqslant\alpha_2\leqslant\cdots\leqslant\alpha_p$),并且

$$|B_k|\leqslant L\quad(k=1,2,\cdots,p)$$

那么

$$\left|\sum_{i=1}^{p}\alpha_i\beta_i\right|\leqslant L(|\alpha_1|+2|\alpha_p|)$$

证明 为方便起见,我们记 $B_0=0$. 于是有:

(1)
$$\begin{aligned}\sum_{i=1}^{p}\alpha_i\beta_i&=\sum_{i=1}^{p}\alpha_i(B_i-B_{i-1})=\\&\sum_{i=1}^{p}\alpha_iB_i-\sum_{i=1}^{p}\alpha_iB_{i-1}=\\&\sum_{i=1}^{p}\alpha_iB_i-\sum_{i=0}^{p-1}\alpha_{i+1}B_i=\\&\sum_{i=1}^{p-1}(\alpha_i-\alpha_{i+1})B_i+\alpha_pB_p\end{aligned}$$

(2) 在所给的条件下

$$\begin{aligned}\left|\sum_{i=1}^{p}\alpha_i\beta_i\right|&=\left|\sum_{i=1}^{p-1}(\alpha_i-\alpha_{i+1})B_i+\alpha_pB_p\right|\leqslant\\&\sum_{i=1}^{p-1}|\alpha_i-\alpha_{i+1}||\beta_i|+|\alpha_p||B_p|\leqslant\\&L(\sum_{i=1}^{p-1}|\alpha_i-\alpha_{i+1}|+|\alpha_p|)=\end{aligned}$$

$$L(|\alpha_1-\alpha_p|+|\alpha_p|)\leqslant$$
$$L(|\alpha_1|+2|\alpha_p|)$$

注 人们把(1)中的公式叫作分部求和公式,它可以写成与分部积分公式很相似的形式

$$\sum_{i=1}^{p}\alpha_i\Delta B_i=\alpha_jB_j\Big|_{j=0}^{p}-\sum_{i=0}^{p-1}B_i\Delta\alpha_i$$

其中

$$B_0=0,B_k=\sum_{i=1}^{k}\beta_i$$
$$\Delta B_k=B_k-B_{k-1}=\beta_k\quad(k=1,2,\cdots,p)$$
$$\Delta\alpha_0=\alpha_1,\Delta\alpha_i=\alpha_{i+1}-\alpha_i\quad(i=1,2,\cdots,p-1)$$

利用阿贝尔恒等式还可以解决许多高难度的竞赛试题.如1981年第10届美国数学竞赛试题:

例3 $x\in\mathbf{R},n\in\mathbf{N}$,求证

$$[nx]\geqslant\frac{[x]}{1}+\frac{[2x]}{2}+\cdots+\frac{[nx]}{n}$$

证法1 本题解法很多,公认比较典型的是如下用数学归纳法的证法:

(1)当$n=1$时,不等式两边都等于$[x]$,因而等号成立,令

$$A_k=[x]+\frac{[2x]}{2}+\cdots+\frac{[kx]}{k}$$

设已证$A_1\leqslant[x],A_2\leqslant[2x],\cdots,A_{n-1}\leqslant[(n-1)x]$,由于

$$nA_n-nA_{n-1}=n(A_n-A_{n-1})=[nx]$$
$$(n-1)A_{n-1}-(n-1)A_{n-2}=[(n-1)x]$$
$$\vdots$$
$$2A_2-2A_1=[2x]$$

$$A_1=[x]$$

将以上各式两边分别相加,得出

$$nA_n-(A_1+A_2+\cdots+A_{n-1})=$$
$$[x]+[2x]+\cdots+[nx]$$

由归纳假设有

$$nA_n=[x]+[2x]+\cdots+[nx]+$$
$$A_{n-1}+A_{n-2}+\cdots+A_1\leqslant$$
$$[x]+[2x]+\cdots+[nx]+$$
$$[(n-1)x]+[(n-2)x]+\cdots+[x]\leqslant$$
$$[x+(n-1)x]+[2x+(n-2)x]+\cdots+$$
$$[(n-1)x+x]+[nx]=n[nx]$$

两边消去 n 得 $A_n\leqslant[nx]$.

由数学归纳法原理知,对 $\forall n\in\mathbf{N}$,不等式成立.

虽然数学归纳法常用,但后面的技巧性较强.

若利用阿贝尔求和法,则可以给出一个新的证明:

证法 2 先证一个引理,若

$$f_k(x)=\sum_{i=1}^{k}\frac{[ix]}{i}$$

则

$$nf_n(x)=\sum_{k=1}^{n}[kx]+\sum_{k=1}^{n-1}f_k(x)$$

事实上,令 $f_0(x)=0,a_k=1(k=0,1,2,\cdots,n)$,则

$$S_k=\sum_{i=0}^{k}a_i=k+1$$

于是,由部分和公式,得

$$\sum_{k=1}^{n}f_k(x)=\sum_{k=0}^{n}a_kf_k(x)=$$

$$\sum_{k=0}^{n-1} S_k(f_k - f_{k+1}) + f_n S_n =$$
$$\sum_{k=0}^{n-1} (k+1)\left(-\frac{[(k+1)x]}{k+1}\right) +$$
$$(n+1) f_n(x) =$$
$$-\sum_{k=1}^{n} [kx] + (n+1) f_n(x)$$

所以

$$nf_n(x) = \sum_{k=1}^{n} [kx] + \sum_{k=1}^{n-1} f_k(x)$$

引理证毕.下面用数学归纳法证明例3.

(1)当 $n=1$ 时,显然.

(2)假设 $k \leqslant n-1$ 时,原不等式成立,即当 $k=1$, $2,\cdots,n-1$ 时,有

$$f_k(x) \leqslant [kx]$$

于是由引理得

$$nf_n(x) = \sum_{k=1}^{n} [kx] + \sum_{k=1}^{n-1} f_k(x) \leqslant$$
$$\sum_{k=1}^{n} [kx] + \sum_{k=1}^{n-1} [kx] =$$
$$\sum_{k=1}^{n-1} [[kx] + [(n-k)x]] + [nx] \leqslant$$
$$\sum_{k=1}^{n-1} [kx + (n-k)x] + [nx] = n[nx]$$

所以

$$f_n(x) = \sum_{i=1}^{n} \frac{[ix]}{i} \leqslant [nx]$$

证毕.

对于可能有读者会问将这么难的东西放到中学阶

段合适吗？对此，陈斌先生的一篇短文做了回答：

> 日前，一篇名为"魔都幼升小的牛娃怕都是爱因斯坦转世"的文章广为流传. 文章中提到某知名小学"幼升小"报名人数八千多人，经过网选、机考及面试三轮，最终只录取60人，百里挑一，竞争激烈.
>
> 文章发布的一些"幼儿简历"截图显示，这些以孩子口吻写出的"自我介绍"，似有父母加工甚至伪造的痕迹："继承了复旦硕士老妈的语言能力，三个半月我开口说话，一岁熟练表达意愿，旅途中还会主动和美国的游客用英语聊美杜莎和居里"；"拥有清华博士老爸强大的数学基因，中班时就能进行百以内的混合运算，也知道小数、分数和负数"；"托班的时候就学会了时间管理，懂得核反应堆、碱基配对以及RNA转录，和爸爸一起听微积分学会了函数和极限，平时喜欢的游戏是编程，会用Swift语言编写代码"……
>
> 对如此魔性的"幼升小"竞争，说一些冠冕堂皇、政治正确的便宜话太容易了，反正站着说话不腰疼，譬如："在本该无忧无虑的年纪被灌输各类带着功利性的知识，这种拔苗助长式的超前教育并不适合，也不符合孩子的发展规律"；"这不是真正的素质教育"……
>
> 让我们先把目光转向被一些人视为"素质教育"圣地的美国，管窥一下美国中产及

以上家庭的早教情况.举一个例子,在亚马逊上,微积分类最畅销的书是程序员妈妈Omi M. Inouye写的《婴儿微积分介绍》;物理类狂受追捧的是物理学家兼数学家Chris Ferrie撰写的系列:《给宝宝的量子力学》《给宝宝的牛顿物理学》《给宝宝的量子信息学》《给宝宝的量子纠缠》……2015年12月,Facebook创始人扎克伯格曾发布一张家庭照:他手捧一本《给宝宝的量子力学》念给刚刚出生不久的女儿听.

可见,美国高知父母对早教的"疯狂"程度一点儿也不亚于中国父母,哪里的父母都怕自己的孩子输在起跑线上,"望子成龙,望女成凤"并不丢人,并不需要为此感到羞愧.

这是一部大书,篇幅不小,在目前中国人的时间观下能拿出一大块时间去读它对多数人有困难,但这个时间值得花.

已故诺贝尔经济学奖得主加里·贝克尔有一篇经典论文"时间分配理论"中,贝克尔提出了一个重要的观点:时间是有价的,人们可以用它来赚钱,也可以用它来消费.当人们把时间用于消费时,其机会成本就可以用这段时间内他可以获得的收入来衡量.这个观点,对于测算数字经济的贡献十分重要,因为在数字经济时代,人们的很多活动(例如上网)其实并不花钱,但是要花时间.因此通过活动的时间,就可以刻画出活动的价值.

值得一提的是:本书作者杨志明老师曾带领广东广雅中学的吴俊熹、熊奥林、刘哲团队携“瓦西列夫不等式的推广加强与类似”研究项目获过“丘成桐中学数学奖”.

笔者与作者在会议上结识,他是一位勤奋有为的数学教师,是我们学习的榜样,祝他的书大卖.

刘培杰
2020 年 6 月 22 日
于哈工大